MANUEL

DES CANDIDATS AUX GRADES D'OFFICIER

DE

L'ARMÉE TERRITORIALE.

Paris. — Typ. de Firmin-Didot frères, fils et Cie, rue Jacob, 56.

PUBLICATION DE LA RÉUNION DES OFFICIERS

MANUEL

DES CANDIDATS AUX GRADES D'OFFICIER

DE

L'ARMÉE TERRITORIALE

D'APRÈS LE PROGRAMME OFFICIEL D'EXAMEN

Du 26 Juin 1874

ARTILLERIE

PAR

JEANNEL

Lieutenant au 26e d'artillerie

DESCOUBÈS

Capitaine au 64e régiment d'infanterie

DE CHALENDAR

Capitaine adjudant-major au 9e hussards

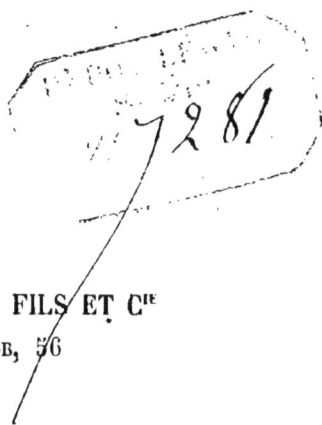

PARIS

LIBRAIRIE DE FIRMIN-DIDOT FRÈRES, FILS ET Cie

IMPRIMEURS DE L'INSTITUT, RUE JACOB, 56

1874

PRÉFACE

Le manuel que nous présentons aujourd'hui à nos
futurs camarades de l'armée territoriale a pour objet
de grouper les connaissances techniques indispensables, afin d'aider les aspirants aux grades d'officier
à préparer leurs examens.

On y trouvera la réponse à toutes les parties
du programme ministériel du 26 juin 1874. Nous
n'avons fait d'exception que pour les règlements de
manœuvres; car, bien que le programme n'en demande que certaines parties, chaque officier voudra
les connaître en entier. Il n'en est pas de même des
extraits des ordonnances sur le service des places, le
service en campagne et le service intérieur : ils peuvent suffire pour une première étude ; néanmoins on

leur a conservé les numéros officiels des chapitres et des paragraphes, dans le but de faciliter les recherches.

Quant aux connaissances techniques, on s'est efforcé de les présenter de la façon la plus simple et la plus pratique.

J.

CIRCULAIRE MINISTÉRIELLE

RELATIVE

AUX EXAMENS DE L'ARMÉE TERRITORIALE.

~~~~~~~~~

*(Envoi des programmes d'examen des candidats aux em-
plois de sous-lieutenant auxiliaire dans la réserve de
l'armée active et d'officier dans l'armée territoriale.
— Transmission des demandes d'emploi.)*

MON CHER GÉNÉRAL,

Aux termes du premier paragraphe de l'article 11 de
la loi du 24 juillet 1873, les officiers de la garde nationale mobile, assujettis par leur âge à servir dans la réserve de l'armée active, peuvent transitoirement, et à la
condition de satisfaire à un examen déterminé par le
ministre de la guerre, recevoir un brevet de sous-lieutenant au titre auxiliaire de ladite réserve.

D'après le second paragraphe du même article, les
officiers, sous-officiers et soldats de la garde nationale
mobile et des corps mobilisés qui, en raison de leur âge,
ne sont pas classés dans la réserve, peuvent, aux mêmes
conditions, être admis dans les cadres de l'armée territoriale.

Enfin l'article 31 de la même loi dispose que les anciens sous-officiers de la réserve pourront, après avoir
subi un examen, être promus au grade de sous-lieutenant dans l'armée territoriale au moment où ils passent
dans ladite armée, conformément à la loi du 27 juillet
1872.

D'après ces principes, et en attendant la loi spéciale

a.

qui doit déterminer la composition des cadres de l'armée territoriale, il y a lieu de s'occuper, dès à présent, de former des listes de candidatures qui serviront à constituer ces cadres, ainsi qu'à pourvoir aux emplois d'officiers auxiliaires, selon les prescriptions de la loi de 1873 précitée.

J'ai donc fait établir le programme des connaissances exigées des candidats aux divers grades de sous-lieutenant à titre auxiliaire dans la réserve de l'armée active, et de sous-lieutenant, de lieutenant et de capitaine dans l'armée territoriale.

Quant aux candidats aux grades d'officier supérieur, ils n'auront pas à subir un examen proprement dit, comme les candidats aux autres grades.

Les fonctions de chef de bataillon ou de chef d'escadron, et, *à fortiori*, celles de chef de corps, exigeront, de la part de ceux qui seront appelés à les remplir, de sérieux antécédents militaires.

Les choix devront donc porter à peu près exclusivement, soit sur d'anciens officiers de l'armée active, dispensés en principe de tous examens, soit sur d'anciens officiers de l'armée auxiliaire.

Les commissions n'auront pas à faire passer à ces derniers un examen formel; elles émettront seulement un avis sur chacun d'eux, d'après les renseignements recueillis par leur président sur leur aptitude physique, leurs connaissances militaires et leur conduite pendant la guerre. Ces avis vous seront transmis avec les résultats des examens, et vous aurez à les compléter par vos appréciations personnelles.

Les programmes d'examen, dont je vous adresse ci-joint des exemplaires, vont être publiés au *Journal officiel*, au *Journal militaire officiel* et dans le *Recueil des actes administratifs des départements*. Ils serviront de base aux épreuves que les candidats des diverses catégories auront à subir

A cet effet, j'ai décidé, le 2 juillet courant, qu'il sera constitué en temps utile, dans les gouvernements de Paris et de Lyon et dans chaque région territoriale, le nombre nécessaire de commissions d'examen, qui siégeront dans des centres de subdivision distincts, au choix du général commandant le corps d'armée, et seront composées de :

Un général de brigade, président;

Un officier supérieur de chacune des armes de l'infanterie, de la cavalerie et de l'artillerie ;

Un sous-intendant militaire.

Le nombre de commissions à instituer dans chaque région devra être calculé de manière à ce que chacune d'elles ait à examiner environ cent candidats.

Les épreuves théoriques et pratiques indiquées par les programmes ne commenceront que le 15 octobre prochain; mais les commissions devront être constituées par vos soins un mois à l'avance, afin' qu'elles puissent régler l'ordre de leurs travaux, étudier les dossiers des candidats dont le nombre sera alors approximativement connu, et adresser à ceux-ci les convocations nécessaires.

Les résultats partiels et généraux des diverses épreuves seront constatés, pour chaque candidat, par des cotes numériques variant de 0 à 20, et la moyenne générale qui décidera du degré d'aptitude sera représentée par les bases d'appréciation ci-après :

De 0 à 3. . . . . *mal.*

De 4 à 8. . . . . *passable.*

De 9 à 15. . . . . *bien.*

De 16 à 20. . . . . *très-bien.*

Ceux qui auront obtenu les mots *bien* et *très-bien* seront seuls classés comme admissibles.

Vous recevrez prochainement des formules imprimées sur lesquelles vous aurez à consigner vos notes sur tous les aspirants, et des modèles de mémoires de proposition pour les admissibles.

Afin de faciliter dès aujourd'hui votre tâche, je vous renvoie, pour être jointes à celles que vous auriez déjà recueillies directement, ou que vous aurez à provoquer au besoin, les demandes d'emplois de toute nature qui me sont parvenues jusqu'à ce jour. Cet envoi est accompagné d'un bordereau nominatif que je vous prie de me retourner revêtu de l'accusé de réception.

Rien ne vous oblige d'ailleurs à admettre aux épreuves les auteurs de ces demandes, s'ils ne vous semblent pas, d'après les informations minutieuses que je vous recommande instamment de recueillir par tous les moyens possibles, réunir à un degré suffisant les conditions de moralité nécessaires pour exercer convenablement les fonctions du grade qu'ils sollicitent ; mais vous auriez à me signaler les exclusions que vous auriez prononcées.

En ce qui regarde les demandes d'emplois formées par des officiers démissionnaires, j'ai décidé que les candidats de cette catégorie seront dispensés des examens lorsqu'ils justifieront avoir servi pendant deux ans comme officiers dans l'armée active ; mais vous n'en devrez pas moins vous enquérir soigneusement de leurs antécédents et de leur honorabilité.

Je vous prie de vouloir bien me rendre compte, le 15 septembre prochain, des dispositions que vous aurez prises, en ce qui vous concerne, pour l'exécution des prescriptions qui précèdent.

Recevez, etc.

Le vice-président du conseil,
Ministre de la guerre,

Signé : Général E. DE CISSEY.

PROGRAMME

DES

CONNAISSANCES EXIGÉES DES CANDIDATS

AU GRADE DE SOUS-LIEUTENANT
A TITRE AUXILIAIRE

DANS LA RÉSERVE DE L'ARMÉE ACTIVE

(LOI DU 24 JUILLET 1873, ART. 41)

ET DES CANDIDATS

AUX GRADES DE SOUS-LIEUTENANT OU LIEUTENANT
ET DE CAPITAINE

DANS L'ARMÉE TERRITORIALE

(ART. 31 ET 41 DE LA LOI.)

PREMIÈRE PARTIE.

CONNAISSANCES GÉNÉRALES PROFESSIONNELLES

RÈGLEMENT SUR LE SERVICE DES PLACES.

(Décret du 13 octobre 1863.)

RÈGLEMENT SUR LE SERVICE EN CAMPAGNE.

(Ordonnance du 3 mai 1832.)

FORTIFICATION.

DEUXIÈME PARTIE.

PROGRAMME

Des connaissances spéciales exigées des candidats aux emplois de Sous-Lieutenant à titre auxiliaire dans la réserve de l'armée active, et aux emplois de Sous-Lieutenant ou Lieutenant et de Capitaine dans l'armée territoriale, selon l'arme à laquelle ces candidats se destinent, en sus des connaissances énumérées dans la première partie.

RÉSERVE DE L'ARMÉE ACTIVE.

1º EXAMEN ORAL.

Service en campagne (*Ordonnance du 3 mai* 1832).

Service intérieur (*ordonnance du 2 novembre* 1833).

Réglement sur le service intérieur des troupes à cheval.

Manœuvres à pied.
Règlement du 24 février 1873.

Voir préface.

Manœuvres d'artillerie.

Réglement du 17 avril 1869 sur le service des bouches à feu.

Titre Ier à VII.

Réglement du 29 juillet 1873 sur le service du canon de 7.

Hippologie.

Pages.

Hygiène du cheval, comprenant des notions générales sur
  l'âge, les robes, les tares, la ferrure, la nourriture, les
  maladies les plus fréquentes, les soins à donner en station, en route, en campagne. 773

2° EXAMEN PRATIQUE.

Savoir monter à cheval.
Commander sur le terrain sans détailler :
    L'école du cavalier et du peloton à pied;
    L'école du canonnier à cheval;
    L'école de section.
Remplir les fonctions de chef de section à l'école
  de batterie.
Commander et diriger l'exécution et le tir des bouches à feu sur affûts (de campagne, de siége,
  de place, de côte); des mortiers, des bouches
  à feu se chargeant par la culasse; les mouvements du matériel.

Voir préface.

Armée territoriale.

1° EXAMEN ORAL.

Service en campagne. (*Ordonnance du 3 mai 1832.*)

Service intérieur. (*Ordonnance du 2 novembre* 1833).

Règlement sur le service intérieur des troupes à cheval.

TITRE Ier.

TITRE II.

Manœuvres à pied.

Règlement du 24 février 1873.

Comme pour les candidats au grade de sous-lieutenant
dans la réserve de l'armée active (artillerie).

Manœuvres des batteries attelées.

Règlement du 12 juin 1863, modifié le 22 avril 1873.

Titre Ier. Bases de l'instruction.

Article 1er. Formation d'un régiment en l'ordre
en bataille. — Place des officiers, sous-
officiers et brigadiers dans la batterie.
— Composition de la réserve de la
batterie. — Rassemblement d'une batterie avec ses pièces.

— 2. Ordre en colonne par pièces et par
sections. — Place des officiers, sous-
officiers et brigadiers dans la batterie.

— 3. Ordre en batterie. — Place des officiers, sous-officiers et brigadiers dans
la batterie. — Dispositions sur le champ
de bataille.

— 7. Définitions et principes particuliers à
l'arme de l'artillerie.

— 9. Modifications concernant les batteries
mixtes formées par l'artillerie à pied et
les escadronsdu train.

— 10. Mesure des éléments et des formations de chaque espèce de batterie de
manœuvres.

Voir préface.

Manœuvres d'artillerie.

Règlement du 17 avril 1869 sur le service des bouches à feu.

Titre Ier à VII.

Règlement du 29 juillet 1873 sur le service du canon de 7.

2° EXAMEN PRATIQUE.

Commander sur le terrain sans détailler : l'école du canonnier et du peloton à pied.

Commander et diriger l'exécution et le tir des bouches
à feu sur affûts (de campagne, de siége, de place, de

côte); des mortiers, des bouches à feu se chargeant par la culasse; les mouvements du matériel.

Supplément pour les candidats au grade de capitaine dans l'armée territoriale.

1° SERVICE INTÉRIEUR.

Ordonnance du 2 novembre 1833.

Voir préface.

2° MANŒUVRES.

Règlement du 24 février 1873.

Titre IV. École de l'escadron à pied.

Cours spécial.

MANUEL

DE

L'ARMÉE TERRITORIALE.

ARTILLERIE.

———=❁❖❁=———

SERVICE DES PLACES.

———

TITRE III.

—

CHAPITRE VI.

Du commandant de place.

Rapports avec les commandants de troupes.

39. Les commandants des corps et détachements de la garnison sont, ainsi que leurs troupes, soumis à l'autorité du commandant de place, pour tout ce qui tient au service et à la police générale de la place. Quant à la police dans l'intérieur des casernes, les commandants de corps ou de détachement l'exercent immédiatement, conformément aux règlements.

Le commandant de place ne peut s'immiscer dans l'administration intérieure des corps de troupes.

Les demandes que le commandant de place est dans le cas

d'adresser aux chefs de corps ou de détachement sont formulées sous forme de réquisition, lorsque le chef de corps ou de détachement est son supérieur par le grade; sous forme d'ordre, lorsqu'il est son inférieur ou son égal en grade.

La réquisition est formulée au nom du général commandant la subdivision et en termes respectueux.

Le chef de corps ou de détachement est, du reste, toujours tenu d'obtempérer à la demande, qu'elle soit faite sous forme d'ordre, ou simplement de réquisition.

Les chefs de corps doivent au commandant de place :

1° Le premier jour de chaque mois, une situation de leurs troupes ;

2° Tous les cinq jours un rapport, indiquant les mutations, en gain ou en perte, survenues depuis le rapport précédent, et le nombre d'hommes qui, à divers titres, ne sont pas disponibles pour le service ;

3° Tous les jours un rapport contenant les noms des officiers, sous-officiers et caporaux qui prennent le service à la garde montante, les punitions infligées par les officiers du corps ou ceux de la place pour fautes commises dans le service de la place ou pour infractions aux consignes générales de police, et les renseignements dont ils n'ont pas cru nécessaire de l'informer sur-le-champ : un adjudant porte ce rapport au secrétariat de la place, tous les matins, à l'heure fixée par le commandant de place ;

4° Le billet de l'appel du soir, désignant nominativement les hommes qui ont manqué à cet appel : ce billet cacheté est, aussitôt après l'appel, porté au secrétariat par un soldat de la garde de police ;

5° Enfin les chefs de corps ou chefs de service doivent envoyer au visa du commandant de place les permissions d'absence, même pour une seule nuit, qu'ils accordent aux militaires ou agents sous leurs ordres.

Ordres donnés.

40. Le commandant de place donne aux chefs de corps tous

ses ordres par écrit; les adjudants des corps les reçoivent à
l'heure du rapport, comme il a été dit article 23; les ordres
qui ne peuvent pas être donnés au rapport sont l'objet d'une
lettre spéciale. Les chefs de corps, le commandant de l'artillerie, le chef du génie et le sous-intendant militaire se ren-
dént chez le commandant de place, ensemble ou séparément,
lorsque des circonstances urgentes lui font juger nécessaire
de les y appeler, ou lorsque la nature ou l'importance des
ordres exige qu'il les leur donne directement, ou qu'il en
concerte avec eux les moyens d'exécution.

Lorsqu'il a inopinément besoin d'un détachement, il le fait
demander directement au quartier par un adjudant de place.
L'adjudant-major de semaine est tenu de le mettre sur-le-
champ à sa disposition; il en rend compte à son chef direct.
Le commandant de place envoie l'ordre par écrit le plus tôt
possible au chef de corps.

CHAPITRE VII.

Dé l'arrivée des troupes et de leur établissement dans la place.

Devoirs du commandant de place avant l'arrivée d'une troupe.

43. Dès que le commandant de place est informé qu'une
troupe doit arriver dans la place pour y tenir garnison, il fait
connaître au chef du génie et au sous-intendant militaire les
casernes et quartiers que cette troupe devra occuper, conformément à l'assiette générale du logement; le chef du génie et le sous-intendant prennent les mesures nécessaires.

Ces bâtiments sont, autant que possible, ceux qu'occupait
la troupe relevée, les corps déjà établis ne devant être déplacés que lorsqu'il en résulte des avantages pour le service et
pour les troupes. Pour s'assurer que ces bâtiments sont en
bon état, le commandant de place en fait une visite avant
l'arrivée de la troupe; il est accompagné, au besoin, par le

sous - intendant et l'officier du génie chargé du casernement.

_ Si la troupe doit loger chez l'habitant, le commandant de
place se concerte avec l'autorité civile pour que ses fractions
constituées soient logées dans des quartiers contigus ; il veille
à ce qu'il ne soit point donné de billets de logement pour les
maisons qui ne sont pas habitées.

L'officier qui devance la troupe en remet la situation au
commandant de place, qui lui donne ses ordres.

Visite des employés des douanes.

44. Si la troupe doit être visitée par les préposés de la
douane ou de l'octroi, cette visite a lieu sur les glacis. Dans
les troupes à pied, le chef du corps ou du détachement fait
former les faisceaux et ouvrir les rangs ; chaque sous-officier
et soldat ouvre son sac, et le place devant lui de manière à
faire voir ce qu'il contient. Un employé passe dans chaque
rang et visite les sacs sous les yeux d'un officier ; il peut requérir la visite, par des caporaux ou sous-officiers, des gibernes et des habits des soldats qu'il désigne. Les officiers font
arrêter les hommes qui sont en contravention. Les hommes
de suite et les équipages sont visités en présence d'un officier.

Dans les troupes à cheval, les hommes sont à pied à la tête
de leurs chevaux, leurs porte-manteaux ouverts devant eux ;
les préposés visitent le harnachement et l'équipement des
chevaux, s'ils le jugent nécessaire.

Des dispositions analogues sont prises pour la visite, par
les préposés, des corps qui ont un matériel de voitures.

Toutes les fois que ces prescriptions doivent recevoir application, les troupes en sont informées à l'avance par la
voie de l'ordre.

Entrée dans la place. — Ordres donnés.

45. Le commandant de place est prévenu de l'heure à laquelle la troupe doit arriver ; il envoie au-devant d'elle jus-

qu'à l'avancée un adjudant chargé de la conduire sur la place d'armes.

La troupe entre en bon ordre; la colonne est dégagée de tout ce qui peut embarrasser sa marche; les équipages et les chevaux de main forment une colonne particulière marchant à cent pas, au moins, en arrière de la première.

Le commandant de place ou l'un des officiers de l'état-major se trouve sur la place pour recevoir la troupe; il fait ouvrir un ban et lire les ordres dont il est le plus urgent de lui donner connaissance, tels que les consignes particulières de la place, les règlements de police municipale et les défenses spéciales que les circonstances rendent nécessaires. Ces ordres sont en plusieurs expéditions, pour que la lecture puisse en être faite simultanément à chaque compagnie, escadron ou batterie.

Le sous-intendant passe la revue d'effectif, s'il y a lieu. La troupe se rend ensuite à ses logements.

Service le jour de l'arrivée.

46. Habituellement, les troupes ne participent pas au service de la place le jour de leur arrivée. Lorsqu'une troupe à pied est obligée de fournir des gardes à son arrivée, elles sont formées sur la place d'armes à la gauche de la ligne de bataille.

Les troupes à cheval ne fournissent de garde à cheval, le jour de leur arrivée, qu'en temps de guerre ou dans des circonstances extraordinaires; si elles en fournissent à pied, ces gardes ne sont formées que lorsque la troupe et les chevaux sont logés.

Visite des casernes ou des logements chez l'habitant.

47. Dans les trois jours qui suivent l'établissement de la troupe dans les casernes, le commandant de place en fait la visite, avec le chef de corps, l'officier du génie chargé du casernement et le sous-intendant militaire.

Lorsque la troupe est logée chez l'habitant et qu'elle doit

y rester plusieurs jours, les officiers font, le lendemain de l'arrivée, la visite des logements ; le chef de corps fait connaître les rectifications jugées nécessaires au commandant de place, qui les réclame de l'autorité municipale. L'état des logements des officiers est adressé au commandant de place par le colonel. Les officiers veillent à ce qu'il ne s'élève pas de discussion entre les soldats et les habitants ; ils sont responsables des dommages causés par les soldats, quand ces dommages sont la conséquence d'un défaut de surveillance.

CHAPITRE VIII.

Du service des troupes dans les places. — Régles pour commander le service.

1° DES DIFFÉRENTS TOURS DE SERVICE DE L'INFANTERIE.

Classement des tours de service.

48. Dans les places de guerre, l'infanterie a six tours de service, savoir :

Premier tour : les détachements, les escortes et les gardes des postes extérieurs, qui ne sont relevés qu'après un certain nombre de jours ;

Second tour : les gardes de la place, les gardes de police (1), les plantons et les ordonnances, qui sont relevés journellement ;

Troisième tour : les gardes d'honneur ;

Quatrième tour : les rondes ;

Cinquième tour : les travaux et corvées ;

Sixième tour : les détachements en mer.

Le premier, le troisième, le cinquième et le sixième tour de service s'accomplissent en temps de paix comme en temps de guerre.

---

(1) Les gardes de police n'entrent que *pour ordre* dans l'énumération des tours de service de la place, comme il est expliqué article 53.

Le deuxième et le quatrième tour sont continués d'une garnison à l'autre.

Les détachements qui doivent durer plus de vingt-quatre heures sont toujours composés d'hommes de la même com-gnie.

Travaux spéciaux pour construction de routes, canaux, ports, etc.

49. Les travaux pour construction de routes, canaux, ports, etc., lorsque le ministre de la guerre ordonne d'y em-ployer des troupes, forment un tour particulier. Si le corps n'est pas commandé en entier pour ce service, il est com-mandé par compagnie ou fraction de compagnie.

Ce service dure du lever au coucher du soleil; si les tra-vaux sont d'une nature très-fatigante, les détachements sont relevés au milieu du jour, toutes les fois que la force de la garnison le permet.

Les corps concourent entre eux pour les différents tours de service.

50. Les corps en garnison dans une place concourent entre eux pour les différents tours de service; les officiers, les sous-officiers et les soldats composant chaque poste ou détache-ment commandé doivent appartenir au même corps.

1er *tour.* — *Détachements, escortes, gardes extérieures.*

51. Les détachements sont habituellement composés de fractions constituées, telles que bataillon, compagnie ou sec-tion; les officiers et les sous-officiers marchent alors avec leur troupe. Un chef de bataillon peut être commandé pour mar-cher avec la moitié de son bataillon, et même avec une force moindre, si l'importance du service à exécuter l'exige. Un ad-judant-major et un adjudant accompagnent, dans ce cas, cet officier supérieur.

Lorsque, pour un service exceptionnel, un détachement est composé d'officiers, de sous-officiers et de soldats pris dans toutes les compagnies d'un corps ou d'une fraction constituée d'un corps, ils sont commandés en suivant l'ordre d'après lequel ils sont appelés à marcher pour le premier tour de service.

Le chef du détachement reçoit du commandant de place des instructions relatives à l'objet de sa mission.

Le service des détachements qui sont contremandés est censé fait lorsqu'ils ont passé la dernière barrière de la place.

Les règles ci-dessus sont applicables aux escortes, ainsi qu'aux gardes des postes extérieurs qui ne sont relevées qu'après un certain nombre de jours.

2e tour. — Gardes de la place.

52. Les gardes de la place sont relevées toutes les vingt-quatre heures.

La force des postes est, en général, déterminée par le nombre des sentinelles qu'ils sont chargés de fournir, en comptant trois ou quatre hommes pour une sentinelle, afin que chaque soldat fasse au plus huit heures de faction et au moins six.

Le service d'une garde contremandée est censé fait quand elle a pris possession du poste.

Le nombre d'hommes à fournir par chaque corps est réglé de manière qu'ils aient au moins quatre nuits de repos. Si la faiblesse de la garnison et les besoins indispensables du service obligent le commandant de place à s'écarter momentanément de cette règle, il en rend compte.

Tous les mois, et plus souvent, s'il y a lieu, le commandant de place fixe, d'après la force des corps, le service que chacun d'eux doit fournir. A cet effet, les chefs de corps lui envoient, le premier jour de chaque mois, la situation des officiers, sous-officiers et soldats sous leurs ordres, *disponibles pour le service*.

Gardes de police.

53. Pour mieux assurer l'égale répartition du service entre les corps de la garnison, les gardes de police sont comprises dans le service de la place. Ces gardes défèrent comme celles de la place aux réquisitions de l'autorité militaire ou civile, en vue du rétablissement de l'ordre public, s'il a été troublé. Mais, dans aucun cas, leur chef ne peut faire sortir plus de la moitié de l'effectif dont il dispose, et il ne marche jamais lui-même. Leur force est subordonnée aux localités et déterminée par le commandant de place, sur la proposition des chefs de corps. Les gardes de police défilent dans leurs quartiers, et sont sous la surveillance spéciale de l'adjudant-major de semaine. Elles ne reçoivent pas de consigne des officiers de la place (art. 82, dernier paragraphe, art. 113).

Répartition des postes.

54. Chaque corps occupe de préférence les postes les plus rapprochés de son quartier; le commandant de place peut modifier cette disposition toutes les fois qu'il le croit utile au bien du service ou à son égale répartition.

Les postes assignés à chaque corps sont numérotés par le major de la place, dans l'ordre de leur importance.

L'officier le plus élevé en grade ou le plus ancien commande le premier poste d'officier; le plus élevé en grade ou le plus ancien après lui commande le second, et ainsi de suite.

Les plus anciens sergents commandent les postes de sergents dans l'ordre de leur importance; les moins anciens sont placés aux postes commandés par des officiers.

Les plus anciens caporaux commandent les postes de caporaux; les moins anciens sont placés aux postes où il y a des sergents.

Les sergents et les caporaux derniers à marcher sont employés au service d'ordonnance et de planton.

1.

Plantons et ordonnances.

55. Le service des plantons et des ordonnances commence à la garde montante et dure vingt-quatre heures.

Les plantons et les ordonnances ne se trouvent à la parade que lorsque le commandant de place l'ordonne; habituellement, après avoir été inspectés au quartier avec la garde montante, ils se rendent directement au lieu où ils sont de service. Ils sont dans la même tenue que les gardes.

3e tour. — Gardes d'honneur.

56. Les gardes d'honneur sont commandées d'après les mêmes règles que les gardes de la place. Elles sont soumises aux consignes générales.

Les commandants de ces gardes doivent, en outre, prendre les ordres particuliers de la personne près de laquelle elles sont placées. Ils sont tenus de faire au commandant de place le rapport prescrit par l'article 99.

Les détails relatifs au service de ces gardes sont exprimés par les articles 336 et 389.

4e tour. — Rondes.

57. Le commandant de place prescrit à des officiers et des sous-officiers appartenant aux corps de la garnison de faire des rondes pendant la nuit, pour s'assurer de la vigilance des postes et de leur exactitude à remplir leurs devoirs.

Le service de ces officiers et sous-officiers, commandé pour vingt-quatre heures comme les services du deuxième tour, est réglé par les prescriptions des articles 123, 124 et suivants.

5e tour. — Travaux de la place, corvées.

58. Le cinquième tour de service comprend:

1° Les travaux à faire aux fortifications, ceux qui ont lieu dans les arsenaux ou pour le mouvement du matériel d'artillerie sur les remparts ou enfin dans les magasins de l'ad-

ministration, lorsqu'il est nécessaire que les troupes d'infanterie secondent ou suppléent celles du génie, de l'artillerie ou
de l'administration militaire ;

2° Les corvées dans l'intérieur de la place.

Ce tour de service est commandé sur toutes les compagnies.

Lorsque, dans le cinquième tour de service, il doit y avoir
des détachements armés, ils sont formés des hommes les premiers commandés.

6e *tour. — Détachements en mer.*

59. Sont réputés détachements en mer, ceux qui sont destinés à tenir garnison dans les îles voisines du continent,
dans les forts et îlots formant la défense des rades et des
côtes, comme aussi les détachements, requis pour un service
public, qui sont mis à bord des bâtiments ou embarcations de
la marine et de la douane.

Piquet.

60. Quand le commandant de place veut avoir des troupes
prêtes à marcher pour fournir promptement un service extraordinaire, les détachements qu'il fait commander à cet effet
dans les corps de la garnison prennent la dénomination de
piquet.

Le piquet est formé, suivant les besoins du service, de la
totalité des officiers, des sous-officiers, des caporaux et des
soldats commandés pour le service ordinaire du lendemain,
ou seulement d'une partie d'entre eux, les premiers à marcher.

Le piquet est réuni en même temps que la garde montante
et dans la même tenue ; il ne se trouve à la parade que par
exception, lorsque le commandant de place en donne l'ordre.
Pendant tout le temps qu'ils sont disponibles pour le service,
les sous-officiers, les caporaux et les soldats de piquet ne
peuvent pas quitter la caserne ; les officiers ne peuvent le faire
qu'avec l'autorisation du chef de bataillon de semaine. Les

hommes de piquet ne se déshabillent pas la nuit, si le commandant de place l'ordonne.

Si le piquet est commandé par un capitaine, cet officier s'assure, par de fréquents appels, de la présence des hommes qui le composent ; si le piquet n'est pas sous les ordres d'un capitaine, ce devoir appartient à l'adjudant-major de semaine. Pour rassembler le piquet, le tambour de garde bat un rappel suivi de trois coups de baguette.

Le piquet ne marche jamais sous cette dénomination : les détachements qu'il fournit prennent, suivant le cas, les noms de détachement, de garde ou de patrouille ; pour les hommes qui ont marché, le tour de service est accompli. Ces hommes ne sont pas remplacés au piquet, à moins d'un ordre spécial du commandant de place ; il en est commandé d'autres pour le service ordinaire du lendemain.

2° RÈGLES A OBSERVER POUR COMMANDER LE SERVICE DANS LES CORPS.

Dispositions générales.

61. Lorsque le service est fait par des compagnies entières ou fractions constituées de compagnie, elles sont commandées d'après leur rang dans l'ordre de bataille, en commençant par la droite, pour les services du premier, du troisième et du cinquième tour.

L'officier, sous-officier ou caporal premier à marcher pour différents tours de service qui doivent s'accomplir en même temps, est commandé pour celui de ces tours qui est le premier dans l'ordre déterminé article 48 ; il reprend ultérieurement les autres, à moins qu'il n'ait été employé à un détachement de plus d'un jour.

La même règle s'observe pour commander les soldats.

Service des officiers.

62. Les officiers des compagnies concourent pour les différents tours de service. Le commandant de place veille à ce qu'ils soient tous commandés à leur tour ; à cet effet, les chefs

de corps lui font remettre un contrôle des officiers indiquant les premiers à marcher pour chaque tour de service.

Les officiers sont commandés par rang d'ancienneté pour tous les tours de service. L'adjudant-major de semaine les désigne d'après le contrôle qu'il tient à cet effet, et sur lequel il inscrit successivement les tours accomplis par chacun d'eux.

Les capitaines roulent entre eux, les lieutenants et les sous-lieutenants roulent également entre eux, en alternant; le plus ancien lieutenant marche le premier, le plus ancien sous-lieutenant marche le second, et ainsi de suite.

Les officiers ne peuvent changer entre eux leur tour de service qu'après l'agrément du chef du corps, qui prévient le commandant de place.

Officiers exemptés du service.

63. Sont exemptés du service de place (voir aussi les art. 73 et 123):

1° Les rapporteurs et commissaires près les tribunaux militaires;

2° Leurs substituts, quand le général commandant la division juge que cette exemption doit leur être étendue;

3° Les officiers cités en témoignage;

4° Les capitaines chargés momentanément du commandement d'une place, d'un fort ou d'une garnison : ces officiers marchent cependant avec leur compagnie, si elle est commandée pour un détachement de plus de vingt-quatre heures;

5° Les capitaines qui commandent provisoirement un bataillon ou remplissent les fonctions de major : ces officiers ne suivent pas leur compagnie, si elle est détachée pour un service de place, et conservent jusqu'à l'arrivée du titulaire les fonctions qu'ils exercent;

6° Les officiers pourvus d'emplois spéciaux.

Les officiers de compagnie employés à l'instruction ou chargés de détails administratifs non prévus par le règlement sur le service intérieur des corps peuvent être exemptés du service de place, sur la demande du chef de corps. Lorsque le commandant de place ne croit pas devoir accéder à cette demande, il en rend compte au commandant de la subdivision.

Les officiers régulièrement exemptés du service ne reprennent pas les tours qui leur sont échus pendant la durée de leur exemption. Il en est de même des officiers qu'une maladie ou une absence autorisée a empêchés de faire leur service.

Aucun officier ne peut être commandé deux fois pour le même tour de service, avant que tous les officiers du même grade l'aient été une fois.

Lorsqu'un officier commandé pour un service ne peut le faire pour cause d'indisposition, le premier à marcher après lui est commandé à sa place; le commandant de place en est informé.

Service des sous-officiers et des caporaux.

64. Les sergents et les caporaux des compagnies concourent pour les différents tours de service.

Le service des sergents est commandé par les adjudants, sur un contrôle établi conformément au modèle K.

Les sergents y sont inscrits par compagnie selon l'ordre de bataille, et, dans chaque compagnie, par rang d'ancienneté.

Le service des caporaux est commandé par les adjudants, d'après les mêmes principes, et sur un contrôle conforme au modèle L.

Les sous-officiers employés comme greffiers près des tribunaux militaires sont exemptés du service pendant le temps qu'ils remplissent ces fonctions.

Il en est de même des sous-officiers, des caporaux et des soldats cités comme témoins devant les tribunaux civils et militaires.

Service des soldats.

65. Le service des soldats est commandé par les sergents-majors sur le contrôle des compagnies, en commençant en même temps par la droite et par la gauche.

3° SERVICE DE LA CAVALERIE ET DES CORPS SPÉCIAUX.

Disposition générale.

69. Le service des troupes de cavalerie, d'artillerie, du génie et de l'administration, est commandé d'après les règles générales établies pour l'infanterie, en observant les dispositions qui suivent.

Service de la cavalerie.

70. Dans les places de guerre, la cavalerie a quatre tours de service.

Premier tour : les détachements à l'extérieur, qui ne sont relevés qu'après un certain nombre de jours;

Second tour : le service à cheval,

Troisième tour : le service à pied,

comprenant les gardes qui sont relevées chaque jour, le service des plantons et ordonnances et les détachements dont le service ne dure pas plus de vingt-quatre heures;

Quatrième tour : les rondes.

Lorsqu'un corps de cavalerie doit concourir avec l'infanterie au service de la place, le nombre des hommes qu'il fournit, en y comprenant la garde de police et les gardes d'écurie, est réglé par le commandant de place de manière que les cavaliers aient un nombre de nuits de repos double de celui des soldats de l'infanterie.

S'il n'y a pas d'infanterie dans la place, le service est fait en entier par la cavalerie; le commandant de place restreint alors ce service le plus possible, en ne faisant garder que les portes et les points les plus importants.

La garde du magasin à fourrages est fournie par les troupes à cheval.

Les règles prescrites pour la composition et le commandement des détachements d'infanterie sont applicables aux détachements de cavalerie.

Les capitaines commandants concourent avec les capitaines en second pour tous les tours de service.

Les capitaines instructeurs sont en tout temps exempts du service de la place.

Les adjudants-majors, les adjudants et les maréchaux de logis chefs tiennent, pour commander le service, des contrôles établis d'après les mêmes principes que ceux de l'infanterie.

Service des troupes de l'artillerie et du génie.

71. Les troupes de l'artillerie fournissent la garde permanente de l'arsenal, du polygone, et généralement de tous les établissements de l'artillerie, quand l'effectif disponible le permet. Il en est de même des troupes du génie pour la garde des établissements de cette arme. L'artillerie et le génie concourent, en outre, au service de la place lorsque l'infanterie et la cavalerie, devenues insuffisantes, n'ont plus le nombre minimum de nuits de repos déterminé pour chacune d'elles par le présent règlement.

Lorsque l'artillerie et le génie forment seuls la garnison d'une place, ils en font le service; le commandant de place le restreint autant que possible.

Les compagnies d'ouvriers d'artillerie et du génie ne concourent pas au service de la place; elles ne peuvent y être employées que lorsqu'elles n'ont point de travail à faire, ou dans le cas d'une indispensable nécessité; le commandant de place est tenu d'en rendre compte immédiatement au commandant de la subdivision, et celui-ci au général commandant la division.

Troupes de l'administration.

72. Les troupes de l'administration ne concourent au service de la place que dans des circonstances d'exception dont l'autorité militaire supérieure est juge.

Officiers des corps spéciaux exemptés de service.

73. Les officiers des régiments d'artillerie et du génie ne concourent au service de la place que lorsque ces régiments sont appelés à y prendre part, mais ils concourent toujours au service des rondes et à la visite des établissements de la place.

Dans ces deux armes, les officiers de l'état-major particulier et les officiers détachés sans troupe sont en tout temps dispensés du service de la place. Il en est de même des officiers du corps d'état-major, lorsqu'ils ne sont pas attachés à des régiments.

CHAPITRE IX.

De la parade et de l'ordre.

Parade.

75. La parade est la réunion sur la place d'armes des gardes montantes. Elle a lieu habituellement à midi.

Si les circonstances s'opposent à la réunion des gardes montantes sur la place d'armes, la parade a lieu isolément, pour chaque troupe, dans la caserne qu'elle occupe.

Les gardes montantes sont dans la tenue du jour, à moins qu'il n'en soit ordonné autrement.

Les troupes à pied ont le sac au dos. Les troupes à cheval, commandées pour un service à pied, ont le manteau en sautoir. Les gardes d'honneur sont toujours en grande tenue, à moins d'un ordre spécial.

Les gardes de chaque corps sont conduites en ordre sur la place d'armes, les tambours, clairons ou trompettes en tête; un adjudant de place leur assigne l'emplacement qu'elles doivent occuper, conformément aux dispositions des articles 296 et 297. Les pelotons d'ordre, composés des sergents-majors ou maréchaux des logis chefs, des sergents ou maréchaux des logis et des caporaux ou brigadiers de semaine, marchent à la gauche des gardes de leur corps et se placent vis-à-vis d'elles, en bataille. Ces pelotons sont dans la même tenue que les gardes; ils n'ont ni le sac ni le manteau. En approchant de la place d'armes, les tambours battent aux champs à la cadence du pas accéléré, les clairons et trompettes sonnent la marche.

Un adjudant de place veille à ce que le front de la troupe et le terrain qu'elle doit parcourir soient dégagés d'embarras. S'il a été envoyé des ordonnances pour conduire les gardes à leurs postes, il les range sur l'alignement des serre-files, chacune derrière la garde qu'elle est chargée de conduire.

Les officiers de semaine assistent à la parade. Ils se placent devant le peloton d'ordre.

Le commandant de place assiste à la parade et passe l'inspection des gardes, s'il le juge convenable.

Il peut se faire suppléer par le major de place.

Les gardes défilent pour se rendre à leurs postes, au commandement de l'officier de service du grade le plus élevé ou le plus ancien dans ce grade.

Les gardes se rendent à leurs postes, marchant en ordre et en silence.

A l'ordre.

76. Lorsque le commandant de place veut faire transmettre aux corps des ordres qui n'ont pu être donnés à l'heure du rapport, il charge le major, après que les gardes ont défilé, de faire battre à l'ordre et former le cercle par les sous-officiers d'ordre. Les adjudants-majors et adjudants sous-officiers se placent au centre. Les caporaux et les brigadiers font face en dehors, se placent à quatre pas des sergents et des maréchaux des logis formés en cercle, et présentent les armes.

Le major transmet les ordres du commandant de place; il y ajoute les explications qu'il croit nécessaires; les sous-officiers de chaque corps forment ensuite un cercle particulier, s'il y a lieu.

Un adjudant de place ou le secrétaire archiviste communique par écrit aux commandants de l'artillerie et du génie et aux sous-intendants militaires les ordres qui peuvent les concerner.

CHAPITRE X.

Du service des gardes dans la place.

1° DEVOIRS DES CHEFS DE POSTE.

Dispositions générales.

77. Les divers détails applicables au service des gardes dans les postes sont successivement énumérés, dans ce chapitre et dans les chapitres suivants, en vue du service des troupes à pied.

Les troupes à cheval se conforment, pour le même service, à l'ensemble des mêmes dispositions.

Arrivée de la garde montante.

78. Lorsque la nouvelle garde est arrivée à cinquante pas environ du poste qu'elle doit relever, son commandant lui fait porter les armes.

Le commandant de la garde descendante lui a fait prendre les armes à l'avance et l'a établie sur le terrain, en laissant à sa gauche un espace suffisant pour que la garde montante puisse s'y former; si le terrain ne l'a pas permis, l'ancienne garde s'est placée en face du poste, laissant entre elle et lui l'espace nécessaire à la nouvelle garde.

Le commandant de l'ancienne garde lui fait porter les armes. Les tambours ou clairons des deux gardes battent aux champs ou sonnent la marche.

Manière de former une garde.

79. Les gardes de neuf hommes et au-dessous sont formées sur un rang. Au-dessus de neuf hommes, elles sont formées

sur deux rangs. Les hommes sont placés par rang de taille. Ils sont numérotés, par file, de la droite à la gauche, et c'est dans cet ordre qu'ils sont successivement désignés pour faire faction.

Quelle que soit la force d'une garde, elle est toujours partagée en deux ou quatre divisions, afin que, si elle est obligée de tirer, elle ne se dégarnisse pas à la fois de tout son feu.

Lorsque le chef de poste est officier, il se place, au port du sabre, à deux pas devant le centre de sa troupe. Les officiers qui ne sont pas chefs de poste se placent en serre-files. Le premier sergent se place à la droite du premier rang; le second sergent à la gauche ; les autres sergents et les caporaux sont en serre-files.

Lorsque le chef de poste est sergent[1], il se place à la droite de la troupe, le premier caporal à gauche, le second en serre-file.

Lorsque le chef de poste est caporal, il se place à la droite de la troupe; s'il y a un second caporal, il se place à la gauche.

Le tambour ou le clairon est placé à deux pas à la droite du premier rang de la garde.

Toutes les fois que les gardes prennent les armes, elles se forment dans cet ordre.

Relèvement de la garde.

80. Les commandants des deux gardes, après avoir fait reposer sur les armes, s'avancent l'un vers l'autre, et se font réciproquement le salut des armes, s'ils sont officiers. Le chef de la garde descendante remet le service à celui de la garde montante, en y ajoutant tous les renseignements nécessaires.

Dans un poste d'officier, le sergent de la nouvelle garde reçoit également du sergent de l'ancienne garde les renseignements de détail relatifs à l'exécution du service.

Le commandant de la nouvelle garde ordonne au plus ancien caporal, appelé *caporal de consigne*, de prendre possession du corps de garde, et au second caporal, appelé *caporal de pose*, de numéroter les hommes et d'aller relever les sentinelles. L'un et l'autre opèrent avec le caporal de consigne et le caporal de pose de l'ancienne garde, ainsi qu'il sera expliqué aux art. 103 et 104.

Dès que les sentinelles ont été relevées, les commandants des deux gardes font porter les armes, les tambours ou clairons battent aux champs ou sonnent la marche, et le commandant de la garde descendante porte son peloton en avant. Il l'arrête à quelques pas, fait remettre la baïonnette et porter l'arme sur l'épaule droite; le tambour cesse de battre, et la troupe, marchant par le flanc, est ramenée au quartier en bon ordre et en silence.

Si le chef de poste est officier, il peut être autorisé à faire ramener la garde au quartier par le sergent.

Après le départ de la garde descendante, le commandant de la garde montante passe l'inspection des armes, lui fait faire demi-tour à droite ou par le flanc, suivant sa position par rapport au corps de garde, présenter les armes et rompre les rangs. Elle entre au poste.

Les armes sont placées au râtelier dans l'ordre des numéros des soldats.

Consignes.

81. Les consignes générales énoncent les obligations communes à tous les postes, les devoirs généraux des chefs de poste, des sous-officiers et des caporaux de garde, et des sentinelles.

Les consignes particulières indiquent le but de l'établissement de chaque poste, les objets spécialement soumis à sa garde ou à sa surveillance, et les devoirs du poste dans les différents cas d'alarme.

Enfin l'ensemble des ordres verbaux que reçoit une sentinelle au moment où elle est mise en faction prend également le nom de consigne.

Les consignes générales et particulières sont affichées dans chaque corps de garde sur des planches destinées à cet usage.

Dans des cas urgents, le major de la place, les adjudants de la place qui le suppléent, les officiers supérieurs de la garnison de visite des postes, peuvent, dans leurs tournées, donner des consignes provisoires, dont ils sont tenus d'informer sans délai le commandant de place. Le chef de poste en fait toujours mention dans son rapport.

Les mêmes officiers peuvent se faire répéter par les sentinelles les consignes qu'elles ont reçues, mais en présence du chef de poste, du sergent ou du caporal.

Service du chef de poste.

82. Le premier devoir d'un chef de poste est de prendre connaissance des consignes affichées dans le corps de garde et de donner aux sergents et aux caporaux les explications nécessaires pour leur exécution.

Dès que la garde est établie, il va visiter les sentinelles, accompagné par le caporal de pose, se fait répéter leur consigne, et la rectifie s'il y a lieu. Lorsqu'un sergent chef de poste n'a qu'un caporal avec lui, ce dernier ne l'accompagne pas.

De retour au poste, il règle tous les services et en assure la répartition de manière que tous les sous-officiers, caporaux et soldats y entrent, autant que possible, pour une part égale.

Un chef de poste ne peut s'absenter sous aucun prétexte ; il prend ses repas au poste, où il lui est défendu de jouer ou de laisser jouer. Il ne peut offrir à manger ou à boire à qui que ce soit, ne quitte jamais son sabre, son hausse-col, et reste constamment en tenue. Les sous-officiers, les caporaux, les soldats et les tambours ne peuvent se déshabiller, ni quitter leur sabre ou leur giberne ; il leur est apporté à manger au poste.

Le chef du poste ne permet à aucun des hommes de sa garde de s'éloigner. Il les surveille constamment, pour s'assurer qu'ils remplissent avec exactitude leurs devoirs ; il en fait faire de fréquents appels et les fait quelquefois sortir en armes, pour les habituer à se former promptement; sa surveillance est plus active les jours de foire, de marché, ou lorsque des circonstances particulières occasionnent dans la place des mouvements inaccoutumés.

A l'heure prescrite, le chef de poste ordonne au sergent d'aller prendre le mot au cercle, s'il ne l'a pas reçu directement (art. 116). Si le chef de poste est sergent, il charge un caporal de cette mission. L'état-major de la place fait porter le mot aux postes commandés par des caporaux qui n'ont pas de caporal en sous-ordre.

Pendant la nuit, le chef de poste redouble de vigilance, pour que la pose des sentinelles, les factions et les patrouilles soient faites avec exactitude. Il visite fréquemment les sentinelles.

Lorsqu'il en a reçu l'ordre, il envoie, une demi-heure avant l'heure de la garde, un soldat d'ordonnance pour conduire la nouvelle garde au poste. Ce soldat est armé, et se rend sur la place d'armes ou à la caserne qui lui a été désignée. En général, tout homme de garde désigné pour faire un service extérieur autre qu'un service de corvée doit être porteur de son arme.

Quand, par exception, une garde de police ou un piquet est établi dans un poste concurremment avec une garde de la place, cette dernière est considérée comme garde principale, et son chef, qui doit avoir le grade supérieur ou l'ancienneté dans le grade, a le commandement. Quand le poste de la place prend les armes, la garde de police ou le piquet les prend également.

Surveillance de la tenue des hommes de garde. Inspection.

83. Après le départ de la garde descendante et la prise de possession du corps de garde, le chef de poste fait régulariser la tenue.

Le matin, après le réveil, il passe l'inspection de la garde pour s'assurer de l'état des armes et de la tenue.

Le bonnet de police ne peut se porter qu'après la retraite. Il se quitte au point du jour. Les factionnaires et soldats en service armé ont toujours le shako.

Maintien de l'ordre public. — Informations à prendre. — Réquisitions. — Arrestations.

84. En vue des éventualités qui peuvent se produire, la demeure du commissaire de police du quartier et du médecin le plus voisin, la position des casernes ou postes les plus à portée de prêter main-forte, et celle des postes de sapeurs-pompiers, doivent être affichées dans le poste par les soins de l'état-major de la place.

Tout chef de poste, en arrivant au corps de garde, doit les réclamer si elles manquent.

Les chefs de poste ne doivent pas perdre de vue que la force armée est essentiellement protectrice de l'ordre public, des personnes et de la propriété. En conséquence, ils prêtent main-forte pour l'arrestation des individus signalés comme délinquants, et des perturbateurs de l'ordre, lorsqu'ils en sont requis par les officiers de police, leurs agents, ou même par les particuliers. Dans aucun cas, ils ne marchent eux-mêmes et ne dégarnissent leur poste de plus de la moitié de sa force.

Ils doivent protéger toute personne dont la sûreté est menacée. Ils font arrêter les individus poursuivis par la clameur publique ou surpris en flagrant délit, conformément à l'article 106 du Code d'instruction criminelle.

Ils reçoivent tout individu qui est amené à leur poste par les agents de police. Ces agents doivent faire connaître le caractère public dont ils sont revêtus. Ils écrivent et signent leur réquisition sur le registre du poste.

Toutes les fois que les chefs de poste ont été dans le cas de faire procéder à une arrestation sur l'avertissement ou la plainte d'un tiers, sans l'intervention d'un officier de police, ils prennent, dans l'intérêt de leur responsabilité, les noms, professions et demeures des plaignants, et en font mention dans leur rapport.

Si un inconnu, n'offrant pas garantie suffisante, réclamait l'assistance de la garde pour faire arrêter une autre personne, en raison d'un dommage ou d'un délit qui ne serait pas apparent et bien constaté, le chef de poste les ferait conduire l'un et l'autre devant le commissaire de police.

Tous les individus arrêtés sont conduits, selon leur qualité et les prescriptions des consignes, à l'état-major de la place ou devant le commissaire de police, auxquels le chef de poste fait connaître par écrit les motifs et toutes les circonstances des arrestations.

Si des individus arrêtés pendant la nuit ne peuvent être immédiatement conduits à l'état-major de la place ou devant le commissaire de police, ils sont déposés au violon du poste et ne peuvent communiquer avec qui que ce soit. Ils sont particulièrement surveillés.

Les militaires et autres qui ont été arrêtés en état d'ivresse ne doivent être conduits à l'état-major ou devant le commissaire de police que lorsque leur ivresse a cessé.

Quand des rassemblements se sont formés à l'occasion d'une arrestation, et que, d'après les dispositions de la foule, le chef de poste juge que les personnes arrêtées ne peuvent être conduites avec sûreté par la force à ses ordres, il les fait garder au poste et informe l'état-major de la place.

Responsabilité des chefs de poste quant au maintien de l'ordre public.

85. En général, les commandants des gardes, piquets et patrouilles ne doivent pas perdre de vue les conditions de responsabilité, à l'égard du maintien de l'ordre public, que leur impose l'article 234 du Code pénal, ainsi conçu :

« Tout commandant, officier ou sous-officier de la force « publique qui, après avoir été légalement requis par l'auto- « rité, aura refusé de faire agir la force à ses ordres, sera « puni d'un emprisonnement d'un mois à trois mois, sans

« préjudice des réparations civiles qui pourraient être dues.»

Mais, en obtempérant aux réquisitions des fonctionnaires chargés de l'exécution des lois et des règlements de police, les chefs de poste restent libres d'adopter telles dispositions militaires proprement dites que l'objet des réquisitions leur paraît exiger.

Rixes et querelles dans l'intérieur des établissements publics et des maisons particulières.

86. Si un chef de poste est informé que des rixes, querelles et désordres d'une nature sérieuse se produisent dans un cabaret, un café ou tout autre lieu public, il y envoie un sous-officier ou un caporal avec le nombre d'hommes nécessaire pour les faire cesser, et arrêter, s'il y a lieu, les perturbateurs.

Cette troupe peut pénétrer dans l'établissement, les désordres dont il s'agit continuant, sans être assistée d'un commissaire ou officier de police (loi du 22 juillet 1791). Mais si, à l'arrivée de la garde, l'ordre est rétabli, elle n'entre pas.

Si les désordres se produisent dans une maison particulière, le chef de poste y envoie également un détachement. Mais il ne peut y entrer sans la réquisition du propriétaire ou sans l'assistance d'un commissaire de police, à moins que les cris *au feu! à l'assassin! au secours!* ne se fassent entendre.

Règles pour faire conduire des personnes arrêtées ou faire escorter des prisonniers.

87. Toutes les fois que le commandant d'une garde ou d'un piquet doit faire conduire des personnes arrêtées ou qu'il a été requis par l'autorité compétente de faire escorter des prisonniers, il se conforme aux règles suivantes :

L'escorte se compose toujours d'un nombre de soldats double du nombre des individus à conduire. Une escorte de deux à huit soldats est commandée par un caporal. Au-dessus de ce nombre elle est commandée par un sergent auquel le caporal reste adjoint. Elle est toujours en armes.

Le commandant de la garde ou du piquet, hors le cas d'empêchement absolu, assiste de sa personne à l'extraction des prisonniers et à leur remise à l'escorte. Il rappelle à son chef qu'aux termes de la loi il demeure responsable de leur évasion, et qu'il peut, pour ce fait, être traduit devant un conseil de guerre.

Dispositions militaires à prendre par les escortes.

88. Les hommes commandés pour le service d'escorte sont choisis de préférence parmi les anciens soldats. Ils marchent de manière à envelopper les prisonniers. Si l'escorte est commandée par un caporal, il se place à la queue de la colonne. Si elle est commandée par un sergent, le caporal prend la tête et le sergent reste en observation sur l'un des flancs, pour diriger les mouvements.

Les agents qui ont opéré les arrestations doivent d'ailleurs, autant qu'il est possible, conduire eux-mêmes les individus arrêtés, sous la protection de l'escorte, qui a surtout pour objet de prêter main-forte et d'empêcher les évasions.

Marche des escortes.

89. Il est expressément défendu à l'escorte de s'arrêter pendant le trajet et de permettre aux prisonniers de s'arrêter ou de communiquer avec qui que ce soit. Elle ne se laisse pas rompre par les voitures, évite les quartiers populeux, les foules, et se détourne, s'il est nécessaire, de la voie directe pour prendre les rues les moins fréquentées.

Effectif des escortes. — Cas d'insuffisance.

90. Dans aucun cas, les commandants des gardes ou piquets ne commandent pour le service d'escorte plus de la moitié de leur effectif. Pour se conformer à cette règle, ils font faire, s'il est nécessaire, l'opération en plusieurs fois, ou au moyen de réquisitions qu'ils sont autorisés à faire dans les postes ou casernes les plus rapprochés.

Évasion.

91. En cas d'évasion, les chefs de poste ou d'escorte, indépendamment de la responsabilité qu'ils encourent, sont tenus de faire immédiatement leur rapport, en spécifiant toutes les circonstances qui se rattachent à l'évasion.

Cas d'alarme, de trouble ou d'attaque.

92. En cas d'alarme, les chefs de poste tiennent leur troupe sous les armes. Ils ne laissent jamais de rassemblement ou d'attroupement se former dans les environs du corps de garde. Si, les rassemblements persistant, les chefs de poste constatent des symptômes de trouble sérieux, ils font charger les armes, préviennent les sentinelles d'être alertes, et précisent les circonstances dans lesquelles elles doivent se replier sur le poste.

L'état-major de la place, le commissaire de police et les postes voisins sont immédiatement avertis, si les communications le permettent.

En cas d'attaque, le commandant de la garde défend énergiquement son poste par tous les moyens en son pouvoir et jusqu'à la dernière extrémité, en se conformant d'ailleurs, pour cette défense, aux dispositions écrites que le commandant de place a arrêtées pour chaque poste en vue d'événements de ce genre. Ces dispositions font connaître, conformément à l'article 12, les postes qui, n'ayant à remplir qu'un objet de police urbaine, doivent se replier sur d'autres, suivant des règles déterminées, et les postes qui, destinés au contraire à servir de points d'appui aux troupes de la garnison, doivent être défendus à outrance.

Hors des cas d'attaque, les gardes, piquets ou patrouilles ne peuvent faire usage de leurs armes, en vue du rétablissement de l'ordre, que dans les circonstances et sous les conditions prévues par l'article 212.

Coffre à cartouches.

93. Il y a dans certains corps de garde un coffret renfer-

mant un nombre de paquets de cartouches au moins égal à celui des sous-officiers, des caporaux et des soldats qui composent le poste ; ce coffret, qui ferme à clef, et sur lequel sont apposés des scellés au cachet de la place, est fourni par l'artillerie sur la demande du commandant de place ; il est placé à l'abri du feu et des imprudences. La clef en est confiée au chef du poste, qui est responsable de la conservation des scellés, et qui ne peut les briser que lorsqu'il reçoit du commandant de place l'ordre de distribuer les cartouches, ou lorsque des circonstances extraordinaires et subites, compromettant évidemment la sûreté de son poste, l'obligent de faire charger les armes. Dans ce cas, il informe sur-le-champ l'état-major de la place et les postes ou casernes à proximité, et rappelle à sa troupe les prescriptions des articles 110 et 232.

Les officiers supérieurs de jour et les officiers de l'état-major de la place, lorsqu'ils font la visite des postes, constatent que les scellés posés sur les coffrets sont intacts ; un adjudant de place et un employé de l'artillerie s'assurent, aussi souvent qu'il est nécessaire, du bon état des munitions et renouvellent les scellés.

Les armes chargées dont la garde n'a pas été dans le cas de faire usage sont déchargées au poste au moment même où la garde est relevée. La poudre et les balles sont remises le même jour par l'adjudant de semaine au secrétaire archiviste, qui en délivre un reçu et les fait verser dans les magasins de l'artillerie.

Cas d'incendie.

94. En cas d'incendie, le chef du poste fait prendre les armes et avertir le poste des sapeurs-pompiers. Il détache un caporal et deux soldats pour reconnaître si l'incendie peut avoir des suites graves. S'il paraît tel au caporal, celui-ci informe immédiatement le chef de poste, qui envoie sur les lieux le nombre d'hommes armés dont il peut disposer sans

trop s'affaiblir, pour empêcher le désordre et faciliter les premiers secours.

Il avertit sans délai l'état-major de la place, le commissaire de police et les 'gardes de police des casernes qui sont à proximité.

A l'arrivée des troupes de la garnison, les hommes de garde retournent au poste.

Garde des portes. — Manière de reconnaître une troupe entrant dans la place.

95. Les commandants des gardes placées aux portes sont tenus de déférer aux réquisitions des portiers-consignes pour l'exécution des ordres sur la police des portes et des passages, et à celles des gardes du génie et éclusiers pour tout ce qui tient à la conservation des fortifications; ils font saisir les animaux trouvés pâturant sur les remparts ou dans les ouvrages et les mettent en fourrière. Ils en rendent compte sur-le-champ à l'état-major de la place.

Ils prêtent main-forte aux préposés des octrois et des douanes, lorsque ceux-ci réclament assistance pour l'exercice de leurs fonctions.

En l'absence des portiers-consignes, et lorsqu'ils en ont reçu l'ordre, ils font procéder par le sergent du poste aux diverses constatations prévues par l'article 34.

Ils interdisent la sortie de la place aux sous-officiers et aux soldats de la garnison qui ne sont pas dans la tenue du jour, à ceux qui sont en état d'ivresse ou qui, porteurs de leurs sacs ou d'effets militaires autres que ceux de la tenue du jour, n'ont pas une feuille de route ou une autorisation visée du commandant de place; ils font conduire à l'état-major de la place ceux qui sont en contravention.

Les jours de marché, ou lorsqu'il y a affluence de voitures, ils placent des sentinelles volantes pour empêcher l'encombrement aux portes ou sur les ponts, et maintenir le passage libre. Lorsqu'un voiturier a été arrêté pour avoir fait des dégradations aux portes ou aux ponts, ils en font sur-le-champ rapport à l'état-major de la place et attendent des ordres.

Le chef de poste fait entrer les troupes de la garnison sorties de la ville et celles dont l'arrivée lui a été annoncée, après les avoir fait reconnaître par un sergent ou un caporal, qui se conforme aux règles suivantes :

Il se porte avec quatre hommes, deux au moins, à trente pas au-delà de la sentinelle la plus avancée et leur fait apprêter les armes. Si la troupe n'a déjà été arrêtée par la sentinelle, il lui crie : *Halte-là!* dès qu'elle est à portée de l'entendre. Lorsqu'elle s'est arrêtée, il lui crie : *Qui vive?* et quand il lui a été répondu : *France,* il crie : *Quel corps?* La troupe s'étant fait connaître, il l'informe qu'elle peut pénétrer dans la place, par l'avertissement : *Entrez quand il vous plaira.*

Lorsque des déserteurs étrangers se présentent au poste avancé, dans les places frontières, le chef de ce poste ne les laisse communiquer avec qui que ce soit; il les fait conduire au chef de la garde de la porte, qui les envoie sous escorte à l'état-major de la place.

Ouverture et fermeture des portes des places de guerre.

96. En temps de paix, les portes des places de guerre restent habituellement ouvertes jour et nuit.

Cependant l'autorité militaire conserve la faculté de fermer, pendant la nuit, la totalité ou une partie de ces portes, toutes les fois qu'elle le juge nécessaire.

97. Lorsque, par application du paragraphe 2 de l'article précédent, il y a lieu, en temps de paix, de tenir closes, la nuit, les portes des places de guerre, on se conforme aux règles suivantes :

Les portes se ferment à huit heures dans les mois de novembre, décembre, janvier et février; à neuf heures, dans les mois de mars, avril, septembre et octobre ; à dix heures, dans les mois de mai, juin, juillet et août. Dans tous les cas, le guichet reste ouvert jusqu'à l'heure fixée par le commandant de place, de concert avec l'autorité civile.

Une demi-heure avant la fermeture des portes, le tambour ou clairon de garde à la porte, et, à son défaut, un tambour ou clairon commandé pour ce service, monte sur le parapet du rempart ; il y bat ou sonne la retraite. Cinq minutes avant la fermeture, il bat ou sonne le rappel.

Le portier-consigne, accompagné d'un soldat armé, va chercher les clefs chez le commandant de place. Un adjudant de place ou le secrétaire-archiviste s'y trouve pour les remettre au portier-consigne et pour les recevoir après la fermeture des portes. S'il n'y a point de portier-consigne, le chef de poste envoie un soldat sans armes accompagné d'un soldat armé.

Le portier-consigne, éclairé par un caporal tenant un falot et accompagné par des soldats de la garde portant leurs armes en bandoulière pour aider aux manœuvres nécessaires, ferme la barrière la plus avancée après qu'on a retiré les sentinelles extérieures ; il ferme successivement les autres portes et barrières et fait lever les ponts-levis. La garde est sous les armes. Le chef du poste s'assure par le rapport du caporal que tout est exactement fermé.

Aussitôt après la fermeture des portes, le portier-consigne, accompagné comme il a été dit, rapporte les clefs chez le commandant de place.

L'ouverture des portes a lieu une demi-heure avant le lever du soleil. Les portiers-consignes se conforment, pour aller chercher les clefs et les reporter chez le commandant de place, aux prescriptions des paragraphes 4 et 6 du présent article.

Pour l'ouverture des portes, le portier-consigne est accompagné d'un caporal et des hommes nécessaires aux manœuvres. Jusqu'à leur rentrée, les gardes des postes sont sous les armes.

98. En temps de guerre ou dans des circonstances extraordinaires, le commandant de place se conforme rigoureuse-

ment pour l'ouverture, la fermeture des portes et l'exécution
du service en général, aux prescriptions du titre IV, chapitre XXVII, articles 231 et suivants.

Rapport.

99. Tous les matins, à l'heure ordonnée par le commandant de place, les chefs de poste lui envoient un rapport relatant les faits et événements de toute nature qui se sont
passés depuis qu'ils ont pris possession du poste ; ils entrent
à cet égard dans des détails circonstanciés. Ainsi, si le poste
a participé à des arrestations, le rapport fait mention des
noms, prénoms, grades ou professions et demeures des personnes arrêtées, du motif de ces arrestations, de l'heure, du
lieu où elles ont été faites, du lieu où ces personnes ont été
conduites, etc.

Le rapport rend compte des punitions qui auraient été infligées aux hommes de garde, des mouvements de troupe qui
auraient eu lieu aux environs du poste depuis la retraite jusqu'au réveil, des heures d'arrivée et de départ des piquets de
renfort ou de surveillance qui seraient venus stationner au
poste, etc.

Enfin les chefs de poste informent le commandant de place,
dans un rapport spécial, de tout événement offrant quelque
gravité et que l'autorité supérieure a intérêt à connaître sur-
le-champ.

Le rapport est porté au secrétariat de la place par un sergent, si le chef de poste est officier ; par un caporal, si le
chef de poste est sergent ; par un soldat, si le chef de poste
est caporal.

Punitions.

100. Pour des fautes légères, les hommes de garde sont
employés, en dehors de leur tour, aux corvées du poste. On
peut aussi leur infliger, à la descente de la garde, une des
punitions déterminées par le règlement sur le service inté-

rieur; il est défendu de les punir par des factions en dehors de leur tour.

Lorsqu'un homme de garde commet une faute grave, il en est rendu compte au commandant de place, qui le fait relever, s'il y a lieu.

Un homme de garde ne peut être arrêté dans un poste sans la participation du chef de poste.

Les fautes commises par les hommes de garde ont toujours un caractère particulier de gravité et doivent être réprimées sévèrement.

2° DEVOIRS DES SERGENTS ET CAPORAUX DE GARDE QUI NE SONT PAS CHEFS DE POSTE.

Service du sergent de garde.

101. Le sergent de garde, sous les ordres d'un officier, surveille tous les détails du service et en assure l'accomplissement; il se porte partout où sa présence peut être utile; il ne s'écarte pas du poste lorsque l'officier en est lui-même éloigné.

En allant au rapport, il porte le registre du poste et les boîtes des rondes et des patrouilles; il les présente à la vérification du major de place; il rapporte au poste les marrons pour les rondes et les patrouilles, ainsi que pour la distribution du chauffage et de l'éclairage; il les remet au caporal de consigne, qui les donne au caporal de consigne de la nouvelle garde.

Le caporal ou le soldat qui, dans le cas prévu article 99, est envoyé au rapport, se conforme à ce qui vient d'être prescrit pour le sergent.

Service des caporaux de garde.

102. Lorsqu'il y a plusieurs caporaux dans un poste, le plus ancien est *caporal de consigne*. Les détails du service particulier dont il est chargé sont indiqués ci-après. Les autres se partagent entre eux la pose des sentinelles et la reconnais-

sance des rondes et patrouilles, de manière qu'ils aient un
service égal à faire. Lorsqu'il n'y a qu'un caporal, il est
chargé de l'ensemble du service.

Un caporal chef d'un petit poste peut, pendant le jour, se
faire suppléer, pour la pose des sentinelles, par un soldat,
choisi parmi les plus anciens, lequel n'en doit pas moins faire
faction à son tour.

Le matin, les caporaux font balayer le corps de garde et
les environs du poste par des hommes de corvée; ceux qui
sont de garde aux portes font balayer, en outre, les ponts et
le dessous des portes.

Caporal de consigne.

103. Le caporal de consigne est particulièrement chargé de
veiller à la propreté et à l'entretien du matériel en service
dans le corps de garde, tel qu'ustensiles, bancs, tables, planchettes de consigne et tous objets formant le mobilier du
poste. Il est responsable de leur conservation.

En prenant possession du poste, il vérifie avec le caporal
de consigne de la garde descendante si tous les effets énoncés
dans l'inventaire affiché au corps de garde existent et sont en
bon état; il s'assure également de l'état des portes, des fenêtres, etc.; il en rend compte au chef de poste. Si des effets
manquent ou sont dégradés, le chef du poste en informe le
commandant de place, qui les fait sur-le-champ remplacer
ou réparer aux frais du chef de poste de la garde descendante ou de qui de droit. Le caporal de consigne qui n'a pas
rendu compte au chef du poste est seul responsable des effets
manquants ou dégradés.

Dès que la garde a rompu les rangs, le caporal de consigne
envoie chercher le chauffage et l'éclairage par des hommes
de corvée; il leur remet le marron qui sert de bon pour la
distribution, et le brancard, la brouette ou le panier destiné
à transporter le chauffage. Les hommes de corvée sont en
bonnet de police; ils conservent leur giberne comme marque
de service.

Les corvées sont faites à tour de rôle, en commençant par les hommes qui doivent aller les derniers en faction.

Caporal de pose.

104. Le caporal de pose est responsable de la tenue des sentinelles, de leur exactitude à observer la consigne et à la transmettre aux sentinelles qui viennent les relever. Il est également responsable de la propreté et de la conservation des guérites et capotes de guérite.

Lorsque la garde est arrivée au poste, le caporal de pose, sur l'ordre du chef de poste, numérote les hommes, en commençant par ceux de la première file, pour déterminer les tours de faction (art. 80).

Il fait ensuite sortir la première pose, et la forme sur un rang en avant de la garde. Puis il va relever les sentinelles, de concert avec le caporal de pose de la garde descendante, en se conformant aux règles prescrites par l'article 106 ci-après.

Placement des sentinelles.

105. Les plus anciens soldats sont mis en faction devant les armes et aux postes les plus éloignés et les plus importants. Les jeunes soldats prennent les factions les plus rapprochées du corps de garde, pour qu'ils puissent être surveillés plus directement et instruits de leurs devoirs.

En règle générale, les sentinelles sont placées à telle distance qu'elles puissent être entendues du poste ou communiquer avec lui par les sentinelles intermédiaires.

Les sentinelles font faction sans porter le sac, à moins que le ministre de la guerre (ou de la marine) n'en ordonne autrement.

Manière de relever les sentinelles.

106. Les sentinelles sont relevées de deux heures en deux

heures, de jour comme de nuit ; elles le sont d'heure en heure lorsque la rigueur de la saison ou des circonstances particulières le font juger nécessaire au commandant de place ; dans ce cas, il en donne l'ordre au rapport.

Toutes les fois qu'un caporal doit aller relever les sentinelles, il fait sortir les soldats dont c'est le tour à marcher, en les appelant par leur numéro, les forme sur un rang et s'assure de la régularité de leur tenue et de l'état de leurs armes. Si, par exception, les armes doivent être chargées, il veille à ce qu'elles soient amorcées.

Il leur fait mettre l'arme au bras et les forme sur deux rangs, si le nombre des sentinelles est de quatre et au-dessus, se place à leur tête portant l'arme comme sous-officier, et les met en marche à une allure régulière. Il relève d'abord la sentinelle devant les armes, et successivement les autres, en commençant par les plus éloignées. Toutes, excepté la première, doivent le suivre jusqu'à son retour au poste.

A six pas de la sentinelle à relever, le caporal arrête ses hommes et leur fait porter les armes : la sentinelle se met également au port d'arme ; le caporal s'avance avec la nouvelle sentinelle, la place à gauche de l'ancienne et commande : *A droite et à gauche, présentez armes.* L'ancienne sentinelle donne la consigne ; le caporal la rectifie s'il y a lieu, et ajoute les explications nécessaires. Il leur fait ensuite porter les armes et mettre l'arme au bras. Il fait reconnaître par la nouvelle sentinelle l'état de la guérite et de la capote de guérite. Il examine s'il n'a pas été mis dans la guérite, ou à côté, des pierres pour s'asseoir, et si les fenêtres n'ont pas été bouchées.

La sentinelle relevée se place à la gauche du peloton. Le caporal fait mettre l'arme au bras, commande : *En avant, marche !* et va relever les autres sentinelles.

Il ramène au poste, dans le même ordre, les sentinelles relevées ; lorsque l'opération est terminée, il leur fait essuyer leurs armes et rompre les rangs : il rend compte au chef du poste.

Sentinelles d'augmentation.

107. A l'heure qui est prescrite par le commandant de place, le caporal prend les ordres du chef de poste pour placer, dans les lieux indiqués, les sentinelles d'augmentation pour la nuit ; il les informe de ce qu'elles ont à faire ; il les retire pour l'ouverture des portes.

Sergents et caporaux détachés.

108. Les sergents et les caporaux détachés d'un poste rendent compte immédiatement au chef de ce poste de tous les événements qui peuvent intéresser le service ; ils lui envoient leur rapport le matin, assez tôt pour qu'il puisse le comprendre dans son rapport au commandant de place.

Dès que les postes détachés sont relevés, ils rejoignent le poste principal dont ils font partie.

3° DEVOIRS DES SENTINELLES.

Devoirs généraux.

109. Les sentinelles ont toujours la baïonnette au canon ; elles peuvent mettre l'arme au bras, porter l'arme à volonté, ou avoir l'arme au pied ; elles ne doivent jamais la quitter, même dans la guérite ; lorsqu'elles sont dans le cas de se mettre en défense, elles croisent la baïonnette.

Elles doivent toujours garder une attitude militaire. Il leur est défendu de s'asseoir, de lire, de siffler, chanter ou fumer, de parler à qui que ce soit sans nécessité et de s'écarter de leur guérite à plus de trente pas. Elles ne souffrent pas qu'il soit fait des ordures ou des dégradations aux environs de leur poste.

Elles ne se laissent relever que par les caporaux du poste ; elles ne répètent leur consigne ou n'en reçoivent de nouvelles qu'en présence du chef du poste, du sergent ou des caporaux.

Elles sont constamment attentives et observent, du plus loin qu'elles peuvent, tout ce qui se passe en vue de leur poste ; à cet effet, elles ne restent dans leur guérite que pendant le mauvais temps. Elle en sortent toutes les fois qu'elles voient venir un officier général, le commandant de place, le major de la place, l'officier de visite des postes, une troupe quelle qu'elle soit, des autorités en corps, ou lorsqu'elles entendent du bruit.

Si, pendant la nuit, le mauvais temps les a forcées de se retirer dans leur guérite, elles en sortent lorsqu'elles entendent qui que ce soit approcher d'elles.

Alertes des sentinelles.

Les sentinelles ont trois alertes : le feu, le bruit, les honneurs.

Lorsqu'une sentinelle aperçoit un incendie, elle crie : *Au feu !*

Lorsqu'elle entend du bruit, voit commettre un délit ou du désordre, lorsqu'un individu est poursuivi par la clameur publique, etc., elle crie : *A la garde !* Ces cris sont répétés de sentinelle en sentinelle jusqu'au corps de garde ; le chef du poste envoie le sergent ou un caporal avec plusieurs soldats pour arrêter ceux qui troublent l'ordre, en se conformant aux prescriptions des articles 84, 85 et 86.

Pour rendre les honneurs, les sentinelles s'arrètent, font face en tête et portent ou présentent les armes lorsque le cortége ou la personne à qui ces honneurs sont dus est arrivé à cinq pas d'elles. Elles restent en position jusqu'à ce qu'elles aient été dépassées de cinq pas.

Les articles 338, 339 et 340 font connaître les circonstances dans lesquelles les sentinelles doivent porter ou présenter les armes, ou régulariser leur position pour rendre les honneurs.

Sentinelles devant les armes.

Les sentinelles devant les armes crient : *Aux armes !* lorsqu'elles entendent battre la générale ou lorsqu'elles aperçoivent le Saint-Sacrement, une troupe armée, un officier général, le commandant de place, l'officier de visite des postes (article 129), toute personne ou tout corps constitué pour lequel la garde doit prendre les armes, conformément aux règles posées par le présent décret, articles 329 et suivants.

Les sentinelles reconnaissent les patrouilles, rondes et troupes armées, d'après les règles prescrites par les articles 120, 122, 126. Si la garde doit sortir sans armes, elles crient : *Hors la garde !* La garde sort sans armes et se forme comme à l'ordinaire. S'il arrive qu'une sentinelle ait besoin de se faire relever, elle crie : *Caporal, venez relever.*

Les sentinelles doivent protection, sans quitter leur poste, à tout individu dont la sûreté est menacée et qui se réfugie auprès d'elles.

Sentinelles pendant la nuit.

110. Pendant la nuit, et particulièrement dans les circonstances prévues par l'article 92, les sentinelles ne se laissent pas approcher. A partir des heures fixées par les ordres de la place, elles crient : *Qui vive ?* d'une voix forte, après avoir apprêté l'arme, à toutes personnes qui viennent à passer, et, lorsqu'il leur a été répondu, elles crient : *Au large,* pour les faire passer du côté opposé à celui qu'elles occupent.

Si, après qu'elles ont crié trois fois : *Qui vive ?* on continue à s'avancer sans leur répondre, elles crient : *Halte-là !* si l'on ne s'arrête pas, elles croisent la baïonnette et empêchent de passer.

Si, après que les sentinelles, qui ont leurs armes chargées, ont crié trois fois : *Qui vive ?* on continue à s'avancer sans leur répondre, elles crient : *Halte-là !* et avertissent en même temps qu'elles vont tirer. Si, malgré cet avertissement, on continue à s'avancer, elles font feu et appellent la garde.

Sentinelles devant un magasin à poudre, à fourrages,
sur le rempart, etc.

111. Les sentinelles placées devant les magasins à poudre, à fourrages, ou devant des établissements publics dont la garde comporte une surveillance particulière, reçoivent toujours des consignes spéciales détaillées. Il en est de même des sentinelles placées sur le rempart ou sur un autre point de la fortification. Elles empêchent de monter sur les parapets, talus, banquettes, etc., et veillent à ce qu'il n'y soit fait aucune dégradation : elles ne laissent entrer dans les ouvrages ou passer sur les glacis que les officiers ou agents militaires que leur service y appelle et les personnes munies de permissions écrites visées par le commandant de place.

Les sentinelles placées sur le terre-plein du rempart rendent les honneurs en faisant face à la personne qui passe. Celles qui sont sur le parapet ou placées à l'extérieur font face à la campagne.

Sentinelles aux portes.

112. Les sentinelles aux portes et aux barrières veillent à ce que les voitures n'encombrent jamais le passage. Avant de laisser entrer une voiture, la sentinelle de la barrière crie : *Arrête là-bas !* avis qui est répété de sentinelle en sentinelle jusqu'à celle de la porte de la place. Cette dernière sentinelle empêche alors toute voiture de sortir; et, s'il n'y en a pas entre les portes, elle crie : *Marche,* avis qui est répété de sentinelle en sentinelle jusqu'à celle de l'avancée, qui fait alors défiler les voitures. Pendant que les voitures du dehors entrent, la sentinelle de la porte fait ranger celles qui se présentent pour sortir, de manière qu'elles n'embarrassent pas le passage. Lorsque toutes les voitures arrivant sont entrées, la sentinelle de la porte crie à son tour : *Arrête.* Cet avis transmis à la sentinelle de l'avancée, celle-ci répond : *Marche.* Alors la sentinelle de la porte fait mettre en marche les voi-

tures qui veulent sortir, avec les précautions qui ont été indiquées ci-dessus.

Lorsqu'une voiture se casse sur un pont, la sentinelle la fait ranger de côté et en avertit le chef du poste; si la voiture est cassée de manière à obstruer la voie, le chef du poste fait interdire la circulation jusqu'à ce que le passage soit débarrassé. Lorsqu'une voiture occasionne une dégradation à un pont ou une porte, la sentinelle l'arrête, la fait ranger de côté et prévient le chef du poste.

Les sentinelles empêchent de trotter ou de galoper sur les ponts.

Sentinelle à l'avancée.

Dès que la sentinelle de l'avancée découvre une troupe, elle crie: *Aux armes!* Si, avant d'avoir été reconnue, la troupe s'approche, elle lui crie : *Halte-là!* Si, après que ce cri a été répété trois fois, la troupe continue à s'avancer, la sentinelle se retire derrière la barrière et la ferme, après avoir averti le chef du poste.

Sentinelles des gardes de police.

113. Les sentinelles extérieures des gardes de police sont assujetties aux mêmes devoirs généraux que les sentinelles des postes de la place.

Insulte envers une sentinelle.

114. Tout militaire, quel que soit son grade, ou tout autre individu, qui insulte ou frappe une sentinelle, doit être arrêté sur-le-champ et conduit au commandant de place, qui fait dresser une plainte et la transmet à l'autorité compétente.

Postes de cavalerie.

115. Toutes les prescriptions du présent chapitre sont applicables, par analogie, au service des postes de cavalerie, ainsi qu'il a été dit article 77. Les sentinelles ont le manteau en sautoir, à moins que l'autorité supérieure n'en ordonne autrement.

CHAPITRE XI.

Du mot et de la retraite.

Du mot.

116. Le *mot* se compose du mot d'ordre et du mot de ralliement.

Il est donné par le commandant de place, qui l'a reçu, par la voie hiérarchique, du général commandant la division.

Une demi-heure avant le coucher du soleil, le major de la place, après avoir pris auprès du commandant de place les mots d'ordre et de ralliement, envoie le mot de ralliement à ceux des chefs des postes qui sont chargés de le communiquer aux avancées et aux autres postes extérieurs (1); il se rend ensuite sur la place d'armes, et, au coucher du soleil, il fait battre à l'ordre par le tambour de garde. Les sous-officiers ou caporaux et brigadiers envoyés par les postes se forment en bataille d'après le rang que ces postes avaient entre eux en défilant; ils portent l'arme dans le bras droit; le major en fait l'appel par poste et leur commande : *A droite et à gauche formez le cercle.* Un caporal ou brigadier et le nombre d'hommes nécessaire sont détachés du poste de la place d'armes pour former un deuxième cercle faisant face à l'extérieur, à quatre pas du premier; ces hommes présentent les armes et empêchent qui que ce soit d'approcher.

Le major donne le mot à l'envoyé du premier poste, qui le donne à l'envoyé du second, placé à sa gauche, et ainsi de suite, jusqu'à ce que le mot soit rendu au major par l'envoyé du dernier poste. Si le mot n'est pas rendu exactement, le major le donne de la même manière une seconde fois; il y ajoute les ordres relatifs aux patrouilles que les hommes doivent fournir pendant la nuit (art. 118), et fait rompre le cer-

---

(1) Dans l'intérêt de la sûreté des places de guerre, les postes établis hors des portes ne reçoivent jamais que le mot de ralliement.

cle, au commandement de *Rompez le cercle*. Les sous-officiers ou caporaux et brigadiers vont rendre aux chefs des
postes le mot et les ordres donnés.

Les chefs des postes réunissent les sous-officiers et les caporaux ou brigadiers de leur garde et leur donnent le mot.

Les caporaux ou brigadiers donnent le mot de ralliement
aux sentinelles.

Le major envoie le mot par un officier ou un sous-officier
aux autorités civiles et militaires, aux officiers et fonctionnaires employés dans la place, en se conformant aux prescriptions de l'article 355.

De la retraite.

117. En règle générale, la retraite de la garnison dans
les places de guerre est battue une heure après le coucher du
soleil. Mais cette règle n'est pas absolue en temps de paix;
elle reste subordonnée aux saisons, aux circonstances, et
dépend des ordres donnés par le général commandant la
division.

Le commandant de place peut, lorsqu'il le juge utile,
avancer ou retarder l'heure de la retraite; mais il en rend
compte au général commandant la subdivision et en informe
l'autorité civile.

Les tambours, clairons et trompettes de la garnison sont
conduits en ordre sur la place d'armes, un quart d'heure
avant la retraite, par les caporaux-tambours ou clairons, ou
brigadiers-trompettes, ou par le plus ancien tambour, clairon ou trompette; ils se placent dans l'ordre des corps entre
eux. Un des tambours-majors de la garnison, commandé à
tour de rôle pour ce service, est présent. A l'heure fixée, les
tambours font un roulement; après ce roulement, les clairons, puis les trompettes sonnent la retraite, ensuite les tambours la sonnent de pied ferme; après douze mesures battues,
tous se divisent, et sont conduits en battant et sonnant jusqu'à
leurs casernes, où les tambours battent douze mesures de
pied ferme avant de se séparer.

Le commandant de place détermine les rues par lesquelles la retraite doit passer.

CHAPITRE XII.

Des patrouilles, des rondes et de la visite des postes.

Patrouilles.

118. Les patrouilles se font habituellement de nuit; il en est fait de jour lorsque les circonstances l'exigent. Elles marchent sac au dos. Elles parcourent l'intériéur de la place et le terrain militaire; le commandant de place peut les envoyer jusqu'aux limites de la garnison déterminées par l'article 145.

Le nombre des patrouilles et leur force sont réglés par le commandant de place, qui prescrit l'heure de leur départ et fixe leur itinéraire, en le modifiant souvent. Elles sont commandées, suivant les circonstances, par un officier, un sous-officier et un caporal ou brigadier. Pendant la nuit, et quand l'objet qu'elles doivent remplir le fait juger nécessaire, elles peuvent être accompagnées par un agent de la police civile, qui marche à la droite du chef de patrouille.

Le major prescrit tous les jours, en donnant le mot, les dispositions relatives aux patrouilles que les postes doivent faire pendant la nuit. Si la force des postes ne leur permet pas de fournir toutes les patrouilles, elles sont prises dans les piquets.

Les chefs de patrouille reçoivent, par les soins du major de place, des marrons sur lesquels sont inscrits le numéro et l'heure des patrouilles; ils sont tenus de les déposer dans les boîtes placées pour cet objet dans les corps de garde ou dans les guérites qui leur sont indiqués. Ces boîtes sont portées au secrétariat de la place avec le rapport du matin; le major en a la clef : il vérifie, au moyen des marrons, si les patrouilles ont été faites exactement et dans l'ordre voulu; il en rend compte au commandant de place.

3.

Devoirs des chefs de patrouille.

119. Les chefs de patrouille parcourent lentement, en bón ordre et en silence, le chemin qui leur a été tracé; ils ne peuvent s'en écarter que lorsqu'ils entendent du bruit dans les rues voisines ou aperçoivent un incendie. Dans le premier cas, ils se conforment aux prescriptions des articles 84, 85, 86 et suivants ; dans le deuxième cas, ils se portent vers l'incendie pour maintenir l'ordre, après avoir fait avertir le poste le plus voisin. Ils se retirent quand les troupes de la garnison arrivent.

Les patrouilles arrètent les militaires qu'elles trouvent sans permission dans les rues après la retraite, les sous-officiers qui sont rencontrés après l'heure fixée pour leur rentrée, et toutes personnes qui commettent des désordres, troublent le repos des habitants ou qui sont en contravention avec les lois ou règlements de police. Les uns et les autres sont déposés au corps de garde le plus voisin pour être, le lendemain, conduits à l'état-major de la place ou devant le commissaire de police, suivant leur qualité.

Les chefs de patrouille s'assurent de la vigilance des sentinelles; s'ils en trouvent en défaut, ils en préviennent le chef du poste auquel elles appartiennent.

A leur retour, ils rendent compte au chef de leur poste, qui fait entrer leur rapport dans celui qu'il adresse au commandant de place (art. 99).

Manière de reconnaître les patrouilles.

120. Lorsque la sentinelle placée devant les armes aperçoit une troupe armée, elle apprète son arme et crie : *Qui vive ?* et lorsqu'il lui a été répondu : *Patrouille,* elle crie : *Halte-là! caporal, patrouille.* Un des caporaux ou brigadiers de garde sort, accompagné de deux hommes armés et d'un troisième portant un falot; il s'avance à quinze pas, laissant à quatre pas derrière lui son escorte, à laquelle il a fait apprêter les armes. Il crie : *Qui vive ?* La patrouille ayant répondu,

il crie : *Avance à l'ordre,* et croise la baïonnette. Le chef de la patrouille s'avance seul, les hommes qui l'accompagnent restant à l'endroit où ils ont été arrêtés par la sentinelle; il donne le mot d'ordre au caporal ou brigadier, qui lui rend le mot de ralliement, et qui se met en bataille avec son escorte pour le laisser passer : la sentinelle porte les armes.

Le caporal ou brigadier et les hommes qui doivent l'accompagner pour la reconnaissance des patrouilles et des rondes sont désignés à l'avance et se tiennent toujours prêts.

Si le mot d'ordre n'est pas celui qui a été donné, le caporal ou brigadier appelle la garde et conduit le chef de patrouille au commandant du poste. Celui-ci l'examine, et, s'il lui paraît suspect, il le fait arrêter ainsi que les hommes qui l'accompagnent. Il en fait prévenir immédiatement le commandant de place.

Si la patrouille ne s'arrêtait pas au cri : *Halte-là,* la sentinelle le renouvellerait une seconde fois, et si la patrouille continuait à s'approcher, elle crierait : *Aux armes!* et croiserait la baïonnette; le poste sortirait et se mettrait en défense.

Les sentinelles qui ne sont pas devant les armes arrêtent également les patrouilles par le cri : *Qui vive?* après avoir apprêté l'arme. La réponse reçue, elles crient : *Halte-là, avance au ralliement,* et croisent en même temps la baïonnette. Elles reçoivent le mot de ralliement du chef de la patrouille, qui doit s'avancer seul, et ne le lui donnent jamais.

Les chefs de patrouille entrent seuls au poste pour apposer leur signature sur la feuille de rapport. Ils y indiquent l'heure de leur passage au corps de garde et le nom du poste auquel ils appartiennent.

Rencontre de deux patrouilles.

121. Lorsque deux patrouilles se rencontrent, celle qui la première aperçoit l'autre, crie : *Qui vive?* et s'arrête; l'autre répond et s'arrête aussi. La première crie : *Avance à*

l'ordre ; les chefs des deux patrouilles s'avancent seuls l'un vers l'autre ; celui qui a crié le premier : *Qui vive ?* reçoit de l'autre le mot d'ordre, quel que soit son grade, et lui donne le mot de ralliement. Les patrouilles se remettent en marche, et, en passant l'une auprès de l'autre, elles portent les armes.

Troupe armée passant de nuit à portée d'un poste.

122. Lorsque, pendant la nuit, une troupe passe à portée d'un poste, la sentinelle lui crie : *Qui vive ?* le chef de la troupe répond en faisant connaître le corps auquel il appartient ; la sentinelle crie : *Halte-là ! aux armes, troupe.* Le chef du poste fait prendre les armes à la garde et envoie un caporal ou brigadier et deux hommes pour reconnaître la troupe ; le caporal ou brigadier fait avancer à l'ordre, en se conformant, pour le placement de son escorte, aux dispositions de l'article 120, et lorsque le chef de la troupe lui a donné le mot, il le conduit au chef du poste, qui l'examine. La troupe et la garde ont les armes portées.

Les sentinelles qui ne sont pas devant les armes arrêtent de même toute troupe passant à portée d'elles et font avancer son chef au ralliement.

Toutes les fois qu'une troupe sort des casernes pendant la nuit, l'officier qui la commande reçoit, par les soins du chef du corps, les mots d'ordre et de ralliement : la troupe marche sans bruit de caisse, de clairon ou de trompette.

Service de ronde.

123. Le commandant de place règle le nombre et l'espèce des rondes ; il détermine les heures où elles doivent être faites, les postes d'où elles partent et ceux qu'elles ont à visiter. Lorsque l'étendue de la place en rend le parcours entier trop pénible, les rondes n'en suivent qu'une partie. Dans des cas extraordinaires, le commandant peut prescrire de doubles rondes qui, partant de points différents, se croisent en chemin.

Lorsque le petit nombre des officiers de compagnie présents rend le service des rondes trop pénible, les officiers pourvus d'emplois spéciaux peuvent être appelés à concourir avec eux pour ce service, par exception aux prescriptions de l'art. 63. Les sergents-majors et les sergents-fourriers, les maréchaux des logis chefs et les maréchaux des logis fourriers sont, en tout temps, commandés pour le service des rondes; ils concourent avec les sergents et maréchaux des logis et s'annoncent *ronde de sous-officier.*

Différentes espèces de rondes.

124. Il y a quatre espèces de rondes :

1° *Ronde simple,* de capitaine, lieutenant, sous-lieutenant ou sous-officier;

2° *Ronde-major,* du major de la place ou d'officier supérieur;

3° *Ronde du commandant de place;*

4° *Ronde d'officier général.*

Les officiers et sous-officiers de ronde reçoivent le mot de l'adjudant-major de semaine de leur régiment. Le poste d'où ils partent leur fournit un falot allumé. Les officiers le font porter devant eux par un soldat. Les sous-officiers le portent eux-mêmes et sont tenus de le rendre, leur ronde terminée. Les postes d'où partent les rondes sont pourvus de deux falots, afin qu'il en reste toujours un au corps de garde.

Les officiers généraux, le commandant de place, le major de place, les officiers supérieurs, commandés en certains cas pour le service de ronde, peuvent le faire à cheval. Les officiers généraux et le commandant de place, pour se faire reconnaître par les postes, ne sont pas tenus de mettre pied à terre.

Les officiers généraux peuvent se faire escorter par un caporal ou brigadier et quatre soldats, un autre soldat porte le falot; le commandant de place par deux soldats, un troisième portant le falot. La même escorte peut être donnée au major et aux officiers supérieurs de ronde, lorsque les circonstances le font juger nécessaire. Les escortes sont, sur la désignation du commandant de place, successivement relevées par les postes dont l'effectif le permet.

Devoirs des officiers et sous-officiers de ronde.

125. Les officiers et les sous-officiers de ronde suivent le terre-plein des ouvrages dans lesquels ils passent, et montent de temps en temps sur le rempart; ils examinent si les sentinelles sont toutes à leurs postes et si elles remplissent leurs devoirs; ils avertissent les chefs de poste des fautes ou des négligences qu'ils ont remarquées. S'ils découvrent des faits contraires au bon ordre, ils en préviennent le chef de poste le plus voisin, pour qu'il y pourvoie, et en font mention dans le rapport écrit qu'ils adressent au commandant de place le lendemain matin. Si ce qu'ils découvrent intéresse la sûreté de la place, ils en informent sur-le-champ les postes voisins, et vont en rendre compte au commandant de place.

Les officiers et les sous-officiers de ronde sont tenus de signer le registre déposé dans les corps de garde. Ils y indiquent l'heure de leur passage. On peut aussi placer dans certaines guérites des boîtes où ils déposent les marrons que le major de la place leur fait remettre.

Manière de reconnaître les différentes rondes.

126. Lorsque la sentinelle placée devant les armes a crié : *Qui vive?* et qu'il lui a été répondu : *Ronde d'officier* ou *Ronde de sous-officier,* elle crie : *Halte-là! caporal* (ou *brigadier*), *ronde d'officier* ou *ronde de sous-officier.* Un caporal ou brigadier de la garde sort, accompagné de deux hommes armés et d'un troisième portant le falot; il se porte quinze pas en avant, plaçant son escorte comme il a été dit art. 120, et crie: *Qui vive?* La ronde ayant répondu, il crie : *Avance à l'ordre,* et croise la baïonnette. L'officier ou le sous-officier de ronde lui donne le mot d'ordre (1), le caporal ou brigadier lui rend

_____

(1) Toutes les fois qu'une ronde se fait reconnaître par un poste, elle donne le mot d'ordre, quelle que soit son espèce, et reçoit le mot de ralliement.

le mot de ralliement et se met en bataille avec son escorte pour le laisser passer ; la sentinelle porte les armes. Si le mot d'ordre n'est pas celui donné par la place, le caporal ou brigadier conduit l'officier ou le sous-officier au chef du poste, qui l'examine et le fait arrêter s'il y a lieu.

S'il est répondu à la sentinelle : *Ronde major*, elle crie : *Halte-là ! aux armes, ronde major.* La garde prend les armes sur-le-champ ; le chef du poste, après l'avoir formée et lui avoir fait porter les armes, se porte à quinze pas en avant, accompagné par un soldat portant le falot et suivi par un caporal ou brigadier et deux hommes armés, qui se tiennent à quatre pas derrière lui les armes apprêtées et qui, la ronde reconnue, vont reprendre leur rang. Le chef de poste crie de nouveau : *Qui vive?* et sur la réponse : *Ronde major*, il crie : *Avance à l'ordre.* Le major ou officier supérieur de ronde s'avance seul et donne le mot d'ordre ; le chef du poste, le sabre ou l'épée à la main, lui rend le mot de ralliement ; il lui présente la garde et lui fait son rapport. La sentinelle porte les armes.

La ronde du commandant de place et celles des officiers généraux s'annoncent : *Ronde du commandant de place* et *Ronde d'officier général.* Elles sont reconnues et reçues de la même manière que la ronde-major. La garde est au port d'armes, ainsi que la sentinelle (1).

Dans aucun cas, un officier de ronde ne peut passer l'inspection d'un poste dont le commandant a la supériorité du grade ou, à grade égal, l'ancienneté.

Rencontre de deux rondes.

127. Lorsque deux rondes se rencontrent, celle qui la première aperçoit l'autre crie : *Qui vive?* et s'arrête ; celle-ci répond : *Ronde,* en désignant de quelle espèce, et s'arrête

(1) Toutes les fois qu'une garde sort la nuit pour reconnaître une ronde, elle porte les armes, ainsi que la sentinelle, quelle que soit l'espèce de la ronde, non à titre d'honneur, car il est de principe qu'il n'en est pas rendu pendant la nuit, mais pour être toujours en mesure de se mettre en défense.

aussi ; la première s'annonce à son tour, et, lorsqu'elles sont à la même hauteur, celle qui la première a crié : *Qui vive?* reçoit le mot d'ordre et rend le mot de ralliement, de quelque espèce qu'elle soit.

La même règle s'applique à la rencontre d'une ronde et d'une patrouille.

Visites des postes. — Officier supérieur de jour.

128. Un officier supérieur est habituellement commandé pour la visite des postes pendant le jour : il est dit officier supérieur de jour.

Les colonels, les lieutenants-colonels, les chefs de bataillon, les chefs d'escadron et les majors des troupes de la garnison, infanterie, cavalerie, artillerie et génie, roulent ensemble pour ce service ; les officiers supérieurs sans troupe, appartenant à l'état-major des armes spéciales, etc., en sont exempts, comme il a été dit à l'art. 73.

Le major de la place et, à son défaut, les adjudants de place, peuvent faire également la visite des postes.

Le major de la place désigne l'officier supérieur de jour au rapport du matin.

A défaut ou en cas d'insuffisance d'officiers supérieurs, les capitaines peuvent être employés à la visite des postes.

Manière de reconnaître l'officier supérieur de jour. —
Devoirs qu'il remplit.

129. Dès que la sentinelle devant les armes aperçoit l'officier supérieur désigné pour faire la visite des postes, lequel doit toujours être revêtu de l'insigne du service, elle crie : *Aux armes !* La garde se forme promptement ; le chef du poste la fait reposer sur les armes ; la sentinelle présente les armes.

L'officier supérieur de visite en passe l'inspection : il s'assure qu'il ne manque personne et que les armes sont en bon état ; que chacun connaît ses devoirs et les remplit avec exactitude ; il reçoit le rapport verbal du chef du poste ; il s'assure

que les sentinelles sont placées comme elles doivent l'être;
il leur fait répéter leur consigne en présence du chef de poste.

Il peut encore être chargé de visiter les prisons et les hôpitaux militaires. Dans ce cas, il se conforme aux prescriptions
des art. 170 et 185.

Il adresse son rapport par écrit au commandant de place et
le lui fait remettre le lendemain matin à l'heure fixée; dans
les cas urgents, il le lui envoie sur-le-champ ou va le lui
faire lui-même.

Dispositions générales.

130. Les officiers commandés pour faire les rondes, la visite des postes, celle des hôpitaux et des prisons, ne sont dispensés des devoirs du service ordinaire qu'autant que ces
devoirs ne peuvent se concilier avec ceux du service de
place.

Cette disposition est applicable aux sous-officiers commandés pour les rondes et les patrouilles.

CHAPITRE XIII.

De la police militaire dans les places.

Objet de la police militaire.

131. La police militaire s'exerce par le commandant de
place ou, sous sa direction, par ses subordonnés, sur tout ce
qui concerne l'ordre public, le service de la place, la garde
des fortifications et des établissements militaires, la tenue et
la police générale des troupes.

Officiers généraux, officiers, fonctionnaires et employés arrivant dans une place.

132. Les officiers généraux qui arrivent dans une place pour
y séjourner en donnent avis au commandant de place. Ils le
préviennent aussi de leur départ.

Les intendants généraux, les intendants divisionnaires, les

inspecteurs du service de santé, se conforment à la même règle.

Les officiers supérieurs et autres, les sous-intendants militaires et adjoints se présentent chez le commandant de place à leur arrivée et à leur départ, à moins qu'ils ne soient d'un grade ou d'un rang supérieur au sien. Dans ce dernier cas, ils l'informent par écrit.

Les officiers d'administration, les employés et agents du département de la guerre, se présentent également chez le commandant de place à leur arrivée et à leur départ.

Les militaires de tout grade, fonctionnaires militaires, employés ou agents du département de la guerre (hors les officiers généraux, intendants généraux, intendants divisionnaires, inspecteurs du service de santé), quel que soit le motif de leur déplacement, doivent présenter à l'état-major de la place les titres dont ils sont porteurs. Inscription en est faite sur un registre particulier, avec indication du domicile du titulaire.

Permissions.

133. Les permissions pour s'absenter de la place, que les chefs de corps ou de service accordent aux militaires ou agents sous leurs ordres, doivent être visées par le commandant de place, lors même qu'elles ne sont accordées que pour une nuit (art. 39, 5°).

Les chefs de service qui ne sont pas exclusivement attachés à la place dans laquelle ils résident informent le commandant de place lorsqu'ils ont à s'absenter. Ils le préviennent de leur retour.

Travailleurs en ville.

134. Les chefs de corps informent le commandant de place, par la voie du rapport, des permissions qu'ils accordent à des militaires sous leurs ordres pour travailler en ville, ainsi que du nom et de la demeure des habitants chez qui ces militaires sont employés. Ils l'informent également lorsque ces hommes reprennent leur service.

Obligation de l'uniforme.

135. Le commandant de place veille à ce que les militaires de la garnison, quel que soit leur grade, soient toujours en tenue. Il donne lui-même l'exemple à cet égard.

Dans les places occupées par plusieurs corps, l'uniformité de la tenue, aux heures fixées par les règlements, est déterminée par un ordre du général commandant la subdivision.

Spectacle.

136. Le commandant de place intervient pour assurer les avantages de l'abonnement au spectacle aux officiers de la garnison qui voudraient en jouir, et pour que cet abonnement soit fait au plus bas prix possible.

Dans les places dont la garnison est nombreuse, le commandant de place prend des dispositions spéciales pour assurer, pendant les représentations théâtrales, le bon ordre et l'observation des règles de police intérieure par les militaires qui fréquentent le spectacle. Un officier est de service pour cet objet.

Cantiniers dans les casernes.

137. Il veille à ce que les employés chargés de la perception des droits dont les lois de finances rendent passibles les cantiniers non commissionnés par le Ministre de la guerre, établis dans les bâtiments militaires, ne soient pas troublés dans l'exercice de leurs fonctions.

Maisons de jeu, cabarets, filles publiques.

138. Le commandant de place ne permet pas que les militaires de la garnison se livrent aux jeux de hasard. Lorsqu'il est informé qu'une maison de jeu est fréquentée par eux, il la signale à l'autorité civile.

Il peut aussi requérir la visite des auberges, cafés, cabarets et autres lieux publics, pour que les militaires n'y soient pas reçus après la retraite.

Toute fille publique rencontrée dans les casernes ou établissements militaires est arrêtée et remise à la police civile.

Le commandant de place a droit au concours de l'autorité civile pour toutes les mesures de recherche et de précaution, à l'égard des filles publiques, qu'exige le soin de la santé des hommes.

Déserteurs.

139. Dès qu'un militaire de la garnison est soupçonné de désertion, le chef du corps auquel il appartient envoie sur-le-champ son signalement au commandant de place, indépendamment de celui qu'il est tenu de faire remettre à la gendarmerie; le commandant de place prend les mesures nécessaires pour le faire arrêter.

Troupes consignées dans la place ou dans les casernes.

140. Lorsque les circonstances l'exigent, le commandant de place peut, de son propre mouvement ou sur la demande des chefs de corps, consigner aux portes les troupes ou une partie des troupes de la garnison; dans ce cas, les sous-officiers et les soldats consignés ne sortent de la place qu'avec une permission signée par le chef de corps et visée par le commandant de place.

Dans les circonstances graves, le commandant de place peut consigner dans les casernes la totalité ou une partie des troupes de la garnison.

Lorsqu'un chef de corps a jugé nécessaire de consigner au quartier son régiment en totalité ou en partie, il en informe sur-le-champ le commandant de place et lui en fait connaître les motifs.

Le commandant de place rend toujours compte de ces consignes au commandant de la subdivision; hors le cas d'urgente nécessité, elles ne peuvent, sans l'autorisation de ce dernier, être prolongées au-delà de vingt-quatre heures, s'il s'agit d'un régiment ou d'un bataillon entier ou de plusieurs escadrons, ni au-delà de quarante-huit heures, s'il s'agit d'une compagnie, d'un escadron ou d'une batterie.

Assemblée des troupes.

141. Aucune troupe ne peut se rassembler dans une place de guerre, hors de ses casernes, sans l'autorisation du commandant de place. Cette autorisation est demandée, une fois pour toutes, pour les inspections du dimanche, lorsqu'elles ne peuvent être passées dans l'intérieur des casernes, et pour tous les exercices qui ont lieu dans l'intérieur de la place. Les chefs de corps font connaître les heures auxquelles ces exercices ont. lieu.

Lorsqu'un corps doit, pendant le jour, prendre les armes qu monter à cheval seul et à l'improviste, le commandant de place, après avoir prévenu le chef de corps, fait battre la marche particulière au régiment ou sonner le boute-selle; les tambours ou les trompettes parcourent les différents quartiers de la ville. De nuit, le rassemblement a lieu sans bruit de caisse ni de trompette; des sous-officiers ou des caporaux vont prévenir les officiers dans leurs logements.

Une troupe en marche ne doit pas se laisser couper.

142. Une troupe marchant en armes dans l'intérieur de la place ne doit pas se laisser couper par la foule ou par les voitures.

Cas d'alarme.

143. L'alarme, de quelque nature qu'elle soit, est annoncée par la générale (art. 213).

Toute troupe arrivant dans une place, soit qu'elle doive y séjourner, soit qu'elle ne fasse qu'y passer, reçoit du commandant de place des instructions relatives au rôle qu'elle doit remplir et aux postes qu'elle doit occuper en cas d'alarme.

A la générale, les officiers, les sous-officiers et les soldats sont tenus de se réunir sur-le-champ au corps dont ils font partie.

Chaque corps est informé immédiatement, et conduit avec armes et bagages à l'emplacement qu'il doit occuper.

Le commandant de place peut, en se conformant aux dispositions de l'article 213 du présent décret, faire battre la générale de jour ou de nuit, pour s'assurer de l'exécution des prescriptions de l'article 12; mais il ne doit user de cette faculté que très-rarement et avec la plus grande circonspection.

Distributions.

144. Le commandant de place assiste aux distributions toutes les fois qu'il le juge convenable.

Lorsqu'il y a plusieurs corps dans la place, le commandant de place règle, d'après les besoins du service, de concert avec le sous-intendant, les heures des différentes distributions. Chaque corps, autant que possible, est à son tour servi le premier. Quand l'un d'eux doit faire un mouvement, il est servi le premier, lors même que ce ne serait pas son tour. Si la distribution pour un corps est commencée, elle ne peut être interrompue par l'arrivée d'un autre qui aurait dû être servi avant lui.

Limites de la garnison.

145. Des poteaux portant pour inscription : « limite de la garnison, » sont plantés autour des places de guerre sur les routes qui y aboutissent. Ils déterminent la zone que les soldats de la garnison ne peuvent dépasser sans une autorisation du commandant de place, quand la place est déclarée en état de guerre (art. 239).

Ces limites sont à la distance de mille mètres à partir de la crête des chemins couverts les plus avancés. Toutefois le général commandant la division a la faculté d'étendre ses limites jusqu'à deux mille et trois mille cinq cents mètres, selon que la place est en première, deuxième ou troisième ligne, en ayant égard aux circonstances et aux localités.

TITRE VII.

—

CHAPITRE XXXV.

Honneurs militaires.

Visites de corps.

299. Les corps d'officiers des troupes de terre et de mer, les officiers sans troupes, fonctionnaires et employés de la guerre et de la marine, présents dans la localité, doivent des visites de corps :

> Aux Maréchaux de France et Amiraux,
>> Généraux de division et vice-amiraux,
>> Préfets maritimes,
>> Intendants généraux inspecteurs.
>> Généraux de brigade et contre-amiraux,
>> Intendants divisionnaires,
>> Majors généraux de la marine qui ne sont pas contre-amiraux,
>> Inspecteur général des constructions navales,
>> Inspecteur général du service de santé (armée de mer),
>> Inspecteurs du service de santé (armée de terre),
>> Commandants de place,
>> Cardinaux, archevêques et évêques,
>> Premiers présidents des Cours d'appel,
>> Préfets,
>> Président de Cour d'assises (1).

Toutefois l'obligation des visites de corps, aux officiers, fonctionnaires et employés des armées de terre et de mer, est subordonnée réciproquement à la restriction consacrée par l'art. 300 ci-après :

Disposition spéciale.

300. Les corps d'officiers, les officiers sans troupe, fonc-

---

(1) La visite de corps à ce magistrat ne comprend qu'un officier supérieur et un officier de chaque grade par corps, et un fonctionnaire ou employé de chaque service, mais tous les officiers de gendarmerie doivent y prendre part

tionnaires et employés de l'armée de terre, en ce qui concerne leurs obligations à l'égard des autorités maritimes, ne font de visites de corps qu'aux officiers généraux.

Réciproquement, les corps d'officiers, les officiers sans troupe, fonctionnaires et employés de l'armée de mer, en ce qui concerne leurs obligations à l'égard des autorités militaires, ne doivent de visites de corps qu'aux officiers généraux.

Chefs de corps ou chefs de service. — Officiers ou fonctionnaires en mission.

301. Les officiers, fonctionnaires et employés de la guerre et de la marine doivent des visites de corps aux officiers et fonctionnaires chefs de corps ou chefs de service, sous les ordres desquels ils sont directement placés, ou qui ont une mission des Ministres de la guerre ou de la marine près du service dont ils dépendent.

Visites de corps faites en grande tenue. — Avis préalable.

302. Les visites de corps sont faites en grande tenue. Elles ont lieu après l'arrivée dans la place des personnes à qui elles sont dues, sur l'avis que ces personnes ont préalablement adressé à celle des autorités militaires ou maritimes qui a qualité pour donner les ordres nécessaires. Le lendemain de l'arrivée et la veille du départ d'un corps de troupes, des visites sont également faites par le corps d'officiers (art. 197), dans les formes et aux heures indiquées par l'autorité militaire ou maritime.

Corps de passage dans une place.

303. Lorsqu'un corps de passage dans une place n'y doit pas séjourner, il ne fait pas de visites. Le chef de corps se présente seul chez l'officier général ou supérieur commandant sur les lieux, en tenue de route. Il est dispensé de cette visite lorsque le corps ne fait que traverser la ville.

CHAPITRE XXXVI.

Honneurs à rendre par les troupes.

Le Saint-Sacrement.

307. Lorsque le Saint-Sacrement passe devant une troupe en armes, elle fait halte, si elle est en marche, et se forme en bataille. Les hommes dans le rang présentent les armes, mettent le genou droit à terre et portent la main droite à la coiffure. Les tambours et clairons battent et sonnent aux champs, les trompettes sonnent la marche. Tous les officiers saluent de l'épée ou du sabre. Les drapeaux et étendards saluent.

Troupes en marche.

322. Lorsqu'une troupe en armes en rencontre une autre, toutes les deux portent les armes; les tambours et clairons battent ou sonnent aux champs; les trompettes sonnent la marche; les commandants des deux troupes se font réciproquement le salut des armes; les drapeaux et étendards saluent.

Cet échange d'honneurs se fait sans arrêter la marche, et les deux troupes ne doivent pas s'attendre pour les rendre.

Elles prennent chacune leur droite. En cas d'encombrement, les troupes à cheval se rangent et laissent passer les troupes à pied.

Troupes passant devant un poste.

323. Lorsqu'une troupe en armes passe devant un poste, elle rend les honneurs la première, d'après les mêmes règles. Le poste se conforme aux dispositions de l'art. 337.

Honneurs à rendre par les troupes aux drapeaux et étendards.

324. Ces honneurs sont rendus conformément aux règles tracées par le titre V de l'ordonnance du 4 mars 1831 sur les

4

manœuvres de l'infanterie, et par le titre Ier de l'ordonnance du 6 décembre 1829 sur les manœuvres de la cavalerie.

CHAPITRE XXXVII.

Honneurs à rendre par les postes, gardes et piquets.

Le Saint-Sacrement.

327. La garde prend les armes ou monte à cheval, se forme en bataille, présente les armes, les tambours et clairons battent ou sonnent aux champs, les trompettes sonnent la marche, les officiers saluent de l'épée ou du sabre, les hommes dans le rang (infanterie) mettent à terre le genou droit et portent la main droite à la coiffure.

Quand le Saint-Sacrement passe à la vue d'un poste.

328. Il est fourni du premier poste devant lequel passe le Saint-Sacrement deux soldats pour son escorte. Ils marchent l'arme dans le bras droit et sont relevés de poste en poste.

Les ministres, les maréchaux, etc.

329. La garde prend les armes ou monte à cheval, se forme en bataille, porte les armes, les tambours et clairons battent ou sonnent aux champs, les trompettes sonnent la marche pour

> Les Ministres,
> Les Maréchaux ou Amiraux,
> Une troupe en armes.

Cardinaux, généraux de division, vice-amiraux, archevêques et évêques, etc.

330. La garde prend les armes ou monte à cheval, se forme en bataille, porte les armes ; les tambours, clairons et trompettes battent ou sonnent le rappel :

Pour les Cardinaux,
  les généraux de division et vice-amiraux,
  les préfets maritimes,
  les archevêques ou évêques.
  le Sénat,
  le Corps législatif,
  le Conseil d'État,   } réunis en costume officiel.
  la Cour de cassation,
  la Cour des comptes,
  les Cours d'appel,

Généraux de brigade et contre-amiraux.

331. La garde prend les armes ou monte à cheval, se forme en bataille, porte les armes, les tambours, clairons ou trompettes sont prêts à battre ou à sonner :

Pour les généraux de brigade et contre-amiraux.

Majors généraux de la marine, commandants de place, etc.

332. La garde prend les armes ou monte à cheval, se forme en bataille, l'arme au pied ou le sabre au fourreau; les tambours, clairons ou trompettes sont prêts à battre ou à sonner :

Pour les majors généraux de la marine qui ne sont pas contre-amiraux,
  les commandants de place,
  les cours d'assises,
  les tribunaux de première instance,
  les tribunaux de commerce,
  les corps municipaux.

Préfets.

333. La garde prend les armes ou monte à cheval, porte les armes, les tambours, clairons et trompettes sont prêts à battre ou à sonner :

Pour le préfet, en costume officiel, lors de son entrée en fonctions, de ses tournées dans les villes du département, et lorsqu'il se rend avec son escorte à une cérémonie publique.

Toutes les fois qu'il sort de la préfecture en costume officiel, sa garde lui rend les mêmes honneurs.

Gardes de police.

334. La garde de police sort sans armes et se forme en ba-

taille, quand le chef de corps passe devant elle. Elle prend les armes et rend les honneurs quand un officier général se présente pour visiter le quartier.

Piquets.

335. Les piquets, les gardes ou postes réunis accidentellement pour un service spécial (les gardes d'honneur exceptées) se conforment, pour les honneurs à rendre, aux dispositions ci-dessus.

Gardes d'honneur.

336. Les gardes d'honneur ne rendent d'honneurs qu'au Saint-Sacrement, à la personne auprès de laquelle elles sont placées, à celles qui lui sont supérieures ou égales en rang, au major général de la marine et au commandant de place.

Troupes en armes.

337. Lorsqu'une troupe en armes passe devant un poste, la garde sort, se forme en bataille et porte les armes. Les tambours et les clairons battent ou sonnent aux champs, les trompettes sonnent la marche.

CHAPITRE XXXVIII.

Honneurs à rendre par les sentinelles, plantons, etc.

Présentation des armes.

338. Les sentinelles s'arrêtent et font face en tête pour rendre les honneurs, dès que le corps ou la personne à qui ils sont dus est arrivé à cinq pas d'elles. Elles restent dans cette position jusqu'à ce qu'elles aient été dépassées de cinq pas.

Elles présentent les armes :

    Au Saint-Sacrement,
    Au chef de l'État,
    Aux Ministres,

Aux Députés du Corps législatif,
Aux conseillers d'État,
Aux Cardinaux, archevêques et évêques,
Aux Maréchaux et Amiraux,
Aux grands-croix,
Aux grands officiers,   } de la Légion d'honneur,
Aux commandeurs,
Aux préfets maritimes,
Aux officiers généraux et supérieurs,
Aux intendants généraux inspecteurs, intendants et sous-intendants militaires,
Aux préfets,
Aux inspecteurs généraux, directeurs, ingénieurs en chef, ingénieurs des constructions navales et hydrographes de la marine,
Aux commissaires généraux, commissaires, commissaires-adjoints, inspecteurs en chef, inspecteurs adjoints des services administratifs de la marine,
Aux médecins et pharmaciens inspecteurs et principaux de l'armée,
A l'inspecteur général, aux directeurs du service de santé, aux officiers de santé en chef, professeurs du service de santé et chirurgiens principaux de la marine,
Aux examinateurs de l'école navale et des écoles d'hydrographie,
A l'aumônier en chef de la marine et aux aumôniers supérieurs de l'armée.

Pour les officiers généraux et supérieurs ainsi que pour les fonctionnaires de l'armée de terre et de l'armée de mer, ci-dessus désignés, les armes leur seront présentées, quelle que soit leur tenue, lorsqu'ils auront l'arme (épée ou sabre) au côté. (*Décision présidentielle du 7 avril 1874.*)

Port des armes.

339. Elles présentent les armes :

Aux officiers et chevaliers de la Légion d'honneur,
Aux capitaines, lieutenants et aux sous-lieutenants,
Aux lieutenants et enseignes de vaisseau et aspirants de 1re classe de la marine,
Aux adjoints à l'intendance militaire,
Aux sous-ingénieurs de la marine (constructions navales et hydrographie),
Aux ingénieurs des travaux hydrauliques de la marine,
Aux sous-commissaires et aides-commissaires de la marine,
Aux médecins et pharmaciens-majors et aides-majors de l'armée,
Aux chirurgiens et pharmaciens de 1re et de 2e classe de la marine,
Aux mécaniciens en chef et principaux de 1re et de 2e classe de la marine,

4.

Aux officiers d'administration de l'armée.
Aux agents principaux des directions de travaux et des services adminis-
tratifs de la marine,
Aux professeurs de l'école navale et des écoles d'hydrographie,
Aux vétérinaires de l'armée,
Aux aumôniers de l'armée et de la marine,
Aux trésoriers des invalides de la marine,
Aux interprètes principaux.

Pour les capitaines, lieutenants et sous-lieutenants, pour
les officiers de marine ainsi que pour les fonctionnaires de
l'armée de terre et de l'armée de mer ci-dessus désignés, les
armes leur seront portées, quelle que soit leur tenue, s'ils
ont l'arme (épée ou sabre) au côté. (*Décision présidentielle
du* 7 *avril* 1874.)

Immobilité sous les armes.

340. Les sentinelles gardent l'immobilité, la main dans le
rang, l'arme au bras ou l'arme au pied ;

Pour les officiers de tout grade en tenue du matin (armée de terre),
    les officiers de tout grade sans épaulettes ou broderies (armée de
      mer),
    les adjudants d'administration,
    les aides-vétérinaires,
    les chefs de musique,
    les interprètes,
    les gardes et autres employés de l'artillerie, du génie et des équi-
      pages,
    les aspirants de 2e classe de la marine,
Pour les sous-officiers des armées de terre et de
    mer,
    les caporaux,   décorés
    les brigadiers,   de la
    les quartiers-maîtres de la marine.   médaille militaire.
    les soldats ou marins,

Plantons et ordonnances.

341. En passant près des officiers de tout grade, les sous-
officiers, caporaux et soldats de planton ou envoyés en ordonnance, portent l'arme dans le bras droit sans s'arrêter.

CHAPITRE XLII.

Saluts.

358. Tout inférieur, dans l'ordre hiérarchique, doit le salut à son supérieur.

Dans le service, tout fonctionnaire ou employé doit le salut à l'officier revêtu de ses insignes qui est son supérieur ou son égal en rang.

Les gendarmes, en raison de la nature de leur recrutement, ne doivent pas le salut aux sous-officiers, caporaux et brigadiers étrangers à leurs corps.

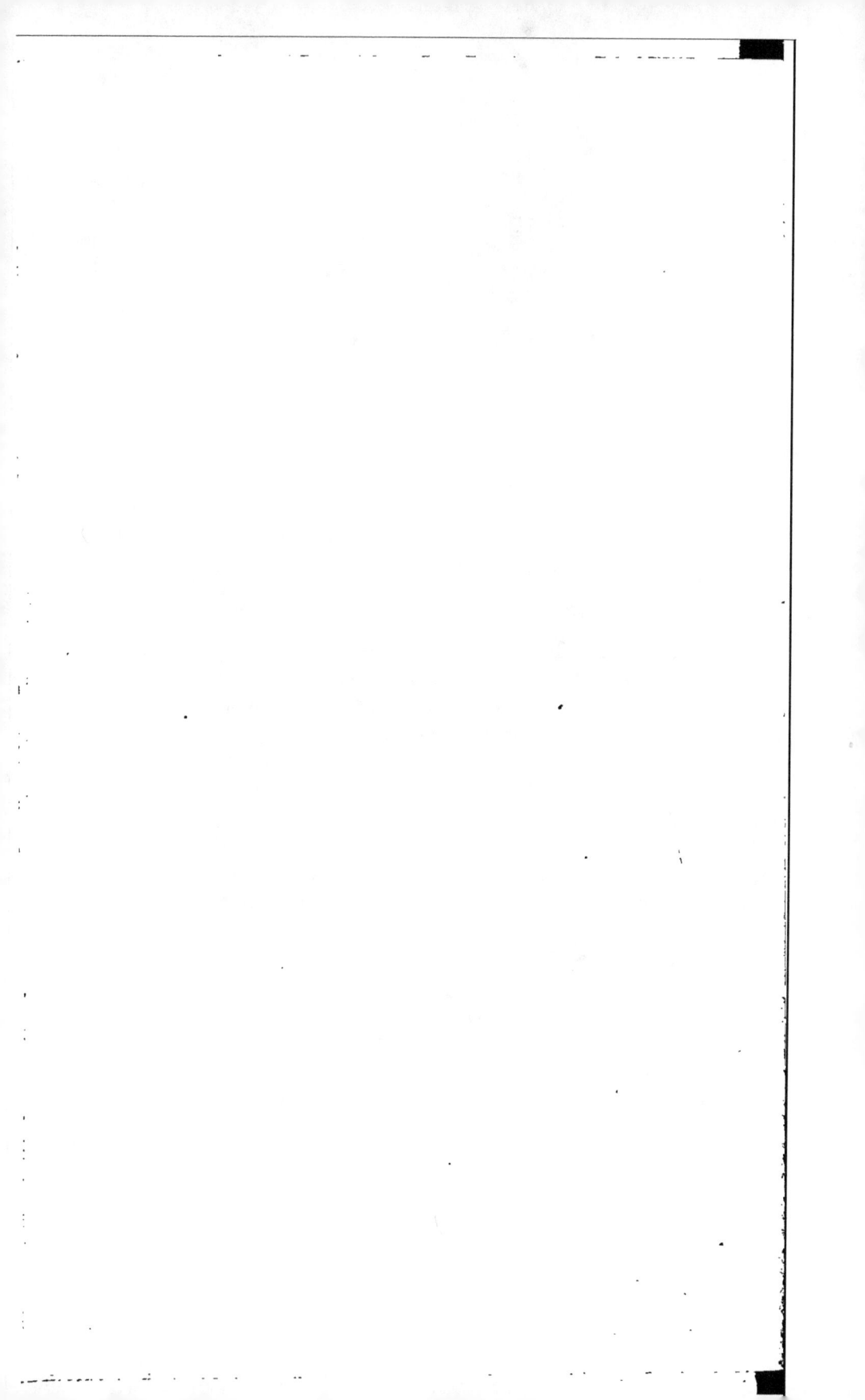

SERVICE EN CAMPAGNE.

TITRE I.

—

CHAPITRE II.

Droits au commandement.

3. En cas de mort, de rappel, de démission ou d'absence temporaire, tout titulaire d'un commandement est provisoirement remplacé par l'officier le plus ancien dans le plus élevé des grades que comprend ce commandement.

Les officiers étrangers ne peuvent exercer, ni titulairement, ni provisoirement, le commandement en chef d'une armée ou d'un corps d'armée.

Ils ne peuvent exercer le commandement d'une place forte, ou d'un poste de guerre, qu'à défaut d'officier français : si donc il s'en trouve dans la place ou le poste, le plus ancien dans le grade, le plus élevé parmi eux, quel que soit ce grade, remplit les fonctions de commandant de place. L'officier étranger conserve, d'ailleurs, le commandement des troupes, s'il est supérieur en grade.

Les officiers étrangers peuvent exercer provisoirement le commandement des détachements dans lesquels des troupes des régiments français et des troupes des corps étrangers se trouvent réunies, mais seulement à raison de la supériorité de grade et jamais d'après leur ancienneté, le commandement, à grade égal, revenant toujours, dans ce cas, au plus ancien officier français de ce grade faisant partie du détachement. Quant au commandement par intérim des parties constituées des corps étrangers et au commandement provisoire des détachements uniquement composés de troupes de ces corps, tous les officiers en faisant partie concourent pour les exercer, à grade égal, d'après leur classement d'ancienneté et sans distinction d'origine.

Sont seuls considérés comme officiers français, les officiers nés ou naturalisés Français, qui sont pourvus de leur grade conformément à la loi du 14 avril 1832, sur l'avancement ; les officiers français ou naturalisés Français servant au titre étranger sont assimilés, en toutes circonstances, aux officiers étrangers, et n'ont d'autres droits que ceux dont jouissent ces officiers.

Les dispositions qui précèdent sont applicables aux corps indigènes dans les limites posées par les ordonnances constitutives de ces corps.

Lorsqu'en conséquence de l'organisation de l'armée ou de dispositions éventuelles, soit du commandant en chef, soit d'un commandant de corps d'armée, d'aile ou de division, des troupes de cavalerie sont attachées à un corps ou détachement d'infanterie, le commandant de la cavalerie est, même à grade égal et quelle que soit son ancienneté, sous les ordres du commandant de l'infanterie ; il ne prend le commandement qu'autant qu'il est supérieur en grade. Le commandant d'une troupe d'infanterie, attachée à un corps ou détachement de cavalerie, est soumis, sauf la même exception, aux ordres du commandant de la cavalerie.

CHAPITRE III.

De l'état-major de l'artillerie.

Organisation de l'état-major de l'artillerie. Service de cette arme.

11. L'état-major de l'artillerie, pour une armée, se compose :

D'un officier général, qui prend le titre de *commandant de l'artillerie de l'armée ;*

D'un officier général ou supérieur, *chef d'état-major ;*

D'un officier général ou supérieur, *directeur des parcs ;*

D'un certain nombre d'officiers supérieurs et d'officiers inférieurs, déterminé d'après les besoins du service ;

Enfin du nombre d'employés nécessaire.

Il est habituellement attaché à chaque division d'infanterie ou de cavalerie, pour en commander l'artillerie, un officier supérieur ; un capitaine lui est adjoint.

S'il est formé un corps d'armée destiné à agir isolément, l'état-major de l'artillerie de ce corps est organisé comme ci-dessus, avec cette différence que le commandant, le chef d'état-major et le directeur du parc doivent être moins élevés en grade ou moins anciens que les officiers revêtus des emplois correspondants dans l'état-major général de l'artillerie de l'armée dont dépend ce corps.

Le corps de l'artillerie aux armées est chargé :

1° De l'établissement et de la construction de toutes les batteries et du service général des bouches à feu ;

2° De l'approvisionnement de l'armée en armes et en munitions de guerre ;

3° Des passages en bateaux et de l'établissement des ponts mobiles construits avec les matériaux trouvés dans le pays.

Les officiers généraux et les officiers de tout grade de l'artillerie, qui ne sont pas attachés à une troupe, font partie de l'état-major de l'armée, du corps d'armée, ou de la division où ils sont employés.

Tout commandant de l'artillerie reçoit, directement ou par l'intermédiaire du chef d'état-major, les ordres de l'officier général près duquel il est employé ; il communique à ce général les ordres qui lui sont donnés par les officiers généraux ou supérieurs de son arme.

Lorsqu'il y a lieu d'établir des garnisons stables dans des places ou des postes militaires conquis ou créés par l'armée, le service de l'artillerie prend, dans ces places ou postes, les mêmes attributions que dans les places nationales.

Il est défendu aux officiers de l'artillerie de communiquer à tout autre qu'au général de l'armée, qu'à l'officier général près duquel ils sont employés ou à son chef d'état-major, les états d'approvisionnement, le plan des places et celui des travaux exécutés ou à exécuter.

TITRE II.

BASES DU SERVICE INTÉRIEUR EN CAMPAGNE.

—

Dispositions générales.

23. Les règles ordinaires sur le service intérieur des troupes sont observées en tout ce qui n'est pas contraire aux dispositions prescrites par la présente ordonnance.

Les rapports sur les événements de quelque importance sont transmis de suite par tout subordonné à son chef direct.

Les rapports à faire, par les colonels et les officiers détachés, au général de leur brigade, sont déterminés par ce général.

Service de semaine.

24. Les fonctions du capitaine de semaine se réduisent, en campagne, aux distributions; il prend, en conséquence, le titre de capitaine de *distributions;* les devoirs de police que lui assigne l'ordonnance sur le service intérieur sont alors remplis par le capitaine commandant la garde de police.

Aucun officier de semaine ne peut s'absenter du camp ou cantonnement, à moins d'en avoir obtenu la permission et de s'être fait remplacer.

Lorsque la situation des camps, cantonnements ou bivouacs, rend le service de semaine trop pénible, le colonel le modifie ou y substitue, avec l'autorisation du général de brigade, le service de jour.

Fixation des heures de service.

25. Le commandant d'un camp fixe les heures du réveil, des rapports, des appels, de la garde, de la soupe, du service des chevaux, des distributions, des corvées de propreté, etc.

Le même pouvoir est attribué à tout commandant de corps, de poste, de détachement isolé ou proche de l'ennemi.

Le signal du réveil est donné par le tambour de la garde de police du régiment qui est campé à la droite de la première ligne.

La corvée de propreté est surveillée par le lieutenant de la garde de police ; les caporaux de semaine font balayer, par les hommes de corvée, les rues du camp et le front de bandière, jusqu'à quarante pas en avant des faisceaux.

A l'assemblée, les sergents de semaine réunissent, sur le front de bandière, les caporaux et soldats commandés de garde et de piquet, et les présentent à l'inspection des officiers de semaine. L'attention de ces officiers se porte particulièrement sur les armes et les munitions. Le capitaine de police surveille cette inspection.

Au rappel pour la garde montante, les gardes et le piquet se réunissent au centre du régiment, les gardes à vingt-cinq pas en avant des faisceaux, le piquet à douze pas en arrière des gardes ; le chef de bataillon et les officiers de semaine sont présents. Après l'inspection, les gardes défilent au commandement du plus ancien capitaine de garde.

Le signal de la retraite est donné, comme celui du réveil, par les tambours du régiment placé à la droite.

Il est fait habituellement trois appels par jour : le premier une demi-heure après le réveil, le second à midi, et le troisième une demi-heure après la retraite. Les compagnies se forment sur le front de bandière ; elles sont sans armes aux appels du matin et du soir, en armes et sac au dos à l'appel de midi. Les officiers de semaine sont seuls tenus d'assister aux appels du matin et du soir ; mais, à l'appel de midi, tous les officiers doivent être présents.

Les appels sont rendus par les officiers de semaine au capitaine de la garde de police, ceux du matin et de midi verbalement, celui du soir par écrit.

Après l'appel du matin, les sous-officiers et les soldats prennent leurs armes aux faisceaux, les essuient, les mettent en état et les replacent aussitôt après ; les officiers de semaine surveillent ces détails.

A l'appel de midi, le chef de bataillon de semaine fait ouvrir les rangs : les capitaines passent l'inspection de leurs compagnies. S'ils trouvent que des armes aient besoin de réparation, ils en font le rapport écrit à leur chef de bataillon, qui le transmet sur-le-champ au colonel. Les sergents-majors commandent le service pour le lendemain.

A l'appel du soir, les officiers et les sergents de semaine font la visite des faisceaux. Si l'on prévoit un mauvais temps, le chef de bataillon de semaine ordonne de rentrer les armes dans les baraques.

Quant à la cavalerie, les rassemblements par escadron ont lieu dans les grandes rues du camp. L'appel du pansage se fait habituellement une heure après le déjeuner des chevaux. Les cavaliers se rendent en armes à l'appel de l'après-midi : tous les officiers y assistent.

Lorsque les troupes séjournent dans un camp, le général de brigade ordonne un second pansage, s'il le juge nécessaire.

Formation des ordinaires.

26. Chaque escouade forme un ordinaire ; si l'effectif de la compagnie diminue, le nombre des ordinaires est réduit, de manière toutefois que chacun d'eux comprenne toujours de douze à seize hommes. Si la compagnie se divise pour cantonner, les hommes faisant ordinaire ensemble sont, autant que possible, réunis dans le même cantonnement.

Lorsqu'il est défendu d'aller à l'eau isolément, les sous-officiers de semaine réunissent les cuisiniers et les y conduisent en ordre.

Placement des officiers supérieurs.

27. Quand le régiment est divisé, le colonel réside près de la fraction que le général juge avoir le plus d'importance par sa force, par sa position ou par la nature des opérations qui lui sont confiées.

A moins qu'il n'en soit autrement ordonné, le lieutenant-colonel réside près de la fraction la plus nombreuse après celle que commande directement le colonel.

Les chefs de bataillon restent avec la partie de leur bataillon où leur présence est le plus nécessaire ; les chefs d'escadrons avec celui des escadrons sous leurs ordres que leur désigne le colonel.

Majors, officiers d'habillement et d'armement ; ouvriers.

28. Les fonctions de major, en ce qui concerne la surveillance de la tenue des contrôles, les actes de l'état civil, de la comptabilité en deniers et en matières, sont remplies aux bataillons de guerre par un capitaine désigné à cet effet.

Le lieutenant d'armement est en même temps chargé de l'habillement. Dans la cavalerie, cette double fonction peut être remplie par le porte-étendard.

Le maître armurier et un sellier, un tailleur, un cordonnier ou un bottier, premiers ouvriers, suivent les bataillons ou escadrons de guerre, auxquels on attache en outre le nombre d'ouvriers *hors rang* qu'on juge nécessaire, s'il ne s'en trouve pas suffisamment dans les bataillons ou escadrons.

Indépendamment de la réparation des armes, le maître armurier est chargé de faire celle des ustensiles de cuisine. Il lui est accordé un ouvrier au moins par bataillon ou par deux escadrons.

Conservation des armes et munitions.

29. La conservation des armes et munitions doit être l'objet de l'attention continuelle des capitaines ; ils veillent à ce que chaque soldat ait constamment son nécessaire d'armes : une rondelle en caoutchouc; un ressort à boudin; une aiguille; il est donné, en outre, un certain nombre de têtes mobiles par escouade (1); dans la cavalerie, ils s'assurent, en outre, que le hanarchement et la ferrure sont bien entretenus.

Les cartouches des hommes allant aux hôpitaux sont données à ceux qui en manquent. Les balles des cartouches avariées sont retirées et remises à l'artillerie.

Les fusils qui doivent être déchargés le sont avec la baguette; ceux qui ne peuvent pas l'être de cette manière sont tirés à l'appel de midi, en avant du front de bandière, et en présence de l'officier de semaine.

Demandes de munitions.

30. Les demandes de munitions sont soumises par les colonels au général de brigade, puis, après l'approbation de celui-ci, au chef d'état-major de la division, qui prend les ordres du général divisionnaire et les transmet au commandant de l'artillerie.

Punitions.

31. L'épée ou le sabre d'un officier aux arrêts de rigueur se dépose chez le commandant du corps; l'épée d'un officier sans troupe, dans le même cas, est remise au chef d'état-major de la division.

Les arrêts sont gardés dans la tente ou baraque. Le poste avancé de la garde de police remplace la salle de police; la prison du quartier général supplée à celle de la place. Il ne doit être consigné au poste avancé de la garde de police que les hommes punis pour fautes de simple discipline et qui, dans le cas d'une attaque, peuvent être renvoyés à leur compagnie.

Les hommes susceptibles d'être jugés par un conseil de guerre sont envoyés à la prison du quartier général et remis à la gendarmerie.

---

(1) *Manuel de l'instructeur de tir*, du 19 septembre 1872, p. 104.

TITRE III.

DES CAMPS ET DES CANTONNEMENTS.

—

Camps, cantonnements et campement.

32. On entend par *camp* les lieux où les troupes sont établies sous la tente, dans des baraques ou au bivouac; par
cantonnement, l'ensemble des lieux habités qu'elles occupent sans y être casernées; par *campement*, la réunion des
individus chargés de préparer soit un camp, soit un cantonnement.

Choix et forme du camp.

33. Autant que possible, le général fait d'avance reconnaître l'emplacement du camp; le choix et la forme en sont
déterminés par l'objet qu'il doit avoir : si c'est un camp de
marche, l'officier chargé de l'établir ne consulte que la sûreté
et la commodité des troupes, la facilité des communications,
la proximité du bois et de l'eau, les ressources en vivres et
en fourrages; si ce doit être un camp retranché, un camp
destiné à couvrir un pays; s'il doit inquiéter l'ennemi ou le
tromper sur le nombre de troupes qu'il contient, on lui donne
une assiette et des dimensions relatives au but qu'on se propose (1).

Composition du campement.

34. Le campement d'un régiment se compose d'un adjudant-major, d'un adjudant, et, par compagnie, du fourrier,
d'un caporal et de deux soldats. Tout adjudant marche avec
le campement de son bataillon, quand celui-ci doit camper
séparément. Le général détermine, selon que les régiments
doivent cantonner ou camper, être divisés ou réunis, si la

---

(1) Rédaction conforme à l'ordonnance du 9 décembre 1840, *J. Mil.*, p. 553.

garde de police marchera ou non avec le campement ; il peut faire marcher avec le campement, des bataillons, compagnies ou escadrons, lorsqu'il croit cela nécessaire pour assurer sa marche, pour occuper des débouchés, des villages ou tout autre point dont il faudrait s'emparer à l'avance.

Les équipages ni les chevaux de main ne peuvent, sous aucun prétexte, marcher avec le campement.

Réunion du campement.

35. « Lorsque le général peut envoyer à l'avance préparer le camp, il donne au chef d'état-major ses instructions à cet égard ; si la récolte n'est pas faite, il prescrit les dispositions nécessaires pour assurer la conservation ou la répartition des grains et des fourrages. Le chef d'état-major demande aux corps leur *campement* qu'un officier supérieur d'état-major est chargé de conduire 1). »

Devoirs de l'adjudant-major de campement.

36. L'adjudant-major chargé du campement reconnaît ou fait reconnaître les abreuvoirs et les endroits où les hommes peuvent prendre de l'eau ; il signale ceux qui seraient dangereux, soit par la proximité de l'ennemi, soit par toute autre cause. Si, pour les rendre plus praticables, quelques travaux sont nécessaires, il les fait exécuter par des hommes de la garde de police ou par des habitants.

Il reconnaît en outre, à portée du camp, une maison où l'armurier et le sellier puissent travailler.

Lorsque le campement n'a pas précédé la troupe, un adjudant-major est chargé de prendre les dispositions ci-dessus aussitôt après l'arrivée de celle-ci au camp.

Guides et sauvegardes.

37. Les officiers de campement envoient au-devant des

---

1) Rédaction conforme à l'ordonnance du 8 avril 1857. *J. Mil.*, p. 175.

troupes, si cela est nécessaire, des fourriers, des caporaux ou des soldats avec des guides du pays.

L'officier commandant le campement ou l'avant-garde fait placer des sauvegardes dans les hameaux, maisons ou magasins à proximité du camp, et, si la rareté de l'eau l'exige, des sentinelles aux puits et fontaines. Ces sauvegardes sont relevées à l'arrivée des régiments par des hommes désignés pour ce service.

Ordre donné avant l'établissement du camp.

38. En arrivant au camp, et pour les rassemblements généraux, l'infanterie se forme sur le front de bandière; la cavalerie, au contraire, se forme en arrière de son camp ou bivouac.

Les officiers généraux activent le plus possible l'établissement des troupes dans le camp, surtout après des marches longues et pénibles.

L'ordre est donné, dans chaque brigade, par le général aux colonels personnellement; dans les régiments, par le colonel aux officiers supérieurs, aux commandants des compagnies, aux adjudants-majors et aux adjudants réunis en cercle, les sergents-majors étant derrière leurs capitaines. L'ordre a pour objet de faire connaître le nombre d'hommes que le régiment doit fournir pour les gardes, pour le piquet et pour les ordonnances; la nature, l'heure, le lieu des distributions et les corvées qu'on doit y envoyer; les travaux à exécuter pour établir des communications ou retrancher des postes; les dispositions relatives au départ et toutes celles qui concernent le bon ordre et le service intérieur ou extérieur du camp.

L'adjudant-major et l'adjudant de semaine commandent le service.

Les capitaines donnent à haute voix l'ordre à leur compagnie, en y ajoutant les explications nécessaires; les sergents-majors commandent les hommes de service.

L'officier supérieur de semaine fait réunir les gardes et le piquet ; les gardes partent sans délai pour leurs différents postes.

Entrée dans le camp.

39. Les dispositions précédentes étant prises, le drapeau est planté au centre du bataillon avec lequel il marche ; les compagnies forment les faisceaux ; deux hommes de corvée établissent les chevalets sous la direction d'un sergent, qui ensuite y place les armes.

Les corvées pour les vivres, le bois, les fourrages, et les détachements pour les travaux, sont réunis en arrière des faisceaux. Les hommes qui ne sont pas de service construisent les baraques.

Si l'on est à portée de l'ennemi, le piquet reste sous les armes jusqu'à la rentrée des corvées ; dans ce cas, il est au besoin renforcé par un certain nombre d'hommes de chaque compagnie.

Dans les troupes à cheval, l'étendard est confié provisoirement à la garde de police.

Chaque division se porte un peu en arrière de l'emplacement où doivent être attachés ses chevaux, et s'y forme sur un rang, ainsi qu'il est prescrit, article 42. On met alors pied à terre : des cavaliers sont désignés pour tenir les chevaux ; les autres, après avoir placé leurs armes en faisceaux, plantent les piquets et y fixent les cordes ; on ne s'occupe des baraques que lorsque les chevaux sont attachés et qu'il a été pourvu à leurs besoins (1). Les baraques étant construites,

---

(1) Note ministérielle du 17 janvier 1868 contenant *description des cordes et des piquets de campement pour l'attache des chevaux de cavalerie au bivouac par quatre, au moyen des entraves, et portant instruction sur le mode d'emploi de ce matériel.* (*J. Mil.,* 1er *Sem.,* 1869, p. 555.)

Le matériel servant à attacher au bivouac les chevaux de cavalerie par quatre, au moyen des entraves, se compose, pour chaque groupe, des objets ci-après indiqués :

Description du matériel.

1° *Une corde à piquets,* en chanvre goudronné, mesurant environ 5m 50 de

chaque homme pose, contre le côté le moins exposé à la

---

long sur 2 centimètres de diamètre, terminée à chacune de ses extrémités par un œillet épissé formant nœud coulant; cette corde est garnie de quatre lanières en cuir de Hongrie, longues de 57 centimètres, larges de 15 millimètres, et qui, nouées à la distance de 1m10 l'une de l'autre, forment les points d'attache des entraves. Au milieu de la corde est placée en outre une lanière en même cuir, longue de 24 centimètres, large de 35 millimètres, munie d'une boutonnière et d'un bourrelet formant bouton et servant à fixer la corde à l'anneau du piquet du milieu, comme il sera dit ci-après;

2° *Quatre piquets de campement cylindro-coniques*, en bois de frêne, chêne, orme ou acacia, ayant 55 centimètres de long, y compris la ferrure, sur 55 millimètres de diamètre.

Chaque piquet porte, à la pointe, une ferrure consistant en une fourchette à quatre branches en fer forgé, percée de quatre trous et fixée par deux rivets traversant le bois de part en part. La longueur totale de la fourchette est de 12 centimètres, et chaque branche a 9 centimètres de long sur 17 millimètres de large.

La tête du piquet est garnie d'une frette en fer forgé et soudé, haute de 39 millimètres environ, épaisse de 2 millimètres et fixée par un rivet traversant le bois de part en part; à 25 millimètres au-dessous de la frette est fixé, par un piton rivé sur une rondelle en fer, un anneau de 5 centimètres de diamètre intérieur et de 8 millimètres d'épaisseur.

Il est délivré à chaque groupe de quatre cavaliers:

1° *Une corde à quatre chevaux;*

2° *Quatre piquets,* dont trois seulement sont nécessaires pour fixer la corde. Le quatrième est délivré, à titre de rechange ou de réserve, de sorte que les **quatre cavaliers** du groupe en portent chacun un.

Par suite de ces dispositions, le piquet individuel, dit *piquet d'entrave,* est supprimé.

Établissement de l'appareil.

Pour établir l'appareil, la corde est attachée à chacun des piquets des extrémités au moyen d'un nœud coulant qui termine chaque bout de cette corde. Les nœuds coulants, passés d'abord dans l'anneau des piquets, sont ensuite fortement serrés sur la tête de ces piquets.

Le piquet du milieu de la corde est enfoncé le premier perpendiculairement au ras de terre, et l'on fixe la corde à l'anneau de ce piquet au moyen de la lanière du milieu. Les deux piquets des extrémités sont ensuite enfoncés également au ras de terre, mais en les inclinant de manière à ramener sensiblement leur pointe sur centre et à tendre fortement la corde.

Le système d'attache des chevaux au bivouac par quatre, à l'aide des entraves, est exclusivement applicable à la cavalerie. L'artillerie et les divers corps du train continueront de faire usage des grands piquets ferrés de 1m42 de longueur servant à tendre des cordes auxquelles les chevaux sont attachés par la longe, à la hauteur du poitrail; ces cordes sont distribuées par peloton à raison de 1m10 par cheval, en moyenne; quatre piquets suffisent ordinairement pour tendre une corde, mais ce nombre peut être augmenté s'il est nécessaire, selon la nature du terrain.

En marche le matériel est transporté dans les voitures.

5.

pluie, son fusil, son mousqueton ou sa lance; il y suspend son sabre et la bride de son cheval.

L'étendard est ensuite porté à la baraque du colonel.

Instruction pour le tracé d'un camp.

40. Les termes de tête ou de front, de flanc, de droite, de gauche, de file et de rang, ont pour le camp la même acception que pour l'ordre de bataille.

Toutes les dimensions pour le camp sont mesurées en pas de deux pieds; trois de ces pas équivalent à deux mètres.

L'étendue du camp est ordinairement égale au front de la troupe qui doit l'occuper.

La grandeur des baraques varie suivant l'espèce de matériaux qu'on peut y employer; mais en général les grandes baraques sont à préférer: les baraques ont, pour vingt hommes, sept pas de large sur dix de long; pour seize hommes, sept pas sur huit; pour huit hommes, quatre pas sur huit. Les baraques pour la cavalerie, devant contenir les sellés, sont occupées par un plus petit nombre d'hommes.

Les baraques sont disposées par files et par rangs.

Le nombre des rangs varie selon la force des compagnies ou des escadrons, et selon la dimension des baraques (1).

Camp d'infanterie.

41. Dans l'infanterie, chaque compagnie a deux files de baraques, séparées par une grande rue dont la largeur dépend généralement de l'étendue du front de la troupe, mais ne peut être moindre de cinq pas; l'intervalle d'une compagnie à une autre forme une petite rue de deux pas de large. La première et la dernière file de baraques d'un bataillon restent isolées. L'intervalle qui sépare les bataillons est de trente pas, comme dans l'ordre de bataille.

Si les baraques sont pour vingt ou pour seize hommes, leur

---

(1) Voir à la fin l'Instruction du 27 avril 1869 pour le tracé et l'érection des tentes et manteaux d'armes.

grand côté est dans le sens de la profondeur du camp; leur ouverture est sur le petit côté placé vers le front de bandière. La distance entre chaque rang forme alors une rue de cinq pas.

Pour donner au camp d'infanterie moins de profondeur, le grand côté des baraques, lorsqu'elles sont pour huit hommes, est placé parallèlement au front de bandière; leur ouverture est sur la grande rue. La distance entre chaque rang est alors de trois pas.

Les chevalets pour les armes sont à quinze pas en avant du premier rang de baraques. Chaque compagnie a deux chevalets placés devant son centre; l'intervalle qui sépare ces chevalets varie selon l'étendue du front.

Le drapeau est placé sur la même ligne que les chevalets.

Les cuisines sont à vingt pas en arrière du dernier rang de baraques. Les baraques du petit état-major et des cantiniers sont à vingt pas en arrière des cuisines; celles des officiers de compagnie, à vingt pas plus en arrière; enfin les baraques de l'état-major, à vingt pas en arrière de celles des officiers de compagnie.

Les officiers d'une même compagnie campent derrière le centre de cette compagnie, le capitaine à droite, le lieutenant et le sous-lieutenant dans une même baraque à gauche.

Tout chef de bataillon campe ordinairement derrière le troisième peloton de son bataillon; l'adjudant-major campe derrière le second peloton, et le médecin derrière le cinquième.

Le colonel et le lieutenant-colonel campent derrière le centre du régiment, de manière toutefois à ne point occuper l'intervalle qui sépare les bataillons, cet intervalle devant toujours rester libre dans toute la profondeur du camp.

L'adjoint au trésorier et le porte-drapeau campent à portée du colonel et sur le même alignement.

La garde de police est établie sur l'alignement des baraques du petit état-major, au centre du deuxième bataillon, dans un régiment de trois bataillons; derrière la droite du second bataillon, dans un régiment de deux bataillons. Elle a un abri ouvert du côté du front de bandière ; cet abri est de trente pas de long pour un régiment de trois bataillons. Il en est construit un plus petit, à droite du grand, pour les officiers de garde. Le chevalet pour les armes est à gauche, à hauteur du devant de l'abri ; le chevalet pour les armes du piquet est à quatre pas en arrière de celui de la garde de police.

Le poste avancé de la garde de police est à deux cents pas environ en avant de la ligne des chevalets vis-à-vis du centre du régiment, en ayant égard à la configuration du terrain ; il a un abri proportionné à sa force. La baraque pour les prisonniers est à quatre pas en arrière de cet abri. Dans un régiment qui campe en seconde ligne, le poste avancé de la garde de police est placé à deux cents pas en arrière des baraques des officiers supérieurs.

Les chevaux des officiers de l'état-major et ceux des équipages sont placés à vingt-cinq pas en arrière des baraques de l'état-major.

Les voitures sont parquées sur le même alignement que les chevaux des équipages ; auprès d'elles campent l'officier d'armement, les maîtres-ouvriers et les ouvriers, ainsi que les soldats du train.

Les latrines de la troupe sont placées à cent cinquante pas en avant du centre de chaque bataillon ; celles des officiers à cent pas en arrière de la dernière ligne des baraques. Les unes et les autres sont entourées d'une feuillée.

L'artillerie doit toujours camper à proximité des troupes auxquelles elle est attachée, de manière à en être protégée en cas d'attaque, et à concourir avec elles à la défense du camp. Les sentinelles nécessaires à la sûreté du parc sont fournies par l'artillerie, et en cas d'insuffisance par l'infanterie.

Camp de cavalerie.

42. Dans la cavalerie, chaque escadron a deux files de baraques, une par division.

Les baraques, quelle que soit leur dimension, ont leur grand côté parallèle au front de bandière, et leur ouverture sur la rue, à gauche de chaque file de baraques.

Les chevaux de chaque division sont placés sur une seule rangée, faisant face à l'ouverture des baraques ; ils sont attachés par des cordes à des piquets plantés fortement en terre, à une distance de trois à six pas de la file des baraques de la division.

L'intervalle qui sépare les files de baraques doit être tel que, le régiment étant rompu en colonne par division, chaque division de la colonne soit sur l'alignement de l'emplacement où doivent être attachés ses chevaux; chaque intervalle forme une rue perpendiculaire. La deuxième rue de chaque escadron est plus large que la première, de tout l'intervalle qui doit séparer les escadrons en bataille. Cet intervalle reste toujours libre dans toute la profondeur du camp.

Les chevaux du second rang sont chacun à la gauche de leur chef de file. Les chevaux des lieutenants et sous-lieutenants sont à la droite des pelotons; ceux du capitaine-commandant, à la droite de la première division; ceux du capitaine en second, à la droite de la deuxième division.

L'espace qu'occupe un cheval est d'environ deux pas et demi (cinq pieds) ; le nombre des chevaux à placer dans une rangée détermine la profondeur du camp de la troupe et la distance entre les rangs de baraques; les fourrages se placent entre ces rangs.

Les cuisines sont à vingt pas en avant de chaque file de baraques.

Des sous-officiers des escadrons sont placés dans les baraques du premier rang. Les baraques du petit état-major, des ouvriers, des conducteurs des équipages, des cantiniers et des blanchisseuses, forment le dernier rang du camp de la troupe. La garde de police a son abri sur le même rang, vers le centre du régiment; ses armes sont posées contre l'abri.

Les baraques des officiers ont leur grand côté perpendiculairement au front de bandière; elles sont placées sur deux lignes, en arrière et sur le prolongement des files de baraques de la troupe, celles des officiers d'escadron à une distance de trente pas, celles des officiers de l'état-major à trente pas plus en arrière.

Les capitaines campent derrière la droite de leur escadron, les lieutenants et les sous-lieutenants derrière la gauche; les chefs d'escadrons campent derrière un des escadrons soumis à leur commandement.

Le colonel campe derrière le centre du régiment, le lieutenant-colonel à sa droite, les adjudants-majors ensemble à sa gauche; l'adjoint au trésorier et le porte-étendard campent ensemble derrière un des escadrons de droite.

Les officiers de l'état-major ont leurs chevaux près de leurs baraques, sur le même alignement que ceux des escadrons.

Les chevaux à l'infirmerie sont placés sur une rangée à la gauche ou à la droite du régiment. Les hommes qui en prennent soin sont établis dans des baraques formant une file particulière; le vétérinaire et ses aides occupent ensemble la dernière baraque, sur le rang de celles du petit état-major.

Les forges et autres voitures sont parquées en arrière de l'infirmerie.

Les chevaux des équipages et des cantiniers sont placés sur une ou plusieurs rangées, à hauteur des baraques de l'état-major et sur l'alignement de ceux de l'escadron de gauche ou de l'escadron de droite.

Le poste avancé de la garde de police est à deux cents pas environ en avant du premier rang de baraques, et habituellement vis-à-vis du centre du régiment. Autant que la configuration du terrain le permet, il est établi comme celui de l'infanterie. Ses chevaux sont placés sur une ou deux rangées.

Les latrines pour la troupe sont à cent cinquante pas en avant du premier rang de baraques; les latrines pour les officiers à cent pas en arrière de la ligne des baraques de l'état-major. Les unes et les autres sont entourées d'une feuillée.

Camp d'une batterie d'artillerie (1).

Une batterie d'artillerie est campée dans trois files de baraques, une par section, séparées par deux grandes rues de 32 mètres de longueur; les rangées de baraques sont disposées de manière à former des rues transversales de 10 mètres.

Chaque baraque de $5^m,20$ sur $4^m,75$ contient 12 hommes : un brigadier ou artificier, 5 servants ou hommes ne conduisant pas de chevaux, et 6 conducteurs.

Elles pourraient rigoureusement n'avoir que $4^m,70$ sur $4^m,70$, en disposant les harnais comme on le fait ordinairement, les colliers des deux chevaux d'un même couple appuyés l'un contre l'autre, les attelles en dehors, les colliers des deux autres chevaux du même attelage placés de la même manière, appuyés contre les premiers; les deux selles par-dessus les colliers l'une sur l'autre, les panneaux au-dessous; les harnais de 4 chevaux occupant une longueur d'à peu près un mètre : par conséquent, les harnais des chevaux soignés par les six conducteurs de chaque baraque prendraient 3 mètres, ou les $3/5^{es}$ de la bande destinée au placement des harnais, et il resterait à la rigueur un placement suffisant pour les selles des servants de l'artillerie à cheval. Mais en construisant pour l'artillerie, qui n'y logera que 12 hommes, des baraques de mêmes dimensions que celles de la cavalerie, qui peuvent en recevoir 14, les canonniers se trouveront parfaitement à l'aise, de leurs personnes et pour le placement de leurs effets.

Les baraques ont leur ouverture sur le front de bandière : cette disposition, différente de celle adoptée dans la cavalerie, est nécessaire à cause du camp de l'artillerie à cheval, dans lequel les chevaux sont répartis des deux côtés des baraques.

Les chevaux des batteries montées sont placés sur une seule rangée, à gauche et dans toute l'étendue de la file des

---

(1) Décision ministérielle du 8 août 1855. (*J. Mil.*, p. 63.)

baraques ; les prolonges ou piquets auxquels ils sont attachés sont fixés à 6 mètres de la file des baraques : les chevaux de trait des batteries à cheval sont placés de la même manière ; les chevaux des servants sont placés à droite, d'une manière analogue, dans une étendue correspondant aux quatre premières baraques de chaque file.

Les cuisines sont à 20 mètres en avant de chaque file de baraques.

Les sous-officiers des sections sont placés dans les baraques du premier rang, ceux employés à la réserve sont logés à la baraque centrale du dernier rang ; les deux autres baraques de ce rang sont destinées, l'une à loger au besoin les hommes employés au service d'une infirmerie qu'il serait nécessaire d'établir, l'autre à recevoir la blanchisseuse et la cantinière que la batterie pourrait avoir à sa suite.

Les baraques des officiers sont placées sur les files latérales, à 20 mètres en arrière de celles de la troupe ; les capitaines à droite, les lieutenants à gauche.

Le parc est établi à 30 mètres en arrière des baraques des officiers ; son axe dans le prolongement de celui du camp ; les intervalles entre les files de voitures sont de 3 mètres, afin que les visites et les travaux puissent se faire avec facilité ; la distance entre les rangs est de.... mesurée par la longueur des attelages de 6 chevaux.

La garde du parc est placée à 20 mètres en arrière.

Enfin, conformément à l'usage, à 150 mètres environ, en avant du camp, on dispose, dans un lieu couvert, des latrines pour la troupe ; à 100 mètres en arrière, on fait une disposition semblable pour les officiers. (Planche I.)

Défense de s'établir dans les maisons.

43. Aucun officier ne peut s'établir ni placer ses équipages dans les maisons qui sont sur le terrain qu'occupe une brigade, lors même que ces maisons sont vides, à moins toutefois d'une autorisation expresse du général de la brigade, qui, dans ce cas, rend compte au général de la division.

Communications à établir.

44. Quand le général a jugé nécessaire d'établir des communications, les colonels reconnaissent le terrain, accompagnés du lieutenant-colonel et d'un adjudant-major. Le général assigne à chaque régiment sa portion du travail nécessaire pour cet objet.

Les outils qui manquent aux régiments leur sont fournis par le parc du génie, ou, à défaut, par le parc de réserve de l'artillerie, *d'après les ordres du général.*

Bivouacs.

45. Les bivouacs sont établis de préférence sur des terrains secs, abrités et à portée des ressources en vivres et en fourrages.

Lorsqu'un régiment de cavalerie doit bivouaquer, le colonel, après avoir pris les mesures de sûreté nécessaires, l'établit, autant que les localités le permettent, dans l'ordre suivant :

Le régiment étant en bataille en arrière de l'emplacement sur lequel il doit bivouaquer, le colonel fait rompre par pelotons à droite. Les chevaux de chaque peloton sont placés sur une seule rangée et attachés comme il est prescrit pour le camp; ils restent sellés toute la nuit. Les fusils, mousquetons ou lances sont d'abord formés en faisceaux en arrière de chaque rangée de chevaux; les sabres, auxquels on suspend les brides, sont posés contre les faisceaux.

Les fourrages sont placés à la droite et sur le prolongement de chaque rangée de chevaux. Deux gardes d'écurie par peloton restent près des chevaux.

Un feu est établi par chaque peloton vers le front de bandière, à vingt pas à gauche de la rangée des chevaux. Les hommes se placent alentour et construisent un abri, s'il est possible. Chaque cavalier porte alors contre l'abri ses armes et la bride de son cheval.

Les feux et les abris pour les officiers sont établis en arrière de la ligne des cavaliers.

L'intervalle entre les escadrons doit rester libre dans toute la profondeur du bivouac. L'intervalle entre les abris doit être tel que les pelotons puissent se porter facilement à leur place de bataille, soit en arrière, soit en avant du camp.

La distance où l'on est de l'ennemi détermine la manière dont les chevaux sont pansés et conduits à l'abreuvoir ; quand il est permis de desseller, les selles sont placées en arrière des chevaux ; elles sont garnies de la schabraque ; la couverte est toujours pliée.

Dans les bivouacs d'infanterie, les feux sont établis en arrière de la ligne des faisceaux sur l'emplacement qu'occuperaient les baraques, si l'on était campé ; les compagnies se placent alentour, et, s'il se peut, construisent des abris.

Lorsqu'il y a lieu de craindre une surprise, l'infanterie prend les armes à la pointe du jour, la cavalerie monte à cheval jusqu'à la rentrée des reconnaissances. Si l'on doit démonter les armes pour les nettoyer, on ne le fait que successivement.

Cavalerie et infanterie dans les villages.

46. A raison de la conservation et de la subsistance des chevaux, on doit placer la cavalerie dans les villages, toutes les fois que la distance où l'on est de l'ennemi et le temps dont elle peut avoir besoin pour se rendre à sa place de bataille le permettent. Elle occupe alors plus ou moins de villages, selon ces deux circonstances.

Quand les logements n'ont pu être préparés à l'avance, un adjudant-major de chaque régiment désigne l'emplacement des escadrons, d'après l'ordre de bataille. Les fourriers reconnaissent promptement les maisons assignées à leur escadron, le logement est établi de préférence dans les fermes et dans les auberges qui sont pourvues de grandes écuries, surtout dans celles qui ont une place libre devant elles.

Le colonel indique un point de rassemblement en cas d'alerte ; ce point est ordinairement en dehors du cantonnement : il doit offrir des issues commodes et une retraite assurée sur

d'autres cantonnements ; les abords en sont rendus difficiles
à l'ennemi.

Lorsque les ordres relatifs au service, aux distributions et
au départ, sont donnés, l'adjudant-major forme les postes et fait
conduire, par la garde de police, l'étendard au logement du
colonel. Le chef d'escadrons de semaine place le piquet, auquel il est assigné une écurie particulière ou un hangar. Le
colonel, assisté du lieutenant-colonel, place lui-même les
grand'gardes. Une sentinelle est quelquefois placée dans le
•clocher, ou sur un édifice élevé, pour annoncer, par un coup
de mousqueton, l'approche de l'ennemi. Les postes étant
établis, les escadrons sont conduits devant leurs logements
par leurs capitaines ; les cavaliers couchent dans les écuries,
si cette précaution est jugée nécessaire ; les trompettes logent
avec les maréchaux des logis chefs, ou à portée d'eux.

Dans le cas où il ne peut être fait de distributions régulières, les officiers font une répartition égale des ressources
que présentent les maisons assignées à leur escadron ; les cavaliers donnent aussitôt que possible le fourrage à leurs chevaux. Environ deux heures après l'arrivée, les escadrons font
boire en ordre et successivement ; au retour, ils donnent
l'avoine. Quand il n'est pas permis de desseller, les chevaux
sont bouchonnés à fond.

Le colonel doit, après un repos de quelques jours, faire
donner de fausses alertes pour habituer les cavaliers à se
tenir toujours prêts. S'ils ont mis de la lenteur à se réunir,
il les punit en les faisant bivouaquer.

Les dispositions ci-dessus sont généralement applicables à
l'établissement de l'infanterie dans les cantonnements. Près
de l'ennemi, les hommes sont réunis, autant que possible,
dans les mêmes maisons, par compagnies entières ou par
fractions constituées de compagnie. Au point du jour, il est
fait un appel en armes.

Quand il y a dans le même cantonnement de l'infanterie
et de la cavalerie, la cavalerie est plus particulièrement char-

gée de veiller à la sûreté du cantonnement pendant le jour, et l'infanterie pendant la nuit.

Cantonnements.

47. Lorsque les troupes se trouvent cantonnées en présence de l'ennemi, elles sont protégées par leur avant-garde et par des obstacles naturels ou artificiels.

Les cantonnements qu'on prend après une campagne ou pendant un armistice doivent, autant que possible, être établis en arrière d'une ligne de défense, et en avant de positions sur lesquelles les troupes se concentreraient en cas d'attaque par l'ennemi.

Les commandants d'armée tracent l'arrondissement de chaque division; les généraux de division, celui de chaque brigade. Les généraux de brigade assignent à chacun des régiments sous leurs ordres l'emplacement de ses bataillons ou de ses escadrons.

Les généraux indiquent avec le plus grand soin les positions que doit occuper chaque corps sous leur commandement, dans le cas de rapprochement de l'ennemi ou d'apparence d'attaque.

TITRE V.

DU MOT D'ORDRE.

—

Ce que c'est que le mot.

54. Le *mot* est une expression qui varie chaque jour, et qui, chaque jour aussi, est communiquée aux patrouilles, rondes, reconnaissances, découvertes, postes et détachements, comme moyen de se reconnaître entre eux et d'éviter les surprises.

Le mot se compose de deux noms : le premier, qu'on appelle le *mot d'ordre*, doit être le nom d'un grand homme, d'un général célèbre ou d'un brave mort au champ d'honneur; le second, qui est appelé *mot de ralliement*, doit présenter le nom d'une bataille, d'une ville, ou d'une vertu civile ou guerrière.

Le commandant de l'armée arrête une série de mots d'ordre et de ralliement, ou, s'il le juge convenable, forme le *mot* chaque jour. Le chef de l'état-major général l'adresse cacheté aux commandants des ailes, du centre, de la réserve de l'armée, et, s'il y a lieu, du corps d'armée, qui le transmettent de même aux commandants de division, ceux-ci aux commandants de brigade. Les chefs d'état-major envoient aussi le mot aux commandants de l'artillerie, du génie, de la gendarmerie, à l'intendant ou sous-intendant et aux commandants des quartiers généraux.

Les généraux de brigade donnent chaque jour le mot aux colonels et aux commandants des corps détachés, assez tôt pour qu'il puisse parvenir aux postes avant la nuit.

Lorsqu'un corps de troupe est détaché à une distance trop grande pour que la correspondance soit prompte et facile, le mot est donné à ce corps par son commandant immédiat. Il en est de même pour les places fortes occupées par l'armée, lorsque le quartier général est éloigné de ces places.

Comment le mot est donné dans les régiments et aux postes.

55. Dans les régiments, l'adjudant-major de semaine est chargé de communiquer le mot cacheté aux commandants des grand'gardes et des gardes extérieures, qui, à cet effet, lui envoient une ordonnance, ainsi qu'il est prescrit, article 86. Les chefs de ces gardes le transmettent verbalement aux petits postes qui sont sous leurs ordres.

Après la retraite, le mot est donné par l'officier supérieur de semaine aux officiers de service pour la nuit, aux adjudants-majors et adjudants, au sergent de la garde de police et aux caporaux des postes qui en dépendent; tous sont réunis pour cet effet sur le front de bandière; la garde de police fournit le nombre d'hommes nécessaire pour former le cercle extérieur. Le chef de bataillon de semaine profite de cette réunion pour faire les recommandations qu'il croit convenables relativement au service des rondes, des patrouilles et des sentinelles pendant la nuit.

Perte du mot d'ordre.

56. Une instruction relative à l'interversion des mots d'ordre et de ralliement de la série est donnée par le chef d'état-major général, pour le cas où cette série serait perdue ou tombée aux mains de l'ennemi. Dans ce double cas, l'officier général commandant rend compte sur-le-champ; il prévient, en outre, les commandants des troupes ou postes voisins.

Quand le mot d'ordre se perd à un avant-poste, ou qu'une désertion donne à craindre qu'il ne soit livré à l'ennemi, le commandant s'empresse d'en donner un autre; il avertit sur-le-champ les corps et les postes voisins, ainsi que les généraux.

TITRE VI.

DE L'ORDRE A OBSERVER POUR COMMANDER LE SERVICE.

—

Ordre du service dans les régiments et dans les brigades.

57. L'ordre du service des brigades dans les divisions, et des régiments dans les brigades, est réglé selon leur rang dans l'ordre de bataille.

Les ordres concernant le service et les détachements sont adressés aux généraux des brigades. Ces officiers généraux déterminent, suivant l'emplacement et la force de chaque régiment, les postes qu'il doit occuper et le nombre d'hommes qu'il doit fournir.

Tours de service.

58. Il y a trois tours de service.

Le premier tour comprend :

1º Les grand'gardes et autres postes extérieurs;

2º Les gardes d'honneur;

3° Les gardes intérieures (y compris celles des magasins, hôpitaux et autres établissements);

4° Le service d'ordonnances;

5° La garde de police.

Le second tour comprend :

1° Les travaux de guerre, tels que les ouvrages de campagne et les ouvertures de communications;

2° Les détachements nécessaires à la protection de ces travaux;

3° Les détachements chargés de protéger les différentes corvées.

Le troisième tour comprend :

1° Les corvées non armées au dedans et au dehors du camp;

2° Les détachements qui assistent aux exécutions.

Dans la cavalerie, la garde d'écurie forme un tour de service à part et compte avant les corvées.

Les officiers, sous-officiers et soldats, commandés pour les différents services du premier tour, y marchent dans l'ordre déterminé ci-dessus : ainsi, les premiers à marcher sont employés aux grand'gardes, ceux qui les suivent aux gardes d'honneur; les derniers à marcher sont placés à la garde de police.

La même règle s'observe pour le second tour de service : les premiers à marcher sont chargés de protéger les travaux; les travailleurs viennent ensuite; les derniers à marcher sont employés à protéger les corvées.

Dans le troisième tour, les premiers à marcher font les corvées hors du camp, les autres les corvées dans le camp. Lorsque plusieurs officiers de même grade sont commandés pour le troisième tour, le plus ancien commande la corvée la plus nombreuse.

Ordre dans lequel le service est commandé.

59. Les officiers sont commandés pour les trois tours de service, par rang d'ancienneté.

Les capitaines roulent entre eux ; ils sont exempts de corvées autres que celles des distributions. Les lieutenants et les sous-lieutenants roulent ensemble en alternant ; le plus ancien lieutenant est le premier à marcher, le plus ancien sous-lieutenant est le second, et ainsi de suite.

Les sergents, caporaux, soldats et tambours sont commandés pour les trois tours de service d'après les règles établies dans les ordonnances sur le service intérieur et sur le service des places. Ils marchent sac au dos pour tous les services du premier tour, et, à moins d'ordres contraires, se rendent avec armes et bagages aux travaux qui se font hors du camp.

Dans la cavalerie, les chevaux sont chargés pour tout service à cheval.

Officier absent ou malade.

60. Lorsqu'un officier commandé pour un service quelconque est hors d'état de faire ce service, ou ne se trouve pas au camp au moment de marcher, il est remplacé par le premier à marcher après lui. Dès que la garde a dépassé l'enceinte du camp, ou, si c'est une garde intérieure, dès qu'elle est arrivée à son poste, l'officier qui aurait dû marcher ne peut plus en prendre le commandement ni en faire partie ; il prend le tour de l'officier qui a marché pour lui.

Lorsqu'un officier se trouve par maladie dans l'impossibilité de faire le service pour lequel il est commandé, son tour est réputé passé.

Ces dispositions s'appliquent également aux sous-officiers et soldats.

Service censé fait.

61. Les services du premier et du deuxième tour sont censés faits, lorsque les gardes ou détachements ont dépassé l'enceinte du camp ou cantonnement, et, s'il s'agit d'une garde intérieure, lorsque cette garde est arrivée à son poste (1).

---

(1) Le service d'une garde contremandée est censé fait quand elle a pris possession du poste. (Art. 52, *Service des places.*)

Les corvées sont censées faites lorsque les détachements qui en sont chargés ont dépassé l'enceinte du camp ou du cantonnement, et, s'il s'agit d'une corvée dans le camp, lorsque cette corvée a commencé.

Tours de service à reprendre.

62. Tout officier, sous-officier ou soldat marchant ou premier à marcher pour un service de premier tour, reprend les services de deuxième et de troisième tour qui lui sont échus pendant ce temps, à moins qu'il n'ait marché pour un détachement de plus de vingt-quatre heures.

Service à pied dans la cavalerie.

63. Dans les troupes à cheval, les cavaliers démontés ou dont les chevaux ne sont pas disponibles sont commandés de préférence pour le service à pied. Les cavaliers montés et dans les rangs ne sont employés à ce service que dans le cas où les premiers ne se trouvent pas en nombre suffisant.

Tout brigadier ou cavalier commandé pour le service à pied dépose, avant de partir, et en présence du maréchal des logis de semaine, ou, à défaut de celui-ci, en présence du maréchal des logis de peloton, ses effets de harnachement et son portemanteau, prêts à être chargés. Le maréchal des logis veille à ce qu'en cas d'alerte les chevaux des cavaliers de service à pied soient conduits au lieu indiqué.

Capitaine commandant un bataillon.

64. Un capitaine, commandant par intérim un bataillon, est exempt de tout autre service tant que dure ce commandement; il ne reprend aucun des tours de service qui lui sont échus dans l'intervalle.

TITRE VII.

DE LA GARDE DE POLICE, DU PIQUET.

—

CHAPITRE PREMIER.
De la garde de police.

Composition de la garde de police.

68. Il est commandé tous les jours dans chaque régiment une *garde de police* composée de deux sergents, de quatre caporaux, de deux tambours, et d'un nombre de soldats suffisant pour fournir les sentinelles et faire les patrouilles que les localités et les circonstances rendent nécessaires. Les soldats sont pris dans toutes les compagnies, et, autant que possible, en nombre égal dans chacune.

La garde de police d'un régiment est commandée par un capitaine ayant sous ses ordres un lieutenant ou un sous-lieutenant. Elle est de plus sous la surveillance du chef de bataillon de semaine. Son service est d'assurer l'ordre et de faire observer les règles de police.

On détache de la garde de police, pour former un poste avancé, un sergent, deux caporaux, un tambour, et un nombre de soldats, les premiers à marcher, suffisant à l'entretien du nombre de sentinelles et à la garde des hommes punis pour faute de simple discipline; les soldats sont, autant que possible, pris sur toutes les compagnies.

Si les quatre bataillons d'un régiment sont réunis pour camper, il est formé deux gardes de police, l'une pour les deux bataillons de droite, l'autre pour les deux bataillons de gauche. Chacune de ces gardes est aux ordres d'un lieutenant ou d'un sous-lieutenant. Elles sont commandées par le capitaine de police qui se tient habituellement au poste de la garde de police des bataillons de droite, et y passe la nuit. Elles détachent chacune un poste avancé.

Dans un bataillon détaché, la garde de police est composée de deux sergents, de trois caporaux, de deux tambours et du nombre de soldats jugé nécessaire; elle est commandée par un lieutenant ou par un sous-lieutenant. Un sergent, un caporal, douze fusiliers et un tambour en sont détachés pour former le poste avancé. Un capitaine est commandé pour surveiller les appels et les détails dont est ordinairement chargé le commandant de la garde de police d'un régiment. Le service de ce capitaine compte au second tour.

La garde de police d'un régiment de cavalerie est, quant au nombre, la même que celle d'un bataillon; elle est aux ordres de l'adjudant-major de semaine. Si le colonel juge convenable, à raison de son importance, de la faire commander par un capitaine, ce capitaine est sous les ordres immédiats de l'officier supérieur de semaine. L'adjudant-major reste alors chargé des appels et des pansages. Une partie des cavaliers de la garde de police est successivement envoyée panser les chevaux.

Les hommes non montés sont employés de préférence à la garde de police; le poste avancé est toujours composé d'hommes montés.

Gardes d'écurie.

69. Il est commandé dans chaque escadron un brigadier pour surveiller les gardes d'écurie; son service commence à la retraite et finit au déjeuner des chevaux. Les gardes d'écurie sont commandés en nombre suffisant pour se relever de deux heures en deux heures. Le brigadier les appelle successivement dans leurs baraques. A la retraite, il fait barrer avec des cordes les rues du camp pour arrêter les chevaux lâchés.

Devoirs du commandant de la garde de police.

70. Le commandant de la garde de police est responsable du maintien de l'ordre et de la propreté dans le camp. Il fait faire par le tambour de garde les batteries et les signaux

nécessaires; il reçoit les appels des compagnies; il dresse et porte au colonel le billet général d'appel du soir. Il en fait rendre compte verbalement par l'adjudant de semaine au lieutenant-colonel et au chef de bataillon de semaine.

La garde de police et le poste avancé rendent les mêmes honneurs que les autres gardes; ils prennent les armes lorsqu'une troupe armée s'approche.

Sentinelles ; leurs consignes.

71. La garde de police d'un régiment de deux bataillons fournit dix sentinelles, savoir :

Une devant les armes,

Une à la baraque du colonel,

Trois devant le front de bandière, dont une près du drapeau,

Trois à cinquante pas en arrière des baraques des officiers supérieurs,

Une sur chaque flanc du régiment, dans l'intervalle qui le sépare des deux régiments voisins.

Si le régiment se trouve à la droite ou à la gauche de la ligne, il est placé une sentinelle de plus sur le flanc qui n'est pas couvert.

Les régiments de trois bataillons ont, en plus, deux sentinelles sur le front de bandière, et deux derrière les baraques des officiers supérieurs.

Outre les consignes générales, les sentinelles de la garde de police ont pour consignes particulières :

Celle du drapeau : de n'en permettre le déplacement qu'en présence d'un détachement; de n'y laisser toucher que le porte-drapeau, ou le sergent de la garde de police lorsqu'il se présente avec deux hommes armés;

Celle du chef du corps : de l'avertir, le jour comme la nuit, de tout mouvement extraordinaire dans le camp et hors du camp.

Les sentinelles placées sur le front, sur les flancs et en arrière, veillent à ce qu'aucun soldat ne sorte du camp avec un cheval ou un fusil sans être conduit par un sous-officier, un caporal ou un brigadier; elles empêchent les sous-officiers et soldats de sortir pendant la nuit, si ce n'est pour aller aux latrines; elles arrêtent de jour les individus suspects qui rôdent autour du camp, et la nuit quiconque cherche à s'y introduire, même les soldats des autres corps.

Les individus arrêtés sont conduits au capitaine de la garde de police, qui les interroge et les envoie, s'il y a lieu, à l'officier supérieur de semaine.

Détails de police.

72. A la retraite, le capitaine fait faire l'appel de la garde de police, et passe l'inspection des armes, afin de s'assurer qu'elles sont chargées et en état; le lieutenant se rend, pour le même objet, au poste avancé.

Le sergent, accompagné de deux soldats armés, plie le drapeau et le couche sur les chevalets plantés pour cet usage un peu en arrière des faisceaux. A l'appel du soir, il passe chez les cantiniers, en fait sortir les sous-officiers et soldats qu'il y trouve, et exige que les feux des cuisines soient éteints.

Le chef de bataillon s'assure souvent la nuit, par lui-même, de la vigilance de la garde de police et du poste avancé; il prescrit les patrouilles et les rondes que doivent faire les officiers et les sous-officiers de ces deux gardes. Les officiers de garde en ordonnent eux-mêmes aussi souvent qu'ils le jugent nécessaire; ils visitent fréquemment les sentinelles.

Les hommes trouvés chez les cantiniers après l'appel du soir sont, ainsi que les cantiniers, conduits au poste avancé de la garde de police. Ces derniers sont sévèrement punis.

Au réveil, la garde de police prend les armes; le commandant de cette garde en passe l'inspection, le lieutenant inspecte le poste avancé; le sergent replante le drapeau à sa place habituelle.

Le commandant de la garde de police établit son rapport,

6.

où il comprend celui du poste avancé, et l'envoie au chef de bataillon de semaine.

Service du poste avancé de la garde de police.

73. Le poste avancé de la garde de police est sous les ordres du capitaine de cette garde. Les hommes qui la composent ne peuvent s'éloigner sous aucun prétexte ; la soupe leur est portée au poste.

Dans un régiment de deux bataillons, le poste avancé fournit pendant le jour quatre sentinelles, dont trois à quelques pas en avant du poste, vis-à-vis de la droite, de la gauche et du centre du régiment, et la quatrième devant les armes. Dans un régiment de trois bataillons, il est placé cinq sentinelles en avant du poste. Ces sentinelles sont établies de manière à pouvoir découvrir en avant d'elles, à la plus grande distance possible. Leur consigne est de ne laisser dépasser la ligne par aucun sous-officier ou soldat, d'avertir le commandant du poste de la marche de toute troupe qui se dirige sur le camp et d'arrêter les personnes suspectes qui cherchent à y entrer. Le sergent fait conduire ces personnes au commandant de la garde de police ; il fait prévenir cet officier sur-le-champ, lorsqu'une troupe armée s'approche.

La sentinelle placée devant les armes surveille les prisonniers et ne les perd pas de vue ; elle ne les laisse aller aux latrines qu'individuellement et sous l'escorte d'un soldat en armes.

A la retraite, le poste avancé prend les armes ; le caporal place, sur le front du régiment, deux sentinelles d'augmentation.

Si, pendant la nuit, le service exige que quelqu'un dépasse les sentinelles, le capitaine de police le fait conduire sous escorte près du sergent du poste avancé, qui le fait accompagner par un caporal jusqu'en dehors de la ligne.

Au réveil, le poste avancé prend les armes ; le caporal retire les sentinelles d'augmentation. Le sergent fait son rapport au lieutenant de la garde de police, lorsque celui-ci vient inspecter le poste.

Dans un bataillon détaché, le poste avancé de la garde de police fournit trois sentinelles, deux devant le front du bataillon et la troisième devant les armes; il ne fournit point, pour la nuit, de sentinelles d'augmentation.

Dans les régiments campés en seconde ligne, les sentinelles du poste avancé de la garde de police ont la même consigne que celles qui sont placées derrière les baraques des officiers supérieurs.

Petits postes détachés.

74. Lorsqu'il est jugé nécessaire de faire couvrir, pendant la nuit, le camp par de petits postes pour former une double enceinte de sentinelles, ces postes sont sous la surveillance du capitaine de la garde de police, qui lie leur service avec celui du camp, et les fait visiter par ses rondes et ses patrouilles.

Cas de marche.

75. Quand le régiment se met en marche, la garde de police rentre dans les compagnies, mais non le poste avancé.

Dans la cavalerie, à la sonnerie du boute-charge, le commandant de la garde de police envoie l'une après l'autre chaque moitié de cette garde seller et charger; quand le régiment est réuni, chaque cavalier rentre à son escadron.

Lorsque le campement précède le régiment, et que la nouvelle garde de police marche avec lui, elle se met en bataille, en arrivant au camp, à trente pas en avant du centre du terrain marqué pour le régiment; le capitaine fournit les postes et les sentinelles que lui demande l'officier qui conduit le campement; le poste avancé prend de suite sa position.

Hommes punis de la prison.

76. Le poste avancé de l'ancienne garde de police marche avec le régiment, entre le premier et le deuxième bataillon;

il a la baïonnette au canon; les hommes punis de la prison marchent entre les deux rangs de ce poste : s'il y a des criminels qu'il n'ait pas été possible d'envoyer à la prison du quartier général, ils sont attachés et gardés particulièrement; un caporal marche derrière eux. En arrivant au camp, les prisonniers sont consignés au poste avancé de la nouvelle garde de police.

CHAPITRE II.

Du piquet.

Destination du piquet.

77. Le piquet se forme habituellement de la réunion des officiers, sous-officiers et soldats qui doivent marcher le lendemain pour le service du premier tour; il est destiné à fournir les détachements et les gardes qui peuvent être commandés extraordinairement pendant les vingt-quatre heures; il est commandé chaque jour à la suite des hommes de garde; on compte le service du piquet comme service du premier tour à ceux qui ont marché pour un détachement ou pour une garde, ou qui ont passé la nuit au bivouac.

Les officiers, sous-officiers et soldats de piquet sont toujours habillés et équipés; les chevaux sont sellés, les sacs et portemanteaux sont prêts à être chargés.

Les détachements et les gardes que fournit le piquet se composent d'officiers, sous-officiers, caporaux et soldats les premiers à marcher; les soldats sont, autant que possible, pris en nombre égal dans chaque compagnie.

Les officiers, sous-officiers et soldats de piquet qui marchent avant la retraite sont remplacés; ceux qui marchent après ne le sont pas, à moins d'un ordre spécial.

Composition du piquet.

78. Chaque bataillon fournit, pour le piquet du régiment, deux sergents, quatre caporaux, un tambour et quarante soldats. Le piquet est commandé par un capitaine qui a sous

ses ordres un lieutenant ou un sous-lieutenant dans les régiments de deux bataillons, et deux lieutenants ou sous-lieutenants dans les régiments de trois bataillons.

Dans un bataillon détaché, le piquet est commandé par un lieutenant ou un sous-lieutenant.

Le piquet d'un régiment de cavalerie est de dix cavaliers par escadron; il est commandé par un capitaine, qui a sous ses ordres deux lieutenants ou sous-lieutenants, quatre maréchaux des logis, huit brigadiers et deux trompettes.

Lorsque le régiment est divisé, chaque fraction fournit un piquet proportionné au service qu'elle doit faire. Dans un escadron détaché, le piquet est commandé par un lieutenant ou par un sous-lieutenant.

Réunion du piquet.

79. Le piquet est réuni par l'adjudant de semaine en même temps que les gardes; il est placé à douze pas en arrière de celles-ci, et partagé en deux ou trois pelotons; il ne défile pas. Lorsque les gardes ont défilé, le commandant du piquet le conduit à la gauche de la garde de police et lui fait mettre ses armes au chevalet qui leur est destiné; elles sont consignées à la sentinelle de la garde de police.

Hors le cas de détachement ou de garde à fournir, le piquet ne prend les armes que lorsque les généraux, le colonel ou l'officier supérieur de semaine veulent en passer l'inspection; il se forme à la gauche de la garde de police.

L'officier supérieur de semaine fait faire pendant le jour plusieurs appels du piquet. Pour le rassembler, le tambour de la garde de police bat un rappel suivi de trois coups de baguette; les trompettes sonnent deux appels consécutifs. Les appels et les inspections du piquet ont lieu le sac au dos dans l'infanterie, et à pied dans la cavalerie.

A la retraite, le piquet se réunit; le capitaine en fait faire l'appel et passe l'inspection des armes. Les officiers, les sous-officiers et les soldats couchent dans leurs baraques, mais sans se déshabiller.

Quand le piquet s'assemble pendant la nuit, ce qui n'a lieu qu'en cas d'alerte ou bien lorsqu'il doit marcher en totalité ou en partie, l'adjudant-major et l'adjudant de semaine préviennent les officiers; ceux-ci éveillent les sous-officiers sans bruit ni batterie de caisse; les sous-officiers éveillent les soldats. A cet effet, les uns et les autres reconnaissent à l'avance les baraques occupées par ceux qu'ils sont chargés d'avertir.

La nuit, le piquet de cavalerie se réunit à cheval.

Les piquets rentrent dans les compagnies toutes les fois que les régiments prennent les armes pour des revues, des manœuvres, des marches ou des actions de guerre.

Piquet au bivouac.

80. Quand le piquet doit bivouaquer, le colonel détermine l'emplacement; les chevaux sont sellés et chargés; on ne les réunit que dans le cas où le bivouac est trop éloigné du camp ou trop proche de l'ennemi.

TITRE VIII.

DES GRAND'GARDES ET AUTRES POSTES EXTÉRIEURS.

—

Objet et composition des grand'gardes.

81. Les grand'gardes sont les postes avancés d'un camp ou d'un cantonnement : elles doivent en couvrir les approches.

Le nombre, la force et le placement des grand'gardes sont réglés par les généraux de brigade, et, dans un corps détaché, par l'officier qui commande ce corps. Autant qu'il se peut, les grand'gardes de cavalerie sont combinées avec les grand'-gardes d'infanterie, celles-ci servant d'appui, les autres de sentinelles avancées. Quand la nature de la guerre et du pays le permet, ou que l'affaiblissement de la cavalerie l'exige, on peut se borner à attacher des cavaliers aux grand'gardes d'infanterie, soit pour les faire concourir au service, soit pour avoir plus promptement des nouvelles de l'ennemi.

La grand'garde pour un régiment d'infanterie ou de cavalerie, et même pour un bataillon, est habituellement commandée par un capitaine; elle est composée d'un nombre d'officiers, de sous-officiers, de caporaux et de soldats, fixé en raison de son objet, de la force du corps qui la fournit, et aussi du principe que quatre hommes sont nécessaires pour entretenir sans trop de fatigue une sentinelle.

Une connaissance plus approfondie du terrain, une appréciation plus exacte du nombre et de l'espèce des troupes opposées, de nouvelles données sur les projets de l'ennemi, enfin des considérations puisées dans la disposition d'esprit des habitants, peuvent autoriser à diminuer ou à augmenter le nombre et la force des grand'gardes, même après qu'elles ont été établies.

Surveillance du service des grand'gardes.

82. Indépendamment de la surveillance active exercée sur les grand'gardes par les officiers généraux commandants de division ou de brigade et par tout commandant de corps détaché, leur placement et la direction de leur service sont spécialement confiés, dans chaque régiment, au colonel et au lieutenant-colonel, et, en l'absence de ce dernier, à un chef de bataillon ou d'escadrons, secondé, quand il en est besoin, par les adjudants-majors. Dans un bataillon ou un escadron isolé, et dans un détachement, les grand'gardes sont placées et dirigées par l'officier commandant le corps et par l'adjudant-major, ou, à défaut de l'adjudant-major, par l'officier qui en remplit les fonctions.

Le général ou l'officier commandant détermine, selon les circonstances, le mode de service des officiers, tant d'infanterie que de cavalerie, qui doivent le seconder.

Un des officiers supérieurs de la brigade est désigné pour prendre le commandement des grand'gardes, lorsque leur nombre, le concours ou le mélange des différentes armes le font juger nécessaire; il s'établit au poste indiqué par le général.

Le général de division se fait seconder, dans la surveillance du placement et du service des grand'gardes, par des officiers d'état-major ; mais le service extérieur devant être concentré dans chaque brigade, afin qu'il y ait régularité et responsabilité, ces officiers d'état-major se bornent à rendre compte au général de division ; ils ne donnent des ordres que dans des cas urgents, et en l'absence de tout officier supérieur de la brigade chargé de ce service.

Réunion et départ des grand'gardes.

83. Les grand'gardes montent habituellement avec les autres gardes ; cependant, le général de brigade ou tout commandant d'un corps détaché peut, lorsqu'il croit indispensable de doubler les postes pendant les premières heures, les faire monter à la pointe du jour : alors elles s'assemblent et partent sans bruit ; elles se font éclairer et fouillent le pays pendant leur marche ; elles observent les mêmes précautions, le jour, lors de leur premier établissement, ou quand d'autres circonstances l'exigent. Mais cette mesure de doubler les gardes, affaiblissant les corps et fatiguant le soldat, on doit n'y recourir que très-rarement, et jamais quand on se prépare à marcher ou à combattre.

Les grand'gardes sont conduites à leur destination, la première fois, par le colonel ou le lieutenant-colonel, et par les adjudants-majors qui ont accompagné le général dans la reconnaissance du terrain, si le lieutenant-colonel n'a pu remplir lui-même cet important devoir.

Le poste une fois établi, le commandant d'une grand'garde envoie à l'adjudant-major de semaine, autant de fois qu'il en est besoin, un homme de cette garde, pour servir de guide à celle qui doit la relever.

Le commandant d'un poste ne peut refuser de se laisser relever par une garde plus faible, ou dont le chef est d'un grade inférieur au sien ; mais il ne se laisse point relever par une garde qui n'est pas du régiment ou de la brigade, si elle ne lui a pas été annoncée, ou si elle n'a un ordre écrit ; si cette troupe lui est absolument inconnue, il ne la laisse point approcher qu'il n'en ait reçu l'ordre de son chef direct.

Placement des grand'gardes.

84. S'il n'y a pas de débouché qu'il faille principalement observer ou défendre, les grand'gardes sont établies, autant que les circonstances et les localités le permettent, au centre du terrain qu'elles doivent observer, dans quelque endroit couvert, élevé même s'il est possible, afin que l'ennemi ne puisse pas juger de leur force, et cependant soit aperçu de loin. On évite de les adosser à un bois, dans la crainte qu'elles ne soient enlevées. Quand les grand'gardes ont été placées de jour très-près ou en vue de l'ennemi, il leur est assigné, pour la nuit, un poste plus en arrière; elles en prennent possession à la chute du jour. On doit encore les rapprocher des bivouacs, des camps ou des cantonnements dans les pays fourrés, coupés ou montagneux, surtout quand l'ennemi est favorisé par les habitants. Si l'on juge à propos de les tenir éloignées, on établit des postes intermédiaires.

Les grand'gardes étant principalement destinées à surveiller l'ennemi en avant de leur front, et leur liaison entre elles (que la ligne soit droite ou déviée) devant protéger leurs flancs respectifs, c'est au corps principal à fournir les postes intermédiaires de soutien ou d'observation qu'exigeraient leur éloignement de ce corps, le débouché de vallées ou de bois sur leurs communications, enfin les ponts ou défilés qu'elles auraient à franchir en cas de retraite.

Les grand'gardes sont rarement retranchées et ne peuvent l'être que sur l'ordre du général. Seulement, celles qui sont dans une plaine et exposées aux attaques de la cavalerie peuvent se barricader, creuser un fossé en forme circulaire, ou se couvrir par des abatis.

Le général de division vérifie et rectifie, s'il le juge à propos, le placement et les consignes des grand'gardes. Il fait établir les postes qui lui paraissent nécessaires pour lier les brigades entre elles, ou pour couvrir leurs flancs extérieurs.

Petits postes.

85. Le premier soin du commandant d'une grand'garde, ainsi que des officiers généraux, colonels et lieutenants-colonels, est, dès qu'elle est placée, d'avoir des nouvelles de l'ennemi, puis de reconnaître sa position, les chemins, les débouchés, les défilés, les ponts et les gués par lesquels il peut arriver, et ceux par où il est possible d'aller à lui.

On détermine, d'après ces reconnaissances, la force des postes avancés ou *petits postes*, leur placement et celui de leurs sentinelles de jour et de nuit. Les petits postes sont commandés, selon leur degré d'importance, par des officiers, des sous-officiers, des caporaux ou brigadiers ; ceux de cavalerie peuvent, suivant les circonstances, être relevés toutes les quatre heures ou toutes les huit heures.

Le commandant de la grand'garde donne aux chefs des petits postes des instructions détaillées sur le service et la surveillance qu'exige leur position, et sur les dispositions qu'ils auraient à prendre pour la défense et la retraite. Les officiers généraux et supérieurs en usent de même à l'égard des commandants de grand'garde.

Le commandant de la grand'garde peut changer la position des petits postes, si cette mesure lui paraît urgente.

Lorsque les petits postes doivent, pour la nuit, changer leur position, ils ne quittent leur emplacement de jour pour prendre celui de nuit que quand la grand'garde est établie dans le sien, et que l'obscurité empêche l'ennemi d'apercevoir leur mouvement. Ils se retirent alors sans bruit et avec célérité, sous la direction d'un officier.

Dans les corps détachés, des petits postes, composés d'hommes intelligents, sont en outre, à la nuit, poussés au loin sur les chemins par lesquels l'ennemi peut arriver pour attaquer la position, pour la tourner ou pour couper la retraite. Ils sont placés de préférence sur l'embranchement de ces chemins ; ils restent sans feu, se tiennent cachés, et changent fréquemment de position ; ils ne sont point liés entre eux.

Ces postes annoncent l'approche de l'ennemi au moyen de signaux dont ils sont pourvus, ou, à défaut, au moyen d'indices dont il a été convenu. Ils se retirent sur des points qui leur ont été indiqués, et par des chemins qu'ils ont reconnus à l'avance. Au jour, ils rentrent à la grand'garde.

Mot d'ordre dans les grand'gardes.

86. Tous les soirs, le commandant d'une grand'garde envoie un caporal ou un ancien soldat à l'adjudant-major de semaine, pour recevoir le billet contenant les mots d'ordre et de ralliement. Il les fait passer aux petits postes avant la nuit.

Si le mot d'ordre est égaré ou retardé, ou s'il a été surpris par l'ennemi, le commandant de la grand'garde s'empresse d'en donner un autre qu'il fait immédiatement connaître aux corps et aux postes voisins, ainsi qu'aux officiers généraux.

Consignes.

87. Les grand'gardes ont des consignes relatives aux motifs particuliers pour lesquels elles sont placées ; mais elles ont en tout temps une consigne qui leur est commune et qui consiste :

A informer les postes voisins, le régiment et le général, de la marche et des mouvements de l'ennemi, ainsi que des attaques qu'elles ont à craindre ou qu'elles sont occupées à soutenir ;

A examiner les personnes passant près d'elles et particulièrement celles qui viennent du dehors ; à arrêter les individus qui n'ont pas de passe-port d'un général connu, et les soldats, cantiniers ou domestiques qui cherchent à dépasser les avant-postes ; enfin à faire conduire devant le général, à moins qu'elles n'aient reçu l'ordre exprès d'en agir autrement, les paysans qui se présentent au camp, même pour y apporter des vivres.

Toute garde extérieure prend les armes la nuit pour les patrouilles, les rondes, et tout ce qui approche d'elle ; il est donné à la sentinelle devant les armes la consigne nécessaire à cet effet.

Les postes avancés ne prennent les armes pour rendre les honneurs ou pour être inspectés, que lorsqu'ils ne risquent point d'être aperçus par l'ennemi.

Les grand'gardes reçoivent des consignes des officiers généraux et du chef d'état-major de la division, du colonel, du lieutenant-colonel et de l'officier supérieur de semaine de leur régiment. Les commandants des grand'gardes doivent communication de ces consignes aux officiers de l'état-major de l'armée ou de la division ; ils doivent la même communication aux adjudants-majors de leur corps qui la leur demandent. Ils fournissent en outre, à ces officiers, tous les autres renseignements qu'ils peuvent être à même de donner.

Les grand'gardes sont souvent chargées de la garde et de la direction des signaux que l'état-major fait établir sur des points élevés ; elles reçoivent à cet effet des consignes et des instructions spéciales.

Sentinelles et vedettes.

88. Les sentinelles et vedettes ayant pour objet principal d'observer l'ennemi et d'avertir de ses mouvements, on les place, sans toutefois interrompre la chaîne qui les lie entre elles et avec leurs postes, sur des points d'où elles puissent découvrir au loin. Elles sont, autant que possible, dérobées à la vue de l'ennemi par un mur, un arbre, une éminence ou un pli de terrain, dont elles ne dépassent le plan que de la tête. L'avantage d'observer et de ne pouvoir être vu ne doit cependant pas être sacrifié à celui d'apercevoir plus au loin. Il faut éviter de placer des sentinelles trop près de quelque lieu couvert où l'ennemi puisse se glisser pour les surprendre.

Une sentinelle doit toujours être prête à faire feu ; les vedettes ont le mousqueton haut ou le pistolet à la main ; cependant, pour ne pas s'exposer à donner une fausse alerte, une sentinelle ou une vedette ne tire que quand elle aperçoit très-distinctement l'ennemi ; elle doit, alors même que toute défense de sa part serait inutile, tirer vivement pour avertir ; le salut du poste peut en dépendre. Toute sentinelle fait feu sur quiconque passe à l'ennemi.

Si l'on est forcé de placer une sentinelle à une distance telle qu'elle ne puisse communiquer, le chef du poste détache pour la fournir un caporal et quatre hommes. Dans ce cas aussi, les sentinelles peuvent être doublées, afin que l'une vienne prévenir pendant que l'autre reste en observation. On peut encore suppléer pendant le jour à cette disposition, par des signaux convenus d'avance pour annoncer l'ennemi, par exemple, par un mouchoir, un shako ou tous autres objets élevés au-dessus de la tête et présentant chacun une indication particulière ; les vedettes peuvent, dans le même but, parcourir un certain espace en cercle ou dans tout autre sens. Pendant la nuit, les sentinelles sont placées de préférence dans les lieux bas, pour mieux distinguer ce qui vient d'en haut.

Pour alléger le service des rondes, et tenir pendant la nuit plus de monde sur pied, les sentinelles sont relevées toutes les heures. Il est souvent utile, pour éviter qu'elles soient surprises, que des signaux remplacent ou précèdent le mot de ralliement ; les sentinelles de pose, les sentinelles volantes, les patrouilles, les rondes doivent alors frapper dans les mains ou sur une partie de l'armement, ou exécuter tout autre signal convenu.

Lorsque, pendant la nuit, une sentinelle entend quelqu'un s'approcher, elle arme son fusil, et crie : *Halte-là !* Si l'on ne s'arrête pas après qu'elle a crié une seconde fois, elle fait feu ; si l'on s'arrête, elle crie : *Qui vive ?* Et lorsqu'il lui a été répondu *ronde* ou *patrouille,* elle crie : *Avance au ralliement !* Si le chef de ronde ou de patrouille ne s'avance pas seul, s'il ne fait pas le signal convenu ou s'il ne donne pas le mot, la sentinelle fait feu et se replie sur le poste. Lorsqu'elle est placée devant les armes, et qu'il a été répondu au *qui vive?* elle crie : *aux armes !* La garde se forme ausssitôt, et le caporal va reconnaître.

Lorsqu'on veut dérober à l'ennemi la connaissance de l'emplacement des sentinelles, des signaux peuvent remplacer le *qui vive?* Dans ce cas, les sentinelles font les premières un signal; il leur est répondu par le signal convenu.

Lorsque les troupes n'ont pas l'habitude de la guerre ou que la quantité et l'espèce des troupes légères de l'ennemi l'exigent, les sentinelles peuvent être réunies par deux. Quelquefois encore, on les double pour qu'elles puissent se partager la surveillance de l'horizon, ou bien lorsqu'il doit y avoir un avis à faire parvenir, un individu à arrêter, etc. Dans ce cas, l'une des deux se détache, et la chaîne n'est pas interrompue. Cette mesure est nécessaire dans un terrain coupé, fourré, d'un aspect inégal et durant les nuits obscures et orageuses, qui favorisent les surprises. Pendant qu'une sentinelle observe, l'autre parcourt les sinuosités, les replis du terrain, les escarpements des chemins creux; ces sentinelles mobiles sont appelées *volantes.* Des sentinelles volantes se croisent, lorsqu'il y a insuffisance d'hommes de garde pour observer toutes les issues.

Les commandants des grand'gardes visitent souvent les sentinelles, les déplacent ou en placent de nouvelles, selon qu'ils le jugent convenable; ils leur font répéter leur consigne, leur apprennent dans quelles circonstances et à quel signal elles doivent se retirer, et leur recommandent de ne pas se replier directement sur les petits postes, si elles se trouvent poursuivies, mais de n'y arriver que par un circuit, afin d'en tenir l'ennemi éloigné plus longtemps.

Vigilance pendant la nuit.

89. Les grand'gardes étant destinées à garantir les troupes auxquelles elles appartiennent d'attaques imprévues et de surprise nocturne, la moitié des hommes qui les composent veillent armés, pendant que les autres reposent, ayant leurs armes à côté d'eux. Les chevaux des grand'gardes de cavalerie

restent bridés; les cavaliers ont la bride dans le bras, et doivent ne pas dormir.

Lorsqu'une grand'garde de cavalerie est établie dans un lieu dont l'accès du côté de l'ennemi est difficile, le général peut l'autoriser à faire manger ses chevaux pendant la nuit, en l'astreignant néanmoins à n'en débrider à la fois qu'un petit nombre; les cavaliers dont les chevaux sont débridés redoublent de surveillance pour les empêcher de s'échapper.

Une heure avant le jour, les grand'gardes d'infanterie prennent les armes, celles de cavalerie montent à cheval.

Dans les postes avancés, une partie des hommes reste pendant toute la nuit sous les armes ou à cheval.

Patrouilles, découvertes, rondes.

90. Le commandant d'une grand'garde règle le nombre, les heures et la marche des patrouilles et des rondes, selon la force de sa troupe et le besoin de multiplier les précautions; ce besoin résulte du plus ou moins de facilité pour arriver sur le poste et pour l'assaillir, de la proximité plus ou moins grande de l'ennemi, des dispositions des habitants à son égard, et de toutes les circonstances qui peuvent le rendre audacieux ou circonspect.

Le commandant d'une grand'garde reconnaît lui-même, accompagné de ceux qui doivent conduire les rondes et les patrouilles de nuit, les chemins que celles-ci doivent parcourir.

Les patrouilles marchent lentement, avec précaution et sans bruit; elles font de fréquentes haltes pour écouter; elles observent avec soin le terrain qu'elles explorent.

Les officiers et sous-officiers de ronde, chargés de s'assurer de la vigilance des postes et des sentinelles, sont accompagnés de deux ou trois hommes. Ils marchent comme les patrouilles, avec lenteur et précaution, et observent tout ce qui peut intéresser les postes.

Au point du jour, les patrouilles doivent être plus fréquentes et ne plus se restreindre à parcourir les environs du poste. Elles marchent à la découverte, bien qu'avec toutes les précautions possibles, pour reconnaître les chemins creux et les inégalités de terrain favorables aux rassemblements; elles ne négligent rien pour éviter d'être coupées ou de s'engager dans une lutte inégale. Si elles sont attaquées ou seulement rencontrées par l'ennemi, elles font feu et cherchent à arrêter sa marche. Pendant leur absence, les postes sont sous les armes ou à cheval.

Les patrouilles et les découvertes de cavalerie, devant se porter au loin et fouiller le pays avec soin, avertissent les postes d'infanterie, dans l'intérêt de leur sûreté commune, de ce qu'elles ont observé. Les patrouilles et découvertes du matin, tant d'infanterie que de cavalerie, ne reviennent qu'au grand jour. Ce n'est qu'à leur retour que les sentinelles de nuit sont retirées et que les postes reprennent leur position de jour.

Les patrouilles et découvertes se conforment à ce qui est prescrit au titre IX (des *Reconnaissances journalières*).

Lorsque le terrain permet de s'approcher des vedettes de l'ennemi sans en être aperçu, et que, pour un motif particulier, les patrouilles ont l'ordre de dépasser la chaîne des avant-postes, les petits postes et les sentinelles sont prévenus, et l'on prend les plus grandes précautions pour éviter une méprise au retour.

Les chefs de patrouille, à leur rentrée, rendent un compte exact de la configuration du terrain qu'ils ont parcouru, du plus ou moins de vigilance des postes ennemis, en un mot, de tout ce qu'ils ont observé. Le commandant de la grand'-garde envoie un rapport à l'officier supérieur de semaine.

Par qui les postes peuvent être mis en mouvement.

91. Les généraux et leurs chefs d'état-major peuvent seuls, en dépassant les avant-postes, les déplacer et les employer.

Feux.

92. Lorsque les grand'gardes n'ont pu se placer derrière

un mur, une éminence, un bois ou quelque autre rideau, elles masquent du côté de l'ennemi l'emplacement de leurs feux. A défaut d'autres moyens, elles les allument dans des trous creusés à cet effet; on établit, en outre, à une certaine distance, des feux apparents qu'entretiennent des sentinelles volantes; on en établit encore, s'il est nécessaire, sur les passages que le défaut de monde empêche d'occuper; enfin on défend aux petits postes d'en allumer, si l'on a lieu de craindre que ces feux ne contribuent à les faire surprendre.

Comme il arrive quelquefois que, dans le but de tromper l'ennemi ou de se garantir d'être surpris, on doit éteindre subitement un feu, il est bon de tenir prêt, pour cet effet, un amas de terre, mouillée, s'il est possible.

Chevaux menés à l'abreuvoir.

93. Les chevaux sont conduits à l'abreuvoir avant d'aller prendre le poste de jour, et en prenant le poste de nuit. Quelquefois, dans les grandes chaleurs, ils y sont en outre conduits successivement pendant la journée. Lorsqu'on juge à propos de ne pas les débrider pour les faire boire, on leur lâche la gourmette et la muserolle. Pendant qu'une partie de la grand'garde est à l'abreuvoir, l'autre partie reste à cheval.

Quand la grand'garde a mis pied à terre, le commandant ordonne de faire manger les chevaux, mais successivement et de manière que, pendant qu'un certain nombre mangent, les autres restent bridés.

Les petits postes ne font boire qu'après être rentrés à la grand'garde.

Troupes se présentant aux avant-postes; parlementaires.

94. Si, pendant la nuit, une troupe se présente à un poste pour entrer au camp sans avoir été annoncée, le chef du poste ne la laisse passer que lorsque l'officier qui la commande est connu de lui ou bien est porteur d'un ordre écrit;

7.

dans le cas contraire, il empêche la troupe d'approcher, et il
envoie le commandant, sous escorte, à l'officier supérieur de
semaine ; il fait avertir les chefs des postes voisins de se tenir
sur leurs gardes.

Les trompettes et les parlementaires de l'ennemi ne dépassent jamais les premières sentinelles ; ils sont tournés du
côté opposé au poste et à l'armée ; on leur bande les yeux,
s'il en est besoin. Un sous-officier reste avec eux, pour exiger
que ces dispositions soient observées, pour tâcher de tromper
leur curiosité par des réponses adroites, et prévenir l'indis-
crétion des sentinelles. Le commandant de la grand'garde
donne reçu des dépêches, et les expédie immédiatement au
général de la brigade ; il congédie sur-le-champ le parlementaire.

Il est cependant des cas où le parlementaire doit être retenu temporairement, par exemple quand il a pu recueillir
des renseignements qu'il importe de tenir cachés à l'ennemi,
ou qu'il a surpris l'armée dans l'exécution de quelque mouvement.

Il est quelquefois utile de simuler sans affectation, à l'approche des parlementaires, des mouvements propres à les induire en erreur. On peut aussi interrompre précipitamment
ces mouvements, comme si l'on avait à craindre d'en laisser
pénétrer l'objet.

Déserteurs; gens suspects.

95. Les déserteurs, après avoir été désarmés aux avant-
postes, sont conduits au commandant de la grand'garde, qui
les interroge sur tout ce qui peut intéresser la sûreté de son
poste. S'ils se présentent la nuit en grand nombre, le chef de
la garde avancée ne les laisse approcher que successivement
et avec précaution. Le commandant de la grand'garde, auquel
ils sont conduits, ou qui les fait prendre à la garde avancée,
leur assigne une place à quelque distance de son poste et les
fait surveiller. Au jour, il les envoie au commandant du camp

ou cantonnement le plus voisin. Celui-ci les fait conduire devant le général de la brigade qui, après les avoir questionnés, ordonne leur départ pour le quartier général de la division.

Les postes en arrière doivent, comme les postes avancés et dans les mêmes cas, arrêter tous les étrangers ; le commandant du poste fait fouiller en sa présence ceux qui lui paraissent suspects.

Conduite en cas d'attaque par l'ennemi.

96. Aussitôt qu'une grand'garde se trouve attaquée ou est menacée de l'être, elle fait prévenir le général de la brigade et le chef du corps dont elle dépend.

Dès que l'ennemi marche pour l'attaquer, elle doit le prévenir s'il n'est pas trop en force, si elle ne risque pas de se compromettre, si elle n'est pas dans un poste fermé ou sur un défilé qu'elle ait ordre de défendre ; dans les cas contraires, elle doit prendre les positions, et exécuter les mouvements les plus propres à retarder la marche de l'ennemi, remplissant ainsi occasionnellement la destination de tirailleurs. Elle combat, réunie ou éparse, selon les localités ou l'espèce de troupe qui l'attaque ; enfin elle rentre à son corps dès qu'il est en ligne ou que des troupes sont arrivées en nombre suffisant sur le terrain qu'elle défend.

Postes retranchés.

97. Dans une armée, on ne doit pas retrancher un poste, à moins qu'on ne soit dans des dispositions purement défensives, qu'on n'ait à couvrir des parties faibles ou qu'on refuserait, ou des points que l'ennemi ne pourrait éviter, soit en attaquant, soit en poursuivant ; qu'on ne fasse une guerre de montagne ; qu'on ne veuille fermer un défilé, ou qu'on n'ait à couvrir des quartiers d'hiver. Tout poste retranché est donc lié aux opérations de l'armée, et entre dans le plan du général qui la commande.

Tout retranchement qui exige de l'artillerie est considéré

comme un poste. Il lui est assigné une garde et un commandant particulier. On ne peut l'établir dans une armée en ligne, que sur l'ordre du commandant en chef, du général commandant l'aile, ou du général de la division. Le général qui prescrit l'établissement d'un poste retranché donne au commandant une instruction détaillée sur la défense ; il détermine les circonstances où cette défense doit cesser.

Le commandant, après avoir reconnu l'intérieur et l'extérieur de son poste, répartit le service et le terrain entre les officiers et les sous-officiers, forme une réserve et donne les instructions nécessaires pour tous les cas qu'on peut prévoir. Il suppose même une attaque, et dispose sa troupe pour la défense, afin de la préparer à soutenir un choc réel, soit de nuit, soit de jour.

Dans les temps de brouillard, il redouble de surveillance ; il change les heures et la direction des patrouilles et des rondes.

Il refuse l'entrée de son poste aux parlementaires, aux déserteurs et aux étrangers. S'il doit laisser passer un parlementaire à portée, il lui fait bander les yeux. Il ne laisse pénétrer la garde qui doit le relever, ou toute autre troupe, qu'après l'avoir fait soigneusement reconnaître hors de son poste.

Dès qu'un poste retranché est attaqué, le commandant doit agir de lui-même sans attendre d'ordre, ni tenir de conseil.

Lorsque, par suite de l'emploi de toutes ses munitions, soit de guerre, soit de bouche, ou de la perte de la majeure partie de sa troupe, le commandant est dans l'impossibilité de prolonger sa défense, il encloue les canons et cherche à regagner l'armée en surprenant de nuit, ou en traversant de vive force les postes ennemis.

Tout commandant d'un poste retranché justifie, à son retour, de sa défense et de la nécessité de sa retraite. Le général en chef convoque, s'il y a lieu, un conseil d'enquête.

TITRE IX.

DES DÉTACHEMENTS.

—

Composition des détachements.

99. Les détachements sont de préférence composés de fractions constituées, telles que bataillons, escadrons, compagnies, pelotons, sections, etc.

Pour fournir les détachements, un tour de service est établi entre les régiments d'une brigade, les bataillons ou les escadrons d'un régiment, et les compagnies d'un bataillon.

Les officiers et sous-officiers faisant partie d'une fraction constituée, commandée pour un détachement, marchent avec cette fraction.

Lorsque le général de la division croit devoir ordonner, par exception, qu'un détachement soit composé d'hommes pris sur tous les escadrons ou sur toutes les compagnies d'un régiment, on commande pour ce service les premiers à marcher au tour de garde. Dans ce cas, si le détachement doit durer plus de vingt-quatre heures, et que deux officiers ou deux sous-officiers d'une même compagnie soient appelés à en faire partie, celui qui se trouve le moins élevé en grade ou, à parité de grade, le moins ancien, est employé à une garde de vingt-quatre heures, et remplacé au détachement par le premier à marcher après lui.

Les officiers, sous-officiers et soldats appelés à faire partie d'un détachement au moment où ils sont employés à un autre service, doivent être relevés de ce service, s'ils peuvent être rentrés au camp ou cantonnement avant le départ du détachement.

Un chef de bataillon peut marcher avec la moitié de son bataillon, ou avec un détachement équivalent à un demi-bataillon, et même avec une force moindre, si l'importance de l'objet fait juger sa présence nécessaire ; de même, dans chaque grade, tout officier peut marcher avec une partie plus ou moins forte de la fraction qu'il commande habituellement.

Le colonel, lorsqu'il marche en détachement, est toujours accompagné d'un adjudant-major. Il en est de même du lieutenant-colonel et des chefs de bataillon ou d'escadrons.

Un détachement composé de fractions prises dans différents régiments doit, autant que possible, être commandé par un officier supérieur en grade aux officiers employés dans ces fractions, ou par un officier d'état-major.

Rencontre de plusieurs détachements.

101. Si plusieurs détachements se rencontrent dans un lieu où il n'y a pas d'autres troupes établies, le commandement est réglé entre eux pour tout le temps qu'ils sont réunis, comme s'ils ne formaient qu'un seul et même détachement; néanmoins le commandant d'un détachement ne peut empêcher l'autre de suivre sa destination et d'exécuter les ordres qu'il a reçus.

Quand un détachement entre dans un poste occupé par d'autres troupes, l'officier qui commande le détachement est, pendant tout le temps qu'il s'arrête, sous les ordres du commandant du poste, quand même ce dernier lui serait inférieur en grade. Le commandant du poste ne peut, sous quelque prétexte que ce soit, y retenir le détachement.

Autorité des commandants de détachement et comptes à rendre.

103. Les commandants de détachements ont la même autorité que les chefs de corps pour la police, la discipline et le service des troupes sous leurs ordres. Ils peuvent suspendre les sous-officiers, ainsi que les caporaux ou brigadiers, et en provoquer la cassation. Ils adressent à ce dernier effet leurs rapports au commandant du régiment et prennent ses ordres. Ils sont responsables du bon ordre dans les marches, dans les camps ou les cantonnements de l'établissement, ainsi que de la sûreté de la troupe, et, jusqu'à un certain point, du résultat des combats qu'ils peuvent avoir à livrer ou à soutenir. Ils

sont autorisés à se retrancher au besoin, en se servant de tous les moyens que les localités peuvent leur fournir ; ils doivent éviter les dégradations qui ne sont pas indispensables.

A la rentrée d'un détachement, le commandant rend compte au général de la division ; si c'est un détachement de division ; au général de la brigade, si c'est un détachement de brigade ; au colonel, si c'est un détachement de régiment, et ainsi de suite. Dans tous les cas, les commandants de détachement rendent compte à leur chef immédiat de ce qui intéresse la police, la discipline ou l'administration.

TITRE X.

DES RECONNAISSANCES.

—

Définitions des reconnaissances.

104. Tout mouvement de troupes ayant pour objet de découvrir ou de vérifier un ou plusieurs points relatifs à la position, aux mouvements de l'ennemi ou à la topographie du théâtre de la guerre, est une reconnaissance ; on distingue trois sortes de reconnaissances : les reconnaissances journalières, les reconnaissances spéciales et les reconnaissances offensives.

CHAPITRE Ier.

Reconnaissances journalières.

Objet des reconnaissances journalières.

105. La sûreté des camps, des cantonnements, des postes avancés, exige des reconnaissances journalières. L'objet de ces reconnaissances est de s'assurer si, à la faveur de terrains couverts, coupés, montueux, ou d'autres circonstances de localité, propres à favoriser un mouvement offensif ou une embuscade, l'ennemi ne peut préparer une surprise ; si ses

avant-postes n'ont été ni augmentés ni mis en mouvement, et si, dans ses camps ou bivouacs, il ne se passe rien qui annonce des préparatifs de marche ou d'action.

Service des reconnaissances journalières réglé par brigade.

106. Le service des reconnaissances journalières rentre dans celui de chaque brigade ; il est réglé par le général commandant la division, si les brigades sont contiguës, et par le général de brigade, si les brigades campent isolément ou en arrière de localités qui exigent des reconnaissances séparées.

Ce service se fait en outre, mais avec moins d'extension, comme découvertes et patrouilles, d'après les ordres des officiers qui commandent les grand'gardes, et par des troupes qui en sont tirées.

Composition des reconnaissances journalières.

107. Les reconnaissances et découvertes journalières doivent employer peu de monde. Elles se composent, selon la nature du pays et la situation respective des forces opposées, d'infanterie ou de cavalerie, mais, autant que possible, de troupes des deux armes.

Leur fréquence, leur force et le moment de leur sortie dépendent principalement de la nature des localités, de la distance et de la position de l'ennemi. En général, on ne doit pas les prodiguer, et surtout ne pas les recommencer aux mêmes heures, ni par la même route. On peut les faire faire le soir afin de s'assurer si l'ennemi n'est point en mouvement et ne s'établit pas à proximité dans quelque pli de terrain ou dans quelque bois.

La cavalerie est seule chargée des reconnaissances de plaine ; les reconnaissances de lieux montueux et boisés se font par de l'infanterie, plus quelques cavaliers, pour transmettre les nouvelles urgentes. Quand la reconnaissance doit être conduite à travers un pays varié, on peut faire marcher conjointement les deux armes : la cavalerie pour protéger en plaine la retraite de l'infanterie, l'infanterie pour assurer par l'occupation d'un défilé ou d'un point culminant la retraite de la cavalerie.

Précautions à observer.

108. Dans les reconnaissances ou découvertes, on observe les indications ci-après :

On place des postes ou des ordonnances échelonnées, afin de transmettre promptement les nouvelles aux grand'gardes, qui les font parvenir au camp.

Les reconnaissances n'étant, en quelque sorte, que des grand'gardes mobiles, destinées non à combattre, mais à voir et à observer, elles évitent de se compromettre, et marchent avec précaution.

Elles sont précédées, à environ deux cents pas, par une avant-garde d'une force proportionnée à la leur.

Des éclaireurs choisis parmi les cavaliers les mieux montés et les plus propres à ce genre de service, et, autant que possible, parlant la langue du pays, précèdent l'avant-garde et flanquent la reconnaissance ; ils doivent rarement s'écarter, pendant le jour, au point de perdre de vue leur détachement.

Il ne faut pas que deux éclaireurs gravissent ensemble une éminence ; ils se portent principalement sur les points culminants. Tandis que l'un y monte rapidement, l'autre s'arrête à mi-côte, afin de pouvoir, si le premier vient à être enlevé, préserver le détachement d'une surprise.

Avant le jour, l'avant-garde et les éclaireurs doivent être rapprochés ; on doit alors marcher lentement et en silence, s'arrêter souvent pour écouter, s'abstenir de fumer, et placer en arrière les chevaux qui hennissent.

Les reconnaissances ne doivent s'engager dans les villages, vallées, ravins, gorges ou bois, qu'après que les éclaireurs les ont exactement fouillés et qu'ils ont pris les renseignements nécessaires, même, au besoin, des otages parmi les habitants ;

elles remarquent les chemins en jonction avec celui qu'elles parcourent, et ceux qui lui sont parallèles ; elles s'informent d'où partent ces chemins et où ils conduisent ; elles questionnent les habitants sur ce qui concerne l'ennemi ; elles font rester en arrière, sans exception, les individus qui marchent dans la même direction qu'elles, et arrêtent ceux qui leur paraissent suspects.

Les commandants de reconnaissance se retournent de temps en temps pour juger de l'ensemble et des détails du terrain, et en reconnaître les points les plus importants, ceux surtout qui peuvent leur être utiles en cas de retraite.

Souvent, afin de battre le plus de terrain possible et pour faire perdre à l'ennemi sa trace, l'officier qui commande une reconnaissance évite de suivre, pour revenir au camp, le chemin par lequel il en est parti : dans ce cas, il ne laisse sur ce chemin ni ordonnances ni postes intermédiaires.

Rencontre de l'ennemi.

109. Si l'on rencontre l'ennemi en mouvement, il faut l'observer et le suivre sans se laisser apercevoir, s'il est possible ; le but étant de découvrir ses forces et ses projets, il ne faut le combattre que lorsqu'on y est forcé, et que, faute de pouvoir obtenir autrement des renseignements, on est dans la nécessité de faire des prisonniers. On évite avec soin de s'en laisser faire.

Cependant, quand un corps ennemi marche rapidement sur le camp ou le cantonnement, le commandant de la reconnaissance ou découverte ne doit pas hésiter à le combattre, s'il a l'espoir de retarder sa marche sans trop se compromettre.

Indépendamment des ordonnances de choix qu'il a dû expédier pour avertir, le commandant annonce sa retraite, et la marche de l'ennemi, par l'incendie de quelque cabane, de quelque meule de paille, ou par tout autre signal convenu d'avance.

CHAPITRE IV.

Rapports sur les reconnaissances.

Rapports.

114. Toute reconnaissance exige un rapport écrit; le style de ce rapport doit être clair, simple, positif; l'officier qui.le fait y distingue expressément ce qu'il a vu par lui-même des récits dont il n'a pu vérifier personnellement l'exactitude.

Pour les reconnaissances spéciales et les reconnaissances offensives, il est fait, outre le rapport, un levé à vue des localités, des dispositions et défenses de l'ennemi.

TITRE XII.

DES MARCHES.

—

Dispositions générales.

120. Le but du mouvement et la nature du terrain déterminent l'ordre de la marche, le nombre des colonnes sur lesquelles on doit marcher, ainsi que l'espèce de troupes qui doit les composer.

On cherche à former le plus de colonnes qu'on peut, en faisant attention toutefois qu'elles ne soient pas trop faibles. Leur distance respective doit être telle qu'elles puissent se communiquer, se soutenir mutuellement et se réunir avec facilité, et, pour cet effet, tout commandant de colonne doit, indépendamment de ses instructions particulières, être informé de la composition, de la force et de la direction des autres colonnes.

Avant-garde et arrière-garde.

121. L'avant-garde et l'arrière-garde sont ordinairement formées de troupes légères; leur force et leur composition en différentes armes se règlent d'après la nature du terrain et

la position où l'on se trouve à l'égard de l'ennemi. Elles sont uniquement destinées à couvrir les mouvements du corps dont elles font partie, et arrêter l'ennemi jusqu'à ce que le général commandant ait eu le temps de faire ses dispositions. L'avant-garde ne tient pas toujours la tête de la colonne; dans une marche de flanc, elle est employée à s'emparer des positions propres à couvrir le mouvement qu'on exécute.

Quand cela est jugé nécessaire, des compagnies de sapeurs du génie sont attachées à l'avant-garde.

Batteries et sonneries pour le départ.

122. Lorsque l'armée doit se mettre en marche, on bat le *premier*, c'est-à-dire *aux champs*, une heure avant le départ. Chaque régiment ne fait battre le *rappel* qu'au moment précis de se mettre en route et de prendre rang dans la colonne. Dans la cavalerie, le *boute-charge* précède ordinairement d'une heure la sonnerie *à cheval*.

Lorsqu'un régiment doit partir seul, la *marche* qui lui est particulière remplace les batteries dont on vient de parler. Les régiments de cavalerie conviennent entre eux de signaux particuliers qu'ils ajoutent aux sonneries habituelles.

Entre le *premier* et le *rappel*, les officiers veillent à ce que les ustensiles de cuisine et les outils soient rassemblés et remis à ceux qui doivent les porter, à ce que les équipages soient chargés et conduits au lieu désigné pour leur réunion. Afin de ne point donner lieu à l'ennemi d'observer les mouvements de la troupe, ils ordonnent d'éteindre le feu des cuisines; ils empêchent qu'on ne brûle la paille et les baraques. Dans la cavalerie, les officiers font ramasser et ficeler le fourrage.

Les jours de marche, la soupe est, autant que possible, mangée avant le départ.

La générale.

123. Lorsqu'on doit marcher subitement à l'ennemi, on bat

la *générale* et l'on sonne *à cheval*. Les troupes se forment rapidement en avant de leur camp ou cantonnement.

Les batteries d'artillerie marchent avec les divisions ou autres corps auxquels elles sont attachées.

Les autres voitures d'artillerie, les caissons de cartouches d'infanterie et les caissons d'ambulance marchent à la queue de la colonne. Les équipages marchent sous l'escorte de l'arrière-garde.

Inspection pendant la marche.

125. Dans la cavalerie, les commandants de peloton et les sous-officiers veillent personnellement à la régularité du paquetage. Dans l'infanterie, comme dans la cavalerie, les officiers supérieurs et les capitaines font leur inspection pendant la marche. A la première halte, on fait rectifier toutes les parties de l'habillement et de l'équipement qui se trouvent défectueuses ; on replace les couvertes, on ressangle les chevaux, etc. Les officiers font fréquemment la visite des sacs et des portemanteaux ; ils font jeter les effets qui ne sont pas d'uniforme, ou qui dépassent le nombre déterminé.

Rapports.

126. Lors du rassemblement, les colonels font leur rapport verbal au général de brigade ; ils lui remettent une situation sommaire des présents sous les armes, comprenant les mutations. Les généraux de brigade font le même rapport au général divisionnaire.

Rassemblements.

127. Autant que possible, on ne prend pas pour lieux de rassemblement les grandes routes, les chemins particuliers, ni aucun autre point où la troupe pourrait gêner la circulation.

Les généraux de division envoient à l'avance un officier d'état-major au rendez-vous pour y recevoir les corps ; les brigades ou les régiments isolés y envoient également un officier.

En arrivant au rendez-vous, l'infanterie et la cavalerie, à moins d'indication contraire, se placent d'après leur rang dans l'ordre de bataille et se forment en colonnes serrées. Lorsque l'artillerie et les équipages restent sur la route, on les range en file sur un des côtés, afin de laisser l'autre côté libre pour le passage.

Le moment où les troupes de corps différents, qui ont à parcourir la même route, doivent se remettre en marche, est réglé dans l'intérêt du service par l'officier le plus élevé en grade, et, à grade égal, par le plus ancien, qui, après avoir reçu communication des ordres de destination, décide, sur sa responsabilité.

Départ jamais retardé.

128. L'exécution des ordres ne devant jamais éprouver de retard, si le général de division ou le général de brigade, le colonel ou tout autre officier, n'est pas à la tête de sa troupe lorsque celle-ci doit partir, l'officier du rang immédiatement inférieur la fait mettre en marche.

Sapeurs en tête des colonnes; jalonnages.

129. Chaque colonne est, autant que possible, précédée par un détachement de sapeurs du génie ou de régiment, destiné à aplanir les obstacles qui peuvent retarder la marche. Les sapeurs sont aidés, au besoin, par des gens du pays ou par des soldats d'infanterie.

« Ce détachement est partagé en deux sections; au premier obstacle qu'il rencontre, la première section s'arrête et l'autre poursuit sa marche jusqu'à ce qu'il se présente un nouvel obstacle. Un officier du génie ou, *à son défaut, tout autre officier désigné à cet effet,* dirige les travaux (1). »

---

(1) Rédaction conforme à l'ordonnance du 8 avril 1837, *J. Mil.,* p. 177.

S'il n'est pas laissé à chaque embranchement de route un officier d'état-major pour indiquer le chemin aux soldats et aux équipages restés en arrière, un adjudant-major du dernier régiment de la colonne est chargé de faire établir, à l'endroit de ces embranchements, un signal, comme de la paille attachée à un arbre ou à un poteau, des branches coupées, etc.

Dans les marches de nuit et dans les mauvais pas, la route est jalonnée de fourriers ou de caporaux intelligents, qui sont relevés successivement de bataillon en bataillon.

Police dans les marches.

130. Il est défendu de tirer des armes à feu dans les marches, de faire aucun cri de *halte* ni de *marche*.

On laisse le moins possible les soldats s'arrêter individuellement aux ruisseaux et aux puits ; les bidons doivent être, avant le départ, remplis d'eau mélangée, s'il se peut, avec du vin ou de l'eau-de-vie.

Les troupes évitent de passer dans les villages ; lorsqu'elles ne peuvent se dispenser de les traverser, les officiers et les sous-officiers veillent à ce que les soldats ne quittent pas leur rang.

Indépendamment de l'arrière-garde, le général forme, quand il le juge nécessaire, pour faire rejoindre les traînards, un détachement dont les éléments sont pris dans le dernier régiment de la colonne et auquel on ajoute, au besoin, des sous-officiers de chaque régiment ; cette troupe doit visiter les chemins creux, les fermes, les villages, arrêter les marauders et remettre à la gendarmerie ceux qui se trouvent pris en flagrant délit ; les autres sont remis à la police de leur corps.

On évite de laisser des chevaux en arrière pour le ferrage ; les chevaux déferrés sont, autant que possible, réunis à la même forge et confiés à la surveillance d'un sous-officier.

La nuit, un tambour reste à la queue de chaque bataillon pour rappeler, quand l'obscurité ou la difficulté des chemins arrête la marche; il est aux ordres de l'adjudant. Un trompette est placé à la queue de chaque escadron. Les rappels sont répétés jusqu'à la tète du régiment.

TITRE XIII.

INSTRUCTION SOMMAIRE POUR LES COMBATS.

—

Devoirs des officiers et des sous-officiers pendant le combat.

135. Pendant le combat, les officiers et sous-officiers doivent retenir dans les rangs, par tous les moyens en leur pouvoir, les militaires sous leurs ordres, et forcer, au besoin, leur obéissance. Ils ne souffrent pas que les soldats quittent les rangs pour fouiller ou dépouiller les morts, ni transporter les blessés, à moins d'une permission expresse qui ne peut être donnée qu'après la décision de l'affaire. Le premier intérêt, comme le premier devoir, est d'assurer la victoire, qui seule peut garantir aux blessés les soins nécessaires.

Les officiers doivent rappeler aux soldats que la générosité honore le courage. En conséquence, les prisonniers de guerre ne sont jamais dépouillés; chacun d'eux est traité avec les égards dus à son rang.

Devoirs des officiers d'artillerie.

137. Les officiers d'artillerie envoient, après le combat, recueillir l'artillerie, les armes, les cuirasses et l'équipement restés sur le champ de bataille.

Observations sur l'instruction sommaire pour les combats.

Observations préliminaires.

Les perfectionnements considérables introduits depuis quelques années dans le système de l'armement, la rapidité du tir du fusil d'infanterie, la mobilité, la portée, la justesse de l'ar-

tillerie, doivent exercer une action importante sur la conduite
des opérations de la guerre et plus particulièrement sur la
tactique du champ de bataille.

L'étude attentive des propriétés acquises aux armes nouvelles conduit à des observations générales dont il importe
de bien se pénétrer.

Le projectile du fusil rayé, se chargeant par la culasse, arrive à des distances à peine visibles à l'œil nu. En plaine et
lorsque les distances sont connues, l'emploi de la hausse assure au tireur bien exercé une efficacité de tir d'une portée
de 300 à 400 mètres sur un homme isolé et qui s'étend jusqu'aux limites de 800 et 1,000 mètres, lorsque le but à atteindre représente une certaine étendue, comme le front d'un
peloton, d'un escadron, d'une batterie. La rapidité du tir,
dans un moment donné, peut être portée jusqu'à 5 ou 6 coups
par minute, sans qu'une telle précipitation nuise très-sensi-
blement à sa justesse, si la troupe qui en fait usage sait conserver son sang-froid et une juste appréciation des distances.

L'artillerie a vu également son champ de tir s'augmenter
en même temps que sa justesse. Elle ouvre son feu de plus
loin, embrasse un horizon plus étendu, est moins obligée à
changer de position, conserve mieux, par conséquent, la notion des distances et agit avec plus de certitude.

Sa grande mobilité lui permet de suivre partout la cavalerie, de l'accompagner dans tous ses mouvements, de prêter à
cette arme, en la complétant, le concours d'un feu aussi
hardi qu'efficace pour préparer une attaque ou soutenir une
diversion sur le flanc de l'ennemi.

Le feu acquiert ainsi aujourd'hui, sur le champ de bataille
une action prépondérante qui s'affirme d'elle-même.

Formation de l'infanterie sur le champ de bataille.

Une troupe marchant à l'ennemi doit s'attacher à prendre
l'ordre de formation le plus propre à la garantir des effets du
feu, sans paralyser le sien, et qui lui laisse en même temps

8

.toute la mobilité nécessaire pour manœuvrer, attaquer ou se défendre.

Des colonnes profondes, lourdes, ne se prêtant pas aux mouvements rapides, offrent aux coups de l'artillerie à longue portée une prise aussi dangereuse qu'inutile. Elles ne gagnen rien en force, toute leur action étant concentrée sur les pelotons de tête.

Sauf dans des cas d'une nécessité absolue, ou bien hors de la portée des coups de l'ennemi, cette formation déjà condamnée depuis longtemps doit être formellement évitée.

L'ordre déployé est de toutes les formations celle qui offre le moins de prise aux projectiles et qui permet de développer la plus grande masse de feu.

Pour défendre une position, se soustraire aux effets trop dangereux d'un tir soutenu et à bonne portée, surtout en plaine, cette formation est la meilleure. Mais sur un terrain ordinaire, cultivé ou accidenté, la marche d'une ligne de bataillons déployés est lente et difficile; au moment de la charge, alors qu'il est souvent trop tard pour former les colonnes d'attaque, cette ligne mince, flottante, avec ses éléments épars et souvent séparés, ne présente plus, concentrée sur le point décisif, le maximum d'efforts et d'énergie nécessaire. Une troupe ne pourrait conserver longtemps l'ordre déployé, très-utile, indispensable dans des circonstances particulières et de peu de durée, mais constituant pour l'infanterie une formation plutôt accidentelle que normale.

La formation par bataillons en colonnes à intervalles de déploiement nous est plus familière. Employée avec succès et recommandée par les généraux les plus expérimentés du premier empire, maintenue dans nos manœuvres jusqu'à ces dernières années sous le nom de *colonne d'attaque*, donnant le moyen de passer rapidement, et selon les besoins du moment, de l'ordre en colonne à l'ordre en bataille et réciproquement, elle se prête très-bien à l'emploi du nouveau fusil d'infanterie. Dans cet ordre, les bataillons sont extrêmement mobiles, faciles à abriter, également prêts à toutes les combinaisons de l'offensive et de la défensive, susceptibles de présenter des têtes de colonne dont l'énergie morale est d'autant plus surexcitée qu'elles se sentent mieux soutenues; enfin, bien maintenus dans la main du chef, ils restent toujours en mesure, soit de manœuvrer, soit, par un déploiement rapide, de faire usage de tout leur feu.

Le plus habituellement les bataillons sont donc ployés en colonne double ou par division, et serrés en masse ou à demi-distance.

Tirailleurs.

Avec les progrès de l'armement et de l'instruction du tir, l'emploi des tirailleurs acquiert un degré d'importance qui conduit à en augmenter la proportion, autant du moins qu'il est possible de le faire, d'après le nombre des compagnies, sans affaiblir outre mesure la consistance du bataillon.

Un bataillon de 6 compagnies en déploie difficilement plus d'une en tirailleurs; mais, s'il en comprend 7 ou 8, il y aura souvent avantage à en consacrer deux à ce service.

Avec deux compagnies en tirailleurs, chacune d'elles, déployant une section, sera chargée de couvrir la moitié du front du bataillon et le demi-intervalle correspondant, la seconde section en réserve en arrière des ailes de la ligne vis-à-vis les intervalles. Cette disposition, en augmentant le nombre des tirailleurs en ligne, permet, en outre, de démasquer plus rapidement le bataillon lorsqu'il doit se déployer et faire feu immédiatement.

Il ne faut pas perdre de vue que le tir individuel, mieux réglé, plus libre, supplée avec avantage le tir d'une troupe en ligne, dont il vaut mieux réserver l'usage pour les moments décisifs en ne l'employant qu'à des distances qui en rendent l'efficacité certaine. Une bonne ligne de tirailleurs, sachant se rendre compte des distances, tirant avec le calme et le sang-froid que comporte ce genre de combat, sera toujours une excellente protection pour le corps de bataille en position ou en marche.

Déployer un bataillon tout entier en tirailleurs est une manœuvre dangereuse à laquelle il faut renoncer. Une ligne de
tirailleurs doit appartenir à la troupe qu'elle protége, et
chaque bataillon se couvrira avec les siens.

Chasseurs à pied.

Les chasseurs à pied, par leur nature et leur instruction,
sont essentiellement tirailleurs de position.

Dans une division d'infanterie, le bataillon de chasseurs à
pied ne fait pas partie intégrante de la ligne de bataille ; il
ne doit que dans de très-rares exceptions combattre comme
troupe de ligne.

Considéré comme une réserve spéciale, ce bataillon doit
être laissé dans la main du général de division, qui en détache des compagnies, soit pour porter des renforts sur les
points de la ligne des tirailleurs où leur action peut être jugée nécessaire, soit pour protéger l'artillerie ou inquiéter
celle de l'ennemi.

On peut encore s'en servir utilement comme troupe légère,
pour devancer l'ennemi dans l'occupation d'un pont, d'un
défilé, protéger une retraite ou soutenir une reconnaissance.

Manœuvres devant l'ennemi.

Le règlement du 16 mars 1869, sur l'exercice et les manœuvres de l'infanterie, a pour but de compléter l'instruction
militaire du soldat et de donner à l'officier, à tous les degrés
de la hiérarchie, le moyen de satisfaire à toutes les nécessités
tactiques de la guerre.

Les manœuvres qu'il consacre sont aussi destinées à former
de bonne heure les troupes aux habitudes d'ordre, d'ensemble, de cohésion, de discipline, qui font leur force sur le champ
de bataille, et à les préparer d'autant mieux à la pratique sérieuse de la guerre.

Mais en campagne toutes ne sont pas également usuelles,
et, dans l'application qui en est faite, leur exécution présente
aussi des modifications que la différence des situations rend

à peu près inévitables, et dont il est utile d'exposer les principes.

Devant l'ennemi on n'emploie que des manœuvres simples, élémentaires, ne prêtant ni au désordre ni aux surprises. En général elles se réduisent à une série de mouvements partiels presque toujours les mêmes et qui découlent des phases habituelles du combat.

Après s'être déployée pour prendre position, une troupe peut avoir à se porter en avant ou en retraite, gagner du terrain sur l'une de ses ailes, reculer ou avancer tout ou partie de sa ligne de bataille, enfin attaquer ou se défendre.

Les ploiements et les déploiements, la marche en bataille en avant ou en retraite, les changements de front, la formation en échelons, constituent, avec les dispositifs d'attaque ou de défense, le cadre relativement restreint dans lequel se résument les manœuvres les plus usuelles à la guerre.

Dans la progression déterminée par le règlement du 16 mars 1869, c'est donc plus particulièrement sur ces manœuvres et les mouvements qui s'y rattachent que doit s'appesantir l'instruction.

Une troupe qui manœuvre doit toujours être prête à résister à une attaque imprévue, et autant que possible exécuter ses mouvements sur la fraction la plus rapprochée de l'ennemi, celle qui doit la première entamer l'action et protéger le mouvement.

Exécutés le plus souvent à portée de l'ennemi, les mouvements du champ de bataille exigent de l'ensemble, de la cohésion, de la vigueur, mais ne sauraient présenter le caractère de régularité ponctuelle des manœuvres d'exercice.

Ainsi la marche en avant d'une ligne de bataillons en colonne ou déployés s'effectue avec des alternatives de marche en avant ou en arrière selon les chances heureuses ou malheureuses du combat.

Obligés à se plier aux exigences du terrain, aux accidents qui se produisent, les bataillons s'appliquent à conserver leurs intervalles et leur liaison avec les bataillons voisins, en se

8.

prêtant au besoin un mutuel appui, mais sans s'astreindre à un alignement que ne comportent ni la configuration du sol ni les péripéties de l'engagement.

Les changements de front ne sont généralement que le résultat d'un changement de direction des bataillons qui gagnent du terrain, soit vers la droite, soit vers la gauche.

La manœuvre sur le champ de bataille, tout en poursuivant un but assigné aux efforts de tous, est en réalité un combiné de mouvements partiels dans lesquels l'individualité du bataillon joue nécessairement un très-grand rôle.

Le général ordonne et dirige l'ensemble du mouvement; mais dans une ligne étendue, brisée, masquée souvent, certaines de ses parties peuvent échapper à l'action des généraux et même des colonels. C'est au chef de bataillon à suppléer par sa propre initiative aux ordres qu'il ne peut ni recevoir ni provoquer, pour suspendre ou accélérer la marche de son bataillon, profiter des accidents favorables, porter secours à un voisin menacé, ou prendre des dispositions de défense contre une charge de cavalerie.

De nombreux tirailleurs protégent et soutiennent les mouvements d'aussi loin que le leur permettent le soin de leur propre sûreté et la nécessité de ne pas rompre leur liaison avec le corps de bataille.

Pendant que les plus habiles tireurs cherchent à mettre hors de combat les officiers les plus en vue, des tirailleurs suffisamment exercés jettent le désordre dans les têtes de colonne, arrêtent à leur début les entreprises de l'adversaire ou s'opposent à l'établissement de ses batteries, sans se compromettre jamais bien sérieusement s'ils savent, comme on doit s'attacher à le leur enseigner, profiter des abris et de ces mille petits accidents du terrain dont un homme intelligent ne manquera pas de tirer parti.

Pour que l'instruction donnée aux troupes en temps de paix soit complète, les régiments, soit pendant les marches militaires, soit dans des exercices spéciaux, doivent être initiés aux mouvements du champ de bataille. Reprenant souvent les mouvements les plus usuels, il faut s'attacher à leur en faire comprendre l'esprit, le mécanisme et le but par des applications appropriées à tous les terrains et en y joignant autant que possible, selon les localités, la pratique de l'emploi des tirailleurs.

De l'attaque.

Le tir perfectionné force à augmenter les distances; il développe et rend plus général l'emploi des tirailleurs, oblige à recourir plus fréquemment à la formation en ordre mince par des déploiements partiels ou généraux, mais il ne modifie pas sensiblement le principe même des manœuvres préparatoires du combat, si bien indiquées dans le titre XIII de notre règlement sur le service des armées en campagne.

Mais voici le point de vue sur lequel il est nécessaire de porter l'attention de nos officiers.

Aborder de front, en terrain découvert, une infanterie non entamée, surtout si elle est protégée par des obstacles ou des couverts, a toujours été une opération dangereuse, aujourd'hui surtout, avec les armes nouvelles.

Une troupe ayant à parcourir 300 ou 400 mètres sous un feu écrasant, quelque brave qu'elle soit, se trouverait exposée à être détruite avant d'avoir atteint le point décisif de l'action, et dans tous les cas arriverait trop affaiblie pour lutter avec succès contre un ennemi préparé à la recevoir et qui au dernier moment prendrait l'offensive.

L'attaque directe, terminée par un combat à la baïonnette, répond au caractère impétueux et à la bravoure de nos soldats. Continuons d'en encourager l'usage, mais sans perdre de vue que les perfectionnements modernes du tir, habilement mis à profit par un ennemi plus calme, pourraient faire tourner en désastre l'attaque non préparée d'une position abordée à découvert.

Comme le dit notre instruction sur les combats, toute position a un point important et décisif qu'il faut attaquer et enlever pour être maître du champ de bataille, mais plus que jamais il faut manœuvrer pour y arriver.

Soit sur les ailes, soit sur quelque autre partie de la ligne occupée par l'ennemi, il se trouvera toujours des points faibles par lesquels on pourra agir pour le prendre en flanc ou l'amener à combattre dans des conditions qu'il n'aura pas prévues.

Les mouvements tournants, les attaques exécutées par des colonnes de cavalerie soutenues par de l'artillerie, les fausses attaques de troupes légères, la réunion des troupes sur des points qui les dérobent au feu de l'ennemi et permettent de l'approcher, toutes les manœuvres enfin qui ont pour résultat de changer son ordre de bataille ou de le tourner, doivent être employées pour éviter l'attaque de front et à découvert dont nous avons signalé les dangers.

Lorsque les manœuvres préparatoires ont été faites pour se donner l'avantage de la position, occuper les points utiles, ou tourner l'ennemi, l'artillerie et les tirailleurs sont à peu près seuls directement engagés. Peu à peu les distances se rapprochent; engagées sur les points principaux, les troupes voient bientôt apparaître le moment où le combat corps à corps, dernier acte de la lutte devenue générale, décidera de la victoire.

Cette attaque décisive, après l'avoir amenée dans des conditions favorables par des manœuvres, il faut la préparer par le feu.

L'infanterie par des salves à commandement bien dirigées, l'artillerié par un tir concentré sur le point choisi, réunissent toute leur action pour rompre la ligne ennemie, y jeter le désordre et la démoralisation, pendant que les tirailleurs reployés dans les intervalles ajoutent au feu de masse des bataillons déployés l'effet d'un tir individuel d'autant plus efficace qu'il est exécuté à meilleure portée.

Alors les colonnes d'attaque rapidement formées se portent résolûment en avant, avec toute la confiance que donne la presque-certitude du succès.

Les tirailleurs, continuant leur marche dans les intervalles, redoublent la vivacité de leur feu, pour empêcher l'ennemi de se reformer et soutenir le moral de l'assaillant.

Autant que possible, si le terrain ou les dispositions de la ligne s'y prêtent, la charge doit être dirigée sur les ailes du point attaqué.

En approchant de l'ennemi, nos troupes, surexcitées par leur ardeur naturelle, ont une tendance à se précipiter au cri : en avant! et à une allure qui se transforme presque instantanément en celle du pas de course.

Cette tendance nous a procuré, il est vrai, quelques beaux succès; mais, bonne pour les troupes légères, on ne saurait se dissimuler les dangers qu'elle présente en ligne.

Devant les troupes solides, que ce premier élan n'aurait pas réussi à entamer, les bataillons, rompus par l'effet même de la course, souvent confondus entre eux, ne présentent plus aucun des éléments nécessaires pour renouveler l'effort ou pour passer de l'offensive à la défensive.

Obligée à gagner de l'espace pour se rallier sous une grêle de projectiles et exposée soit aux retours offensifs de l'ennemi, soit aux insultes de la cavalerie, une troupe se trouve alors dans l'une des situations les plus dangereuses à la guerre.

Il importe donc de bien se pénétrer de la nature essentiellement différente des deux rôles que les troupes d'infanterie ont à remplir sur le champ de bataille : le rôle de tirailleurs et celui de troupes de ligne marchant au combat dans une formation régulière. C'est aux officiers qu'il appartient de saisir cette différence et de la faire comprendre aux soldats. Régulariser, discipliner l'élan, ce n'est pas l'anéantir ; c'est au contraire le rendre plus complet, plus sûrement efficace.

Ainsi, au moment de l'attaque : dans les colonnes bien maintenues dans la main de leurs chefs, pas de feu, mais une marche résolue pour aborder l'ennemi au pas de charge et à la baïonnette; chez les tirailleurs, de l'adresse, de l'audace, de l'intelligence, pour marcher en profitant des moindres abris qui se présentent, pour bien viser sur les masses, sur les officiers en évidence, et concerter leur feu sur le point d'attaque ou sur toute la tête de colonne qui voudrait prendre de flanc les bataillons en marche.

De la défense.

La défense d'une position exige de l'énergie, de la ténacité, beaucoup de sang-froid.

Les difficultés que rencontre l'attaque indiquent suffisamment les moyens à employer.

A distance et aussitôt que se dessinent les projets de l'adversaire, une troupe chargée de défendre une position oppose aux préliminaires de l'attaque le feu de son artillerie et de ses tirailleurs pour nuire à l'établissement des batteries, inquiéter ou arrêter le mouvement des bataillons. Les bataillons de la première ligne, déployés et couverts, s'il est possible, par des plis de terrain, par des abris, par des tranchées, attendent que l'ennemi soit arrivé à bonne portée pour l'écraser par des feux de masse, surtout au moment de la formation des colonnes d'attaque et lorsque ces colonnes se portent en avant sur la position.

Ils doivent toujours être prêts à se reformer rapidement en colonnes, pour résister à la cavalerie, profiter d'un insuccès de l'ennemi, saisir l'occasion propice d'un retour offensif. On ne doit pas perdre de vue que le meilleur moyen de défendre une position est souvent d'attaquer soi-même, sauf à circonscrire son mouvement si l'on n'est pas en mesure de passer à l'état d'offensive décidée.

Si les ailes peuvent être tournées, les positions à occuper pour s'opposer à ce mouvement de l'ennemi doivent être étudiées et indiquées d'avance aux troupes de la seconde ligne ou de la réserve destinées à les occuper.

Observations sur le tir.

Avec la rapidité donnée aujourd'hui au tir de l'infanterie, la réglementation du tir est devenue une question d'un intérêt capital.

Le soldat, en vue de l'ennemi, se laisse facilement entraîner à ouvrir le feu; et le feu commencé ne s'arrête que difficilement; abandonné à lui-même, un homme, dans le rang ou en tirailleur, peut en quelques minutes brûler toutes ses cartouches, sans autre résultat qu'une consommation inutile de munitions qu'il n'est pas toujours possible de renouveler pendant l'action.

La facilité du chargement et du tir, moyen de succès si puissant dans la main du chef qui sait la mettre à profit au moment convenable, constituerait ainsi un danger, si le feu n'était pas convenablement réglé.

L'essentiel n'est pas de tirer beaucoup, mais de tirer bien ; les résultats se mesurent à l'habileté et au sang-froid des tireurs plus qu'à leur nombre.

Les tirailleurs doivent donc ménager leur feu; livrés à leur propre impulsion, ils doivent s'attacher à se faire une appréciation exacte des distances, à ne tirer que sur un but bien défini et à portée.

En ligne, les salves de bataillon et de peloton, exécutées au commandement, doivent aujourd'hui être employées de préférence au feu libre ou de deux rangs.

Les chefs de bataillon, les officiers de peloton, doivent user de leur ascendant sur leur troupe pour la maintenir calme sous le feu de l'ennemi, qualité qui constitue le soldat éprouvé et dont actuellement, plus que jamais, il y aurait péril à s'écarter.

Emploi de la cavalerie.

La cavalerie ne possédant pas par elle-même l'action du feu, obligée de se tenir à des distances plus grandes que par le passé tant que le moment de l'engagement n'est pas venu pour elle, enfin, ce moment arrivé, forcée de parcourir des espaces considérables sous un feu rapide et plus sûr, doit modifier sa tactique en raison des conditions nouvelles que lui impose le perfectionnement des armes à feu.

Dans les commencements de la bataille, une infanterie intacte, en bonne position, ne saurait redouter la cavalerie, quelque aguerrie qu'elle soit; mais une infanterie maltraitée, rompue par un feu meurtrier, offrira toujours à la cavalerie une proie qu'elle peut atteindre si elle sait s'élancer à propos, profiter du moment de confusion au milieu des incidents du combat et se replier à temps.

Indépendamment du rôle important et souvent décisif que la cavalerie peut être appelée à jouer à la fin de la bataille, cette arme, essentiellement mobile, peut donc exercer une action très-utile pendant le cours de l'engagement sur les points divers de la ligne où des succès partiels se produisent. Pour bien atteindre ce but elle n'agit pas en grandes masses, qui, ne pouvant être partout, l'useraient vite ou manqueraient l'opportunité du moment.

Des corps de cavalerie, surtout de cavalerie légère, répandus dans les corps d'armée et les divisions, portés au plus près, répartis par groupes que les mouvements du terrain peuvent dissimuler ou couvrir, bien commandés surtout, trouveront l'occasion de rendre des services qui, bien que partiels, peuvent prendre une grande importance.

Quand l'infanterie marche à l'attaque, la cavalerie la suit pour compléter la victoire; elle menace le flanc de l'ennemi, s'oppose aux tentatives de la cavalerie ennemie sur les flancs de l'infanterie, poursuit une cavalerie dispersée par le feu des carrés.

Des colonnes de cavalerie dirigées rapidement sur le flanc de l'ennemi le déconcertent, le forcent à changer de formation, favorisent une attaque de front ou précipitent la retraite.

Des démonstrations de cette nature appuyées par l'artillerie, aujourd'hui si mobile, constituent un des grands moyens d'action dans les mouvements tournants ou sur le champ de bataille.

Emploi de l'artillerie.

Le jeu alternatif et combiné de l'artillerie et de la cavalerie sera toujours une difficile épreuve pour des troupes d'infanterie, et l'on doit savoir tirer un grand parti, à la guerre, de l'association de ces deux armes devenues également mobiles et se complétant l'une par l'autre.

Associée à l'infanterie, l'artillerie a conquis un précieux avantage, celui de n'être plus astreinte à des changements de position aussi fréquents, soit pour suivre les mouvements de l'ennemi ou de la troupe qu'elle protége, soit pour concentrer son feu. Tirant plus longtemps en place, elle acquiert une connaissance plus exacte du terrain et des distances et, par conséquent, une justesse de tir plus grande.

Des batteries, occupant des positions diverses, mais ayant des vues sur le point d'attaque, peuvent concentrer leur feu sur ce point, par un simple changement dans la direction ou la portée du tir, sans être obligées à des mouvements de réunion souvent longs et difficiles et quelquefois rendus impraticables par les obstacles du terrain.

L'emplacement que la cavalerie et l'artillerie doivent occuper dans l'ordre de bataille d'une division est trop variable pour pouvoir être indiqué d'avance.

C'est au général qu'il appartient de choisir cet emplacement selon les conditions particulières du terrain, le but à atteindre, les propriétés spéciales à chaque arme et les services du moment que l'on peut en attendre.

TITRE XIV.

DES CONVOIS ET DE LEUR ESCORTE.

—

Objet des convois ; composition de leur escorte.

139. Les convois sont de différentes sortes ; ils ont pour objet le transport des munitions de guerre, de l'argent, des

subsistances, des effets d'habillement et d'armement, des malades, etc.

La force et la composition de l'escorte d'un convoi doivent être calculées d'après la nature du convoi, son importance, les dangers qu'il peut avoir à courir, les localités à traverser, la longueur du trajet, etc.

Si c'est un convoi de poudre, l'escorte doit être plus nombreuse, afin qu'elle puisse mieux en éloigner le combat.

La cavalerie ne concourt à l'escorte des convois que dans la proportion nécessaire pour éclairer au loin la marche. Cette proportion est plus considérable dans un pays ouvert; elle est moindre dans un pays coupé, montueux ou boisé.

Autant que possible, on attache à chaque convoi des sapeurs et, à défaut de sapeurs, des habitants munis d'outils propres à aplanir toutes les difficultés locales, ou à former rapidement quelque obstacle défensif, par des abatis d'arbres ou autrement.

On fait en sorte d'avoir toujours des pièces de rechange pour les voitures, telles que roues, timons, etc.

L'officier général chargé d'organiser et de mettre en route un convoi donne au commandant une instruction écrite, très-détaillée.

Autorité du commandant.

140. L'officier commandant l'escorte d'un convoi a pleine autorité sur les troupes de toutes armes qui la composent, ainsi que sur les agents des transports et des équipages militaires.

Si le convoi ne se compose que de munitions de guerre, le commandement en appartient à l'officier d'artillerie, pourvu qu'il soit d'un grade supérieur ou même seulement égal à celui du commandant de l'escorte. Dans tous les cas, le commandant de l'escorte défère, autant que la défense du convoi lui paraît le permettre, aux demandes de l'officier d'artillerie, en ce qui concerne les heures du départ, les haltes, la manière de parquer les voitures, l'ordre à y maintenir et les sentinelles à placer pour les garantir d'accident.

Les officiers étrangers à l'escorte qui marchent avec le convoi ne peuvent, quel que soit leur grade, y exercer aucune autorité sans l'assentiment du commandant; ce dernier dispose, dans l'intérêt du service, de tous les militaires présents qui lui sont égaux ou inférieurs en grade.

Division du convoi.

141. Quand un convoi est considérable, il est essentiel de le partager en plusieurs divisions, et de placer près de chacune le nombre d'agents nécessaire pour la maintenir dans l'ordre et veiller à ce qu'il n'y ait que quatre pas d'intervalle d'une voiture à une autre. Un petit détachement d'infanterie est attaché à chaque division, et, s'il y a dans le convoi des voitures du pays, des soldats sont répartis de distance en distance pour en surveiller les conducteurs.

Les munitions de guerre sont habituellement en tête du convoi; les voitures portant des subsistances marchent ensuite; puis viennent celles qui sont chargées d'effets militaires.

Les voitures auxquelles les officiers ont droit forment une division séparée; l'ordre de marche pour ces dernières est réglé d'après le rang des officiers auxquels elles appartiennent. Les voitures des vivandiers, cantiniers et marchands sont à la queue du convoi.

Toutefois ces dispositions sont subordonnées aux projets présumés de l'ennemi; les voitures dont la conservation importe le plus à l'armée doivent toujours marcher dans l'ordre le plus propre à les préserver de danger.

Il n'est jamais permis aux soldats de placer leur sac sur les voitures.

Renseignements et reconnaissances préalables.

142. L'ordre et la marche d'un convoi sont réglés en raison de la proximité de l'ennemi, de la force et de l'espèce des troupes respectives, de la nature des lieux et de l'état des

chemins. Le commandant se fait donner, sur ces différents objets, des renseignements très-détaillés dont il vérifie l'exactitude par des reconnaissances poussées aussi loin qu'il est besoin. Il ne se met jamais en route qu'après avoir reçu le rapport de ces reconnaissances, et donné en conséquence ses instructions aux troupes chargées de l'éclairer. La prudence doit présider à toutes ses dispositions.

Dispositions pour la marche et pour la défense.

143. Le convoi a toujours une avant-garde et une arrière-garde ; le commandant concentre le gros de l'escorte sous ses ordres immédiats, au point le plus important, ne laissant aux autres points que de petits corps, ou seulement des gardes.

Dans les terrains entièrement découverts, le corps principal marche sur les côtés de la route, à hau'eur du centre du convoi ; dans les autres circonstances, il marche, soit à la tête, soit à la queue, selon que l'une ou l'autre est plus exposée aux attaques de l'ennemi.

L'avant-garde part assez à l'avance pour aplanir les obstacles qui retarderaient la marche du convoi ; elle fouille les bois, les villages et les défilés ; elle se lie avec le convoi par des cavaliers chargés de transmettre au commandant les renseignements qu'elle recueille, et de recevoir ses ordres. Elle reconnaît le terrain propre aux haltes et à l'établissement des parcs.

Si l'on craint pour la tête de la colonne, l'avant-garde s'empare de tous les défilés et de toutes les positions où l'ennemi pourrait opposer des obstacles ou des troupes. Le corps principal, qui suit alors de plus près l'avant-garde, la remplace dans ces positions, et n'en repart que lorsque la tête du convoi l'a rejoint ; il y laisse, s'il en est besoin, quelques troupes qui sont relevées successivement par les petits corps restés à l'escorte des voitures ; la position n'est abandonnée entièrement que quand la totalité du convoi l'a dépassée, ou plus tard encore, si le commandant le juge convenable.

Des règles analogues sont suivies lorsque les derrières du convoi sont menacés; l'arrière-garde est alors chargée de rompre les ponts, de barricader et détériorer les chemins, et d'opposer à l'ennemi le plus d'obstacles possible. Elle se lie au convoi par des cavaliers.

Si les flancs sont menacés, si en même temps le terrain est peu accessible, entrecoupé, s'il y a plusieurs défilés à passer, la défense du convoi est plus difficile. On ne doit avoir alors que peu de monde à l'avant-garde et à l'arrière-garde; les positions qui peuvent couvrir la marche sont occupées par le corps principal, avant que la tête soit parvenue à la hauteur de ces positions, et jusqu'à ce que le convoi soit entièrement au delà.

Si le convoi est considérable, et si l'on doit passer par des endroits que la force et la proximité de l'ennemi rendent dangereux, il est quelquefois nécessaire, de crainte qu'il ne se trouve compromis en totalité, d'en faire partir les divisions séparément et à intervalle, pour ne les réunir qu'après le passage effectué. Dans ce cas, la majeure partie des troupes marche avec la première division; les positions dont elle s'empare sont couvertes par des tirailleurs et des éclaireurs, et au besoin par des petits postes; ces positions ne sont abandonnées que lorsque la totalité du convoi a passé.

Si le convoi a du canon, le commandant en dispose comme l'indiquent les localités et les circonstances.

Pour hâter le trajet et faciliter la défense, on fait marcher les voitures sur deux files, toutes les fois que la largeur de la route le permet.

Si une voiture se casse, elle est tirée hors de la route; quand elle est réparée, elle prend la queue du convoi; si la réparation en est impossible, son chargement est réparti sur les autres voitures; ses chevaux fournissent du renfort aux attelages qui en ont besoin.

Les convois par eau sont escortés d'après les mêmes principes; chaque bateau reçoit un petit poste d'infanterie; une partie de la troupe précède ou suit le convoi sur des bateaux particuliers; la cavalerie qui marche à la hauteur du convoi, l'avant-garde et l'arrière-garde, qui font également route par terre, se lient aux bateaux par des flanqueurs, et leur font passer les avis qui les intéressent. Lorsque les rivières coulent entre des montagnes très-rapprochées, la majeure partie de l'infanterie doit suivre par terre, pour empêcher l'ennemi de s'établir sur les sommités, et d'inquiéter le convoi.

Haltes, parcs.

144. D'heure en heure, on s'arrête pendant quelques instants pour laisser reprendre haleine aux attelages, et donner aux dernières voitures le temps de serrer à leur distance. Il n'est fait que très-rarement de grandes haltes, et seulement dans des lieux reconnus à l'avance et favorables à la défense du convoi. Les villages environnants sont fouillés, ainsi que les terrains qui pourraient servir à cacher l'ennemi. Les chevaux ne sont pas dételés; on se garde militairement.

La nuit, on parque de manière à se défendre contre une attaque ouverte ou à se garder d'une surprise, et de préférence loin des lieux habités, si le pays qu'on traverse est ennemi ou mal disposé.

Pour parquer, les voitures sont habituellement placées sur plusieurs rangs, essieu contre essieu, les timons dans une même direction; on laisse entre chaque rang une rue assez large pour que les chevaux puissent y circuler aisément.

Si l'on craint une attaque, le parc est formé en carré, les roues de derrière tournées vers l'extérieur, les chevaux dans l'intérieur du carré.

Au départ du convoi, chaque division ne bride qu'au moment où elle est prête à suivre le mouvement de la division qui la précède.

Défense d'un convoi.

145. Dès que le commandant est averti de la présence de l'ennemi, il fait serrer le plus possible les files des voitures et

continue sa marche dans le plus grand ordre. Ordinairement, il évite les occasions de combattre ; cependant, si l'ennemi l'a devancé dans un défilé ou sur une position qui domine la route, il l'attaque vigoureusement avec une grande partie de sa troupe, mais il ne s'abandonne point à la poursuite, afin de ne jamais s'éloigner du convoi, et de ne pas donner dans le piége d'une feinte retraite. Le convoi, qui a dû s'arrêter, ne reprend sa marche qu'après que la position a été enlevée.

Quand le commandant du convoi s'est assuré que les forces de l'ennemi sont trop supérieures aux siennes, il se décide à parquer ; le parc est formé hors de la route et en carré , dans l'ordre indiqué à l'article précédent.

Lorsqu'il n'est pas possible de sortir de la route, les voitures doublent les files, si elles ne se trouvent déjà dans cet ordre ; chaque voiture serre sur la précédente, le plus possible, le timon placé en dedans de la route ; en tête et à la queue du convoi, des voitures sont mises en travers pour fermer le passage.

Les conducteurs de voitures sont à pied, à la tête de leurs chevaux, pour mieux en être maîtres. Les conducteurs et les domestiques qui voudraient fuir sont à la disposition absolue des officiers et des sous-officiers.

Les tirailleurs tiennent le plus longtemps possible l'ennemi loin du convoi ; s'il devient nécessaire de les soutenir, le commandant y pourvoit, mais avec la plus grande circonspection, parce qu'il est essentiel qu'il conserve réuni le plus de monde possible pour le moment où l'ennemi fera ses plus grands efforts.

Dans le cas où le feu prend au convoi, il faut, s'il est parqué, s'occuper d'éloigner les voitures enflammées, ou, si on ne le peut, les voitures de munitions d'abord, puis celles qui se trouvent sous le vent. Sur une route, on renverse dans le fossé les voitures en combustion, après en avoir ôté les attelages, qu'on répartit ainsi qu'il a été dit.

On essaie de faire filer un certain nombre de voitures, si la tournure que prend le combat rend ce moyen extrême nécessaire, et si la nature du pays ou la proximité d'un poste en favorisent l'exécution. Quelquefois le commandant abandonne à l'ennemi une partie du convoi pour sauver l'autre; dans ce cas, il laisse de préférence les voitures chargées de vin ou d'eau-de-vie, et ne sacrifie les munitions de guerre qu'à la dernière extrémité.

Lorsqu'après une défense opiniâtre, et la perte de la majeure partie de sa troupe, le commandant se sent trop faible pour résister plus longtemps, et qu'il ne peut espérer aucun secours, il fait mettre le feu au convoi, puis il tente, par une action vigoureuse, de se frayer une issue, et d'emmener ses chevaux d'attelage; il les tue plutôt que de les abandonner à l'ennemi.

La défense d'un convoi de malades ou de blessés a lieu d'après les mêmes règles; celle d'un convoi de prisonniers de guerre présente des difficultés particulières : a-t-on à s'arrêter pour résister à l'ennemi? il faut les obliger de se tenir couchés, avec menace de tirer sur eux s'ils tentent de se relever avant d'en avoir reçu l'ordre. Dans tout autre cas, il faut presser leur marche, atteindre un village, et les y enfermer dans une église ou dans un grand bâtiment, dont on défend les approches.

TITRE XV.

DES DISTRIBUTIONS.

Ordre dans lequel les corps reçoivent les distributions.

148. Dans les divisions, les brigades et les régiments, on commence les distributions alternativement par la droite et par la gauche, en suivant l'ordre de bataille des régiments dans les divisions et les brigades, des bataillons ou escadrons dans les régiments.

Un corps que son tour appelle à être servi le premier ne

peut faire interrompre la distribution d'un autre corps, lorsqu'il la trouve commencée.

Capitaine de distributions.

149. Il est commandé par chaque régiment d'infanterie ou de cavalerie un capitaine de distributions; ce service compte au troisième tour; dans la cavalerie, les capitaines en second en sont ordinairement chargés.

On désigne aussi un capitaine de distributions pour un bataillon ou deux escadrons détachés.

Le capitaine de distributions se conforme à ce qui est prescrit par le règlement de service intérieur. S'il croit avoir à se plaindre du poids ou de la qualité des denrées, et qu'il ne puisse faire rendre justice sur-le-champ, il est autorisé à suspendre la distribution, et à faire auprès du général, du chef d'état-major, du sous-intendant ou des autorités locales, les démarches convenables.

Le capitaine de distributions veille à ce que la viande ne soit pas distribuée quand elle est encore chaude. S'il est impossible de faire autrement, on accorde, en compensation, autant que les ressources le permettent, une augmentation de poids.

La vente et le rachat des rations sont sévèrement défendus, soit que les fournitures aient été faites par l'administration de l'armée, soit qu'elles l'aient été par les autorités locales. Il n'est accordé de rations de fourrages que pour les chevaux présents.

Visite de l'hôpital.

150. S'il y a un hôpital ou une ambulance à portée du camp ou du cantonnement, le capitaine de distributions est tenu de s'y transporter pour vérifier la qualité des aliments, et recevoir les réclamations des malades; il écrit ses observations sur un registre à ce destiné.

Lorsque le service des distributions l'empêche de faire

9.

cette visite, il est remplacé par le capitaine premier à marcher au troisième tour.

Le capitaine de distributions fait à l'officier supérieur de semaine le rapport des distributions et, en outre, de sa visite de l'hôpital.

Magasins non fournis.

151. Quand les magasins ne sont pas approvisionnés, les généraux peuvent employer des officiers d'état-major ou des officiers de chaque corps, concurremment avec les sous-intendants militaires, pour la réunion des denrées à fournir par les villages. Les corvées sont conduites en ordre aux distributions par le capitaine et les autres officiers de distributions. Il en est de même lorsque, par des circonstances fortuites, on est forcé d'aller aux subsistances sans qu'elles aient été réunies; dans ce cas, le capitaine de distributions a le commandement sur l'escorte qui doit protéger et contenir les hommes de corvée.

Dispositions plus particulières à la cavalerie.

152. Comme la cavalerie doit le plus souvent, pour la facilité des fourrages, occuper les villages, les officiers généraux ont soin de faire la répartition des gîtes, en raison des ressources qu'ils présentent.

Si l'on doit rester plusieurs jours, chaque officier qui commande dans un village fait réunir et rationner le foin par les habitants, afin qu'il soit distribué avec ordre et économie, et que les chevaux logés dans les lieux les moins pourvus y participent dans la même proportion que les autres.

Si la cavalerie est au bivouac, ou qu'il y ait des villages qu'on ne veuille pas occuper, les officiers généraux et les officiers supérieurs des corps font ordonner à temps aux habitants de réunir, botteler et porter au dehors les fourrages. On y conduit en ordre, et l'on prend toutes les précautions nécessaires de police et de sûreté.

Cette disposition est applicable à la réunion de la paille des camps; tout commandant de troupes placées dans un village est chargé de faire exécuter à cet égard les ordres des officiers généraux et les demandes des sous-intendants; il en est de même pour tout objet relatif à la subsistance des troupes.

Quant aux fourrages de l'artillerie, *du génie, des équipages militaires* et des officiers d'infanterie, les officiers désignent les villages qui doivent les fournir; et, à vue de l'ordre qu'ils en ont donné, les officiers commandant dans ces villages sont tenus de faire délivrer des rations au *prorata* de celles de la cavalerie.

Les capitaines de distributions ont le plus grand soin que la corvée des fourrages et celle de la paille soient conduites avec ordre; ils font punir sévèrement les domestiques qui cherchent à s'écarter.

TITRE XVIII.

DES SAUVEGARDES.

—

Compagnie de sauvegardes.

181. Lorsque des troupes sont rassemblées pour former une armée active, il peut être organisé une compagnie de sauvegardes d'une force relative à celle de l'armée. La compagnie de sauvegardes est composée, autant que possible, d'officiers et de sous-officiers tirés de la gendarmerie à pied; elle est répartie dans les quartiers généraux de la manière que le commandant en chef le juge convenable.

Les officiers, sous-officiers et gendarmes composant la compagnie de sauvegardes jouissent des attributions et pouvoirs de la gendarmerie, qu'ils secondent dans le maintien de l'ordre.

A défaut de cette compagnie, les sauvegardes sont prises de préférence dans la gendarmerie de l'armée.

Sauvegardes provisoires.

188. Les généraux de division et de brigade s'empressent de donner des sauvegardes provisoires tirées des régiments, aux hôpitaux, aux établissements publics, aux pensionnats, aux communautés religieuses, aux ministres des cultes, aux maisons de poste et aux moulins. Ils sont autorisés à en donner aux particuliers qu'il est dans l'intérêt de l'armée de faire respecter. Ils informent le chef de l'état-major général, qui fait remplacer de suite ces sauvegardes provisoires.

Un général ne peut établir de sauvegardes que dans l'étendue de son commandement.

Remplacement des sauvegardes.

189. A défaut de sauvegardes titulaires, il est pourvu au remplacement des sauvegardes provisoires par les troupes qui succèdent au corps qui les a fournies.

Si le pays est évacué, les sauvegardes sont toujours rappelées. Lorsque, par exception, on leur donne l'ordre d'attendre l'arrivée des troupes de l'ennemi, elles s'adressent à l'officier qui commande ces troupes pour être reconduites aux avant-postes.

Concours des habitants.

190. Les sauvegardes emploient, si cela est nécessaire, des gens du pays pour les seconder; le pays est responsable des violences qu'elles pourraient éprouver de la part des habitants.

Rétributions.

191. Les généraux de division donnent aux sauvegardes un ordre scellé de leur cachet, et portant autorisation de toucher une rétribution fixée par eux selon les circonstances.

Les sauvegardes jouissent en outre de la totalité de leur

solde, et, à moins de nécessité, il n'est pas fait à leur égard de bons de subsistances.

Police des sauvegardes (1).

192. Le grand prévôt est chargé de la surveillance et de la police générale des sauvegardes ; elles lui obéissent, ainsi qu'aux officiers et sous-officiers de gendarmerie.

Sauvegardes écrites.

193. Il est aussi donné des sauvegardes écrites ou imprimées, signées du commandant en chef, contre-signées du chef de l'état-major général. Les sauvegardes de ce genre, présentées aux troupes, doivent être respectées comme une sentinelle. Elles sont numérotées et enregistrées.

Impression et mise à l'ordre du titre des sauvegardes.

194. Le présent titre *des sauvegardes* sera imprimé sur les feuilles volantes pour être distribué à tous les hommes employés en sauvegarde ; l'extrait en sera mis à l'ordre plusieurs fois pendant la campagne.

TITRE XIX.

DES SIÉGES.

—

Bases du service des siéges.

195. Le service de siége est réglé dans le présent titre pour un corps composé de deux divisions d'infanterie et d'une division ou d'une brigade de cavalerie. Cette force servira

---

(1) Le grand prévôt est chargé de la surveillance et de la police générale des sauvegardes, soit qu'elles soient prises dans la gendarmerie de l'armée, soit qu'elles soient tirées des régiments ; ces sauvegardes lui obéissent, ainsi qu'aux officiers de gendarmerie.

Ces officiers s'assurent que les sauvegardes suivent exactement les instructions qu'elles ont reçues des généraux ; ils rendent compte des difficultés qu'elles rencontrent dans l'exécution de leur mission et des violences qu'elles peuvent éprouver de la part des habitants. (*Art.* 533, *Décret du* 1er *mars* 1854.)

de base pour les cas où le siége serait fait par un nombre de troupes moindre ou plus élevé.

Bases du service de l'artillerie et du génie dans les siéges.

198. Le commandant du génie rédige, d'après les instruc-·tions du général commandant le siége, le projet général du siége ; dans le cas où il le reçoit tout rédigé, il en développe, s'il y a lieu, les dispositions.

Ce projet est d'abord examiné par le commandant du génie et par le commandant de l'artillerie conjointement. Ces deux officiers soumettent leur avis commun ou leurs opinions diver-gentes au général commandant, qui prononce, arrête le projet, après l'avoir modifié, s'il le juge à propos, et donne les or-dres nécessaires pour l'exécuter : la même marche est suivie pour les changements que les événements du siége oblige-raient de faire au plan déjà arrêté.

Les mêmes règles s'appliquent au service journalier de la tranchée et aux moyens d'exécution du projet général : ces moyens sont proposés au général de tranchée par le com-mandant du génie de tranchée, après avoir été discutés par lui, avec le commandant d'artillerie de tranchée. Ce général prononce sur leur avis commun, ou sur leurs opinions res-pectives ; mais, si le retard est sans inconvénient, il en réfère au général commandant le siége.

Service de l'infanterie dans les siéges.

201. L'infanterie a dans les siéges deux espèces de service : la *garde de tranchée* et le *travail de tranchée.*

Gardes et travailleurs de tranchée.

202. La garde de tranchée se monte par jour et par batail-lon. Pour que tous les corps y concourent également, et que la ligne du camp ne soit pas dégarnie entièrement sur un point, on observe la règle suivante : s'il ne faut qu'un batail-lon, chaque division le fournit alternativement ; s'il en faut deux, chaque division fournit le sien ; s'il en faut trois, une

division en fournit deux, l'autre un, et alternativement. Les deux bataillons à fournir par une division ne sont pas pris dans la même brigade. Le tour commence dans chaque régiment par le premier bataillon ; il continue par le deuxième, et ainsi de suite.

Le service des travailleurs de tranchée se fait par compagnie et dure habituellement douze heures. Il est réglé de manière que tous les régiments y concourent, soit simultanément, soit successivement.

Les détachements de travailleurs de tranchée à fournir par un régiment ne doivent jamais être moindres d'une compagnie. En conséquence, si le nombre des travailleurs était tel, par exemple, que chaque régiment dût fournir une demi-compagnie, un régiment sur deux, alternativement, fournirait le détachement nécessaire.

Si le nombre d'hommes demandé n'est pas en rapport exact avec celui d'une compagnie ou de plusieurs compagnies, le détachement est fourni ou complété par une ou plusieurs fractions constituées de la compagnie qui doit marcher après la dernière commandée.

Vingt-quatre heures ou douze au moins avant de monter la garde de tranchée, les bataillons commandés ne fournissent pas de travailleurs, et les compagnies de ces bataillons, que leur tour aurait appelées aux travaux de tranchée, n'y vont qu'après un repos de vingt-quatre heures, s'il est possible, ou de douze au moins.

Les travailleurs, qui sont demandés pour des travaux autres que ceux de tranchée, sont pris au deuxième tour de service de campagne, dans les bataillons et compagnies non employées à la tranchée.

Le premier bataillon à marcher pour la garde de tranchée, et les compagnies les premières à marcher pour les travaux, ne fournissent pas de service et sont commandés de piquet pour être prêts à marcher au premier avis du major de tranchée.

Le personnel et le matériel d'artillerie que peuvent avoir

les régiments d'infanterie sont, pendant toute la durée du siége, à la disposition du commandant de l'artillerie.

Lorsque les travailleurs peuvent être payés, ils le sont par tranchée, d'après les prix réglés, sur la proposition du commandant du génie et du commandant de l'artillerie, par le général commandant le siége.

Les matériaux de siége, tels que fascines, gabions, claies, piquets, etc., sont fournis par les divers corps employés au siége, dans la proportion réglée par le général commandant; ces objets, lorsqu'ils doivent être payés, le sont à la pièce ou à la journée, d'après les prix déterminés par le général sur la proposition des commandants du génie et de l'artillerie.

Lorsque l'artillerie et le génie ont besoin d'auxiliaires pour les travaux de mine, de sape ou de construction, ils les reçoivent de l'infanterie, et les payent sur le même pied que leurs propres travailleurs.

Les bataillons de garde et les travailleurs allant à la tranchée se rendent au lieu du rassemblement, sans bruit de caisse ni musique. On évite, particulièrement le jour de l'ouverture de la tranchée, tout ce qui pourrait attirer l'attention de l'ennemi. Le général commandant le siége peut, dans ce but, varier les heures de relever.

Les travailleurs sont demandés au général commandant le siége par les commandants du génie et de l'artillerie. Ils adressent leurs états de demande au chef de l'état-major, qui prend les ordres du général en chef.

Les demandes doivent être faites à l'avance, de manière que la marche des travaux n'en soit jamais retardée. Il doit être demandé au-delà du nombre d'hommes strictement nécessaire, afin qu'il existe toujours une réserve pour les cas imprévus.

Si, accidentellement, cette réserve même devient insuffisante, le général ou le major de tranchée peuvent, sur la demande des commandants de l'artillerie et du génie de tranchée, faire fournir par les piquets un supplément de travailleurs.

Le major de tranchée dispose, au moment de leur départ, les gardes de tranchée et les travailleurs dans l'ordre le plus convenable pour que chaque détachement puisse, sans confusion, se rendre au lieu qui lui est assigné.

Les troupes de garde sont placées dans la tranchée suivant l'ordre de bataille, de façon que les corps ou détachements de la droite montent à la droite des attaques, et que ceux de la gauche montent à la gauche.

Les bataillons sont commandés la veille ; ils ne fournissent aucun autre service pendant qu'ils sont de tranchée. Un bataillon qui serait seul de son régiment laisserait au camp sa garde de police, composée des hommes malingres.

Autant que possible, les compagnies de travailleurs sont placées dans les tranchées d'après le rang de bataille de leur régiment.

Les réserves de travailleurs sont placées au dépôt de tranchée ou dans tout autre lieu, s'il en est un plus à portée du service.

Les travailleurs laissent leur sac et leur sabre au camp. Ils marchent à la tranchée avec leur fusil et leur giberne, qu'ils déposent près d'eux pendant le travail. Ils y portent toujours leur capote pour s'en couvrir dans les instants de repos ou en cas de blessure.

Les gardes entrent dans la tranchée les armes descendues ; il en est de même des travailleurs, à moins qu'ils ne soient chargés de matériaux de siége ou d'outils : dans ce cas, ils ont le fusil en bandoulière.

Les gardes et les détachements de travailleurs envoient un caporal d'ordonnance à la queue de la tranchée pour servir de guide aux troupes qui doivent les relever.

Les troupes qui descendent la tranchée marchent par le flanc, la gauche en tête, à moins que leur droite ne soit plus près du point par lequel elles doivent sortir ; elles ont les armes descendues.

Les bataillons de garde sont disposés de manière à protéger les travailleurs et à défendre les batteries.

Des sacs à terre formant créneaux sont placés sur l'épaulement de la tranchée pour couvrir les sentinelles. On établit
un plus grand nombre de ces créneaux qu'il n'est nécessaire,
afin que l'ennemi ne puisse connaître exactement la position
des sentinelles.

Lorsque des détachements sont placés en avant de la tranchée pour couvrir les travailleurs, les hommes qui les composent se tiennent assis ou couchés, selon le terrain, et de la
manière qui les dérobe le mieux à l'ennemi; ils ont toujours
le fusil à la main. Les sentinelles mettent souvent l'oreille
près de terre, surtout pendant la nuit, afin d'être averties,.
par le bruit, de ce qui sort de la place. Pour éviter toute méprise, on fait connaître aux travailleurs quelles sont les troupes qui les couvrent.

Les détachements sont munis de bidons pour aller chercher l'eau nécessaire aux travailleurs.

Il n'est pas rendu d'honneurs dans la tranchée. Quand le
général commandant le siége la visite, les troupes de garde
se placent derrière la banquette, reposées sur leurs armes.

Les drapeaux ne sont portés à la tranchée que quand le
régiment marche en totalité, pour repousser les sorties ou
pour donner l'assaut. Dans ce cas même, ils ne sont déployés
qu'à l'instant où le général commandant le siége en donne
l'ordre formel.

Dépôts des outils, gabions, etc.

203. Les matériaux de siége de toute espèce, ainsi que les
outils, sont réunis partie aux dépôts de tranchée, et partie
à la queue de la tranchée, ou dans tout autre lieu déterminé
d'après les besoins du service, par le major de tranchée, sur
la proposition de l'officier de l'artillerie et de l'officier du
génie. Ils y sont placés sous la surveillance respective d'un
officier du génie et d'un officier d'artillerie, auxquels on
adjoint des gardes ou des sous-officiers de ces deux armes.
En cas d'insuffisance du nombre de ces sous-officiers ou
gardes, il y est suppléé, sur la demande des commandants

du génie et de l'artillerie, par des sous-officiers d'infanterie.

Les travailleurs pour la tranchée portent, en se rendant à leurs postes, des matériaux de siége et des outils, toutes les fois que cela est demandé par les officiers du génie et de l'artillerie de service. Lorsque cette disposition doit avoir lieu, le major de tranchée, qui est prévenu, en surveille ou fait surveiller l'exécution.

Munitions.

204. Les soldats de service à la tranchée doivent toujours avoir dans leur giberne le nombre de cartouches fixé; s'ils le consomment pendant le cours de leur service, il leur en est délivré d'autres sur des bons des chefs de bataillon de tranchée, visés par le général de tranchée.

Cas de sortie de l'ennemi.

205. En cas de sortie de la place, les troupes de garde se portent rapidement aux lieux qui leur ont été désignés d'avance par le général de tranchée, et qui offrent le plus de moyens pour défendre, soit la tête des travaux, soit les batteries; pour protéger les communications et les flancs des attaques; pour prendre la sortie elle-même en flanc ou à revers.

Après avoir garni les banquettes pour fusiller l'ennemi, les troupes se forment sur le revers de la tranchée pour le recevoir.

Les travailleurs prennent leurs armes, soit pour rester de pied ferme, si cela leur est ordonné, soit pour se retirer en emportant leurs outils. Les officiers commandant les détachements de travailleurs font exécuter ces mouvements avec ordre et promptitude, de manière à prévenir tout encombrement des communications.

Les troupes qui, pour repousser l'ennemi, se sont portées hors de la tranchée, ne doivent pas se livrer à la poursuite. Le général de tranchée a soin de les faire rentrer à leurs postes avant que la retraite des assiégés permette à l'artilleı ie de la place d'agir librement contre elles. Les travailleurs sont ramenés à la tranchée. Les officiers et sous-officiers des détachements font l'appel de leurs hommes pendant le travail, qui est repris sans perdre de temps.

Rapport des officiers de tranchée.

207. Les officiers du génie et de l'artillerie de tranchée font au général de tranchée tous les rapports qu'il leur demande sur les travaux et lui remettent l'état des pertes qu'ils ont faites des troupes de leur arme.

Après avoir descendu la tranchée, ils font à leurs chefs directs des rapports sur les détails de leur service respectif.

A la fin de chaque tranchée, le major de tranchée rédige, sur le service des vingt-quatre heures, un rapport en deux expéditions qui sont remises, l'une au général de tranchée, l'autre au chef de l'état-major général.

Les commandants du génie et de l'artillerie du siége adressent de leur côté, chaque jour, au général commandant le siége, un rapport sur l'état des travaux et sur ce qui concerne leur service respectif au siége.

Les chefs de corps font à leur général de brigade un rapport des pertes qu'ils ont éprouvées, et de la conduite des officiers, sous-officiers et soldats pendant le travail de tranchée.

Dispositions en cas d'assaut.

210. Quelque praticable que paraisse la brèche, quelque ruinés que soient les ouvrages en arrière, il faut toujours que les têtes de colonne soient, avant de marcher à l'assaut, munies d'un certain nombre d'échelles, afin de surmonter plus facilement les obstacles imprévus.

Le général commandant le siége désigne des compagnies exclusivement destinées, dès l'entrée des troupes dans la place, à protéger les propriétés et les personnes, à empêcher partout le pillage et la violence. Les officiers font tous leurs efforts pour contenir leurs troupes.

Le général désigne les lieux qui doivent être plus particulièrement protégés : au nombre de ces lieux sont les églises, les temples et les maisons religieuses, les hôpitaux et hospices, les colléges et pensionnats, l'hôtel de ville, les magasins militaires et civils. L'ordre doit rappeler, en outre, que les infracteurs sont traduits devant les tribunaux militaires et jugés comme voleurs à main armée.

TITRE XX.

DE LA DÉFENSE DES PLACES.

—

Commandants de place, commandants supérieurs.

212. Lorsque le chef de l'État n'a pas nommé au commandement d'une place dans un pays occupé par l'armée, le commandant en chef y pourvoit; il peut encore, en cas d'urgence, et pour des motifs graves, dont il rend compte sur-le-champ, donner des commandants supérieurs aux places menacées, qui n'en ont pas été pourvues.

Les officiers employés en vertu de cette disposition continuent, jusqu'à ce qu'ils aient été nommés par lettres de service, à faire partie de l'armée et à recevoir les appointements de leur grade et de leur arme. Ils n'ont droit, en plus, qu'aux frais de bureau.

A l'armée, les commandants de place sont sous les ordres des généraux commandant l'arrondissement dans lequel leur place est comprise, mais non sous ceux des officiers généraux qui, seuls ou avec des troupes, se trouvent occasionnellement dans le rayon de cette place.

Rapports des commandants de place et de division territoriale avec les commandants de troupes.

213. Lorsqu'un officier général ou supérieur commandant un corps de troupes se trouve à la tête de ces troupes dans l'intérieur ou dans le rayon d'investissement d'une place de

guerre, sans lettres de service qui lui donnent droit de commandement sur cette place, il doit, sur la demande de l'officier qui y commande, faire publier les ordres et fournir les
gardes nécessaires à la conservation et à la police de la
place. Ces gardes passent sous les ordres du commandant ;
les officiers, sous-officiers et soldats isolés sont soumis à sa
surveillance : s'il les fait arrêter pour motif de désordre, il en
prévient le général commandant.

De même, les généraux commandants de division ou de
brigade active, faisant partie d'une armée, exécutent, quelle
que soit leur ancienneté, les ordres du commandant territo-
rial, pour le mouvement des troupes, le service à fournir, la
police et la discipline, autant que toutes ces choses sont relatives à la tranquillité du pays : ils sont tenus de fournir
les états de situation de leurs troupes.

Autorité des commandants de place en cas de siége.

214. En cas de siége, l'autorité du commandant supérieur
ou du commandant ordinaire est absolue ; elle s'étend jusque
sur l'administration intérieure des corps, sur les travaux et
sur les divers services. En conséquence, les commandants des
troupes, ceux de l'artillerie et du génie, et les intendants militaires, sont tenus de prendre toutes les mesures d'administration intérieure, d'exécuter tous les travaux, de faire, en un
mot, toutes les dispositions de service que le commandant
juge, dans l'intérêt de la défense, à propos de leur prescrire.

Les commandants des citadelles, des forts, des châteaux
et autres fortifications qui dépendent d'une place, sont sous
les ordres de l'officier qui commande dans cette place.

Dispositions préliminaires pour la défense.

215. Tout commandant doit considérer sa place comme
pouvant être attaquée à l'improviste : en conséquence, il établit son plan de service et de défense suivant les hypothèses
d'attaque les plus probables ; il détermine, pour les principaux cas, les postes et les réserves, le mouvement des trou-

pes, l'action et le concours de tous les corps et de tous les services.

Il s'attache particulièrement à bien connaître la situation :

1° De l'intérieur de la place, des fortifications, bâtiments ou établissements militaires;

2° Du terrain extérieur, dans les rayons d'attaque, d'investissement et d'activité;

3° De la garnison, de l'artillerie, et des munitions et approvisionnements de toute espèce;

4° De la population à nourrir en cas de siége, des hommes capables de porter les armes, des maîtres et des compagnons ouvriers susceptibles d'être occupés aux travaux ou employés en cas d'incendie; des subsistances, des matériaux, des outils et des autres ressources que la ville et le pays qui l'environnent peuvent fournir, ou dont il convient de s'assurer précautionnellement.

Dans toute place dont les troupes ennemies s'approchent à moins de trois journées de marche, le commandant, sans attendre la déclaration de l'état de siége, ni les ordres du ministre ou du commandant de l'armée, est revêtu de l'autorité nécessaire :

1° Pour faire sortir les bouches inutiles, les étrangers et les gens notés par la police civile ou militaire ;

2° Pour faire rentrer dans la place, ou pour empêcher d'en sortir, les ouvriers, les matériaux et autres moyens de travail; les bestiaux, les denrées, et autres moyens de subsistance ;

3° Pour ajouter aux ouvrages tout ce qui peut servir à prolonger la défense;

4° Pour faire détruire, par la garnison, tout ce qui peut, dans l'intérieur de la place, gêner la circulation de l'artillerie et des troupes; tout ce qui peut, à l'extérieur, offrir quelque couvert à l'ennemi et abréger ses travaux d'approche.

Conseil de défense.

216. Dans les cas graves, le commandant de place consulte

les commandants des troupes, les commandants de l'artillerie
et du génie, l'intendant militaire, séparément ou en conseil
de défense; mais, quels que soient les avis, il décide seul et
d'après sa propre conviction.

Conduite dans la défense.

217. Le commandant défend successivement ses ouvrages
et ses postes extérieurs, ses dehors, sa contrescarpe, son enceinte et ses derniers retranchements.

Il ne se contente pas de déblayer le pied de ses brèches et
de les mettre en état de défense par des abatis, des fougasses,
des feux allumés; en un mot, par tous les moyens usités
dans les siéges; il doit encore commencer de bonne heure,
derrière les bastions ou les fronts d'attaque, les retranchements nécessaires pour soutenir au corps de la place un ou
plusieurs assauts; il emploie à ces retranchements les habitants; il y fait servir les édifices publics, les maisons particulières et les matériaux des bâtiments que les bombes ont
ruinés.

Dans ces défenses successives, le commandant ménage la
garnison, les munitions de guerre et les subsistances, de
manière,

1° Qu'il ait toujours pour la reprise de ses dehors, pour les
assauts et spécialement pour l'assaut au corps de la place, une
réserve de troupes fraîches, composée d'hommes choisis
parmi les vieux soldats.

2° Qu'il lui reste des munitions et des subsistances en
quantité suffisante pour soutenir vigoureusement les dernières attaques.

Responsabilité des commandants de place.

218. Les lois militaires condamnent à la peine capitale
tout commandant qui livre sa place sans avoir forcé l'assiégeant à passer par les travaux lents et successifs des siéges,

et avant d'avoir repoussé au moins un assaut au corps de la place sur des brèches praticables (1).

Dans la capitulation, le commandant ne se sépare jamais de ses officiers ni de ses troupes; il partage le sort de la garnison, après comme pendant le siége; il ne s'occupe que d'améliorer la situation du soldat, des malades et des blessés, pour lesquels seuls il stipule toutes les clauses d'exception et de faveur qu'il lui est possible d'obtenir.

Tout commandant qui a perdu une place est tenu de justifier sa conduite devant un conseil d'enquête.

---

(1) Voir l'art. 111 du décret impérial du 24 décembre 1811 sur les états-majors des places, l'article 5 du décret impérial du 1er mai 1812, et les articles 255 et 256 du décret du 13 octobre 1863.

Le cadre de l'état-major des places a été supprimé par décret du 5 avril 1872. (*J. Mil.*, 1er Semestre, p. 213.)

APPENDICE.

—

Description de la tente de marche des officiers.

(Modèle 1863.)

Cette tente diffère de celles de 1860 et 1862 en plusieurs points :

1° Le chevalet est remplacé par deux montants droits de 1m,88 supportant la traverse ou faîtière, avec laquelle ils s'assemblent au moyen de broches en fer.

2° La tente a 1m,95 de hauteur extérieure et 2m,50 de longueur, et sa largeur est de 2 mètres; modification très-importante parce qu'elle permet de placer les sacs-lits ou lits de bivouac sur les côtés, en laissant au milieu un espace libre de 0m,80, intervalle des deux supports.

3° La porte pratiquée au milieu de l'un des grands pans, entre les deux lits, a 1m,10 de hauteur sur 0m,50 de largeur uniforme de bas en haut. Elle est recouverte par une portière en tablier, qui la déborde de 10 centimètres de chaque côté pour la bien fermer, et dont les bords sont maintenus par trois solives en bois avec ganse correspondante; ce tablier se relève au moyen de deux bâtons et de deux haubans.

4° Dans le grand côté opposé à la porte, il existe, à 50 centimètres du faîte, un ventilateur de 25 centimètres de haut sur 20 centimètres de large, avec un petit auvent à soufflet se fermant à volonté.

5° Enfin, le tout est fixé au sol par 16 piquets de tente-abri de troupe (4 aux angles, 4 sur chaque long pan et 3 sur chaque côté).

Les officiers devront rembourser le prix des tentes de marche qui leur seront fournies, et le prix de cette tente est de 70 fr. 23.

On ne doit pas perdre de vue que cette tente de marche n'a été établie que dans le but de procurer aux officiers au bivouac un abri analogue à celui que le soldat trouve dans le sac tente-abri, et non une installation pour un campement de quelque durée.

Sac tente-abri.

On distribue en campagne, à chaque sous-officier ou soldat, un sac tente-abri qui se compose d'un carré de toile de 1^m,70 de côté, pouvant se former en sac par des boutonnières, s'ouvrir en carré de toile, ou se réunir à d'autres sacs. Il sert comme sac de campement pour transporter les vivres pendant le jour. En réunissant deux sacs, on fixe en terre au moyen de trois piquets deux des côtés parallèles, on relève leur ligne de jonction avec deux bâtons de 1^m,15, et on obtient ainsi le toit d'une petite tente dont les pignons sont formés par deux autres sacs. En opérant de cette façon, quatre hommes peuvent se créer un abri.

Instruction pour le tracé et l'érection des tentes et des manteaux d'armes.

Tente elliptique.

Composition de la tente.

Cette tente est composée de :

  2 goujons,
  2 montants,
  1 traverse,
  2 supports d'auvents,
  1 tablette,
  2 maillets,
  25 piquets,
  1 tente (toile).

Tracé d'une tente (fig. 1).

La ligne du front de bandière AB et celle de profondeur CD étant données, on place 4 piquets sur cette dernière, savoir : le 1er (n° 1) à son point de départ et les 3 autres (n°s 2, 2 et 3) à une longueur de la traverse (soit 2 mètres) de celui qui précède, et l'on a ainsi la longueur de la tente.

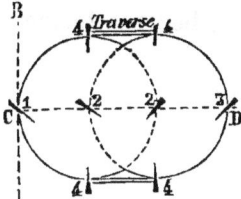

Fig. 1.

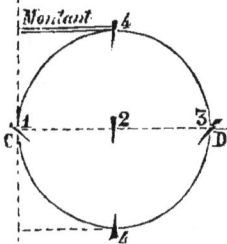

Fig. 2.

Pour trouver sa largeur, on décrit deux cercles des deux piquets du milieu (n° 2) comme centres, avec la traverse pour rayon, en tenant l'une de ses extrémités à ces piquets, et à l'autre extrémité un autre piquet dont la pointe marque sur la terre le cercle produit.

On joint ces deux cercles par un trait passé sur la terre à la partie culminante des deux courbes, au moyen de la traverse, qui sert alors de règle, et dont le milieu, indiqué par un clou, doit se trouver vis-à-vis le point où les deux cercles se coupent.

La traverse se trouvant posée ainsi, on place un piquet (n° 4) à chacune de ses extrémités, et l'on fait la même opération sur la face opposée du tracé.

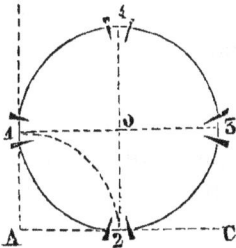

Fig. 3.

On a, dès lors, obtenu l'ensemble de la figure 1.

Creusement du fossé.

Profil du fossé.

On creuse un fossé en talus de 25 centimètres de profondeur et autant de largeur au fond, en plaçant la terre qui en provient entre les deux piquets n° 2. On retire les six piquets (n°s 1, 3 et 4) des

trous où ils n'ont été placés que provisoirement, comme repères, et on les enfonce, en regard de ces mêmes trous, mais
dans le talus, à 10 centimètres du bord, et perpendiculairement à ce talus.

Ils doivent être enfoncés de manière que le bec que forme
leur tête soit isolé de terre de 6 centimètres.

Le tracé de la tente se trouve alors terminé.

Dressement de la tente.

On rapporte un peu de terre en dehors des deux piquets
n° 2, on la bat avec les maillets de manière à la durcir.

Pour dresser la tente, on l'étend sur le terrain, on place
la traverse dans le faîtage, on présente un montant à chaque
extrémité de cette traverse, et on joint les montants à la traverse au moyen des goujons que l'on introduit par le dehors
du faîtage.

On élève alors la tente, et on place les montants auprès des
piquets n° 2 et sur la terre qui a été battue au maillet.

On passe autour des piquets nos 1 et 3 les cordes dont sont
garnies les nervures bleues du milieu du cul-de-lampe, et
autour des quatre piquets n° 4 celles des nervures qui descendent sur les faces latérales.

On fait passer les cordes qui sont fixées près de ces dernières nervures dans les boutonnières pratiquées au bas des
auvents, et on place en regard de chacune un piquet pour la
recevoir.

On place un piquet au milieu de chaque auvent, pour recevoir la corde dont il est garni.

Il reste à placer quatre piquets entre chaque nervure bleue;
à cet effet, deux hommes prennent chacun une corde de chaque main, les présentent sur le bord du fossé, et l'on place
ces piquets à l'endroit commandé par lesdites cordes.

On étend dans l'intérieur de la tente la bande de toile à
pourrir dont elle est garnie, on la couvre d'une couche de
3 à 5 centimètres d'épaisseur, mais en ayant bien soin que

10.

ni cette terre rapportée, ni celle du sol ne touchent la toile de la tente.

S'il reste de la terre entre les piquets n° 2, on l'étend sur le sol ou on la transporte au dehors.

Enfin on place la tablette entre les deux montants.

La tente est alors *dressée*, mais non *tendue*, et elle doit rester en cet état jusqu'à la première pluie ou rosée qui, en resserrant le tissu, lui donne le degré de tension qu'elle doit avoir.

Tente conique de troupe.

(6 mètres de diamètre.)

Composition de la tente,

Cette tente est composée de :

- 1 montant,
- 2 supports d'auvents,
- 2 maillets,
- 28 piquets,
- 1 tente (toile) grise.

Tracé de la tente (fig. 2).

La ligne du front de bandière AB et celle de profondeur CD étant données, on place trois piquets sur cette dernière : le premier (n° 1) à son point de départ; le deuxième (n° 2) à 3 mètres de distance (la longueur du montant), et le troisième (n° 3) à une seconde distance de 3 mètres.

On trace un cercle autour du piquet n° 2 en prenant pour rayon le montant, à l'extrémité excentrique duquel on tient un piquet dont la pointe trace sur la terre le cercle produit par cette conversion.

On place le montant sur la ligne du front de bandière, de manière qu'une de ses extrémités soit au piquet n° 1 et l'autre vers le point B; puis, sans bouger cette dernière extrémité, on fait tourner le montant en lui donnant une direction perpendiculaire à celle qu'il avait, et le point de rencontre de son autre extrémité avec le cercle décrit donne la place du piquet n° 4.

On renouvelle cette opération à l'autre côté du cercle.

On creuse le fossé comme il est dit plus haut.

On retire les quatre piquets n°s 1, 3 et 4, qui n'ont été placés que provisoirement et comme repères, et on les enfonce dans le talus du fossé, à 10 centimètres du bord à angle droit avec ce talus, et à une profondeur telle que leur tête sorte de terre de 6 centimètres.

La terre provenant du fossé doit être jetée autour du milieu de la tente, mais non à son centre, qui doit, après avoir été bien battu au maillet, recevoir le montant.

Le tracé de la tente se trouve alors terminé.

Dressement de la tente.

Pour dresser la tente, on l'étend sur le terrain; on présente la partie arrondie ou supérieure du montant dans la coupole de cuir qui la surmonte; on place la partie inférieure de ce montant auprès du piquet n° 2 sur la terre battue au maillet; les deux cordes qui correspondent au centre des auvents sont passées autour des deux piquets n° 4, et celles qui correspondent au diamètre perpendidulaire sont placées autour des piquets n°s 1 et 3.

On fait passer les dernières cordes du contour de la tente de chaque côté des auvents, et on enfonce, pour les recevoir, un piquet en regard de chacune de ces cordes.

Pour placer les vingt piquets restants, on présente à chaque quart de la tente les cordes de ces piquets au contour formé pour le fossé, et on enfonce les piquets en regard et à la commande de chacune de ces cordes.

La tente ainsi dressée ne doit pas être tendue, mais bien être et rester molle jusqu'à ce que la première rosée ou pluie lui donne le degré de tension qu'elle doit avoir.

Tente conique à muraille.

(6 mètres de diamètre.)

Composition de la tente.

Cette tente est composée de :

- 1 montant de 3^{m}40 de hauteur,
- 2 supports d'auvent,
- 2 maillets.
- 2 tablettes rondes avec portemanteaux,
- 24 piquets de tentes, petits,
- 24 piquets de tente-abri,
- 1 corde de suspension,
- 1 tente (toile) grise.

Tracé de la tente (fig. 3).

La ligne du front de bandière AB et celle de profondeur AC étant données, on place l'une des extrémités du montant au point A, et l'on décrit, à l'aide de ce montant pris comme rayon, un arc de cercle qui coupe les lignes AB et AC aux points 1 et 2.

Par ces derniers points, on mène deux parallèles aux premières lignes données, et du point O, déterminé par leur intersection, on décrit, à l'aide d'un piquet, une circonférence, en prenant pour rayon le montant de la tente.

Sur cette circonférence, et à 45 centimètres de distance de chaque côté des points 1, 2, 3 et 4, on enfonce de grands piquets, de manière à obtenir, par conséquent, 90 centimètres d'espace entre deux piquets. Ces piquets doivent être légèrement inclinés en dehors de la circonférence, plus ou moins, selon la nature du terrain.

Dressement de la tente.

La tente, dont les portières ont été préalablement fermées intérieurement et extérieurement, est apportée sur le tracé décrit ci-dessus.

Trois hommes suffisent pour la dresser.

On adapte d'abord les deux tablettes au montant. A cet effet, on fait glisser sur le montant, jusqu'aux points d'arrêt, l'anneau en fer de la corde de suspension, en le passant par la partie supérieure ; les deux tablettes sont montées par la partie inférieure du montant qui traverse leur milieu. Le système complet de ces tablettes se trouve alors établi, en engageant les trois cordes dont l'anneau se trouve muni dans les rainures pratiquées aux bords extérieurs desdites tablettes.

L'un des hommes passe alors sous la toile, introduit le tenon du montant dans la mortaise pratiquée dans le chapeau surmontant la tente, et maintient le montant dans une position verticale, en plaçant sa partie inférieure au point O.

Les deux autres hommes accrochent ensuite les cordes de tension des portières aux quatre piquets des points 2 et 4, puis après les cordes du milieu de chaque circonférence de toile aux quatre autres piquets des points 1 et 3.

La tente est, pour ainsi dire, montée, car il ne s'agit plus que de placer les piquets intermédiaires sur les points de la circonférence qui correspondent aux cordes de tension. On aura le soin d'enfoncer ces piquets dans la direction indiquée par les coutures des rayons.

Cette tente ainsi dressée, il n'est plus besoin, en aucun cas, de toucher aux piquets, et si, par suite de sécheresse ou de fatigue, la toile vient à se détendre, il suffit de glisser sous le montant une cale quelconque, que l'on retire par les temps de pluie.

En opérant comme il vient d'être indiqué, on remarquera que la muraille de toile de 40 centimètres de hauteur ne joue aucun rôle dans l'érection de la tente ; elle tombe verticalement par son propre poids et détermine d'elle-même les points où doivent être placés les petits piquets destinés à la maintenir.

La tente étant dressée, on creuse autour de la muraille, entre les petits piquets et les grands, un fossé en talus de

25 centimètres de profondeur et autant de largeur au fond, en utilisant la terre comme il va être dit.

On étend dans l'intérieur de la tente la bande de toile à pourrir dont elle est garnie ; on la couvre d'une couche de terre de 3 à 4 centimètres d'épaisseur, mais en ayant bien soin que ni cette terre rapportée ni celle du sol ne touchent à la toile de muraille.

Aération de la tente.

Lorsque l'aération par les deux portières est insuffisante, on peut l'accroître par le moyen suivant : vingt-quatre petites olives ont été adaptées à la partie supérieure de la muraille, intérieurement et vis-à-vis la couture de chaque rayon ; et un même nombre de ficelles de 70 centimètres de longueur, fixées à la naissance des cordes des grands piquets, correspondent à ces olives.

Lorsqu'on veut aérer la tente, on roule la muraille, puis on la soutient avec la ficelle dont la boucle s'attache à l'olive correspondante.

L'air extérieur peut pénétrer alors sous la tente, soit sur tout son pourtour, soit partiellement. Il renouvelle celui qui y était concentré, sèche le sol de l'intérieur, ainsi que les fournitures et les effets que l'on ne peut pas toujours sortir.

Il est expressément recommandé de ne jamais rouler la muraille lorsqu'elle est mouillée.

Manteau d'armes de compagnie.

Confectionné en toile de chanvre. Il est d'une forme conique dont la base est de 2^{m}20 de diamètre.

Un montant en bois carré de 2 mètres de hauteur sert à le dresser ; il est percé de deux trous pour le passage en croix de deux bâtonnets servant à maintenir les fusils autour du montant.

Manteau d'armes de piquet.

Confectionné comme le manteau d'armes de compagnie mais la base a la forme d'un rectangle de 2^{m}50 de longueur sur 1^{m}55 de largeur.

Deux montants de 2^{m}10 et une traversée de faîtière de 1^{m}65 supportent la tente.

Un râtelier en bois pour maintenir les fusils est fixé aux deux montants.

Observations importantes.

Tout officier ou corps de troupes appelé à diriger ou effectuer l'érection d'une tente doit se bien pénétrer : 1° que cette tente offrira un abri bien plus hermétique si elle est bien dressée, que si l'on a enfreint les prescriptions précédentes : ainsi, par exemple, en donnant au contour inférieur un trop grand développement, il devient impossible de fermer les portières ou auvents, et l'on ouvre accès, la nuit, à la pluie et au froid ; 2° que cette tente représente une valeur considérable, qui peut subir d'importantes détériorations en très-peu de temps, si l'on n'évite pas avec le plus grand soin que le bas en soit exposé au contact de la terre ; à cet effet, il faut qu'on puisse promener le doigt sur tout le tour de la tente entre le sol et la tresse qui garnit sa partie inférieure.

Pour qu'une tente soit bien close, il faut que les cordes d'attache des quatre extrémités des culs-de-lampe soient passées dans les œillets pratiqués aux côtés des auvents ou portières, avant d'être accrochées aux piquets destinés à les recevoir. Lorsque cette précaution est observée, les ardillons des boucles de fermeture extérieure atteignent sans effort le dernier œillet des contre-sanglons destinés à maintenir l'auvent appliqué sur la tente, et procurent à celle-ci une clôture tout à fait hermétique.

Lorsque les tentes ont été mouillées par la pluie ou la rosée, il faut les tenir ouvertes jusqu'à ce qu'elles soient complétement séchées.

Il faut, en enfonçant les piquets, frapper d'aplomb sur leur tête bien perpendiculairement à leur direction, et éviter les grands coups de maillet, qui les émoussent et les fendent.

Il importe de ne laisser dans l'intérieur des tentes aucun

objet rigide qui en touche les parois, et de ne rien suspendre à ces parois, même momentanément.

Il faut, enfin, que les fossés soient bien entretenus et que les eaux pluviales trouvent toujours un facile et prompt écoulement.

Entretien des ustensiles.

Les ustensiles doivent être entretenus en parfait état de propreté, la santé des hommes y est engagée autant que la durée des objets : à cet effet, les gamelles et marmites doivent recevoir, chaque jour, après la soupe du soir, et pendant qu'elles sont encore chaudes, un nettoyage fait au moyen de paille et de sable, ou simplement de terre, et les bidons doivent recevoir ce nettoyage au moins une fois par semaine.

Au moment des réintégrations, les officiers comptables doivent refuser tous ceux de ces objets qui porteraient des traces de suie à l'extérieur; et, au cas où il serait indispensable de les recevoir en magasin, comme il ne doit figurer aucun frais pour le nettoyage de ces effets au compte de l'administration de la guerre, ils proposeraient au sous-intendant militaire d'imputer ces frais à la partie prenante.

LES BARAQUES ÉTANT POUR DOUZE CANONNIERS.

LÉGENDE.

C. Capitaines.

L. Lieutenants.

SS. Sous-officiers des sections.

SR. Sous-officiers de la réserve.

J. Infirmerie.

B. Blanchisseuse.

CC. Chevaux des conducteurs, etc.

CS. Chevaux des servants, etc.

P. Emplacement du parc.

GP. Garde du parc.

o Cuisine.

O Fourrage.

OBSERVATIONS.

Les deux files de gauche sont disposées pour une batterie montée : la disposition de la file de droite se rapporte à une batterie à cheval. Ainsi donc, pour une batterie montée les trois files seraient semblables aux deux de gauche : pour une batterie à cheval elles seraient comme la file de droite.

NOTA. — L'unité de chaque coté représente un pas de 0m66 (2 pieds).

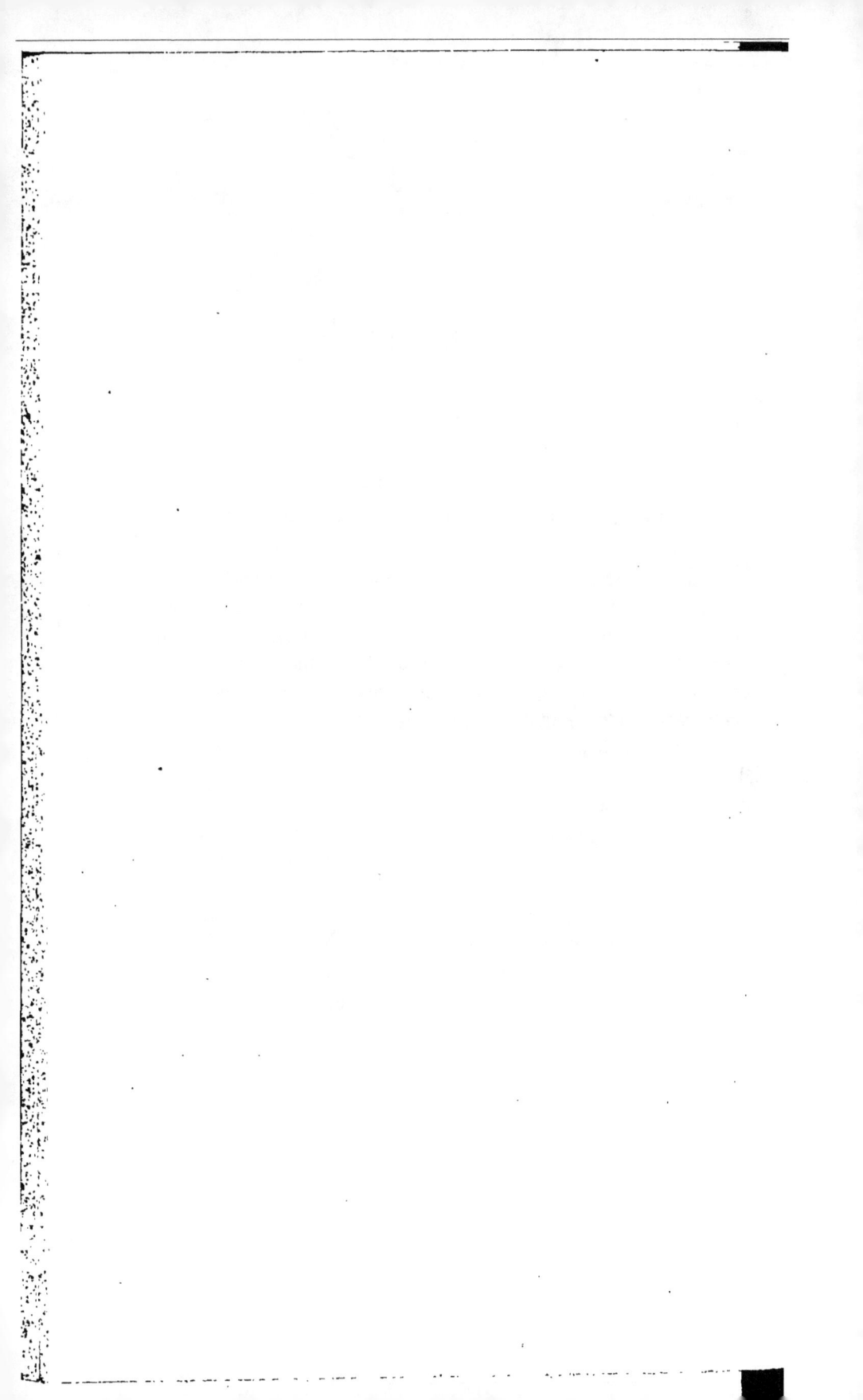

SERVICE INTÉRIEUR.

Principes généraux de la subordination.

La discipline faisant la force principale des armées, il importe que tout supérieur obtienne de ses subordonnés une obéissance entière et une soumission de tous les instants; que les ordres soient exécutés littéralement, sans hésitation ni murmure : l'autorité qui les donne en est responsable, et la réclamation n'est permise à l'inférieur que lorsqu'il a obéi.

Si l'intérêt du service demande que la discipline soit ferme, il veut en même temps qu'elle soit paternelle : toute rigueur qui n'est pas de nécessité, toute punition qui n'est pas déterminée par le règlement, ou que ferait prononcer un sentiment autre que celui du devoir; tout acte, tout geste, tout propos outrageant d'un supérieur envers son subordonné, sont sévèrement interdits. Les membres de la hiérarchie militaire, à quelque degré qu'ils y soient placés, doivent traiter leurs inférieurs avec bonté, être pour eux des guides bienveillants, leur porter tout l'intérêt, et avoir envers eux tous les égards dus à des hommes dont la valeur et le dévouement procurent leurs succès et préparent leur gloire.

La subordination doit avoir lieu rigoureusement de grade à grade; l'exacte observation des règles qui la garantissent, en écartant l'arbitraire, doit maintenir chacun dans ses droits comme dans ses devoirs.

Le canonnier doit obéir au brigadier, le brigadier au fourrier (1) et au maréchal des logis, le fourrier et le maréchal des logis au maréchal des logis chef, le maréchal des logis chef à l'adjudant, l'adjudant au sous-lieutenant, le sous-lieutenant au lieutenant en second, le lieutenant en second au lieutenant en premier, le lieutenant en premier à l'adjudant-major et au capitaine en second, le capitaine en second au capitaine-commandant, l'adjudant-major et le capitaine-commandant au major et au chef d'escadrons, le major et le chef d'escadrons au lieutenant-colonel, le lieutenant-colonel au colonel, le colonel au général de brigade, le général de brigade au général de division, le général de division au général de division commandant en chef et au maréchal de France.

Indépendamment de cette subordination au grade, la discipline exige, à grade égal, la subordination à l'ancienneté, en tout ce qui concerne le service général et l'ordre public. Ainsi plusieurs militaires du même grade, de service ensemble, qu'ils soient ou non du même corps et de même arme, doivent obéissance au plus ancien d'entre eux comme s'il leur était supérieur en grade (2).

Même hors du service, les supérieurs ont droit à la déférence et au respect de leurs subordonnés.

Les officiers généraux doivent s'assurer, par une surveillance ferme et constante, de la stricte exécution de ces dispositions dans les corps sous leurs ordres, et, tout en maintenant l'émulation entre les différents corps et les différentes armes, apporter l'attention la plus scrupuleuse à ce que rien n'altère la bonne harmonie et la mutuelle confiance qui leur sont indispensables.

---

(1) Le brigadier-fourrier commande à tous les brigadiers et obéit au maréchal des logis fourrier et aux maréchaux des logis.

(2) A égalité d'ancienneté de grade, la priorité de rang se détermine par l'ancienneté dans le grade immédiatement inférieur.

A égalité d'ancienneté dans le grade immédiatement inférieur, elle se règle sur l'ancienneté dans le grade précédent, et ainsi de suite jusqu'au grade de brigadier.

TITRE PREMIER.

FONCTIONS INHÉRENTES A CHAQUE GRADE.

—

CHAPITRE VI.

Adjudants-majors.

Attributions.

48. Les adjudants-majors sont chargés des détails de la police générale et du service commun à toutes les batteries, mais ils restent étrangers à leur police intérieure et à leur administration.

Police des garnisons.

49. Dans les garnisons où il n'y a pas d'état-major de place, les adjudants-majors, secondés par les adjudants, remplissent, sous la direction du lieutenant-colonel, des fonctions analogues à celles des adjudants de place.

Cas d'absence.

50. Un adjudant-major absent est remplacé par un des capitaines en second, désigné à cet effet par le colonel. Ce capitaine est alors exempt de tout autre service. Lorsque les capitaines en second présents au régiment se trouvent commander chacun une batterie, l'adjudant-major est remplacé par un lieutenant en premier.

Service de semaine.

Devoirs généraux.

51. Les adjudants-majors alternent pour le service de semaine.

L'adjudant-major de semaine a pour supérieur immédiat le chef d'escadrons de semaine ; il dirige et surveille le service des lieutenants, des sous-lieutenants et des sous-officiers de semaine.

Le service, la garde du quartier, la police des prisons du quartier, l'exactitude des signaux, les écuries en ce qui concerne les devoirs des maréchaux des logis et brigadiers de semaine et des gardes d'écurie, la propreté dans les cours et à l'extérieur, concernent directement l'adjudant-major de semaine.

En prenant le service, il reçoit de celui qu'il relève : 1° l'état des officiers, des sous-officiers et des brigadiers qui entrent en semaine avec lui, et la note des ordres et consignes dont l'exécution a besoin d'être particulièrement surveillée ; 2° le contrôle pour commander le service des officiers, selon les différents tours déterminés par l'ordonnance sur le service des places. Ce contrôle est établi sur un livret coté et paraphé par le lieutenant-colonel ; l'adjudant-major y inscrit nominativement tous les tours de service accomplis par les officiers ; il indique en vertu de quel ordre les détachements ont été fournis, ainsi que la date du départ et celle de la rentrée. Le lieutenant-colonel surveille la tenue de ce livret.

L'adjudant-major de semaine s'absente le moins possible du quartier ; lorsqu'il le quitte, il s'assure que l'adjudant y reste pour donner suite à tous les ordres.

L'adjudant-major de semaine est tenu de coucher au quartier ; une chambre est disposée à cet effet (1).

Appels et pansages.

52. Il assiste aux appels et aux pansages ; il en dirige les détails. Il s'assure fréquemment que les officiers de semaine désignés pour veiller aux repas des chevaux s'y trouvent avec exactitude.

Les batteries sont assemblées, à rangs ouverts, pour l'appel

---

(1) Voir *J. Mil.*, 2ᵉ *Sem.* 1842, p. 20, pour l'ameublement de cette chambre,

qui précède le pansage; l'appel se fait dans toutes à la fois, au signal d'un demi-appel que fait sonner l'adjudant-major.

Dès que l'appel est fini, il est rendu à l'adjudant-major, par l'officier de semaine, après que celui-ci l'a reçu des maréchaux des logis chefs au signal d'un second demi-appel.

Après que l'ordre a été lu dans chaque batterie, l'adjudant-major fait donner le signal pour se rendre aux écuries.

L'appel du soir se fait dans les chambres; l'officier de semaine, accompagné des maréchaux des logis chefs, le rend par écrit à l'adjudant-major, dans la salle du rapport. L'adjudant-major signe le billet général de cet appel, et le fait porter chez le colonel par un maréchal des logis de semaine; il en fait faire un double pour le commandant de la place, et l'envoie, cacheté, par un canonnier de la garde de police.

Il fait faire, après l'appel du soir, des contre-appels, toutes les fois qu'il le juge nécessaire (1).

Pendant l'été, lorsqu'après le soleil couché les chevaux doivent, d'après les ordres du chef d'escadrons de semaine, être attachés au dehors des écuries, l'adjudant-major s'assure que l'officier de semaine, et un conducteur pour quatre chevaux, restent présents jusqu'à ce que les chevaux soient rentrés. Les dispositions à cet égard sont prescrites aux appels qui précèdent les pansages.

Toutes les fois que le temps le permet, l'adjudant-major donne l'ordre de faire sortir la litière des écuries et de la faire sécher en l'étendant au soleil.

Rapports.

53. Après les pansages, il reçoit les rapports verbaux des

---

(1) L'adjudant-major de semaine sera autorisé à faire mettre à la salle de police, s'il y a lieu, le retardataire, par cela seul qu'il aura manqué à l'appel du soir ou dépassé la limite de sa permission, mais sans fixer d'ailleurs le temps pendant lequel il y restera; ce sera le capitaine commandant la batterie qui, après le rapport, devra déterminer la durée de la punition, en tenant compte des antécédents de l'homme.

lieutenants ou sous-lieutenants et de l'adjudant de semaine, ainsi que des vétérinaires ; il fait ensuite le sien au chef d'escadrons de semaine.

Les conducteurs de chaque batterie sont conduits en ordre aux écuries, et ramenés de même, lorsqu'elles ne sont pas près du logement de la troupe.

Garde montante et ordre ; parade.

54. L'adjudant-major se rend au rassemblement de la garde ; il en passe l'inspection ; il la fait défiler, si elle est commandée par un capitaine moins ancien que lui ou par un autre officier.

Après que la garde a défilé, il indique l'heure des rassemblements, celle des corvées, des classes d'instruction, etc. Il commande le service général, et fait commander par l'adjudant celui des sous-officiers, brigadiers et canonniers. Il communique les ordres qui n'auraient pas été donnés au rapport.

Lorsqu'il y a parade pour la garnison, la garde du régiment est conduite au rendez-vous général, soit par l'adjudant-major, soit par l'officier qui la commande, s'il est capitaine plus ancien que l'adjudant-major, soit enfin par l'adjudant de semaine, s'il n'y a point d'officier.

L'adjudant-major veille à ce que l'adjudant de semaine dicte aux fourriers les ordres qui doivent être transcrits sur les registres.

Détachements ; piquets ; classes d'instruction.

55. Il réunit, secondé par l'adjudant de semaine, les détachements qui sont formés d'hommes de différentes batteries ; il en passe l'inspection, et les remet aux officiers qui doivent en prendre le commandement.

Il a la surveillance du piquet, lorsqu'il n'est pas commandé par un capitaine ; il en fait faire fréquemment l'appel.

Il s'assure que les classes d'instruction sont réunies aux heures prescrites.

Promenades des chevaux ; bains ; corvées générales.

56. Lors des rassemblements pour la promenade des chevaux, pour le bain, ou pour une corvée générale, l'adjudant-major de semaine, après avoir réuni le régiment, en remet le commandement au capitaine de semaine, à moins qu'il n'y ait un officier supérieur. Les officiers et sous-officiers de semaine des batteries sont seuls obligés de se trouver à ces rassemblements.

Soins au retour du régiment, après une sortie à cheval.

57. Lorsque le régiment, après avoir monté à cheval, est de retour au quartier, l'adjudant-major prend les ordres du chef d'escadrons de semaine, pour fixer le moment de desseller ; il s'assure que les chevaux, pendant qu'ils restent sellés, sont attachés au râtelier par la longe du licou ; lorsqu'on a dessellé, il veille à ce que les officiers et sous-officiers de semaine fassent bouchonner les chevaux et exposer au soleil ou à l'air les selles et couvertes mouillées ; il exige que les panneaux soient battus avant que les selles soient remises en place.

Inspection des postes du quartier ; visite des détenus.

58. Il inspecte, aussi souvent qu'il le juge nécessaire, la garde de police, ainsi que les autres postes qui auraient été placés extraordinairement au quartier ; il les dirige et les fait surveiller par l'adjudant dans les détails de leur service.

Il visite les salles de police et les prisons du quartier. Il veille à ce que les détenus à la prison, à la salle de police et les consignés soient exercés aux heures prescrites ; à ce qu'ils fassent les corvées du quartier et reçoivent les subsistances qui leur sont dues ; il entend leurs réclamations, et, si elles sont fondées, il y fait droit ou les fait parvenir à l'autorité compétente.

11.

Toutes les cantines établies dans le quartier sont placées sous la surveillance de l'adjudant-major de semaine; il les fait fermer lorsque la tranquillité du quartier et le maintien de l'ordre le rendent nécessaire; dans ce cas, il en rend compte sur-le-champ au chef d'escadrons de semaine.

Visites au quartier par des officiers supérieurs.

59. Il accompagne le colonel et le lieutenant-colonel quand l'un ou l'autre se trouve au quartier; il accompagne de même tout officier supérieur qui le demande.

CHAPITRE XI.

Capitaine commandant.

Devoirs généraux.

80. Les premiers soins du capitaine commandant doivent être d'inspirer aux militaires de sa batterie du zèle et de l'amour pour le service; de leur rendre facile la pratique de leurs devoirs par ses conseils, par l'usage équitable de son autorité, et par une constante sollicitude pour leur bien-être. Il est l'intermédiaire indispensable de leurs demandes. Il doit s'attacher à connaître le caractère et l'intelligence de chacun d'eux pour les traiter, en toute circonstance, avec une justice éclairée. Il réprime au besoin la familiarité et la brusquerie de ses subordonnés envers les canonniers, qu'on ne doit jamais tutoyer, injurier ni maltraiter.

Il visite chaque jour la batterie. Il peut se faire suppléer ou seconder à cet égard par le capitaine en second.

Il est chargé, sous les ordres des chefs d'escadrons, de l'instruction de la première classe.

Responsabilité.

81. Le capitaine commandant est responsable de la police,

de la discipline et de la tenue de sa batterie. Il l'est également des parties de l'instruction qui doivent être enseignées dans les chambres et aux écuries, telles que les règles de discipline, de tenue et de service intérieur ; les dispositions du Code pénal, surtout celles relatives à la désertion ; le service des canonniers de garde dans les places et en campagne ; le soin des armes et des effets d'habillement, d'équipement et de harnachement, le paquetage, le pansage des chevaux, la manière de seller, desseller, brider, débrider, etc.

Il est responsable de la bonne administration de sa batterie ; cette responsabilité s'étend à tous les détails relatifs à la perception, à la distribution et à l'emploi des diverses prestations en argent et en nature, et plus particulièrement à la masse individuelle ; cette masse doit être l'objet de la sollicitude continuelle du capitaine commandant. Il doit exiger que les officiers de section et le maréchal des logis chef remplissent rigoureusement leurs devoirs à cet égard ; il visite lui-même fréquemment le livret et le porte-manteau des canonniers, de manière qu'il puisse toujours répondre aux questions de son chef d'escadrons sur la situation de la masse de tout sous-officier, brigadier ou canonnier de sa batterie.

Il assiste aux distributions d'effets d'habillement, d'équipement, de harnachement et d'armement faites à sa batterie ; en cas d'empêchement, il est remplacé par un officier de la batterie ; il se fait alors présenter les hommes avec les effets qu'ils ont reçus.

Il fait marquer les effets au numéro matricule de chaque homme.

Formation de la batterie.

82. Chaque batterie est partagée, pour les détails et le service journalier et intérieur, en sections et pièces.

Les sections restent, pour l'ordre de bataille, composées des mêmes sous-officiers, brigadiers et canonniers.

Les brigadiers et les canonniers sont répartis de manière que chaque section ait à peu près un nombre égal d'anciens et de nouveaux canonniers.

Le capitaine commandant veille à ce que les sections soient également partagées pour l'espèce, la taille et la qualité des chevaux.

Les sections sont divisées en deux pièces; le contrôle général reste dans cette formation pour les chambres.

Ce contrôle est le seul en usage pour commander le service, tant à pied qu'à cheval, et pour tous les rassemblements armés et non armés, afin que les officiers et les sous-officiers aient les mêmes subordonnés à commander dans toutes les situations.

. On a soin de répartir les recrues et les remontes de manière à maintenir l'ordre ci-dessus prescrit.

Prêt.

83. Le capitaine commandant signe la feuille de prêt, après l'avoir vérifiée et après avoir pris note de la somme à recevoir chez le trésorier.

A l'heure indiquée, le maréchal des logis chef va en toucher le montant; il le remet au capitaine immédiatement après.

Le prêt se divise en deux parties : la première est destinée aux dépenses de l'*ordinaire;* la seconde est payée comme *centimes de poche* aux hommes qui vivent à l'ordinaire.

Chaque brigadier ou canonnier doit verser à l'ordinaire dix-huit centimes par jour avec les vivres de campagne, quarante et un centimes avec le pain en garnison, et cinquante et un centimes avec le pain, en marche. Lorsque, dans quelques localités, le prix des comestibles sort des proportions communes, le colonel peut, avec l'approbation du général de brigade, faire verser temporairement à l'ordinaire une plus forte partie du prêt. Il en est donné avis au sous-intendant militaire, pour le mettre à même d'opérer ses vérifications.

Dans aucun cas, le canonnier ne peut recevoir moins de cinq centimes de poche.

Le capitaine charge le maréchal des logis chef de donner chaque jour au brigadier d'ordinaire l'argent nécessaire pour les dépenses du lendemain.

Il ne remet à ce sous-officier, et celui-ci ne paye que le premier jour du prêt suivant, la solde des sous-officiers, celle des hommes qui ne vivent pas à l'ordinaire, celle des enfants de troupe, les centimes de poche et les hautes-payes.

Il veille à ce qu'il ne soit fait sur l'argent de poche d'autre retenue que celle qui est prescrite pour les hommes punis de la prison ou de la cellule de correction.

Les centimes de poche des hommes irrégulièrement absents le dernier jour du prêt sont versés à l'ordinaire.

Les hommes qui s'absentent avec permission sont payés des centimes de poche et des hautes-payes jusqu'au jour de leur départ exclusivement.

Ordinaire.

84. Le capitaine commandant désigne alternativement, pour tenir l'ordinaire, les brigadiers les plus aptes à cette fonction.

Il s'assure fréquemment par lui-même que les comestibles sont de bonne qualité et en quantité suffisante; que le prêt est employé à sa destination; que les bouchers, les boulangers et les épiciers sont régulièrement payés, et qu'ils inscrivent chaque jour leur quittance sur le cahier destiné à cet usage; il empêche, par tous les moyens qui sont en leur pouvoir, qu'aucun abus ne s'introduise dans la gestion de l'ordinaire.

Hommes allant aux hôpitaux et en congé; effets des hommes décédés, harnachement des chevaux douteux.

85. Le capitaine commandant signe les billets d'hôpital; il arrête le compte des hommes qui s'absentent pour un motif

quelconque, et signe leur livret, qu'ils doivent emporter avec eux.

Lorsque des chevaux douteux ou atteints d'une maladie contagieuse ont été abattus, le capitaine fait prévenir l'officier d'habillement, afin que le harnachement de ces chevaux et les effets des canonniers qui les ont soignés soient purifiés avant leur entrée en magasin.

Il fait faire l'inventaire des effets des sous-officiers et canonniers décédés, et en remet un double au major.

Tous les hommes rentrant après une absence sont présentés le lendemain au capitaine commandant par l'officier de section ou, à son défaut, par le maréchal des logis ; ils doivent être munis de leur livret.

Comptabilité.

86. Le maréchal des logis chef et le maréchal des logis fourrier sont les agents du capitaine commandant pour tout ce qui concerne l'administration et la comptabilité. Le capitaine commandant vérifie souvent les registres de la batterie. Chaque trimestre, en faisant le décompte, il compare le livre de batterie avec les livrets des sous-officiers et canonniers. Il fait arrêter les comptes et les signe sur le livre de batterie et sur les livrets ; les hommes signent sur le livre de batterie.

Le capitaine commandant veille à ce que les hommes conservent constamment leurs livrets, et qu'il n'y soit fait d'inscription qu'en leur présence.

Quand le maréchal des logis chef est remplacé, le capitaine commandant vérifie et arrête ses comptes. Il ne peut rendre responsable le successeur qu'autant que celui-ci a assisté à cette vérification ou l'a faite lui-même.

Administration de la masse individuelle.

87. Les capitaines sont chargés, sous la direction spéciale du major, de pourvoir les sous-officiers et canonniers des effets au compte de la masse individuelle ; ils sont tenus de se conformer aux échantillons et modèles adoptés ; ils doivent con-

naître les prix de confection, le prix, l'espèce et la qualité des matières qui entrent dans la confection.

Les capitaines réunis nomment trois d'entre eux pour former, sous la présidence du major, une commission chargée de passer ou de rédiger les marchés pour l'achat des effets au compte des hommes, de vérifier ceux que les fournisseurs et les maîtres ouvriers du corps livrent au magasin, d'y apposer leur timbre de réception et de procéder aux abonnements relatifs aux réparations au compte des hommes. Les effets reçus par la commission sont déposés au magasin d'habillement; l'officier d'habillement ne les distribue aux batteries que sur des bons nominatifs signés par le capitaine commandant et visés par le major.

Cette commission est renouvelée au 1er avril et au 1er octobre de chaque année, ou plus souvent, s'il est nécessaire.

Le capitaine commandant fait passer tous les mois, par les officiers de section, une revue générale des effets; ces officiers lui proposent les remplacements et les réparations, et s'assurent que les livrets sont à jour. Le capitaine commandant ordonne de semblables revues toutes les fois qu'il le juge nécessaire. Il en passe une lui-même avant la fin de chaque trimestre. Le jour de cette dernière revue est fixé par le colonel; autant que possible, elle se passe à la même heure dans toutes les batteries du régiment.

Réparations et remplacement d'effets.

88. Le capitaine commandant met la plus sévère impartialité à imputer, soit à la charge du canonnier, soit au compte des abonnements, suivant le cas, les réparations d'effets.

Services payés.

89. Il désigne, sur la proposition des officiers de section, les hommes qui ont besoin, pour améliorer leurs masses, de faire des services payés; il ne permet pas qu'un homme fasse seul un service payé, à moins qu'il n'ait quatre nuits de repos entre chaque garde.

Perruquier.

90. Le canonnier chargé de la coupe des cheveux des sous-officiers, des brigadiers et des canonniers, ne reçoit pour cet objet aucune rétribution, mais il est exempté de service; le capitaine lui fait payer tous les mois, sur les fonds de l'ordinaire, 10 centimes pour chaque homme qu'il rase; il fait également remettre sur l'ordinaire 10 centimes par mois à chaque homme qui se rase lui-même.

Ferrage.

91. Le capitaine commandant exige que la ferrure soit visitée par l'officier et le sous-officier de semaine dans la batterie, et qu'elle soit renouvelée aussi souvent qu'il le faut; il s'assure toujours de ce point avant de délivrer au maréchal l'état d'après lequel il est payé par le trésorier.

Pansage et nourriture des chevaux.

92. Il donne la plus grande attention non-seulement aux pansages des chevaux, mais encore à la manière dont ils sont nourris; il fait mettre ensemble ceux qui mangent lentement, et à part ceux qui ont besoin d'être au régime.

Répartition des chevaux.

93. Dans l'intérêt de la conservation des chevaux, il retire ceux qui sont dans de mauvaises mains, et les donne aux canonniers les plus en état de les conduire. Il ne doit cependant ôter à un conducteur ses chevaux que pour des motifs graves, dont il rend compte au rapport.

La répartition générale des chevaux a lieu très-rarement et seulement lorsque le colonel l'ordonne par suite de l'admission dans les rangs d'un grand nombre de chevaux neufs, ou pour rendre des batteries disponibles; elle se fait sous la direction du capitaine commandant, par rang de grade, de classe et d'ancienneté. Cet ordre cependant n'est pas toujours rigoureusement suivi. Le capitaine commandant consulte les qualités et les défauts des chevaux, afin de les assortir aux moyens et au degré d'instruction des hommes.

Rapports aux chefs d'escadrons.

94. Le capitaine commandant fait immédiatement à son chef d'escadrons le rapport des punitions graves qui sont infligées dans la batterie, et des événements dont il importe que cet officier supérieur soit prévenu sans délai.

Cas de partage de la batterie.

95. En cas de partage de la batterie, le capitaine commandant marche avec la première demi-batterie ; il emmène avec lui le maréchal des logis chef et le brigadier-fourrier.

Le capitaine en second marche avec la deuxième demi-batterie ; il emmène le maréchal des logis fourrier.

Cas d'absence du chef d'escadrons.

96. En l'absence du chef d'escadrons, le capitaine commandant rend compte directement au lieutenant-colonel.

CHAPITRE XII.

Capitaine en second.

Devoirs généraux.

97. Le capitaine en second est subordonné au capitaine commandant ; il est chargé, sous ses ordres, de la police intérieure de la batterie, de la surveillance des chambrées, de la direction des parties de l'instruction qui doivent être enseignées dans les chambres et dans les écuries, et de la surveillance spéciale des ordinaires.

Il s'assure fréquemment si les comestibles sont de bonne qualité et en quantité suffisante, si le prêt est employé à sa destination, et si les fournisseurs sont exactement payés.

L'administration étant sous la responsabilité du capitaine commandant, le capitaine en second, quand il ne commande pas la batterie, ne reçoit sur l'administration ni rapports ni propositions.

Sections sans officier.

98. Il surveille principalement le service intérieur des sections qui se trouvent, par intérim, sous les ordres d'un maréchal des logis.

Rapports au capitaine commandant.

99. Il rend compte à son capitaine commandant de tous les détails dont il est chargé, de l'exécution des ordres qu'il a reçus de cet officier, et des événements dont il importe qu'il soit prévenu sans délai.

Capitaine en second commandant une batterie.

100. Quand il commande par intérim la batterie, il ne doit pas de rapport officiel au capitaine commandant, dont il a, dans ce cas, tous les droits et la responsabilité; il lui rend compte, à son retour, de ce qui a été fait pendant son absence.

Lorsque les deux capitaines sont absents pour plus de quinze jours, le colonel désigne, pour prendre le commandement de leur batterie, un capitaine en second d'une autre batterie; si le colonel croit utile de laisser le commandement au lieutenant en premier de la batterie, il en rend compte au général de brigade. Lorsque l'absence des deux capitaines ne doit pas durer plus de quinze jours, le plus ancien lieutenant de la batterie en prend le commandement.

Semestres.

101. Les capitaines en second alternent, pour les semestres, avec les capitaines commandants.

Missions particulières.

102. Quand les capitaines en second ne commandent pas

par intérim une batterie, ils sont employés, de préférence, à toutes les missions extérieures, à des détails d'administration intérieure ou autres, et spécialement au service des adjudants-majors absents.

Les capitaines en second sont commandés pour les corvées.

Service de semaine.

Les capitaines alternent pour le service de semaine.

103. Les capitaines commandants et les capitaines en second roulent entre eux pour le service de semaine.

Ce service est commandé par la tête du contrôle. Il a lieu de la même manière dans plusieurs batteries détachées ensemble.

Dans une batterie détachée, seul l'officier de semaine est chargé des distributions, sous la direction du capitaine en second.

Lorsque le capitaine de semaine est commandé pour un service de place, il est remplacé pour la journée, dans le service de semaine, par le capitaine qui marche après lui.

Visite de l'infirmerie. — Soins relatifs à la propreté.

104. Le capitaine de semaine visite tous les jours l'infirmerie, pour s'assurer de la conduite et de la tenue des malades; il reçoit leurs réclamations et les fait parvenir à qui de droit, s'il y a lieu.

Le samedi, il s'assure de l'exécution de tous les ordres relatifs à la propreté.

Promenades. — Bains. — Corvées générales.

105. Quand le régiment est rassemblé pour la promenade des chevaux, pour le bain ou pour une corvée générale, le capitaine de semaine en a le commandement, à défaut du chef d'escadrons de semaine. Si ce chef d'escadrons est présent, le capitaine est sous ses ordres.

Distributions.

Le capitaine de semaine est chargé des distributions.

106. Le capitaine de semaine est chargé des distributions, sous les ordres et la direction du major; il lui en rend compte. En l'absence du major, il rend compte au lieutenant-colonel. — Il reçoit du trésorier le détail de ce qui revient à chaque batterie et les bons pour chaque espèce de distributions.

Il est secondé par les officiers et les sous-officiers de semaine.

Si les diverses distributions ont lieu successivement, le capitaine de semaine y préside lui-même; dans le cas contraire, il se réserve celle des fourrages, et charge des officiers de semaine, à qui il remet les bons, de présider aux autres.

Rassemblement et conduite des corvées.

107. Aux heures indiquées, le trompette de service sonne pour les distributions. Les brigadiers et les canonniers sont en tenue d'écurie, les fourriers font l'appel; les maréchaux des logis de semaine s'assurent, pendant ce temps, que pour les distributions de fourrage les brigadiers et les canonniers sont munis de cordes à fourrages, et qu'ils ont le nombre prescrit de sacs à distributions.

Les appels étant terminés et les rapports rendus par les officiers de semaine, le capitaine, aidé de l'adjudant de semaine, fait le rassemblement général par espèce de corvée; il répartit les officiers. Les diverses corvées se mettent en marche; le capitaine conduit celle des fourrages; les officiers et les sous-officiers marchent sur le flanc de la tronpe et maintiennent l'ordre.

L'officier chargé de la distribution entre au magasin pour examiner les denrées; les maréchaux des logis et les fourriers restent en dehors pour le bon ordre, pendant que les batterics attendent leur tour. Chaque batterie est alternativement servie la première.

Lorsque le fourrage est transporté du magasin au quartier par des voitures, la corvée est tenue de les charger et décharger.

Examen et distribution des denrées (1).

108. Le capitaine de semaine prend tous les moyens convenables pour s'assurer de la qualité et du poids des denrées ; il

---

(1) Art. 228. Il est interdit de faire aucun rappel en nature des rations qui n'auraient pas été distribuées à la date pour laquelle elles étaient dues. Il est également interdit de délivrer des contre-bons.

232. Les distributions aux corps et détachements se font par compagnie, successivement et sans désemparer. Si la distribution d'un corps est commencée, elle ne peut être interrompue par l'arrivée tardive d'un autre corps.

236. Les distributions aux troupes, soit en station, soit dans les gîtes d'étapes, ne peuvent être faites qu'au moyen de balances à bras égaux, et de poids poinçonnés.

238. Il est formellement interdit de prêter aux parties prenantes des sacs ou autres récipients du service.

239. Dans les places où la réunion des troupes est considérable, un seul capitaine peut être désigné par le commandant de la place et faire l'office de capitaine de visite. Son service est de vingt-quatre heures.

243. Le capitaine de semaine examine les denrées préparées pour la distribution ; il peut provoquer toutes les explications qu'il croit nécessaires pour établir son opinion sur la qualité des denrées rationnées. Il peut aussi en requérir la pesée.

244. La vérification du poids des denrées rationnées a lieu en mettant à la fois sur la balance : *Pour le pain :* 25 pains pris au hasard par groupes de 5 pains. *Pour les fourrages :* 10 bottes prises au hasard et en faisant trois pesées successives dont on prend le taux moyen. Les excédants de poids profitent à la troupe ; en cas de différence en moins, *le poids est complété* par l'addition des quantités nécessaires. La distribution *des liquides* a lieu à la mesure : celle des autres denrées s'effectue à la balance.

245. Il est ouvert dans chaque magasin un *registre de visite* des denrées mises en distribution, qui est mis à la disposition de l'officier de semaine de chaque corps, pour recevoir son avis sur la qualité des denrées.

247. Le jour de la distribution, l'officier de visite examine les denrées préparées pour être distribuées, à l'effet de s'assurer de leur qualité. Les denrées étant reconnues bonnes, la distribution commence, et elles sont enlevées immédiatement du magasin.

Avant que la distribution commence, le capitaine inscrit au *registre de visite* son avis sur la qualité. Il indique sommairement si les denrées sont bonnes ou susceptibles de quelque observation critique ; mais si, en libellant

surveille ceux qui reçoivent et comptent ; il fait de nouveau compter, mesurer ou peser, s'il le juge convenable.

S'il a à se plaindre du poids ou de la qualité, et s'il ne peut faire changer à temps les denrées ou obtenir un supplément

---

son opinion, il déclare qu'elles sont mauvaises ou même médiocres, il ne doit pas les recevoir, et le comptable ne doit pas les délivrer.

249. Lorsque, pendant le cours de la distribution, le capitaine de semaine croit reconnaître des denrées qui ne sont pas susceptibles d'être distribuées, il arrête la distribution. Dans ce cas, il exprime au registre de visite un avis supplémentaire. Les denrées déjà sorties du magasin sont réputées bonnes et restent acquises aux parties prenantes.

250. Lorsque l'officier chargé de l'examen des denrées croit devoir les refuser pour quelque cause que ce soit, il suspend la distribution et en rend compte au major, qui fait les démarches nécessaires auprès du sous-intendant.

Si le corps persiste dans sa réclamation, il est procédé aussitôt que possible, à l'examen de la denrée, par la commission consultative. Le sous-intendant qui la préside n'est pas astreint à suivre l'avis de la commission, si sa conviction s'y oppose ; sa décision est sans appel et exécutée sur-le-champ.

251. Aucune denrée reçue en distribution par la troupe ou par les parties prenantes isolées et sortie des magasins, ne peut y être rapportée pour être échangée, et aucune plainte n'est admise, tant sous le rapport de la qualité que sous celui de la pesée ou du mesurage des denrées, après leur sortie du magasin. Il est fait exception à cette règle pour les conserves de viande et de légumes, leur qualité n'ayant pu être vérifiée à la distribution.

253. Les troupes cantonnées ou campées dans un rayon de deux kilomètres des magasins sont tenues d'y aller prendre elles-mêmes les denrées de distribution, sans pouvoir prétendre à aucun moyen de transport, à moins qu'elles ne soient placées dans des forts élevés et d'un accès assez difficile, ou lorsqu'elles sont séparées des magasins par des obstacles qui rendent trop pénible le transport à dos d'homme. Dans ce cas, les denrées sont reconnues et reçues par la troupe avant leur sortie des magasins.

255. La vente et le rachat des rations sont sévèrement interdits entre la partie prenante et le comptable ou l'entrepreneur.

265. Il est expressément interdit aux officiers d'administration et aux entrepreneurs d'acquitter les bons qui ne seraient pas revêtus de la signature du sous-intendant ou qui présenteraient des ratures ou des surcharges non approuvées.

Caractères d'un bon pain. — Le pain comprend deux rations ; il doit peser 1 kilog. 500 gr. *seize heures* après qu'il a été retiré du four. La vérification se fait sur 25 pains pris au hasard, par groupes de 5 pains. L'enfournement se fait à quatre baisures, c'est-à-dire en ne laissant les pains se toucher que sur quatre points.

Dans son ensemble, le pain doit être léger à la main, bouffé et bien développé, et présenter à peu près 270 millim. de diamètre et 95 millim. de hauteur. (Extrait du *Règlement provisoire sur le service des subsistances militaires de* 1866.)

proportionné, il suspend la distribution, et se rend de suite chez le major, qui fait toutes les démarches nécessaires auprès du sous-intendant militaire ou du commandant de la place. A défaut du major, ces démarches sont faites directement par le capitaine.

Il est porté plainte au sous-intendant militaire toutes les fois qu'on a été dans la nécessité de faire changer les denrées ou d'accepter un supplément. Il est rendu compte au général de brigade.

Lorsque plusieurs distributions ont lieu en même temps, le capitaine fait commencer celle des fourrages ; il charge le plus ancien officier de semaine de la suivre, et se rend aux autres distributions pour les vérifier également. L'officier qui l'y a devancé a dû, après un premier examen, faire commencer la distribution, s'il n'y a pas eu de réclamation ; dans le cas contraire, il a dû faire prévenir le capitaine et attendre son arrivée.

La distribution terminée, le capitaine inscrit ses observations sur un registre tenu au magasin à cet effet.

Si le fourrier ne peut assister à toutes les distributions, il va à celle des fourrages ; il est suppléé pour les autres par le brigadier-fourrier, à qui il remet les bons.

Le fourrier de chaque batterie, ou son suppléant, compte toutes les rations avec le préposé, en présence de l'officier, et demeure responsable de toute erreur.

Envoi du fourrage au magasin de la batterie.

109. Le maréchal des logis de semaine fait transporter à une distance convenable le fourrage de sa batterie, à mesure qu'on le compte. Dès que la totalité est livrée, il le fait emporter ; le brigadier de semaine accompagne les hommes qui en sont chargés, et le recompte en l'emmagasinant ; il renvoie des canonniers à la distribution pour rapporter l'avoine, s'il n'y en est pas resté à cet effet. Le fourrier ramène les hommes qui portent l'avoine ; le brigadier la fait déposer dans

le coffre et en remet la clef au maréchal des logis de semaine, qui la garde.

CHAPITRE XIII.

Lieutenants et sous-lieutenants.

Fonctions.

110. Les lieutenants et les sous-lieutenants roulent ensemble pour le service. Ils sont employés par les capitaines commandants à tous les détails de service, de police et d'administration de la batterie.

Leurs fonctions sont de deux sortes, celles d'officier de section, et celles d'officier de semaine.

Officier de section.

Maintien de l'ordre dans la section.

111. L'officier de section maintient un ordre invariable dans sa section ; il y excite l'émulation ; il dirige et surveille les maréchaux des logis et les brigadiers sous ses ordres ; il étouffe avec soin tout germe de rixe, entretient l'union et le goût du service, et prend toujours pour règle l'impartialité et la justice.

Livret à tenir.

112. L'officier de section reçoit du maréchal des logis chef tous les renseignements relatifs à l'administration. Il tient pour la batterie un livret ; il y inscrit sommairement les mutations qui surviennent.

Conservation des effets.

113. Il visite tous les jours sa section ; il veille à ce que tous les effets d'habillement, d'armement, de grand et de petit équipement et de harnachement, soient tenus constamment en bon état ; il ne néglige aucun moyen d'en assurer la propreté et la conservation.

Il se fait rendre compte des effets qui sont perdus ou dégradés, surtout au retour des exercices; il recherche les causes des pertes ou dégradations et en fait le rapport au capitaine commandant. Souvent, et à l'improviste, il fait la visite des effets d'un homme qu'il soupçonne d'inconduite.

Tenue des chambres.

114. Il est responsable de la tenue des chambres; le samedi il s'assure qu'elles sont nettoyées à fond.

Revue mensuelle.

115. Vers la fin de chaque mois, au jour prescrit par le capitaine commandant, il passe une revue de tous les effets des hommes de sa section; il vérifie si les livrets sont à jour et tenus avec exactitude; il remet au capitaine commandant l'état des réparations qu'il a jugées nécessaires à l'habillement, à la coiffure et au grand équipement, ainsi que celui des remplacements à faire au compte de la masse individuelle.

Lorsqu'un homme rentre après une absence qui a duré huit jours ou plus, l'officier de section passe la revue de ses effets.

Visite des chevaux et de la sellerie.

116. Il visite fréquemment la ferrure et la ganache des chevaux. Du 25 au 30 de chaque mois, il s'assure que les maréchaux des logis font faire les crins. Dès qu'il aperçoit quelque chose qui mérite l'attention du vétérinaire, il le fait appeler.

Toutes les semaines il visite les selles, charge le maréchal des logis de surveiller les réparations qui se font par abonnement, et fait pour les autres son rapport au capitaine commandant.

Direction des ordinaires.

117. Le plus ancien lieutenant de la batterie est chargé de la direction des ordinaires.

Cet officier s'assure que l'inscription du prêt et des divers produits qui augmentent la recette est faite régulièrement sur le livret d'ordinaire, et que la recette, à l'exception des centimes de poche, est employée uniquement à la nourriture et aux dépenses de propreté. Il exige que les fournisseurs soient payés tous les jours, et que le boucher, le boulanger et l'épicier donnent quittance sur un cahier qui est joint au livret d'ordinaire. Il arrête ce cahier à la fin de chaque prêt. Il arrête en même temps et signe le compte de l'ordinaire; il fait porter au nouveau prêt l'excédant de la recette ou de la dépense. Il n'est pas fait de décompte de l'excédant de recette, qui est destiné aux dépenses imprévues et à l'amélioration de l'ordinaire.

Le jour du prêt, l'officier chargé de la surveillance de l'ordinaire fait payer en sa présence, par le maréchal des logis chef aux chefs de pièces et par ceux-ci aux canonniers, les centimes de poche du prêt échu.

Détails de tenue et de propreté.

118. L'officier de section veille à la propreté personnelle des canonniers; il surveille avec un soin particulier l'entretien des armes, du harnachement et la conservation de l'équipement.

Le samedi, avant la soupe du soir, il s'assure que les canonniers ont mis leurs effets dans le plus grand état de propreté; il consigne au quartier, jusqu'à l'appel, ceux qui auraient négligé ce devoir. |Il veille à ce que les brigadiers fassent battre les couvertures, les matelas, les schabraques et les manteaux.

Instruction des recrues dans les chambres.

119. Il tient la main à ce que les hommes de recrue soient instruits, par les maréchaux des logis et les brigadiers, de tous les détails du service, de la discipline, de la tenue, de l'entretien et de l'arrangement des effets de toute nature; il les interroge souvent, pour s'assurer si cette disposition a lieu.

Le premier samedi de chaque mois, il fait faire, en sa présence, la lecture du Code pénal militaire, et surtout des dispositions relatives à la désertion ; il la fait faire aux recrues aussitôt après leur arrivée.

Cas d'absence.

120. Un officier de section absent est remplacé par le plus ancien maréchal des logis de la section, sous la surveillance spéciale du capitaine en second.

Service de semaine (1).

Répartition de ce service, son objet.

121. Les lieutenants et les sous-lieutenants alternent pour le service de semaine. Ils ne peuvent changer leur tour de semaine sans en avoir obtenu l'agrément de l'adjudant-major.

Les officiers d'une batterie alternent entre eux pour le service de la batterie. L'officier de semaine dans la batterie est appelé officier de *petite semaine*.

Ce service est sous la surveillance du capitaine commandant et du chef d'escadrons de semaine.

Les fonctions de l'officier de petite semaine sont d'assurer l'accomplissement des devoirs des maréchaux des logis et des brigadiers de semaine, de surveiller la tenue des chambres et l'arrangement des effets ; de se faire rendre compte, par le maréchal des logis chef et par le maréchal des logis de semaine, des mutations, des permissions, des distributions, et de s'assurer si les punitions sont infligées avec justice.

Un officier de semaine, commandé pour un service de

---

(1) Il existe des différences assez notables entre le service de semaine de la cavalerie et celui de l'artillerie. Or il n'existe pas de règlements spéciaux pour l'artillerie. Il a donc fallu modifier le chapitre relatif au service de semaine dans la cavalerie, de manière à y faire entrer tous les détails de service particuliers à l'artillerie. Il en a été de même pour le service des adjudants.

place, est remplacé dans le service de semaine par un autre officier.

Consommation des fourrages.

123. En prenant le service de semaine, et avant chaque distribution de fourrages, l'officier de semaine vérifie ce qui reste au magasin; il en est dès lors responsable.

Devoirs aux écuries; appels, etc.

124. L'officier de semaine veille au repas des chevaux; il s'assure qu'à la sonnerie les sous-officiers de semaine et les canonniers chargés de donner à manger se rendent aux écuries, et que cette partie essentielle du service s'exécute avec toute la régularité possible. Il rend compte à l'adjudant-major à l'heure du pansage.

L'officier de semaine doit arriver un quart d'heure avant l'appel du pansage, afin de s'assurer si la litière est levée et si les écuries sont nettoyées.

Il se trouve à tous les appels.

Il rend compte à l'adjudant-major des appels et de tout ce qui concerne le service.

Aux appels du pansage, les canonniers sont en tenue d'écurie, tenant au bras gauche les bridons, leur musette garnie des ustensiles d'écurie, et sous le même bras un bouchon de paille.

Après le signal général, l'officier de semaine se rend aux écuries. Il fait, aussitôt après, distribuer l'avoine aux canonniers, et il exige qu'elle soit répartie également à chaque ordinaire de chevaux.

Pansages.

125. Il suit et surveille les pansages; il en fait enseigner les détails aux recrues par les brigadiers.

Abreuvoir.

126. A la sonnerie de l'abreuvoir, il a soin que les maré-

chaux des logis de semaine rassemblent au pas leurs batteries. Lorsqu'on abreuve aux auges du quartier, il veille à ce que les chevaux ne soient ni tourmentés ni gênés par le nombre, et boivent suffisamment.

Lorsque l'abreuvoir est éloigné du quartier, il fait partir les batteries en ordre.

Les maréchaux de logis de semaine restent à la queue, ou sur le flanc quand le terrain le permet, afin de mieux surveiller la colonne. Les hommes qui n'ont qu'un cheval sont en tête des batteries; ceux qui en ont deux tiennent le second par les rênes du bridon, et à un pied environ de la bouche du cheval. Quand il y a de la glace ou de la neige, l'officier fait conduire tous les chevaux en main.

Quand on est dans la nécessité de faire boire à la rivière, tous les sous-officiers montent à cheval; l'adjudant-major y conduit toutes les batteries, si elles vont au même abreuvoir. Les officiers ne négligent rien pour éviter les accidents; ils veillent à ce que les canonniers entrent dans la rivière et en sortent dans le meilleur ordre. Lorsqu'une batterie est réunie, le maréchal de logis de semaine la reconduit au quartier, fait mettre pied à terre, et fait rentrer les chevaux.

Pendant qu'on est à l'abreuvoir, les conducteurs restés aux écuries les balaient et nettoient soigneusement les mangeoires.

Les dispositions ci-dessus sont également suivies lorsque le colonel a ordonné de conduire les chevaux à l'abreuvoir par batterie.

Retour de l'abreuvoir.

127. Quand les chevaux sont rentrés, l'officier de semaine exige qu'on leur bouchonne avec soin les jambes et toutes les parties mouillées. Il fait donner l'avoine à tous en même temps, à l'avertissement : *Donnez l'avoine.* Elle est donnée par batterie lorsqu'on a été dans cet ordre à l'abreuvoir. Pendant que les chevaux la mangent, un conducteur reste entre chaque ordinaire.

12.

Les autres conducteurs reçoivent la paille du brigadier de semaine, délient les bottes et les placent en arrière des chevaux. L'avoine mangée, l'officier de semaine fait jeter la paille dans le râtelier par les conducteurs restés dans les intervalles.

Chevaux malades.

128. Il veille à ce que les maréchaux des logis de semaine fassent conduire, à l'heure indiquée, les chevaux malades au pansement.

Rapports à l'adjudant-major.

129. Le pansage terminé, l'officier de semaine se rend auprès de l'adjudant-major de semaine, pour lui faire le rapport verbal.

Garde montante et parade.

130. L'officier de semaine se trouve à la garde montante, à la parade générale de la garnison et à celle du régiment; ils passent une inspection préparatoire des hommes de service.

Quand la garde montante n'est composée que de la garde de police, il est habituellement dispensé de s'y trouver. Lorsque le colonel juge que sa présence y est utile, il donne ses ordres à cet égard.

Appel du soir.

131. A l'heure de l'appel du soir, l'officier de semaine passe dans les chambres, accompagné des maréchaux des logis chefs, et fait faire l'appel par le brigadier de chambrée. Il signe le billet d'appel, et le rend à l'adjudant-major de semaine, dans la salle du rapport. Il attend l'ordre de l'adjudant-major pour se retirer.

Quand le colonel juge nécessaire d'alléger le service des officiers de semaine, il permet qu'ils n'y assistent pas.

Rassemblement d'une partie ou de la totalité de la batterie.

132. L'officier de petite semaine se trouve à tous les rassemblements de vingt hommes et au delà; il en passe l'inspection. Lorsque la batterie se réunit à cheval, il se trouve aux écuries à toutes les sonneries, pour assurer l'exécution immédiate et régulière de ce qu'elles indiquent. L'officier le plus élevé en grade conduit toujours la batterie au rassemblement général.

Propreté des corridors et des escaliers.

133. L'officier de petite semaine veille à la propreté des corridors et des escaliers de sa batterie; le samedi il s'assure qu'ils sont nettoyés à fond.

CHAPITRE XIV.

Officiers à la suite.

Rang et fonctions.

134. Les officiers à la suite, quelle que soit leur ancienneté, prennent rang après les titulaires de leur grade; ceux-ci les commandent toujours à grade égal dans le service intérieur et dans les services qui se font par fractions constitutives du régiment.

Les officiers à la suite concourent avec les titulaires pour le service de semaine; ils roulent avec eux, selon leur ancienneté, pour les différents tours du service de place, ainsi que pour le commandement des détachements qui sont composés d'hommes de diverses batteries.

Ils sont employés: 1° au remplacement des officiers titulaires de leurs grades absents; 2° à des fonctions spéciales d'administration ou d'instruction; 3° au service d'officiers d'ordonnance près des généraux.

Les lieutenants et les sous-lieutenants sont placés de préférence dans les batteries dont les officiers de leur grade sont employés à des fonctions spéciales qui les dispensent de service; ils les remplacent dans le commandement de leurs sections.

CHAPITRE XV.

Adjudants.

Fonctions.

135. Les adjudants ont autorité et inspection immédiate sur les sous-officiers et brigadiers de la batterie, pour tout ce qui a rapport au service et à la discipline. Ils observent le caractère et surveillent la tenue, la conduite privée et les progrès des sous officiers. Ils font fonctions de chef de section dans les batteries. Les adjudants dits d'état-major, au nombre de deux par régiment, alternent pour le service de semaine. Les adjudants de batterie sont employés aux instructions; ils font aussi fonction d'officiers de semaine, lorsqu'il n'y a pas assez de lieutenants ou de sous-lieutenants pour assurer le service.

Étrangers entrant au quartier.

136. Les étrangers qui se présentent pour entrer au quartier sont conduits par les soins du maréchal des logis de garde à l'adjudant de semaine. Les adjudants n'autorisent l'entrée que de ceux qui y ont affaire et ils les font respecter. Ils veillent avec un soin particulier à ce qu'il ne s'y introduise ni gens sans aveu, ni femme de mauvaise vie.

Répartition du service entre les adjudants d'état-major.

137. Les adjudants d'état-major alternent pour le service de semaine; celui qui n'est pas de semaine est chargé, sous la direction de l'adjudant-major, d'aider l'autre adjudant pour les rassemblements relatifs aux classes d'instructions, aux distributions, etc.

Dans une place, l'adjudant qui n'est pas de semaine est en outre chargé d'aller tous les matins à l'état-major, muni du livre d'ordres et du rapport; après avoir inscrit l'ordre de la place et tous les détails relatifs au service, il se rend chez le colonel, qui lui donne ses instructions particulières, et ensuite chez l'adjudant-major de semaine, qui en assure l'exécution. Il communique ces ordres au lieutenant-colonel avant la garde montante.

Police des garnisons.

138. Dans les villes où il n'y a pas d'état-major de place, les adjudants d'état-major secondent les adjudants-majors dans le service et la police militaire de la garnison. Ils doivent plus particulièrement alors prendre connaissance des auberges et autres lieux publics fréquentés par les soldats, afin de pouvoir y diriger les patrouilles, et y faire la recherche des hommes qui manqueraient aux appels, ou qu'on aurait vus dans un état d'ivresse.

L'adjudant sortant de semaine réunit le matin, une demi-heure après le réveil, les rapports des chefs de postes. Il les porte à l'heure indiquée à l'officier supérieur commandant la place.

Cas d'absence.

139. Un adjudant d'état-major absent est remplacé par un adjudant de batterie, désigné par le colonel sur la proposition du lieutenant-colonel.

Service de semaine.

Devoirs généraux.

140. L'adjudant d'état-major de semaine est sous les ordres directs de l'adjudant-major de semaine. Il lui rend compte de l'exécution des ordres donnés et de tout ce qui se passe au quartier en son absence. Dans les circonstances imprévues, il peut, si l'adjudant-major n'est pas au quartier, faire directement son rapport au chef d'escadrons de semaine, au lieutenant-colonel, et même au colonel.

En prenant le service, il reçoit de l'adjudant qu'il relève :
1° le contrôle des sous-officiers et brigadiers pour commander le service; 2° l'état des sous-officiers et brigadiers qui entrent en semaine avec lui; 3° le livre d'ordres de l'état-major.
Il affiche dans la salle du rapport la liste des officiers, sous-
officiers et brigadiers de semaine.

Il surveille spécialement le service des maréchaux des logis
et brigadiers de semaine et de planton au quartier, la garde
de police, le trompette de garde, et le piquet lorsqu'il est
commandé par un sous-officier.

Il se trouve aux appels, au rassemblement de la garde, au départ des détachements et aux réunions de la totalité ou d'une
partie du régiment.

Sonneries.

141. Il est responsable de la ponctualité des sonneries, lors
même qu'il se fait suppléer à cet égard par le maréchal des logis de garde.

Les sonneries pour le service journalier sont habituellement
fixées aux heures suivantes :

Le réveil,
{
à 4 heures pendant les mois de mai, juin, juillet et août;
à 5 heures pendant les mois de mars, avril,
septembre et octobre ;
à 6 heures pendant les mois de novembre, décembre, janvier et février.
}

Le déjeuner des chevaux un quart d'heure après le réveil;

L'appel et le pansage, une heure après le déjeuner des
chevaux.

L'abreuvoir, après le pansage, au signal qu'en fait donner
l'adjudant-major.

La soupe
du matin,
{
à neuf heures, depuis le 1er mars jusqu'au
1er novembre;
à dix heures, depuis le 1er novembre jusqu'au
1er mars;
}

La corvée de propreté, après la soupe mangée.

Le rassemblement de la garde, à onze heures et demie.

Le dîner des chevaux, à midi.

L'appel pour le pansage du soir, à deux heures.

L'abreuvoir, après le pansage.

La soupe du soir,
{
à cinq heures, depuis le 1er mars jusqu'au 1er novembre;
à quatre heures, depuis le 1er novembre jusqu'au 1er mars.
}

Le souper des chevaux,
{
à sept heures, pendant les mois de novembre, décembre, janvier et février;
à sept heures et demie, pendant les mois de mars, avril, septembre et octobre;
à huit heures, pendant les mois de mai, juin, juillet et août.
}

Le rassemblement des trompettes, un quart d'heure avant la retraite.

La retraite à l'heure ordonnée par le commandant de place.

L'appel une demi-heure après la retraite.

L'extinction des lumières, à dix heures.

Les heures des rassemblements pour l'instruction pratique et théorique sont fixées par le tableau du service journalier.

Le travail à cheval a toujours lieu dans la matinée. Lorsqu'en été les chaleurs nécessitent qu'on monte à cheval avant le pansage du matin, les chevaux sont bouchonnés et épongés; ils reçoivent la moitié du repas d'avoine du matin; l'autre moitié leur est donnée après le pansage, qui se fait à la rentrée du terrain d'exercice (1).

L'instruction à pied a lieu ordinairement entre l'heure du

---

(1) Décision ministérielle du 12 juillet 1856, relative au nouveau mode de répartition des repas des chevaux dans les régiments de cavalerie.

rassemblement de la garde et le pansage du soir; dans les grandes chaleurs, elle est remise après la soupe.

Quand le climat, le service ou l'instruction exigent des changements dans les heures des sonneries, ces changements sont ordonnés par le colonel.

Garde montante et parade.

142. L'adjudant de semaine rassemble la garde montante et place à la gauche les ordonnances et plantons.

Lorsque l'adjudant-major a passé l'inspection des hommes de service, l'adjudant forme les postes; il a soin que les hommes de la même batterie soient, autant que possible, placés dans le même poste, à l'exception du poste de la garde de police, qui est formé d'hommes de toutes les batteries. Il réunit ensuite le peloton des sous-officiers d'ordre composé des maréchaux des logis chefs, des maréchaux des logis et brigadiers de semaine; il le forme sur deux rangs en face de la garde; il en passe l'inspection.

Il fait défiler la garde, si elle n'est pas commandée par un officier. Lorsque la garde a défilé, il fait former le cercle, et commande le service des sous-officiers et canonniers pour le lendemain.

S'il y a parade pour la garnison, et qu'il n'y ait pas d'officier de service, l'adjudant conduit la garde du régiment sur

---

En hiver et pendant la majeure partie de l'année :

Au réveil, donner $\frac{1}{3}$ de foin.

Après le pansage, faire boire, donner $\frac{1}{2}$ ration d'avoine, $\frac{1}{3}$ de paille.

Après la rentrée du travail ou de la promenade, à midi ou une heure, donner $\frac{1}{3}$ de foin.

Après le pansage de trois heures, faire boire, donner $\frac{1}{2}$ ration d'avoine, $\frac{1}{3}$ de paille.

Au souper, donner $\frac{1}{3}$ de foin, $\frac{1}{3}$ de paille.

Pendant la saison des manœuvres :

Au réveil, donner $\frac{1}{3}$ d'avoine.

Après la manœuvre, $\frac{1}{3}$ de foin.

Une heure après, bouchonner, faire boire, donner $\frac{1}{3}$ d'avoine et $\frac{1}{3}$ de paille.

À trois heures et demie, pansage, faire boire, donner $\frac{2}{3}$ d'avoine et $\frac{2}{3}$ paille.

Au souper, $\frac{2}{3}$ de foin et $\frac{1}{3}$ de paille.

la place d'armes; dans ce cas, le plus ancien maréchal des logis chef marche à la tète des sous-officiers d'ordre.

Ordres.

143. Avant l'appel de deux heures, il dicte l'ordre aux fourriers; il veille à ce qu'ils l'écrivent avec régularité.

Appel du soir.

144. Il contre-signe les permissions d'appel du soir, et en tient note pour vérifier le rapport que le maréchal des logis de garde fait des hommes rentrés.

Il fait en double expédition le relevé général des billets d'appel du soir et le présente à la signature de l'adjudant-major.

Devoirs après la retraite.

145. A l'heure de l'appel ou à l'heure fixée par le colonel, il fait fermer les cantines; il veille à ce que l'extinction des lumières ait lieu à dix heures.

Il répond envers l'adjudant-major et l'officier supérieur de semaine de la tranquillité du quartier pendant la nuit; il fait des rondes et en fait faire par le maréchal des logis et par le brigadier de garde.

Il fait les contre-appels que l'adjudant-major a ordonnés; il peut en faire de son chef, si quelque circonstance particulière l'exige; il en rend compte à l'adjudant-major le lendemain matin.

Propreté du quartier.

146. Il assure la propreté de l'extérieur et des cours du quartier, ainsi que des corridors et des escaliers du peloton hors rang; il fait exécuter par le maréchal des logis de garde et les brigadiers de semaine tous les ordres donnés à cet égard.

Détenus et consignés.

147. Il fait rassembler les détenus et les consignés aux heures fixées pour les exercices de punition.

Il surveille la nourriture des détenus; il s'assure qu'ils sont rasés, au moins deux fois par semaine, par le perruquier de leur batterie; il informe de leur sortie le maréchal des logis chef de la batterie quand elle a lieu pour cause de santé on par ordre du colonel.

Il charge le maréchal des logis de garde de faire de fréquents appels des consignés; la liste en est déposée au corps de garde; il fait remplir les auges par les consignés avant chaque pansage; à défaut de consignés, il les fait remplir par les gardes d'écuries.

Il envoie deux fois par semaine un perruquier à l'hôpital et à la prison de la place, pour raser les militaires du régiment malades ou détenus pour fautes contre la discipline.

Visite au quartier par des officiers supérieurs.

148. En l'absence de l'adjudant-major de semaine, il accompagne le colonel et le lieutenant-colonel lorsqu'ils viennent au quartier. Il accompagne de même tout officier supérieur qui le demande.

CHAPITRE XVI.

Adjudant-vaguemestre.

Fonctions.

149. Le vaguemestre est sous la surveillance immédiate du major. Muni d'une commission du conseil d'administration, il retire de la poste les lettres, paquets, argent et effets adressés au conseil, ainsi qu'aux officiers, sous-officiers et canonniers; il en est responsable; il les distribue immédiatement et sans aucune rétribution en sus de la taxe. Il remplit les fonctions de maréchal des logis chef près du peloton hors rang (1).

---

(1) Dans certains régiments le vaguemestre est un maréchal des logis, comptant au peloton hors rang ; il y a alors un maréchal des logis chef chargé de la comptabilité du peloton.

Les commissions des vaguemestres doivent être visées par le sous-intendant militaire chargé de la surveillance administrative du corps, ainsi qu'il est prescrit par le règlement du 1er mars 1823 sur le service des postes militaires.

Les vaguemestres des détachements, comme ceux des corps entiers, doivent toujours être munis du registre qui est prescrit par l'art. 150 ci-après. Ce registre doit être visé par le sous-intendant militaire.

Dans les fractions de corps ou détachements, où il n'existe pas de major, la vérification du registre du vaguemestre a lieu, tous les lundis, par les soins de l'officier commandant la fraction de corps ou le détachement.

Dans les portions de corps ou détachements qui sont en route ou stationnés loin de leur régiment, si le sous-officier vaguemestre est mis dans l'impossibilité de continuer ses fonctions, il est provisoirement suppléé par un autre sous-officier, choisi et commissionné par l'officier commandant le détachement.

Cette commission provisoire doit être également soumise au visa d'un sous-intendant militaire, et faire mention du cas d'urgence qui motive la dérogation au présent article.

Registre.

150. Il tient un registre divisé en deux parties : la première sert à enregistrer les titres qui lui sont confiés pour retirer de la poste les lettres chargées, l'argent adressé aux officiers, aux sous-officiers et aux canonniers, et à justifier de la remise qu'il en a faite; la signature du directeur de la poste constate la recette du vaguemestre, et celle des militaires opère sa décharge. La seconde partie est destinée à constater les divers chargements de lettres et de fonds qu'il fait de la part des militaires du régiment.

Ce registre est coté et paraphé par le major, le major le vérifie tous les lundis.

Boîte aux lettres.

151. Il est placé près du corps de garde de police une boîte aux lettres dont le vaguemestre a la clef ; l'heure de la levée des lettres est indiquée par une affiche.

Le vaguemestre passe chez le colonel, dans les bureaux du major, dn trésorier et de l'officier d'habillement, pour y prendre les dépêches.

Remise des lettres et de l'argent.

152. Il remet d'abord au colonel les lettres à son adresse et à celle du conseil d'administration. Il porte ensuite celles du major, du trésorier et de l'officier d'habillement. Il porte à domicile les lettres et l'argent adressés aux officiers, à moins qu'il n'ait occasion de les leur remettre, sans retard, à quelque réunion.

Il remet également aux sous-officiers, brigadiers et canonniers du petit état-major et du peloton hors rang, les lettres et l'argent qui leur sont adressés. Il distribue, par l'intermédiaire de chaque maréchal des logis chef, les lettres qu'il reçoit pour les sous-officiers, les brigadiers et les canonniers des batteries. Les lettres chargées et l'argent reçu pour les brigadiers et canonniers sont remis directement aux intéressés par le vaguemestre, en présence du maréchal des logis de semaine, qui signe avec eux au registre de celui-ci et qui en informe l'officier de petite semaine. Si ces militaires ne savent pas écrire, ils font une croix, et l'officier et le maréchal des logis de semaine signent au registre pour certifier le payement.

Le vaguemestre donne à l'adjudant d'état-major de semaine un état signé par le directeur de la poste, constatant les différentes sommes, ainsi que les lettres chargées, qu'il a reçues pour les sous-officiers, les brigadiers et les canonniers. Cet état est annexé au rapport ; l'adjudant en donne lecture aux maréchaux des logis chefs, qui en rendent

- compte au capitaine commandant et aux officiers de petite semaine.

Si le vaguemestre n'a reçu aucun article d'argent, il remet à l'adjudant un état négatif également signé par le directeur de la poste.

Lettres de rebut; argent adressé aux absents.

153. Les lettres de rebut sont rendues par le vaguemestre à la poste, sans avoir été décachetées, après que le motif du refus a été inscrit au dos; le port en est remboursé par le directeur de la poste.

Si la lettre est décachetée, le port reste à la charge de celui qui l'a ouverte.

Les sommes et reconnaissances de versements adressées à des militaires qui sont décédés, qui n'appartiennent plus au corps ou qui en sont absents, doivent être rendues au directeur de la poste, lequel, suivant le cas, les fait parvenir aux ayants droit ou les tient à leur disposition.

Le délai, pour la remise à la poste des lettres et sommes non distribuées et des reconnaissances de versements, est de huit jours.

154. Les capitaines commandants veillent soigneusement à ce que la remise des lettres et de l'argent adressés aux sous-officiers et canonniers sous leurs ordres soit faite avec une scrupuleuse exactitude. S'il y a des réclamations, ils les transmettent au major, qui y fait faire droit sur-le-champ. Si des infidélités ont été commises, le major en rend compte au colonel, qui fait punir les coupables suivant les lois.

CHAPITRE XVIII.

Maréchal des logis chef.

Devoirs généraux.

162. Le maréchal des logis chef s'applique à connaître la conduite, les mœurs et la capacité des sous-officiers, des bri-

gadiers et canonniers de la batterie; il éclaire l'opinion du capitaine commandant sur leur compte, et n'agit envers eux qu'avec les ménagements ou la sévérité que comportent leur âge et leur caractère. Il les commande en tout ce qui est relatif au service, à la tenue et à la discipline. Il est responsable de ces détails envers les officiers de section, et spécialement envers l'officier de petite semaine.

Il est responsable de l'administration envers le capitaine commandant. Il surveille le maréchal des logis fourrier et le brigadier-fourrier chargés, sous sa direction, de faire toutes les écritures,

Il est habituellement dispensé de se trouver au pansage du matin; il assiste à celui du soir. Il se trouve aux exercices et aux évolutions.

Vérification à son entrée en fonctions.

163. En entrant en fonctions, il vérifie si les effets de toute nature en service cadrent avec le livre de la batterie et les livrets.

Prêt.

164. Il touche le prêt sur une feuille signée par le capitaine commandant; il le lui porte immédiatement.

Le premier jour du prêt, en présence de l'officier chargé de la surveillance des ordinaires, il paye aux brigadiers de pièces les centimes de poche et les hautes-payes du prêt échu; il paye en même temps aux sous-officiers le prêt échu.

Comptabilité de la batterie.

165. Il fait tenir par le fourrier les registres de batterie, d'ordres et de punitions. Il exige qu'ils soient constamment au courant, et que les mutations ainsi que les recettes et les distributions de toute nature soient portées chaque jour sur le livre de batterie. Il veille à ce que le fourrier inscrive, en présence des hommes, sur leur livret, tous les effets qu'ils reçoivent, les réparations et les dégradations mises à leur

charge, ainsi que les versements qu'ils ont faits entre les mains du capitaine commandant pour améliorer leur masse. Sous aucun prétexte, il ne garde les livrets par-devers lui et ne permet au fourrier de les garder.

Effets des recrues.

166. A mesure que les recrues reçoivent des effets militaires, le maréchal des logis chef leur fait vendre leurs effets bourgeois en présence du maréchal des logis de pièce.

Effets des hommes qui s'absentent ou qui désertent.

167. Lorsqu'un homme s'absente pour une cause quelconque, ses effets d'armement, d'habillement et d'équipemen' sont visités en sa présence au magasin du régiment, où ils restent déposés; ses effets d'habillement, de grand et de petit équipement, sont placés dans le sac à distribution, qui est fermé et étiqueté: l'état en est dressé; il est signé par l'homme qui s'absente et par le maréchal des logis chef et renfermé dans le sac; un double de cet état, également signé, est conservé par le maréchal des logis chef.

Lorsqu'un canonnier entrant à l'hôpital ne peut assister à cette visite, il y est remplacé par le brigadier et un canonnier de la pièce.

Le maréchal des logis chef inscrit sur la pièce en vertu de laquelle l'homme s'absente, les effets qu'il emporte et la situation de sa masse individuelle; il arrête son livret, le présente à la signature du capitaine commandant, et le remet à l'homme, qui doit toujours en être porteur. Il inscrit sur le rapport du lendemain la mutation et la situation de la masse.

Lorsque l'homme qui a fait une absence rentre au régiment, ses effets sont retirés du magasin et vérifiés en sa présence.

Dès que le maréchal des logis chef suppose qu'un homme a déserté, il fait établir en double expédition l'inventaire de ses effets, en présence du brigadier et d'un canonnier de la chambre qui le certifient; cet inventaire est visé par le capitaine commandant. Le portemanteau et tous les effets sont aussitôt déposés provisoiremsnt au magasin avec une expédition de l'inventaire; l'autre expédition est remise au major. Le versement définitif au magasin a lieu le jour où l'absent est déclaré déserteur.

Listes et placards à afficher.

168. Le maréchal des logis chef fait placer par le fourrier, à la porte de chaque chambre, une liste indiquant le numéro de la batterie, le nom des deux capitaines, celui de l'officier de section et du maréchal des logis de pièce, des brigadiers et des canonniers de la chambrée.

Il affiche sur la porte de sa chambre le nom des officiers de la batterie avec l'indication de leurs logements; il y affiche également son nom et celui du fourrier.

Il fait afficher encore dans les chambres les articles de la présente ordonnance sur les marques extérieures de respect, et sur les devoirs des brigadiers de chambrée, l'instruction sur la manière de monter et démonter les armes, et l'état des objets de casernement signé par le fourrier et le brigadier.

Il fait placer, en gros caractères, le nom de chaque cheval et son numéro matricule sur une petite planche fixée au mur, au-dessus du râtelier.

Malades à la chambre.

169. Après l'appel du matin, il envoie au corps de garde le nom des hommes malades et celui des hommes rentrés la veille des hôpitaux, avec le numéro de leurs chambres. En cas d'urgence, il fait avertir sur-le-champ le médecin-major.

Il fait prévenir un des médecins dès qu'un homme rentre de congé, de permission ou de l'hôpital externe, afin qu'il visite cet homme immédiatement.

Appels.

170. Il fait les appels qui précèdent les pansages; il fait donner lecture des ordres par le brigadier-fourrier et ne fait

rompre les rangs que lorsque l'officier de semaine le prescrit. Après l'appel de deux heures, il commande les hommes de service ; il donne leur nom au maréchal des logis de semaine.

Il fait faire devant lui l'appel du soir par les brigadiers de chambrée ; il établit le billet d'appel, le remet à l'officier de semaine et se rend avec lui dans la salle du rapport.

Il peut, avec l'autorisation de l'officier de semaine, être remplacé pour cet appel par le maréchal des logis de semaine ; toutefois, il ne peut se dispenser de s'y trouver lorsque, dans le cas prévu par l'article 131, l'officier de semaine n'y assiste pas.

Garde montante.

171. Il se trouve à la garde montante. S'il y a reçu des ordres d'une exécution urgente, il va les communiquer au capitaine commandant ; il en fait informer les autres officiers par le brigadier-fourrier.

Demandes des sous-officiers et canonniers.

172. Le maréchal des logis chef reçoit toutes les demandes que les sous-officiers, brigadiers et canonniers ont à faire par la voie du rapport ; il les soumet au capitaine commandant et en instruit l'officier de petite semaine.

Les canonniers ne peuvent pas, sans sa permission, changer entre eux leur tour de garde.

Prix des remplacements pour le service.

173. Les demandes de remplacement de service lui sont soumises ; il les accorde, s'il y a lieu ; il en rend compte à l'officier de petite semaine. Le prix de ces remplacements est fixé de la manière suivante :

Pour une garde ou pour une ordonnance qui découche. . . . . 75 c.

. Pour un piquet de vingt-quatre heures, pour une ordonnance qui rentre le soir, ou pour faire la soupe. 50

Pour une corvée. 25

Cas d'empêchement ou d'absence.

174. Lorsque le maréchal des logis chef est dispensé de quelque partie du service, il est remplacé par le maréchal des logis de semaine, auquel il remet le contrôle pour commander le service.

En cas d'absence, il est remplacé, pour le service et la police, par le plus ancien maréchal des logis de la batterie, qui est alors dispensé du service de la place ; dans ce cas, le fourrier devient responsable de la comptabilité envers le capitaine commandant.

CHAPITRE XIX.

Maréchaux des logis.

Fonctions générales.

175. Les maréchaux des logis commandent aux brigadiers et aux canonniers de la batterie, en tout ce qui est relatif au service, à la police et à la discipline; ils surveillent leur conduite privée. Ils sont responsables envers le maréchal des logis chef et les officiers, de l'exécution des ordres et de la police.

Ils alternent dans chaque batterie pour le service de semaine et celui des détachements; ils roulent entre eux dans le régiment pour les gardes, les plantons et les corvées.

Pansage.

176. Ils assistent tous les jours aux pansages; ils en surveillent les détails.

Maréchal des logis de pièce.

Fonctions.

177. Le maréchal des logis de pièce dirige, sous l'autorité de l'officier de section, les détails intérieurs des chambrées; il surveille la conservation et la tenue des effets.

Il appuie les brigadiers de son autorité, les habitue à commander avec fermeté, mais sans brusquerie, et veille à ce qu'ils ne s'écartent jamais de l'impartialité et de la justice.

Dans les pièces où il y a deux maréchaux des logis, chacun d'eux a la surveillance à tour de rôle.

Livret et contrôle.

178. Le maréchal des logis de pièce tient un livret semblable à celui qui est prescrit pour les officiers à l'art. 112.

Il doit avoir en outre un contrôle de la batterie pour suppléer le maréchal des logis chef dans les appels.

Surveillance des chambrées.

179. Il s'assure que les chambres sont balayées tous les jours ; il veille à la conservation et au remplacement des affiches et étiquettes, ainsi qu'au maintien de l'ordre établi pour l'arrangement des effets ; il apporte une attention particulière à la bonne tenue des armes, de l'équipement et du harnachement.

Le samedi, il fait mettre dans le plus grand état de propreté les effets de toute nature ; il fait balayer les chambres à fond et battre les couvertures, les matelas, les schabraques et les manteaux.

Propreté des hommes.

180. Il exige que les brigadiers et les canonniers fassent faire à leur linge les réparations nécessaires, et qu'ils en changent le dimanche ; qu'ils soient rasés trois fois par semaine et particulièrement les jours où ils doivent être de service ; que leurs cheveux soient coupés fréquemment et tenus courts surtout en été.

Prêt.

181. Il veille à l'emploi que les brigadiers font du prêt, et vérifie souvent les prix et la qualité des achats de toute espèce. Il s'informe chez les marchands s'il ne leur est rien dû.

Rassemblement de la batterie.

182. Toutes les fois que la batterie doit s'assembler, le maréchal des logis de pièce se rend de bonne heure dans les chambres de sa pièce et veille à ce que les hommes s'apprêtent.

Si la batterie doit monter à cheval, il se rend aux écuries et veille à ce que les chevaux soient sellés, chargés, bridés avec le plus grand soin.

Désignation des chevaux.

183. Il désigne les chevaux disponibles qui doivent être montés pour les divers rassemblements de la batterie ou pour les classes d'instruction.

Rapports à l'officier de section.

184. Il fait verbalement son rapport à l'officier de section, lorsque celui-ci vient au quartier. Il informe cet officier des mutations journalières, des pertes ou dégradations d'effets, ainsi que des réparations à faire. Il prend ses ordres avant de demander au maréchal des logis chef les bons nécessaires.

Service de semaine.

Le maréchal des logis de semaine est aux ordres de l'officier de semaine.

185. Le maréchal des logis de semaine est particulièrement aux ordres de l'officier de semaine : il assure, sous l'autorité de ce dernier, l'exécution des détails de service, de police et de discipline; il lui fait des rapports verbaux, ainsi qu'au maréchal des logis chef; il aide et supplée ce dernier dans e service journalier.

Appels.

186. Il assiste à tous les appels et se place à côté du maréchal des logis chef, afin de répondre pour les hommes de ser-

vice et pour les malades à la chambre; il fait lui-même les appels lorsque le maréchal des logis chef ne s'y trouve pas.

Devoirs aux écuries lors du réveil.

187. A la sonnerie du réveil, il se rend aux écuries, pour s'assurer que les brigadiers et canonniers qui doivent distribuer le fourrage et donner à manger aux chevaux sont tous présents et s'acquittent de ce soin avec exactitude; il visite les licous, reçoit des gardes d'écurie le rappel des événements de la nuit, et fait le sien à chaque appel.

Il veille à ce que le brigadier de semaine fasse nettoyer l'écurie.

Chevaux sortis pour le pansage.

188. Lorsque le pansage doit avoir lieu au dehors, il fait sortir les chevaux et les fait attacher par les rênes du bridon.

Recrues exercées au pansage.

189. Il s'assure que les brigadiers chargés d'apprendre aux hommes de recrue à panser les chevaux remplissent ce devoir avec soin.

Licous et billots.

190. Il passe dans les écuries pour observer si tous les licous sont attachés au râtelier par la boucle du montant ou la sous-gorge.

Il fait remplacer, au compte des gardes d'écurie, les billots perdus.

Distribution de l'avoine.

191. Il a la clef du coffre où est renfermée l'avoine. Il est présent lorsqu'elle est distribuée; il exige que, pendant que les chevaux la mangent, un canonnier par ordinaire reste debout près de la mangeoire.

Il ne quitte les écuries qu'après les avoir fait balayer en dedans et en dehors.

Surveillance à l'égard des gardes d'écurie.

192. Dans l'intervalle des pansages, il surveille les gardes d'écurie, leur fait répéter les consignes, les empêche de s'absenter, et exige qu'ils tiennent les écuries dans un état de grande propreté.

Il veille à ce que, autant que possible, il y ait constamment, pendant le jour, une demi-litière sous les chevaux.

Une partie de la litière est employée à remplacer les bouchons de paille qui ne peuvent plus servir.

Repas des chevaux.

193. Il se trouve à tous les repas des chevaux, pour s'assurer de l'exactitude du brigadier de semaine dans les distributions de fourrages ; il exige que le foin soit bien secoué pour en faire tomber la poussière, que les tiges de la paille soient croisées, et que la ration soit placée au milieu de chaque ordinaire.

Rassemblement des classes d'instruction et des corvées.

194. Il fait rassembler par le brigadier de semaine les hommes commandés pour les classes d'instruction et pour les corvées ; il en passe l'inspection.

Inspection des hommes de service ; garde montante.

195. Une demi-heure avant le rassemblement de la garde, il inspecte dans les chambres les hommes de service et de piquet ; il est responsable de leur bonne tenue ; il inspecte de même les hommes commandés de détachement.

Il se trouve à la garde montante.

Surveillance pour la propreté du quartier.

196. Il s'assure que les corridors et les escaliers sont balayés tous les jours ; le samedi il les fait nettoyer à fond.

Souper des chevaux.

197. Au souper des chevaux, il a soin de faire balayer

avant qu'on étende la litière ; il ne se retire qu'après avoir vu qu'elle est faite partout, et que les chevaux ont leur fourrage.

Descente de cheval.

198. Chaque fois qu'on descend de cheval, ou qu'un détachement rentre, il empêche qu'on ne desselle les chevaux avant le moment prescrit, et jusqu'alors il exige que les chevaux soient attachés au râtelier par la longe du licou, assez court pour qu'ils ne puissent pas se rouler ; lorsqu'on a dessellé, il fait mettre les selles à l'air ou au soleil ; il en fait battre et nettoyer les panneaux avant qu'elles soient remises en place ; il veille à ce que les chevaux soient bouchonnés.

Remise des fourrages, des ustensiles d'écurie et des consignes.

199. Le dimanche, après la garde montante, il fait faire en sa présence, par le brigadier qui descend de semaine à celui qui prend la semaine, la remise des fourrages, ainsi que celle des ustensiles d'écurie et des consignes.

Détenus et malades à l'infirmerie.

200. Il veille à ce que les hommes de la batterie, détenus dans les salles de police ou dans les prisons du quartier, ainsi que les malades à l'infirmerie, soient rasés deux fois par semaine par le perruquier de la batterie, et à ce que, le dimanche, il leur soit fourni du linge blanc par les soins de leur ordinaire ; il en est responsable.

Cas où le maréchal des logis de semaine est forcé de s'absenter.

201. Il ne peut s'absenter du quartier, même pour le service, sans l'autorisation de l'adjudant de semaine ; il se fait alors remplacer par le brigadier de semaine.

CHAPITRE XX.

Fourriers.

Fonctions générales.

202. Le maréchal des logis fourrier est aux ordres immédiats du maréchal des logis chef; il tient, sous la direction de celui-ci, tous les registres, et fait les écritures et les états relatifs aux détails de la batterie.

Il est chargé du casernement.

Il remplace au besoin le maréchal des logis chef pour les réceptions et les distributions d'effets d'habillement, de grand et de petit équipement, de harnachement et d'armement.

Il assiste aux exercices et aux évolutions; il est exempt de se trouver aux pansages.

Le fourrier de l'état-major remplit les fonctions de fourrier près du peloton hors rang.

Corvées et distributions.

203. Le fourrier fait connaître au brigadier de semaine le nombre d'hommes à fournir pour les corvées; il aide à leur rassemblement.

Il reçoit les distributions; il est responsable de toute erreur. Il ramène au quartier les hommes de corvée, et fait la répartition de ce qu'il a reçu.

Brigadier-fourrier.

204. Le brigadier-fourrier seconde le maréchal des logis-fourrier dans ses fonctions et fait une partie des écritures, suivant ce qui est déterminé par le maréchal des logis chef.

Il tient le livre d'ordres; il est responsable de sa régularité; il le communique, dès qu'il y a de nouveaux ordres, aux officiers de la batterie, dont la signature justifie qu'il le leur a présenté. Il leur transmet immédiatement les ordres donnés à la garde montante ou dans la journée, et dont il importe qu'ils aient connaissance.

Il se trouve aux exercices et aux évolutions; il est exempt de se trouver aux pansages. Aux appels qui précèdent les pansages, il donne lecture des ordres à la batterie.

CHAPITRE XXI.

Brigadiers.

Devoirs généraux.

205. Les brigadiers doivent donner l'exemple de la bonne conduite, de la subordination et de l'exactitude à remplir leurs devoirs.

Ils surveillent les canonniers en tout ce qui tient au bon ordre et à la tranquillité publique; ils sont particulièrement chargés de tout ce qui est relatif au service, à la tenue, à la police et à la discipline de leur pièce.

Ils doivent user au besoin des moyens de répression que la présente ordonnance leur accorde, et, si ces moyens sont insuffisants, en appeler à l'autorité de leurs supérieurs; mais ils ne doivent jamais oublier que la manière la plus sûre de se faire respecter et obéir est de se conduire envers leurs subordonnés avec fermeté et douceur, sans familiarité ni brusquerie.

Le jour du prêt, ils reçoivent du maréchal des logis chef, pour les hommes de leur pièce, les centimes de poche du prêt échu : ils les leur distribuent immédiatement; il ne peut y être fait d'autre retenue que celle qui est prescrite pour les hommes punis.

Ils forment les recrues de leur chambrée aux détails du service intérieur; ils leur enseignent la manière d'entretenir dans le plus grand état de propreté leurs armes et leurs effets d'habillement, d'équipement et de harnachement.

Ils leur apprennent aussi à rouler le manteau, à placer les effets dans le porte-manteau, à faire les crins et à trousser la queue.

Ils pansent chaque jour leur cheval, excepté quand ils sont

de service ou de semaine; dans ce cas, le cheval est pansé par corvée.

Ils sont exempts des corvées auxquelles sont assujettis les canonniers; ils font seulement celles du fourrage pour leur cheval.

Ils ne montent pas de garde d'écurie.

Ils alternent dans chaque batterie pour le service de semaine et de détachement, et roulent sur tout le régiment pour les gardes, les plantons et les corvées.

Manière de panser un cheval.

206. Les brigadiers sont chargés d'instruire les recrues à panser leur cheval; le pansage s'exécute de la manière suivante :

Le cheval est attaché par les rênes du bridon, la tête un peu haute.

Le conducteur relève le frontal sur la nuque et déboucle la sous-gorge.

Il tient l'étrille de la main droite, se place près de la croupe, saisit la queue de la main gauche et passe doucement l'étrille sur toutes les parties charnues du côté droit, allant successivement de la croupe à l'encolure et de l'encolure à la croupe. Il étrille ensuite le côté gauche, tenant la queue de la main droite et l'étrille de la main gauche. Il évite de passer l'étrille sur les parties osseuses et sur les parties de la peau dont le tissu est trop mince pour supporter le frottement de cet instrument.

Avant de bouchonner, il enlève la crasse à coups légers d'époussette; il prend ensuite le bouchon, s'approche de la tête du cheval et en frotte toutes les parties; il bouchonne le côté droit et le côté gauche et frotte avec force les membres et les parties qui n'ont pas été étrillés.

Avant de brosser, il donne un coup d'époussette; tenant ensuite la brosse de la main droite, et l'étrille les dents en dessus, de la main gauche, il se replace à la croupe du cheval, passe la brosse successivement sur toutes les parties, d'abord à rebrousse-poil, puis dans le sens du poil. Il brosse de même le côté droit; à chaque coup de la brosse, il la passe sur les lames de l'étrille, pour enlever la crasse; lorsque l'étrille en est chargée, il la frappe à petits coups sur un corps dur, en arrière du cheval.

Avant d'éponger, le conducteur donne un dernier coup d'époussette, et, prenant d'une main l'éponge imbibée d'eau et de l'autre le peigne, il éponge les yeux et les naseaux; puis, imprégnant d'eau les crins du toupet et de la crinière, il y passe le peigne pour les démêler. Il lave le dessous de la queue et le fourreau du cheval; il éponge toute la queue, dont il peigne la partie supérieure; il passe l'éponge légèrement humide sur les extrémités; il essuie toutes les parties du corps du cheval avec l'époussette. Durant les grands froids, les chevaux ne sont pas épongés.

Quand la queue est crottée, le conducteur frotte les crins les uns contre les autres; il trempe ensuite le fouet dans l'eau.

Il ne passe jamais le peigne dans les crins du fouet pour ne pas les arracher.

Brigadier de chambrée.

Logement et casernement.

207. Le brigadier loge avec les hommes de sa pièce. En prenant une chambre, il reconnaît avec le fourrier le nombre, l'espèce et la qualité des objets de casernement qu'elle contient: il veille à leur conservation. Le fourrier en dresse l'état; le brigadier le signe avec lui.

Devoirs au lever.

208. Au réveil, il fait lever les canonniers; il envoie de suite à l'écurie le nombre de conducteurs nécessaires pour donner le déjeuner aux chevaux et aider à nettoyer les écuries; les autres canonniers découvrent les lits et roulent les manteaux, s'il a été permis de s'en servir.

Avant l'appel du matin, il fait ouvrir les fenêtres pour renouveler l'air.

Quand les conducteurs manquent au pansage, il rend compte des motifs de leur absence au maréchal des logis chef; il l'informe en même temps de l'heure à laquelle sont rentrés les canonniers qui, par permission ou autrement, n'étaient pas à l'appel du soir.

Il lui donne le nom des malades; dans un cas grave, il va lui-même chercher le médecin-major. Pendant la nuit, il avertit le maréchal des logis de garde, qui envoie appeler le médecin par un homme de service.

Soins de propreté; hommes de service.

209. Il veille à ce que les hommes se nettoient la tête et se lavent le visage et les mains. Il fait faire les lits et mettre tous les effets dans l'état de propreté et d'arrangement prescrit. Il fait préparer les hommes commandés de service, et ceux qui sont désignés pour les classes d'instruction.

Un canonnier commandé à tour de rôle parmi ceux de la chambrée, nettoie la table, les bancs, balaye la chambre, dépose les ordures dans le corridor, et enlève la poussière du râtelier d'armes et de la planche à pain.

Police de la chambrée.

210. Le brigadier de chambrée réprime tout ce qui se fait et se dit contre le bon ordre; il fait cesser les jeux lorsqu'ils occasionnent des querelles; il fait coucher les hommes ivres; lorsqu'ils troublent l'ordre, il charge des hommes de la chambrée et au besoin des hommes de garde de les conduire à la salle de police.

Il empêche de fumer au lit, de battre les habits dans les chambres, de se servir des draps ou des couvertures pour s'essuyer, et de retirer de la paille des paillasses; il s'oppose à ce que les hommes se couchent sur les lits avec leurs bottes ou leurs souliers; il veille à ce qu'ils ne placent aucun effet entre la paillasse et le matelas.

Rapports.

211. Il rend compte au maréchal des logis de semaine et à celui de pièce des punitions qu'il a infligées, et de tout ce qui intéresse le service et la discipline.

En cas d'événement imprévu, tel que désertion, duel, vol, il en informe sur-le-champ le maréchal des logis de pièce et, à son défaut, celui de semaine ou le maréchal des logis chef.

Effets prêtés ; visite des portemanteaux.

212. Il s'oppose à ce que les hommes se prêtent leurs effets d'habillement, de grand équipement, de harnachement ou d'armement.

Quand il soupçonne un homme d'avoir vendu des effets ou d'en recéler de perdus ou volés, il prévient le maréchal des logis chef ou, à son défaut, le maréchal des logis de pièce, qui visite aussitôt le portemanteau de cet homme, en présence d'un brigadier et d'un canonnier. On en agit de même à l'égard des hommes qui, ayant manqué à l'appel du soir, ne sont pas rentrés le matin.

Devoirs à l'appel.

213. Le brigadier de chambrée fait l'appel du soir à haute voix, en présence de l'officier de semaine ou du maréchal des logis chef lorsqu'il passe dans les chambres.

Il empêche les canonniers de se servir de leur képi pour la nuit ; il ne permet de se couvrir avec les manteaux que lorsque l'autorisation en a été donnée au rapport ; il s'assure que l'homme de corvée a rempli la cruche d'eau ; il fait éteindre la lumière au signal donné ; s'il s'aperçoit qu'un homme soit sorti après l'appel, il en rend compte sur-le-champ au maréchal des logis chef.

Visite d'officiers.

214. Quand un officier entre dans une chambre, le briga-

dier commande : *fixe;* les canonniers se lèvent, se découvrent, s'ils sont en képi, gardent le silence et l'immobilité jusqu'à ce que l'officier soit sorti, ou qu'il ait commandé : *repos.* Si c'est un officier supérieur, le brigadier commande : *à vos rangs;* les canonniers se placent au pied de leurs lits ; lorsqu'ils y sont, le brigadier commande : *fixe.*

Tenue des chambres.

215. Le nom de chaque canonnier est écrit sur une planchette placée à la tête de son lit; il l'est en outre sur une planchette de plus petite dimension au-dessus de ses pistolets, sabres, fourniments, brides, etc.

Le livret d'ordinaire et le cahier servant à l'inscription des quittances des fournisseurs sont suspendus, à un clou, au-dessus du lit du chef d'ordinaire.

Les effets sont placés de la manière suivante :

Sur la première planche, le sac à distribution (il couvre les effets les jours ordinaires) : le dolman plié en deux, la doublure en dehors ; la veste d'écurie, le pantalon de drap, le pantalon d'écurie, le pantalon blanc, le portemanteau, dans lequel se trouvent le linge blanc, le cordon de shako, la trousse, les gants, le plumet et le livret ; le linge sale entre la patte et le portemanteau. Au-dessus du portemanteau, le képi à plat, ou le shako couvert de sa coiffe, sépare sur cette planche les effets de chaque homme.

Sur la seconde planche : la couverte du cheval, la schabraque, le manteau roulé, le surfaix derrière le manteau, les bottes au-dessus de la coiffure, les éperons tournés en dehors.

Les mousquetons et les pistolets sont placés au râtelier d'armes; les armes doivent toujours être déchargées et à l'abattu, et le bouchon à la bouche du canon.

Les sabres sont suspendus par leur ceinturon ; les fourniments et les brides sont accrochés à des chevilles ; les musettes et les bridons sont à la tête des lits.

Les jours d'inspection, les sabres sont hors du fourreau, les shakos découverts, les sacs à distribution pliés en deux.

A défaut de sellerie, les selles sont placées dans les corridors, de manière à ne pas s'endommager; elles sont étiquetées à la lettre de la batterie, au nom de l'homme et à celui du cheval.

Quand les localités ne se prêtent pas complétement à toutes ces dispositions, on s'en rapproche le plus possible; dans tous les cas, les chambres sont tenues uniformément dans l'ordre le plus favorable à la conservation des effets, et de manière à ce que les conducteurs puissent monter promptement à cheval avec armes et bagages et les servants faire rapidement le sac.

Soins de propreté le samedi et le dimanche.

216. Le samedi, dans la journée, le brigadier fait battre les couvertures et les matelas, les schabraques et les manteaux, laver les tables et les bancs, nettoyer l'équipement et les armes, et mettre tout dans le plus grand état de propreté pour l'inspection du lendemain.

Le dimanche, il s'assure que tous les canonniers mettent du linge blanc; il veille également à ce qu'ils se lavent les pieds au moins une fois par semaine.

Le premier samedi de chaque mois, il fait nettoyer les vitres en dehors et en dedans.

Entretien du linge et de la chaussure.

217. Il veille à ce que le linge soit raccommodé après le blanchissage, et à ce que la chaussure soit constamment tenue en bon état.

Cas d'absence.

218. En l'absence du brigadier de chambrée, et à défaut d'un autre brigadier logé dans la chambre, son autorité et sa responsabilité passent à l'artificier.

Brigadier chef d'ordinaire.

Vérification du livret d'ordinaire.

219. La veille du prêt, le brigadier chef d'ordinaire pré-

sente à la vérification de l'officier chargé de la surveillance de l'ordinaire le livret servant à l'inscription des recettes et des dépenses.

Prêt.

220. Chaque jour il porte le livret d'ordinaire au maréchal des logis chef, qui y inscrit la somme revenant à l'ordinaire en raison du nombre d'hommes y mangeant ce jour-là, et l'à-compte remis par le capitaine pour les dépenses du lendemain.

A l'expiration de chaque prêt, les autres articles de recette provenant des punitions, des services payés, des travailleurs, etc., sont inscrits au livret d'ordinaire par le maréchal des logis chef, et le compte des recettes et des dépenses est réglé entre lui et le brigadier.

Il n'est jamais fait de décompte sur l'argent de l'ordinaire; ce qui n'a pas été consommé dans un prêt est reporté au prêt suivant.

Toutes les subsistances, excepté le pain de munition, sont en commun; il en est de même des ingrédients pour nettoyer l'équipement et les armes, cirer les gibernes, les bottes et le harnachement, laver les pantalons de toile, soit qu'on emploie ces ingrédients en commun, soit qu'on les distribue à chaque homme.

Le blanchissage est également payé sur le prêt, à raison d'une chemise, d'un caleçon et d'un mouchoir par homme et par semaine. Le lundi matin, le brigadier fait rassembler le linge sale, et le remet à la blanchisseuse, qui le rapporte le samedi.

Police des repas.

221. Aucun canonnier ou cavalier ne peut être dispensé de manger habituellement à l'ordinaire, qu'en vertu d'une permission du capitaine en second, approuvée par le capitaine commandant, qui en rend compte au rapport. Cette permission ne peut être refusée à l'homme marié dont la femme a obtenu l'autorisation de rester au régiment.

Le brigadier d'ordinaire veille à ce que la distribution des aliments se fasse avec une exacte justice.

Du service de cuisine. — Soupe portée à l'extérieur ou mise à part.

222. Dans chaque escadron ou batterie, ou fraction d'escadron ou batterie formant ordinaire, il est établi un roulement entre les hommes reconnus aptes à devenir de bons cuisiniers.

Le canonnier qui est chargé de la préparation et de la cuisson des aliments de l'ordinaire est maintenu en fonctions pendant *deux mois*, avec faculté, pour le chef de corps, de lui conserver cette situation jusqu'à *trois mois*, ou de le faire rentrer dans le rang avant l'expiration du délai de deux mois, s'il est reconnu que cet homme s'acquitte avec peu de soin de ses fonctions.

Le canonnier chargé du service de cuisine vit sur l'ordinaire et reçoit sa solde entière et sans retenue (prêt franc).

Les cuisiniers sont exemptés de tout autre service ; chacun d'eux est secondé par un aide de cuisine qui est relevé tous les huit jours.

Les cuisiniers sont toujours en blouse et en pantalon de cuisine.

Le brigadier fait porter la soupe aux hommes de garde ; il la fait aussi porter aux gardes d'écurie, lorsqu'ils ne peuvent venir la manger à l'ordinaire ; il fait conserver chaude la soupe des hommes de service lorsqu'ils ne peuvent la manger qu'à leur retour.

Il fait mettre de côté les subsistances des détenus.

Il n'est pas conservé de soupe pour les hommes qui ne sont pas présents à l'heure prescrite ; il est défendu d'en mettre à part, si ce n'est pour les officiers qui seraient forcés de vivre à l'ordinaire.

14

Achats.

223. Le chef d'ordinaire achète des denrées saines et nourrissantes, et dont les prix sont des moins élevés ; la viande de bœuf, réunissant ces conditions, est habituellement la seule en usage ; il en est mis à l'ordinaire, autant que possible, une demi-livre par homme.

Lorsque le brigadier va faire les achats, il est en tenue et armé de son sabre ; il est accompagné par un canonnier en tenue d'écurie, qui a la faculté de débattre les prix et d'aller à d'autres marchands, et qui rapporte les provisions. A son retour, le brigadier inscrit les dépenses sur le livret d'ordinaire, en présence de ce canonnier, dont il mentionne le nom.

Les fournisseurs doivent être payés comptant et en présence des canonniers de corvée ; il est défendu aux chefs d'ordinaire d'acheter à crédit ; le cahier des quittances doit chaque jour justifier des payements faits aux bouchers, boulangers et épiciers. Toute remise, tout arrangement illicite entre les fournisseurs et le chef d'ordinaire, sont absolument interdits ; ils entraînent le changement immédiat des premiers et la punition sévère du second ; le brigadier encourt toujours la suspension, et, au besoin, la cassation ; si son nom figure sur le tableau d'avancement, il en est rayé.

Lorsque le chef d'ordinaire est de service, il est remplacé par un brigadier désigné à l'avance par le capitaine commandant.

Surveillance à l'égard du cuisinier.

224. Le chef d'ordinaire veille à ce que le cuisinier fende le bois dans la cour et remette les ustensiles de cuisine, dans le plus grand état de propreté, au cuisinier qui le relève.

Le chauffage et les légumes sont placés dans un endroit de la cuisine où ils ne puissent pas gêner ; la viande est pendue à l'air, et garantie du soleil et des mouches.

Service de semaine.

Corvées; consignés; classes d'instruction.

225. Le brigadier de semaine est chargé de commander et de réunir les canonniers pour les corvées et les distributions.

Il se trouve à la garde montante. Il aide le maréchal des logis de semaine dans la réunion des classes d'instruction. Il assiste aux appels des consignés; il présente ceux de la batterie au maréchal des logis de garde.

Le contrôle de la batterie lui est remis par le brigadier qu'il relève.

Déjeuner des chevaux.

226. Il se trouve le matin aux écuries pour distribuer le déjeuner des chevaux, faire relever la litière, faire sortir le fumier et faire balayer les écuries.

S'il y a des billots perdus, il en rend compte au maréchal des logis de semaine, qui les fait remplacer.

Distribution de l'avoine et de la paille.

227. Il distribue l'avoine aux conducteurs chargés de la donner à chaque ordinaire de chevaux; il veille à ce que les musettes qui la contiennent soient placées de manière à ne pouvoir être renversées. Elle est distribuée aux chevaux après leur rentrée de l'abreuvoir; pendant qu'ils la mangent, le brigadier donne la paille; et, quand elle est dans les râteliers, il fait balayer le devant des écuries.

Propreté du quartier.

228. Après la soupe du matin, il rassemble les hommes de corvée pour leur faire nettoyer les corridors et les escaliers; il les conduit au maréchal des logis de garde lorsqu'ils doivent nettoyer les cours.

Gardes d'écurie; dîner des chevaux.

229. Les gardes d'écurie s'assemblent en même temps que

la garde montante; les brigadiers de semaine les conduisent à leur poste après que la garde a défilé et que l'ordre a été donné.

Le brigadier de semaine vérifie l'état des ustensiles d'écurie après que les gardes d'écurie se les sont consignés en sa présence; il en fait payer la réparation ou le remplacement quand il y a lieu.

Il délivre le fourrage pour le dîner des chevaux, et s'assure de la propreté de l'écurie avant de la quitter.

Fourrages.

230. Il rassemble avec le fourrier les conducteurs pour les corvées de fourrages, va avec eux à la distribution et ramène ceux qui sont chargés du foin et de la paille; il s'assure de l'exactitude du compte des rations; il en est responsable quand il les a reçues.

Quand il distribue le fourrage, il le fait partager également entre les ordinaires.

Portes et fenêtres des écuries; souper des chevaux.

231. Il fait ouvrir les portes et fenêtres des écuries, excepté dans les fortes gelées ou lorsque, dans les grandes chaleurs, le soleil gênerait les chevaux.

Un quart d'heure avant la sonnerie pour le souper des chevaux, il se trouve aux écuries pour le distribuer; il fait faire la litière, voit si les chevaux sont bien attachés, si les lampes sont suffisamment garnies et si les gardes d'écurie sont à leur poste.

Détenus.

232. Il est habituellement chargé de conduire à la salle de police les hommes qui y sont condamnés, de les en faire sortir pour le service, l'instruction ou les corvées, et de les y faire rentrer ensuite.

Aux heures de la soupe, il fait réunir les subsistances des

détenus; il conduit au maréchal des logis de garde le canonnier de corvée qui les porte.

Cas où le brigadier de semaine s'absente du quartier.

233. Le brigadier de semaine ne s'absente pas du quartier,
même pour le service, sans l'autorisation du maréchal des
logis de semaine. Lorsque celui-ci est absent, il le remplace.

Remise du service.

234. Le dimanche, il ne quitte son service qu'après avoir
remis au brigadier qui le relève, en présence du maréchal des
logis qui descend la semaine et de celui qui la prend, les ustensiles et les consignes d'écurie.

CHAPITRE XXII.
Canonniers de première classe.

Comment choisis.

235. Les canonniers de première classe sont choisis parmi
les canonniers admis à l'école d'escadron, qui ont au moins
six mois de service, et qui ont mérité cette distinction par
leur bonne conduite, leur zèle, leur tenue et leurs progrès
en manœuvres.

Ils sont désignés par le colonel, sur la proposition de l'officier de section, l'approbation du capitaine commandant et
l'avis du chef d'escadrons.

A la guerre, un acte d'intrépidité, une bravoure soutenue,
dispensent de l'ancienneté.

Service et corvées.

236. Les canonniers de première classe font le même ser-

---

(1) Il faut ajouter ici quelques renseignements sur les artificiers dont il
n'est pas fait mention dans le service intérieur.

Les artificiers sont recrutés parmi les servants de première ou de deuxième
classe.

Les candidats au grade d'artificier sont présentés aux généraux inspecteurs

vice et sont sujets aux mêmes corvées que ceux de deuxième classe.

Ils entrent en nombre proportionnel dans la composition des différents services.

Lorsqu'un brigadier de chambrée s'absente, son autorité passe, à défaut d'autres brigadiers ou d'artificiers, au plus ancien canonnier de première classe de la chambrée.

TITRE II.

DEVOIRS GÉNÉRAUX ET COMMUNS AUX DIVERS GRADES.

—

CHAPITRE XXV.

Rapport journalier.

247. Tous les matins, les maréchaux des logis chefs présentent à leur capitaine commandant le rapport des vingt-quatre heures, contenant la situation, les demandes et les punitions des sous-officiers, des brigadiers et des canonniers, et toutes les mutations.

Le capitaine vérifie et signe le rapport, après y avoir ajouté les demandes des officiers de sa batterie, ainsi que ses observations.

Les maréchaux de logis chefs remettent ces rapports et les pièces à l'appui des mutations à l'adjudant de semaine, au moins une heure avant celle de la réunion du rapport. L'adjudant en forme le rapport général, après y avoir ajouté celui de la garde de police, et le signe. L'adjudant-major de semaine le vérifie et fait sonner à l'ordre à l'heure fixée. Les

---

par le colonel sur la proposition du capitaine commandant et l'avis du chef d'escadron. Le général inspecteur décide.

Les artificiers sont généralement employés au polygone, aux salles d'artifices, aux travaux d'arsenal. Quand ils ne sont pas employés, ils font le même service que les servants.

Lorsqu'un brigadier de chambrée s'absente, son autorité passe, à défaut d'autres brigadiers, au plus ancien artificier de la chambrée.

rapports des batteries sont rendus, avec les pièces à l'appui, aux maréchaux des logis chefs.

L'adjudant-major, le médecin-major, l'adjudant, le vétérinaire en premier, les maréchaux des logis chefs, le trompette maréchal des logis, un des sous-officiers attachés à l'instruction et le fourrier d'état-major se réunissent dans la salle du rapport.

Le chef d'escadrons de semaine s'y trouve, prend connaissance du rapport et recueille tous les renseignements nécessaires.

Le lieutenant-colonel reçoit le rapport chez lui ; il en fait la lecture ou la fait faire à haute voix ; il y fait inscrire par l'adjudant-major les demandes des officiers de l'état-major.

Il se rend ensuite chez le colonel, accompagné du chef d'escadrons, de l'adjudant-major et de l'adjudant. Il lui rend compte des punitions infligées aux officiers et prend ses ordres.

Le major se rend directement chez le colonel.

Le colonel prononce sur les objets contenus au rapport, et donne tous les ordres relatifs au service.

L'adjudant-major fait prendre par l'adjudant et prend lui-même une note écrite de toutes les décisions du colonel. L'adjudant retourne sur-le-champ au quartier pour les communiquer aux maréchaux des logis chefs. Il informe les officiers de l'état-major des dispositions qui les regardent.

Les maréchaux des logis chefs vont rendre compte aux capitaines commandants des décisions du colonel ; ils font communiquer, par les brigadiers fourriers, aux autres officiers de la batterie, les ordres qui concernent ces officiers.

A l'heure indiquée, les rapports des batteries sont portés au major par les fourriers, avec les pièces à l'appui des mutations. Le major, après avoir vérifié les mutations, vise les rapports et les envoie au trésorier avec les pièces.

Le rapport du peloton hors rang est conforme à celui des batteries ; le vaguemestre l'établit, le présente à la signature de l'officier d'habillement et le porte ensuite au trésorier,

qui y inscrit les mutations du grand et du petit état-major ;
ce rapport, après avoir été transcrit par l'adjudant de semaine sur le rapport général, reçoit la même destination que
ceux des batteries.

Le rapport journalier du capitaine instructeur comprend
les mutations, les demandes et les observations relatives à
l'instruction ; il n'est point transcrit sur le rapport général.

Lorsque l'intérêt du service ne s'y oppose pas, le lieutenant-colonel peut quelquefois, avec l'agrément du colonel,
être suppléé au rapport par le chef d'escadrons de semaine.
Dans ce cas, l'adjudant-major va lui donner communication
des décisions du colonel.

Lorsque le régiment occupe plusieurs casernes, un adjudant ou un maréchal des logis chef par caserne accompagne
le lieutenant-colonel chez le colonel, afin de recevoir de l'adjudant de semaine les décisions sur le rapport et les ordres
donnés par le colonel, et de les communiquer immédiatement aux maréchaux des logis chefs des batteries logés avec
lui.

CHAPITRE XXVI.

Marques extérieures de respect.

Devoirs généraux.

248. Tout militaire doit en toutes circonstances, même hors
du service, de la déférence et du respect aux grades qui sont
supérieurs au sien, quels que soient l'arme et le corps auxquels appartiennent ceux qui en sont revêtus.

L'inférieur prévient le supérieur en le saluant le premier,
le-supérieur rend le salut.

Formes du salut.

249. Le salut des officiers consiste à porter la main droite
au casque ou au shako, ou à se découvrir lorsqu'ils sont en
képi.

Les sous-officiers et les canonniers saluent en portant la

main droite au côté droit de la visière, du shako ou du képi,
la paume de la main en dehors, le coude à hauteur de l'é-
paule.

A cheval, les officiers, les sous-officiers et les canonniers
saluent en portant la main droite à la coiffure, quelle qu'elle
soit.

Tout sous-officier et soldat qui est assis se lève pour saluer
un officier, et se tourne de son côté.

Le salut ne se renouvelle pas dans une promenade ou dans
tout autre lieu public.

Lorsque les officiers sont en shako, ils ne se découvrent
chez leur supérieur qu'après l'avoir salué ; les sous-officiers
et les canonniers ne se découvrent que lorsque le supérieur
les y autorise.

Tout sous-officier ou canonnier parlant à un officier prend
une attitude militaire ; s'il est en képi, il le tient à la main,
jusqu'à ce que l'officier l'autorise à se couvrir.

Salut à l'égard des officiers de l'intendance militaire et des fonctionnaires civils.

250. Les officiers de l'intendance militaire ont droit au salut
des militaires, *suivant leur rang d'assimilation*. Y ont encore
droit les fonctionnaires civils en costume, les médecins et les
vétérinaires militaires.

Le chef de musique a droit au salut de tous les hommes de
troupe.

Le sous-chef de musique a droit au salut des sergents, caporaux et soldats.

Les soldats musiciens sont tenus au salut envers les officiers,
le chef et le sous-chef de musique et les sous-officiers.

Plantons et ordonnances.

251. En passant près des officiers, les plantons et ordonnances à pied avec le mousqueton portent l'arme sans s'arrêter.

Quand ils sont chargés d'une dépêche, ils la remettent de

la main gauche et vont attendre à quelques pas de distance, et reposés sur l'arme, la réponse ou le reçu.

Si la dépêche est remise à un officier général ou supérieur, l'ordonnance présente l'arme, la contient de la main gauche et remet la dépêche de la main droite.

Les ordonnances à cheval saluent et remettent ensuite la dépêche de la main droite.

CHAPITRE XXVIII.

Mode de réception des officiers, des sous-officiers et des brigadiers.

Nominations mises à l'ordre.

253. Les nominations d'officiers, de sous-officiers, de brigadiers, d'artificiers et de canonniers de première classe, sont mises à l'ordre du régiment.

Réception des officievs.

254. Les officiers sont reçus de la manière suivante :

Le colonel par le général de brigade commandant la brigade ou la subdivision militaire ;

Les officiers supérieurs, les capitaines commandants et le capitaine instructeur, par le colonel ; cette disposition s'applique aux capitaines en second qui deviennent capitaines commandants ;

Les capitaines en second, les adjudants-majors et le porte-étendard, par le lieutenant-colonel ;

Les lieutenants et les sous-lieutenants, par leurs chefs d'escadrons ;

Les officiers comptables, par le major.

A défaut des officiers ci-dessus désignés pour procéder aux réceptions, les officiers du grade immédiatement inférieur les suppléent ; le major est suppleé par le chef d'escadrons de semaine.

Pour la réception du colonel et celle du lieutenant-colonel, le régiment monte à cheval, en grande tenue, avec l'étendard.

Les chefs d'escadrons et le major sont reçus à cheval, en grande tenue, sans l'étendard; les chefs d'escadrons se placent devant le centre des batteries qu'ils doivent commander; le major se place vis-à-vis du centre du régiment.

Les autres officiers peuvent être reçus, la troupe étant à pied, lors de la première réunion du régiment; ils se placent devant le front de leur batterie; les officiers comptables devant le centre du régiment. Le porte étendard est reçu la première fois que le corps prend les armes avec l'étendard.

L'officier qui doit être reçu se place à la gauche de celui qui le fait recevoir; l'un et l'autre mettent le sabre à la main: ils font face à la troupe. Celui qui reçoit fait porter les armes ou mettre le sabre à la main et ouvrir un ban; il prononce la formule suivante :

Pour la réception du colonel : *Officiers, sous-officiers, brigadiers et canonniers, vous reconnaîtrez pour colonel du régiment M... et vous lui obéirez en tout ce qu'il vous commandera pour le bien du service et pour l'exécution des réglements militaires.*

Quand l'officier qui procède à la réception est d'un grade inférieur à celui qu'il reçoit, il se place à la gauche et substitue les mots *nous reconnaîtrons et nous lui obéirons,* à ceux *vous reconnaîtrez et vous lui obéirez.*

Après la réception, les trompettes ferment le ban.

Les officiers qui avancent en grade sans changer d'emploi ne sont pas reçus; leur avancement est annoncé par la voie de l'ordre. Il en est de même de la nomination des médecins.

La réception des vétérinaires et des chefs de musique est constatée seulement par la voie de l'ordre.

Réception des sous-officiers et brigadiers.

253. Les adjudants sont reçus à la garde montante par l'adjudant-major de semaine, en présence de tous les sous-officiers.

Les maréchaux des logis chefs, les maréchaux des logis, les fourriers et les brigadiers sont reçus par le capitaine commandant, la première fois que la batterie prend les armes.

Le trompette maréchal des logis et le trompette brigadier sont reçus à la garde montante, en face des trompettes, par l'adjudant-major de semaine.

La formule de réception est la même que pour les officiers. Il n'est point ouvert de ban; seulement il est sonné un demi-appel pour la réception des adjudants.

CHAPITRE XXIX.

CONSIGNE GÉNÉRALE POUR LA GARDE DE POLICE.

Dispositions générales.

256. Il y a toujours au quartier une garde de police dont la force est déterminée suivant les localités; elle défile au quartier.

Elle ne reçoit de consignes verbales et journalières que des officiers supérieurs, de l'adjudant-major ou de l'adjudant de semaine; elle n'en reçoit d'écrites ou de permanentes que du commandant du régiment.

Les devoirs généraux prescrits par l'ordonnance sur le service des places sont applicables à la garde de police.

La consigne générale pour la garde de police est affichée dans le corps de garde.

Devoirs du maréchal des logis de garde.

Formation de la nouvelle garde.

257. Le maréchal des logis de garde amène la garde montante à la gauche de l'ancienne, ou vis-à-vis, à défaut d'espace; la garde, quand elle est au-dessous de neuf hommes, n'est formée que sur un rang; le brigadier est à la gauche.

Le maréchal des logis ne fait rompre les rangs que lorsque la garde descendante est partie.

Le maréchal des logis est responsable du service.

258. Il est responsable de la ponctualité avec laquelle le brigadier et les sentinelles remplissent leurs devoirs; il leur fait souvent répéter leurs consignes. Il est chargé, sous les ordres de l'adjudant de semaine, de faire exécuter toutes les sonneries.

Visites des salles de discipline et prisons, consignés.

259. Il visite, matin et soir, la salle de police, la prison et les cellules de correction; il reçoit les demandes des détenus; il fait prévenir les officiers et les sous-officiers auxquels les prisonniers désirent adresser des réclamations.

Il fait fréquemment l'appel des consignés.

Propreté du quartier.

260. Une demi-heure après la soupe du matin, il rassemble les détenus et les consignés; il leur fait balayer les cours et les latrines; lorsque leur nombre n'est pas suffisant, il demande des hommes de corvée aux brigadiers de semaine.

Surveillance de la tenue de la troupe.

261. Lorsqu'il n'y a pas à la porte du quartier un maréchal des logis de planton chargé spécialement de surveiller la tenue, cette surveillance appartient au maréchal des logis de garde; il ne laisse sortir aucun sous-officier, brigadier ou canonnier que dans la tenue prescrite.

Étrangers entrant au quartier.

262. Lorsqu'un étranger se présente pour entrer au quartier, le maréchal des logis le fait conduire à l'un des adjudants. Il refuse l'entrée aux gens sans aveu et aux femmes qui lui paraissent suspectes.

Fermeture des portes; rondes aux écuries.

263. A l'appel du soir, il fait fermer par le brigadier les

portes du quartier. Il visite ensuite les écuries, regarde si les chevaux ne sont pas détachés ou empêtrés, si les lanternes éclairent suffisamment, si les gardes d'écurie sont à leur poste, et dans la tenue prescrite; cette visite est renouvelée toutes les heures, soit par lui, soit par le brigadier.

Extinction des lumières.

264. A dix heures, il fait sonner pour éteindre les lumières; il indique dans son rapport les chambres dans lesquelles il a été obligé de passer pour les faire éteindre.

Avant ou après chaque visite d'écurie, il fait des rondes autour du quartier, pour voir si tout est tranquille; il en fait faire quelquefois par le brigadier.

Après l'appel, les brigadiers et canonniers ne peuvent plus rentrer sans se présenter au maréchal des logis, qui retire leur permission; les sous-officiers qui rentrent après cet appel doivent également se présenter à lui.

Secours du médecin-major.

265. Le maréchal des logis remet au médecin-major, lorsque celui-ci vient le matin faire sa visite au quartier, les billets que les maréchaux des logis chefs ont fait déposer au corps de garde. Si, pendant la nuit, il est averti que quelqu'un ait besoin de prompts secours, il envoie aussitôt appeler le médecin-major, ou un de ses aides, par un homme de garde intelligent.

Inspection de la garde.

266. Avant l'appel du matin, il fait mettre la garde en bonne tenue et en passe l'inspection.

La garde défère aux réquisitions de l'autorité.

267. Il fait marcher une partie de la garde sur la demande de tout militaire en grade; il défère aux réquisitions des officiers de police judiciaire et civile, et même des habitants, lorsqu'il s'agit de rétablir l'ordre et d'arrêter ceux qui le

troublent. Dans aucun cas, il ne marche lui-même et ne dé-
garnit son poste de plus de la moitié de sa force.

Registre des rapports journaliers.

268. Il y a, dans chaque corps de garde de police, un registre destiné à l'inscription des consignes qui doivent durer
plusieurs jours, des entrées et des sorties des salles de discipline, des rentrées au quartier après l'appel ou après les
heures portées sur les permissions, des rondes, des patrouilles et des événements qui doivent être mentionnés au rapport.

Ce registre est signé le matin par le maréchal des logis,
qui le porte à l'adjudant de semaine une demi-heure après
le réveil; l'adjudant le vise; le chef d'escadrons de semaine
l'arrête le dimanche.

L'indication du logement des officiers du régiment et des
médecins est inscrite en tête de ce registre; l'adjudant de
semaine y mentionne les changements à mesure qu'ils surviennent.

Descente de la garde.

269. La sentinelle crie: *Aux armes !* dès qu'elle aperçoit la
nouvelle garde. Après que les consignes sont rendues, le corps
de garde et les salles de discipline visités, le maréchal des
logis fait partir sa troupe par le flanc; à quinze pas il fait
remettre le sabre.

Garde de police commandée par un officier.

270. Lorsque la garde de police est commandée par un
officier, cet officier assure, de concert avec l'adjudant-major
de semaine, la tranquillité du quartier et l'exécution de la
présente consigne; le maréchal des logis continue à être
chargé, sous la surveillance de l'adjudant, des dispositions
concernant les détenus, la propreté du quartier, la surveillance de la tenue et l'exactitude des sonneries.

Devoirs du brigadier de garde.

Vérification au corps de garde et aux salles de discipline.

271. Le brigadier reconnaît en arrivant tous les ustensiles, registres et consignes du corps de garde; s'il les trouve en mauvais état, il en fait le rapport au commandant du poste. Il visite les salles de discipline; il y vérifie le nombre des détenus.

Répartition du service entre les hommes de garde.

272. Il numérote les hommes de garde pour déterminer l'ordre des factions; il désigne, lorsqu'il y a lieu, les plus intelligents pour porter les rapports verbaux et pour aller recevoir le mot d'ordre. Les corvées sont faites à tour de rôle, en commençant par les canonniers qui doivent aller les derniers en faction.

Manière de relever les sentinelles.

273. Pour conduire en faction, le brigadier fait sortir en même temps tous les canonniers de pose, les place sur un rang, s'il y a moins de quatre hommes, et les met en marche l'arme sur l'épaule droite ou le sabre à la main.

Il relève d'abord la sentinelle devant les armes, et ensuite la plus éloignée; toutes, excepté la première, doivent le suivre jusqu'à son retour au poste, et s'arrêter à six pas de celle qu'on remplace. Les hommes sont placés en faction par ordre de numéro, en commençant par la sentinelle devant les armes.

Pour relever, il place la nouvelle sentinelle à la gauche de l'ancienne, et commande :

1° *Portez (vos) armes;*

2° *A droite et à gauche;*

3° *Présentez (vos) armes.*

Il fait répéter la consigne, et il explique ce qu'il croit convenable pour la faire mieux comprendre.

Il reconnaît les objets que doivent contenir les guérites, tels que manteaux, consignes, etc.

Il ramène les factionnaires dans le même ordre qu'il a conduit la pose, leur fait faire demi-tour à droite, présenter les armes, faire haut les armes et rompre les rangs.

Il rend compte au maréchal des logis.

Reconnaissance des rondes ou patrouilles.

274. Lorsqu'une ronde ou patrouille est arrêtée, le brigadier se porte à quinze pas de la sentinelle, crie *Qui vive ?* et après qu'on lui a répondu, il dit : *Avance à l'ordre.* Il reçoit le mot d'ordre et donne le mot de ralliement.

Il a désigné d'avance les hommes pour aller reconnaître avec lui.

Si c'est une ronde major, la garde prend les armes. Le chef du poste vient le reconnaître ; il reçoit le mot de ralliement et donne le mot d'ordre.

Salles de discipline.

275. Le brigadier a les clefs des salles de discipline ; il ne peut les confier qu'au maréchal des logis de garde. Il n'y laisse entrer et n'en laisse sortir qui que ce soit, sans l'ordre du maréchal des logis.

Il fait porter la soupe à tous les détenus en même temps ; il est présent pendant qu'ils la mangent ; il s'oppose à ce qu'on leur porte de la lumière, des pipes, du vin ou de l'eau-de-vie.

Il empêche les canonniers de communiquer avec les détenus.

Il visite les salles de discipline matin et soir ; il reconnaît les dégradations, voit s'il n'y a pas de malades, fait vider les baquets, balayer et renouveler l'eau dans les cruches.

Les salles de police doivent être aérées deux fois par jour, en prenant les précautions nécessaires pour empêcher l'évasion des détenus.

Devoirs de la sentinelle.

Alertes et honneurs.

276. Les sentinelles de la garde de police crient : *Au feu!* si elles aperçoivent un incendie, et *A la garde !* lorsqu'elles entendent du bruit par suite de querelles ou d'attroupements. La sentinelle qui est devant les armes crie : *Aux armes!* lorsqu'elle aperçoit le Saint-Sacrement, une troupe armée, un officier général ou le commandant de la place; elle crie : *Hors la garde!* lorsque le colonel, ou l'officier supérieur qui commande en son absence le régiment, vient au quartier.

Les sentinelles présentent les armes aux officiers généraux, aux officiers supérieurs de tous les corps, aux intendants et sous-intendants militaires; elles les portent à tous les autres officiers, aux officiers de santé militaires ainsi qu'à toutes les personnes décorées d'un ordre français et portant leur décoration.

Il n'est point rendu d'honneurs avant le lever ni après le coucher du soleil.

Paquets portés ou jetés hors du quartier.

277. La sentinelle placée à la porte du quartier s'oppose à ce qu'aucun soldat sorte avec un paquet sans être accompagné d'un brigadier; elle ne laisse de même sortir aucun étranger, porteur d'armes ou d'effets, sans l'autorisation du maréchal des logis.

Si l'on jette dehors un paquet, elle en avertit le maréchal des logis ou le brigadier de garde.

Sortie des chevaux.

278. Elle ne laisse sortir aucun cavalier avec son cheval sans l'autorisation d'un maréchal des logis ou d'un brigadier.

Propreté du quartier.

279. Elle ne permet pas de jeter ou de faire des ordures près du poste ni dans l'intérieur du quartier.

Entrée d'étrangers au quartier ; entrées et sorties après l'appel.

280. Elle ne laisse entrer aucun étranger, ni aucun militaire d'un autre corps, sans l'autorisation du maréchal des logis. Après l'appel du soir, elle fait passer au corps de garde les militaires de tout grade qui rentrent au quartier; elle empêche de sortir sans le consentement du maréchal des logis.

Lumières à faire éteindre.

281. Si elle aperçoit des lumières dans les chambres après la sonnerie pour les éteindre, elle en avertit le maréchal des logis.

Rondes et patrouilles.

282. Après onze heures du soir, elle crie : *Qui vive?* sur tout le monde, et exige qu'on passe à quelques pas d'elle.

Si la garde est extérieure et qu'on réponde : *Patrouille*, la sentinelle crie : *Halte-là ; brigadier, patrouille!* Si c'est une ronde d'officier, de maréchal des logis ou de sergent, elle crie : *Halte-là ; brigadier, ronde d'officier (de maréchal des logis ou de sergent)*; si c'est une ronde major : *Halte-là; aux armes! ronde major.*

CHAPITRE XXX.

Consigne des gardes d'écurie.

Rassemblement et tenue des gardes d'écurie.

283. Il est commandé tous les jours, dans chaque batterie, et en nombre nécessaire, des conducteurs de garde d'écurie; ces conducteurs sont en calotte d'écurie, en veste et pantalon d'écurie, en sabots ou souliers.

A l'heure de la garde montante, les gardes d'écurie sont réunis à la gauche de la garde de police. Lorsque celle-ci a défilé, les brigadiers de semaine relèvent les gardes d'écurie de leur batterie.

Consignes et ustensiles.

284. Les gardes d'écurie reçoivent et rendent, en présence du brigadier, les consignes et ustensiles d'écurie. S'il s'en trouve d'endommagés ou de perdus par leur faute, le prix de la réparation ou du remplacement est imputé sur leur masse individuelle.

Vigilance pour prévenir les accidents.

285. Ils doivent être vigilants jour et nuit, accourir au moindre bruit que font les chevaux, soit qu'ils se battent, s'embarrassent dans leurs longes ou se détachent.

Ils sont pourvus de plusieurs colliers et de longes de rechange pour attacher les chevaux qui cassent leur licou.

Comment les gardes peuvent s'absenter.

286. Ils ne peuvent s'absenter pour aller manger la soupe que successivement, d'après une autorisation qui n'est donnée que dans le cas où les écuries sont assez près des chambres pour qu'il n'en résulte aucun inconvénient.

Repas des chevaux ; propreté des écuries.

287. Aux heures des repas des chevaux, les brigadiers de chambrée envoient le nombre de conducteurs nécessaire pour aider les gardes d'écurie à donner à manger aux chevaux, à nettoyer les écuries, à relever et faire la litière. Les gardes d'écurie restent seuls chargés d'entretenir la plus grande propreté, de ne laisser séjourner sous les chevaux ni urine ni crottin, et de relever la paille à mesure qu'elle s'étend, pour la remettre à la litière ou la rejeter dans le râtelier.

Police intérieure des écuries.

288. Les écuries doivent être habituellement aérées.

Lorsque les chevaux y sont, les gardes d'écurie ont soin de

n'y pas laisser pénétrer le soleil, et surtout d'éviter les courants d'air.

Lorsque les chevaux sont hors des écuries, les portes et les fenêtres en sont ouvertes.

Les gardes d'écurie empêchent qu'on entre dans les écuries avec du feu et qu'on y fume.

Ils n'en laissent sortir aucun cheval de troupe, sans l'autorisation d'un officier ou d'un sous-officier, ou du brigadier de semaine.

Ils n'y admettent point de chevaux étrangers au régiment sans l'ordre d'un officier ou d'un adjudant.

Quand il est fourni des couvertures aux gardes d'écurie, il leur est défendu de se servir de manteaux.

Accidents ; indispositions des chevaux.

289. Les gardes d'écurie rendent compte aux officiers et sous-officiers de ronde, et, à chaque pansage, au brigadier de semaine, du nombre des chevaux qui se sont détachés ou échappés, de celui des licous cassés, des accidents qui ont eu lieu dans l'intervalle des pansages, et des indispositions des chevaux, s'il en est survenu. Si ces accidents ou ces maladies sont d'une nature grave, ils en informent sur-le-champ le maréchal des logis de semaine ou celui de garde, qui en prévient le vétérinaire ou les officiers, selon le cas.

Exécution et affichage de la consigne.

290. Les officiers et sous-officiers de semaine, ainsi que le maréchal des logis de garde, sont chargés de l'exécution de la présente consigne, qui doit être affichée dans les écuries et au corps de garde.

Visites des ustensiles des écuries.

291. L'adjudant major de semaine et l'adjudant chargé du casernement en font de fréquentes visites, chacun en ce qui le concerne, et font mettre au compte des gardes d'écurie ou

15.

des batteries, selon le cas, les réparations ou les remplacements nécessaires.

CHAPITRE XXXIII.
Travailleurs.

Tout canonnier peut être requis de travailler pour le régiment.

303. Les canonniers qui peuvent être utilisés dans les ateliers du régiment sont obligés d'y travailler momentanément, lorsque cela est jugé nécessaire.

Toutes les fois qu'un canonnier en reçoit l'ordre, il est tenu d'exercer temporairement, dans l'intérêt du régiment, la profession qu'il avait avant son entrée au service.

Travailleurs hors des ateliers du régiment.

304. L'instruction des canonniers et le pansage des chevaux ne permettant que très-difficilement de tolérer des travailleurs hors des ateliers du régiment, l'autorisation de travailler en ville n'est accordée qu'exceptionnellement, et lorsque le nombre des canonniers est proportionnellement trop considérable pour celui des chevaux ; ces permissions ne sont données que pour les travaux qui développent les forces, l'agilité, et rendent les soldats plus propres aux travaux militaires et aux fatigues de la guerre. Dans aucun cas, les canonniers ne peuvent être employés à des travaux qui dégradent la profession des armes.

Les travailleurs hors des ateliers sont tenus de payer pour leur service cinq francs par mois, qui sont partagés entre les ordinaires de la batterie; ils versent en outre cinq centimes par jour à leur ordinaire.

Canonniers employés près des officiers.

305. Les officiers ne peuvent employer habituellement aucun canonnier à leur service personnel; il leur est seule-

ment permis d'en prendre un de leur batterie pour l'entretien de leurs armes et de leurs effets d'équipement et de harnachement et pour le pansage de leurs chevaux. Ces canonniers ne peuvent être pris que parmi ceux qui sont admis à l'école d'escadron ; ils ne sont dispensés d'aucune partie du service et de l'instruction ; toute autre tenue que celle d'uniforme leur est interdite ; ils sont constamment dans la tenue prescrite pour les autres canonniers. Il leur est payé quatre francs par mois pour chaque cheval, et trois francs pour l'entretien des armes et du harnachement.

Quand les officiers veulent obtenir l'autorisation de payer le service de canonniers qui pansent leurs chevaux, le capitaine commandant en fait la demande au rapport, s'il juge qu'elle puisse être accordée sans inconvénient. Dans ce cas, le service de ces canonniers est payé trois francs par mois.

CHAPITRE XXXIV.
Tenue.

Responsabilité du colonel.

306. Le colonel, responsable de la tenue du régiment, veille à ce que l'uniformité soit rigoureusement observée; il ne lui est, sous aucun prétexte, permis d'y rien changer, ajouter, prescrire ou tolérer, qui soit contraire aux règlements. Il répond personnellement envers l'État des dépenses que l'infraction à cet égard aurait occasionnées, et il est tenu d'indemniser ses subordonnés des frais qui en seraient résultés pour eux.

Des différentes tenues.

307. Il y a trois tenues dans les régiments :

1° La tenue du matin pour les officiers et celle d'écurie pour la troupe ;

2° La petite tenue ⎱
3° La grande tenue ⎰ pour les officiers et la troupe.

La tenue du matin est permise aux officiers jusqu'à midi.

La petite tenue est la tenue habituelle ; la grande tenue se prend quand elle est indiquée par l'ordre du régiment ou de la place.

Lorsque le régiment ou une portion du régiment se réunit en armes, les officiers sont dans la même tenue que la troupe.

Les officiers de semaine sont en tenue du matin, mais avec le sabre, jusqu'à midi ; après midi, ils sont dans la même tenue que les autres officiers.

Lorsque le service de semaine acquiert une importance particulière, soit par suite de la réunion de plusieurs régiments dans la même garnison, soit par tout autre motif, le colonel peut ordonner pour les officiers de semaine une tenue distincte de celle des autres officiers.

Dans ce cas, les officiers de semaine ont la giberne pour signe distinctif.

Les sous-officiers et les conducteurs sortent en tenue d'écurie jusqu'à midi ; ils ne peuvent pas sortir après-midi sans être en dolman, en shako et en sabre.

Les maîtres ouvriers sont habituellement dispensés d'être en tenue.

Cheveux et moustaches.

308. Les cheveux des officiers, sous-officiers et canonniers sont coupés courts, surtout par derrière ; ils ne forment jamais de touffes ni de boucles.

Les favoris ne dépassent pas la hauteur de la bouche, et ne doivent pas se joindre aux moustaches ; les moustaches ne doivent être ni cirées ni graissées.

Manière de porter et d'ajuster les effets.

309. Le shako et le képi se placent droit, de manière que le milieu de la visière corresponde à la ligne du nez.

Lorsqu'on met les jugulaires, elles sont attachées court sous le menton et en arrière des joues.

La cravate est suffisamment serrée pour ne pas bâiller sous le menton; elle doit dépasser le collet de l'habit d'environ 5 millimètres, et ne jamais laisser apercevoir la chemise.

Le dolman et la veste sont toujours boutonnés dans toute la longueur, et tirés en bas pour emboîter les hanches.

Le pantalon est soutenu par des bretelles.

La basane du pantalon de cheval est cirée.

La chaussure est toujours propre et cirée; l'éperon nettoyé.

Le sabre est soutenu par la bretelle; à pied, il est relevé et mis au crochet, la monture en arrière, le ceinturon caché par le dolman.

La grande bélière est d'une longueur de 810 millimètres. La petite est ajustée de manière que l'homme puisse atteindre aisément la poignée du sabre, en inclinant légèrement le corps, lorsqu'il met le sabre à la main étant à cheval.

La dragonne se passe dans le haut de la branche principale du sabre, où elle est maintenue par un des passants-coulants.

L'autre passant-coulant est assez éloigné du gland pour que l'homme puisse engager le poignet dans la dragonne; à pied, la dragonne est passée une fois autour de la poignée du sabre.

Le porte-giberne est ajusté de manière que le dessus du coffre de giberne se trouve à hauteur du coude droit. Il doit toujours y avoir dans la giberne les pièces de rechange réglementaires.

Les canonniers sont munis de leur manteau ou de leur capote quand ils sont de service à un autre poste que celui de la garde de police et que ce service doit durer la nuit. Le manteau ou la capote sont alors roulés et portés en sautoir, de droite à gauche.

Les officiers, les sous-officiers et les canonniers qui sont en deuil de famille peuvent porter un crêpe noir au bras gauche.

CHAPITRE XXXV.

REVUES.

Revue des inspecteurs généraux.

Honneurs à rendre aux officiers généraux inspecteurs.

340. Lorsque le général de division inspecteur a fait connaître l'heure de son arrivée, un détachement de vingt-cinq hommes, commandé par un officier, est envoyé à un quart de lieue au-devant de lui.

Après son arrivée, il est envoyé à son logement une garde de cinquante hommes, commandée par un capitaine, un lieutenant et un sous-lieutenant. Le trompette sonne des appels. Il est placé deux sentinelles à la porte du général de division inspecteur.

Si l'inspecteur général ne juge pas à propos de conserver sa garde, le poste le plus voisin est augmenté du nombre d'hommes nécessaire pour fournir les deux sentinelles.

Les gardes et postes de la place et du quartier prennent les armes et montent à cheval quand l'inspecteur général passe devant eux ; les trompettes sonnent des appels.

Il lui est fait une visite de corps en grande tenue de service.

A défaut d'état-major de place, le mot d'ordre lui est porté par un adjudant-major.

Quand il passe devant le front du régiment, ou lorsque le régiment défile devant lui pour la première ou la dernière fois, les officiers supérieurs et l'étendard saluent.

Il est reconduit, à son départ, par un détachement semblable à celui qui a été à sa rencontre.

Lorsque l'inspecteur général est un général de brigade, il est envoyé au-devant de lui un détachement de douze hommes, commandé par un maréchal des logis. La garde envoyée à son logement est de vingt-cinq hommes : elle est commandée par un officier; le trompette est prêt à sonner. Il est placé deux sentinelles à sa porte. Les gardes et postes de la place et du quartier prennent les armes et montent à cheval quand il passe devant eux; les trompettes sont prêts à sonner. Il lui est fait une visite de corps en grande tenue de service. Le mot d'ordre lui est porté par un sous-officier. Quand il passe devant le front du régiment, ou lorsque le régiment défile devant lui pour la première ou la dernière fois, les officiers supérieurs saluent. A son départ, un détachement de douze hommes le reconduit.

Du reste, le général de brigade inspecteur général exerce sur les troupes de son inspection la même autorité et a sur elles les mêmes droits que s'il était général de division.

Pendant toute la durée de l'inspection, le régiment, à moins d'ordres contraires de l'inspecteur général, est en grande tenue.

Revue d'ensemble.

311. Lorsque l'inspecteur général se rend sur le terrain pour la revue d'ensemble, le régiment est en bataille pour le recevoir. Après avoir passé devant le front, il ordonne au colonel de faire rompre par batterie.

Les hommes se placent par rang de contrôle, les officiers, les sous-officiers et les brigadiers à la droite de leur batterie; le grand et le petit état-major, ainsi que le peloton hors rang, se réunissent à la droite du régiment.

L'officier d'habillement pour l'état-major et le peloton hors rang, les capitaines commandants pour leur batterie, remettent successivement à l'inspecteur général une feuille d'appel des hommes et un contrôle des chevaux.

L'inspecteur général fait lui-même l'appel des officiers; il fait faire celui des batteries par les maréchaux des logis chefs, qui se tiennent en arrière du rang formé par la batterie et à hauteur de l'inspecteur général.

Pendant le temps que dure la revue d'une batterie, cette batterie porte les armes; les autres sont au repos et gardent le silence.

Le colonel, le lieutenant-colonel, le major, le chef d'esca-

drons et les capitaines commandants pour leurs batteries respectives, le trésorier, l'officier d'habillement et le médecin-
major accompagnent l'inspecteur général.

Quand la revue est terminée, l'inspecteur général fait défiler le régiment devant lui.

Revue de détail.

312. L'inspecteur général détermine si la revue de détail
des hommes et des chevaux sera passée en même temps, ou
si elle aura lieu séparément.

Les batteries sont à l'avance formées sur un rang et pied à
terre ; les officiers, les sous-officiers et les brigadiers sont à
la droite de leur batterie, section ou pièce, afin de répondre
aux questions que l'inspecteur peut leur adresser concernant
les hommes et les chevaux sous leurs ordres.

Les lieutenants, les sous-lieutenants et les maréchaux des
logis sont porteurs de leurs livrets ; les maréchaux des logis
chefs et les fourriers, des registres de la batterie.

A moins d'un ordre contraire, les portemanteaux sont mis
à terre et ouverts, de manière que l'inspecteur puisse aisément vérifier tout ce qu'ils contiennent ; le livret de chaque
homme est placé sur son portemanteau.

Les officiers comptables portent sur le terrain tous les modèles des effets et tous les registres et comptes ouverts avec
les batteries.

Ordres de l'inspecteur général.

313. Pendant le temps que dure l'inspection, le colonel reçoit directement les ordres de l'inspecteur général pour tout
ce qui concerne la tenue, l'instruction, l'administration et le
service en général.

Le régiment se conforme exactement aux instructions écrites que l'inspecteur général donne avant son départ.

Les généraux sous les ordres desquels le régiment est placé
sont chargés d'en assurer l'exécution, dont les généraux de
brigade se font rendre fréquemment compte.

Revues des généraux.

Revues mensuelles et trimestrielles.

314. Les généraux de brigade commandant les brigades actives passent tous les mois la revue d'ensemble, et tous les trimestres la revue de détail des régiments sous leurs ordres. Ces régiments sont formés alors de la manière prescrite pour les revues d'inspecteurs généraux, et se conforment à toutes les dispositions indiquées aux articles 311 et 312.

Les généraux de division commandant les divisions actives passent eux-mêmes ces revues, lorsqu'ils le jugent convenable.

Les généraux de division et les généraux de brigade commandant les divisions et les subdivisions territoriales passent, autant que possible, tous les mois et tous les trimestres, des revues semblables des régiments sous leurs ordres, qui ne sont pas réunis en divisions ou en brigades.

Les généraux de brigade rendent compte du résultat de leurs revues au général de division ; le général de division en fait l'objet d'un rapport d'ensemble qu'il adresse, chaque trimestre, au ministre de la guerre.

Indépendamment de ces revues périodiques, les généraux en passent d'extraordinaires toutes les fois qu'ils le croient utile.

Revues des intendants et sous-intendants militaires.

Revues sur le terrain.

315. Les revues d'effectif ont lieu aux époques fixées par les règlements sur l'administration.

Outre les revues périodiques et réglementaires, les intendants et sous-intendants militaires en passent sur le terrain toutes les fois qu'ils en reçoivent l'ordre du ministre de la guerre ou des généraux de division, ou lorsqu'ils le jugent utile au bien du service.

Quand il s'agit d'une revue prescrite par les règlements ou d'une revue ordonnée, soit par le ministre, soit par un général de division, les intendants et sous-intendants en préviennent l'officier général sous les ordres duquel le corps se trouve.

S'ils reconnaissent la nécessité de passer une revue extraordinaire, ils doivent au préalable en demander l'agrément à l'officier général commandant, et lui en déduire les motifs. Si l'officier général croit devoir s'opposer à la revue, il en rend immédiatement compte au ministre de la guerre.

Les intendants et sous-intendants militaires, avant de passer une revue, se concertent avec le commandant de la place, à l'effet de fixer le jour, l'heure et le lieu de la réunion des troupes.

Le colonel en est informé la veille par le commandant de la place.

Tous les officiers, les sous-officiers et les canonniers, tous les chevaux d'officiers et de troupe, doivent être présents aux revues des intendants et sous-intendants militaires; à cet effet, les postes et les plantons sont relevés par d'autres troupes de la garnison; lorsque le régiment est seul dans la place, la première batterie fournit, immédiatement après avoir été passée en revue, les hommes nécessaires pour relever les postes.

Avant l'arrivée de l'intendant ou du sous-intendant, les batteries sont formées sur un rang, les officiers, les sous-officiers et les brigadiers à la droite, les trompettes, les enfants de troupe et les canonniers à leur numéro de contrôle annuel; le grand et le petit état-major, ainsi que le peloton hors rang, à la droite du régiment.

L'intendant, le sous-intendant et le régiment sont en grande tenue de service.

Le major remet à l'intendant ou au sous-intendant l'état nominatif des hommes malades à la chambre ou à l'infirmerie; cet état est certifié par le médecin-major et visé par le major. Les hommes composant la garde de police, les gardes d'écurie et les hommes en prison que des motifs particuliers empêchent de faire paraître à la revue, sont portés sur un état nominatif que signe l'adjudant-major de semaine et que le lieutenant-colonel, après l'avoir visé, remet à l'intendant ou au sous-intendant. Dans un détachement, ces deux états sont certifiés par l'officier commandant.

Lorsque l'intendant ou le sous-intendant se présente à la tête d'une batterie, le capitaine commandant, après avoir fait mettre le sabre à la main, lui remet la feuille d'appel de sa batterie. L'intendant ou le sous-intendant fait lui-même l'appel des officiers; le maréchal des logis chef fait en arrière du rang l'appel des sous-officiers, des brigadiers et canonniers.

Les maréchaux des logis chefs sont porteurs du livre de batterie; les sous-officiers et les canonniers ont leur livret dans le porte-manteau, afin que l'intendant ou le sous-intendant puisse vérifier, pendant sa revue, quand il le croit utile, l'existence des effets d'habillement, de grand équipement, d'armement et de harnachement.

Le sous-intendant s'assure que tous les chevaux de troupe sont marqués; il fait marquer immédiatement ceux qui ne l'ont pas été ou dont la marque est effacée.

Après la revue d'un intendant, le régiment défile (1).

Visite au quartier après la revue.

316. Lorsque la revue sur le terrain est terminée, l'intendant ou le sous-intendant accompagné du major, du médecin-major et du vétérinaire en premier, se rend au quartier et aux infirmeries, pour y vérifier l'existence des hommes de garde, malades ou en prison, et des chevaux restés à l'infirmerie.

---

(1) Le régiment défile par batterie, en colonne par deux.

CHAPITRE XXXVI.

PERMISSIONS.

Permissions pour les officiers.

Permissions pour la journée.

317. Les permissions pour la journée, sauf les exceptions spécifiées pour l'instruction et le service de semaine, sont accordées :

Aux lieutenants et sous-lieutenants, par les capitaines commandants, qui en rendent compte à leur chef d'escadrons ;

Aux capitaines, par leur chef d'escadrons ;

Aux officiers comptables, par le major ;

Au capitaine instructeur, aux adjudants-majors, au porte-étendard et aux médecins, par le lieutenant-colonel ;

Aux officiers supérieurs, par le colonel.

Les chefs d'escadrons et le major rendent compte au lieutenant-colonel des permissions qu'ils accordent et de celles qu'ils obtiennent pour eux-mêmes.

La dispense des devoirs du service de semaine est accordée aux lieutenants et sous-lieutenants par l'adjudant-major, qui en rend compte au chef d'escadrons de semaine ; elle est accordée à l'adjudant-major et au capitaine par le chef d'escadrons de semaine, qui en rend compte au lieutenant-colonel.

Lorsque cette dispense est accordée pour toute la journée, elle oblige les officiers à se faire remplacer : ceux des batteries en préviennent leur capitaine commandant.

Les exemptions d'exercice ou d'évolutions sont accordées aux officiers par le lieutenant-colonel.

Permissions pour quitter la garnison.

318. Les permissions de s'absenter de la garnison qui ne doivent pas excéder huit jours sont accordées par le commandant du régiment, qui en rend compte au général de brigade

dans son plus prochain rapport. Toute permission pour découcher d'une garnison où il y a un état-major de place est soumise à l'approbation du commandant de la place.

Lorsqu'un officier qui a obtenu une permission est de retour, le colonel en informe le commandant de la place par le rapport du lendemain.

Les permissions qui excèdent huit jours sont accordées par le général de brigade ; celles qui excèdent quinze jours le sont par le général de division, jusqu'à concurrence de trente jours.

Ces permissions sont visées par le sous-intendant militaire.

La faculté donnée aux officiers généraux et aux colonels d'accorder des permissions s'exerce de manière que tout le monde soit présent aux inspections générales.

Officiers rentrant de permission.

319. Les officiers rentrant de permission se présentent au commandant de leur batterie et au colonel; lorsque leur absence a duré huit jours ou plus, ils se présentent en outre à leur chef d'escadrons, au lieutenant-colonel et, dans les villes de guerre, au commandant de la place.

Officiers qui s'absentent sans une permission, ou qui la dépassent.

320. Les officiers qui n'ont pas rejoint à l'expiration de leur congé ou permission, et qui ne justifient pas de leur retard, sont mis aux arrêts de rigueur. Si la permission a été dépassée de huit jours, ils sont mis en prison et privés de congé pendant un an.

Les officiers qui s'absentent sans permission sont punis des arrêts de rigueur, si cette absence a duré quarante-huit heures; si elle a duré huit jours, ils sont mis en prison et privés de congé pendant un an.

Permissions pour les sous-officiers, brigadiers et canonniers.

Exemptions d'appel du matin et de deux heures.

321. Les exemptions d'un appel du matin ou d'un appel de deux heures sont accordées, soit par l'officier de semaine, soit par le maréchal des logis chef. En leur absence, elles peuvent être accordées aux brigadiers et canonniers par le maréchal des logis de semaine. Ces deux sous-officiers en rendent compte à l'officier de semaine, qui en informe l'adjudant-major de semaine et le capitaine commandant.

Les exemptions pour les deux appels ne sont accordées que par l'officier de semaine.

Les permissions pour manquer à la soupe [sont accordées par le brigadier de chambrée, qui en rend compte au maréchal des logis de semaine.

Exemptions d'appel du soir.

322. Les exemptions d'appel du soir sont accordées par le capitaine commandant; elles sont demandées au maréchal des logis chef, qui les lui soumet lorsqu'il lui porte le rapport; elles sont signées par le capitaine commandant et contre-signées par l'adjudant de semaine; ceux qui les obtiennent les remettent au maréchal des logis de la garde de police en rentrant au quartier.

Si, dans le courant de la journée, un brigadier ou un canonnier a besoin de l'exemption de l'appel du soir, il s'adresse au maréchal des logis chef, qui la demande à l'officier de semaine; celui-ci est autorisé à l'accorder lorsqu'il en reconnaît l'urgence. Dans ce cas, elle est signée par lui; il en rend compte au capitaine de semaine. Le maréchal des logis chef en rend compte au capitaine commandant le lendemain matin.

Exemptions d'exercice et d'évolutions.

323. Les exemptions d'exercice et d'évolutions sont accordées aux sous-officiers, brigadiers et canonniers par le capitaine commandant, sur la demande de l'officier de petite semaine ou du maréchal des logis chef.

Elles sont accordées par le capitaine instructeur aux sous-officiers, brigadiers et canonniers attachés aux classes d'instruction sous sa direction, ainsi qu'aux recrues qui en font partie. Les unes et les autres, quand elles doivent durer plus d'un jour, sont demandées au rapport.

Permissions pour découcher ou pour quitter la garnison.

324. Les permissions pour découcher sans quitter la garnison sont demandées au rapport.

Les permissions de s'absenter de la garnison sont demandées par les capitaines commandants et accordées comme celles des officiers.

Permissions permanentes pour les sous-officiers.

325. Les maréchaux des logis, lorsqu'ils ne sont pas de semaine, et les fourriers, sont dispensés de se trouver le soir à l'appel; tous les sous-officiers qui ne sont pas de semaine sont autorisés à ne rentrer au quartier qu'une heure après cet appel. Le colonel retire cette permission lorsqu'il en est fait abus ou que le service l'exige.

Lorsqu'après l'appel du soir les sous-officiers sortent du quartier ou y rentrent, ils sont tenus de se présenter au maréchal des logis de la garde de police.

Les punitions privent d'exemptions et de permissions.

326. Hors le cas de nécessité reconnue, les exemptions et les permissions ne sont accordées qu'à des hommes dont la conduite est habituellement régulière.

Tout sous-officier, brigadier et canonnier, qui a été puni de la cellule de correction, de la prison ou de la salle de police, est privé de permissions et d'exemptions pendant le reste de la semaine et le dimanche suivant.

Dispositions communes aux divers grades.

327. Le nombre des permissions et des exemptions d'exercice est limité par le colonel, lorsqu'il le juge nécessaire.

Les permissions accordées pour la journée et au delà sont mentionnées au rapport.

CHAPITRE XXXVII.
Punitions.

Fautes contre la discipline.

328. Sont réputés fautes contre la discipline et punis comme telles, suivant leur gravité :

De la part du supérieur : tout propos injurieux, toute voie de fait envers un subordonné, toute punition injustement infligée.

De la part de l'inférieur : tout murmure, mauvais propos ou défaut d'obéissance, quelque raison qu'il croie avoir de se plaindre ; l'infraction des punitions ; l'ivresse dans tous les cas, même quand elle ne trouble pas l'ordre ; le dérangement de conduite ; les dettes ; les querelles entre militaires ou avec des citoyens ; le manque aux appels, à l'instruction, aux différents services ; les contraventions aux ordres et aux règles de police ; enfin, toute faute contre le devoir militaire provenant de négligence, de paresse, ou de mauvaise volonté.

Les fautes sont toujours plus graves quand elles sont réitérées et surtout habituelles, et quand elles ont lieu pendant la durée du service, ou lorsqu'il s'y joint quelque circonstance qui peut porter atteinte à l'honneur ou entraîner du désordre.

Tout supérieur qui rencontre un inférieur pris de vin, ou troublant la tranquillité publique, ou dans une tenue indécente, doit employer son influence et même son autorité pour le faire rentrer dans l'ordre, à quelque corps ou à quelque arme qu'il appartienne. Toutefois il doit, autant que possible, éviter de se commettre avec lui, particulièrement lorsque l'inférieur est en état d'ivresse; il cherche à le faire arrêter par ses camarades, et au besoin par la garde.

A moins de nécessité absolue, la punition encourue par un homme ivre ne doit lui être infligée que lorsque l'état d'ivresse a cessé.

L'ivresse ne pourra, en aucun cas, être invoquée comme une circonstance atténuante.

Droit de punir.

329. En ce qui concerne le service et l'ordre public, tout militaire peut être puni par un militaire d'un grade supérieur au sien, quels que soient l'arme et le corps de celui-ci.

Nul ne peut être puni de plusieurs peines de discipline, simultanément ni successivement, pour une seule et même faute.

Tout supérieur qui inflige une punition à un militaire d'un autre régiment en rend compte sur-le-champ au commandant de la place, qui en informe le chef du corps auquel appartient le militaire puni.

L'officier commandant par intérim une batterie a le droit d'infliger les mêmes punitions que le capitaine commandant.

L'officier supérieur commandant par intérim le régiment a le droit d'infliger les mêmes punitions que le colonel.

Tout capitaine, lieutenant ou sous-lieutenant, commandant un détachement, a le droit d'infliger les punitions que les articles 332, 344, 348 et 349 assignent aux attributions des officiers supérieurs; l'officier supérieur commandant un détachement a les mêmes droits à cet égard que le colonel, sauf ce qui est dit article 332.

Le commandant du régiment peut augmenter ou diminuer les punitions; il peut en changer la nature et même les faire cesser. Dans ce cas il fait sentir à celui qui a puni l'erreur qu'il a commise, et le charge de lever la punition. Il le punit

16

lui-même, s'il est reconnu qu'il y ait de sa part abus d'autorité.

Dans les corps qui ne sont composés que d'une batterie, l'officier commandant a le droit d'infliger les mêmes punitions qu'un chef d'escadrons dans un régiment. Lorsqu'il y a lieu d'ordonner des punitions plus graves, il en rend compte au commandant de place, qui prononce.

Impartialité dans les punitions.

330. Les punitions doivent être proportionnées, non-seulement aux fautes, mais encore à la conduite habituelle de chaque homme, au temps de service qu'il a accompli et à la connaissance qu'il a des règles de la discipline. Elles doivent être infligées avec justice et impartialité, et jamais par aucun sentiment de haine ni de passion.

Le supérieur doit s'attacher à prévenir les fautes; lorsqu'il est dans l'obligation de punir, il recherche avec soin toutes les circonstances atténuantes. En infligeant une punition, il ne se permet jamais des propos outrageants; le calme du supérieur fait connaître qu'en punissant il n'est animé que par le bien du service et le sentiment de son devoir.

Punitions des officiers.

Nature des punitions.

331. Les punitions à infliger aux officiers pour fautes de discipline sont :

Les arrêts simples;

La réprimande du colonel;

Les arrêts de rigueur;

La prison.

La réprimande a lieu en présence seulement d'un ou de plusieurs officiers du grade supérieur, ou en présence aussi des officiers du même grade réunis à cet effet.

La durée des arrêts simples ne peut excéder trente jours; il en est de même de celle des arrêts de rigueur. La prison ne peut être ordonnée pour plus de quinze 'jours; cette dernière punition est toujours mise à l'ordre.

Le chef de musique est punissable pour les fautes contre la discipline par les officiers desquels il relève (les officiers supérieurs, les adjudants-majors et l'officier d'habillement), dans les conditions et les limites déterminées pour chaque grade par l'ordonnance du 2 novembre 1833.

Arrêts simples.

332. Un officier peut être mis aux arrêts simples par tout autre officier d'un grade supérieur, ou même d'un grade égal, si ce dernier est plus ancien, ou s'il est adjudant-major, et s'il a le commandement du détachement, de la garnison ou du cantonnement dont l'autre fait partie.

Un lieutenant peut ordonner les arrêts simples pendant quatre jours; un adjudant-major ou un capitaine pendant huit; un capitaine commandant, dans sa batterie, ou un officier supérieur pendant quinze, le colonel pendant trente jours.

Un officier aux arrêts simples n'est exempt d'aucun service; il est tenu de garder la chambre sans recevoir personne, excepté pour affaire de service.

Le droit de punition du chef de musique à l'égard du sous-chef et des musiciens est celui attribué aux commandants de compagnie à l'égard des sous-officiers.

Arrêts de rigueur et prison.

333. Les arrêts de rigueur et la prison ne peuvent être ordonnés que par le commandant du régiment. Ces punitions suspendent de toutes fonctions militaires. Elles obligent l'officier puni à remettre son épée ou son sabre, et à payer la sentinelle lorsqu'il est jugé nécessaire d'en placer une à sa porte. Il lui est fait à ce sujet une retenue journalière du cinquième de ses appointements.

Cette retenue est versée à l'ordinaire des hommes qui ont fourni la garde.

L'épée d'un officier supérieur aux arrêts de rigueur ou en prison est portée chez le colonel par un adjudant-major, et celle d'un officier inférieur, par un adjudant.

Comment sont ordonnées les punitions.

334. Les arrêts peuvent être ordonnés de vive voix ou par un billet cacheté ; ce billet, qui indique le jour de l'expiration des arrêts, est porté par l'adjudant-major de semaine aux officiers supérieurs, et par l'adjudant de semaine aux autres officiers. Un officier d'un grade supérieur à l'officier puni ou plus ancien que lui peut seul être chargé de lui signifier verbalement les arrêts. Les arrêts sont mis à l'ordre lorsque l'intérêt de la discipline l'exige.

Compte rendu.

335. Tout officier qui a ordonné les arrêts à un officier de la même batterie que lui, en rend compte sur-le-champ au capitaine commandant, qui en instruit le chef d'escadrons.

Si c'est un officier d'une autre batterie, mais sous les ordres du même chef d'escadrons, le compte est rendu à ce dernier, qui en fait informer le capitaine commandant.

Si l'officier puni appartient aux autres batteries, l'officier qui a ordonné la punition en rend compte directement au lieutenant-colonel, qui en fait donner avis au chef d'escadrons ; celui-ci en fait prévenir le capitaine commandant.

Les chefs d'escadrons et le major rendent compte sur-le-champ au lieutenant-colonel des punitions infligées aux officiers sous leurs ordres.

Le colonel rend compte des arrêts simples dans les rapports périodiques qu'il adresse au général de brigade. Lorsqu'il inflige les arrêts de rigueur ou la prison, il lui en rend compte immédiatement.

Levées de arrêts.

336. Les arrêts cessent à l'époque fixée pour l'expiration de la punition et sans autres formalités.

Tout officier doit, en sortant des arrêts ou de prison, se présenter chez celui par l'ordre duquel il a été puni, et le faire avec la déférence convenable. L'officier qui l'a puni l'a fait prévenir de l'heure et du lieu où il le recevra; l'un et l'autre sont dans la tenue du jour. Un officier d'un grade supérieur ou égal à l'officier puni peut être présent à cette visite; il ne doit pas s'y trouver d'officier inférieur en grade à l'officier puni.

Fautes pendant les arrêts.

337. Si un officier aux arrêts simples commet une faute, tout supérieur peut augmenter la durée de sa punition. Le commandant du régiment peut seul changer les arrêts simples en arrêts de rigueur, et ceux-ci en prison.

L'officier qui viole ses arrêts est puni de la prison.

Adjudants-majors; officiers comptables.

338. En ce qui concerne leur service spécial, les adjudants-majors ne sont punis que par les officiers supérieurs; les officiers comptables ne peuvent l'être que par le colonel, le lieutenant-colonel ou le major. Pour ce qui est étranger à leur service, les uns et les autres peuvent être punis par tout officier d'un grade supérieur au leur.

Médecins.

339. Le médecin-major ne peut être puni que par le colonel ou par le lieutenant-colonel; le médecin aide-major ne peut l'être que par les officiers supérieurs ou par le médecin-major.

Le médecin-major s'adresse au lieutenant-colonel lorsqu'il a une punition à demander contre un lieutenant ou un sous-lieutenant.

Vétérinaires.

Les vétérinaires de 1re et 2e classe ne peuvent être punis que par les officiers supérieurs

16.

Les aides-vétérinaires ne peuvent être punis que par les officiers supérieurs et les capitaines.

Les autres officiers peuvent seulement provoquer leur punition près du chef de corps.

Les vétérinaires sont subordonnés, les uns aux autres, d'après leur rang dans la hiérarchie, conformément à l'article 7 du décret du 28 janvier 1852 : chacun d'eux peut être puni par son supérieur.

Les punitions que peuvent encourir les vétérinaires sont déterminées ainsi qu'il suit :

Les arrêts simples ;

La réprimande du colonel ;

Les arrêts de rigueur ;

La prison.

Les vétérinaires provoquent, de la part du capitaine instructeur, des punitions pour tous les sous-officiers du corps, pour infractions dans le service général de l'infirmerie.

Dans tous les autres cas où ils auraient à se plaindre d'un canonnier, brigadier ou sous-officier, ils portent plainte à l'adjudant-major de semaine ou au capitaine commandant qui prononce la punition, s'il y a lieu.

Punitions demandées par les membres d'intendance.

340. Lorsque le sous-intendant militaire a sujet de se plaindre du major, *pour des faits particuliers à l'administration du trésorier ou de l'officier d'habillement,* il en informe le colonel, et, s'il y a lieu, demande leur punition. Le colonel ne peut la refuser que par des considérations majeures, dont il rend compte immédiatement au général de brigade.

Il en est de même à l'égard des médecins, en ce qui concerne leur service aux hôpitaux.

Punitions infligées par les commandants de place.

341. Les commandants de place peuvent mettre aux arrêts simples tout officier d'un grade égal au leur ; ils en rendent

compte au général de brigade, qui, sur leur rapport, et après avoir pris, s'il y a lieu, les renseignements nécessaires, fixe la durée de la punition.

Les commandants de place peuvent mettre aux arrêts de rigueur et en prison les officiers d'un grade qui leur est inférieur. Ils ont, quant à la durée des punitions qu'ils leur infligent, les mêmes droits qu'un colonel ; ils informent les chefs de corps des punitions qu'ils ont infligées à leurs subordonnés ; ils en rendent compte au général de brigade.

Punitions infligées par les généraux.

342. Le général de brigade et le général de division sous les ordres desquels le corps est placé peuvent diminuer, augmenter ou changer la punition des arrêts de rigueur et de la prison ; le général de brigade peut prolonger jusqu'à trente jours la durée de la prison ; il en rend compte au général de division. Le général de division peut infliger la prison ou la détention dans un fort pendant soixante jours ; il en rend compte sur-le-champ au ministre de la guerre.

Tout autre officier général peut ordonner les arrêts et la prison aux officiers de tout grade, en se renfermant dans les limites prescrites par l'article 331 ; il en rend compte au général de division commandant la division.

Punitions des sous-officiers.

Nature des punitions.

343. Les punitions à infliger aux sous-officiers sont :
La privation de sortie du quartier après l'appel du soir ;
La consigne au quartier ou dans la chambre ;
La salle de police ;
La prison.

Pour les fautes de tenue, soit personnelles, soit relatives à leur troupe, les sous-officiers sont punis de la consigne.

Pour les fautes contre la discipline intérieure, ils sont punis de la salle de police.

Pour les fautes plus graves, entre autres celles qu'ils commettent pendant un service armé ou en état d'ivresse, ils sont punis de la prison.

La punition de la consigne ne peut être infligée pour plus de trente jours; il en est de même de la punition de la salle de police.

La prison ne peut être infligée pour plus de quinze jours.

Par qui ordonnées.

344. Les punitions sont ordonnées aux sous-officiers de la manière suivante :

Par les maréchaux des logis chefs, quatre jours de consigne ou deux jours de salle de police;

Par le maréchal des logis chef, dans sa batterie, par les adjudants, les sous-lieutenants ou les lieutenants, huit jours de consigne, ou quatre jours de salle de police;

Par les adjudants-majors ou par les capitaines, quinze jours de consigne, ou huit de salle de police, ou quatre de prison;

Par le capitaine commandant, dans sa batterie, ou par les officiers supérieurs, trente jours de consigne, ou quinze de salle de police, ou huit de prison.

Le colonel peut ordonner jusqu'à trente jours de salle de police ou quinze de prison.

Les punitions à infliger aux sous-officiers d'état-major et à ceux du peloton hors rang sont prononcées, pour ce qui regarde leur service spécial, par les officiers qui en ont la direction; pour tout autre objet, elles le sont par tout supérieur en grade.

Le sous-chef de musique est punissable pour les fautes contre la discipline, par les officiers desquels il relève respectivement (le sous-chef relève du chef de musique et de tous les officiers), dans les conditions et les limites déterminées pour chaque grade et chaque position par l'ordonnance du 2 novembre 1833.

Le sous-chef de musique a, à l'égard des musiciens, le droit de punition dévolu aux adjudants sous-officiers.

Lorsque le chef ou le sous-chef de musique ont à se plaindre d'un sous-officier, brigadier ou canonnier, ils adressent une plainte à l'adjudant-major de semaine ou au commandant de la batterie, qui font droit, s'il y a lieu.

Les soldats-musiciens sont subordonnés d'une manière absolue, pour tous les détails du service, tant spécial que militaire, au chef de musique et subsidiairement au sous-chef; ils relèvent, en outre, quant au service militaire, de tous les officiers, adjudants et sous-officiers.

Consignés.

345. Les sous-officiers consignés ne sont dispensés d'aucun service; lorsque leur service exige qu'ils sortent du quartier, ils en préviennent l'adjudant de semaine, et reprennent leur punition aussitôt après.

Salle de police; prison.

346. Tout service est interdit aux sous-officiers à la salle de police ou en prison; ceux qui sont à la salle de police assistent, dans la même tenue que les autres sous-officiers, à toutes les classes d'instruction auxquelles ils sont attachés; ceux qui sont en prison n'y assistent pas.

Punitions des brigadiers et canonniers.

Nature des punitions.

347. Les punitions à infliger aux brigadiers et aux canonniers sont :

La consigne au quartier;

La salle de police;

La prison;

La cellule de correction;

L'interdiction de porter le sabre.

Pour les fautes légères dans les chambrées, pour irrégularité dans la tenue, pour négligence ou paresse à l'instruction, pour manque aux appels de la journée, les brigadiers et canonniers sont punis par la consigne; les canonniers peuvent l'être aussi par une ou plusieurs corvées.

Pour négligence dans l'entretien de leurs effets ou de leurs armes, les canonniers sont punis par un ou plusieurs jours d'inspection avec la garde.

Pour manque à l'appel du soir, pour mauvais propos, désobéissance, querelle, ivresse, les brigadiers et canonniers sont punis de la salle de police.

Pour les fautes plus graves, particulièrement lorsqu'elles sont commises pendant un service armé ou en état d'ivresse, ils sont punis de la prison ou même de la cellule de correction.

Pour avoir tiré le sabre dans des rixes particulières, ils sont, pour un temps déterminé, et indépendamment des autres punitions qu'ils peuvent avoir encourues, privés de la faculté de porter cette arme, même, si le cas est grave, pendant le service.

Toutefois, s'ils sont sévèrement punissables pour avoir tiré le sabre sans être attaqués, ils ne doivent pas hésiter à s'en servir lorsqu'ils sont dans le cas de légitime défense.

La punition de la consigne ne peut être infligée pour plus de trente jours; il en est de même de la punition de la salle de police.

La prison ne peut être infligée pour plus de quinze jours, la cellule de correction ne peut l'être que pour huit et en déduction d'autant de jours de prison.

Par qui ordonnées aux brigadiers.

348. Les punitions sont ordonnées aux brigadiers de la manière suivante :

Par les sous-officiers, quatre jours de consigne, ou deux jours de salle de police ;

Par le maréchal des logis chef dans sa batterie, par les adjudants, les sous-lieutenants ou les lieutenants, huit jours de consigne, ou quatre de salle de police, et huit jours d'interdiction de port du sabre ;

Par les adjudants-majors ou les capitaines, quinze jours de consigne, ou huit de salle de police, ou quatre de prison, et quinze jours d'interdiction de port du sabre ;

Par le capitaine commandant dans sa batterie, ou par les officiers supérieurs, trente jours de consigne, ou quinze jours de salle de police, ou huit de prison, et trente jours d'interdiction de port du sabre.

Le colonel peut infliger trente jours de salle de police ou quinze de prison, et ordonner la cellule de correction. Il peut interdire le port du sabre pendant soixante jours.

Les brigadiers sont mis dans les mêmes salles de police et prison que les sous-officiers.

Par qui ordonnées aux canonniers.

349. Les corvées et l'inspection avec la garde peuvent être ordonnées aux canonniers par les autorités de tout grade.

Les autres punitions sont ordonnées de la manière suivante :

Par les brigadiers et le brigadier-fourrier, quatre jours de consigne, ou deux de salle de police ;

Par les sous-officiers, huit jours de consigne, ou quatre de salle de police ;

Par le maréchal des logis chef dans sa batterie, par les adjudants, les sous-lieutenants ou les lieutenants, quinze jours de consigne, ou huit de salle de police, et quinze jours d'interdiction de port du sabre ;

Par les adjudants-majors ou les capitaines, trente jours de consigne, ou quinze de salle de police, ou quatre de prison, et trente jours d'interdiction de port du sabre ;

Par le capitaine commandant dans sa batterie, ou par les officiers supérieurs, trente jours de consigne ou de salle de police, ou huit jours de prison, et soixante jours d'interdiction de port du sabre. .

Le colonel peut infliger quinze jours de prison, et ordonner la cellule de correction. Il peut interdire le port du sabre pendant quatre-vingt-dix jours.

Service des hommes punis.

350. Les brigadiers et les canonniers consignés ou détenus à la salle de police ne sont dispensés d'aucun service ; ils assistent à toutes les classes d'instruction auxquelles ils sont attachés ; ils reprennent leur punition au retour ; les sous-officiers et les brigadiers de semaine en sont responsables. Ils sont, en outre, exercés deux fois par jour et pendant deux heures en peloton de punition, sous le commandement d'un sous-officier désigné à cet effet ; ils ne le sont qu'une fois les jours d'exercice du régiment.

Les canonniers consignés ou détenus à la salle de police sont employés aux corvées du quartier.

Les brigadiers et les canonniers punis de prison ne font pas de service, mais ils assistent, pendant trois heures le matin et trois heures le soir, à un peloton de punition spécial, et les canonniers sont, en outre, employés aux corvées de propreté du quartier les plus pénibles. Les centimes de poche des uns et des autres sont versés en totalité aux ordinaires dont ils font partie. Il en est de même des rations de vin, d'eau-de-vie et de sucre et de café, dont l'usage leur est entièrement interdit.

Les canonniers punis de la cellule de correction reçoivent, comme nourriture, le pain et la soupe, sans viande, une fois par jour.

Dans les prisons comme dans les cellules de correction, les hommes ne reçoivent qu'une couverture ; toutefois, dans des circonstances exceptionnelles de température, le chef de corps peut y faire ajouter la paille de couchage et une demi-couverture. En aucun cas, il ne leur sera délivré de demi-fourniture.

Les punitions disciplinaires de prison seront toujours subies au corps.

Dispositions communes aux sous-officiers, brigadiers et canonniers.

351. Tout officier, sous-officier ou brigadier qui inflige une punition, doit en faire informer le capitaine commandant par le maréchal des logis chef de la batterie à laquelle appartient l'homme puni, en indiquant le motif de la punition et le jour auquel elle expire.

A l'expiration des punitions, l'adjudant de semaine fait élargir les hommes punis, et les fait conduire à leur batterie par les brigadiers de semaine.

Lorsque des maréchaux des logis et des brigadiers sont chefs de poste, ils peuvent infliger aux hommes de service sous leurs ordres les punitions que les lieutenants sont autorisés à ordonner par les articles 348 et 349.

Les capitaines commandants peuvent, dans leur batterie, augmenter les punitions infligées par leurs subordonnés; ils en rendent compte. Lorsqu'il y a lieu à diminuer les punitions, ils en font la demande par la voie du rapport.

Les médecins peuvent infliger la consigne ou la salle de police aux sous-officiers, aux brigadiers et aux canonniers; ils rendent compte au lieutenant-colonel, qui, sur leur demande, fixe la durée de la punition et la fait porter au rapport.

Le droit de consigner au quartier la totalité ou une fraction d'une troupe n'appartient qu'aux officiers généraux sous les ordres desquels elle se trouve, au commandant de la place et au commandant de cette troupe; ce dernier, lorsqu'il a jugé nécessaire d'ordonner cette punition, en informe sur-le-champ le commandant de la place et lui en fait connaître les motifs; il en rend compte au général de brigade. Hors le cas d'urgente nécessité, cette consigne ne peut, sans l'autorisation du général de brigade ou du commandant de la place, être infligée pour plus de vingt-quatre heures. Le colonel peut ordonner que tous les officiers des batteries consignées se trouvent au quartier.

Formes pour suspendre et pour casser des sous-officiers, brigadiers ou artificiers, et pour faire descendre des canonniers de la première classe à la seconde.

Suspensions et cassations.

352. Les sous-officiers et les brigadiers peuvent être suspendus de leurs fonctions pendant un temps déterminé qui n'excédera pas deux mois; ils seront astreints pendant ce temps au service du grade inférieur.

Les adjudants peuvent être replacés dans l'emploi de maréchal des logis chef ou celui de maréchal des logis; les maréchaux des logis chefs, dans l'emploi de maréchal des logis; les maréchaux des logis, dans le grade de brigadier.

Enfin les maréchaux des logis chefs, les maréchaux des logis, les brigadiers et les artificiers peuvent être cassés et replacés dans les rangs des canonniers.

Les suspensions sont prononcées par le commandant du régiment.

A moins de circonstances majeures et inopinées, le commandant du régiment n'inflige cette punition que sur la proposition du capitaine commandant, l'avis du chef d'escadrons et celui du lieutenant-colonel.

Si les motifs concernent l'administration, le major donne aussi son avis.

Si la faute a été commise dans un poste ou pendant tout service soumis à la surveillance des adjudants-majors et des adjudants, la proposition de l'adjudant-major de semaine et l'avis du chef d'escadrons de semaine remplacent la proposition du capitaine commandant et l'avis du chef d'escadrons.

Lorsqu'il y a lieu de faire descendre un sous-officier au grade ou à l'emploi inférieur, le capitaine commandant dresse une plainte qui est remise au colonel, après avoir été revêtue de l'avis du chef d'escadrons, de celui du lieutenant-colonel, et, si les faits sont relatifs à l'administration, de celui du major. Cette plainte doit être accompagnée du relevé des punitions et de l'état des services du sous-officier. S'il s'agit d'un adjudant, le plus ancien adjudant-major dresse la plainte et le plus ancien chef d'escadrons donne son avis.

Si la plainte est motivée principalement sur une faute commise dans un poste ou pendant un service soumis à la surveillance des adjudants-majors et des adjudants, elle est accompagnée en outre du rapport de l'adjudant-major de semaine, visé par le chef d'escadrons de semaine.

Le colonel adresse le tout au général de brigade avec un rapport spécial.

Le général de brigade prend de nouvelles informations, entend, s'il y a lieu, le prévenu, et prononce.

La cassation, portant atteinte à toute la carrière militaire, ne doit être employée qu'avec la plus grande circonspection, et pour les fautes très-graves ou l'incorrigibilité bien reconnue.

Lorsqu'il y a lieu de casser un maréchal des logis chef, un maréchal des logis ou un brigadier, on suit la marche qui vient d'être tracée pour faire descendre un sous-officier au grade ou à l'emploi inférieur.

La cassation d'un brigadier est prononcée par le général de brigade.

La cassation d'un maréchal des logis ou d'un maréchal des logis chef est prononcée par le général de division; le général de brigade lui adresse à cet effet les pièces avec son avis et les renseignements qu'il a pris soin de recueillir.

Les pièces concernant les cassations ou le renvoi dans un grade ou emploi inférieur sont remises au colonel, qui les fait déposer aux archives du corps pour être représentées à l'inspecteur général, qui s'assure que toutes les formes ont été observées.

Lorsque des sous-officiers et brigadiers sont membres de la Légion d'honneur *ou décorés de la Médaille militaire*, ils ne peuvent être cassés que d'après l'autorisation du ministre de la guerre, et sur la proposition du général de division;

dans tous les cas, ils peuvent être suspendus de leurs fonctions.

Les artificiers et les canonniers de première classe sont cassés par le colonel sur le rapport du capitaine commandant, l'avis du chef d'escadrons et celui du lieutenant-colonel. En ce qui concerne le peloton hors rang, l'officier d'habillement a les mêmes attributions que le capitaine commandant une batterie, et l'avis du major remplace celui du chef d'escadrons.

Lorsqu'une ou plusieurs batteries sont détachées hors de la division où se trouve le régiment, le pouvoir de casser les artificiers et les canonniers de première classe et de suspendre les sous-officiers et brigadiers appartient au commandant du détachement, qui en rend compte au colonel; lorsqu'il y a lieu de casser des sous-officiers ou brigadiers, le commandant du détachement envoie au colonel le rapport et les pièces à l'appui, et prend ses ordres. En temps de guerre, il envoie directement au général de brigade le rapport et les pièces; il rend compte au colonel. En tout temps, lorsque le colonel est avec une partie du régiment hors de France, le commandant de dépôt et les commandants des portions du corps restées dans l'intérieur se conforment à cette dernière disposition.

En cas d'inconduite habituelle ou de négligence dans l'accomplissement du service, le ministre prononce la révocation des sous-chefs, qui redeviennent soldats-musiciens. Les musiciens peuvent être, en raison des mêmes motifs, renvoyés dans le rang par les généraux commandant la brigade ou la subdivision, pour y servir comme simples soldats.

Comment exécutées.

353. Les suspensions sont mises à l'ordre, ainsi que les cassations. L'ordre annonce aussi quand un sous-officier descend à un grade ou emploi inférieur.

Les sous-officiers et les brigadiers qui sont cassés passent dans une autre batterie.

Les sous-officiers suspendus reçoivent leur nourriture de l'ordinaire de leur batterie.

CHAPITRE XXXVIII.

Réclamations.

Disposition générale.

354. Les réclamations individuelles sont les seules autorisées.

Réclamations par suite de punitions.

355. Des punitions injustes ou trop sévères pouvant être infligées par suite de rapports inexacts, d'informations mal prises, ou par des motifs particuliers étrangers au service, les réclamations sont admises en se conformant aux règles suivantes :

Quel que soit l'objet de la réclamation, elle ne peut être portée qu'aux officiers ou aux généraux sous les ordres immédiats desquels se trouve placé le militaire qui la fait.

Tout militaire recevant l'ordre d'une punition doit d'abord s'y soumettre ; les sous-officiers, les brigadiers ou les canonniers peuvent ensuite adresser leurs réclamations au capitaine commandant ; les officiers peuvent soumettre les leurs à leur chef d'escadrons ou au lieutenant-colonel.

Les réclamations relatives aux punitions infligées pendant le service sont, de préférence, adressées à l'adjudant, à l'adjudant-major ou au chef d'escadrons de semaine.

Un homme qui réclame étant dans l'ivresse ne peut être entendu.

Les officiers et les sous-officiers doivent écouter avec calme les réclamations, en vérifier avec soin l'exactitude et y faire droit lorsqu'elles sont fondées ; mais ils peuvent augmenter les punitions contre lesquelles on a réclamé sans de justes motifs.

CHAPITRE XL.

Conseils de discipline pour les canonniers.

Envoi aux compagnies de discipline.

377. Les canonniers qui, sans avoir commis des délits justiciables des conseils de guerre, persévèrent néanmoins à porter le trouble et le mauvais exemple dans le régiment, sont désignés au général de division pour être incorporés dans une compagnie de discipline.

Lorsqu'un capitaine commandant juge qu'un canonnier de sa batterie a mérité d'être envoyé dans une compagnie de discipline, il en fait le rapport, par écrit, à son chef d'escadrons, en précisant les fautes ou les contraventions du canonnier, les punitions qui lui ont été infligées, et les récidives qui donnent à sa conduite un caractère de persévérance dangereux pour l'ordre et la police du corps. Le chef d'escadrons adresse ce rapport avec son avis au lieutenant-colonel, qui le transmet au colonel. Le colonel, ou, lorsqu'il est absent, le commandant du régiment, convoque un conseil de discipline, composé d'un chef d'escadrons, des trois plus anciens capitaines et des trois plus anciens lieutenants du régiment pris hors de la batterie à laquelle appartient le militaire inculpé.

Lorsque deux ou plusieurs batteries sont détachées ensemble hors du département dans lequel le régiment est stationné, le conseil de discipline est convoqué, sur la demande de l'officier commandant ces batteries, par le général de brigade commandant la brigade ou la subdivision militaire dont les batteries font partie; il est composé du plus ancien capitaine, des deux plus anciens lieutenants et des deux plus anciens sous-lieutenants pris, toutes les fois qu'il est possible, hors de la batterie à laquelle appartient le canonnier inculpé.

Le chef d'escadrons sous les ordres duquel se trouve la batterie dont le canonnier fait partie, le capitaine commandant et le plus ancien adjudant-major, sont consultés; lorsqu'ils se sont retirés, le canonnier est entendu dans sa défense. Le conseil rédige ensuite son avis motivé, et le remet au colonel. Si cet avis est défavorable au canonnier, le colonel le transmet, avec son opinion particulière, au général de brigade ; il y joint le rapport du capitaine commandant, l'avis du chef d'escadrons, l'état signalétique et de services du canonnier inculpé et celui de ses punitions. Ces deux états sont en double expédition. Le général de brigade adresse ces pièces, avec son avis, au général de division, qui prononce et qui, s'il y a lieu, fait diriger le militaire sur une des compagnies de discipline que le ministre lui a désignée à l'avance. Le canonnier attend dans la prison de la place la décision du général de division.

Quand le général de division juge que tous les moyens de répression n'ont pas été épuisés, il ne donne pas suite à la demande du conseil ; il peut infliger au canonnier que cette demande concerne une détention dans un fort ou dans une prison militaire ; cette détention ne doit pas excéder deux mois.

Dans tous les cas, il rend compte au ministre.

CHAPITRE XLI.

Assiette du logement ; casernement.

Par qui les détails en sont suivis.

378. En arrivant dans une garnison, le major reçoit de l'adjoint au trésorier, qui a devancé la troupe, les premiers renseignements sur l'établissement du régiment ; il fait, en se conformant aux règlements, les dispositions nécessaires pour l'assiette du logement ; le porte-étendard est chargé, sous ses ordres, de suivre tous les détails du casernement.

Logement des batteries.

379. Soit que le régiment occupe une ou plusieurs casernes, soit qu'il loge chez l'habitant, le logement est assis selon

l'ordre de bataille des batteries, et, dans les batteries, selon le rang des pièces.

Le maréchal des logis chef, le maréchal des logis fourrier et le brigadier fourrier logent ensemble, autant que possible, dans une chambre particulière au centre de la batterie.

Les maréchaux des logis logent ensemble.

Logement du petit état-major et du peloton hors rang.

380. Les adjudants ont chacun une chambre ; à défaut de chambre particulière, ils logent ensemble.

Le vaguemestre loge toujours seul.

Le trompette maréchal des logis et le trompette-brigadier logent ensemble.

Lorsque le régiment occupe deux quartiers, on loge dans chacun d'eux, si cela est jugé nécessaire, un adjudant et le trompette maréchal des logis ou le trompette-brigadier.

Les maîtres ouvriers logent dans leurs ateliers.

Le peloton hors rang en est logé le plus près possible.

Un emplacement spécial est destiné aux tables des sous-officiers.

État des lieux ; réception des fournitures de couchage.

381. Le porte-étendard constate avec l'officier du génie, avant l'occupation, l'état du quartier que le régiment doit occuper ; il signe l'état des lieux, ainsi que le major.

La réception des fournitures de couchage a lieu à l'arrivée du régiment ; les officiers de petite semaine y assistent ; les fournitures sont examinées avec le plus grand soin : tout ce qu'elles ont de défectueux est constaté par écrit. S'il s'élève des contestations, le major les soumet au sous-intendant militaire.

État, par batterie, des objets de casernement.

382. Le porte-étendard fait dresser par les fourriers l'état de tout ce que contiennent les chambres de leur batterie. Ces états sont vérifiés et arrêtés par les capitaines commandants.

Tableau des logements.

383. Dès que le régiment est établi, le porte-étendard remet au major un état général indiquant le logement des officiers logés dans les bâtiments militaires, celui des batteries et de l'état-major. Le major, après avoir visé cet état, le remet au colonel.

Chaque capitaine commandant remet l'état du logement de sa batterie à son chef d'escadrons.

Registre des bons de fournitures.

384. Le porte-étendard tient un registre sur lequel il inscrit les fournitures et tous les objets de casernement reçus des magasins militaires ainsi que ceux qu'il délivre aux batteries et à l'état-major.

Il reçoit les bons des capitaines commandants pour les batteries, et fait lui-même les bons pour l'état-major et le peloton hors rang ; il soumet les uns et les autres à l'approbation du major, qui vérifie et arrête le registre tous les trois mois.

Visite trimestrielle.

385. Tous les trois mois, il fait une visite générale des fournitures et du casernement ; il en fait prévenir les capitaines commandants ; les officiers de la batterie y assistent. Le porte-étendard prescrit, au compte de qui de droit, la réparation ou le remplacement des objets détériorés ou perdus. Une semblable visite est faite avant le départ du régiment.

S'il y a des réclamations, le major en décide.

Changement des draps de lit.

386. Le porte-étendard fait changer les draps de lit tous les vingt jours en été, et tous les mois en hiver.

Il est donné des draps blancs à tout homme arrivant au régiment ; les draps d'un homme qui s'absente sont retirés.

17.

Nettoyage des cheminées.

387. Le porte-étendard veille à ce que les cheminées soient nettoyées aussi fréquemment qu'il est nécessaire.

Remise du casernement, au départ.

388. Lorsque le régiment doit quitter la garnison, le porte-étendard fait, la veille du départ, dès le matin, rendre, par les fourriers, les fournitures de lits. Les capitaines en second ou, à leur défaut, les officiers de petite semaine assistent à cette remise.

Les chambres, les corridors, les escaliers et les cours des quartiers sont mis dans le plus grand état de propreté ; faute de quoi les frais de balayage qui en résultent sont au compte des batteries.

Le lendemain, dès que le régiment est assemblé, le porte-étendard procède avec le préposé du génie, et en présence des fourriers, à l'estimation des dégradations provenant du fait de la troupe, qui n'ont pas été réparées. S'il y a des contestations, elles sont soumises par le major au sous-intendant militaire.

Ce jour-là, le colonel fait porter l'étendard par le plus ancien maréchal des logis chef.

CHAPITRE XLII.

Tables.

Tables des officiers.

389. Le lieutenant-colonel est spécialement chargé de la surveillance des tables d'officiers ; il règle dans un esprit de rigoureuse économie le prix des pensions, et s'assure que le payement a régulièrement lieu tous les mois.

Les officiers supérieurs vivent ensemble.

Les capitaines et les adjudants-majors forment une table ; les lieutenants et les sous-lieutenants en forment une ou plusieurs autres.

Pendant la saison des semestres, ainsi qu'en route et dans les détachements, les officiers supérieurs peuvent manger avec les capitaines.

Les officiers mariés, dont la famille est au corps, sont autorisés à manger chez eux.

Lorsque le régiment est divisé, ou lorsque, pour tout autre motif, des officiers de différents grades vivent ensemble, les dépenses sont toujours réglées sur les appointements de l'officier le moins élevé en grade.

Tables des sous-officiers.

390. Les adjudants vivent ensemble; il en est de même des maréchaux des logis chefs. En détachement, un adjudant peut vivre avec les maréchaux des logis chefs.

Les maréchaux des logis et les fourriers de la même batterie, ou de plusieurs batteries réunies, vivent également ensemble.

Le prix des pensions des sous-officiers est proportionné à leur solde, et réglé par le lieutenant-colonel.

En détachement, quand les sous-officiers ne peuvent vivre séparément, ils tirent leur subsistance de l'ordinaire des hommes, en y versant cinq centimes de plus que les soldats. La soupe leur est mise à part.

Les adjudants surveillent et dirigent, sous les adjudants-majors, tout ce qui regarde les tables des sous-officiers; ils exigent que les dépenses en soient régulièrement payées. A cet effet, il est placé dans les pensions un cahier servant à recevoir, chaque jour de prêt, les quittances de ceux qui tiennent ces pensions. Le plus ancien adjudant-major vise ce cahier tous les quinze jours au moins.

Repas de corps.

391. Les repas de corps sont généralement interdits; cependant, dans quelques circonstances rares, le colonel, avec l'approbation du général de brigade commandant, peut les autoriser, et dans ce cas ils ont lieu par grade.

CHAPITRE XLIII.

DETTES.

Dettes des officiers.

Devoirs des officiers supérieurs.

392. Les officiers supérieurs doivent donner l'exemple de l'ordre et de l'économie.

Le lieutenant-colonel tient la main à ce qu'aucun officier ne se livre à des dépenses qui le mettent dans le cas de contracter des dettes. Il surveille particulièrement ceux qui ont l'habitude d'en contracter et qui ont le goût du jeu.

Les officiers qui font des dettes sont sévèrement punis; il est fait mention de leur inconduite sous ce rapport au registre du personnel.

Retenues sur les appointements.

393. Lorsque des officiers font des dettes, soit pour leur nourriture, soit pour leur logement, leur tenue ou d'autres fournitures relatives à leur état, la totalité de leurs appointements, moins ce qui est nécessaire pour les dépenses courantes et indispensables, est employée à les acquitter; le colonel, sur le compte qui lui en est rendu par le lieutenant-colonel, donne des ordres pour que le payement soit fait dans le plus bref délai possible; dans ce cas, il peut prescrire aussi que les officiers tirent leur nourriture d'un ordinaire de sous-officiers.

Lorsque des officiers ont des dettes d'une nature autre que celles ci-dessus, elles sont, après l'acquittement des premières, payées au moyen d'une retenue d'un cinquième de leurs appointements. Cette retenue est ordonnée par le colonel, sur l'avis du lieutenant-colonel et la représentation des titres constatant la légitimité des créances; le lieutenant-colonel inscrit en marge de ces titres les termes fixés pour le payement; les acquits sont remis pour comptant aux officiers par le trésorier.

Les indemnités, les gratifications d'entrée en campagne et le traitement de la Légion d'honneur, ne sont pas passibles de cette retenue.

Les retenues ont lieu de plein droit quand elles sont ordonnées par le ministre, ou requises en vertu d'oppositions ou de saisies judiciaires. Tlles n'excluent dans aucun cas l'action des créanciers sur les biens meubles et immeubles de leurs débiteurs, suivant les règles établies par les lois.

Poursuites judiciaires.

394. Les actions en recouvrement de créances sont du ressort des magistrats civils; les officiers et les juges militaires ne peuvent en prendre connaissance qu'à l'armée et hors de France; ils ne peuvent non plus apporter aucun obstacle à la poursuite ou à l'exécution du jugement.

Les armes, les chevaux, les livres, les instruments d'étude, les effets d'habillement et d'équipement dont les règlements prescrivent que les officiers soient pourvus, ne peuvent être saisis ni vendus au profit des créanciers.

Dettes des sous-officiers, des brigadiers et des canonniers.

Vigilance des officiers.

395. Les officiers, et surtout les capitaines commandants, doivent employer une grande vigilance à empêcher les sous-officiers, les brigadiers et les canonniers de faire des dettes; ils punissent avec sévérité ceux qui en contractent.

La suspension et même la cassation sont encourues par les sous-officiers et les brigadiers en cas de récidive.

Les créanciers sont sans recours sur la solde.

396. Il est interdit aux sous-officiers, aux brigadiers et aux canonniers de contracter, sous quelque prétexte que ce soit,

aucun emprunt, dette ou engagement, et les créanciers sont sans recours légal sur leur solde. Lorsque le capitaine commandant a autorisé la dette, il en est responsable; dans ce cas, il peut ordonner des retenues sur la solde des sous-officiers; il les fait alors vivre à l'ordinaire du soldat.

Dans les villes où il n'y a pas d'état-major de place, le colonel, à l'arrivée du régiment, invite l'autorité municipale à faire publier ces dispositions, afin que les habitants ne soient pas exposés à des pertes, et qu'ils ne contribuent pas au dérangement des militaires par une blâmable facilité.

TITRE III.

ROUTES DANS L'INTÉRIEUR.

—

CHAPITRE XLIV.

ROUTES.

Dispositions préliminaires.

Marches militaires.

397. Pour disposer les hommes et les chevaux à la route, il est fait, plusieurs jours avant le départ, des marches militaires avec armes et bagages. Les chevaux reçoivent, pendant les trois jours qui précèdent le départ, le supplément d'avoine déterminé par l'art. 295.

L'adjoint au trésorier devançant le régiment.

398. Un ou deux jours avant que le régiment se mette en route, l'officier adjoint au trésorier part pour faire dans chaque gîte les dispositions suivantes :

1° Il se présente, à son arrivée, chez le général commandant la division ou la subdivision; il remet au commandant de la place, au sous-intendant militaire et au maire, une situation numérique du régiment;

2° Il fait préparer le logement de manière que l'ordre de

bataille soit observé, et que les officiers, les sous-officiers et les canonniers de la même batterie soient logés, autant que possible, dans la même rue ou le même quartier, et à portée de leurs chevaux : il demande pour les chefs d'ordinaire des maisons où la soupe puisse se faire et se manger commodément par pièce; il recommande qu'il ne soit pas délivré de billets de logement pour les maisons qui ne sont pas habitées, et que les habitants qui ne logent pas les militaires chez eux fassent connaître à l'avance les maisons où ils les envoient, afin que les billets soient faits en conséquence, et que les militaires puissent s'y rendre directement;

3° Il fait désigner, pour les chevaux des hommes de service, une écurie voisine du corps de garde de police;

4° Il s'assure qu'on a préparé les denrées nécessaires à la consommation du régiment, ainsi que les voitures destinées aux transports à la suite du corps. Si dans certaines localités il est reconnu nécessaire de passer des marchés pour la viande et le pain de soupe, les maires interviennent dans la fixation du prix de ces denrées. Les marchés doivent exprimer que les distributions se feront par batterie, et, autant que possible, dans chaque cantonnement, si le régiment est divisé.

5° Avant son départ de chaque gîte, il laisse à la mairie, pour le major, une lettre par laquelle il l'informe des mesures prises pour le logement, les vivres et les transports, ainsi que des marchés, s'il en a passé.

Si quelque partie de la troupe doit être détachée en arrière ou sur les côtés du lieu d'étape, il demande au maire un guide pour chaque détachement, et prend les mesures nécessaires pour que le colonel soit prévenu à temps; il lui indique les points où, pour ne pas faire de chemin inutile, les détachements doivent se séparer du régiment, et ceux où ils peuvent rejoindre le lendemain.

Lorsque le régiment doit faire séjour, l'adjoint au trésorier attend le trésorier pour prendre connaissance des mutations.

Tenue.

399. L'ordre de l'avant-veille du départ prescrit la tenue pour la route.

Livres et comptabilité des batteries; contrôles et états pour la route.

400. Les maréchaux des logis chefs réunissent, dans une caisse ou dans un ballot, les registres et les papiers de leur comptabilité, de même que les livres de théories des sous-officiers, brigadiers et canonniers; le tout ficelé et étiqueté par batterie. Cette caisse est mise sur une des voitures à la suite du régiment.

Les effets qui ne doivent point entrer dans le porte-manteau et qu'on permet de conserver, ainsi que ceux qui appartiennent à la batterie en général, sont réunis dans un ballot étiqueté au numéro de la batterie et déposé au magasin d'habillement.

Chaque maréchal des logis chef ne conserve qu'un cahier contenant le contrôle de la batterie, par sections, pièce et camarades de lits, et le contrôle d'ancienneté. Il inscrit sur ce cahier les mutations, les punitions, le prêt, les distributions et les effets délivrés aux hommes pendant la route; il fait préparer les états qui peuvent être demandés pendant la route, tels que feuilles d'appel, feuilles de prêt, états pour le logement, etc.

Ferrure.

401. Le colonel s'assure du bon état de la ferrure; il prescrit aux capitaines commandants de faire pourvoir chaque conducteur monté de deux fers forgés et des clous nécessaires.

Les conducteurs sont responsables de ce dépôt envers les maréchaux.

Chevaux douteux.

402. Les chevaux douteux sont laissés à la garnison; s'ils ne peuvent y être mis en subsistance dans un régiment, le sous-intendant militaire prend les mesures nécessaires pour qu'ils reçoivent les soins d'un vétérinaire de la ville.

Logement.

Composition et départ du logement.

403. Le logement composé de l'adjudant de semaine et des fourriers, ayant avec eux chacun un canonnier, part deux heures avant le régiment.

Le capitaine de semaine part avec le logement et le commande pendant la marche.

Le trésorier part de manière à arriver aussitôt que le logement.

Devoirs du trésorier, du capitaine de semaine et du major, à leur arrivée.

404. Dès son arrivée, le trésorier se rend chez le commandant de la place et chez le sous-intendant militaire, pour les prévenir de l'heure présumée de l'arrivée du régiment; lorsqu'il n'y a pas de commandant de place, il se présente chez le maire. Il prend les mesures nécessaires pour que les voitures demandées par l'adjoint au trésorier, à son passage, soient exactement fournies, et qu'elles puissent être chargées le soir.

Le capitaine de semaine va reconnaître les denrées et le lieu des distributions. S'il y a à se plaindre du poids ou de la qualité, il fait immédiatement ses réclamations au sous-intendant militaire, ou, à son défaut, au maire.

Quand le major est présent, il marche habituellement avec le logement; il dirige les officiers qui sont chargés des détails du logement et des subsistances; il fait toutes les démarches que le bien du service peut rendre nécessaires.

Devoirs de l'adjudant.

405. L'adjudant, après s'être assuré que le logement est fait conformément aux principes établis, en forme un état sommaire indiquant les rues occupées par les différentes batteries, et le remet au major ; il distribue ensuite aux fourriers les billets de logement pour leur batterie.

Il reconnaît le corps de garde de police, les abreuvoirs et les endroits les plus convenables pour les divers rassemblements. Il visite le logement du colonel et celui du lieutenant-colonel.

Il va au-devant du régiment, le conduit sur la place, et remet aux officiers d'état-major leurs billets de logement.

Il établit la garde de police et remet au commandant de cette garde une note indiquant les logements des officiers de l'état-major, des médecins, des adjudants, des vétérinaires, du vaguemestre et du maréchal des logis trompette.

Devoirs des fourriers.

406. Aussitôt que les fourriers ont reçu les billets de logement, ils reconnaissent les logements destinés à leurs capitaines ; ils vérifient si les écuries peuvent contenir le nombre de chevaux de troupe marqué sur les billets ; ils en désignent une pour les chevaux écloppés ; ils logent les conducteurs le plus près possible de leurs chevaux.

Les fourriers reconnaissent les logements de leurs chefs d'escadrons.

Les fourriers logent un trompette dans la même maison que le maréchal des logis chef, ou près de lui.

Ils inscrivent au dos des billets le nom des hommes auxquels ils sont destinés.

Ils dressent un état général et sommaire du logement, portant l'indication des rues et des maisons, ainsi que celle du logement du capitaine commandant et du maréchal des logis chef. Ce sous-officier le communique au capitaine commandant, ainsi qu'aux officiers qui veulent le consulter.

Ils se rendent ensuite sur la place, pour attendre leur batterie.

Il est défendu aux fourriers, sous peine de suspension ou

de cassation, de faire avec les habitants aucun trafic des billets.

Hommes à pied; chevaux de remonte; infirmerie.

407. Les hommes à pied sont formés en détachement pour la route; ils sont commandés par un officier, et de préférence par un capitaine en second désigné spécialement par le colonel.

Les chevaux de remonte et ceux de l'infirmerie sont sous les ordres du capitaine instructeur, et sont commandés par lui pendant la marche. Il est attaché aux hommes à pied et aux chevaux de remonte le nombre d'officiers et de sous-officiers nécessaire.

Un brigadier-fourrier est désigné pour remplir les fonctions de fourrier près du détachement des hommes à pied.

Le fourrier d'état-major, indépendamment de ses obligations envers le peloton hors rang, remplit les fonctions de fourrier près du détachement des chevaux de remonte.

L'un des vétérinaires marche avec l'infirmerie.

Les hommes à pied, ainsi que les chevaux de remonte et ceux de l'infirmerie, partent à l'heure fixée par le colonel, et toujours avant le régiment; en arrivant au gîte, ils se rendent sur la place. Les billets de logement leur sont immédiatement délivrés. Si, avant d'entrer dans la ville, ils sont rejoints par le régiment, ils marchent à sa suite.

Les conducteurs attachés aux chevaux de l'infirmerie, et, autant que possible, ceux qui pansent les chevaux de remonte, sont exempts de service; ils doivent être logés avec leurs chevaux.

Les hommes à pied, les chevaux de remonte et ceux de l'infirmerie restent toujours avec l'état-major au lieu d'étape.

Départ et marche.

Rassemblement.

408. Deux heures et demie ou trois heures avant le départ,

on sonne le réveil : à ce signal, on donne à manger aux chevaux. Une demi-heure après, on sonne le boute-selle; à ce signal, on fait le pansage et on selle ensuite les chevaux.

Une heure et demie après le boute-selle, on sonne le boute-charge : à ce signal, on charge, et, s'il fait mauvais temps, on trousse la queue des chevaux.

Une demi-heure avant le départ, on sonne à cheval : à ce dernier signal, on bride.

Le colonel modifie les heures de ces différentes sonneries quand il le juge nécessaire; il les rapproche lorsque les conducteurs ont acquis l'habitude de seller, de paqueter, et de se réunir avec ordre et célérité.

A moins de nécessité absolue, le régiment ne se met en route qu'une heure ou deux après le jour. Lorsque le trajet doit être court, soit en raison du peu de distance, soit en raison de ce que le terrain permettrait assez fréquemment l'allure du trot, le colonel retarde l'heure du départ, pour laisser plus de repos aux hommes et aux chevaux.

Lorsque les chevaux sont dispersés, on se réunit d'abord par écurie, ou par batterie, à l'endroit où, la veille, les batteries ont mis pied à terre et se sont divisées.

Les sections ou les pièces, selon qu'elles sont d'abord réunies, sont ramenées par leurs chefs immédiats au rassemblement de la batterie.

Le maréchal des logis chef réunit la batterie et fait l'appel; il envoie à la recherche des hommes qui manquent; si on ne les trouve pas, il remet leur nom au commandant de l'arrière-garde; si l'on soupçonne qu'un homme a déserté, il en est donné avis sur-le-champ au commandant de la gendarmerie, et le signalement est envoyé aussitôt que possible.

A mesure que les hommes arrivent, les officiers de section font rapidement leur inspection; elle porte principalement sur la manière dont les chevaux sont sellés, bridés et chargés. Les capitaines et les officiers supérieurs font la leur, en se portant successivement à la hauteur de chaque file, lorsqu'on s'est mis en marche.

Les chefs d'escadrons, après avoir reçu les rapports des capitaines commandants, font le leur au lieutenant-colonel; semblables rapports sont rendus par les maréchaux des logis chefs à l'adjudant de semaine, qui les transmet à l'adjudant-major de semaine, lequel les rend au lieutenant-colonel.

En cas de réunion ou de départ imprévu, soit de jour, soit de nuit, on sonne *à cheval*; à ce signal, les batteries se réunissent avec armes et bagages, et se rendent de suite au rassemblement général.

Étendard.

409. Aussitôt que la division qui doit aller prendre l'étendard est réunie, elle se rend directement devant le logement du colonel, et conduit l'étendard au rassemblement général.

Chevaux de main.

410. Les chevaux de main des officiers et des batteries sont conduits au rendez-vous général par les maréchaux des logis de semaine; l'adjudant est chargé de les réunir et de les remettre à l'officier désigné pour les conduire; ils marchent dans le même ordre que les batteries.

Départ.

411. Le régiment se met en marche, le sabre à la main; les trompettes sonnent la marche et les fanfares. Lorsque le régiment est hors du lieu où il a couché, le colonel fait remettre le sabre et commander : *repos.*

Tête de colonne et avant-garde.

412. Les batteries tiennent alternativement la tête de la colonne.

La batterie qui tient la tête de la colonne fournit un brigadier et quatre hommes pour l'avant-garde. Deux des hommes marchent les premiers à vingt-cinq pas en avant du brigadier, qui, suivi des deux autres, marche à cent pas en avant des trompettes.

Place et service des trompettes.

413. Les trompettes marchent réunis à la tête du régiment. Ils sonnent toutes les fois que le régiment passe dans une ville ou dans un village.

Le trompette de garde suit le colonel.

Dans les marches de nuit, un trompette est placé à la queue de chaque batterie pour sonner des appels quand l'obscurité ou la difficulté du chemin arrête la marche. Ces appels se répètent jusqu'à la tête du régiment. Dans les mauvais pas, la route est jalonnée par des sous-officiers ou brigadiers qui sont relevés successivement.

Arrière-garde.

414. L'arrière-garde se compose, en tout ou en partie, de la garde descendante; elle est commandée par un officier. Cet officier fait arrêter tous les hommes qui sont rencontrés sans permission après le départ du régiment. Il fait faire des patrouilles qui visitent avec célérité les divers quartiers de la ville, et particulièrement les cabarets où pourraient s'être arrêtés les militaires qui ont manqué à l'appel.

Il prend à la mairie le certificat de bien-vivre, et le remet au lieutenant-colonel en arrivant.

L'arrière-garde marche à une distance de cent à cent cinquante pas du régiment, et ne laisse personne derrière elle.

Allures pendant la marche.

415. La route se fait partie au pas et partie au trot, selon la nature du terrain; chaque batterie soutient son allure, sans s'astreindre rigoureusement à maintenir ses distances; quand elles sont perdues, elles se reprennent insensiblement sans à-coup, ou à chaque halte.

En montant et en descendant les côtes, on ralentit le pas, et quelquefois on met pied à terre.

Pendant toute la marche, les officiers et les sous-officiers veillent à ce que les conducteurs soient tranquilles et d'aplomb sur leurs chevaux, et à ce qu'ils ne sortent pas du rang sans permission.

Les chefs d'escadrons, les capitaines commandants marchent à la tête de leurs batteries, les capitaines en second marchent à la queue. Les officiers de section marchent à hauteur de la tête de leur section.

Haltes.

416. Lorsque le régiment doit faire une halte, il est sonné un demi-appel; la tête ralentit l'allure, les batteries reprennent leur distance. A un second demi-appel, chaque batterie arrête sur le terrain qu'elle doit occuper; les officiers, les sous-officiers et canonniers mettent pied à terre.

. Quand la halte est finie, on sonne à cheval; un couplet de marche annonce le départ.

La première halte a lieu trois quarts d'heure après le départ; les autres ont lieu d'heure en heure, et toujours à quelque distance des villages ou des habitations.

A chaque halte, et particulièrement à la première, les officiers et les sous-officiers s'assurent que les conducteurs replacent les couvertes et les charges dérangées, et ressanglent les chevaux.

La dernière halte se fait à un quart de lieue du nouveau gîte; on y établit la tenue.

Rapports.

417. A la première halte, l'adjudant fait sonner à l'ordre pour le rapport général; chaque maréchal des logis chef lui remet le rapport particulier de sa batterie : quand l'adjudant-major et le chef d'escadrons de semaine ont pris connaissance de ces rapports, le lieutenant-colonel les reçoit et les remet au colonel, qui prononce immédiatement sur leur contenu.

A l'arrivée au gîte, l'adjudant établit la feuille du rapport général et la remet au colonel. Il remet au major les rapports particuliers des batteries; les pièces justificatives des muta-

tions restent entre les mains des maréchaux des logis chefs,
pour être remises au major à chaque séjour.

Chevaux des hommes qui s'arrêtent.

418. Quand un brigadier ou un canonnier a besoin de s'arrêter entre deux haltes, il en demande la permission à l'officier de sa section ou au maréchal des logis de pièce.

Rencontre d'un autre régiment.

419. Quand deux troupes se rencontrent, elles appuient réciproquement à droite; toutes deux continuent à marcher si
le terrain le permet; dans le cas contraire, si l'une est d'infanterie et l'autre de cavalerie, celle-ci s'arrête pour laisser
passer l'infanterie; si elles sont de même arme, la première
dans l'ordre de bataille continue sa route.

Le colonel fait mettre le sabre à la main; les trompettes
sonnent; les canonniers s'alignent dans leurs rangs. Les officiers et les sous-officiers font observer l'ordre et le silence.

Lorsque le régiment traverse une ville, il met le sabre à la
main. En passant devant un poste sous les armes, les batteries lui rendent successivement les honneurs.

Arrivée au gîte.

Ordre donné.

420. A l'arrivée au gîte, lorsque le régiment est formé en
bataille, on sonne à l'ordre; le cercle se compose du colonel,
du lieutenant-colonel, des chefs d'escadrons, du major, du
capitaine et de l'adjudant-major de semaine, du médecin-
major, de l'adjudant, des marchaux des logis chefs, du trompette maréchal des logis et du vétérinaire en premier.

Les capitaines commandants se rendent au cercle, lorsque
le colonel l'ordonne; dans ce cas, les maréchaux des logis
chefs se placent derrière leur capitaine commandant.

L'ordre indique les distributions, l'heure des repas des chevaux, le pansage et le pansement, la tenue, l'inspection, et la

visite de corps, s'il y a séjour, le lieu de rassemblement et l'heure du départ.

L'adjudant fait connaître le logement du colonel, des officiers supérieurs, du médecin-major et du vétérinaire en premier.

L'ordre donné et l'étendard étant parti, le colonel fait rompre le régiment.

L'adjudant conduit l'étendard au logement du colonel.

Batteries conduites au logement.

421. Le fourrier conduit la batterie au centre du quartier qu'elle doit occuper; le capitaine commandant la met en bataille. L'ordre étant donné, le service commandé et les billets de logement distribués, le capitaine fait mettre pied à terre : chaque conducteur conduit ses chevaux à l'écurie. Les pièces dont les écuries sont trop éloignées s'y rendent à cheval.

Le fourrier remet au corps de garde les billets des hommes qui ne sont pas arrivés, l'adresse du capitaine commandant et celle du maréchal des logis chef.

Premiers soins aux écuries.

422. Dès que les chevaux sont dans les écuries, les conducteurs les débrident et les attachent assez court pour qu'ils ne puissent pas se rouler; ils les déchargent, débouclent le poitrail, lâchent un peu les sangles, relèvent les étriers, dégagent la croupière et roulent les courroies de charge. Les armes, brides, schabraques, portemanteaux et manteaux sont portés au logement.

Quand il y a plus de douze chevaux réunis, on met un garde d'écurie.

Moment où les officiers et canonniers se rendent au logement.

423. Quand les chevaux sont placés et déchargés, les officiers de section et les conducteurs vont à leur logement; les conducteurs prennent aussitôt la tenue d'écurie.

Devoirs des trompettes.

424. Toutes les sonneries sont répétées par les trompettes de chaque batterie, sous la responsabilité du maréchal des logis chef.

Le trompette de garde est sous les ordres du maréchal des logis de garde et de l'adjudant de semaine, qui le dirigent pour les sonneries.

Batteries détachées.

425. Lorsque des batteries sont détachées du gîte principal, le commandant de chaque cantonnement établit une garde de police ou un poste de surveillance; il prend à son départ un certificat de bien-vivre.

Distributions.

426. A la sonnerie pour les distributions, les maréchaux des logis et les brigadiers de semaine, ainsi que les fourriers, rassemblent leurs batteries à l'endroit où ils ont mis pied à terre et les conduisent en ordre au rendez-vous indiqué.

Le capitaine de semaine divise les corvées, répartit les officiers de semaine, et fait faire les distributions. Lorsqu'elles sont terminées, il va en rendre compte au major.

S'il a été passé des marchés par l'adjoint au trésorier, les officiers d'ordinaire font payer les fournisseurs et s'en font remettre les reçus.

Soins au retour du fourrage.

427. De retour aux écuries, les conducteurs donnent à manger aux chevaux, sous la surveillance des maréchaux des logis et des brigadiers. Les chevaux sont bouchonnés et attachés à la mangeoire. Si le temps le permet, les selles et couvertes sont exposées au soleil ou à l'air; les sous-officiers empêchent qu'elles soient placées dans des endroits humides et que les panneaux soient contre terre.

Pansage; surveillance de la part des officiers et des sous-officiers.

428. Le pansage dure au moins une heure; on doit faire usage du bouchon, particulièrement sur le dos du cheval, que la selle et la charge rendent en route plus sensible.

Les capitaines et les officiers de section assistent au pansage.

Les capitaines commandants font conduire au pansement les chevaux blessés; ils prescrivent les réparations nécessaires aux selles de ces chevaux; ils désignent ceux qui ne doivent pas être montés le lendemain.

Abreuvoirs.

429. Quand il y a des abreuvoirs commodes pour passer les chevaux à l'eau et que la saison est favorable, ils y sont conduits en ordre.

Ordinaires et logements.

430. Les ordinaires se font dans les logements des brigadiers; ceux-ci sont responsables du bon ordre, de la tranquillité, du respect pour les propriétés et de la déférence que les militaires doivent aux habitants. Les hôtes ne sont tenus de fournir pour les ordinaires que la place au feu et à la chandelle, et les ustensiles nécessaires pour faire et manger la soupe.

Lorsque la soupe ne peut se faire par ordinaire, elle se fait dans chaque logement.

Il est dû, par deux brigadiers ou canonniers, et par deux maréchaux des logis, un lit garni d'une paillasse, d'un matelas ou lit de plume, d'une couverture de laine, d'un traversin et d'une paire de draps propres. Chaque adjudant, maréchal des logis chef et trompette maréchal des logis, a droit à un lit.

Jamais les hôtes ne peuvent être déplacés du lit ni de la chambre qu'ils occupent habituellement.

Il est dû dans tous les logements place au feu et à la chandelle.

Les canonniers doivent ne rien exiger de leurs hôtes, quand même ceux-ci refusent de leur donner ce qui leur est dû; ils avertissent leur officier ou leur maréchal des logis de pièce, qui s'adresse à la mairie pour leur faire rendre justice.

Ces dispositions sont rappelées par la voie de l'ordre lorsque le régiment doit faire route.

Service de semaine.

431. En route, le service de semaine des officiers se borne aux appels et aux distributions..Chaque officier est chargé de tous les autres détails pour sa section.

Visites dans les logements.

432. Avant le pansage, les officiers et les sous-officiers visitent chacun une partie des logements de leurs hommes, et particulièrement ceux où se font les ordinaires; ils entendent les réclamations des canonniers, et font droit aux plaintes des hôtes quand elles sont justes. Les officiers reçoivent les rapports des sous-officiers et rendent compte de ces visites au capitaine commandant, le lendemain matin.

Si des réclamations exigeaient l'intervention du capitaine, ils l'en informeraient sur-le-champ. Le capitaine ferait de suite les démarches nécessaires pour qu'il fût rendu justice aux militaires.

Malades, écloppés.

433. A l'arrivée des équipages, les malades et les écloppés sont visités et pansés au corps de garde de police; le médecin-major désigne ceux qui doivent être admis sur les voitures le lendemain; l'autorisation d'y monter leur est donnée par écrit.

Les brigadiers font connaître le logement des canonniers de leur pièce qui ne peuvent venir au corps de garde; un des médecins va les visiter.

Le colonel prend toutes les mesures nécessaires pour empêcher les canonniers d'entrer pendant la route dans les hôpitaux militaires ou civils, à moins qu'ils n'y soient envoyés par les médecins du régiment. Il charge un officier de se présenter en son nom à l'autorité municipale des villes que le régiment traverse ou dans lesquelles il loge, de l'inviter à n'admettre dans les hospices que les militaires porteurs d'un billet signé d'un médecin du corps, et de lui donner le nom des hommes restés en arrière sans autorisation, afin que, si ces hommes se présentent à elle, elle puisse en avertir la gendarmerie; à leur retour, ces hommes sont sévèrement punis.

Chevaux conduits au pansement.

434. Tous les jours, à l'heure indiquée par le chef du corps, le pansement des chevaux blessés ou malades se fait devant le corps de garde de police : ces chevaux y sont conduits par les conducteurs sous la surveillance du maréchal des logis de semaine de chaque batterie, qui informe le capitaine commandant des prescriptions du vétérinaire.

Le maître sellier se trouve au pansement, afin de juger des réparations à faire aux selles qui ont blessé les chevaux.

Compte rendu par le vétérinaire.

435. Le vétérinaire désigne aux capitaines commandants les chevaux dont la charge ou la selle doit être mise aux équipages, ceux qui doivent marcher avec les chevaux de main et ceux qui sont hors d'état de suivre le régiment.

Si le vétérinaire reconnaît que des chevaux sont atteints ou suspects de maladies contagieuses, il en fait informer sur-le-champ le capitaine commandant; ces chevaux sont séparés pendant la marche; les maires des gîtes d'étapes sont prévenus de leur maladie; il est demandé pour eux des locaux isolés, et les conducteurs qui les pansent sont logés séparément.

Ces chevaux sont laissés en subsistance dans le premier

18.

corps de troupes à cheval qui se trouve sur la route parcourue par le régiment.

Compte rendu par le capitaine instructeur.

436. Le capitaine instructeur assiste souvent aux panse-
ments; il surveille les opérations des vétérinaires; il en rend
compte au lieutenant-colonel.

Appel du soir.

437. Quand le colonel a ordonné un appel du soir, les officiers, les sous-officiers, les brigadiers et les canonniers de
chaque batterie se réunissent, soit à l'endroit où la batterie a
rompu, soit au lieu du rassemblement général.

Si l'appel se fait dans le quartier de chaque batterie, le
maréchal des logis chef se rend immédiatement après au
corps de garde; il fait connaître par écrit le résultat de l'appel à l'adjudant de semaine, qui le porte au colonel.

Retraite.

438. A l'heure prescrite, les trompettes se réunissent devant l'étendard pour y sonner la retraite; ils parcourent les
lieux indiqués par l'adjudant; ils se séparent ensuite et sonnent dans le quartier occupé par leur batterie.

Dans une ville où il y a des troupes, un trompette par batterie se réunit aux tambours et trompettes de la garnison
pour sonner la retraite.

Une demi-heure après la retraite, les brigadiers et les canonniers doivent être rentrés dans leurs logements.

Patrouilles après la retraite.

439. Dans les villes où il n'y a pas d'état-major de place,
le commandant de la garde de police fait faire, après la retraite, des patrouilles pour faire rentrer à leur logement les
brigadiers et les hommes qui sont encore dans les rues, et
conduire au corps de garde ceux qui sont pris de vin ou qui

font du bruit. Le lendemain, au réveil, il les renvoie à leur batterie, à moins qu'ils n'aient mérité une punition grave.

L'adjudant de semaine passe au corps de garde avant le départ, pour savoir ce qui est survenu pendant la nuit.

Séjours.

440. Dès l'arrivée au gîte où le régiment doit avoir séjour, les officiers et les sous-officiers veillent à ce que l'habillement, l'équipement, le harnachement et l'armement soient réparés, et à ce que la ferrure soit mise dans le meilleur état.

Il est passé une revue générale des chevaux par le colonel ou le lieutenant-colonel.

L'inspection des hommes se passe le soir du séjour; elle a lieu à pied et habituellement en tenue de route.

Les visites de corps ont lieu seulement pendant les séjours; elles sont bornées à l'officier général le plus élevé en grade, et, à défaut d'officier général, au commandant de la place.

Lorsqu'il n'y a pas de séjour, le commandant du corps ou du détachement, accompagné par un officier, se présente chez l'officier général ou chez le commandant de la place.

Punitions.

Place, en marche, des officiers punis.

441. Les officiers aux arrêts simples marchent à leur rang; les officiers aux arrêts de rigueur ou en prison marchent sans sabre, sous une escorte particulière qui se tient en avant et hors de la vue du regiment.

Quand l'intérêt de la discipline n'exige pas impérieusement que la punition des arrêts de rigueur ou de la prison soit subie immédiatement après la faute, le colonel ne la fait subir que pendant les séjours et, s'il se peut, à l'arrivée dans la garnison.

Place des sous-officiers, des brigadiers et des canonniers.

442. Les sous-officiers, les brigadiers et les canonniers

punis de la salle de police ou de la prison marchent avec leur batterie; ils reprennent leur punition à l'arrivée au gîte. Les brigadiers et les canonniers mis à la cellule de correction sont confiés à la garde des hommes à pied.

Les conducteurs à la cellule de correction sont démontés pour toute la route.

Les conducteurs qui maltraitent leurs chevaux ou qui n'en ont aucun soin sont également démontés pour toute la route.

Les brigadiers et les conducteurs peuvent être condamnés à marcher à pied, soit péndant plusieurs jours, soit seulement pendant une partie de la journée. Cette punition, qui, dans certains cas, peut porter préjudice aux chevaux, n'est infligée que par les capitaines-commandants ou les officiers supérieurs.

Les brigadiers et les conducteurs condamnés à aller à pied pour une ou plusieurs journées marchent à l'avant-garde du détachement des hommes à pied.

Les condamnés pour moins d'un jour marchent avec l'avant-garde du régiment.

Les hommes qui, pendant la marche, encourent une punition grave, sont conduits et consignés à l'arrière-garde par le maréchal des logis de semaine.

Ceux qui sont prévenus de délits du ressort des tribunaux sont remis à la gendarmerie; en attendant, ils peuvent être attachés, si cette mesure est jugée nécessaire.

Équipages.

Ils sont sous les ordres du vaguemestre;
par qui gardés.

443. Les équipages sont sous les ordres du vaguemestre.

Le peloton hors rang fournit leur garde pendant la marche. Il les charge et les décharge chaque jour.

Les domestiques des officiers et les cantiniers qui marchent avec les équipages doivent obéir au vaguemestre.

Chargement des voitures.

444. Une des voitures porte la caisse du conseil, celle du trésorier, la caisse de comptabilité des batteries, mentionnée à l'article 400, et la partie des archives indispensable au trésorier ; cette voiture marche toujours la première.

Les autres voitures sont réservées :

Aux sous-officiers, brigadiers et canonniers malades ;

A la caisse de chirurgie et à celle du vétérinaire ;

Aux portemanteaux des officiers : le poids de chaque portemanteau ne doit pas excéder trente kilogrammes ;

Aux effets de harnachement des chevaux blessés.

Les armes ne sont placées sur les voitures que lorsqu'il y a impossibilité de les faire porter par les hommes ; elles sont enfermées dans une caisse d'armes destinée à cet usage.

Les bagages ne sont reçus que sur une note signée du capitaine commandant ; ils doivent être étiquetés, solidement fermés et enregistrés. Le nom des officiers est écrit sur leurs portemanteaux.

Malades ; hommes mariés ; enfants de troupe.

445. Aucun sous-officier, brigadier ou canonnier, n'est admis dans les voitures sans un certificat du médecin-major. Si le nombre des malades l'exige, un médecin marche avec les équipages.

Les enfants de troupe peuvent être autorisés à marcher avec les équipages ; ils montent sur les voitures lorsqu'ils ne sont pas en âge de faire la route à pied.

Les hommes mariés qui ne sont pas montés peuvent également être autorisés à marcher avec les équipages : ils aident alors au chargement et au déchargement des bagages.

Départ, marche et arrivée.

446. Les équipages partent assez matin pour arriver en même temps que le régiment ; ils sont chargés dès la veille. Pendant la route, le vaguemestre y maintient le plus grand

ordre; il ne permet à aucun homme de leur garde de s'en
éloigner; à l'arrivée au gîte, les billets de logement ne sont
remis aux hommes de garde que lorsque les voitures sont
déchargées et les équipages consignés à la garde de police.

CHAPITRE XLV.

Détachements.

Composition des détachements.

447. Les détachements sont formés habituellement de fractions constitutives du régiment, telles que batteries, sections,
pièces.

Il est établi pour ces détachements un tour de service entre
les batteries du régiment.

Autorité du chef d'un détachement; par qui remplacé.

448. Tout commandant de détachement est responsable du
bon ordre dans les marches, les garnisons et les cantonnements. Il est revêtu, quel que soit son grade, de toute l'autorité d'un chef de corps pour le service, la police, la discipline et l'instruction; il se conforme à cet égard aux règles
établies au régiment.

Il observe scrupuleusement les instructions particulières
qui lui ont été données; si les circonstances l'obligent à s'en
écarter, il en rend compte sur-le-champ au colonel.

Si, pendant la durée d'un détachement, le commandement
en devient vacant, ce commandement appartient à l'officier
le plus élevé en grade, et, à grade égal, au plus ancien.

Ordres et pièces de comptabilité.

449. Le commandant d'un détachement doit être muni
d'un ordre de départ, d'une instruction par écrit sur l'objet
et le service de son détachement et d'une feuille de route.

Il reçoit du major une instruction détaillée sur la comptabilité qu'il doit tenir, et les états et les pièces prescrits par les règlements d'administration.

Comptes à rendre; mutations.

450. Il adresse au colonel, aux époques qui lui sont prescrites, un rapport détaillé sur le service et la discipline du détachement; il y joint, pour le major, l'état des mutations, visé par le sous-intendant militaire. Ces rapports ne le dispensent pas de rendre immédiatement compte au colonel de tout événement important ou imprévu.

Retour au régiment.

451. Lorsque le détachement rejoint le régiment, il est, à son arrivée et selon le grade de celui qui le commande, inspecté par le colonel, le lieutenant-colonel, le chef d'escadrons ou l'adjudant-major de semaine.

Le commandant du détachement remet au lieutenant-colonel les certificats de bien-vivre qui lui ont été délivrés pendant la route. Il se présente chez les officiers supérieurs et chez son capitaine commandant.

Il règle sans délai, avec le trésorier et l'officier d'habillement, les comptes de son détachement.

CHAPITRE XLVI.

Escortes.

Escorte d'honneur.

452. Le commandant d'une escorte doit présenter et maintenir la troupe dans le meilleur ordre et la meilleure tenue.

Si c'est une escorte d'honneur, il va, en arrivant, prendre les ordres de la personne qu'il doit accompagner. Son service fini, il ne se retire qu'après avoir de nouveau pris les ordres de cette personne.

Escorte d'un convoi.

453. Quand une escorte est chargée de la garde et de la

conservation d'un convoi, le commandant se fait précéder par une avant-garde pour reconnaître à temps les obstacles, faire débarrasser la route, et reconnaître les terrains propres aux haltes. Il a une arrière-garde, et, au besoin, des flanqueurs.

En plaine, le gros de la troupe marche habituellement sur les côtés de la route, à hauteur du centre du convoi; dans les défilés, il marche, soit à la tête, soit à la queue.

La tête du convoi doit marcher d'un pas uniforme et plutôt lent qu'accéléré.

Si le convoi est considérable, il est partagé en plusieurs divisions.

Les voitures marchent sur deux files, toutes les fois que la largeur de la route le permet.

Si une voiture se casse, elle est tirée hors de route; quand elle est réparée, elle prend la queue du convoi; si elle ne peut être réparée promptement, il est laissé pour sa garde un nombre d'hommes suffisant.

Le commandant fait faire des haltes d'heure en heure pendant quelques instants, pour faire reprendre haleine aux chevaux et donner aux dernières voitures le temps de serrer à leur distance.

Il n'est fait de grandes haltes que très-rarement, et dans des lieux reconnus à l'avance.

Escorte de prisonniers.

454. Le commandant d'une escorte de prisonniers fait charger les armes en leur présence, avant de se mettre en route.

Il divise sa troupe en deux parties principales : l'une marche de front à la tête; l'autre ferme la marche de la même manière. Le reste est réparti sur les flancs de distance en distance, tant pour éclairer la route que pour ressaisir au besoin les fuyards.

Le détachement marche d'un pas modéré; les haltes sont fréquentes, mais courtes; elles ont toujours lieu dans des endroits découverts.

Pendant les haltes, l'officier qui commande l'escorte redouble de surveillance; jamais il ne perd de vue envers les prisonniers les égards dus au malheur, mais il se refuse à toute condescendance contraire à son devoir.

Si, à l'arrivée au gîte, les prisonniers doivent passer la nuit dans la prison du lieu, il s'en fait donner un reçu; s'ils doivent rester sous sa garde, il prend les précautions et donne toutes les consignes nécessaires pour prévenir les évasions. Il veille, dans tous les cas, à ce qu'ils reçoivent ce qui leur est alloué par les règlements : il en est responsable. Il empêche qu'ils ne soient rançonnés sur les prix des objets qu'ils peuvent avoir à faire acheter.

Arrivé à sa destination, il prend de qui de droit un reçu des prisonniers.

Dispositions du chapitre Détachements, communes aux escortes.

455. Les escortes se conforment, en tout ce qui leur est applicable, aux dispositions prescrites pour les détachements.

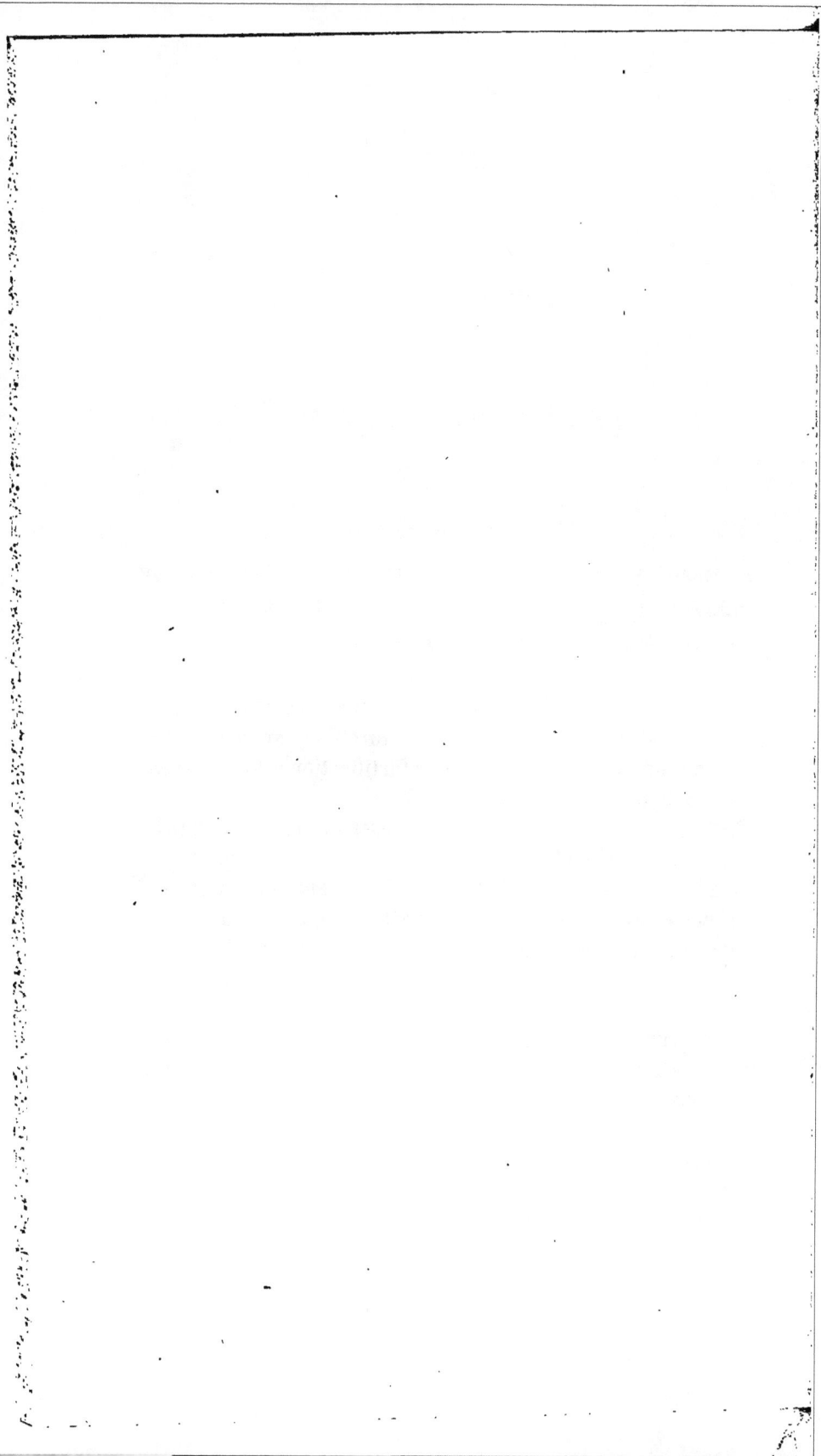

FORTIFICATION.

PREMIÈRE PARTIE.

CHAPITRE PREMIER.

Définitions. — **Fortification permanente.** — **Fortification passagère.** — **Division des ouvrages de fortification passagère.** — **Étude du retranchement en général.**

On peut définir la fortification, d'une manière générale, l'art de se défendre par des obstacles naturels ou artificiels. Par extension, on donne aussi le nom de fortification à tout obstacle organisé dans un but de défense.

Fortifier une position, c'est la disposer de telle sorte que les troupes qui la défendent puissent repousser les attaques d'un ennemi supérieur en nombre. Il en résulte que toute fortification, pour être complète, devra posséder les qualités suivantes : 1° abriter le défenseur contre les feux de l'ennemi ; 2° arrêter l'assaillant et résister à ses attaques le plus longtemps possible.

Quand une position, par son emplacement géographique (ville frontière ou capitale d'un pays, position commandant une route, un chemin de fer, un col, etc.), est d'une importance telle qu'on doive s'en assurer la possession permanente, on l'entoure d'ouvrages de fortification élevés, étendus, nombreux ; pour la construction desquels on utilise toutes les ressources de l'architecture et de la construction jointes aux connaissances les plus approfondies de l'art de la guerre. Cette sorte de fortification est appelée *fortification permanente*. C'est ainsi qu'on crée les places fortes, à enceinte continue ou à camp retranché, pour abriter des magasins militaires ou servir de refuge à une armée en retraite, et les forts isolés pour barrer les routes et les chemins de fer.

Lorsqu'il s'agit de fortifier un point dont l'importance momentanée dépend de la position et de la force respectives des armées en présence, de défendre des postes militaires, des ponts ou des villages, de renforcer son front au moment d'une bataille, le temps faisant défaut, il faut agir vite en employant les soldats comme ouvriers, la terre et le bois comme matériaux; on fait de la *fortification passagère*.

Fortification passagère.

Son utilité.

La fortification passagère est donc celle que peut élever, au moment du besoin, une armée en campagne.

« De tout temps, dit le colonel Brialmont, on a fait usage de retranchements pour fortifier les parties faibles des camps ou des champs de bataille et pour mettre les troupes à l'abri des armes de jet...

« Les fortifications de champ de bataille agissent favorablement sur le moral des troupes qui les défendent et défavorablement sur le moral de celles qui les attaquent. Elles augmentent les difficultés et les pertes de l'assaillant; et celui-ci, pris au dépourvu, ignorant même quelquefois leur existence au moment où l'action s'engage, ne peut ni apprécier exactement leur importance, ni prendre à temps des dispositions pour les éviter ou pour les tourner. Sous ce rapport, des retranchements improvisés, construits à l'insu de l'ennemi, rendront souvent plus de services que des redoutes et des fortins exécutés à loisir et avec beaucoup de soin (1). »

---

(1) Brialmont, *Fortification improvisée.* Paris, Dumaine, 1872.

Division des ouvrages de fortification passagère.

Ces ouvrages, qu'on appelle aussi des *retranchements,* sont le plus ordinairement en terre. On les divise en trois classes, d'après le temps nécessaire à leur construction.

1° *Ouvrages semi-permanents.* — Ainsi appelés parce qu'ils sont destinés à servir pendant un temps plus ou moins long, souvent pendant la durée d'une campagne. Ils sont généralement établis en des points que l'ennemi ne doit atteindre qu'après plusieurs victoires (têtes de pont, villes ouvertes renfermant des magasins, etc.); on dispose donc d'un temps assez long pour les élever, et l'on peut leur donner des formes se rapprochant de celles des ouvrages permanents.

2° *Ouvrages de campagne.* — Lorsque l'armée ne dispose que de quelques jours pour se fortifier dans ses positions avant l'arrivée de l'ennemi, elle construit ce qu'on appelle des ouvrages de campagne.

3° *Ouvrages de champ de bataille.* — On désigne ainsi tous les retranchements de construction rapide élevés au moment même du combat, pour donner aux troupes un appui momentané.

Nous allons étudier d'abord le retranchement en général; nous passerons ensuite en revue ces trois catégories d'ouvrages.

Étude du retranchement.

Les ouvrages de fortification passagère ou retranchements se composent essentiellement d'une masse couvrante ou parapet, disposé de manière à abriter les défenseurs tout en leur permettant de tirer sur l'assaillant. Les terres du parapet sont prises soit en avant, du côté de l'ennemi, soit en arrière, du côté du défenseur, soit des deux côtés à la fois. En prenant les terres dans un fossé en avant, on crée en même temps un abri pour les défenseurs et un obstacle pour l'ennemi. En creusant le fossé en arrière, on accélère le travail, car à mesure que l'excavation s'approfondit le parapet s'élève. Enfin, lorsqu'on prend les terres des deux côtés, on bénéficie des avantages présentés par les deux premiers procédés.

Profil du retranchement.

Le profil est la section faite par un plan vertical perpendiculaire à la direction du retranchement.

Prenons le profil d'un retranchement quelconque (fig. 1) : soit AN l'intersection du terrain naturel avec le plan de profil,

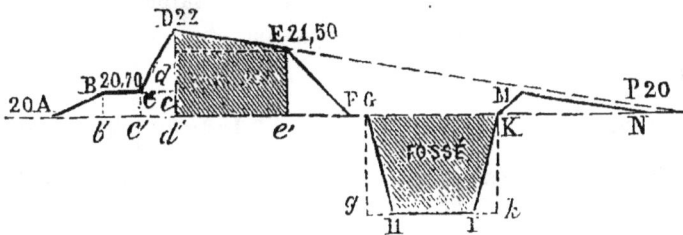

Fig. 1.

ABCDEF le parapet, GHIK le fossé ; les différentes parties sont désignées de la manière suivante :

Crête intérieure ou ligne de feu. — D est la projection de la crête intérieure ou ligne de feu, la plus élevée de l'ouvrage et sur laquelle le défenseur appuie son arme pour faire feu.

Banquette. — BC, sur laquelle monte le défenseur pour combattre. Elle est située à 1ᵐ30 au-dessous de la crête D, afin que les fantassins puissent appuyer leur arme sur la crête, étant debout sur la banquette. La largeur BC varie de 0ᵐ80 à 1ᵐ20, suivant qu'on veut avoir un ou deux rangs de fusiliers.

Talus intérieur. — DC, qui relie la crête intérieure avec la banquette ; il sera tenu aussi roide que possible pour permettre au défenseur de s'approcher de la crête. $\frac{Dc}{Cc} = \frac{3}{1}$, la base est le tiers de la hauteur.

Talus de banquette. — BA. Il est tenu assez doux pour être gravi facilement. $\dfrac{Bb'}{Ab'} = \dfrac{1}{2}$, la base est double de la hauteur.

Plongée. — DE. La partie supérieure du parapet est un plan, dont l'intersection dans le profil est la ligne DE. Ce plan s'appelle *plongée*. La plongée doit être inclinée vers l'extérieur, de manière que les défenseurs puissent diriger leurs feux aussi près que possible du pied du retranchement; mais, d'un autre côté, il ne faut pas que cette inclinaison soit trop forte, sans quoi l'angle en D serait trop faible et la crête intérieure trop facilement détruite par les projectiles ennemis.

On prend généralement $\dfrac{Dd}{dE} = \dfrac{1}{6}$, c'est-à-dire que la distance horizontale des points D et E est égale à six fois leur différence de niveau.

Crête extérieure. — Projetée en E, elle limite la plongée.

Talus extérieur. — EF. L'inclinaison de ce talus doit être telle que les projectiles ennemis ne puissent le détruire en y occasionnant des éboulements; il doit, d'un autre côté, être aussi roide que possible, afin d'augmenter les difficultés de l'escalade. On lui donne ordinairement l'inclinaison du talus que prennent les terres abandonnées à elles-mêmes :

Terres fortes.......	3 de hauteur pour 2 de base...	$\frac{3}{2}$
Terres moyennes...	1 — — 1 — ...	$\frac{1}{1}$
Terres légères......	2 — — 3 — ...	$\frac{2}{3}$

Berme. — FG. Entre le pied du talus extérieur et le sommet de l'escarpe. On lui donne 0^{m}50 de largeur environ; elle retient les terres éboulées du talus extérieur, diminue la pression du parapet sur l'escarpe et facilite la construction de l'ouvrage. Par contre, elle offre un palier de repos à l'assaillant qui monte à l'assaut. On la supprime fréquemment.

Talus d'escarpe. — GH. Pour augmenter les difficultés de l'escalade, il conviendrait de tenir le talus d'escarpe aussi roide que possible; mais, comme ce talus peut être atteint par les projectiles de l'artillerie, il est préférable de lui donner une pente douce et d'adopter, par exemple, les dispositions autrichiennes, dans lesquelles le talus d'escarpe fait suite au talus extérieur (fig. 7).

Fond du fossé. — HI. Ses dimensions sont très-variables et n'ont rien d'absolu. Souvent le fond n'existe pour ainsi dire pas, et la section du fossé est un triangle. Le fossé **triangulaire** est d'une exécution plus difficile, mais il présente plusieurs avantages : en premier lieu, les défenses accessoires y sont mieux abritées contre les projectiles que dans le fossé ordinaire; de plus, l'assaillant ne peut ni s'y réunir ni s'y grouper pour l'escalade.

Talus de contrescarpe. — IK. Est tenu aussi roide que possible parce qu'il n'a rien à craindre des feux. Les inclinaisons varient suivant la nature des terres :

	En France.	À l'étranger.
Terres fortes..............	$\frac{3}{1}$	$\frac{3}{1}$
Terres moyennes.........	$\frac{2}{1}$	$\frac{2}{1}$
Terres légères............	$\frac{4}{3}$	$\frac{4}{5}$

Terre-plein. — On nomme terre-plein le terrain situé en arrière du talus de banquette et où se tient le défenseur quand il ne combat pas.

Glacis. — KMN. Le sommet de la contrescarpe doit être à 1 mètre au plus au-dessous du plan de plongée prolongé, afin que l'ennemi ne puisse s'y établir à l'abri des feux du retranchement. Si les dimensions adoptées pour l'ouvrage ne permettent pas de satisfaire à cette condition, on élève le sommet de la contrescarpe en construisant un petit glacis KMN incliné au $\frac{1}{6}$ comme la plongée et d'une hauteur suffisante pour que la condition précédente soit remplie.

Relief; commandement. — Le relief d'un parapet est sa hauteur au-dessus du sol. Le relief se mesure de la crête inté-

eure ; on prend généralement 2^m 50 pour couvrir de la cava-
rie et 2 mètres pour de l'infanterie.

Lorsque deux points sont à des hauteurs différentes au-
ssus du sol, on dit que le plus élevé commande l'autre ; le
mmandement est égal à la différence de niveau.

Épaisseur du parapet. — L'épaisseur du parapet se mesure
ntre les deux plans verticaux qui passent par la crête inté-
eure et par la crête extérieure. Elle doit être supérieure ou
ut au moins égale à la pénétration maximum des projectiles
ue l'on a à craindre. En fortification passagère, une épaisseur
e 4 mètres est généralement suffisante.

Dimensions du fossé. — Les dimensions du fossé sont ré-
ées de telle manière qu'on en puisse extraire la quantité de
rre nécessaire à la construction du retranchement. Nous di-
ns plus loin comment ces dimensions sont déterminées. Pour
ue le fossé présente à l'ennemi un obstacle suffisant, il doit
voir au moins 4 mètres de largeur en haut et 2 mètres de
rofondeur ; on verra que ces conditions sont faciles à rem-
lir.

Le profil représenté par la figure 1 n'a rien d'absolu et ne
oit pas être considéré comme un type dont il faut se rappro-
her le plus souvent possible ; nous verrons par la suite com-
ient ses dimensions ont été modifiées.

Tracé du retranchement.

Pour étudier le tracé du retranchement, considéré d'une ma-
ière générale, nous supposerons que toutes les lignes sont pa-
allèles entre elles et horizontales, et nous projetterons ces
gnes sur un plan horizontal. La figure 2 montre comment
'obtient cette projection à l'aide du plan vertical de profil V.
Les chiffres inscrits près des sommets du profil indiquent la
auteur des différentes lignes du retranchement au-dessus du
lan horizontal de projection.)

Toutes les lignes sur le plan H étant parallèles, il suffit de

connaître le tracé d'une de ces lignes pour en déduire celu
des autres. Aussi, dans la représentation des retranchement

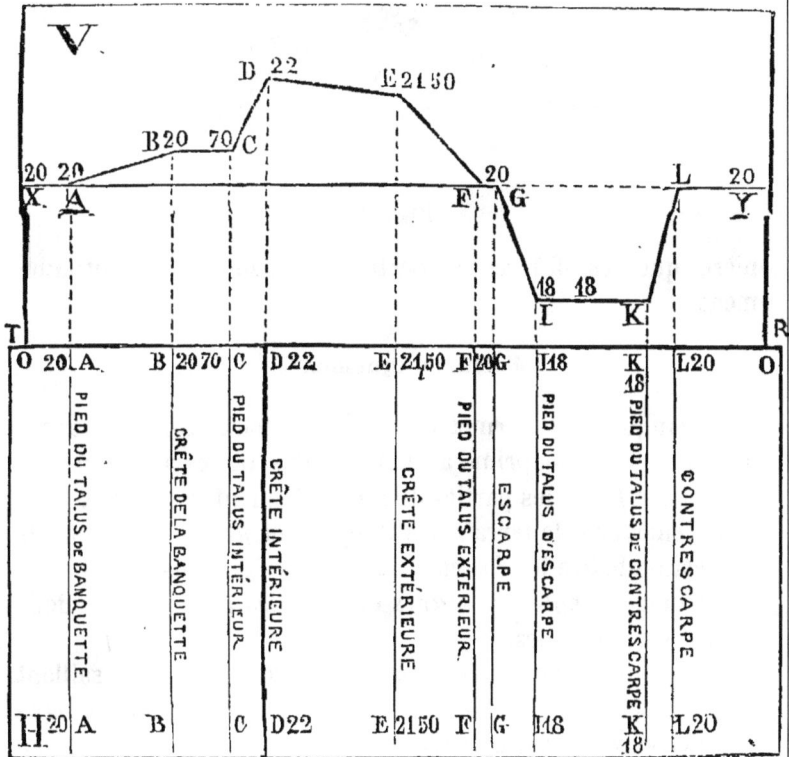

Fig. 2.

par leur projection horizontale, se contente-t-on de tracer la
crête intérieure.

Le tracé en ligne droite est évidemment le plus simple, mais
cet avantage est compensé par plus d'un inconvénient. D'abord,
lorsque le retranchement est en ligne droite, le terrain des attaques n'est battu que par des feux directs. Les feux croisés,
qui auraient bien plus d'action, sont impossibles; ensuite les
fossés ne sont pas vus par les défenseurs, de sorte que l'ennemi,
parvenu au pied de l'escarpe, se trouve dans ce qu'on appelle

un angle mort et est complétement à l'abri (fig. 3). On remédie à ces inconvénients en brisant les crêtes du parapet, de ma-

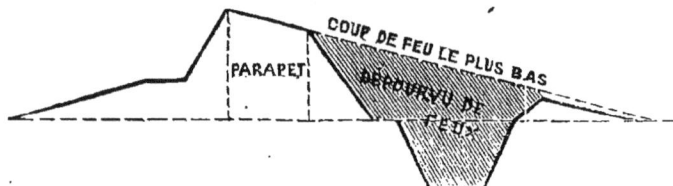

Fig. 3.

nière que les différentes parties se *flanquent* réciproquement.

Du flanquement.

Le flanquement permet d'obtenir des feux croisés en avant des ouvrages et supprime au moins en partie les angles morts. On appelle *faces* les parties du retranchement destinées à agir spécialement sur le terrain des attaques, et *flancs* celles dont le rôle est de battre les fossés et les abords des faces.

Les mots d'*angles saillants* et d'*angles rentrants* se définissent d'eux-mêmes.

On appelle *ligne de défense* la distance du flanc au saillant qu'il protége, et *angle de défense* l'angle du flanc avec la ligne de défense. En général, cet angle est un peu plus grand qu'un angle droit. On lui donne 100° environ, car l'expérience a dé-

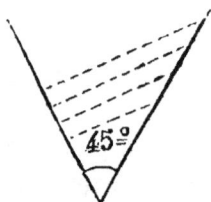

Fig. 4.

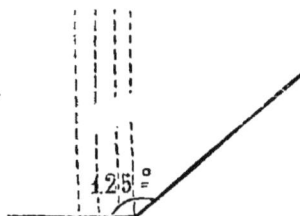

Fig. 5.

montré que le soldat, lorsqu'il tire vite et sans viser, place son fusil perpendiculairement aux crêtes. Si l'angle de défense était aigu, les feux de flanc viendraient atteindre la face voisine (fig. 4); si l'angle était trop ouvert, le flanquement serait illusoire (fig. 5).

Les feux de flanc peuvent être fournis soit par le fusil, soit par le canon. Le fusil chassepot permettant de tirer sans hausse jusqu'à 260 mètres environ, lorsque les flancs devront être organisés pour la mousqueterie, il conviendra de donner à peu près cette longueur à la ligne de défense. Si les feux de flanc sont fournis par le canon (et, dans ce cas, le canon à balles paraît particulièrement convenir), on pourra allonger plus ou moins la ligne de défense suivant la forme du terrain, l'importance de l'ouvrage et le nombre des défenseurs.

Il est utile de faire remarquer que le flanquement des fossés n'est réellement indispensable que dans le cas où le retranchement a un profil assez élevé et où, par suite, les fossés présentent un obstacle sérieux à l'ennemi; dans le cas contraire, il sera inutile de flanquer les fossés, et l'on devra surtout se préoccuper de battre le terrain de feux croisés jusqu'à 100 mètres environ en avant des saillants. Si l'ennemi parvient à cette distance, le défenseur devra franchir ses retranchements et repousser l'attaque à la baïonnette.

CHAPITRE II.

Ouvrages semi-permanents. — Ouvrages de campagne. — Tracés des principaux ouvrages employés en fortification passagère. — Redoutes et batteries.

Ouvrages semi-permanents.

Ces ouvrages ressemblent beaucoup à ceux de la fortification permanente. Ils sont construits d'après les mêmes principes et avec des profils analogues, il est donc inutile d'en faire l'objet d'un chapitre spécial.

Ouvrages de campagne.

Profils. — Lorsque l'on donne au retranchement le profil

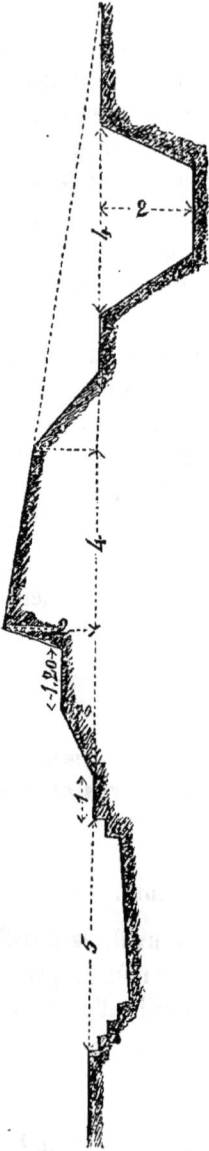

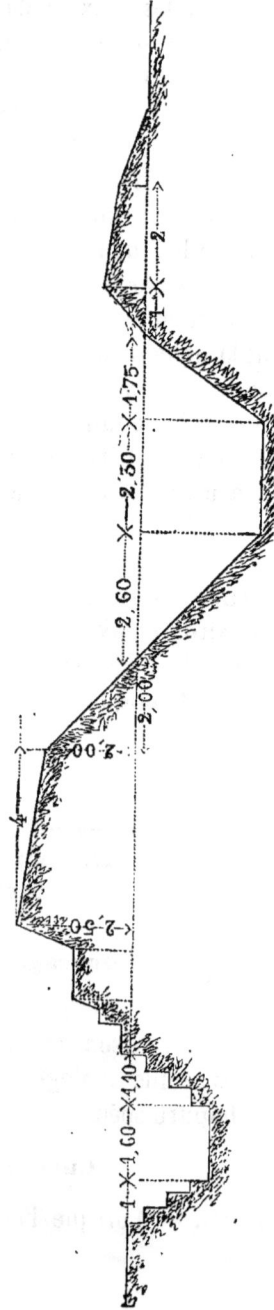

Fig. 6.

Fig. 7.

représenté par la figure 1, les réserves placées au pied du talus de banquette ne sont pas suffisamment abritées contre les projectiles de l'artillerie ennemie. De plus, la construction est longue parce que les terres ne sont prises que dans le fossé en avant.

Pour accélérer la construction et donner aux troupes un couvert plus assuré, on peut donner aux ouvrages le profil du retranchement rapide du génie (fig. 6). Le parapet a 2 mètres de hauteur ; en arrière se trouve une tranchée de 4m 30 de large et 1 mètre de profondeur.

Le profil autrichien (fig. 7) est préférable parce qu'il donne un couvert plus assuré aux réserves. Dans ce profil, afin de rapprocher autant que possible le terre-plein du parapet, on a roidi la pente du talus intérieur à $\frac{4}{1}$.

Tracé des principaux ouvrages de campagne.

Lorsque le parapet d'un ouvrage est tracé suivant les côtés d'une ligne polygonale dont les extrémités ne se joignent pas, l'ouvrage est dit *ouvert* ; la partie ouverte s'appelle la *gorge*. Lorsque le parapet est continu et abrite le défenseur de toutes parts, l'ouvrage est dit *fermé*. On donne encore, dans ce cas, le nom de *gorge* à toute la partie du parapet qui n'a pas de vues en avant de l'ouvrage.

Le tracé devant toujours dépendre de la configuration du terrain, les formes des ouvrages pourront être extrêmement variées ; il est donc impossible d'examiner chaque cas particulier.

Les types les plus usuels d'ouvrages ouverts à la gorge sont : le *redan*, la *lunette*, le *bonnet de prêtre*.

Quant aux ouvrages fermés, on les nomme *redoutes, fortins* ou *forts*, suivant leur importance.

Ouvrages ouverts à la gorge.

Redan. — Le redan est composé de deux crêtes en ligne droite formant un angle saillant (fig. 8). AB, BC sont les faces et AC la gorge.

La longueur des faces varie de 15 à 50 mètres; lorsqu'elles n'ont pas plus de 30 mètres, l'ouvrage porte le nom de *flèche*.

L'angle au saillant ne doit pas être plus petit que 60°, parce que, s'il en était autrement, le terre-plein du redan serait trop étroit.

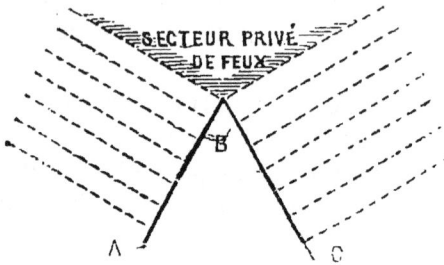

Fig. 8.

Le redan ne doit jamais être isolé; il faut toujours le flanquer par un autre ouvrage, surtout à cause du *secteur privé de feux* qu'il présente en avant de son saillant, secteur qui est d'autant plus étendu que l'angle est plus aigu. Mais le redan pourra très-bien être employé à flanquer un autre ouvrage et à donner des feux obliques en avant d'une ligne de retranchements.

Quand le redan est grand, on peut lui donner la forme sui-

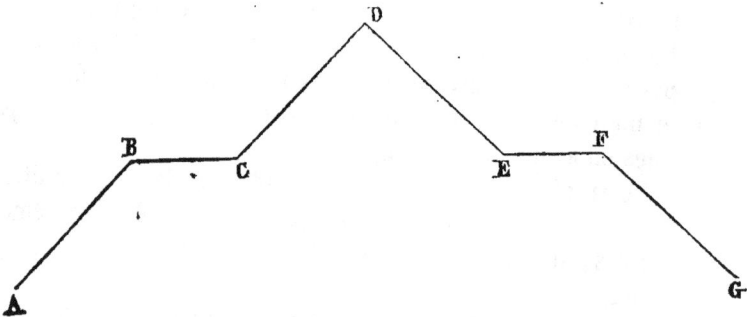

Fig. 9.

vante (fig. 9). Les deux flancs BC et EF donnent des feux en avant du saillant et annulent en partie les inconvénients du secteur privé de feux.

Lunette.

La lunette est un ouvrage composé de deux faces AB et BC (fig. 10) formant un angle saillant, et de deux flancs DA et CE placés aux extrémités des faces. DE est la gorge.

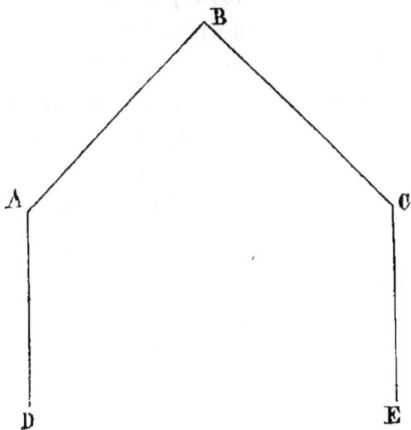

Comme pour le redan, l'angle au saillant ne doit pas être moindre que 60°. Les deux faces et les deux flancs de la lunette ne sont pas forcément de longueurs égales; la face AB pourra très-bien être plus longue que BC, et AD plus long que CE; on supprime quelquefois l'un des flancs.

Fig. 10.

La lunette a sur le redan l'avantage de donner des feux dans quatre directions et d'être plus difficile à tourner, mais elle n'en doit pas moins être flanquée par des ouvrages latéraux à cause des secteurs privés de feux.

Bonnet de prêtre.

Cet ouvrage (fig. 11) est formé de quatre crêtes, comme la lunette; seulement les deux faces AB et BC font entre elles un angle rentrant. Les côtés AD et CE s'appellent les *ailes;* on leur donne souvent jusqu'à 100 mètres de longueur.

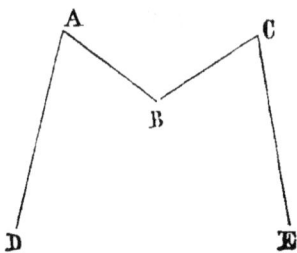

Le flanquement donné par cet ouvrage est très-puissant; la partie rentrante ABC est très-bien battue,

Fig. 11.

ce sont là des avantages; par contre, il existe des secteurs

privés de feux en A et C, les longues ailes sont facilement enfilables, enfin l'ouvrage a trop de profondeur, l'inconvénient
bien plus sérieux que
les autres. Le tir de
l'artillerie, en effet,
ayant plus de justesse
en direction qu'en por-
tée, on a tout intérêt
à diminuer autant que
possible la profondeur
des ouvrages.

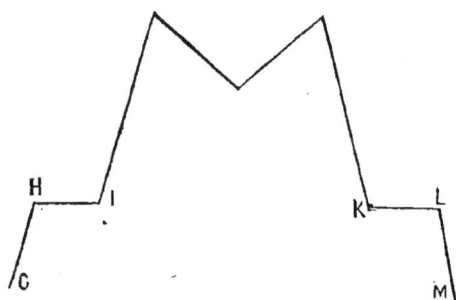

Fig. 12.

On remédie en par-
tie à ces inconvénients
en brisant les crêtes des ailes suivant les directions GHI et
KLM. On a alors le bonnet de prêtre à flancs (fig. 12).

Ouvrages fermés.

Redoutes. — Les redoutes sont des ouvrages fermés d'une
forme quelconque. On trace les crêtes suivant le but qu'on se
propose et les moyens dont on dispose; les faces sont placées
de manière à bien voir et à battre convenablement le terrain en
avant. La gorge est tournée du côté qui paraît le plus facile à
défendre.

Les redoutes sont souvent isolées; il faut alors qu'elles soient
susceptibles de résister aux attaques de l'ennemi et de tenir jusqu'à la dernière extrémité par leurs propres ressources. Le flanquement des fossés est particulièrement indispensable dans ce
cas. Ce flanquement est obtenu soit à l'aide de petits coffres
en charpente placés dans les fossés, soit avec ce qu'on appelle
des galeries de contrescarpe, soit enfin par un tracé convenable
des crêtes.

La figure 13 représente une redoute pentagonale dont les fossés
sont flanqués par quatre coffres. On a soin d'élargir le fossé
en avant de ces coffres afin de lui conserver toujours 4 mètres

de largeur. Le coffre *a* placé en *capitale* (1) flanque les fossés des faces, les coffres *b* et *c* tournent le dos à l'ennemi et donnent de feux de *revers* dans les‚ ossés des flancs. Le fossé de la gorge est flanqué par un tambour *d* qui protége l'entrée de la redoute. Les coffres *c* et *b* sont placés de manière à être défilés des coups arrivant dans la direction du fossé ; ils ne pourront donc pas être détruits de loin. On verra plus loin comment sont construits ces coffres.

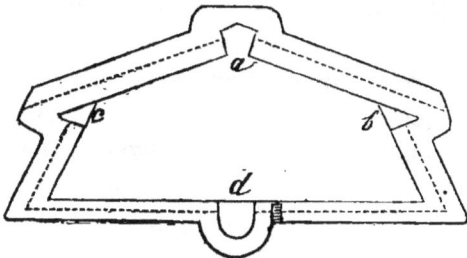

Fig. 13.

Les galeries de contrescarpe (fig. 14) donnent aussi un bon flanquement ; elles ont l'avantage d'être mieux masquées aux coups de l'artillerie que les coffres. Les coffres peuvent être mis facilement en communication avec le terre-plein de l'ouvrage au moyen de passages pratiqués sous les parapets. Pour les galeries, ces passages sont presque impossibles à exécuter, du moins en fortification passagère. Aussi les défenseurs seront-ils fort compromis si l'assaillant parvient à pénétrer dans l'ou-

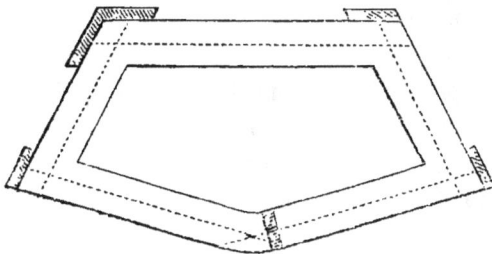

Fig. 14.

vrage : c'est là un inconvénient. Les galeries doivent être placées comme les coffres, de manière que les projectiles qui enfilent les fossés ne les atteignent pas.

(1) Dans un ouvrage à deux faces, comme la redoute de la figure 13, on appelle capitale la bisectrice de l'angle des deux faces ; dans un ouvrage à une face, la capitale est la perpendiculaire élevée au milieu de cette face ; c'est ce qui a lieu pour la redoute de la figure 14. Le plus souvent les ouvrages sont symétriques par rapport à leur capitale.

Le flanquement par les crêtes a été longtemps considéré comme le seul efficace, aussi allons-nous en dire quelques mots. La question avait été résolue au moyen du front bastionné (fig. 15). Soit AB le front à défendre. Sur le milieu de AB, que l'on appelle le *côté extérieur*, on élève une perpendiculaire CD, à laquelle on donne une longueur généralement égale au $\frac{1}{6}$ de ce côté. On joint O à A et à B ; les lignes AD et BD sont prises comme lignes de défense. Sur ces lignes, on prend des longueurs AE, BE′ égales au tiers du côté extérieur :

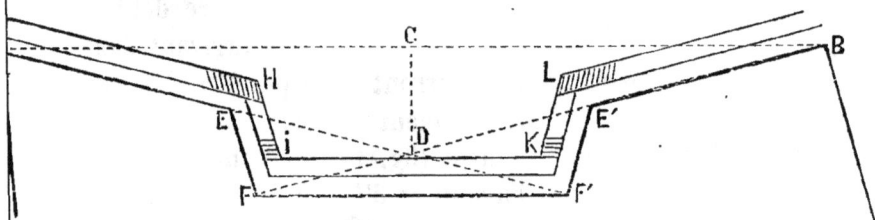

Fig. 15.

ce sont les faces; des points E et E′ on abaisse des perpendiculaires sur BF et AF′ : ce sont les flancs; on joint FF′, et on obtient la *courtine*. Le tracé AEFF′E′B se nomme *front bastionné*. Les angles E, E′ prennent le nom d'*angles d'épaule*. Quand on construit plusieurs fronts bastionnés sur plusieurs côtés extérieurs contigus, on obtient une série de lunettes réunies par des courtines. On donne à ces lunettes le nom de bastion.

Dans le front bastionné, le flanquement est plutôt apparent que réel. On peut se rendre compte en effet qu'il existe aux angles d'épaule et aux angles de défense des angles morts très-étendus qu'on ne peut faire disparaître qu'en enlevant le massif de terre HIKL, travail qui demandera beaucoup de temps.

De plus, si les crêtes n'ont qu'un faible relief, les coups de feu des flancs pourront atteindre les défenseurs du flanc et de la face opposée, inconvénient auquel on ne peut remédier qu'en donnant à la crête intérieure une hauteur inadmissible en campagne. Lorsqu'on veut fortifier une ligne telle que AB, on peut toujours y arriver par un tracé moins compliqué et exigeant moins de travail. Toutes ces raisons doivent faire rejeter le front bastionné.

Dans les redoutes isolées, il faut toujours construire des abris pour la garnison et un réduit pour la réserve. Ces réduits pourront être soit un petit épaulement en terre, soit un coffre en charpente percé de meurtrières et construits comme ceux du fossé.

Lorsqu'une redoute fait partie d'un système de retranchements, il n'est pas nécessaire de l'organiser aussi solidement; les profils pourront être moins forts et les fossés flanqués par les ouvrages voisins; on pourra faire camper la garnison en arrière et par suite supprimer les abris dans l'intérieur.

Les redoutes isolées sont généralement garnies d'artillerie. Les pièces sont installées soit sur le sol naturel, et alors il n'est pas possible de donner à l'épaulement plus de 80 centimètres (1) de hauteur ; soit sur des terre-pleins élevés à hauteur convenable.

Les pièces tirent à *embrasures* ou à *barbette*. Nous ne parlerons pas ici des embrasures, dont il sera question au chapitre relatif à la construction des batteries.

Les pièces à barbette tirent dans toutes les directions; elles sont élevées sur des massifs de terre, appelés *plates-formes*, dont le terrain est à 0^m80 au-dessous de la ligne de feu; cette différence de niveau s'appelle *hauteur de genouillère*. La plate-forme, appelée *barbette*, a 5 mètres de largeur et 7 mètres de profondeur, à partir du pied du talus, afin que la pièce puisse reculer sans difficulté; une rampe, placée dans l'axe ou sur les flancs de la barbette et inclinée à $\frac{1}{6}$, sert à faire monter la pièce sur la plate-forme; des talus à 45° soutiennent la plate-forme et la rampe. L'espace occupé par le massif en terre, la rampe et les talus, est d'environ 65 mètres carrés. Les pièces

---

(1) 0,80 est la hauteur de genouillère de nos pièces de campagne. Voir, à ce sujet, le chapitre de la construction des batteries.

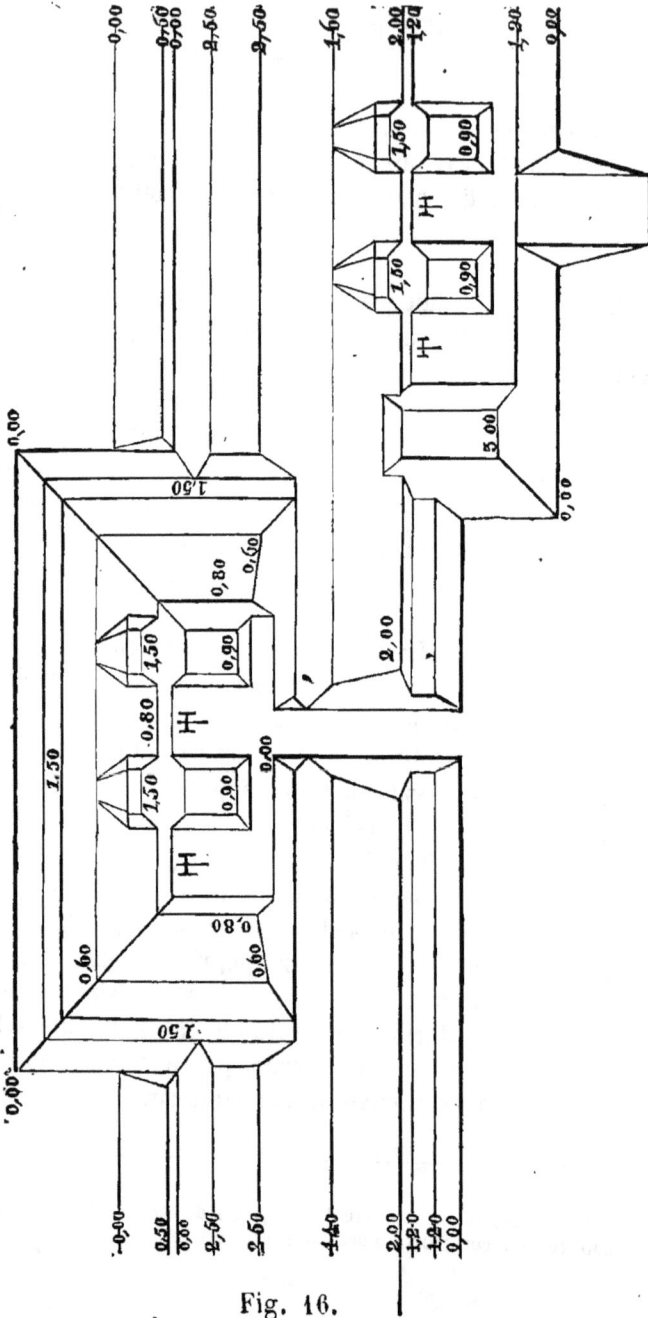

Fig. 16.

Échelle de $\frac{1}{500}$

à barbette sont placées le plus souvent aux angles saillants des ouvrages.

Sur une barbette, les pièces ont un grand champ de tir, mais les servants sont trop à découvert. On peut, pour parer à cet inconvénient, creuser entre les pièces des rigoles où les servants se réuniront après avoir chargé la pièce. Les terres extraites de ces rigoles seront jetées sur le parapet, qu'elles rehausseront en formant comme des petites traverses sur la plongée.

L'installation des pièces sur les barbettes exige de grands travaux; de plus, si l'ennemi se présente avant que la redoute ne soit terminée, l'artillerie ne peut entrer en action et la défense en est considérablement affaiblie. Il conviendrait donc de trouver une disposition qui permît aux pièces de tirer le plus tôt possible, sans pour cela que le travail de construction fût arrêté.

Le colonel Brialmont résout la question en plaçant les pièces en avant du tracé sans interrompre le rempart en arrière, sauf à y ménager un petit passage. Ces batteries basses seront occupées par les pièces tant que les barbettes ne seront pas terminées; lorsqu'elles seront désarmées, l'infanterie en prendra possession et elles formeront de véritables caponnières flanquantes.

Ou pourra renfoncer le parapet en arrière des batteries basses, en prenant la terre dans des fossés creusés au pied du parapet.

La figure 16 représente une face de redoute organisée d'après les idées du colonel Brialmont.

Pour protéger les pièces contre le tir d'enfilade, on élève sur le terre-plein des traverses en terre, du côté des coups dangereux. Sous le massif de ces traverses, on construit les magasins à poudre et les abris.

L'entrée d'une redoute est placée du côté le moins exposé, généralement à la gorge.

La trouée faite dans le parapet est protégée soit par une traverse en terre, soit par un petit ouvrage servant en même temps à flanquer la gorge. Les figures 17, 18, 19 représentent différentes dispositions employées pour les entrées. (La figure 19

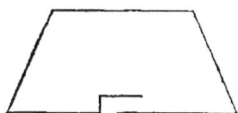

Fig. 17.   Fig. 18.

donne le tracé de la forme réglementaire adoptée pour les redoutes en Prusse.) Quelquefois on se borne à défendre l'entrée

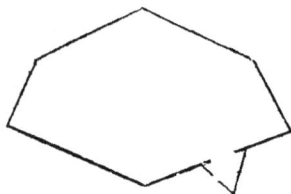

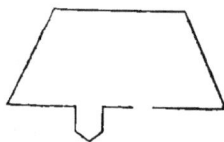

Fig. 19.   Fig. 20.

par des feux de flanc, comme par exemple dans les redoutes des figures 13 et 14 et dans la redoute anglaise (fig. 20).

CHAPITRE III.

Des lignes. — Lignes continues. — Lignes à intervalles. — Lignes Rogniat. — Lignes de Pidoll. — Ouvrages de champ de bataille. — Tranchées-abris.

« L'ensemble des obstacles naturels du terrain et des retranchements disposés par une armée, pour augmenter la valeur d'une position, est ce qu'on nomme lignes en fortification passagère (1). »

Les lignes sont *continues*, lorsque le parapet est tracé sans

---

(1) Maire, *Éléments de fortification passagère.* Paris, Dej*y.

interruption, devant tout le front à couvrir, et *à intervalles* lorsque le retranchement se compose d'une série d'ouvrages détachés, dont les positions respectives sont déterminées par des conditions de flanquement réciproque.

Lignes continues. — Il y a plusieurs espèces de lignes con-

Fig. 21.

tinues : 1° les lignes à redans ; 2° les lignes à tenailles ; 3° les lignes à redans et tenailles ; 4° les lignes à crémaillère.

Lignes à redans (fig. 21). Inventé par Vauban, ce tracé est l'un des plus anciennement connus. Les redans sont construits d'après les principes que nous avons énoncés plus haut. Les portions de retranchement en ligne droite, placées entre les

Fig. 22.

redans, s'appellent des courtines. La distance d'un redan à l'autre ne doit pas dépasser 500 mètres, afin que les abords de la courtine soient battus par les feux croisés des redans voisins.

Ces lignes sont faciles à tracer et à exécuter ; elles sont peu profondes et se plient très-bien aux formes du terrain.

Lignes à tenailles, à redans et à tenailles. — Les lignes à tenailles (fig. 22) se composent d'une série de crêtes en ligne droite, formant alternativement des angles rentrants et saillants. Ces lignes sont longues à construire ; elles sont profondes et se plient difficilement aux formes du terrain ; elles sont peu employées.

Les lignes à redans et à tenailles résultent d'une combinaison des deux systèmes précédents (fig. 23). Si, d'une part, les feux en avant des saillants sont plus directs que dans le tracé à

redans simples, d'une autre le retranchement a plus de longueur
et demande plus de travail.

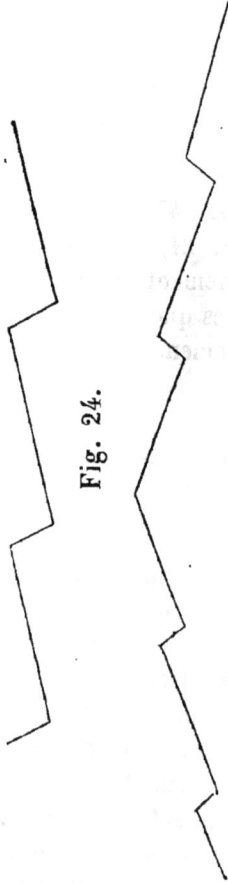

Fig. 23.

Fig. 24.

Fig. 25.

Fig. 26.

Lignes à crémaillère. — Ces lignes (fig. 24) sont formées
de faces plus ou moins longues, obliques sur la ligne de front

20

et flanquées par des flancs perpendiculaires. Ce tracé est le plus généralement employé à cause des avantages dont il jouit. Il s'adapte très-bien au terrain, sa profondeur est faible, enfin il donne des feux croisés sur tout le terrain des attaques.

Afin de soustraire les faces à l'enfilade on change de distance en distance le sens du tracé, comme le montre la fig. 25.

Tous les tracés que nous venons d'examiner ont un défaut commun : ils ne se prêtent pas aux retours offensifs et par suite ne peuvent servir qu'à couvrir une armée défaite ou démoralisée, qui veut attendre des renforts avant de reprendre l'offensive.

Lignes à intervalles. — Lorsque l'armée ne veut pas rester enfermée dans ses lignes, elle doit se protéger par des lignes à intervalles.

Les principales lignes à intervalles sont celles du général Rogniat et celles du colonel autrichien de Pidoll, qui ne sont qu'une modification des lignes Rogniat.

Voici la description donnée par le général lui-même :

« Toute l'étendue du front sera couverte de redoutes bastionnées, espacées de 240 mètres de saillant en saillant. En donnant à chacun des ouvrages des faces de 50 mètres et des flancs de 36, perpendiculaires à la ligne de défense, on obtiendra des bastions détachés de 172 mètres de développement, flanqués entre eux à bonne portée de mousqueterie (fig. 26). »

L'artillerie n'occupe pas l'intérieur des bastions, qui sont entièrement laissés à l'infanterie. On la place derrière des épaulements élevés en guise de courtine, et tracés le long des lignes de défense depuis l'extrémité des flancs jusqu'à l'intersection de ces lignes.

Les pièces sont établies sur le sol naturel et séparées par des rigoles. Si les courtines ne doivent pas être occupées par l'artillerie, elles sont disposées pour l'infanterie.

Entre l'extrémité des flancs et celle de la courtine, de larges passages sont réservés pour les sorties.

Ce tracé a été modifié par le colonel de Pidoll (fig. 27).

Le colonel Brialmont au sujet de ce tracé s'exprime ainsi :

« La configuration du terrain et la disposition des troupes déterminent le choix des positions de l'artillerie. En avant de ces positions et en dehors du champ de tir des pièces, il doit y avoir des emplacements pour l'infanterie. — On satisfait à ces conditions au moyen d'un retranchement bastionné dont la courtine est occupée par l'artillerie et dont les bastions servent à abriter les troupes de soutien.

« Les faces des bastions ont 50 à 60 pas de longueur et les

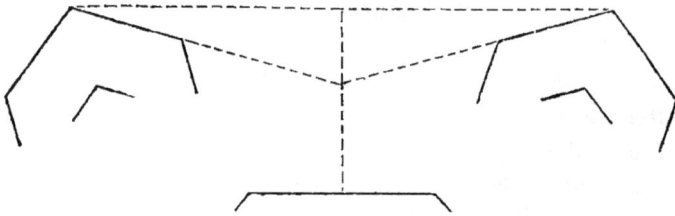

Fig. 27.

flancs 25 à 30 pas..... En arrière de chaque bastion se trouve un abri de même profil, d'environ 70 pas de longueur, dans lequel se place la réserve. »

Ainsi ces lignes jouissent de deux avantages : chaque bastion a sa réserve abritée dans un réduit et les passages pour les troupes sont larges et spacieux.

Le colonel Brialmont modifie les lignes Pidoll en remplaçant les faces des bastions par une seule ligne droite ou courbe, disposition qui augmente l'efficacité des feux du bastion sur le terrain des attaques.

Ouvrages de champ de bataille.

Tranchées-abris. — Les tranchées-abris ont pour rôle de protéger les troupes contre les feux de l'infanterie tout en offrant peu de prise aux coups de l'artillerie. Le profil des tranchées françaises est représenté par la fig. 28.

En donnant à l'excavation 0,25 centimètres de profondeur au lieu de 0,50, on obtiendra un obstacle suffisant pour abriter des

tireurs à genoux (fig. 29); enfin pour les tireurs couchés on
adoptera la disposition suivante (fig. 30) :

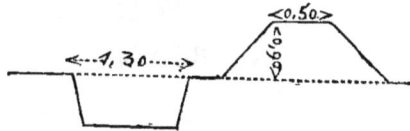

Fig. 28.

Fig. 29.   Fig. 30.

La berme sert de gradin de franchissement lorsque les défenseurs sortent de leurs retranchements.

Des expériences faites à Auvers en 1871 ont prouvé que la
tranchée française est un peu trop étroite pour recevoir les deux
rangs de fantassins et les serre-files, à moins que le premier
rang n'appuie la cuisse gauche sur la berme pour faire feu.
On a constaté aussi que le parapet n'était pas assez épais au
sommet pour résister aux balles et aux éclats d'obus tirés à
bonne portée, et que lorsque les hommes s'assoient sur la
berme, ils ne sont pas suffisamment défilés.

Pour remédier à ces inconvénients, on pourrait, comme le
demande le colonel Brialmont, porter à 0ᵐ80 la hauteur
du parapet, à 0ᵐ90 la largeur au sommet, et augmenter de
1ᵐ40 celle de la tranchée, en inclinant le fond de l'excavation
sur le parapet (fig. 31).

Fig. 31.

Le profil retourné donne un très-bon retranchement pour
l'artillerie.

Les épaulements pour l'artillerie seront décrits au chapitre relatif au service de l'artillerie en campagne.

CHAPITRE IV.

Défenses accessoires. — Abris. — Réduits. — Blockhaus. — Construction des retranchements.

Afin d'arrêter l'élan de l'assaillant et de le retenir le plus long-temps possible sous les feux des crêtes, on établit en avant des ouvrages des défenses accessoires.

Les principales défenses employées sont : les palissades, les palanques, les fraises, les abatis, les chevaux de frise, les trous de loups, les petits piquets, les chausse-trapes, les fils de fer, les fougasses, les torpilles.

Les défenses accessoires doivent toujours être défilées des

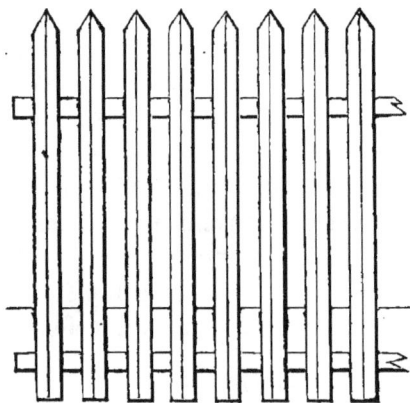

Fig. 32.

coups de l'artillerie. On les place soit dans les fossés, soit derrière un petit glacis, en avant de la contrescarpe, soit à la gorge des ouvrages.

Palissades (fig. 32). — Les palissades sont des pièces de bois triangulaires de 2ᵐ50 à 3ᵐ50 de longueur sur 0ᵐ15 à 0ᵐ18 de

20.

côtés, appointées à leur partie supérieure. On les enfonce en terre de 0ᵐ80 environ.

Les palissades sont plantées verticalement à 0ᵐ,07 l'une de l'autre ; elles sont réunies par une poutrelle transversale, nommée *liteau*. Pour que ce liteau puisse servir d'appui aux tireurs, on le fixe à 1ᵐ30 au-dessus du sol. Un deuxième liteau peut être placé à la partie inférieure pour consolider la palissade. Les

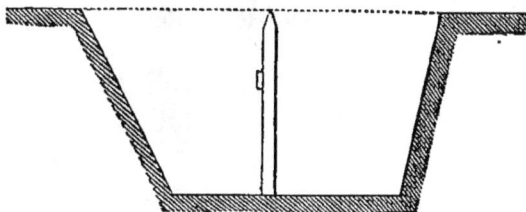

Fig. 33.

palissades peuvent se placer soit à la gorge des ouvrages, soit dans le fossé, à 1 mètre de l'escarpe (fig. 33).

Palanques. — Les palanques sont de grosses palissades en poutres jointives, et percées de créneaux de mètre en mètre

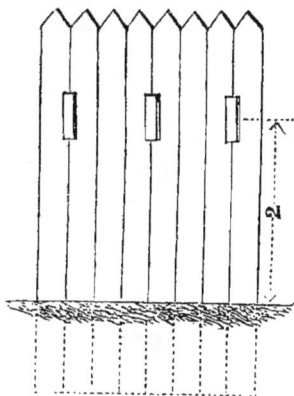

Fig. 34.

(fig. 34). Les poutres doivent avoir environ 0ᵐ30 d'équarrissage et 2ᵐ50 de hauteur. L'obstacle est organisé comme le représente la fig. 35,

Les palanques sont souvent faites avec des troncs d'arbres non équarris.

Les tambours et les coffres de flanquement, les réduits dans les ouvrages, sont faits en palanques.

Fraises. — Les *fraises* sont faites de poutrelles ou de jeunes arbres de 0ᵐ15 à 0ᵐ20 de grosseur et de 3 à 4 mètres de longueur. On les taille en pointe, on les couche aux sommets de l'escarpe, jointives (fig. 36), sous le remblai du parapet, dans

 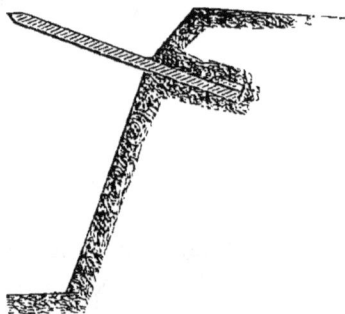

Fig. 36.   Fig. 37.

lequel leur queue est engagée de 1ᵐ50, ou bien au sommet de la contrescarpe. Elles doivent se trouver à 2 mètres au moins au-dessus du fond du fossé ; on les dissimule au moyen d'un petit glacis, élevé au sommet de la contrescarpe (fig. 37).

Abatis. — On appelle abatis des lignes de troncs d'arbres solidement fixés au sol, à côté les uns des autres. Les menues branches sont enlevées et les plus grosses taillées en pointe ; les arbres sont, soit couchés simplement sur le sol, soit enterrés en partie dans des tranchées (fig. 38). On place souvent aussi les abatis dans les fossés ou sur la berme. Les arbres sont maintenus par des poutres et attachés les uns avec les autres.

La fig. 39 représente un profil de tranchée défendue par des abatis.

Les figures 40 et 41 représentent des profils de retranchements avec abatis dans les fossés et sur la berme (1).

Chevaux de frise. — Le cheval de frise se compose d'une poutrelle de 3 à 4 mètres de long, percée sur ses faces de deux à trois trous, dans lesquels passent des fuseaux en bois de 3 mètres de long, appointés aux deux bouts, et dépassant également des deux côtés. La poutrelle est placée horizontalement, de manière que le cheval de frise repose sur les pointes de deux rangs voisins de fuseaux (fig. 42).

Fig. 42.

On en attache plusieurs à la suite les uns des autres et on les place à l'abri du canon, à la gorge ou derrière des glacis. On les emploie aussi en plaine pour arrêter la cavalerie.

Trous de loup. — Les *trous de loup* sont des excavations tronconiques que l'on creuse en quinconce en avant d'un ouvrage; leur profondeur est de 1^{m}30, leur diamètre supérieur de 2 mètres, celui du fond de 0^{m}50; les centres sont espacés entre eux de 3 mètres, les terres des déblais sont disposées entre les trous, de telle sorte qu'il ne reste aucune surface plane où l'on puisse poser le pied. On plante au fond de chacun d'eux un piquet, dont la pointe se trouve à hauteur du sol.

Petits piquets. — Les *petits piquets* sont taillés en pointe par les deux bouts. On les plante irrégulièrement à 0^{m}40 de distance les uns des autres, de manière à leur faire dépasser le terrain de 0^{m}30. On les met au fond d'un gué, d'un fossé, dans une prairie, etc.

Chausses-trapes. — La *chausse-trape* est un ensemble de quatre gros clous, forgés et soudés sur la moitié de leur longueur. Les pointes font entre elles des angles égaux; en les jetant sur le sol, l'une d'elles se trouve toujours en l'air. On

---

(1) Les trois profils des figures 39, 40 et 41 sont extraits de l'ouvrage du colonel Brialmont, *Fortification improvisée.*

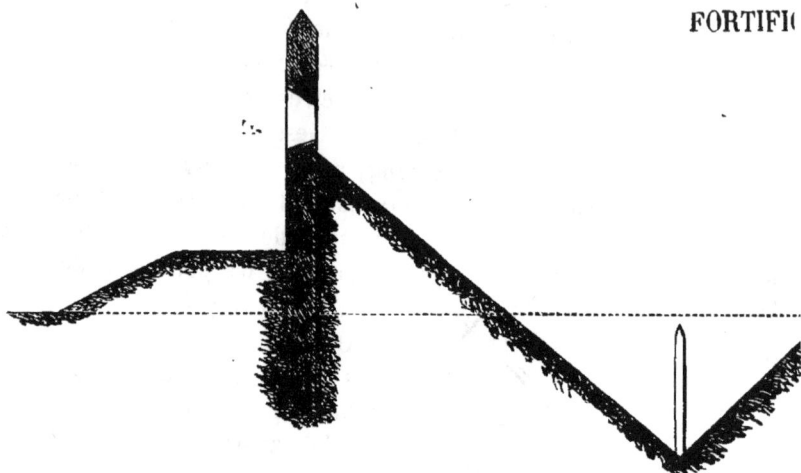

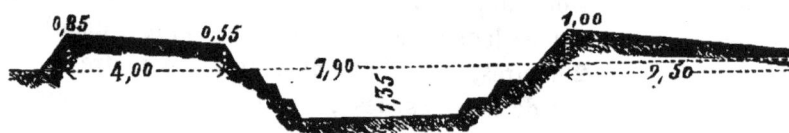

Fig. 39

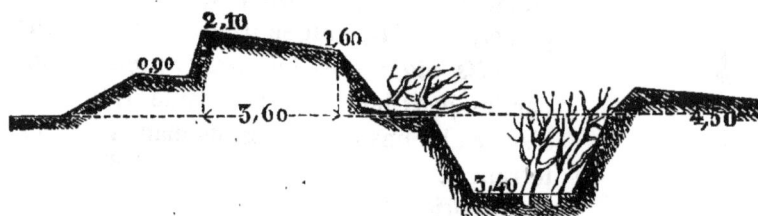

Fig. 40.

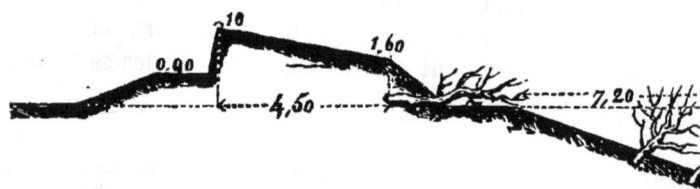

Fig. 41.

Échelle des figures 39, 4

les jette dans des gués, dans des prairies, en avant des ouvrages, dans les fossés, etc.

Haies de fil de fer. — On plante des piquets en quinconce et on les réunit par des fils de fer. On emploie ces haies dans les mêmes circonstances que les petits piquets.

Fougasses. — Ce sont des puits de 2 à 4 mètres de profondeur, creusés à l'avance aux points où l'ennemi peut se rassembler avant une attaque. Au fond de ces puits on place une boîte remplie de poudre, par-dessus un plateau de bois, puis une charge de pierres. Les principales espèces de fougasses sont : 1° les fougasses en déblai ; 2° les fougasses rases.

Fougasses en déblai. — La fig. 43 représente une fougasse en déblai. Les terres provenant de l'excavation sont rejetées en arrière de la fougasse et produisent une surcharge qui empêche la projection des pierres de ce côté. La charge de poudre

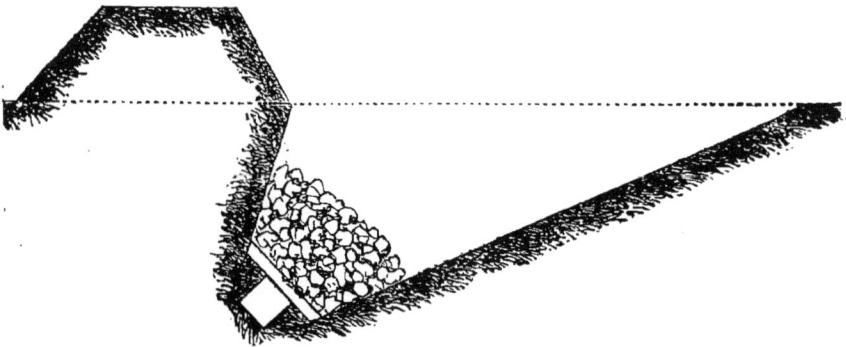

Fig. 43.

est de 25 kilogrammes ; les pierres sont projetées entre 50 et 150 mètres.

Fougasse rase. — L'inconvénient des fougasses en déblai est d'être vues de loin ; les fougasses rases au contraire (fig. 44), ne sont pas visibles à distance ; comme l'axe de la fougasse est moins incliné, les pierres ne tombent qu'à 40 mètres au maximum.

Torpilles. — On appelle ainsi des espèces de mines qui éclatent au moment où les hommes ou les chevaux viennent à passer dessus. Voici la description d'une de ces torpilles employées pendant la guerre d'Amérique, donnée par le capitaine Maire (1) :

« Un système se composait d'un gros projectile chargé, intro-

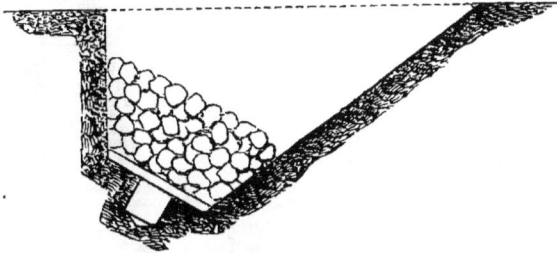

Fig. 44.

duit, à frottement doux, dans un cylindre métallique renfermant une pièce de bois, le tout solidement fixé sous le sol. Le projectile portait à sa partie inférieure une capsule communiquant à l'intérieur par un conduit rempli de poudre ; un petit ressort maintenait un certain écartement entre la capsule et la tête d'une pointe de fer fixée dans le cylindre de bois ; la pression du pied faisait céder le ressort, la capsule choquait la tête du clou et l'explosion avait lieu. »

Les torpilles ont un désavantage, c'est qu'elles empêchent les sorties des défenseurs.

Coffres de flanquements. — Réduits et blockhaus. — Abris. Magasins à poudre.

Coffres. — Nous avons vu plus haut que le flanquement des fossés dans les ouvrages un peu importants était obtenu

---

(1) Maire, *Fortification passagère.* Paris, Dejey

au moyen de coffres en charpente. — Ces coffres doivent

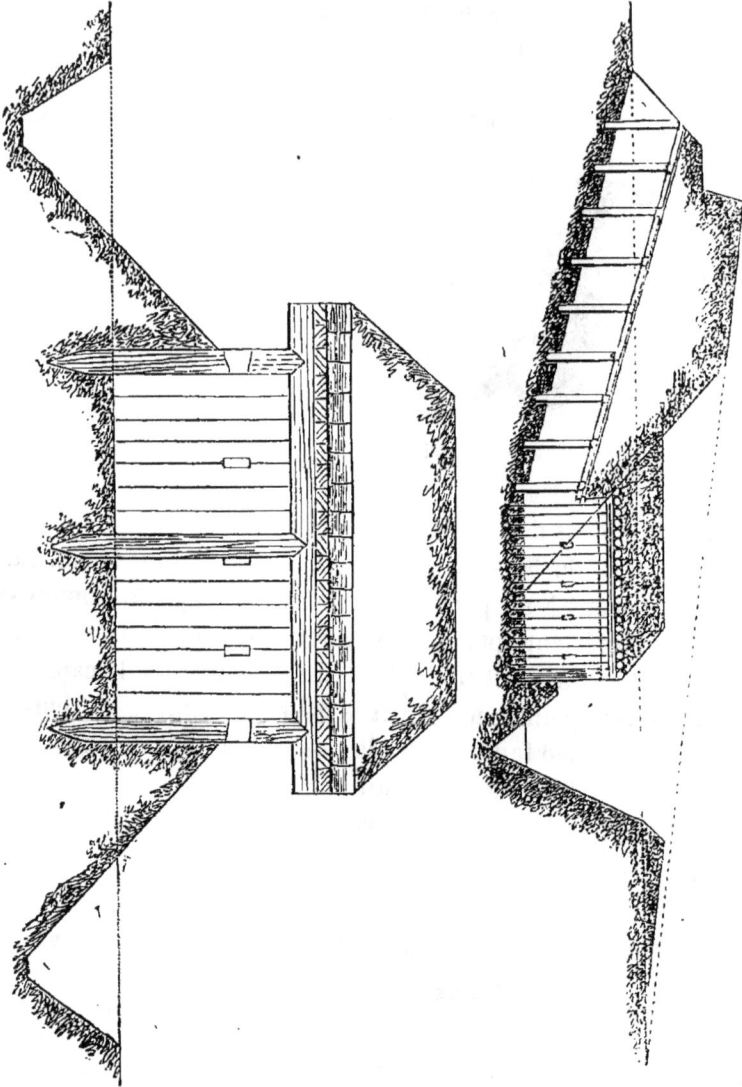

Fig. 45. $\left(\frac{1}{100}\right)$ Fig. 46. $\left(\frac{1}{200}\right)$

être autant que possible soustraits aux coups de l'artillerie, contre lesquels ils sont incapables de résister.

La figure 45 représente en coupe un coffre pouvant faire feu de trois côtés à la fois. Les parois, en grosses poutres jointives, sont percées de crémaillères pour la fusillade ; le ciel est fait avec deux rangs de solives recouvertes d'un rang de saucissons. Lorsqu'on a des rails à sa disposition, on pourra s'en servir pour le ciel. Le coffre doit être protégé par 1 mètre de terre au moins.

On descend dans ces coffres par une galerie de mine percée sous le massif du parapet (fig 46). Le pied des poutres formant parois est recouvert de terre. Cette terre est prise dans un petit fossé creusé en avant du coffre.

Les coffres de contrescarpe (fig. 47) sont construits d'une

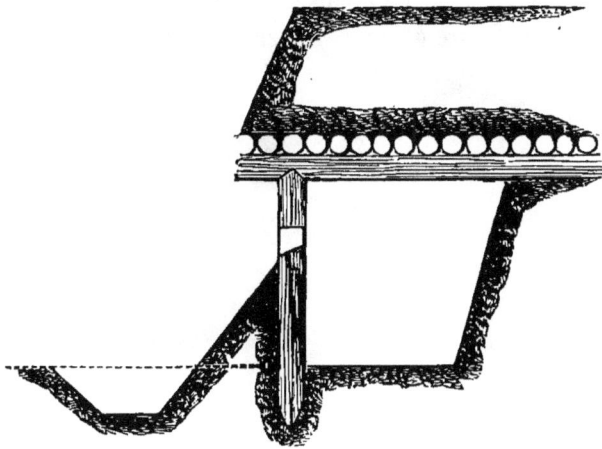

Fig. 47. $\left(\frac{1}{100}\right)$

manière analogue ; comme leur ciel n'a pas à craindre les coups de l'artillerie, on peut leur donner moins de solidité.

Réduits. — Les *réduits* dans les ouvrages servent d'appui aux réserves dont ils facilitent les retours offensifs, et permettent de prolonger la résistance jusqu'à l'arrivée de renforts.

Ce sont tantôt de simples tranchées au milieu du terre-plein, tantôt des coffres en charpentes semblables à ceux dont nous venons de parler. Ces derniers portent alors le nom de *block-haus.*

Abris. — Les abris se construisent dans les ouvrages de forts reliefs que leurs garnisons doivent occuper d'une manière permanente.

Ces abris, n'ayant aucun rôle à jouer dans la défense, doivent être placés dans les endroits les moins exposés. On les construit générale-ment sous le parapet des fa-

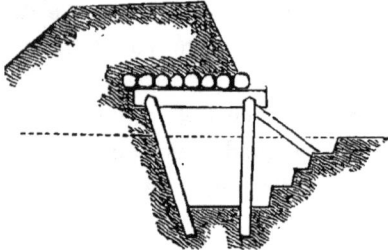

Fig. 48. $\left(\frac{1}{200}\right)$

ces des ouvrages, l'entrée opposée à l'ennemi (fig. 48 et 49).

L'abri de la figure 48 ne peut servir de refuge à la garnison

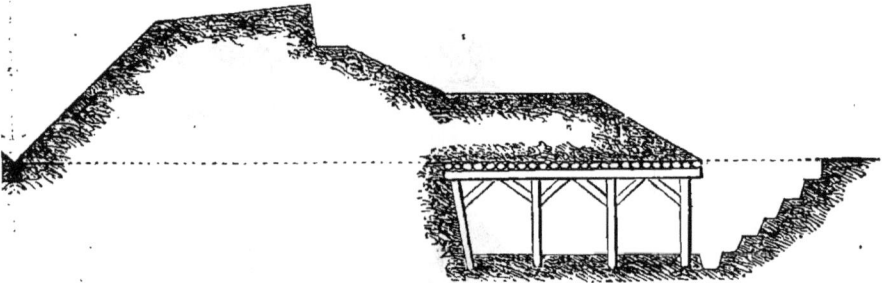

Fig. 49. $\left(\frac{1}{200}\right)$

que pendant le feu, tandis que celui de la figure 49 peut ser-vir de lieu d'habitation.

Défilement.

Défilement. — On a supposé jusqu'à présent que le terrain sur lequel on établit la fortification était indéfiniment horizon-tal, et, dans ce cas, pour couvrir les défenseurs situés sur le terre-plein, il suffisait d'élever les crètes à 2 mètres ou 2^m 50 au-dessus du sol ; mais en pratique il y aura le plus souvent, dans la limite de la portée des armes, quelques hauteurs sur lesquelles l'assaillant pourra venir se placer pour plonger dans

l'intérieur de l'ouvrage, où les défenseurs ne seront plus en
sûreté.

Ainsi, soit N le profil d'une face d'ouvrage, M celui d'une
hauteur qui se trouve en avant dans la limite de la portée des
armes; si le terrain était horizontal (les coups de l'ennemi étant
considérés comme partant ordinairement de 1^m 50 au-dessus
du sol), il suffirait, pour couvrir les défenseurs, de donner
au parapet une hauteur de 2 mètres ou de 2^m 50 ; mais si au
contraire les coups partent de B (1^m 50 au-dessus de M) et ra-

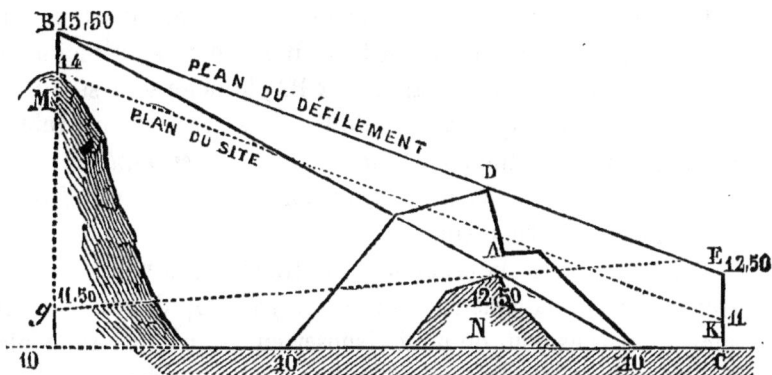

Fig. 50.

sent la crête A, ils plongeront dans l'intérieur de l'ouvrage
dont les défenseurs ne seront plus couverts, BA (fig. 50).

L'art de soustraire le défenseur à ces coups plongeants est
l'art du défilement, et défiler un ouvrage c'est le construire de
telle manière que le défenseur placé sur le terre-plein soit abrité
de tous les coups provenant des terrains avoisinants, dans la
limite de la portée des armes. On nomme *terrain dangereux*
la zone sur laquelle l'assaillant peut venir s'établir pour tirer
sur le défenseur. Sa largeur dépend de la portée des armes.

On ne cherche, en général, à garantir les défenseurs que sur
une zone d'une certaine largeur en arrière du parapet; la ligne
qui la termine prend le nom de *limite du défilement*.

Dans un ouvrage ouvert à la gorge, le terrain à défiler est

limité par le pied du talus de banquette et par la ligne de gorge; dans un ouvrage fermé, ce terrain est limité par le pied du talus de banquette; dans les lignes continues, la limite du défilement est une ligne, parallèle aux crêtes, située à une distance variable, suivant le besoin.

Soit le point C la limite de cette zone (fig. 50). Il faut que le défenseur situé en ce point soit couvert à 2 mètres ou $2^m 50$, c'est-à-dire que les coups partant de B ne puissent arriver au-dessus de E. On atteindra ce résultat si l'on élève la crête de A en D sur la ligne BE; de là un premier mode de défilement obtenu par l'*exhaussement du relief.*

Si l'on avait creusé le terre-plein en arrière, sans toucher à la crête A, de manière qu'il se trouvât à 2 mètres au moins au-dessous du coup le plus dangereux BA, le défenseur serait encore abrité des coups partant de B par la crête primitive A, et l'ouvrage serait défilé par l'*abaissement du terre-plein.*

On peut donc défiler un ouvrage en élevant son relief ou en abaissant son terre-plein.

Dans aucun cas la crête ne doit être élevée à plus de 4 mètres, pour que la construction ne soit pas trop difficile avec les moyens bornés dont on peut disposer en campagne; si le plan de défilement donnait une hauteur plus considérable, il faudrait combiner l'exhaussement des crêtes avec l'abaissement du terre-plein.

On appelle *plan de défilement* un plan, passant par la limite du défilement située à 2 mètres ou $2^m 50$ au-dessus du sol, et tangent à la hauteur dangereuse relevée de $1^m 50$; l'intersection de ce plan avec le plan de profil est BE (fig. 50):

En pratique, il est plus facile de trouver un plan, parallèle au plan de défilement, situé à $1^m 50$ au-dessous et tangent par conséquent à la hauteur. Ce plan auxiliaire, dont l'intersection avec le plan de profil est MK, prend le nom de *plan de site;* son intersection avec le plan vertical passant par la ligne limite du défilement, s'appelle la *charnière.*

Dans les ouvrages, on choisit généralement pour charnière une droite passant par le point de l'ouvrage le plus éloigné de la hauteur, et perpendiculaire à la ligne qui joindrait ce point au terrain dangereux. Ces deux droites détermineront le plan

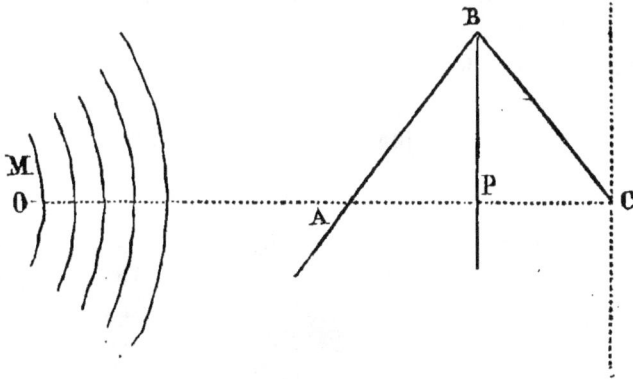

Fig. 51.

de site, et celui-ci le plan de défilement situé à 1^m 50 au-dessus, dans lequel on tiendra les crêtes (fig. 51).

Quand le terrain est horizontal, les défenseurs placés sur la banquette d'un redan, par exemple, sont couverts de face à 1^m30, et de dos complétement. Dans le redan ABC, dominé par la hauteur M, il n'en sera pas ainsi ; les défenseurs de la face BC

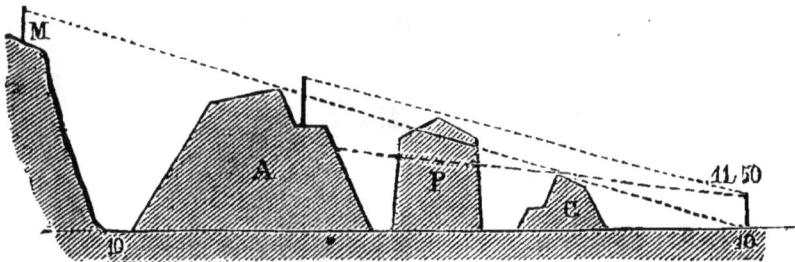

Fig. 52.

seront pris à revers par les coups partant de M, comme le montre le profil (fig. 52).

On obvie à cet inconvénient en élevant à l'intérieur une masse couvrante appelée *parados*, P.

Il en est de même si aucun plan de défilement ne peut satisfaire aux conditions exigées (passer à 2 mètres ou 2ᵐ 50 au-dessus du terre-plein et ne pas donner plus de 4 mètres de relief aux crêtes). On divise l'ouvrage en plusieurs parties par des *traverses*, et on défile séparément chaque partie.

Pour défiler un ouvrage par l'abaissement du terre-plein, on prend la charnière sur le sol ou à 0ᵐ 50 au-dessus, afin que les

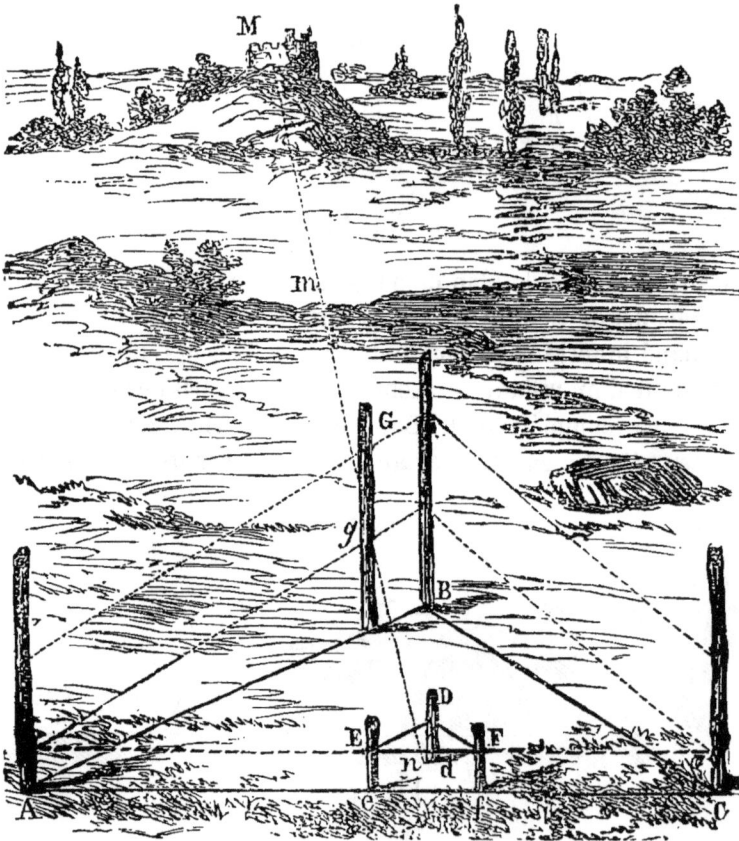

Fig. 53.

crêtes aient toujours au moins 1ᵐ 50 de relief (si elles avaient moins, l'ennemi placé sur le bord de la contrescarpe ne serait plus dominé par le défenseur), puis on mène, comme il a été indiqué, le plan de défilement, dans lequel on tient les crêtes,

et on abaisse le terre-plein de 2 mètres ou de 2ᵐ 50 au-dessous.

Pour défiler un ouvrage fermé, la charnière choisie sera une
droite passant par un des points de la crête et laissant tout
l'ouvrage d'un même côté, entre elle et la hauteur ; il faudra
presque toujours élever des traverses.

Voici comment on opère sur le terrain. Soit la hauteur M et
le redan ABC à défiler. La hauteur étant comprise entre le
prolongement des deux faces, on pourra prendre la charnière
sur la ligne de gorge (fig. 53).

Sur cette ligne on place deux jalons, e, f, à 1ᵐ 50 l'un de l'autre, et un troisième, d, en avant. On fixe sur les jalons e, f une
latte EF, déterminée de manière que la droite EF, qui servira
de charnière au plan de site, laisse le sol à défiler à 1 mètre au-
dessous d'elle. Le plan de site passe par cette droite et par le
plus élevé des rayons visuels m, rasant la latte et tangent à la
hauteur.

Pour le construire dans l'espace, on fixe aux deux extrémités de la latte qui représente la charnière deux autres lattes
dont les extrémités, rassemblées et tenues par un aide, glissent
le long du jalon d. En se plaçant derrière la charnière, on
dirige un rayon visuel rasant EF et la hauteur, pendant qu'un
aide élève ou abaisse le point D jusqu'à ce que l'une des deux
lattes se trouve dans le plan déterminé par EF et le rayon
visuel tangent ; les lattes sont alors fixées en D, et le triangle
EDF représente le plan de site.

Pour déterminer la crête en un point quelconque, on se
place en arrière du plan de site, on vise par ce plan la perche
placée au point cherché, on marque le point g où le rayon
visuel la rencontre ; le point G à 1ᵐ 50 au-dessus sera sur la
crête (fig. 53).

Dans la pratique, la crête des ouvrages est rarement horizontale, la construction des ouvrages en plan sera donc un peu
changée, puisque le profil varie en chaque point.

Pour obtenir ce plan, on construira, sur chaque face au
moins, les deux profils extrêmes, on déterminer sur chacun

d'eux la largeur du fossé et on mènera des droites entre les
points correspondants de ces deux profils (fig. 54).

Nous avons dit plus haut qu'on défilait quelquefois au moyen
de traverses ; voici comment on peut comprendre ce défilement.
Imaginons une lunette ABCDE placée en face d'une hauteur

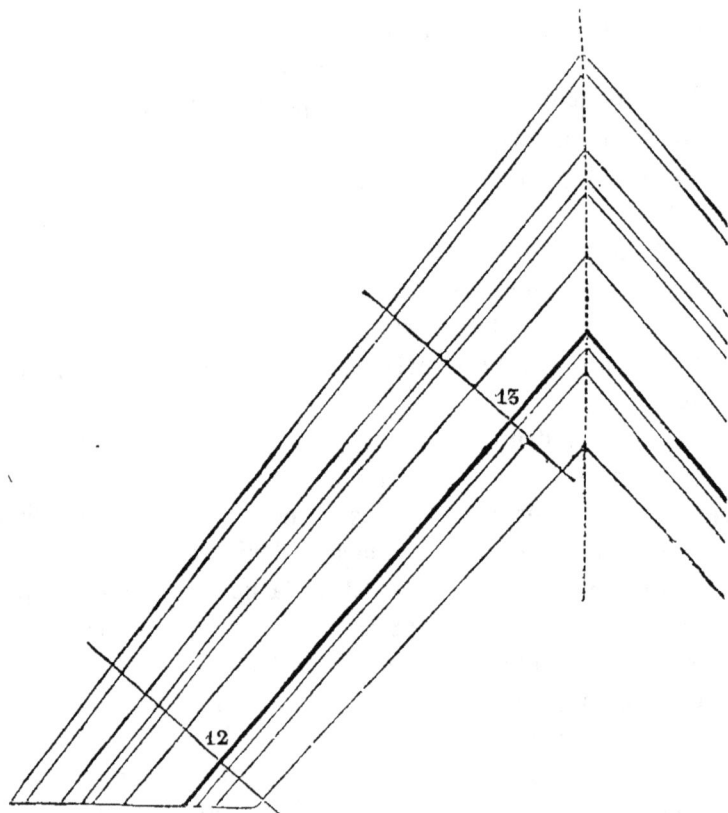

Fig. 54.

dangereuse P, et supposons que la méthode indiquée ci-dessus
ait donné pour le saillant A une hauteur exagérée. On construira une traverse suivant BC, et on défilera successivement la
partie ABC et la partie BCDE. Ce procédé donnera des résultats convenables dans la pratique. Afin de permettre la circu-

lation sur le terre-plein de la lunette, on coupera la traverse comme le représente la figure 55.

Du reste, même dans le cas où l'ouvrage est placé sur un point dominant, on doit toujours construire sur le terre-plein des traverses de distance en distance pour protéger les hommes et les pièces contre le tir d'enfilade de l'artillerie ennemie.

Construction des retranchements.

Le développement des crêtes d'un ouvrage dépend de la force de la garnison. On admet que pour une bonne défense il faut deux hommes par mètre courant de crêtes. Lorsque les ouvrages doivent recevoir de l'artillerie, il faut compter pour chaque bouche à feu 7 mètres de crêtes si l'on veut séparer les pièces par des rigoles pour les servants, et 5 mètres seulement dans le cas contraire.

Ces données suffisent pour construire les lignes ou les ouvrages ouverts à la gorge que le défenseur n'occupe qu'au moment du combat et sur le terre-plein desquels il ne campe pas.

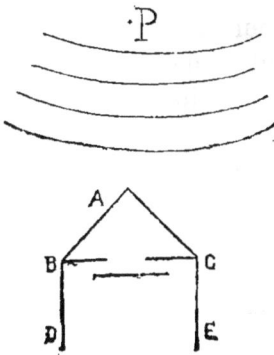

Fig. 55.

Si, au contraire, le défenseur doit camper sur le terre-plein de l'ouvrage, ce qui arrive dans le cas des redoutes, il faut que le terre-plein soit assez grand pour contenir à la fois les pièces attelées, avec leurs caissons, et le camp des hommes.

On a reconnu que chaque homme occupe au minimum $\frac{3}{2}$ mètre carré de terre-plein et chaque voiture attelée 50 mètres carrés.

Avec ces données on pourra résoudre les questions suivantes (1) :

---

(1) Maire, *Fortification passagère*. Paris, Dejey.

1° Étant donnée une redoute, calculer la garnison qu'elle peut recevoir.

On fixe le nombre d'hommes nécessaire d'après le développement des crètes et on ajoute une réserve de $\frac{1}{6}$ à $\frac{1}{4}$ de l'effectif trouvé; on obtient ainsi le chiffre total de la garnison.

2° Construire une redoute pour un nombre d'hommes et de bouches à feu déterminé :

Après avoir retranché $\frac{1}{4}$ ou $\frac{1}{6}$ de l'effectif pour la réserve, on calculera le développement à donner aux crètes et ensuite les dimensions respectives des différents côtés de la redoute, dimensions que l'on modifiera à volonté pour satisfaire à la condition d'avoir un terre-plein suffisamment étendu.

Le développement des crètes étant déterminé comme nous

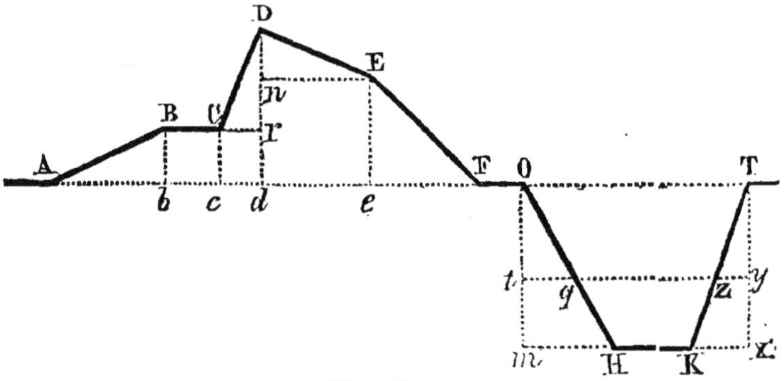

Fig. 56.

venons de le dire, avant de commencer la construction, il reste à déterminer le profil du fossé.

Le volume de terre nécessaire pour construire le parapet égale le produit de la surface du profil par la longueur du parapet.

Le volume de terre fourni par le fossé est à peu près égal au profil du fossé par sa longueur.

Quand on veut construire un retranchement, on fixe d'abord le relief et l'épaisseur du parapet, l'inclinaison de la plongée et la profondeur du fossé, d'où l'on tire les autres dimensions.

21.

Les terres du fossé devant suffire à construire le parapet, il semblerait nécessaire de prendre des surfaces équivalentes pour les deux profils du fossé et du parapet, mais la terre piochée ne peut reprendre son même volume, quoique damée. Le volume du remblai est plus grand que celui du déblai. Cette augmentation de volume a reçu le nom de *foisonnement*; le foisonnement varie avec la nature des terres du dixième au sixième: on doit le déterminer pour chaque cas particulier.

Soit un parapet dont la hauteur donnée est de 2 mètres, l'épaisseur 3 mètres, la plongée inclinée à un sixième, la profondeur du fossé 2 mètres.

On construit le profil du parapet sur le papier en le réduisant à une échelle donnée (fig. 56).

$$\frac{Dn}{nE} = \frac{1}{6} \left\{ Dn = \frac{nE}{6} = \frac{3}{6} = 0^m,50 \right.$$

$$Ee = Dd - Dn = 2^{mm} - 0^m,50 = 1^m,50$$

$$Dr = 1^m,30$$

$$\frac{Dr}{Cr} = \frac{3}{1} \left\{ Cr = \frac{1,30}{3} = 0^m,43 \right.$$

$$Bc = 0^m,80$$

$$Bb = Cc = dr = Dd - Dr = 2 - 1,30 = 0^m,70$$

$$\frac{Bb}{Ab} = \frac{1}{2} \left\{ Ab = Bb \times 2 = 1^m,40 \right.$$

$$\frac{Ee}{Fe} = \frac{1}{1} \left\{ eF = Ee = 1^m,50 \right.$$

Nous avons ainsi les indications suffisantes pour calculer la surface du profil en la décomposant en triangles, trapèzes et rectangles.

$$DdeE = \frac{Dd = Ee}{2} = de = 5^m,25$$

$$DCr = \frac{Cr \times Dr}{2} = 0^m,28$$

$$Ccdr = Cc \times cd = 0^m,30$$

$$BbcC = Bb \times bc \qquad = 0^m,56$$

$$AbB = \frac{Ab \times Bb}{2} \qquad = 0^m,49$$

$$EeF = \frac{Ee \times eF}{2} \qquad = 1^m,12$$

$$\text{Surface de profil} \qquad = 8^m,00$$

Ainsi la surface du profil est égale à 8 mètres carrés; si nous supposons que, par le foisonnement, les terres du fossé

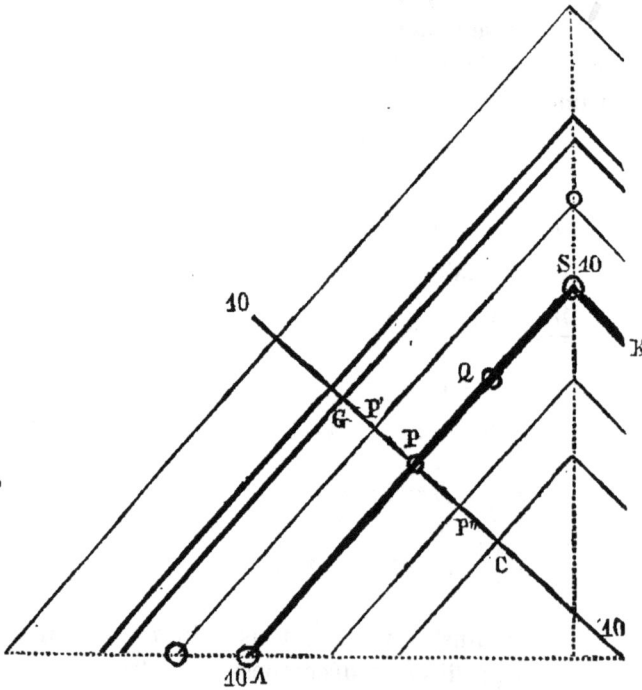

Fig. 57.

augmentent de $\frac{1}{10}$ de leur volume, il suffira que la surface du profil du fossé soit les $\frac{9}{10}$ de celle du parapet; soit $7^m,20$.

Cela posé, il faut chercher la largeur du haut du fossé. La surface du profil du fossé, qui doit être égale à $7^m,20$, est un

trapèze. Nous aurons donc en supposant la profondeur égale
à 2ᵐ :

$$7^m,20 = \frac{OT + HK}{2} \times 2 = OT + HK$$

somme des deux bases.

D'où la base moyenne qz, menée à 1 mètre de profondeur,
égalera $\frac{7^m,20}{2}$ ou $3^m,60$. On voit par la construction que si l'on
ajoute à cette base moyenne les longueurs tq et zy, on aura
la largeur du haut du fossé; or l'inclinaison de l'escarpe $\frac{3}{2}$ et
de la contrescarpe $\frac{2}{1}$ donne la valeur des lignes mH et Kx
($0^m,66$ et $0^m,50$), et la similitude des triangles omH et otq,
TxK et Tyz celle des lignes tq et zy ($0^m,33$ et $0^m,25$). La largeur du haut du fossé aura donc : $3^m,60 + 0^m,33 + 0^m,25 =$
$4^m,18$; et l'on pourra alors construire le profil du fossé.

Exécution des ouvrages.

On trace les ouvrages sur le terrain comme sur le papier
par des lignes droites. Chaque point est marqué par un piquet,
les lignes par deux piquets, par des cordeaux, ou par de petits
sillons faits avec la pioche le long d'un cordeau.

On commence par placer sur le sol, au moyen de petits piquets, la projection de la crête intérieure, et celle de la crête
extérieure, parallèle et à une distance en avant égale à l'é-
paisseur du parapet.

Si l'on veut, par exemple, tracer un redan dont le parapet
ait 3 mètres d'épaisseur, on marque avec des piquets les
points ASK, qui déterminent la projection de la crête intérieure; celle de la crête extérieure est tracée au cordeau à
3 mètres en avant. Ces lignes une fois arrêtées, on plante sur
la projection de la crête intérieure, et à environ 10 mètres des
extrémités, deux perches verticales, en face desquelles on fait
un profil complet (fig. 57 et 58).

Voici l'organisation d'un de ses profils. En P et perpendiculairement à la direction de la crête, est tracée sur le sol la

direction du profil. Une hauteur de 2 mètres est prise sur une perche plantée en P, le point **M** (fig. 58) est sur la crête inté- rieure. Au point de rencontre P′ de la trace du profil et de la

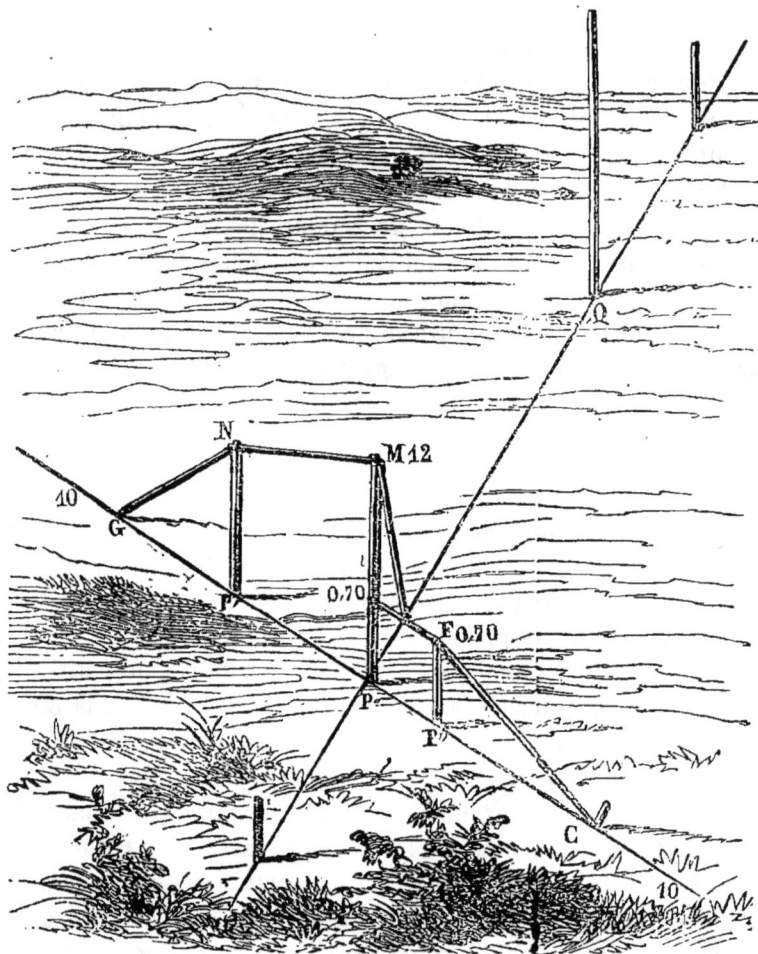

Fig. 58.

projection de la crête extérieure, est plantée une autre perche, sur laquelle on indique la hauteur de cette crête **N**, donnée par l'inclinaison de la plongée. Les points MN, réunis par une latte, donnent la plongée. Le talus extérieur se profile par une autre latte. L'inclinaison de NG est réglée d'après la nature des terres.

Sachant que le talus intérieur est incliné à $\frac{3}{1}$, que la banquette est à 1,30 au-dessous de la crête intérieure et qu'elle a 1,20 de large, on trouve le point P″ intersection de la trace CG avec la projection du bord de la banquette. On plante en ce point P″ une perche sur laquelle on prend la hauteur P″F = 2 — 1.30 = 0.70 ; une latte horizontale est clouée en ce point. Le talus intérieur se profile par une latte inclinée à $\frac{3}{1}$. Quant au talus de banquette, pour le profiler on placera une latte FG telle que P″C = 2 P″F = 1,40. Les traces de l'escarpe et de la contrescarpe sont faites à la pioche, la largeur du fossé étant une fois déterminée.

Deux profils étant faits sur chaque face, les profils d'angle s'en déduisent par de simples alignements.

Organisation du travail par atelier.

Lorsque les dimensions du fossé sont fixées, il faut trouver la plus grande quantité d'ouvriers que l'on pourra employer et le temps nécessaire à ces ouvriers pour construire l'ouvrage. Il existe une grande différence entre les terres pour la facilité du travail : le sable, par exemple, peut être pris immédiatement à la pelle, tandis que la terre argileuse demande à être ameublie par la pioche.

En général, la quantité de terre est représentée par un pelleteur pris pour unité, plus le nombre de piocheurs qu'il faut lui adjoindre pour qu'il ne chôme jamais.

Ainsi on nomme *terre à un homme* celle qui peut être prise directement par le pelleteur ; *terre à deux hommes* celle qui exige un piocheur pour un pelleteur ; *terre à trois hommes* celle qui exige deux piocheurs pour un pelleteur ; *terre à un homme et demi* celle qui exige deux pelleteurs pour un piocheur.

On détermine la qualité de la terre par expérience préliminaire pendant que l'on pose les profils.

Les pelleteurs ne devant pas être espacés de moins de 2 mètres pour ne pas se gêner, on partage l'escarpe et la contrescarpe en parties de 2 mètres de long, et on joint les points de division correspondants; l'emplacement de l'ouvrage est ainsi divisé en zones représentant chacune un *atelier*.

Les pelleteurs devant jeter la terre à 4 mètres de distance horizontale et à 2 mètres de hauteur verticale, chacune de ces distances forme un *relais*.

Chaque atelier se composera donc d'autant de pelleteurs qu'il y a de relais, plus le nombre de piocheurs nécessaires pour que le pelleteur ne chôme pas, plus un dameur et un régaleur pour deux ateliers.

Un homme travaillant par corvée déblaie 4 mètres cubes par journée de dix heures, et 10 mètres cubes s'il travaille à la tâche Il est donc facile de se rendre compte du temps nécessaire pour construire l'ouvrage.

Manière d'accélérer la construction des ouvrages.

En suivant la méthode qui vient d'être indiquée, il faudrait au moins quatre ou cinq jours pour construire un ouvrage. Il existe différents moyens pour accélérer le travail. Ainsi, on fait relever les travailleurs de quatre heures en quatre heures, on les paye, on rapproche les ateliers jusqu'à 1 mètre. D'ailleurs on mène le travail de telle sorte qu'à chaque instant on puisse se servir pour la défense de la portion d'ouvrage déjà exécutée. Pour cela on prolonge le talus intérieur jusqu'au sol et on construit d'abord un parapet de 1m30 de haut, puis on l'élève peu à peu, en formant en même temps une banquette.

Lorsqu'on prend la terre à la fois dans le fossé et dans le terre-plein, il ne faut que huit heures pour élever un parapet, ayant un relief de 2 mètres.

Revêtements.

Les revêtements servent à soutenir les talus raides. Les revêtements employés en campagne sont : les gazons, le pisé, les sacs à terre, les fascines, les gabions, les claies, les bois de charpente, les pierres sèches.

Gazons. — Les gazons s'emploient dans les ouvrages comme dans les batteries de siége construites par l'artillerie ; il n'en sera donc question qu'au chapitre relatif à ce genre de batteries.

Pisé. — Voici la manière de préparer le pisé, donnée par le capitaine Maire (1) d'après le général Bergère :

« On fouille le sol à 0^m70 ou 1 mètre de profondeur ; les mottes sont cassées à la pioche ou à la pelle, de façon à bien diviser la terre ; cette terre, relevée en tas, est débarrassée au râteau des racines et des pierres plus grosses qu'une noix ; on l'ameublie ensuite à la pelle, et si elle est par trop sèche, on la mouille légèrement à l'aide d'une pomme d'arrosoir. Il suffit qu'elle soit humide de telle sorte qu'en en prenant une poignée, elle puisse, étant jetée sur le tas, conserver la forme qu'on lui a donnée en la pressant un peu dans la main. Les terres végétales et les terres de brique donnent de bon pisé, mais les meilleures sont les terres fortes mêlées de petits graviers. »

Pour exécuter le revêtement, on commence par construire à l'endroit où doit se trouver le talus intérieur un coffrage en planches, maintenu par de longs piquets. Derrière ce coffrage, on place le pisé par couches horizontales de 0^m20 de hauteur et fortement damées. Le revêtement fini, on enlève le coffrage.

On augmente beaucoup la solidité du pisé en l'arrosant avec un lait de chaux.

Sacs à terre. — Voir le chapitre de la construction des batteries.

Pierres sèches. — Ce revêtement n'est convenable que pour les talus à l'abri des coups de l'artillerie ennemie et qui ne donnent qu'une faible poussée. On place les pierres par assises

---

(1) Maire, ouvr. cit.

horizontales; on remplit les interstices avec des cailloux ou de la terre.

Fascines. — Les fascines du génie ont 2 mètres de long et 0^{m}22 de diamètre. Trois hommes peuvent faire une fascine en une demi-heure.

Confection. — Établir d'abord le chantier avec trois chevalets placés à 0^{m}60 l'un de l'autre. Chaque chevalet se compose de deux forts piquets de 1^{m}75 de long et 0^{m}10 de diamètre, enfoncés obliquement en terre à 0^{m}65 l'un de l'autre et se croisant de manière que leur point de contact soit à 0^{m}60 au-dessus du sol. Placer sur ces chevalets les brins de bois de 2 mètres de longueur en quantité suffisante; serrer la fascine avec un cabestan de 1^{m}10 de longueur, en engagent des leviers dans les boucles, fixer les brins de bois avec des harts en bois ou en fil de fer. Les harts doivent être à 0^{m}20 l'une de l'autre.

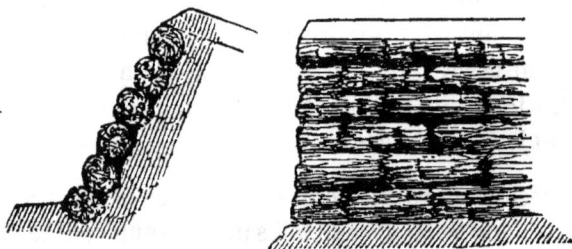

Fig. 59.

Exécution du revêtement. — Les fascines sont placées horizontalement, chaque rang en retraite sur le précédent d'un demi-diamètre. Le premier rang est enterré de 0^{m}10, les autres sont reliés entre eux par des piquets. Des harts de retraite fixées à des piquets noyés dans le massif du parapet consolident le revêtement; on n'en met que tous les deux ou trois rangs (fig. 59).

Quatre hommes, en une heure, font deux mètres carrés de revêtement.

Claies. — Voir le chapitre sur la construction des batteries.

Gabions. — Les gabions sont des cylindres en clayonnage.
Il y a deux modèles de gabions : celui de l'artillerie, ayant
1 mètre de hauteur et 0m56 de diamètre extérieur, et celui du
génie, ayant 0m80 de hauteur et 0m65 de diamètre extérieur.
Ces deux gabions se font de la même manière, nous y reviendrons plus loin.

Les revêtements en gabions du génie se composent généra-
ement d'un rang de gabions couronnés de deux rangs de fascines dont le premier est double. Les gabions sont placés les
pointes des piquets en l'air et maintenus par des harts de retraite.

Un atelier de quatre hommes place environ quinze gabions
en une heure.

Bois de charpente. — Ce genre de revêtement est rarement employé. Pour les talus peu élevés, le revêtement se

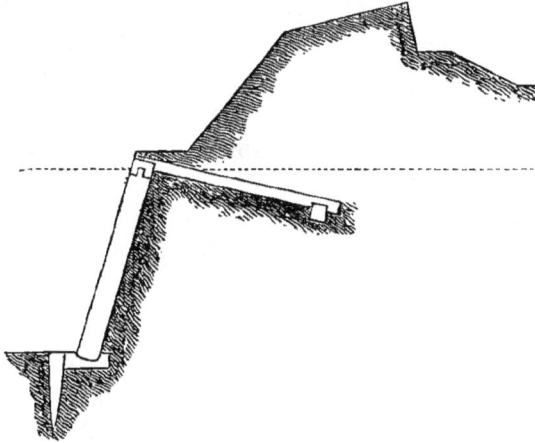

Fig. 60.

compose d'un coffrage en planches maintenu par des piquets
enfoncés suivant l'inclinaison du talus et maintenus par des
harts de retraite.

Lorsque les talus sont plus élevés, on maintient le coffrage
par des fermes établies à 3 mètres les unes des autres. Ces
fermes se composent d'un corps d'arbre de 0m30 d'équarris-

sage emboîté à sa partie inférieure dans une semelle enterrée et maintenue par de forts piquets. Le corps d'arbre est assemblé à sa partie supérieure avec un chapeau maintenu par un tirant et une traverse retenue par deux piquets (fig. 60).

Tracé et exécution des tranchées-abris.

Il faut, pour exécuter ces tranchées, de vingt-cinq à trente-cinq minutes, suivant la nature des terres.

Le tiers de l'effectif à couvrir suffit pour exécuter le travail.

Les outils, amenés par les soins du génie, en arrière de l'emplacement désigné, sont réunis en deux tas, un de pelles, l'autre de pioches, et distribués alternativement aux travailleurs placés sur un rang, à raison de deux pelleteurs pour un piocheur. Pendant ce temps, un officier, aidé de quelques hommes lui servant de jalonneurs, détermine la direction que doit avoir le bord de l'excavation du côté de l'ennemi, et la fait tracer sur le sol par une raie creusée à la pioche. Le bord intérieur est ensuite tracé à une distance de 1m30.

Cela fait, les travailleurs sont amenés, en colonne par un, vers l'une des extrémités de la ligne, et se rangent le long de la raie par le mouvement de : sur la droite ou sur la gauche, en bataille. A mesure que l'homme arrive, un sous-officier reçoit de lui l'outil qu'il porte : si c'est une pelle, il la pose le long de la raie; si c'est une pioche, il la pose en travers. Les pelles, qui ont en moyenne 1m30 de long, se trouvent ainsi placées bout à bout; les pioches, mises en travers, indiquent la séparation des ateliers, composés chacun de deux pelleteurs et un piocheur. Ces trois hommes exécutent alors leur travail comme ils l'entendent, les officiers et les sous-officiers veillent seulement à ce que la forme et les dimensions du profil soient observées.

CHAPITRE V.

**Mise en état de défense des principaux obstacles existant
sur le terrain et des lieux habités. — Murs. — Haies. —
Ravins. — Escarpements. — Bois. — Maisons. — Fermes.
— Villages. — Marais. — Cours d'eau. — Ponts.**

Murs. — Les murs offrent un très-bon abri contre la mousqueterie. On les organise pour la défense en y perçant, à 1m30 au-dessus du sol, des créneaux évasés vers l'intérieur, de manière à élargir le champ de tir. Pour supprimer l'angle mort qui existe au pied du mur, on incline le fond du créneau vers le sol, et on élève un petit talus en terre comme le représente la figure 61. Cette terre est prise dans un fossé creusé en avant du mur. Ce fossé a l'avantage d'empêcher l'assaillant, parvenu au pied du mur, d'emboucher les créneaux.

Si le mur est trop épais ou construit en pierres dures, les créneaux sont très-difficiles à percer ; on préfère alors en créer artificiellement avec des sacs à terre disposés sur le sommet du mur. Les tirailleurs se placent sur une banquette à 1m30 au-dessous du fond des créneaux. Si le pied du mur ne peut être battu, on établit en certains points des tambours en bois pour obtenir des feux de flanc.

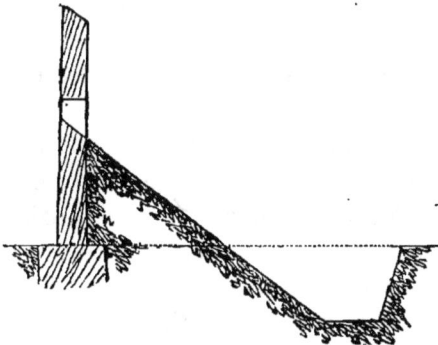

Fig. 61.

Les murs ne peuvent résister au tir de l'artillerie. Si l'on craint d'être attaqué avec du canon, on pourra utiliser le mur pour soutenir le talus intérieur d'un retranchement en terre.

Haies. — Si la haie est élevée et touffue, en cassant quelques branches on pratiquera des créneaux dans l'épaisseur du feuillage. Si la haie est trop basse pour abriter un tireur debout, on creusera un petit fossé en avant ou en arrière pour former un petit parapet dont le talus extérieur sera soutenu par la haie.

Ravins. Escarpements. — Les ravins et les escarpements peuvent servir de fossés aux ouvrages, mais il est indispensable d'en bien battre les pentes, sans quoi l'ennemi pourrait se glisser sans danger jusqu'au pied de l'obstacle et s'y préparer à l'assaut.

Bois. — Pour donner une idée de l'importance des bois, voici ce que dit le capitaine Hardy (1) :

« Dans la plupart des actions de la dernière guerre, l'élan des troupes françaises s'est rompu devant les longues lignes noires de la forêt ou du bois voisin, qui cachaient un ennemi bien embusqué, bien muni d'artillerie, attendant dans le calme et dans le silence l'attaque impétueuse de nos tirailleurs en grande bande et de nos escadrons. »

Un bois donne donc un couvert précieux très-difficile à attaquer de front.

Avant d'organiser la défense d'un bois, il faut faire une reconnaissance complète des abords, des routes qui le traversent et des accidents de terrain qu'on y rencontre. Cette reconnaissance permettra de choisir les points sur lesquels la lutte devra se concentrer et d'établir le projet de défense.

La lisière du bois sera défendue par des abatis et des tranchées-abris ; l'artillerie sera placée en dehors autant que possible, de manière à enfiler les routes par lesquelles l'ennemi doit attaquer. Les débouchés des routes seront fermés par de petits redans ou des coupures. A l'intérieur du bois, on élèvera une seconde ligne d'obstacles avec des abatis, des fils de fer et des tranchées-abris ; en avant de cette seconde ligne on rasera tout

---

(1) Hardy, capitaine au 130e de ligne. *Conférences régimentaires sur la fortification.* Paris, Dumaine.

ce qui pourrait gêner la vue des défenseurs. Enfin, s'il y a dans le bois une maison ou une ferme isolée, un point culminant, on l'organisera pour servir de réduit. Les troupes chargées de la défense seront divisées en trois groupes : le premier pour la lisière, le second pour la deuxième ligne et le troisième pour le réduit.

Maison. — On fortifie une maison en perçant des créneaux dans les murs des divers étages sur tout le pourtour et principalement aux angles, en barricadant toutes les ouvertures avec des sacs à terre ou des madriers également percés de créneaux, enfin en l'entourant d'un fossé s'il est possible.

On prépare une défense intérieure pied à pied dans les corridors et les chambres, en crénelant les cloisons et les planchers; les escaliers sont coupés et l'on se sert d'échelles pour communiquer d'un étage à l'autre.

Le toit est enlevé et remplacé par une forte couche de terre ou de fumier; les charpentes de la toiture sont utilisées pour la défense intérieure.

Lorsqu'on s'attend à être attaqué par l'artillerie, on étançonne les solives principales, pour éviter les éboulements; on enlève les parquets et on les remplace, comme le toit lui-même, par une couche de terre et de fumier.

Les portes principales du rez-de-chaussée sont protégées soit par des tambours en charpente, soit par des *mâchicoulis* (1) établis aux fenêtres du premier étage.

Il faut avoir le plus grand soin d'enlever toutes les matières inflammables et de répartir aux différents étages des baquets pleins d'eau, afin de prévenir autant que possible les dangers d'un incendie.

Les caves pourront servir de dépôts de munitions et même d'abri à la garnison pendant le bombardement si elles sont suffisamment solides.

---

(1) Mâchicoulis, sorte de meurtrière percée à la partie supérieure d'un mur et permettant d'en battre le pied par des coups verticaux.

Les abords de la maison devront être aussi organisés défensivement au moyen d'abatis, de trous de loups ou de fils de fer, suivant les ressources locales.

Souvent les maisons pourront servir de réduit à des ouvrages en terre; mais, dans ce cas, les maisons basses devront être préférées parce qu'elles offrent moins de prise aux coups de l'artillerie.

Ferme. — Une ferme se compose d'un groupe de bâtiments séparés les uns des autres par des cours ou des vergers. Pour fortifier une ferme, on utilise les haies, les murs, les fossés, de manière à former une première enceinte que l'on renforce dans les endroits faibles avec des palissades; on protége les abords de cette enceinte avec des abatis ou des trous de loups.

En arrière de cette enceinte on en établit une seconde de la même manière; on détruit tous les obstacles entre cette enceinte et la ferme, et l'on organise les bâtiments comme nous l'avons dit pour une maison.

Le bâtiment dont la position paraît la plus avantageuse est choisi pour réduit.

Village. — Voici les règles données par le colonel Jourjon (1) pour fortifier un village :

« Éclairer les accès en détruisant tout ce qui pourrait gêner les feux de la défense; former une enceinte au moyen de retranchements et en profitant des obstacles naturels du terrain; barricader les rues qui débouchent dans la campagne et couvrir celles que l'on veut conserver par des tambours; organiser un réduit; occuper les fermes ou bâtiments extérieurs avantageusement situés. »

Le colonel Brialmont recommande en outre dans la défense d'un village de ne pas occuper les maisons de la lisière ni aucune de celles qui peuvent être atteintes de loin par l'artillerie ennemie. Dans les rues que les colonnes d'attaque doivent tra-

---

(1) Jourjon, *Fortification passagère,* cours professé à l'École de Metz, 1862.

verser avant d'arriver au réduit, on occupera solidement quelques maisons défilées contre les vues éloignées.

En général, il vaut mieux que le gros des défenseurs ne séjourne pas dans le village même, où il aurait trop à souffrir des obus de l'ennemi.

L'artillerie se place en dehors, sur les flancs, de manière à battre les points les plus attaquables.

On organise toujours un réduit soit à l'intérieur, soit à l'extérieur du village. A l'intérieur, ce sera une place, une fabrique, un groupe de maisons ou l'église; le réduit devra être placé autant que possible au croisement des avenues principales. S'il n'y a pas dans le village de bâtiments convenablement placés, on fera un réduit en terre en dehors; ce réduit sera sur la ligne des défenses extérieures, à proximité de la route choisie pour la retraite.

Lorsque le village à défendre est dominé par des hauteurs, il ne faut pas hésiter à s'établir sur les points dominants. On entourera donc le village de redoutes, tracées de manière à battre les débouchés par lesquels l'ennemi peut attaquer et à se flanquer réciproquement; on n'aura plus alors à se préoccuper de la défense intérieure du village, devenue tout à fait inutile.

Marais. — Les positions fortifiées, couvertes par des marais ou des étangs, sont très-fortes, car ces obstacles sont presque infranchissables. Généralement l'ennemi ne les attaquera pas de front, mais cherchera à les tourner; le défenseur devra donc, lorsqu'il s'établira derrière un marais ou un étang, avoir grand soin de protéger ses flancs par tous les moyens possibles.

Cours d'eau. — Un cours d'eau est un excellent obstacle dès qu'il a 1^{m}50 de profondeur, parce qu'alors il n'est pas guéable.

Si le cours d'eau est guéable, on pourra, quand on aura le temps, en augmenter la profondeur et l'importance comme obstacle en élevant des barrages en certains points d'aval.

Ces barrages doivent être assez solides pour résister à la

pression de l'eau et disposés de telle sorte que l'eau en excès ait un écoulement facile.

On les élève aux endroits abrités contre les vues de l'ennemi, afin que l'artillerie ne puisse les détruire.

CHAPITRE VI.

Ponts militaires.

L'artillerie est chargée de la construction des ponts militaires.

Ces ponts sont soit à supports flottants (bateaux ou radeaux), soit à supports fixes (chevalets à deux ou à quatre pieds).

On appelle *culée* le point d'appui du pont sur la rive, et *travée* la portion du pont comprise entre les axes de deux supports successifs. La culée se compose d'un *corps mort* assujetti par des piquets.

Le tablier des ponts est formé de madriers jointifs placés en travers sur des poutrelles. Ces madriers sont maintenus à leurs extrémités par des poutrelles de guindage.

Bateaux. — Il y a deux espèces de bateaux : le bateau d'équipage de réserve et le bateau d'équipage de corps d'armée.

Le bateau d'équipage de réserve a 9ᵐ43 de longueur sur 0ᵐ785 de hauteur et 1ᵐ76 de largeur au milieu ; il porte deux poupées à chaque extrémité. A l'intérieur sont fixés des crochets de pontage et à l'extérieur des anneaux de brélage. Les crochets servent à guinder au bateau les poutrelles de la travée et les anneaux à bréler le bateau sur son haquet.

Le bateau d'équipage de réserve a même forme que le précédent, mais il est divisé en deux parties égales par une cloison perpendiculaire à l'axe. Les deux demi-bateaux peuvent être séparés ou réunis à volonté. La longueur du bateau total est de

22

10 mètres. Chaque demi-bateau est muni de poupées, de crochets de pontage et d'anneaux de brélage.

Les bateaux et demi-bateaux peuvent servir au transport des troupes de débarquement. A cet effet ils portent à l'intérieur, de chaque côté, des supports tournants sur lesquels on place des madriers formant siége.

Pour porter les ancres, les cordages et les agrès, on se sert d'une nacelle de dimensions un peu plus faibles que celles du bateau de réserve.

Cette nacelle est assez basse pour passer aisément sous le tablier du pont.

Radeaux. — Les radeaux se construisent sur place et dans l'eau. On leur donne environ 12 mètres de longueur. Si les arbres dont on dispose n'ont pas cette longueur, on en ajoute deux bout à bout en les réunissant avec des clameaux. On place les arbres jointivement, le gros bout alternativement à la tête et à la queue; la tête doit être disposée en triangle et tournée vers l'amont de la rivière. Trois supports parallèles à l'axe du radeau servent d'appui aux poutrelles du tablier.

Chevalet à deux pieds. — Le chevalet à deux pieds se compose d'un chapeau et de deux pieds. Les pieds traversent le chapeau dans des mortaises et reposent par leur partie inférieure sur une semelle en chêne. Les pieds peuvent être de trois longueurs différentes : 2, 3 et 4 mètres.

Chevalet à quatre pieds. — Généralement on le construit sur place. Il se compose aussi d'un chapeau et de quatre pieds de longueurs variables. Les pieds sont consolidés par deux traverses inférieures chevillées et par des jambes de force.

Ponts de bateaux. — Il faut au moins $0^m,50$ d'eau pour un pont de bateaux ou une passerelle établie sur les demi-bateaux. Le pont peut être construit par bateaux successifs, par portières, par parties ou par conversion.

Pour construire un pont par bateaux successifs, on amène les

bateaux les uns après les autres au fur et à mesure que les travées sont faites.

Dans le cas du pont par portières, on construit des portières
à l'avance et on les place successivement les unes à la suite des
autres à partir de la culée. On appelle *portière* une portion de
pont établie d'avance sur deux ou trois bateaux reliés par des
cordages croisés.

Le pont par portières a l'avantage de pouvoir être facilement
ouvert, mais il consomme beaucoup de matériel.

Le pont par parties est analogue au précédent, seulement
les parties du pont, au lieu d'être placées directement à la suite
l'une de l'autre, sont séparées par une travée de jonction.

Enfin, le pont par conversion est un pont construit par bateaux successifs le long de la rive de départ et que l'on fait
converser pour le placer en travers de la rivière.

Les bateaux sont fixés par des ancres mouillées alternativement en aval et en amont ; ils sont reliés entre eux par des
cordages.

Les travées des ponts de bateaux ont 6 mètres de longueur
et sont supportées par cinq poutrelles lorsqu'on emploie le
bateau d'équipage de réserve, et par six poutrelles lorsqu'on
emploie le bateau d'équipage de corps d'armée. Avec ce dernier, on se sert des poutrelles articulées.

Ponts de radeaux. — Ces ponts s'établissent par radeaux
successifs. La travée a $10^m 50$ de longueur et comporte cinq
poutrelles.

Repliement. — Le repliement de ces ponts s'opère par bateaux ou radeaux successifs, par portières, par parties ou par
conversion.

Pont de chevalets. — On ne construit pas de ponts sur chevalets à deux pieds. Ces chevalets servent à établir les travées
voisines des rives. On doit éviter de placer le chevalet entre
deux bateaux. Les travées de chevalets sont portées par des poutrelles à griffes qui embrassent la partie supérieure du chapeau.

Pont de chevalets à quatre pieds. — On établit ces ponts par chevalets successifs. Quand la rivière a plus de 2 mètres de profondeur, on amarre un cordage d'ancre à chaque chevalet. Les poutrelles sont clamaudées sur les chapeaux. Les chevalets sont ajustés pour les diverses profondeurs du lit de la rivière. Les travées ont 4 mètres de long et cinq poutrelles.

Les ponts de bateaux doivent être jetés sur les plus grandes rivières ; les ponts de chevalets conviennent aux rivières peu profondes et à faible courant.

Passerelle. — La passerelle est établie sur les demi-bateaux de l'équipage de corps d'armée avec trois poutrelles par travée. Les madriers du tablier sont placés obliquement sur les poutrelles afin qu'ils ne débordent pas d'une manière exagérée de chaque côté.

Les ponts dont nous venons de parler ne sont pas les seuls que l'on construise en campagne ; on est souvent obligé d'utiliser les matériaux qu'on a sous la main, à défaut du matériel réglementaire.

Ponts de gabions. — Ces ponts s'établissent sur des cours d'eau marécageux et à faible courant ; les gabions employés ont 1ᵐ 55 environ de diamètre et sont farcis avec des fascines ;

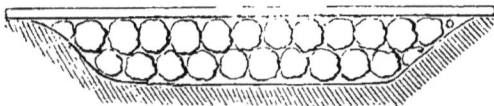

Fig. 62.

on les couche horizontalement les uns au-dessus des autres après avoir au préalable égalisé le fond du cours d'eau fig. 62).

Ponts de voitures. — Ils s'établissent sur des rivières peu profondes. Si ce sont des prolonges ou des voitures à quatre roues (les meilleures du reste pour construire des ponts) (fig. 63), on les place dans le fond de la rivière, suivant le fil de l'eau. Si ce sont des voitures à deux roues (qui ne peuvent

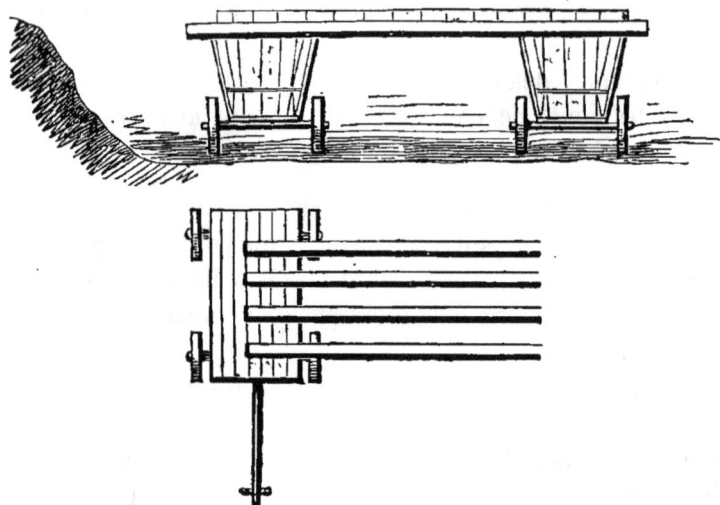

Fig. 63.

servir que pour l'infanterie), on les place deux à deux, les timons en l'air et se croisant ; les timons sont attachés et portent à leur croisement une traverse pour recevoir les poutrelles (fig. 64).

Ponts en charpente. — Lorsqu'on peut se procurer des bois assez longs, on les jette d'une rive à l'autre et on les recouvre

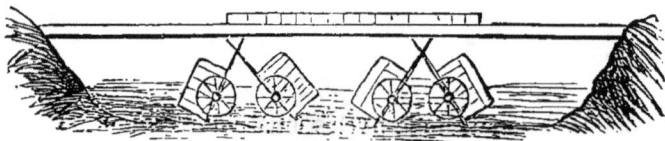

Fig. 64.

de madriers, autrement on est obligé de construire des ponts en charpente plus ou moins compliqués (fig. 65).

22.

Ponts de cordages. — Ils s'établissent sur des rivières étroites

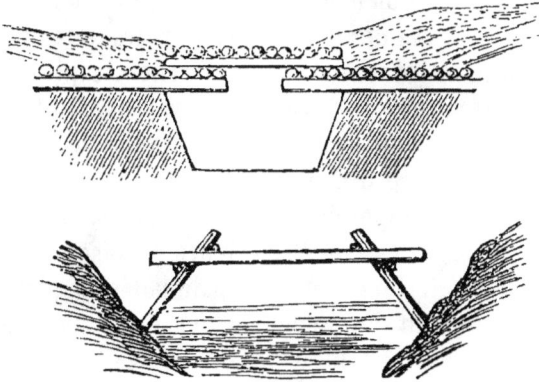

Fig. 65.

à bords escarpés ; ils ont une grande ressemblance avec les ponts suspendus.

Ponts sur pilotis. — Ils consistent en traverses reposant sur

Fig. 66.

de fortes pièces de bois enfoncées dans le lit de la rivière. Ces traverses soutiennent les poutrelles (fig. 66).

Têtes de ponts.

Lorsqu'un pont est jeté sur une rivière et doit assurer les communications de l'armée avec sa base d'opération, il faut le protéger contre les incursions de l'ennemi. L'ensemble des obstacles destinés à couvrir le pont porte le nom de *tête de pont*.

Une tête de pont doit pouvoir résister jusqu'à ce que toutes les troupes aient passé la rivière. De là la nécessité d'élever des ouvrages, non-seulement sur la rive ennemie, mais encore sur la rive amie, ces derniers croisant leurs feux en avant du pont et empêchant l'ennemi d'en approcher le plus longtemps possible. « Le succès du passage en retraite, dit le colonel Jourjon, dépend surtout des feux de la rive amie. »

Afin d'éviter le désordre au moment du passage, il est indispensable que les troupes en retraite ne puissent envahir l'intérieur des ouvrages et se mêler à leurs garnisons. Pour éviter l'encombrement, il faut, ou bien palissader la gorge des ouvrages en ménageant des issues le long de la rive (fig. 67), ou bien joindre le pont par des ouvrages fermés (fig. 68).

Dans la tête de pont de la figure 67, on a représenté une disposition fréquemment adoptée. Les dispositions de parapet voisines de la rive sont supprimées et remplacées par des lignes de palanques prolongées dans le lit jusqu'à l'endroit où la profondeur d'eau est de 1m50.

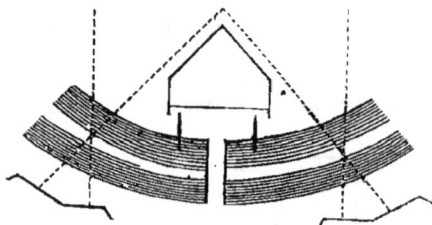

Fig. 67.

Si le pont se trouve sur une ligne de communication peu importante, on se borne à le couvrir par un redan ou une lunette avec des batteries flanquantes sur la rive amie. La gorge des ouvrages sera palissadée, et, si le terrain le permet, on pourra faire entrer l'eau de la rivière dans le fossé.

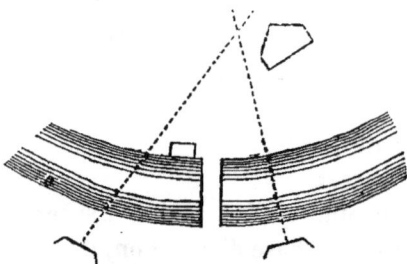

Fig. 68.

On adopte quelquefois la disposition suivante. Le pont est défendu par une redoute placée sur un point dominant. La garnison se trouve ainsi complétement indépendante et peut se défendre en toute liberté. Un petit poste établi au débouché du pont est chargé spécialement de veiller à sa garde pendant la nuit (fig. 68).

Lorsque le pont est très-important et que sa conservation importe beaucoup au salut de l'armée, il faut le défendre plus efficacement; on construit alors, soit une ligne continue flanquée par des batteries, soit une ligne d'ouvrages détachés.

L'emploi des lignes sera même indispensable lorsqu'on voudra couvrir plusieurs ponts par un même système d'ouvrages.

Dans tous les cas, un petit retranchement formant réduit protégera le débouché de chaque pont en particulier. Ces réduits auront leurs garnisons spéciales chargées d'arrêter l'ennemi et de prolonger la défense jusqu'au dernier moment.

Les passages à travers le parapet sont toujours fermés par des barrières et défendus pendant la nuit par des chevaux de frise.

CHAPITRE VII.

Attaque et défense des retranchements.

Attaque. — L'attaque d'une ligne fortifiée peut se faire par surprise ou de vive force.

Avant d'attaquer, il faut apprendre par les rapports des déserteurs, des espions et des prisonniers, la nature du retranchement, la force et la composition des troupes qui le défendent; mais, quels que soient ces renseignements, il est nécessaire de les compléter en exécutant une reconnaissance détaillée de la position ennemie. Cette reconnaissance fait connaître les points faibles des ouvrages et permet de choisir le point d'attaque.

Si l'on se résout à attaquer par surprise, il faut se préparer dans le plus grand secret. La nuit serait particulièrement favorable à ce genre d'attaque, parce que l'ennemi ne peut apercevoir dans l'obscurité les colonnes en marche; mais les méprises sont à craindre, l'ordre est difficile à maintenir, les troupes peuvent s'égarer : ce sont là autant de dangers à prévoir et à éviter. C'est pourquoi on préfère généralement attaquer au petit jour. Les colonnes doivent avancer en faisant le moins de bruit possible, précédées de quelques sapeurs chargés de détruire les obstacles qui pourraient s'opposer à leur marche.

A 100 ou 150 mètres des saillants, les hommes prennent le pas de course, sautent dans le fossé et montent à l'assaut. L'artillerie n'entre pas en action pendant l'attaque, parce que le bruit du canon éveillerait l'attention des défenseurs. Les batteries ne doivent tirer que si l'ennemi, après avoir repoussé l'assaut, tente un retour offensif.

La cavalerie se tient sur les ailes, pour prêter son concours à l'artillerie contre les sorties.

Une attaque par surprise ne peut réussir que si elle est dirigée contre des retranchements mal tracés, sans défenses accessoires et gardés par des troupes nonchalantes ou démoralisées.

L'artillerie n'a donc presque aucun rôle à jouer dans une attaque par surprise; dans une attaque de vive force, il en est tout autrement.

Avant de lancer l'infanterie en avant, il faut réduire au silence l'artillerie de la défense par un feu supérieur, rendre intenable le terre-plein du point attaqué en le couvrant d'obus, enfin détruire les défenses accessoires qui arrêteraient la marche des colonnes.

L'artillerie entre donc en action dès le commencement de l'attaque, tandis que l'infanterie se tient à couvert en attendant le moment d'agir.

Lorsque les obus ont produit un effet suffisant, c'est-à-dire lorsque l'artillerie de la défense est réduite au silence et que le feu de la mousqueterie faiblit, on lance les colonnes rapidement, sur plusieurs points à la fois, de manière à diviser l'attention de l'ennemi.

On appelle *fausses attaques* toutes celles que l'on n'a pas l'intention de pousser à fond. Les fausses attaques ont l'avantage de laisser l'ennemi incertain sur le point véritablement menacé, de l'obliger à diviser ses forces pour surveiller ses retranchements de plusieurs côtés à la fois, et par conséquent de rendre cette surveillance plus pénible et moins efficace.

La conduite d'une fausse attaque exige beaucoup de prudence et de sang-froid, parce que le rôle des troupes qui y prennent part est d'attirer l'attention du défenseur, sans s'engager. Souvent les fausses attaques dégénèrent en attaques véritables; alors la défense énergique peut infliger une défaite et faire échouer l'attaque principale.

La cavalerie marche sur les ailes des colonnes pour les protéger dans le cas où elles seraient repoussées par des sorties.

Une fois parvenus dans les fossés, les hommes se jettent dans les angles morts pour donner l'assaut, font feu en arrivant sur la plongée et se précipitent sur les défenseurs à la baïonnette.

Dès que le retranchement est enlevé, le vainqueur doit prendre des précautions contre les retours offensifs, lors même qu'il marche en avant; à cet effet, il laisse dans l'ouvrage des travailleurs pour y construire un retranchement du côté de l'ennemi et préparer une route de retraite en renversant une partie du parapet dans le fossé.

Défense. — Afin d'éviter les surprises, la défense doit exercer la plus active surveillance sur le terrain des attaques. Ce terrain doit être parfaitement reconnu dans toutes ses parties et occupé par des petits postes reliés entre eux. Ces petits postes détachent en avant des sentinelles et des vedettes chargées de donner l'éveil en cas de danger. Les sentinelles et les petits postes, à l'aide de signaux convenus, annonceront les mouvements de l'ennemi.

Pendant la nuit, les précautions sont encore plus nécessaires que pendant le jour; la surveillance doit être plus rigoureuse. La chaîne des sentinelles et des petits postes est resserrée. De nombreuses rondes ou patrouilles parcourent le terrain, les unes pour éclairer les lignes, les autres pour s'assurer de la vigilance des sentinelles.

Lorsqu'on s'attend à être attaqué d'un moment à l'autre, on fait prendre les armes à la garnison à la pointe du jour, on envoie de fortes patrouilles dans la campagne, et c'est seulement lorsque celles-ci sont rentrées que les hommes vont se reposer.

« Cette mesure, dit le colonel Jourjon, a été souvent adoptée en Afrique; elle était tout à fait de rigueur dans beaucoup de camps lorsque la garnison était trop faible pour qu'on pût garder des postes extérieurs pendant la nuit. »

Lorsque le combat commence, la défense ignore encore le véritable point d'attaque; il faut donc qu'elle se tienne prête à faire face à l'ennemi de quelque côté qu'il se présente. Pendant le combat d'artillerie qui précède, comme nous l'avons dit, le combat d'infanterie, les hommes ne doivent pas monter sur les banquettes pour s'exposer inutilement; les troupes en ordre restent sur le terre-plein divisées en trois groupes : le premier fournit le premier rang de défenseurs des banquettes; le second est destiné à doubler le premier rang sur les points les plus menacés; enfin le troisième, comprenant toute la cavalerie et un peu d'artillerie, est en réserve.

Lorsque l'ennemi est à bonne portée, les tirailleurs des banquettes se lèvent et le feu commence; si l'assaillant avance toujours et saute dans le fossé, on jette sur lui des grenades, des pièces de bois, etc. Pour mieux défendre les parapets, l'expédient suivant a été fréquemment employé : on pratique dans le massif du parapet des coupures de 1 mètre de largeur environ communiquant avec la banquette en arrière. Au moment de l'assaut, des hommes choisis entrent dans ces coupures et peuvent faire feu sur l'assaillant dans les fossés ou le recevoir à coups de baïonnettes s'il essaye d'escalader le retranchement. Ces coupures ont l'inconvénient d'affaiblir beaucoup le parapet et d'exiger un travail qu'on n'a pas toujours le temps d'exécuter.

Si, malgré le courage des défenseurs, l'assaillant parvient à prendre pied dans le retranchement, c'est aux réserves à rétablir le combat et à tenter un dernier effort C'est maintenant qu'on peut se rendre compte de l'importance des réduits. Lorsque l'ennemi fatigué par l'assaut se trouvera en face d'un second retranchement encore intact et occupé par des troupes fraîches, il est à croire qu'il hésitera avant de tenter un nouvel effort, et les défenseurs en profiteront pour se reformer et pour reprendre l'offensive.

DEUXIÈME PARTIE.

Fortification permanente.

CHAPITRE PREMIER.

Préliminaires.

Nous avons vu plus haut que les villes frontières, les ports de guerre, les dépôts d'approvisionnements, et en général tous les points dont l'occupation intéresse la sûreté des États, sont défendus par des ouvrages de fortification permanente.

En fortification permanente comme en passagère, l'obstacle élevé autour de la position à défendre doit à la fois arrêter l'ennemi et protéger les défenseurs. Pour arrêter l'ennemi, on creusera un fossé, et, pour protéger les défenseurs, on élèvera un parapet. Mais, comme le temps ne fait pas défaut, et que, pour la construction, on dispose de ressources très-étendues, on peut donner au fossé de grandes dimensions, augmenter sa valeur comme obstacle en remplaçant ses talus par des murs, donner au parapet un grand commandement sur le terrain environnant et organiser des abris, des magasins et des réduits solides et spacieux.

Vauban est le premier qui ait donné des règles précises pour fortifier les places; ses idées ont été pendant longtemps acceptées en France sans discussion, et la plupart de nos forteresses actuelles ont été construites soit par lui soit par ses élèves. En présence des progrès croissants de l'artillerie, nos ingénieurs modernes ont dû modifier plus ou moins certaines parties des tracés de Vauban, mais les principes fondamentaux ont été respectés jusqu'à ce jour. Les idées françaises n'ont point été admises à l'étranger, où depuis longtemps la fortification est traitée d'une manière tout à fait différente de la nôtre.

Nous allons donc étudier d'abord les principes admis par nos ingénieurs en fortification; nous parlerons ensuite des opinions qui ont cours à l'étranger sur ce sujet.

Dans l'enceinte d'une place on distingue : 1° le corps de place proprement dit; 2° les dehors; 3° les ouvrages avancés ou détachés.

1° Le corps de place entoure la ville qu'il protége directement : c'est la partie la plus importante de l'enceinte et celle qui doit être organisée le plus solidement, puisqu'elle doit résister plus longtemps.

2° Les dehors sont placés en avant du corps de place et directement sous ses feux. Leur rôle est de le protéger en couvrant ses escarpes et en croisant leurs feux sur le terrain des attaques en avant des saillants.

3° Enfin, les ouvrages avancés ou détachés, comme leur nom l'indique, sont ceux qui, placés à une certaine distance de l'enceinte, n'en reçoivent qu'une protection lointaine. Leur rôle est de couvrir une position dont la sûreté de la place exige l'occupation.

On appelle *front de fortification* toute portion d'enceinte susceptible de se défendre par elle-même sans le secours des ouvrages voisins.

Lorsqu'on veut fortifier une position, on commence par l'entourer d'un polygone rectiligne dont les côtés sont placés d'après les formes de terrain. Chacun de ces côtés reçoit un front (1).

_____

(1) On pourrait bien, il est vrai, enfermer la place dans une circonférence

Ce front se compose d'un corps de place et de dehors dont il faut étudier le profil et le tracé.

Profil des ouvrages de fortification.

Le profil comprend, comme nous l'avons dit, un *fossé* et un *parapet*.

Fossé. — Le fossé peut avoir une profondeur quelconque, mais sa largeur ne doit pas être trop grande, surtout lorsque l'escarpe est revêtue. En effet, aux distances ordinaires du tir de siége, les projectiles tirés de plein fouet qui rasent le sommet de la contrescarpe arrivent avec une inclinaison qui est à peu près de $\frac{1}{4}$. Il faut donc non-seulement que l'escarpe soit moins élevée que la contrescarpe, mais encore que le fossé ait une largeur égale à quatre fois au plus la différence de hauteur des deux murs.

Cette règle n'est observée que dans les places tout à fait modernes.

Les fossés peuvent être secs ou pleins d'eau; dans les fossés secs, on ménage au milieu une large rigole, appelée *cunette*, pour l'écoulement des eaux (fig. 69).

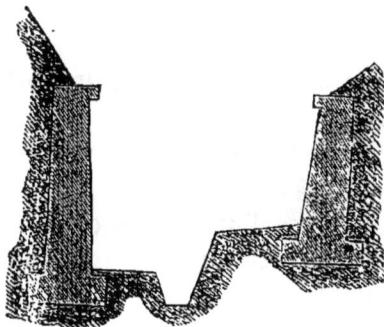

Fig. 69.

La largeur de 30 mètres pour les fossés des ouvrages importants et celle de 20 mètres pour les fossés des ouvrages secondaires est adoptée le plus ordinairement. Pour couvrir les escarpes de très-près, il faut se borner à 10 mètres de largeur.

Quand le fossé est sec, une escarpe de 10 mètres présentera

---

sur laquelle on établirait les ouvrages. Cette solution paraît plus simple au premier abord; mais elle présenterait deux inconvénients. Il serait très-difficile de plier la fortification aux formes du terrain, ensuite le flanquement des fossés de la place serait presque impossible.

un obstacle suffisant à l'escalade; si les fossés sont pleins d'eau, on pourra réduire cette hauteur à 5 mètres.

La contrescarpe n'a que 7 à 8 mètres de hauteur; mais, pour que le sommet de l'escarpe ne soit pas vu de loin, on dispose

PAREMENT EXTÉRIEUR.

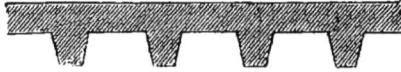

Coupe horizontale d'une escarpe avec coutre-forts.
Fig. 70.

e fond du fossé par ressauts, comme le montre la figure 69, de manière à racheter la différence de hauteur. Les deux murs sont surmontés d'une tablette en pierre de taille (fig. 72).

L'épaisseur des murs de revêtement est très-variable. Sou-

PAREMENT EXTÉRIEUR.

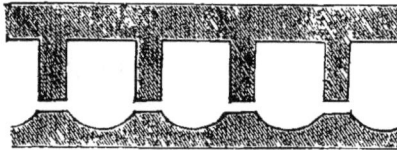

Coupe horizontale d'une escarpe avec routes en décharge.
Fig. 71.

vent ces murs sont soutenus en arrière par des contre-forts (fig. 70) ou des voûtes en décharge (fig. 71).

Ces voûtes et ces contre-forts rendent plus difficile l'exécution de la brèche.

Rempart. — Le rempart se compose d'un parapet construit comme celui des ouvrages de campagne, d'une banquette d'infanterie, d'une banquette d'artillerie et d'un terre-plein.

Comme en fortification passagère, on distingue dans le parapet : le talus extérieur, la crête extérieure, la plongée, la crête intérieure et le talus intérieur. La tablette forme une berme au pied du talus extérieur.

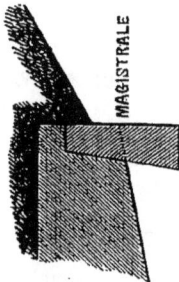
Fig. 72.

L'intersection du parement de l'escarpe prolongé avec le plan supérieur de la tablette porte le nom de *magistrale* (fig. 72). Lorsqu'il n'y a pas de tablette, on appelle *magistrale* la ligne qui limite le parement.

La hauteur de la crête intérieure au-dessus de la magistrale dépend des conditions du tracé. Tantôt elle n'est que de 2ᵐ50, tantôt elle va jusqu'à 8 mètres.

La banquette d'infanterie est à 1ᵐ30 au-dessous de la crête intérieure, celle d'artillerie à 2 mètres, et enfin le terre-plein à 2ᵐ50 et même 3 mètres.

La banquette d'infanterie a 2ᵐ20 de largeur et 2ᵐ50 quand elle doit être palissadée; celle d'artillerie 6 mètres comptés à . partir de la crête intérieure.

Quant à la largeur du terre-plein, elle doit être suffisante pour que deux voitures d'artillerie puissent s'y croiser, ce qui exige 6 mètres; comme les banquettes occupent 7 mètres environ, la largeur totale depuis la crête intérieure jusqu'à l'extrémité du terre-plein sera de 13 mètres. Souvent on établit un second terre-plein plus bas que le premier et appelé pour cela *terre-plein bas*. Ce terre-plein est mieux abrité que le premier contre les coups du dehors.

Les terre-pleins sont raccordés avec le sol naturel par un talus de rempart.

En arrière des terre-pleins, dans le corps de place, se

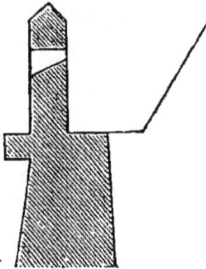   

Fig. 73.   Fig. 74.

trouve la rue militaire pour la circulation des troupes et du matériel.

Chemin des rondes. — On donne ce nom à un petit couloir ménagé au pied du talus extérieur du parapet et protégé du côté de l'ennemi par un mur crénelé (fig. 73) ou par un mur *à bahut* (fig. 74).

Le chemin des rondes facilite la surveillance du fossé.

Tracé de la fortification.

La manière dont les remparts sont disposés autour d'une place constitue le tracé. Nous avons vu que pour fortifier une place on l'entoure d'un polygone sur les côtés duquel on construit un front. La solution qui se présente tout d'abord consiste à faire suivre à la fortification les côtés mêmes du polygone.

C'est en effet ainsi qu'on opère aujourd'hui ; le flanquement des fossés est obtenu au moyen d'un *coffre* ou *caponnière* relié au corps de place ; c'est la méthode dont nous avons déjà parlé en fortification passagère. L'enceinte du corps de place est alors composée de lignes droites formant un polygone ; de là le nom de *fortification polygonale* donné à cette espèce de fortification (1).

En France, on avait adopté jusqu'à ces dernières années une solution différente. Sur chaque côté du polygone, on établissait un front bastionné.

Il a déjà été question de cette sorte de front en fortification passagère ; nous avons indiqué comment le flanquement des fossés était obtenu, et donné la nomenclature des principales lignes.

Nous allons cependant revenir sur cette nomenclature pour la compléter.

CHAPITRE II.

Fortification bastionnée.

Soit un front bastionné (fig. 75).

AB le côté extérieur ; MN la perpendiculaire ou la capitale du

(1) Les nouveaux forts de Paris seront construits d'après ce système.

front; AC, BD les faces des bastions; CE, DF les flancs; EF la
courtine. La bissectrice de l'angle des faces est la capitale du
bastion; FH est la gorge; KL porte le nom de côté intérieur du
front; enfin, AF et BC sont les lignes de défense.

Certains angles ont aussi reçu des noms particuliers : DBG
est l'angle flanqué : il ne doit pas être inférieur à 60°; l'angle

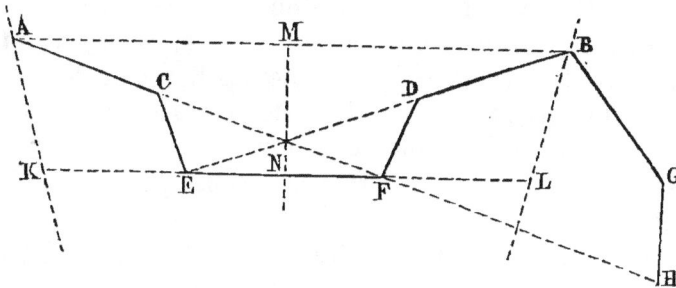

Fig. 75.

en D est l'angle d'épaule; l'angle CFD l'angle de défense, e
l'angle ABD l'angle diminué.

Il existe entre les côtés et les angles d'un front bastionné des
relations qui dépendent du tracé et du relief, comme on va le
voir.

Pour tracer le front, on peut prendre pour point de départ
soit le côté extérieur, soit le côté intérieur. On choisit en général le côté extérieur parce que les constructions sont plus
faciles.

Quelle que soit la méthode adoptée, la première condition à
remplir est d'obtenir un flanquement complet, c'est-à-dire de
supprimer les angles morts.

Pour que les feux des flancs protégent efficacement la courtine, il faut que les coups partis des crêtes des flancs viennent
se croiser au milieu du fossé de la courtine et à une petite hauteur au-dessus du fond. Il en résulte que, le profil étant donné,
il y a un minimum pour la longueur de la courtine en dessous
duquel on ne peut descendre.

On a tout intérêt du reste à donner le moins de longueur possible à la courtine afin d'avoir des bastions de grandes dimensions. *La longueur du côté extérieur et celle de la perpendiculaire restant fixes, plus la courtine est courte, plus les bastions sont grands.*

D'un autre côté, le flanquement par le fusil étant considéré comme le plus sûr (1), il importe de ne pas donner aux lignes de défense une longueur plus grande que la portée efficace du fusil. Cette longueur, dans nos anciennes places, est cependant très-variable, et il en est dans lesquelles les lignes de défense sont beaucoup plus grandes que la portée efficace du fusil en service à l'époque de leur construction (2).

Avec notre fusil actuel, la ligne de défense pourrait avoir 250 mètres.

En diminuant la perpendiculaire on diminuerait aussi les lignes de défense, mais alors les flancs n'auraient pas une longueur suffisante ; ils seraient trop petits et ne fourniraient pas assez de feux en avant des bastions. La longueur minimum admise est de 45 mètres.

De ce qui précède, il résulte que le tracé et le relief dans la fortification bastionnée sont liés intimement l'un à l'autre et ne peuvent être déterminés séparément.

Nous venons de voir que les flancs ont deux rôles à remplir : battre le fossé de la courtine et celui des bastions, et que la ligne de défense vient passer par l'angle de la courtine et du flanc.

Les anciens ingénieurs, comme Deville, traçaient le flanc perpendiculairement à la courtine ; d'autres, comme Pagan, les faisaient perpendiculaires aux faces ; Vauban leur donnait une direction intermédiaire.

Dans certaines places le flanc est courbe (fig. 76) et protégé par un arrondissement nommé *orillon*.

---

(1) Nous verrons que le flanquement par le canon est considéré comme principal aujourd'hui. Il ne faut pas oublier que nous ne faisons ici que rapporter les idées des anciens ingénieurs, auxquels nous devons la construction d'un grand nombre de nos places.

(2) Arras est dans ce cas.

FORTIFICATION.

Pour tracer l'orillon et le flanc courbe, on traçait BC, perpendiculaire à la ligne de défense; on divisait cette ligne en

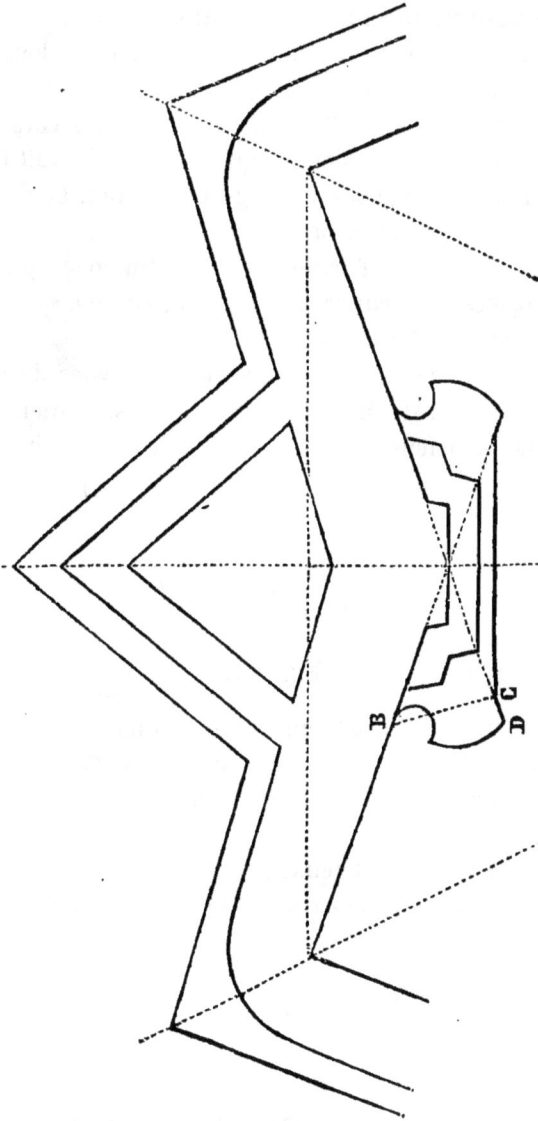

Fig. 76.

trois parties égales. Sur le premier tiers, on traçait un arc de cercle déterminé par la condition d'être tangent à la face ; les deux autres tiers étaient remplacés par le flanc courbe dont le centre se trouvait au saillant du bastion opposé.

Ce flanc passait par un point D, pris sur le prolongement de la ligne de défense, à 10 mètres du point C.

Le flanc courbe avait l'avantage d'avoir des vues de revers sur la brèche faite au bastion opposé, mais il avait l'inconvénient de réduire beaucoup la gorge du bastion et d'augmenter les dépenses de construction.

Le flanc courbe et l'orillon ont été employés par Vauban dans les places construites d'après son *premier système* (Maubeuge, Fribourg, Menin) (fig. 76).

Dans certains cas, afin de conserver des vues de revers sur la brèche sans construire d'orillons, on s'est contenté de diriger la ligne de défense sur un point A de la courtine (fig. 77).

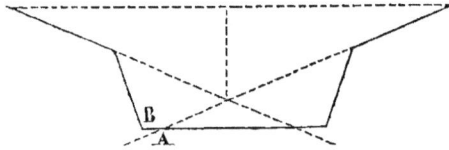

Fig. 77.

Cette disposition a l'inconvénient de donner beaucoup de profondeur à la fortification et de découvrir l'angle en B qui peut être atteint et détruit par les projectiles qui enfilent le fossé.

Lorsque la ligne de défense passe par l'angle du flanc et de la courtine B, elle est dite *rasante,* et *fichante* lorsqu'elle passe par un point de la courtine.

Dehors.

Ce que nous avons dit déjà des dehors permet de comprendre quelle est leur importance. Pour rendre au défenseur tous les services qu'il peut en attendre, les dehors doivent satisfaire à plusieurs conditions : il faut d'abord qu'ils soient en commu-

23.

nication facile avec le corps de place, afin qu'on puisse s'y
rendre en toute sécurité ; il faut ensuite que leurs terre-pleins
et leurs fossés soient bien battus par les feux des ouvrages en
arrière, sans quoi l'ennemi, maître du dehors, pourrait préparer en sûreté l'attaque du corps de place; il faut enfin qu'ils
ne gênent pas le flanquement ni les vues du corps de place sur
l'extérieur et que leurs fossés ne produisent pas de trouées dangereuses pour les escarpes.

Les dehors les plus employés dans les fronts bastionnés
sont : les chemins couverts, les demi-lunes, les contre-gardes et
les tenailles.

Chemins couverts.

Au sommet de la contrescarpe d'une place, on ménage une
communication continue, abritée par un glacis contre les vues
extérieures. Cette communication est le *chemin couvert* dont
le profil est représenté par la figure 78. La banquette AB est
ordinairement palissadée, c'est
pour cela qu'on lui donne 2m20
environ de largeur. La crête M
est à 2 mètres au-dessus du
sol.

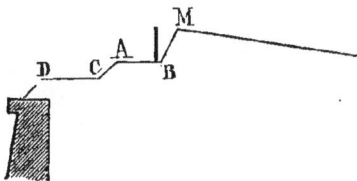

Fig. 78.

Le chemin couvert permet à
la garnison de surveiller les
abords de la place et de préparer les sorties. Pour cela, en
certains points, la banquette est supprimée et remplacée par
un talus à faible pente.

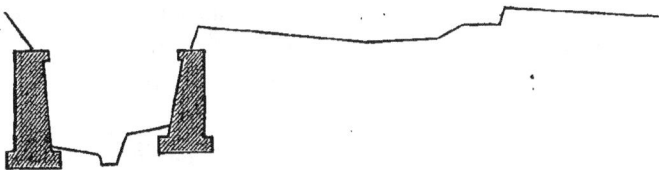

Fig. 79.

La largeur du terre-plein CD ne doit pas être trop grande,

pour que l'escarpe soit suffisamment protégée par le glacis contre les coups de l'artillerie.

Lorsqu'on veut avoir des chemins couverts très-larges, on adopte la disposition suivante (fig. 79). Un premier glacis, appelé *glacis de contrescarpe*, couvre directement l'escarpe, et c'est en avant de ce premier glacis que se trouve le chemin couvert.

Places d'armes. — Aux angles saillants et rentrants du chemin couvert on ménage des lieux de rassemblements pour la garnison (fig. 80). Ces places d'armes donnent des feux de flanc sur les glacis.

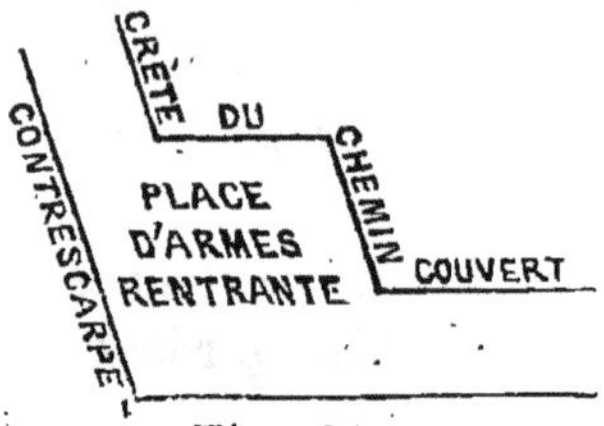

Fig. 80.

Traverses. — Pour faciliter la défense pied à pied du chemin couvert, on y élève des traverses, appuyées à un profil en maçonnerie du côté de la contrescarpe ; autour de ces traverses un passage est ménagé. La crête du chemin couvert contourne la tête de la traverse, soit comme le représente la figure 81, la

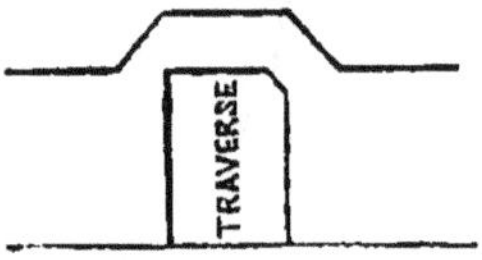

Fig. 81. 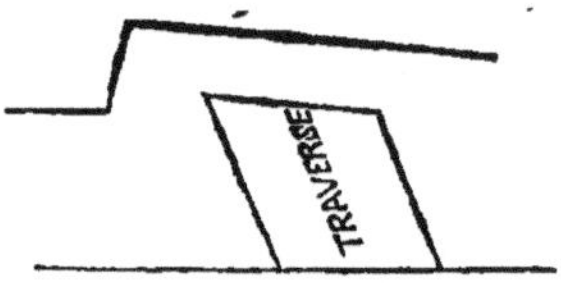   Fig. 82.

brisure est alors dite en *clameaux*, soit comme le représente la figure 82, et alors on dit que la crête est tracée en *crémaillère*.

Réduits de places d'armes. — Les chemins couverts n'ayant que des communications lentes avec la place, afin de donner un point d'appui à leurs défenseurs, en attendant l'arrivée de secours, on construit dans les places d'armes des réduits. Ces réduits peuvent être organisés de différentes manières. Tantôt ce sont de simples tambours en palanques ou des blockhaus, tantôt ce sont des petits ouvrages en terre avec parapet, banquettes, fossé et escarpe en maçonnerie. Sous le massif du parapet se trouvent parfois des abris voûtés à l'épreuve.

Demi-lunes.

La demi-lune est un grand redan placé en avant de la courtine; ses faces battent de leurs feux les abords des bastions et
les secteurs privés de feux qui se trouvent aux saillants. Ordinairement on donne à la demi-lune une grande saillie afin
que les bastions ne puissent être attaqués par l'ennemi qu'après
la prise des demi-lunes voisines (voir fig. 76).

Les faces sont tracées de manière à recouvrir non-seulement
la courtine, mais encore l'angle d'épaule. Les flancs des bastions n'en sont que mieux protégés contre le tir d'enfilade.

Les fossés de la demi-lune sont flanqués par les faces des
bastions, mais ils ouvrent des trouées dangereuses à travers
lesquelles l'assiégeant peut faire brèche de loin aux escarpes.
On ne peut remédier à ce défaut qu'en établissant un masque
à la rencontre du fossé de la demi-lune avec celui du corps de
place.

Ce n'est pas le seul défaut des demi-lunes. On peut leur re-
procher encore d'approfondir beaucoup la fortification, de
rendre plus difficile son application au terrain, d'avoir des faces
facilement enfilables, et enfin de masquer une partie des vues
du corps de place sur la campagne.

Pour remédier à ces défauts, certains ingénieurs aplatissent
les demi-lunes, mais alors elles perdent beaucoup de leur valeur parce qu'elles ne protégent plus aussi efficacement les
saillants des bastions, et de plus l'inconvénient de masquer
les vues de la courtine ne disparaît jamais
complétement.

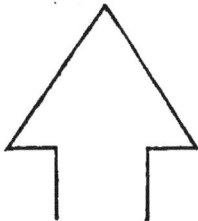

La demi-lune n'a pas toujours la forme
d'un redan, on lui donne parfois celle d'une
lunette, afin que les flancs puissent prendre
des vues de revers sur les brèches faites au
saillant des bastions.

Il faut alors ou bien ruiner les flancs de
la demi-lune ou bien s'en emparer avant de

Fig. 83.

donner l'assaut. Quelquefois même les flancs sont retirés,

comme le représente la figure 83. La demi-lune est dite alors en *os de pique*; mais la présence des flancs offre l'inconvénient d'augmenter beaucoup la trouée du fossé, aussi préfère-t-on les supprimer et donner à la demi-lune la forme d'un redan en transportant les flancs à son réduit.

Réduit de demi-lune. — Le réduit de la demi-lune a généralement la forme d'une lunette; son escarpe, de 6 mètres de hauteur, est revêtue; sa contrescarpe est à terre coulante; c'est le talus qui soutient le terre-plein de la demi-lune.

Les flancs du réduit sont perpendiculaires au côté extérieur, ils doivent à la fois donner des feux de revers sur les saillants des bastions et des feux de flancs sur le réduit de place d'armes rentrante. C'est pour cela que la partie des crêtes de la demi-lune placée en face des flancs du réduit n'a ordinairement qu'un très-faible relief, de telle sorte que les feux de ces flancs soient démasqués. Toute la portion des crêtes, dont le relief est abaissé, s'appelle *crête basse de la demi-lune.*

Le fossé du réduit crée une trouée dangereuse pour les escarpes du corps de place; on bouche cette trouée comme celle du fossé de la demi-lune par un masque en terre adossé à la contrescarpe.

Les crêtes du réduit doivent avoir un certain commandement sur celles de la demi-lune, afin que l'ennemi établi au saillant de celle-ci ne puisse avoir de vue dans l'intérieur du réduit et en chasser les défenseurs; pour la même raison le corps de place doit commander le réduit; il en résulte que les ouvrages ont un relief d'autant plus faible qu'ils sont plus éloignés du corps de place.

On établit souvent sous les flancs du réduit des corps de garde voûtés à l'épreuve.

Contre-gardes.

On appelle *contre-gardes* de grands redans placés en avant des bastions pour protéger leurs escarpes. Les contre-gardes sont organisées tantôt comme de simples masques, tantôt comme des ouvrages de combat.

Les avantages des contre-gardes sont de couvrir très-efficacement les escarpes das bastions, d'avoir à leur gorge un fossé très-bien abrité dans lequel on peut réunir des troupes, enfin de doubler les feux de bastions.

Leurs inconvénients sont de gêner les feux des bastions, lorsque ceux-ci n'ont pas un commandement assez grand, d'avoir une saillie considérable et par suite d'approfondir beaucoup la fortification, enfin d'éloigner la contrescarpe de la courtine que les projectiles ennemis peuvent atteindre plus facilement.

Les contre-gardes sont souvent pourvues de flancs dont les

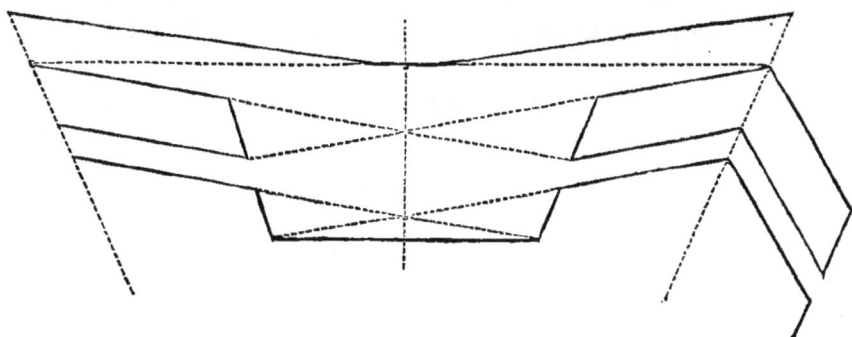

Fig. 84.

feux battent le fossé de la contre-garde voisine; souvent aussi leurs extrémités débordent les flancs du bastion et protégent les angles d'épaules et les extrémités de la courtine. La figure 84 représente un front avec contre-gardes.

Tenaille.

La tenaille est un petit ouvrage bas placé dans le fossé de la courtine pour couvrir son escarpe et celles des flancs et protéger le débouché de la poterne qui met en communicaton le corps de place avec les fossés.

Autrefois on considérait la tenaille comme un ouvrage de combat. On lui donnait la forme d'un front bastionné avec escarpe revêtue, un parapet et une banquette d'infanterie. Les crêtes de cet ouvrage, ne devant pas masquer les vues du corps de place dans le fossé, étaient nécessairement très-basses et par conséquent dominées de toutes parts. Les défenseurs ne pouvaient se maintenir sur le terre-plein. Aujourd'hui on les organise plus simplement : ce sont de simples masques en terre

Fig. 85.

auquel on donne soit la forme d'un redan renversé très-ouvert (fig. 85), soit la forme d'une courtine entre deux ailes (fig. 86).

La tenaille est nécessaire pour protéger l'escarpe de la cour-

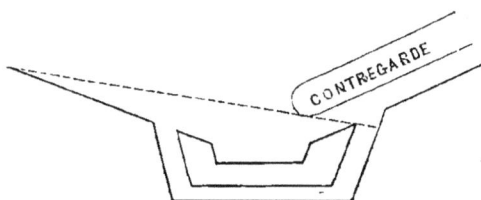

Fig. 86.

tine, le fossé du corps de place étant très-large en avant, mais sa présence crée des angles morts qu'il est impossible d'éviter.

Quelquefois on combine la tenaille avec la contre-garde pour masquer l'angle d'épaule d'un bastion (fig. 86).

CHAPITRE III.

Communications. — Organisation intérieure des ouvrages. — Retranchements. — Cavaliers. — Casemates.

Communications.

Nous avons vu que, pour boucher les trouées des fossés de la demi-lune et de son réduit, on se sert de masques en terre adossés à la contrescarpe. Ces masques sont utilisés pour couvrir les communications du corps de place avec les dehors. Ces communications doivent satisfaire à plusieurs conditions : être larges et toujours praticables ; être abritées contre les vues des établissements de l'ennemi près de la crête du chemin couvert ; être bien battues par les feux de la place ; être faciles à interrompre en cas de danger ; enfin être tracées de manière à ne pas couper les escarpes qui doivent conserver toute leur hauteur.

Les communications de la place avec les dehors comprennent les *poternes,* les *rampes,* les *escaliers,* les *pas-d'âne* et les *caponnières* (1).

Les poternes sont des galeries souterraines voûtées et construites sous le massif des remparts. Elles font communiquer les terre-pleins bas des ouvrages et les rues militaires avec le fossé. Leur débouché doit être à 2 mètres au-dessus du fond du fossé ; la descente est complétée par des rampes mobiles en bois que l'on enlève en temps utile. La meilleure place pour les poternes est sous le parapet de la courtine, parce que c'est là qu'elles sont le mieux protégées, surtout s'il se trouve une tenaille en avant.

Quelquefois on ménage des deux côtés de la poterne, près de son débouché, des galeries crénelées ; une porte de sûreté placée à l'intérieur de la poterne, à une certaine distance du débouché, permet de fermer le passage lorsqu'on redoute une surprise.

Les rampes sont très-fréquemment employées en fortification permanente. Ce sont des talus de terre, inclinés généralement à $\frac{1}{6}$ et de 3 à 4 mètres de largeur. Les rampes, placées à la gorge des dehors (demi-lunes, réduits de demi-lunes, etc.) et qui pourraient être surprises par l'ennemi, sont interrompues par

---

(1) Il ne faut pas confondre la caponnière qui sert de communication en fortification bastionnée avec l'ouvrage du même nom employé pour le flanquement en fortification polygonale.

des *hahas*, sortes de coupures, larges de 4 mètres et profondes d'autant, par-dessus lesquelles on passe en temps de paix avec des ponts mobiles.

Les rampes au $\frac{1}{6}$ occupent beaucoup de place; lorsqu'on manque d'espace on les remplace par des escaliers en pierre; les escaliers peuvent être interrompus par des hahas, comme les rampes, ou bien arrêtés à une certaine hauteur au-dessus du fond du fossé. La portion supprimée est remplacée par un escalier mobile en bois.

Les escaliers sont moins commodes et moins sûrs que les rampes, parce qu'ils sont plus difficiles à franchir et plus rapidement détruits par les projectiles.

Souvent, lorsqu'on veut se réserver la faculté de monter des pièces d'artillerie dans les ouvrages par les escaliers, on établit à droite et à gauche des marches, des rampes lisses en pierre, sur lesquelles roulent les roues de la voiture lorsqu'on tire celle-ci par en haut avec des cordes. Ces rampes doivent être, avec notre matériel actuel, à environ 1^m,40 l'une de l'autre.

On se sert quelquefois, comme moyen de communication, de ce qu'on appelle les *pas d'âne*. Ce sont des rampes en gradins inclinés mais de peu de hauteur; on leur donne ordinairement la pente du quart.

A travers les larges espaces découverts, comme les fonds de fossés, on couvre les communications par une masse en terre avec parapet pour la mousqueterie. La masse couvrante est raccordée avec le fond du fossé par un glacis. Ce passage à ciel ouvert s'appelle une *caponnière*. On en trouve souvent en arrière du masque qui bouche la trouée du fossé de la demi-lune, ou bien en travers du fossé de la courtine, vis-à-vis le débouché de la poterne.

La première donne accès aux chemins couverts, et la seconde relie toutes les communications du dehors avec la poterne de la courtine.

Tout ce qui vient d'être dit des communications peut s'appliquer au cas où les fossés sont pleins d'eau. Les caponnières placées dans les fossés pourront encore être utilisées, à la condition d'avoir leur fond à quelques centimètres au-dessus du niveau de l'eau.

Dans les places à fossés pleins d'eau, les communications du corps de place avec le dehors se font souvent par bateaux; il est indispensable alors de construire de petits ports pour abriter les bateaux contre les coups de l'artillerie ennemie, et des quais pour l'embarquement et le débarquement des troupes et du matériel.

Organisation intérieure des ouvrages.

L'organisation intérieure des ouvrages comprend la construction des retranchements intérieurs, des abris, des casemates et des traverses.

Retranchements intérieurs.

Le but des retranchements intérieurs est de permettre à la garnison assiégée de prolonger sa résistance et d'empêcher l'assiégeant de pénétrer dans la place par les brèches.

Ces retranchements doivent toujours être élevés au plus tard dans les premiers jours du siége, parce qu'on ne pourrait pas les construire sous le feu de l'attaque (1).

Les fronts d'une place susceptibles d'être attaqués en cas de siége doivent être munis de retranchements intérieurs construits d'avance. Ces retranchements peuvent être de formes très-diverses : tantôt on les appuie aux faces du bastion d'attaque, tantôt aux flancs, tantôt à la courtine (2); sou-

---

(1) L'histoire des siéges prouve qu'il est impossible d'exécuter des terrassements dans un ouvrage, sous un feu un peu violent.

(2) Dans l'enceinte des places fortes, il y a certains fronts que leur position, par rapport au terrain environnant, rend plus faciles à attaquer; on les nomme *fronts d'attaque*, parce qu'il y a tout lieu de croire que c'est contre eux que l'ennemi dirigera ses efforts.

vent même ils sont tout à fait retirés en arrière de l'enceinte.

Les retranchements appuyés aux faces (fig. 87) ont l'avantage de battre de près le sommet de la brèche et de n'abandonner qu'une faible partie du bastion à l'ennemi après le
couronnement de la brèche ; mais, si l'assiégeant fait brèche
aux flancs, les retranchements sont tournés et deviennent
inutiles.

Si le retranchement est appuyé aux flancs, il ne risque pas

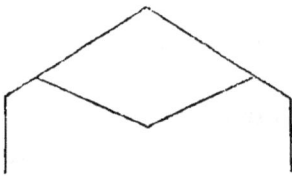

Fig. 87.   Fig. 88.

d'être tourné comme les précédents, et peut être flanqué par
les bastions voisins, ce qui est un avantage ; mais, par contre,
son parapet et son fossé annulent une grande partie des crêtes du flanc, dont les feux se trouvent ainsi considérablement
amoindris (fig. 88).

Enfin, appuyé aux courtines, le retranchement a l'avantage
de ne pouvoir être tourné, de servir à la défense des brèches faites aux faces ou aux flancs, et enfin de ne pas en-

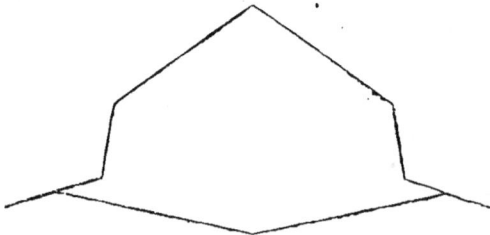

Fig. 89.

combrer le terre-plein du bastion. Le principal inconvénient
est d'abandonner à l'assiégeant les deux flancs, si l'assaut
réussit (fig. 89).

Dans certaines places, on a élevé des retranchements généraux s'étendant en arrière de plusieurs fronts. Quelquefois même, comme à Neuf-Brisach, le corps de place lui-
même forme retranchement général; les ouvrages de combats sont des bastions détachés, séparés du corps de place

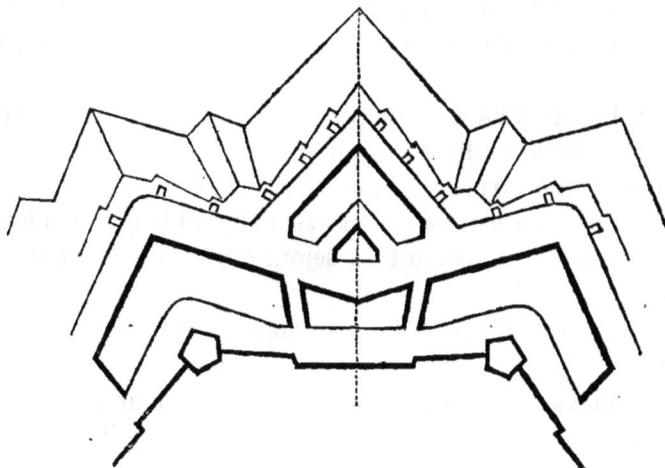

Fig. 90.

par un large fossé. Aux saillants de l'enceinte sont des
tours en briques casematées, et disposées pour le flanquement des fossés. La figure 90 représente un front de Neuf-
Brisach.

Cavaliers.

On donne le nom de cavaliers à des ouvrages très-élevés,
construits soit sur le terre-plein des bastions, soit en arrière
de la courtine et organisés pour recevoir de l'artillerie. Les
cavaliers doublent ainsi l'action des parapets. Sous leur massif, on établit des abris et des magasins.

Abris. — Casemates.

Les abris peuvent être classés en plusieurs catégories de la manière suivante (1) :

1° Les casernes et les magasins, répartis dans toute l'étendue de l'enceinte et destinés à pourvoir en temps de paix comme en temps de siége aux besoins généraux de la garnison ;

2° Les locaux d'habĩtation, dans les ouvrages les plus exposés aux attaques, afin d'y avoir toujours des troupes prêtes à repousser une surprise ou une attaque de vive force, et qui puissent y demeurer sans courir les dangers trop considérables auxquels les exposerait un séjour constant sur les terrepleins;

3° Les abris de combat, ou casemates à canons et à mortiers ;

4° Les magasins à poudre et à munitions, pour la consommation spéciale et journalière des ouvrages, qu'il faut avoir en sus des magasins à poudre généraux ;

5° Les petits abris pour le chargement des projectiles.

Les bâtiments de la première catégorie peuvent être établis sous les remparts ou sous les cavaliers lorsque ceux-ci ont

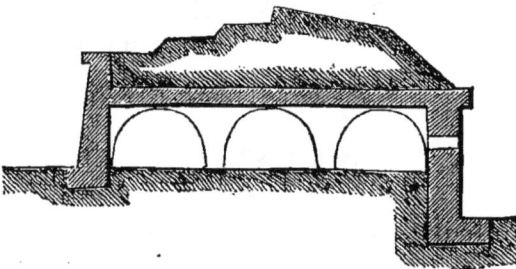

Fig. 91.

de grands reliefs. Les voûtes qui les recouvrent doivent avoir

(1) *Principes de l'art de fortifier*, cours professé à l'école de Metz par M. Cosseron de Villenoisy, chef de bataillon du génie (1869).

au moins 1 mètre d'épaisseur et être surmontées de 2^m,50 de terre, ce qui entraîne 10 à 11 mètres de relief pour les crêtes.

Les locaux de la deuxième catégorie sont soit en pierre, soit en charpente.

Les abris en pierre, qu'on nomme aussi casemates ou corps de garde, sont voûtés et recouverts de terre. La figure 91 représente la coupe d'un corps de garde voûté sous la branche d'une demi-lune.

Les abris en charpente sont construits soit sous le terre-plein d'un ouvrage (fig. 92), soit au pied du talus de rempart. Généralement ces abris ne sont organisés qu'au moment du besoin.

Les casemates à canons, de même que les abris, sont tantôt en pierre, tantôt en charpente. Comme ces casemates sont placées sur le terre-plein des ouvrages, elles servent en même

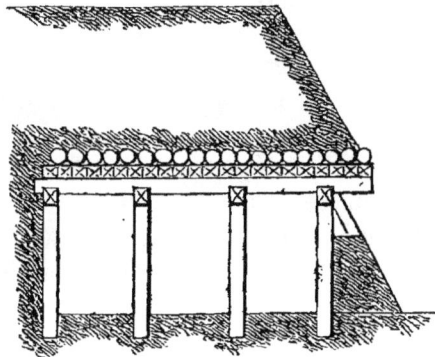

Fig. 92.

temps de traverses couvrantes. La nécessité d'avoir une embrasure oblige à découvrir la tête de ces casemates, qui reste ainsi exposée aux coups de l'artillerie ennemie et peut être facilement détruite. On remédie à cet inconvénient en recouvrant la tête de la casemate avec un blindage en fer, en rails, ou en bois. Une casemate ainsi protégée avait été élevée à

Béfort dans l'un des bastions attaqués ; elle a très-bien résisté au feu des batteries prussiennes.

Dans les places nouvellement construites, les casemates sont remplacées par des coupoles circulaires en fer, couvrant complétement la pièce, et assez solides pour résister aux chocs des obus. Ces coupoles peuvent tourner autour d'un pivot central, ce qui donne la faculté de tirer dans toutes les directions.

Les casemates à mortiers qui n'ont pas besoin d'avoir des vues directes sur les glacis, sont placées au pied des rem-

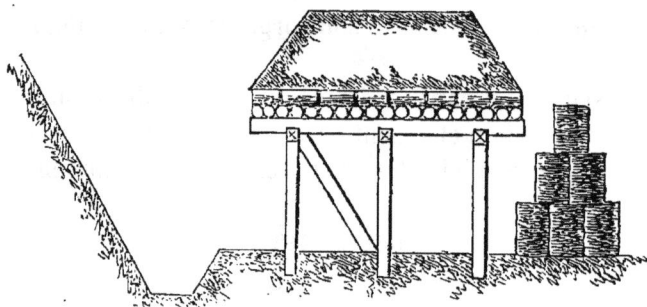

Fig. 93.

parts (fig. 93). La paroi antérieure de ces casemates est supprimée, afin qu'on puisse pointer librement les mortiers dans toutes les directions. Quant à la paroi postérieure, elle est remplacée par deux ou trois rangs de gabions superposés formant pare-éclats.

Enfin, les petits magasins à poudre et à chargements, en raison de leurs faibles dimensions, peuvent être placés sous les traverses. S'il est nécessaire d'en avoir de plus spacieux, on les construira sous le rempart, en ayant soin de laisser au-dessus d'eux la hauteur de terre nécessaire.

Ouvrages avancés. — Forts détachés.

Le rôle des ouvrages avancés ou détachés est, comme nous l'avons vu plus haut, d'occuper les positions importantes en

avant des chemins couverts ou de battre des parties du terrain mal vues par la place.

Ces ouvrages doivent satisfaire aux conditions suivantes :
être assez forts par eux-mêmes pour résister aux attaques de
l'ennemi ; être bien commandés par le corps de place, et ne
pas offrir de couverts à l'ennemi lorsqu'il s'en sera emparé ;
avoir des communications toujours praticables avec la place ;
être pourvus des abris nécessaires aux besoins de leur garnison.

Les ouvrages sont dits *avancés,* lorsqu'ils ne sont qu'à une
faible distance du corps de place, et *détachés,* lorsqu'ils sont
plus éloignés.

Les ouvrages avancés les plus employés sont les lunettes,
les queues d'hirondc ou les bonnets de prêtres et les ouvrages
à cornes.

Lunettes. — On a déjà vu la définition d'une lunette en fortification passagère. On les emploie en fortification permanente pour occuper une position peu étendue, pour couvrir
une écluse ou pour donner quelques feux dans un ravin.

Queues d'hironde ou bonnets de prêtres. — Ces ouvrages
peuvent avoir des formes très-variées. On en rencontre soit

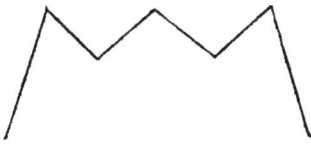

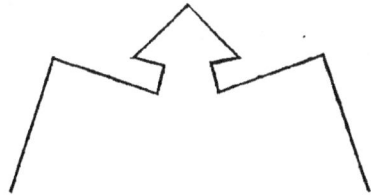

Fig. 94.   Fig. 95.

de la forme ordinaire que nous avons vue en passagère, soit
de la forme que représente la figure 94. Avec de pareils tracés, le flanquement du front de tête est très-imparfait ; aussi
préfère-t-on le tracé suivant (fig. 95) ; ce tracé peut être
suàstitué au tracé bastionné pour la défense d'une position
étroite.

Ouvrages à cornes. — Les ouvrages peut-être les plus

usités sont les ouvrages à cornes, composés d'un ou plusieurs fronts bastionnés, appuyés à des branches en ligne droite. Un ouvrage à cornes à deux fronts s'appelle une *couronne* (fig. 96) et double couronne quand il y a trois fronts.

Les ouvrages détachés sont, avons-nous dit, plus éloignés de la place que les précédents ; ils ne reçoivent qu'une faible

Fig. 96.

protection de l'enceinte ; ce sont toujours des ouvrages fermés. On leur donne le nom de redoutes ou de forts, suivant leur importance. Les ouvrages détachés sont de véritables petites places fortes qui doivent se défendre par elles-mêmes et par conséquent être organisées comme les grandes places. Ils seront donc entourés d'un fossé large et bien flanqué, et pourvus de retranchements intérieurs, d'abris et de magasins en grand nombre qui les rendent capables de tenir longtemps l'ennemi en respect.

En raison de leur isolement, il est indispensable que les forts détachés aient un réduit puissamment organisé. Ce réduit aura une entrée distincte de celle du fort, pour que sa sûreté ne soit pas compromise au moment de la retraite des défenseurs ; il sera bien fermé et contiendra de nombreux locaux pour le logement de sa garnison ; ses escarpes devront être soigneusement défilées.

Actuellement, à cause des portées considérables de l'artillerie de siége, il faut pour mettre les places à l'abri du bombardement, les entourer d'une ceinture de forts détachés, éloignés d'au moins cinq kilomètres de l'enceinte. Une place ainsi défendue porte le nom de *place à camp retranché.*

En arrière des forts, le terrain peut être utilisé par la défense pour l'établissement d'un camp. Aussi les places à camp retranché sont-elles disposées de manière à servir de refuge à une armée forcée de battre en retraite.

24

. Lorsque, en raison des formes particulières du terrain, la ligne des forts a dû être placée à une distance considérable de la place (1), on construit en arrière une seconde ligne qui relie pour ainsi dire la première à l'enceinte. Afin d'empêcher l'ennemi de pénétrer par les intervalles des forts, jusqu'à 'intérieur du camp retranché, on élève, au moment du siége, des ouvrages en terre et des batteries pour boucher les trouées.

Dans les places à camps retranchés, l'enceinte de la ville même ne joue plus qu'un rôle secondaire : ce sont les forts qui doivent supporter tout l'effort de la lutte. Cette enceinte, qu'on appelle quelquefois *le noyau,* est simplement destinée à empêcher les surprises. Dans certains cas, cependant, il peut y avoir intérêt à donner à l'enceinte une organisation qui lui permette de subir un siége en règle. A Paris, l'enceinte est traitée très-simplement; à Anvers, au contraire elle constitue une défense très-sérieuse.

CHAPITRE IV.

Fortification polygonale.

Les principaux reproches à adresser à la fortification bastionnée se résument ainsi :

1° Les communications sont insuffisantes et incommodes;

2° La construction des retranchements intérieurs est difficile;

3° Les feux dans la direction des capitales ne sont pas assez directs;

4° Il est impossible d'avoir de grands commandements dans les petits fronts;

5° Les flancs des bastions peuvent être détruits de loin par les coups qui enfilent le fossé du corps de place;

---

(1) Certains forts projetés pour défendre Paris seront à près de 30 kil. de enceinte.

6° Les faces et les flancs des bastions peuvent être battus en flanc et de revers par les batteries ennemies.

Frappé de ces défauts, le comte de Montalembert, officier de cavalerie, qui vivait au commencement du règne de Louis XVI, proposa de substituer au tracé bastionné un tracé en ligne droite, en plaçant la magistrale du corps de place sur le côté extérieur, ou à peu de chose près, et en flanquant le front par une caponnière casematée (1). Cet ingénieur est le premier qui ait émis l'idée, devenue un axiome de nos jours, que le canon devait être l'âme de la défense. Malheureusement Montalembert s'exagérait le rôle de l'artillerie ; il voulait substituer aux escarpes ordinaires des étages de casemates superposés de manière à avoir une telle masse de feux que l'ennemi devait être dans l'impossibilité d'élever des batteries de siége ; il n'y avait donc plus à se préoccuper, suivant lui, de cacher les maçonneries.

Carnot, officier du génie, contemporain de Montalembert, n'eut pas de peine à prouver que les tracés ainsi compris étaient inexécutables et qu'une maçonnerie, quelque bien armée qu'elle fût, devait être fatalement détruite si elle était vue de loin. Sans nier l'importance du rôle de l'artillerie, il considérait les feux verticaux comme les plus redoutables pour l'assiégeant ; il pensait que, pour soustraire les escarpes aux coups éloignés, il fallait leur donner une faible hauteur, et pour que la chute de l'escarpe n'entraînât pas celle du parapet en arrière, il proposa de détacher les escarpes en ménageant un couloir entre elles et le pied du talus extérieur. Enfin, pour faciliter les sorties de la garnison, il voulait supprimer la contrescarpe et la remplacer par un talus en pente douce (fig. 97). C'est d'après ces principes que fut construit le fort Alexandre à Coblentz après 1815. La fig. 98 représente un plan du front de tête du fort Alexandre.

Le côté extérieur a 400 mètres de longueur ; la magistrale

---

(1) La caponnière, en fortification polygonale, est un petit ouvrage placé en travers du fossé du corps de place, qu'il bat de ses feux.

s'écarte peu du côté extérieur, sauf au centre où se trouve une partie rentrante formant courtine BC, dont la longueur

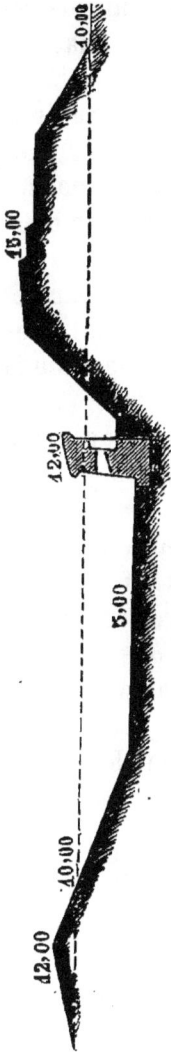

Fig. 97.

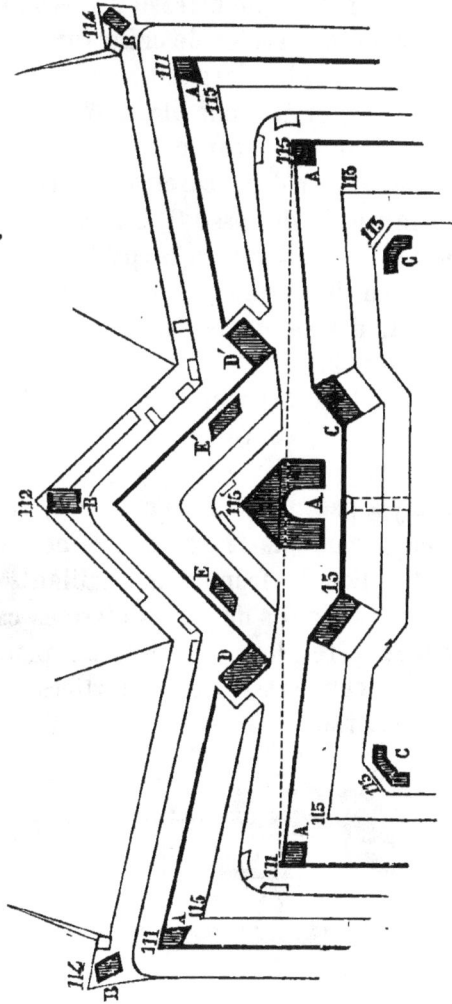

Fig. 98.

est à peu près 1/4 du côté extérieur. L'escarpe est détachée fig. 97). Le front est flanqué par une caponnière centrale A

en forme de lunette et renfermant deux étages de casemates
à canons. La tête de cette caponnière est flanquée par deux
casemates B et C de 30 mètres de longueur, perpendiculaires
aux faces de la caponnière et armées de douze pièces chacune.
Ces faces sont percées de créneaux pour la mousqueterie.

Un grand redan formant *couvre-face* protége la tête de la
caponnière, de laquelle il est séparé par un fossé de 20 mètres de largeur. L'escarpe de ce couvre-face est aussi détachée
et flanquée par deux casemates formant masques pour boucher la trouée du fossé O, O'.

Enfin, les saillants du corps de place sont couverts par des
contre-gardes à escarpes détachées, dont les fossés sont flanqués par des casemates placées dans le couvre-face de la
caponnière EE'.

Aux saillants des contre-gardes et du corps de place se trouvent de petits coffres *a* pour le flanquement du couloir ménagé derrière l'escarpe.

Il n'y a pas de chemins couverts, la contrescarpe est remplacée par un glacis en contre-pente à la Carnot (fig. 97).
Sur le milieu du front et aux saillants des contre-gardes sont
établis des réduits de places d'armes casematés *b*.

Sur le terre-plein du corps de place, aux saillants, on a
construit deux casemates à mortiers tirant en capitale *c*.

Les escarpes détachées ont 7 mètres de hauteur, le chemin

Fig. 99.

de ronde est large de 3 mètres environ. Les talus extérieurs
sont à terre coulante. La crête intérieure a 8 mètres de relief.
Le fossé a 5 mètres de profondeur.

24

La fig. 99 montre la disposition intérieure de la caponnière.

On peut adresser plusieurs reproches au front que nous venons de décrire. Les escarpes détachées sont facilement détruites de loin, ainsi que les casemates flanquantes du corps de place et du couvre-face; les saillants sont complétement dépourvus de feux; la suppression des contrescarpes en maçonnerie compromet la sûreté de la place; enfin les abris font complétement défaut.

Dans les constructions plus récentes on a renoncé aux contrescarpes à pente douce.

Pour donner une idée de la façon dont on comprend la fortification polygonale, nous terminons en donnant la description d'un front de la place d'Anvers qui passe pour une des plus heureuses applications de ce système.

Les fronts de l'enceinte de la ville d'Anvers ont de 900 à 1,100 mètres de longueur; tous ont des fossés pleins d'eau et des escarpes à terre coulante; le front se compose, fig. 100 (1), de deux faces en ligne droite coïncidant avec le côté extérieur et flanquées par une grande caponnière centrale en maçonnerie A. Leur profil est représenté fig. 101.

Cette caponnière est flanquée en partie par ses ailerons B, B et en partie par le corps de place. En arrière de la caponnière le corps de place est retiré à 65 mètres du côté extérieur et forme une courtine de 230 mètres de longueur, séparée de la caponnière par un fossé plein d'eau. Aux extrémités de cette courtine sont deux flancs casematés C couverts en avant par un orillon D, en arrière duquel se trouve une place de rassemblement E. Les flancs ont deux étages de feux et 10 bouches à feu, 6 dans les casemates et 4 à ciel ouvert. L'enceinte est revêtue à la courtine et aux flancs, elle est précédée d'un fossé dont la largeur varie de 50 à 80 mètres.

_____

(1) Tous les fronts ne sont pas identiquement pareils; nous avons pris l'un de ceux qui peuvent le mieux donner l'idée du système des fortifications d'Anvers.

12.05

6,50

14,50

1400

12.25

8,50

16,00

8,00

9,00

20,00

9,00

P

M

I

A

B17,00

D

H

E

C

22,5

S

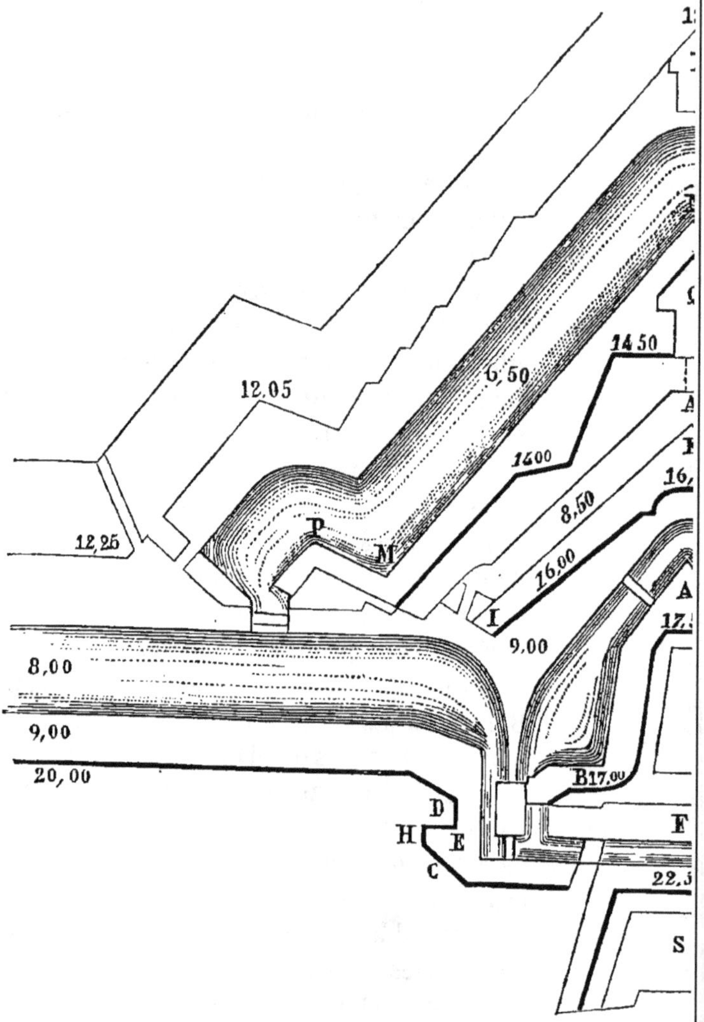

Fig. 1

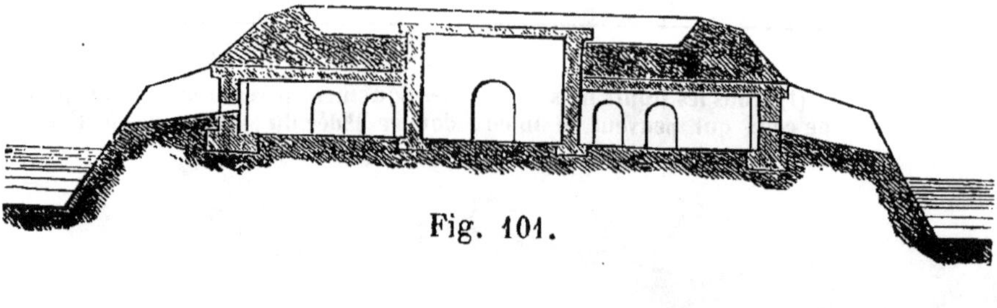

Fig. 101.

La caponnière centrale porte deux étages de bouches à feu, la supérieure à ciel ouvert pour six pièces de chaque côté, et l'inférieure casematée pour quatorze pièces (fig. 102). Au saillant, il n'y a qu'un étage de feu à ciel ouvert pour trois pièces. Enfin, les ailerons sont armés chacun de deux pièces. La gorge sur laquelle se trouve un terre-plein bas F est flanquée par deux seconds flancs, casematés pour deux pièces H.

Le fossé de la caponnière est plein d'eau et a 18 mètres de largeur minimum. La contrescarpe est revêtue près de la tête; un couvre-face en terre IKL, au saillant duquel est une batterie de sept pièces, entoure la caponnière. Le fossé de ce couvre-face est sec et a 15 mètres de largeur.

En avant du couvre-face est placé un *ravelin* MNO, dont les fossés sont pleins d'eau et ont 60 mètres de largeur. Ces fossés sont flanqués par des batteries basses P formant masques et placées aux extrémités des faces du ravelin.

Ces batteries basses sont précédées d'une petite cour, qui peut servir de réduit de place d'armes. Les crêtes du ravelin sont tracées en crémaillère. On évite ainsi les coups d'enfilade sur les faces. Au saillant, est un large pan coupé et une batterie de revers, casematée pour quatre pièces Q.

Toute l'enceinte est entourée d'un chemin couvert de 20 mètres et d'un glacis. La place d'armes saillante du ravelin est pourvue d'un blockhaus R. La crête du chemin couvert entre le saillant du ravelin et les batteries basses est en crémaillère.

Le milieu de la courtine est occupé par une grande caserne défensive S formant cavalier. Cette caserne renferme deux étages de locaux et est surmontée d'un parapet de fort relief. L'entrée, tournée vers la ville, est fermée par un mur bastionné qu'on peut utiliser pour la défense intérieure.

Communications. — On se rend de la place à la caponnière par des coupures et des ponts placés de part et d'autre de la caserne. On arrive d'abord sur le terre-plein bas; de là les pas de souris mènent aux terre-pleins des ailerons, et une poterne, dans la cour de la caponnière.— On communique de la cour de la caponnière avec le couvre-face par deux autres poternes.

De grandes poternes voûtées, passant sous les extrémités de la courtine, conduisent, au moyen de ponts jetés sur le fossé du corps de place, au terre-plein et au fossé du couvre-face, au terre-plein du ravelin, aux chemins couverts et enfin à l'extérieur.

L'entrée de la batterie basse de revers du ravelin est dans le fossé sec du couvre-face et en capitale A.

Abris. — Les abris dans les fronts d'Anvers sont fort nombreux et remarquablement distribués. Il y en a sous la courtine, sous les oreillons, sous les ailerons de la caponnière, à la gorge du ravelin. Sous les grandes traverses du corps de place et du ravelin, sont ménagés des refuges pour les pièces mobiles et leurs servants.

DESTRUCTION

DES VOIES DE COMMUNICATION

ET DES OUVRAGES D'ART PAR LA POUDRE.

Pour détruire une route, on fait sauter tous les ponts et aqueducs qui la traversent; on la coupe par des tranchées, de préférence dans les parties basses où le remblai produit arrêtera l'écoulement des eaux. On coupe un pont en pierre de plusieurs manières :

1° En faisant sauter une arche. — Premier moyen. Creuser suivant la direction de la clef de voûte une tranchée de 0^m,50 de profondeur, dans laquelle on met 150 kil. de poudre. On peut aussi établir les fourneaux à la naissance de la voûte de chaque côté. Recouvrir la poudre de madriers chargés de pierres ou de terre. On met le feu au moyen d'une mèche assez longue pour avoir le temps de s'éloigner avant l'explosion. — Deuxième moyen. Suspendre sous la voûte des barils de poudre ou des boîtes de dynamite de 20 à 25 kil. — Troisième moyen. Répartir la poudre en tas sur la route ; trois tas de 100 kil. crèveront une voûte de 2 mètres à la clef.

2° En renversant une pile : (a) établir des fourneaux dans l'intérieur des piles avec une charge de 50 à 60 kil. de poudre, mettre le feu en même temps ; (b) entourer la pile d'un gros saucisson de dynamite. On détruit un pont de bois par les mêmes procédés que le pont en pierre, en diminuant un peu la charge de poudre. On peut encore recourir à l'incendie en couvrant le pont de matières inflammables et en mettant le feu par les deux bouts.

MISE HORS DE SERVICE

DES VOIES FERRÉES, DES TÉLÉGRAPHES.

Voies ferrées. — Couper la chaussée, faire sauter les ponts, produire l'éboulement des tunnels, détruire ou endommager le matériel roulant, locomotives de préférence, et le matériel fixe (réservoirs d'eau en première ligne), plaques tournantes, disques, aiguilles.

Pour détruire la voie proprement dite, piocher le ballast pour découvrir les tire-fonds, les diviser, chasser les coussinets, enlever les rails...; la façon la plus expéditive est de dresser des bûchers avec des madriers, de placer les rails au sommet, et de mettre le feu. La chaleur et le poids font couler les rails et les mettent hors de service. Avec la dynamite on brise les rails de place en place en y accolant verticalement et à l'intérieur des cartouches ou un saucisson de 3 kilogrammes.

Pour démolir un tunnel : employer des fourneaux de 200 kilogrammes à 8 mètres de distance, enfoncés de 2 mètres dans la maçonnerie.

Pour mettre une locomotive hors de service, le moyen le plus expéditif est de donner un coup de hache dans le conduit à vapeur placé sur le côté de la machine.

Télégraphes. — Abattre les poteaux au moyen d'une cartouche de dynamite, couper les fils, détruire les isoloirs. Outre ces dégradations faciles à réparer, il en est d'autres qui ne se révèlent pas au premier abord. Le procédé consiste à forer un poteau ordinaire et à faire passer dans le trou un fil de terre communiquant avec la branche des isoloirs, et celle-ci avec le fil; on divise ainsi le courant en empêchant la transmission des dépêches.

EMBARQUEMENT

DES

BATTERIES EN CHEMIN DE FER.

Le matériel employé pour les transports militaires se compose : 1° de voitures à voyageurs (1re et 2e classe pour les officiers, — 3e pour les hommes), de wagons à marchandises appropriés au transport des hommes dans le cas de grands mouvements de troupes, et en cas d'insuffisance de voitures à voyageurs ; 2° de wagons-écuries ou wagons de marchandises pour le transport des chevaux ; 3° de wagons plats, appelés *trucs*, pour le matériel.

Les hommes transportés dans les wagons de 3e classe n'occupent, s'ils sont armés et équipés, que neuf places sur dix par chaque compartiment (huit si le trajet dépasse 150 kil.) ; s'ils voyagent dans des wagons de marchandises, un cartouche inscrit sur la paroi du wagon indique le nombre d'hommes qu'il doit contenir.

L'embarquement des hommes peut se faire à quai ou en pleine voie. Celui des chevaux et du matériel ne peut être effectué en pleine voie que si l'on dispose des ponts volants et des rampes mobiles nécessaires.

Dans les embarquements, un officier de la batterie (dit *préposé au chargement*), accompagné d'un sous-officier désigné pour lui être adjoint, précède la troupe à la gare. Il procède à la reconnaissance du terrain, prend note de l'affectation et de la contenance de chaque wagon, de la longueur et de la forme des trucs, ainsi que de la position des wagons à selles. Le sous-officier adjoint numérote au fur et à mesure chaque wagon à la craie, en suivant, pour les hommes, les chevaux et le matériel, une série distincte de numéros, et inscrit en même temps, vis-à-vis les numéros d'ordre, la contenance des wagons en hommes, en chevaux, ou en matériel. L'officier rend compte au commandant de la batterie du résultat de l'opération.

La troupe doit être sur le quai d'embarquement environ deux heures avant le départ, — les chevaux doivent avoir terminé leur repas deux heures avant l'arrivée à la gare. Les bagages sont conduits séparément et avant l'arrivée de la troupe.

Les servants, sous la surveillance du lieutenant en premier et des chefs des 1re, 3e et 5e pièces, procèdent à l'embarquement du matériel. Le lieutenant en second, ayant sous ses ordres les chefs des 2e, 4e et 6e pièces, s'occupe des chevaux ; enfin l'adjudant, aidé du vaguemestre, est chargé des bagages.

Embarquement du matériel.

L'embarquement du matériel peut être exécuté à quai ou en pleine voie. L'embarquement à quai se fait généralement par le grand côté des trucs. Pour faire passer les voitures du quai sur les trucs ou d'un truc sur l'autre, on fait usage de petits ponts mobiles en bois. Les grands trucs dont on se sert le plus ordinairement peuvent recevoir deux voitures complètes. Les avant-trains sont toujours séparés lorsque le matériel est sur les trucs, afin de ménager la place. Avec le matériel de sept et de cinq il faut, si on a le temps, enlever le mécanisme de culasse avant d'embarquer.

Les voitures sont placées ordinairement de la manière suivante :

1° Un caisson à l'une des extrémités, la lunette reposant sur le fond du truc, les roues butant contre le petit côté;

2° l'avant-train du caisson, le bout du timon reposant sur

le fond du truc; 3° l'avant-train de la deuxième voiture, le timon élevé par-dessus l'avant-train du caisson et attaché avec une jarretière; 4° la deuxième voiture (pièce ou caisson), la lunette à l'intérieur du truc, reposant sur le fond, les roues butant contre le petit côté.

Les roues sont calées pour empêcher les ballottements. Il faut avoir soin de placer les voitures exactement au milieu du truc, pour que le poids soit uniformément réparti sur les roues.

Lorsqu'on dispose de deux trucs placés à la suite l'un de l'autre, on fait entrer les corps de voitures sur l'un d'eux, puis on les fait passer sur l'autre, dans l'ordre que nous venons d'indiquer. Si on ne dispose que d'un seul truc, la manœuvre est plus difficile. On commence par placer les arrière-trains, les lunettes tournées vers l'intérieur du truc reposant sur le fond, puis on place un des deux avant-trains dont on enlève le timon (celui du caisson si l'autre voiture est une pièce); enfin on place le deuxième avant-train, le timon au-dessus du premier avant-train et brélé avec une jarretière.

Pour embarquer en pleine voie, on se sert de rampes mobiles en bois, et, à leur défaut, de rails de chemin de fer. L'embarquement se fait par le petit côté, les voitures sont placées comme plus haut.

Pour faire monter les voitures sur les rampes on brèle une prolonge à la flèche, à la volée ou à l'essieu, et des hommes montés sur le truc tirent sur cette prolonge pendant que d'autres poussent aux roues. Pour éviter les accidents deux hommes se tiennent de chaque côté de la rampe, prêts à caler les roues si la voiture venait à reculer.

Embarquement des chevaux.

Les chevaux sont, autant que possible, répartis par pièces dans les wagons. Ils sont placés tantôt parallèlement à la voie, tantôt perpendiculairement. Avant d'entrer dans les wagons les chevaux sont dessellés, mais ils gardent leurs harnais.

Les conducteurs doivent les calmer avant de les embarquer et éviter de faire du bruit pour ne pas les effrayer.

Lorsqu'un cheval se défend et refuse d'entrer, il faut le promener quelques instants sur le quai pour le rassurer et lui bander les yeux avant de le ramener vers le wagon.

Embarquement parallèle à la voie.

Les chevaux sont placés par huit dans chaque wagon, quatre de chaque côté, la croupe tournée vers les petits côtés.

Le premier conducteur entre dans le wagon d'abord avec son porteur, tourne à droite et place son cheval contre la paroi longitudinale du côté de l'entrée, la tête tournée vers le milieu du wagon. Il place ensuite son sous-verge à côté du porteur. Le deuxième conducteur fait appuyer ses chevaux à côté des premiers. Dès qu'un rang est complet, les deux conducteurs mettent en place la barre mobile et attachent les chevaux sans les débrider, puis sortent chercher leurs selles. Les selles sont posées les unes sur les autres dans l'intervalle entre les deux rangées de chevaux. La première est supportée par un bottillon de paille. Un conducteur reste comme garde d'écurie; il doit débrider lorsque le train est en marche.

Embarquement perpendiculaire à la voie.

Dans ce cas, les chevaux ont la croupe du côté de la porte; ils sont placés côte à côte. Le conducteur de droite de la fraction à embarquer, tourne à droite en entrant dans le wagon et place ses chevaux contre le petit côté, la tête opposée à la porte; le deuxième conducteur tourne à gauche et range son attelage contre l'autre extrémité. Les chevaux sont ainsi embarqués successivement à droite et à gauche, en finissant par ceux du centre. Le dernier cheval entré, on ferme la porte.

Les conducteurs attachent leurs chevaux à la paroi du wagon, les débrident et sortent. L'un d'eux reste comme garde d'écurie; les selles sont embarquées à part.

Embarquement des hommes.

Les hommes se forment en bataille le long de la voie et répartis en fractions correspondantes à la contenance des wagons. On met autant que possible un homme gradé dans chaque fraction. Le fractionnement terminé, le capitaine met sa troupe en marche par le flanc et chaque fraction est arrêtée devant le wagon qu'elle doit occuper. Le capitaine fait alors sonner un demi-appel et l'embarquement commence. Les hommes commencent par ôter leurs sacs, en maintenant le mousqueton dans la saignée du bras, et ramènent leur giberne en avant. Deux hommes montent ensuite dans chaque compartiment, tirent à la main leur sac et leur mousqueton, reçoivent les sacs de leurs camarades et les placent sous les banquettes, ou sur les places réservées à cet effet. Étant assis, les hommes ont le mousqueton entre les jambes, la crosse sur la planche.

Mesures de police pendant le voyage.

La troupe étant embarquée, il est interdit :

1º De passer la tête ou les bras hors des portières pendant la marche; 2º d'ouvrir les portières ; 3º de passer d'une voiture dans une autre; 4º de pousser des cris et de chanter; 5º de descendre de voiture aux stations avant les sonneries qui doivent en donner le signal ; 6º de fumer dans les wagons à chevaux et dans les voitures des hommes au cas où, par les grands froids, il y aurait de la paille sur le plancher.

La garde de police, placée sous le commandement d'un officier, est composée de : un maréchal des logis, un brigadier, un trompette, huit canonniers. Elle prend sous son escorte les brigadiers et canonniers punis de la cellule de

correction et se rend à la gare en même temps que le détachement des bagages. La garde de police est placée dans le
wagon qui précède ou qui suit celui des officiers.

Pendant toute la durée du trajet les officiers doivent suivre
exactement les indications du chef du train. La troupe doit être
pourvue avant le départ des vivres nécessaires. Les chevaux
mangent dans les wagons; le garde d'écurie leur donne l'a-
voine et la botte aux heures déterminées par le capitaine.

Arrivée. — Débarquement.

A l'arrivée, les servants sont réunis par le lieutenant en
premier, qui les conduit aux trucs pendant que le lieutenant
en second mène les conducteurs aux wagons à chevaux.

Le débarquement des voitures s'opère de deux manières
différentes comme l'embarquement; on commence toujours
par faire sortir la dernière voiture embarquée en se servant
des avant-trains pour débarquer les arrière-trains, ce qui
rend la manœuvre beaucoup plus facile.

Aussitôt que les chevaux sont débarqués, les conducteurs
les sellent et les conduisent près des trucs pour atteler les
voitures. Le parc est formé à l'endroit désigné par le commandant de batterie.

TOPOGRAPHIE.

DES CARTES.
LECTURE DES CARTES. — SIGNES CONVENTIONNELS. — ÉCHELLES.
USAGE DES CARTES SUR LE TERRAIN.
RENSEIGNEMENTS TOPOGRAPHIQUES ET STATISTIQUES.
TRACÉ D'UN ITINÉRAIRE.

La *topographie* est l'art de représenter sur une surface plane ou *plan* tous les détails d'un terrain.

Il y a deux objets à considérer. La projection sur le plan horizontal de tous les accidents du terrain, routes, cours d'eau, constructions, séparations de cultures, etc., constitue la *planimétrie*.

Le *nivellement* a pour objet d'indiquer le relief du terrain. Il se rend par des courbes ou des hachures dont on exposera plus loin la construction, et par des cotes de niveau ou altitudes qu'on prend généralement au-dessus du niveau de la mer.

Un plan ne peut être exact qu'à condition de présenter une figure semblable à celle que forment les différentes parties du terrain, c'est-à-dire que les lignes conservent sur la carte leur relation naturelle.

Pour assurer cette proportion, on se sert d'une échelle.

L'*échelle* est donc le rapport constant d'une ligne du terrain à son homologue sur le plan.

Ce rapport est évidemment tout de convention; on le choisit

en raison de l'étendue du terrain qu'on veut représenter et de l'avantage d'avoir des cartes maniables tout en étant suffisamment claires.

DES CARTES.

Une *carte* est la représentation géométrique d'une portion de la surface de la terre.

On appelle cartes *géographiques* les cartes à petite échelle qui comprennent une certaine étendue de la surface de la terre ou même tout l'ensemble de cette surface.

Dans les cartes *chorographiques* les masses de montagnes sont modelées. L'échelle de ces cartes varie de $\frac{1}{400.000}$ à $\frac{1}{1.000.000}$ avec plus de détails.

Enfin, les cartes *topographiques* n'embrassent qu'une petite étendue de terrain, en donnant tous les détails possibles de cours d'eau, accidents du sol, routes, constructions, cultures, etc.

La surface de la terre étant sphérique, ou à très-peu près, il est impossible de la reporter exactement sur un plan, en conservant à chaque partie ses dimensions relatives. Différents modes de projection ou de développement ont été adoptés pour tourner cette difficulté. — Nous n'avons pas à en parler ici.

Pour la topographie, il n'y a pas lieu de tenir compte de la sphéricité de la terre. Et, en effet, on calcule que pour un arc de cercle de 1 degré, qui donne une étendue de plus de 25 lieues, la tangente CD (fig. 1) mesure

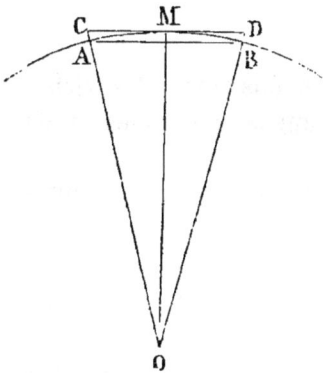

Fig. 1.

111,113^{m}92, tandis que l'arc lui-même AB est égal à 111,111^{m}11. Soit une différence tout à fait négligeable de 2^{m}81.

LECTURE DES CARTES.

Lire une carte, c'est non-seulement se rendre compte de la

valeur des signes représentatifs adoptés, mais aussi trouver sur
le terrain les points de la carte qu'on a sous les yeux, et inversement (ce qui s'appelle s'orienter). Au point de vue spécial qui
nous occupe, c'est aussi savoir, au vu de la carte, apprécier
l'importance militaire du terrain, les avantages ou les inconvénients d'une position, le commandement des hauteurs, etc.

Pour arriver à lire une carte, il faut comprendre comment
elle est faite; c'est ce que nous exposerons succinctement tout
à l'heure, après avoir parlé des signes conventionnels et des
échelles adoptés dans la construction des cartes.

SIGNES CONVENTIONNELS.

Certaines cartes de topographie régulière sont couvertes de
teintes dont il faut connaître la signification.

— Le jaune pâle terni indique les terres labourées.
— Le vert franc indique les vergers.
— Vert bleuâtre, les prairies naturelles.
— Jaune verdâtre, teinte un peu forte, les bois.
— Jaune orangé un peu vif, les sables.
— Violet, les vignes.
— Bleu pâle indique les eaux.

Ces teintes plates se combinent quelquefois ainsi : des friches
sont représentées par des taches mélangées de sables et de
vergers.

Les marais sont rendus par des prairies avec des plaques
bleues d'eau.

Les bruyères mélangent le vert pré et du carmin léger.

Les constructions maçonnées sont teintes en rose avec un
trait plus vif à l'est et au sud.

Sur les cartes gravées ces teintes sont remplacées par des
signes conventionnels (voir le tableau ci-contre); sur les levés
expédiés on met simplement pour les cultures les initiales des
noms, comme T. L. pour terres labourées, P. pour prés, etc.

Les eaux. — Les marais ou lacs ont leur surface couverte
de traits parallèles un peu plus serrés vers les bords nord et
ouest.

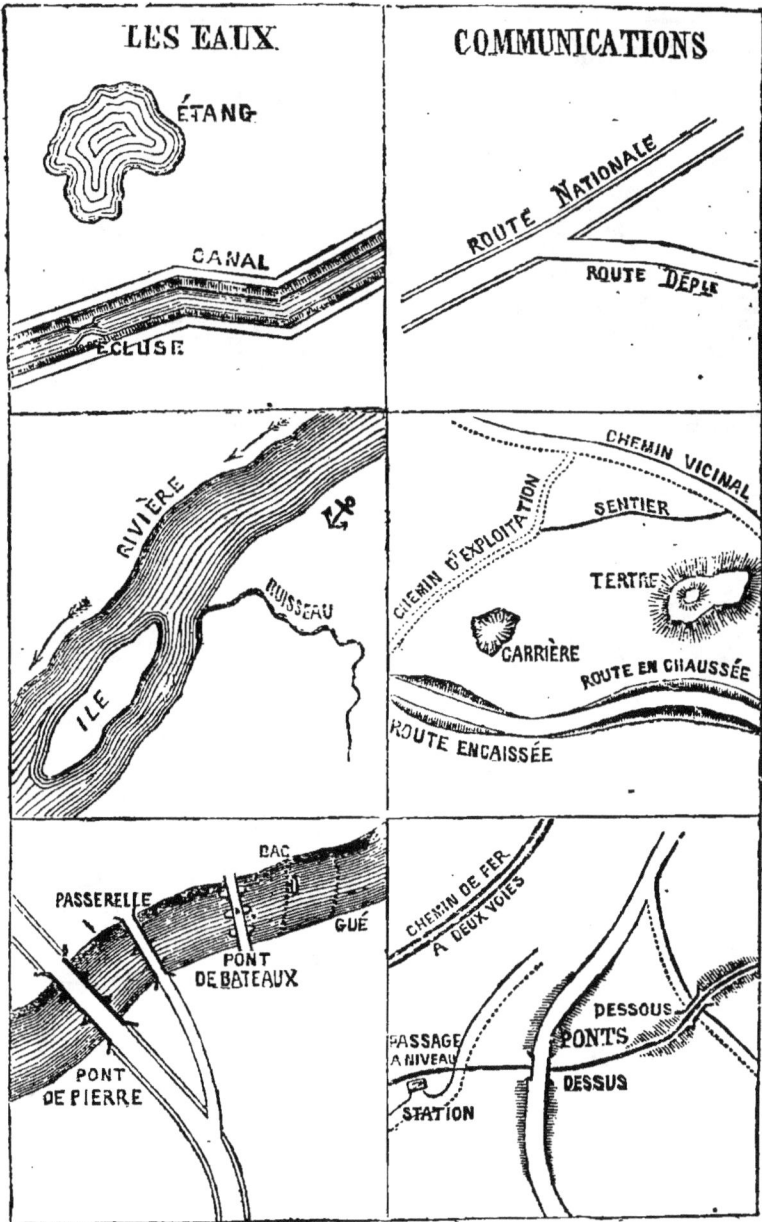

LES EAUX

ÉTANG

CANAL

ÉCLUSE

RIVIÈRE

RUISSEAU

ILE

PASSERELLE

BAC

GUÉ

PONT DE BATEAUX

PONT DE PIERRE

COMMUNICATIONS

ROUTE NATIONALE

ROUTE DÉP⎬⎬

CHEMIN VICINAL

CHEMIN D'EXPLOITATION

SENTIER

TERTRE

CARRIÈRE

ROUTE EN CHAUSSÉE

ROUTE ENCAISSÉE

CHEMIN DE FER A DEUX VOIES

DESSOUS

PONTS

DESSUS

PASSAGE A NIVEAU

STATION

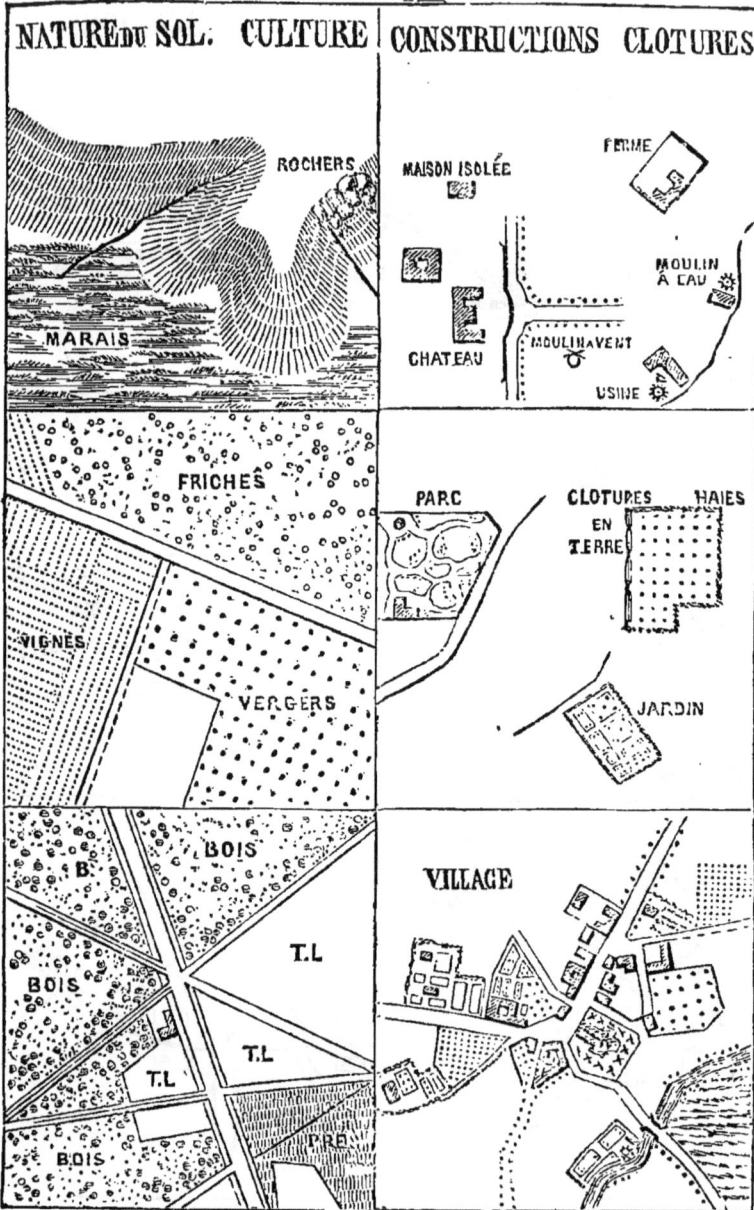

25.

Pour une rivière les traits sont menés parallèlement aux bords et en se dégradant vers le centre, ce que l'on appelle *filer les eaux*. La rive dominante, ou celle du nord, est marquée d'un trait plus fort. Le courant s'indique par une flèche, la navigabilité par une ancre.

Un simple trait indique un ruisseau; on le grossit vers l'embouchure.

Les canaux s'indiquent par des parallèles en lignes brisées, suivant la direction.

Communications. — Les routes s'indiquent par des traits plus ou moins espacés. On met même deux traits doubles pour les routes nationales. Deux traits simples indiquent une route départementale.

Le chemin vicinal a un de ses côtés ponctué.

On les ponctue tous les deux pour un chemin d'exploitation. Enfin on marque d'un trait seul un sentier praticable. La largeur des routes est rarement réduite à l'échelle; elle se proportionne à leur importance.

Les chemins de fer sont représentés par un large trait noir sur les cartes gravées, et par deux traits parallèles sur les levés au crayon à plus faible échelle. Deux traits s'emploient aussi quelquefois pour indiquer que la voie est double.

Les hachures étant toujours employées pour exprimer les pentes, si la route est en chaussée ou encaissée, on l'accompagnera de hachures dont les pointes effilées seront dirigées vers l'extérieur ou vers l'intérieur, suivant le cas.

La même disposition s'appliquera à une carrière ou à un tertre.

Nature du sol. — *Cultures.* — Les rochers et escarpements se rendent par des hachures irrégulières et par de gros traits transversaux qui se rapprochent un peu du paysage à effet.

La carte de l'état-major a adopté certains signes conventionnels pour indiquer les cultures.

Les bois sont figurés par un crayonné tremblé, comme celui qui est employé pour les feuillés dans le dessin du paysage.

Les arbres isolés se marquent par des points.

Les prairies se rendent par un petit pointillé serré ;

Les marais par ce même pointillé entremêlé de lignes horizontales.

Les vignes se représentent par un pointillé espacé et régulier que l'on fait parallèlement aux bases de la surface. Pour les vergers, on emploie un pointillé analogue plus espacé.

Constructions. — Les constructions prennent la forme de leur projection et sont par conséquent plus ou moins grandes, suivant l'importance des bâtiments. On met toujours un trait de force à l'est et au sud. Certains bâtiments reçoivent des signes particuliers pour désigner leur destination : moulins, fabriques, etc. Les maisons sont teintées par des hachures transversales régulières.

Pour une église, pour un bâtiment militaire à signaler, ces hachures sont plus fortes. On ajoute une croix sur l'église.

Les clôtures sont faites ou en maçonnerie, — un gros trait; ou en bois, — un trait moyen; ou par des haies, — un trait tremblé; ou en terre, — deux petits traits parallèles.

Un village se compose de groupes de maisons entourées de clôtures diverses et de vergers.

On indique également des petits carrés de culture maraîchère par des traits fins, dans lesquels on pique quelques arbres.

Ponts et passages. — Les ponts de pierre, les ponts de bateaux, les passerelles, s'indiquent par leur projection sur la rivière dont la représentation est interrompue. Le mode de construction est indiqué, autant que possible, par la grosseur du trait et la grosseur des piles.

Les gués, les bacs, sont indiqués par un trait pointillé, près duquel on met un nom pour qu'ils soient mieux signalés.

Les ponts de chemins de fer se signalent de même, et il est facile de distinguer si la route passe dessus ou dessous, d'après la ligne interrompue.

Pour un passage à niveau, les lignes se croisent et sont marquées par un trait plus fin.

Pour éviter la confusion, les courbes ou hachures ne se tracent pas sur les routes ni dans les constructions ; on se rendra facilement compte de la pente du terrain par les hachures voisines.

Écritures. — Les noms portés sur la carte pour aider à la clarté du dessin ne sont pas de forme indifférente.

Les caractères employés et leurs dimensions se proportionnent à l'importance des objets. La carte de l'état-major admet cinq genres d'écriture, qui se classent ainsi : ·

Capitale droite, C. D.

Capitale penchée, *C. P.*

Romaine droite, r. d.

Romaine penchée, *r. p.*

Italique, *italique.*

Autant que possible, les noms sont écrits parallèlement au bord inférieur de la carte ; pour les routes et les cours d'eau, les noms s'écrivent parallèlement à leur direction.

ÉCHELLES.

Nous avons dit précédemment que l'*échelle,* ou le rapport constant d'une ligne du terrain à son homologue sur le plan, était choisie en raison de l'étendue du terrain qu'on voulait représenter et de l'avantage d'avoir des cartes maniables tout en étant suffisamment claires.

On préfère les rapports simples, multiples de 10, qui permettent de trouver sans calcul la longueur d'une ligne du terrain, connaissant son homologue sur le plan, et réciproquement.

Ainsi, quand on parle d'une échelle à $\frac{1}{250}$, ou à $\frac{1}{1000}$, ou à $\frac{1}{80.000}$, etc., cela veut dire que 1 mètre de la carte représente 250 mètres, ou 1,000 mètres ou 80,000 mètres de terrain.

Par suite, on déduira la valeur des sous-multiples du mètre et d'une longueur quelconque prise sur la carte.

Prenons, pour fixer les idées, une échelle à $\frac{1}{5000}$ et supposons qu'on ait à mesurer sur la carte une longueur de 133 millimètres ; que représente-t-elle sur le terrain ?

1 mètre de la carte équivaut à   5,000 mètres.

donc 0^{m}1   —   —   500 —

—   0^{m}01   —   —   50 —

—   0^{m}001   —   —   5 —

1 millimètre équivalant à 5^m, 133^{mm} vaudront 133 $\times$ 5 $= 665$ mètres.

Bien que ces calculs soient extrèmement simples, il est encore plus expéditif de tracer au bas de chaque carte une ligne sur laquelle les longueurs seront portées avec leur valeur proportionnelle : c'est l'échelle simple.

La longueur prise avec le compas sur la carte sera reportée sur l'échelle et on lira immédiatement sa valeur.

Pour construire cette échelle (fig. 2), on trace une droite; d'un point d'origine marqué 0, on porte à droite les longueurs de 100 mètres en 100 mètres, suivant l'échelle donnée (ou de 1000 en 1000 mètres). Dans l'exemple que nous avons pris, 100 mètres sont représentés par une longueur de 0^{m}02 ; c'est donc cette longueur que nous porterons à partir de 0, et successivement, pour avoir la longueur de 100, 200, 300 mètres, etc. Cette première partie de l'échelle est doublée d'un second trait plus fort.

Pour pouvoir mesurer les fractions inférieures à 100 mètres, la ligne est prolongée, à gauche du 0, d'une longueur égale à 100 mètres, et on la divise en dizaines de mètre. Les fractions plus faibles seront appréciées à l'œil; on ne les a pas portées, pour ne pas faire de confusion. Cependant il peut être utile pour certains plans d'avoir ces mesures exactes. On construit alors une autre échelle (fig. 3).

Fig. 2.

On trace 11 lignes parallèles et également espacées (généralement à 0^{m}002 d'intervalle) ; les divisions, étant portées d'un côté, sont marquées sur toutes les lignes par des perpendiculaires. Les divisions par dixième sont portées, dans le premier casier, sur la ligne du haut et sur celle du bas, puis on joint les points 0, 10, 20, 30, etc., de la ligne du bas, aux points 10, 20, 30, 40, etc., de la ligne du haut. Le triangle BHD est décomposé par les lignes horizontales en dix petits triangles semblables dont les bases parallèles à HD sont dans la proportion de $\frac{1}{10}$ de HO, $\frac{2}{10}$ de HD, etc.

Supposons que nous ayons à prendre une longueur de 284 m. : mettant une pointe de compas à l'intersection de la verticale 200 et de l'horizontale 4, nous ouvrirons le compas jusqu'à ce que l'autre pointe atteigne la transversale 80-80. Une simple inspection de la figure prouve que la longueur trouvée est effectivement de 284 m.

Dans cet exemple, on a pu mesurer la longueur à 1 mètre près, c'est-à-dire à la dixième partie d'une des petites divisions portées à gauche du 0.

On voit, d'après cela, que l'approximation dépendra de l'échelle.

On admet que la longueur des dixièmes de millimètre est la limite des distances appréciables à l'œil ou au compas. On pourra donc calculer, pour une échelle quelconque, l'approximation des mesures prises. A l'échelle de $\frac{1}{20000}$, par exemple, deux dixièmes de millimètre représentent quatre

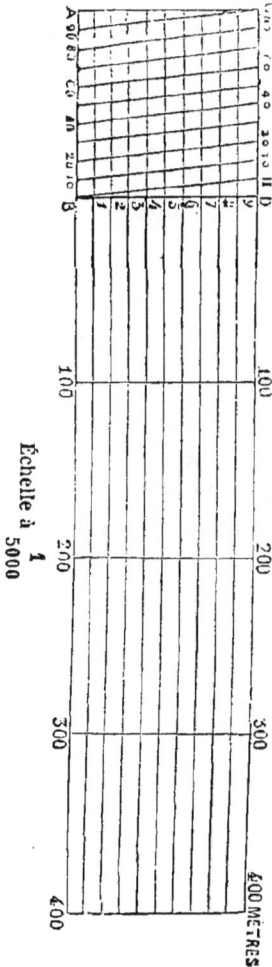

Fig. 3.

Échelle à $\frac{1}{5000}$

mètres. On ne pourra donc pas mesurer de distances plus faibles.

On remarquera, à ce sujet, que, dans l'exécution des cartes, certains signes conventionnels ne sont pas réduits aux dimensions qu'ils devraient avoir d'après l'échelle. Ainsi, dans la carte de l'état-major, qui est à $\frac{1}{40.000}$, une route de 10 mètres de largeur ne devrait avoir que $\frac{1}{8}$ de millimètre, et on la représente par deux traits qui sont espacés de 0^m00075, ce qui fait une différence sensible. La facilité de lecture de la carte exige de semblables écarts, qui n'ont, d'ailleurs, aucun inconvénient.

EXPOSÉ SOMMAIRE DE LA PLANIMÉTRIE ET DU NIVELLEMENT.

La planimétrie est la base d'un levé quelconque. Nous commencerons donc par un exposé sommaire de ses procédés. Ce sera la marche la plus simple pour arriver à la lecture des cartes, objectif de cette étude. On reviendra plus tard sur le levé des détails et la pratique sur le terrain, qu'il faut connaître pour être à même de rectifier une carte ou de la compléter.

La même méthode s'applique au nivellement.

Pour exécuter une carte, on commence par déterminer, d'une façon aussi exacte que possible, à l'aide d'instruments plus ou moins perfectionnés, ce que l'on appelle le canevas.

Le canevas se compose d'une série de triangles, dont les sommets, choisis à l'avance, sont des points remarquables, faciles à reconnaître et à apercevoir de plusieurs endroits. Il suffira alors de mesurer un côté d'un de ces triangles qui servira de *base* et l'on résoudra les autres côtés et les angles géométriquement ou trigonométriquement. Cette méthode d'intersection et de calcul dispense de la mesure d'un certain nombre de côtés, qui ne sont d'ailleurs pas toujours accessibles. On évite aussi les erreurs de mesure de longueur, qui sont quelquefois assez considérables.

La mesure des angles est fort importante; mais elle est moins sujette à erreur.

On évite autant que possible les angles trop aigus qui donnent des intersections difficiles à déterminer, et l'on s'efforce de composer des triangles qui se rapprochent d'un triangle équilatéral.

L'établissement du canevas comprend :

Le choix d'une base, — en terrain horizontal, autant que possible ;

Mesure exacte de cette base ;

Choix des points principaux ;

Mesure des angles.

Si élémentaire que soit une carte, on retrouve à peu près la même série d'opérations.

Il faut en outre que le plan soit orienté, c'est-à-dire que les points cardinaux y soient indiqués.

On se contente ordinairement de l'orientation magnétique

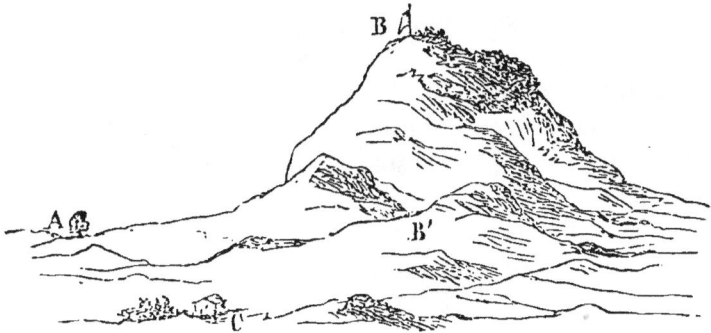

Fig. 4.

que donne la boussole. — On verra plus tard l'usage de cet instrument.

On mesure la base avec une chaîne d'arpenteur ou des règles juxtaposées.

Mais ce qu'il importe de connaître, c'est la projection hori-zontale d'une ligne et non sa longueur elle-même. Cette dis-tance horizontale se trouve par un calcul trigonométrique, ou plus simplement au moyen de tables qui donnent les projections d'une longueur donnée sous différentes inclinaisons.

Pour mesurer un angle, il faut d'abord en viser exactement les deux côtés, puis lire sur un cercle gradué la valeur de l'arc intercepté.

Plusieurs instruments sont en usage; nous n'avons pas à en donner ici la description; leurs éléments principaux sont des lunettes astronomiques pour faire les visées, et un cercle gradué. La boussole, comme on le verra plus loin, est aussi avantageusement employée à cette mesure des angles.

De même que pour les longueurs, la mesure des angles doit être réduite à l'horizon. En topographie cette réduction est généralement faite par l'instrument même dont on se sert.

Soit une montagne M (fig. 4); si du point B, situé sur le sommet de cette montagne, on a visé les points A et C situés dans la plaine, on voit clairement que l'angle ABC n'est pas égal à sa projection sur le plan horizontal AB'C. De même que le côté AB est plus grand que sa projection AB'.

Il est beaucoup plus simple et plus expéditif de ne pas chercher la mesure des angles, mais de les tracer de suite sur le plan. L'emploi d'une *alidade plongeante* placée sur une planchette horizontale donne immédiatement la projection de l'angle, sans avoir à le mesurer.

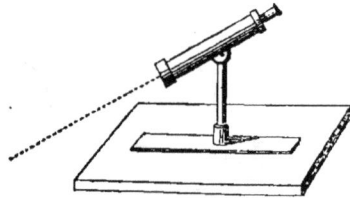

Fig. 5.

Cette alidade (fig. 5) se compose d'une lunette montée sur un axe, de manière à tourner dans un plan vertical, dont la trace sur la planchette est donnée par une règle qui sert de support à l'alidade. Quelle que soit l'inclinaison de la ligne de visée, la projection horizontale sera toujours donnée par la règle.

Revenons à notre montagne. Il importe d'indiquer sur la carte que le point B n'est pas situé sur le plan horizontal; nous sommes donc tenus d'introduire ici un nouvel élément, qui est la forme du terrain.

TOPOGRAPHIE.

Si, à côté du point B, on mettait sur la carte sa cote d'altitude, ce serait suffisant, et l'on pourrait ainsi, en multipliant
les cotes, donner une certaine notion du nivellement.

Toutefois ce serait surcharger la carte d'un grand nombre
de chiffres qui la rendraient confuse, et il serait toujours difficile de se faire une idée exacte des formes du terrain.

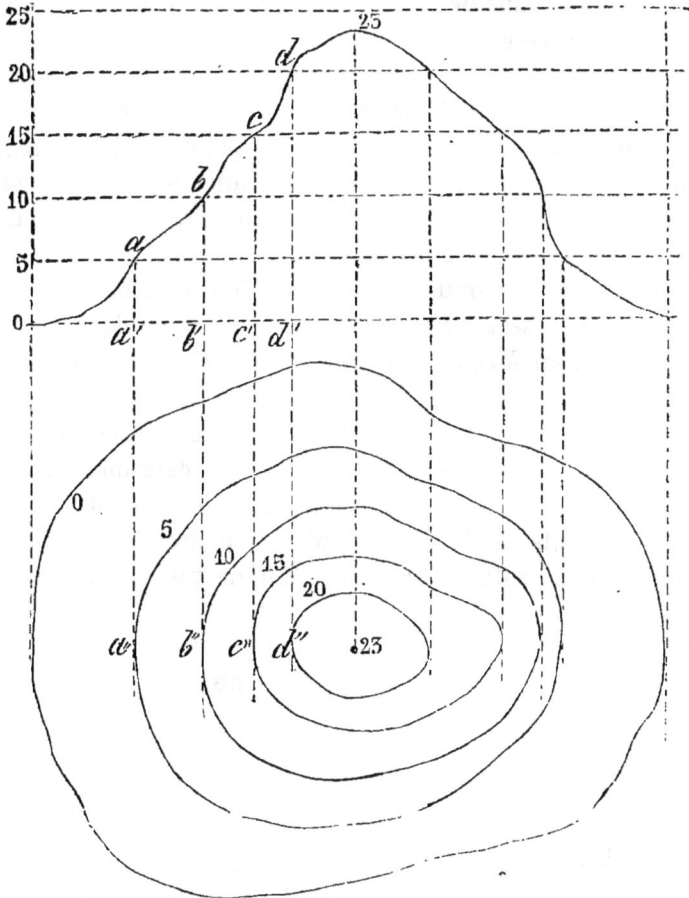

Fig. 6.

On préfère un autre système, qui est celui des *sections horizontales*.

Pour bien comprendre ce système, reprenons cette même colline, et supposons que la rivière qui coule au pied déborde et élève son niveau de 5 mètres (fig. 6).

La base de la colline disparaîtra et la surface de l'eau qui forme un plan horizontal tracera sur la croûte terrestre une courbe plus ou moins régulière suivant la forme de la colline ; nous aurons ainsi une première section horizontale dont nous conserverons la trace.

Supposons maintenant que le niveau de l'eau s'élève encore de 5 mètres : une nouvelle portion de la colline aura disparu ; nous tracerons encore soigneusement les points où l'eau vient affleurer, et nous aurons ainsi déterminé une nouvelle section horizontale dont les dimensions seront moindres que celles de la section qui est en dessous.

Et si nous faisons monter ainsi l'eau de 5 mètres en 5 mètres, nous aurons des sections parrallèles horizontales de plus en plus étroites jusqu'à ce que la montagne ait disparu complétement.

Ces courbes projetées sur le plan de repère se reproduiront avec leur dimension réelle, puisqu'elles sont déterminées par l'intersection de plans parallèles. Chacune d'elles est le lieu de tous les points de la colline cotés 5 mètres, 10 mètres, 15 mètres, etc. Il suffira par conséquent de mettre une seule cote par courbe.

L'écartement des courbes (c'est-à-dire leur distance horizontale) sera d'autant plus grand que la pente sera moins forte, et inversement.

Ceci résulte d'ailleurs de ce qui a été dit, dans les notions préliminaires, sur la projection des horizontales parallèles d'un plan.

Ces courbes étant projetées, il sera facile de se rendre compte de la distance réelle de deux points et de mesurer l'angle que la pente forme avec l'horizontale.

Les moyens pratiques qui ont été indiqués pour les plans cotés trouveront ici leur application.

En effet, si nous prenons deux courbes consécutives m et

n (fig. 7) et qu'on n'envisage sur chacune d'elles qu'un petit espace, elles pourront être considérées comme les projections des horizontales d'un plan tangent à la colline; la ligne AB, qui est

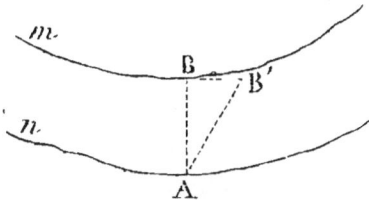

Fig. 7.

perpendiculaire à la fois aux deux courbes, représente l'échelle de pente du plan tangent. Si donc en B on élève sur AB une perpendiculaire BB' d'une longueur égale à la différence des altitudes, et qu'on joigne B'A, l'angle BAB' sera l'angle que fait en cet endroit la pente du terrain avec le plan horizontal, et la longueur AB' est la distance réelle qui sur la colline sépare les points A et B.

Les courbes cotées seront donc suffisantes pour connaître la forme d'une montagne, la nature de ses pentes et la cote d'un point quelconque.

Dans la pratique on adopte pour un même plan, et pour tous les plans à la même échelle, une *équidistance constante*. Il suffit alors de connaître la cote d'une seule courbe et l'équidistance adoptée.

Cette équidistance n'est pas indifférente : on admet qu'elle ne peut être moindre du $\frac{1}{2000}$ du dénominateur de l'échelle, soit, graphiquement, 0^m0005. En voici la raison :

La pente à $\frac{1}{1}$, c'est-à-dire à un de base pour un de hauteur, est considérée comme la pente la plus roide que les terres puissent prendre sans soutien (au delà ce sera un escarpement rocheux dont la représentation est différente). Or dans la pente à $\frac{1}{1}$, si l'équidistance graphique est de 0^m0005, les courbes projetées seront également à 0^m0005 de distance. Les rapprocher davantage rendrait la lecture de la carte difficile.

Cette règle est importante à retenir. Elle permet d'apprécier l'altitude d'un point par rapport à un autre, connaissant l'échelle du plan et le nombre de courbes intercalées entre les deux points.

On voit facilement que pour les échelles de :

$$\frac{1}{5000}, \frac{1}{10.000}, \frac{1}{20.000}, \frac{1}{40.000}, \frac{1}{80.000}, \text{etc.}$$

les équidistances seront

$$2^m 50, \quad 5^m, \quad 10^m, \quad 20^m, \quad 40^m, \text{etc.}$$

Cette équidistance graphique constante présente cet avantage réel que, *quelle que soit l'échelle, la même pente sera représentée par le même écartement des courbes.*

Supposons en effet qu'on ait levé le plan du même terrain à deux échelles différentes $\frac{1}{5000}$, et $\frac{1}{20.000}$; si sur le premier plan une certaine colline est représentée par 8 courbes, il n'y en aura plus que 2 à l'échelle de $\frac{1}{20.000}$, et la pente ne sera pas changée pour cela. Mais, comme la deuxième échelle est quatre fois plus petite que la première, l'écartement des 2 courbes du plan à $\frac{1}{20.000}$ sera égal à l'écartement de 2 courbes consécutives du plan à $\frac{1}{5000}$.

On n'a admis d'exception à cette règle générale que pour les cas **extrêmes** de pays très-accidentés ou pays très-plats, dans lesquels beaucoup de mouvements de terrain ne seraient pas signalés.

Des formes du terrain. — Nous avons à faire remarquer certains mouvements de terrains particuliers et les propriétés dont ils jouissent

Jusqu'ici, pour simplifier les démonstrations, nous n'avons envisagé qu'une colline qui se dresserait isolée dans la plaine. Ce fait est l'exception. On voit au contraire les montagnes se relier en grand nombre les unes aux autres pour former un massif ou une chaîne principale d'où se détachent des contreforts.

Il n'est pas besoin d'une grande observation pour comprendre la relation immédiate entre le système montagneux d'une contrée et ses cours d'eau. Le mot *versant* appliqué à la pente d'une montagne en sera par là-même expliqué.

Colline ou mamelon. — On a déjà vu qu'une *colline* est

représentée par une série de courbes fermées, d'autant plus resserrées que leurs cotes sont plus élevées.

Il est rare qu'une montagne commence ou finisse juste sur une intersection horizontale : le sommet sera indiqué par un point coté, ou par une section intermédiaire si ce sommet forme un petit plateau. Une autre section intermédiaire indiquera la base.

Croupe.— Une *croupe* (fig. 8) est une surface convexe formée

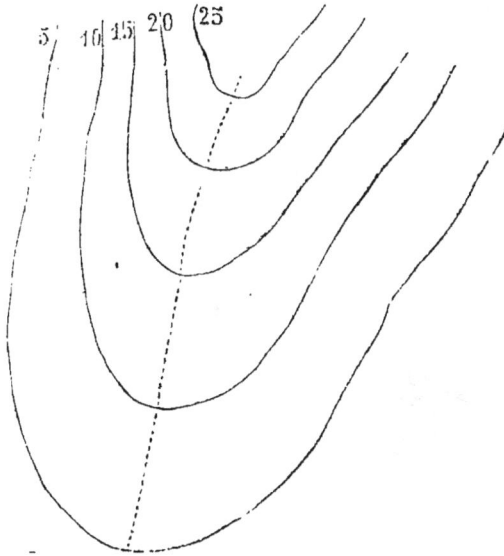

Fig. 8.

par la réunion de deux versants sur une même *ligne de faîte.* Ce sera par exemple l'extrémité d'un contre-fort qui s'avance entre un cours d'eau et son affluent. Les pluies qui tomberont sur cette croupe se partageront entre les deux cours d'eau, et ce sera la ligne de faîte qui servira de séparation : c'est pourquoi on l'appelle souvent *ligne de partage.* Cette ligne jouit de cette propriété que sa pente est plus faible que celle de toute autre ligne passant par le sommet de la croupe. Dans l'étude du terrain, cette ligne est toujours importante à déterminer.

On y arrive précisément par la recherche de la pente plus

faible qui, en projection, se traduit par un écartement plus grand des courbes.

Vallée. — La *vallée* (fig. 9) est l'intersection concave des versants de deux croupes ou de deux chaînes qui en forment la ceinture. Les pluies qui tomberont dans la vallée viendront réunir leurs eaux à l'intersection des deux flancs sur une ligne

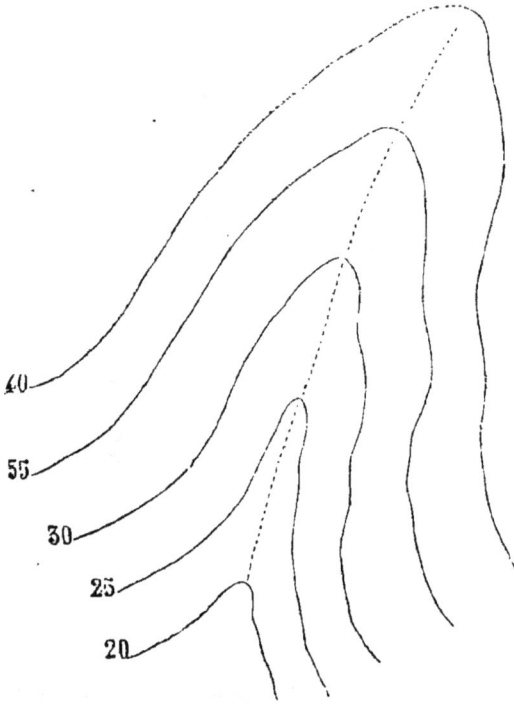

Fig. 9.

que l'on nomme le *thalweg*. On démontre facilement que le thalweg est la ligne de moindre pente de la vallée.

On trouve des vallées à fond plat et très-large ; d'autres au contraire sont resserrées entre des escarpements inaccessibles et constituent ce que l'on nomme des *ravins*.

Col. — Une chaîne de montagnes ne présente pas sur tout son parcours la même altitude, et si l'on veut passer d'une vallée dans une autre voisine, on trouve généralement un pàssage moins élevé qui est ce qu'on appelle un *col*.

Le col peut aussi se définir le point le plus élevé de l'intersection de deux croupes. Si nous représentons deux croupes par leurs sections horizontales (fig. 10), l'intersection des lignes de même cote forme un thalweg sur chaque versant, — ces deux thalwegs se réunissant en un point C, qui se trouve à l'intersection des lignes de faîte de chaque mamelon et des lignes de thalwegs prolongées.

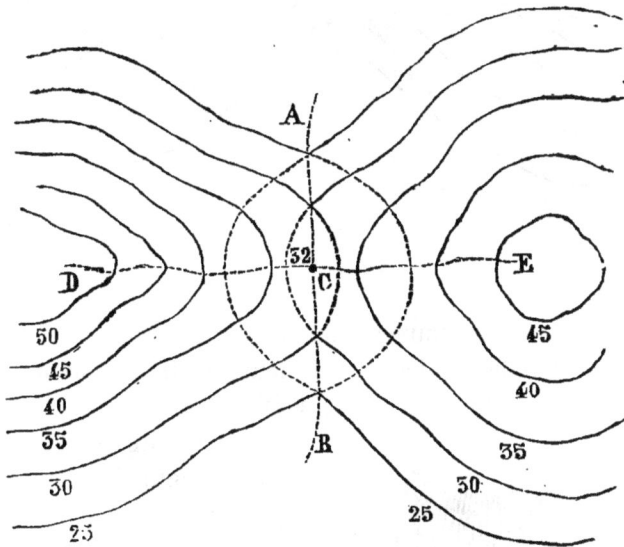

Fig. 10.

Ce point appartenant à la fois aux lignes de faîte et aux thalwegs est, par conséquent, *point de partage des eaux* entre les deux vallées.

Le plus souvent le point C forme le centre d'un petit plateau horizontal, ou à peu près, dont les côtés sont formés par des courbes intermédiaires (fig. 11).

Le col est un des points importants à étudier sur le terrain et dans la lecture d'une carte.

La cote s'établit par un procédé analogue à celui qui est em-

ployé pour déterminer la cote d'un point pris entre deux
courbes.

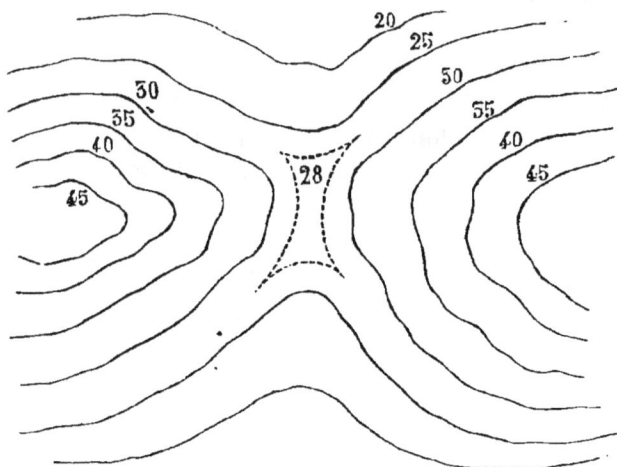

Fig. 11.

Hachures. — Les mouvements de terrain sont très-nette-
ment définis par les projections de leurs sections horizontales.
Afin de rendre plus sensible à l'œil le relief du terrain, on
leur substitue généra-
lement des hachures
qui sont à proprement
parler les projections
d'un nombre infini de
lignes de plus grande
pente.

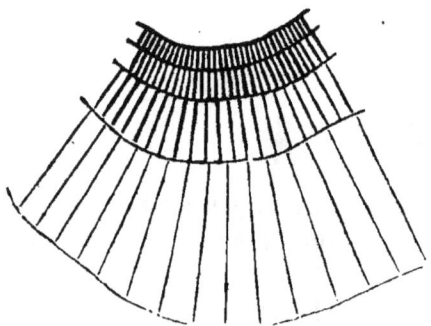

Fig. 12.

On a vu comment
une ligne normale à
deux courbes consécu-
tives peut être consi-
dérée comme la ligne
de plus grande pente d'une petite portion de la surface du
terrain ; ce sont ces lignes multipliées qui forment les hachures.
On a soin de les limiter exactement aux courbes et de ne

26

pas mettre dans le prolongement des premières celles qui couvriront la zone voisine (fig. 12).

Cette précaution permet de rétablir par la pensée, quand on lit une carte, le nombre des sections horizontales; car les courbes doivent disparaître.

Les hachures doivent être écartées du quart de leur longueur et d'une grosseur proportionnée (1); chaque trait est tracé uniforme dans toute sa longueur. Pour la dernière tranche supérieure ou inférieure seulement, on effile des hachures à leur extrémité pour mieux fondre le terrain.

Lorsque deux courbes voisines se replient brusquement et sont inégalement espacées sur une partie de leur tracé, il devient difficile et même impossible de mener des hachures normalement aux deux courbes. On infléchit alors la hachure de telle sorte qu'étant partie normalement à une courbe, elle arrive normalement à la suivante (comme entre les courbes 15 et 20 de la figure 13).

Ou bien, on ajoute dans la portion où les courbes sont le plus écartées, et où par conséquent la pente est la plus douce, des courbes intermédiaires en nombre tel qu'elles se rapprochent de la direction parallèle (comme entre les courbes 10 et 15).

Lumière zénithale et lumière oblique. — Dans la carte de l'état-major et dans la plupart des cartes actuelles, on suppose le terrain éclairé verticalement par ce que l'on appelle la *lumière zénithale*. Il n'y a par suite aucun effet d'ombre à rendre et l'intensité de la teinte formée par les hachures correspond directement à l'intensité de la pente.

Certaines cartes étrangères et quelques cartes françaises anciennes sont éclairées par la *lumière oblique*, les rayons lumineux étant supposés venir de l'angle supérieur gauche de la

---

(1) Le figuré des hachures doit donner une teinte plus ou moins foncée suivant la rapidité de la pente; c'est pourquoi on fait varier la grosseur de ces hachures; il est nécessaire, dans la confection d'un plan, d'avoir un *diapason* pour modèle.

carte et dans une direction formant 45° avec l'horizon. Il y a donc ici à tenir compte de l'ombre et de la lumière. Le con-

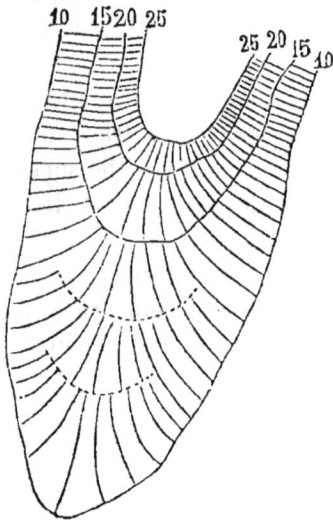

Fig. 13.

traste qui en résulte donne beaucoup de relief et de pittoresque au dessin; mais l'appréciation des pentes y est difficile puisque, suivant la direction des collines par rapport aux rayons lumineux, une même pente sera représentée par des teintes complétement différentes.

Pour un levé expédié, comme les courbes et les hachures sont assez longues à faire, on emploie quelquefois un système de teintes fondues éclairées par la lumière oblique. Cela est évidemment fort incomplet, mais on peut sans inconvénient combiner les deux systèmes de teintes fondues et de hachures, en réservant celles-ci pour les parties qui demandent plus de précision. Ces fantaisies peuvent se permettre pour les levés rapides qu'occasionnent les reconnaissances.

Procédés de nivellement. — La détermination des hauteurs et des pentes, les différences de niveau, sont fort importantes pour un levé quelconque. Dans un levé expédié, ces appréciations se font presque toujours à l'œil, et cela demande une certaine habitude. Les levés réguliers exigent la plus grande exactitude, et on l'obtient par l'emploi de certains instruments.

Sans exposer ici le mécanisme de ces instruments et les opérations qu'ils exigent, nous en dirons quelques mots qui aideront à faire comprendre la marche que doit suivre le topographe chargé de faire un levé sans le secours d'aucun d'eux.

Il y a deux catégories d'instruments, et, par suite, deux genres d'opération.

Les *niveaux d'eau* permettent de déterminer les plans de

niveau que l'on répète successivement et dont l'écartement se mesure soigneusement avec une règle divisée (voir fig. 14).

On peut ainsi, ayant jalonné une direction, tracer un profil

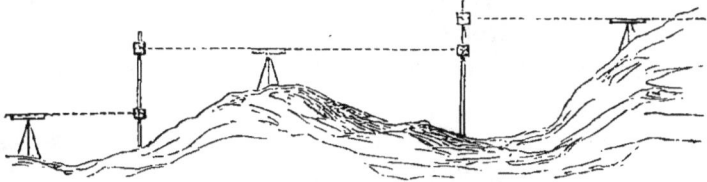

Fig. 14.

suivant cette direction avec des cotes exactes pour tous les points de station, à condition de connaître une cote d'origine.

L'*éclimètre* a pour objet de mesurer l'angle de pente du terrain entre deux points.

On sait que cet angle étant mesuré et la distance des deux points connue, on pourra facilement déterminer la différence de niveau des deux points. L'angle de pente s'appelle *angle d'ascension* ou *angle de dépression,* suivant qu'il est au-dessus ou au-dessous de l'horizon.

En pratique, on mesure l'angle de pente par rapport à la verticale du point de station; c'est ce que l'on appelle l'*angle zénithal.*

L'éclimètre est ordinairement adapté au côté d'une boussole (qui sert, comme on le verra plus loin, à mesurer en même temps les angles de direction); il se compose d'une lunette qui se meut dans un plan vertical le long d'un cercle gradué; la direction de la verticale est assurée par un niveau à bulle d'air.

D'autres procédés se rapportent à la topographie irrégulière, on en parlera plus loin.

Il faut signaler ici un instrument qui peut être utilement employé pour juger les différences d'altitude, surtout lorsqu'elles sont un peu considérables. C'est le baromètre et en particulier le baromètre anéroïde, dont le transport est facile. On sait que la pression de l'atmosphère diminue à mesure que l'on s'élève au-dessus du niveau de la mer (point où la pression est normale), et que par suite le baromètre baisse en proportion. C'est sur ce principe qu'est basée la mesure des altitudes.

Les mesures barométriques ne donnent que des approximations fort grossières et demandent des calculs assez longs.

De la boussole. — En parlant de l'orientation des cartes et de la mesure des angles, on a déjà nommé la boussole. Cet instrument, d'un usage extrêmement simple, a été adopté pour le levé des détails et pour la topographie irrégulière. On va indiquer comment il est employé et comment se font les opérations de détail.

Description de l'instrument. — La boussole se compose, en principe, d'une aiguille aimantée et d'un cercle gradué sur lequel elle fait ses évolutions (fig. 15).

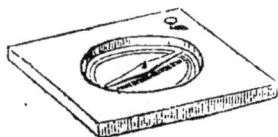

Fig. 15.

On sait qu'une barre aimantée suspendue et livrée à elle-même dirige une de ses extrémités dans une drection qui est sensiblement le nord.

Des expériences précises ont permis d'établir que le pôle magnétique ne concorde pas avec le pôle de la terre et que l'écart n'est pas toujours le même.

Cet écart s'appelle la *déclinaison*. Bien qu'il varie suivant le point où l'on se trouve et souvent même suivant l'heure du jour, on peut prendre pour base la déclinaison pour Paris; elle est actuellement de 19° 16′ ouest.

Une aiguille aimantée, dont la pointe qui se dirige vers le nord est teintée en bleu, est placée sur un pivot métallique. Afin d'éviter les frottements, le pivot porte ordinairement sur une chape en agate. Le pivot est placé dans une boîte en métal ou dans un évidement cylindrique d'une planchette carrée. Le cercle du fond est divisé en degrés. Un verre forme le dessus de la boîte, et un petit levier permet de soulever l'aiguille pour éviter l'usure du pivot.

La boussole se complète ordinairement par un tuyau viseur,

26.

ou une lunette qui est placée sur le côté et se mouvant dans un plan perpendiculaire à celui du limbe divisé.

La boussole peut se monter sur un trépied à genou.

La direction donnée par l'aiguille s'appelle le *méridien magnétique;* et on nomme *azimut* l'angle que forme une direction quelconque avec ce méridien.

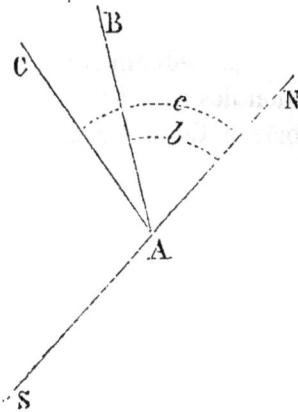

Fig. 16.

Le méridien donne la direction du nord et du sud, et par suite celle de l'est et de l'ouest qui sont perpendiculaires au méridien.

Pour prendre un azimut, la boussole étant en station au point A, par exemple (fig. 16), on vise avec la lunette le point B dont on veut prendre la direction. Le O du limbe vient coïncider avec la ligne AB, et l'aiguille de la boussole continuant à indiquer la direction N.S., sa pointe marquera sur le limbe l'angle dont on a fait tourner la boussole, c'est-à-dire l'azimut du point B.

Si le point A est le sommet de l'angle BAC, et qu'on veuille mesurer cet angle, on prendra de même l'azimut de la direction AC, et la différence des deux azimuts $c-b$ est la mesure cherchée de l'angle BAC.

Les azimuts se comptent tous dans le même sens, de 0° à 360°, eu partant du nord par l'ouest.

Les angles ainsi mesurés sont reportés sur la carte au moyen d'un rapporteur.

Il faut remarquer que, pour orienter un plan, il suffira de connaître l'angle formé par une de ses lignes avec la méridienne du lieu.

La mesure des angles étant prise avec la boussole et les distances mesurées par un des procédés indiqués précédemment, on aura tous les éléments nécessaires pour exécuter la planimétrie.

La boussole permet de s'orienter immédiatement; en effet, si après avoir mesuré l'angle BAC on doit se transporter en B, il suffira, une fois en station au point B, de tourner la boussole jusqu'à ce que l'aiguille soit revenue au même degré que lorsqu'on a visé AB du point A. C'est ce qu'on appelle *se décliner*.

L'alidade plongeante, dont il a été question précédemment, permettra de tracer sur la carte la projection des angles sans avoir de calcul à faire pour les réduire à l'horizon. Comme com-

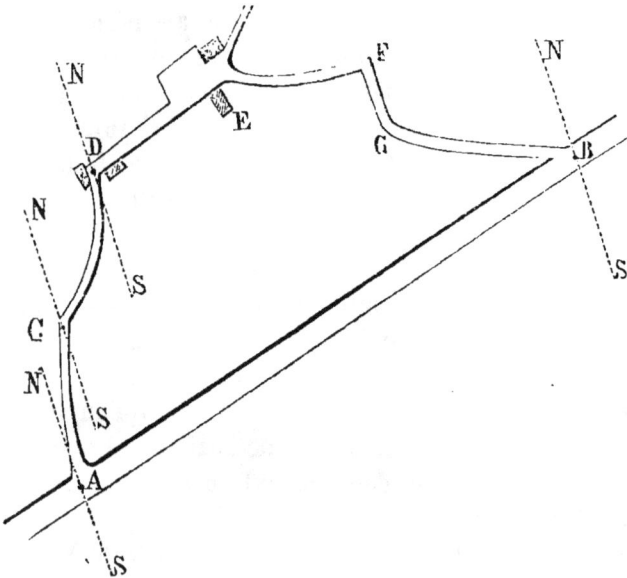

Fig. 17.

pensation à cet avantage, il est beaucoup plus long de se décliner avec l'alidade, puisque, pour assurer la direction, il faut, du point où l'on arrive, viser le point d'où l'on est parti et faire coïncider la trace de cette direction prise sur la planchette avec la règle de l'alidade. Souvent même il est nécessaire de viser d'autres points comme vérification.

Pour ces raisons, on réunit d'ordinaire dans un même équipage topographique ces deux instruments. — On aura donc une planchette montée sur un pied ; une alidade (il y en a de différents systèmes) ; enfin, fixée sur un des coins de la planchette, une boussole petite et sans viseur, que l'on nomme *déclinatoire*.

Pour mieux faire comprendre la manière d'opérer, nous supposons qu'on ait à reproduire sur la carte une portion de planimétrie ci-jointe (fig. 17) : le point A étant point de départ, on s'y met en station et on se décline, c'est-à-dire qu'on note la direction que donne le déclinatoire, puis avec l'alidade on vise la direction de la route AB, qui est en ligne droite et qu'on trace sur le papier.

Le point A étant marqué sur la carte, on vise la direction AC en faisant passer la règle de l'alidade par le point A, on a ainsi l'angle BAC. Puis on se transporte au point C, en mesurant la distance AC qu'on reportera sur la carte en réduisant à l'échelle.

Au point C on se déclinera de nouveau, en ramenant, comme on l'a dit ci-dessus, l'aiguille du déclinatoire sur le degré qu'on a noté en A. On aura évidemment porté sur la carte la projection du point C.

La direction CD se prendra de la même manière avec l'alidade, et, si l'on suppose que ce chemin décrive une courbe, on pourra décomposer cette courbe en fractions de droite, dont on prendra successivement la direction et les mesures. On ira ainsi de point en point, traçant les angles, mesurant les distances et les reportant à l'échelle sur le plan. On finira par aboutir en B, sur la route dont la projection sur la carte est déjà donnée.

Comme vérification, on pourra mesurer directement BA, et l'on verra si les angles et les distances successivement portés ont donné la projection du point B à la distance voulue (fig. 18).

On doit toujours rechercher toutes les occasions de vérification.

Cette méthode est ce qu'on appelle la *méthode de cheminement* ; elle exige qu'on se transporte successivement à tous les points dont on veut avoir la projection.

On peut arriver à trouver la position d'un point sans s'y transporter. On opère alors par la *méthode d'intersection*.

Supposons que dans la planimétrie précédente on ne veuille pas quitter la route A B et cependant avoir la position exacte

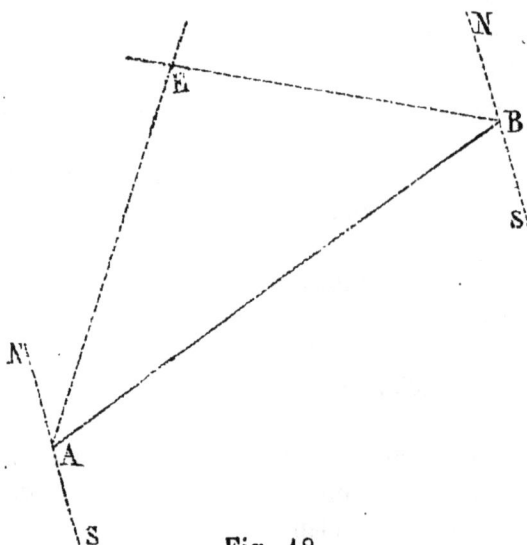

Fig. 18.

de certains points situés à gauche, comme la cheminée de la maison E, par exemple, qui est facile à apercevoir.

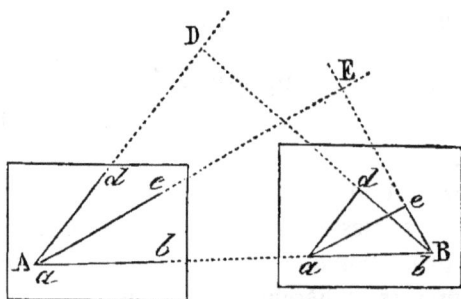

Fig. 19.

On se met en station A'(fig. 19), on se décline, on vise la direction A B dont on prend la projection. Du même point A, on vise la cheminée E et on trace la direction A E.

On se transporte en B, en mesurant soigneusement cette distance. La position du point B étant établie, on s'y décline et on vise soigneusement la même cheminée E. Il est évident que l'intersection des deux projections A E et B E donne la projection du point E.

On voit que ce procédé permet de rattacher à deux points accessibles, dont on a les projections, un autre point qui peut ne pas être accessible.

Dans la pratique, on donne de chacun des points de station un tour d'horizon complet ; c'est-à-dire que, étant en A, on visera successivement les points D, E, G, que l'on peut apercevoir, en notant soigneusement, à côté de chaque direction prise, le nom de l'objet, pour éviter les confusions.

On donnera un nouveau tour d'horizon du point B, et on aura ainsi déterminé les projections d'un certain nombre de points.

Il sera facile de trouver la distance de ces points aux points de visée ou de ces points entre eux. Pour cela, on mesurera avec l'échelle, sur le plan, la distance des projections.

Le cheminement sera toujours employé pour lever les détails, surtout dans un pays couvert, pour l'intérieur d'un village, les sentiers d'un bois, etc.

Les causes d'erreur sont fréquentes ; on les rectifiera toutes les fois que ce sera possible, particulièrement en se déclinant sur des points du canevas, quand on pourra les apercevoir des points de station.

Levé expédié. — Après avoir exposé sommairement les procédés de la planimétrie et du nivellement, nous entrons dans la pratique de ce qu'on nomme la topographie irrégulière, qui a pour but l'étude rapide, très-souvent sous forme de simples croquis, d'une portion de terrain qui sera prochainement le théâtre d'opérations militaires.

On a fréquemment à vérifier une carte ancienne, à la mettre à jour, ou encore à reproduire à une échelle plus petite certains détails, dont une carte à échelle plus grande ne donne qu'une notion incomplète. Dans ces différents cas, on a toujours des données que l'on peut considérer comme les sommets d'un canevas exact.

Des instruments plus simples encore que ceux dont il a été question jusqu'ici seront employés; souvent même un cavalier n'aura pas le temps de mettre pied à terre, les angles seront mesurés à vue, les distances au temps employé pour les parcourir, et il faudra se contenter d'un croquis de mémoire.

La planimétrie s'écarte peu de la marche que nous avons donnée; le nivellement est difficile à établir dans ce passage rapide sur le terrain; il est cependant d'une grande importance, et l'on conçoit que tel pli de terrain de quelques mètres, qu'une carte à grande échelle ne peut indiquer, jouera cependant un rôle important, pour défiler une troupe ou préparer l'exécution d'un mouvement.

Instruments élémentaires. — Nous composerons ainsi notre matériel topographique :

Un simple carton sur lequel on tendra une feuille de papier. Dans un angle du carton sera fixé un déclinatoire. L'alidade se réduira à une règle triangulaire divisée, dont l'arête supérieure servira pour les visées. Un rapporteur à perpendiculaire servira pour mesurer les pentes (1).

Si le cavalier ne peut mettre pied à terre, l'usage de ses instruments sera médiocre; mais il pourra, grâce à eux, obtenir des résultats plus satisfaisants si sa mission permet quelques stations.

Planimétrie. — Le carton muni de son déclinatoire remplira l'usage que nous avons attribué à la planchette. Si l'on a un

---

(1) Il existe dans le commerce un certain nombre d'appareils plus ou moins simplifiés et peu embarrassants. Nous ne parlons ici que de ceux que l'on peut trouver partout ou confectionner soi-même. Ils ne tiennent aucune place et sont de l'usage le plus simple.

cheval assez sage pour qu'on puisse essayer de dessiner, il sera commode de fixer le carton au bras gauche par un système de courroies, afin de dégager la main de la bride ; on pourra aussi le suspendre au cou.

On attachera à une boutonnière, au moyen de cordons suffisamment longs, le crayon, la gomme, l'échelle, qu'il ne faut pas perdre. Lorsque les points visés ne seront pas de même altitude que celui de station, il faudra rétablir par la pensée le plan vertical dans lequel se meut une alidade plongeante et maintenir l'œil dans ce même plan.

Mesure des distances. — Les mesures des distances se font au pas ou au temps parcouru. Il est donc important d'étalonner son pas.

Fig. 20.

Pour cela, on cherche combien de pas il faut faire pour parcourir 100 mètres; on répète l'expérience plusieurs fois et on prend un chiffre moyen.

On en déduit le nombre de mètres qui correspond à 100 pas, et on construit, à l'échelle adoptée pour le levé, une échelle de pas qui se trace comme on l'a dit plus haut.

Ces mesures au pas sont loin d'être exactes; le pas varie avec la fatigue, avec la pente, avec les difficultés du terrain. Il faut savoir tenir compte des modifications qui en résultent.

Pour ne pas se tromper dans ce compte des pas, on a soin de ne compter que par centaines et d'inscrire chaque centaine sur un coin de son carton ou sur un carnet.

Le pas du cheval se mesure également.

Il varie pour chaque cheval, comme pour chaque individu ; mais on peut, pour des chevaux de troupe de taille moyenne, admettre le pas métrique et un parcours, par minute, de

110 à 120 mètres au pas.
250 à 260   —   au trot.
330 à 350   —   au galop.

Cela donne le kilomètre

> Au pas en   9 minutes.
> Au trot en   4   —
> Au galop en 3   —

On mesurera aussi la distance à l'heure de marche.

Nous indiquerons plus tard certains procédés pour mesurer les distances inaccessibles.

Chacun d'ailleurs peut modifier et compléter ces moyens pour en tirer le meilleur parti possible. Avec un peu d'habitude, on arrive à apprécier assez bien les distances à l'œil.

La planimétrie pourra s'établir suivant les règles qui ont été données dans les précédentes leçons.

Nivellement. — Le nivellement, à défaut du niveau de la mer qu'on ne connaît pas, se compte au-dessus du niveau le plus bas de la rivière voisine, en attribuant à cette rivière la cote 0 ou 100.

Il faut autant que possible chercher un point d'où l'on pourra

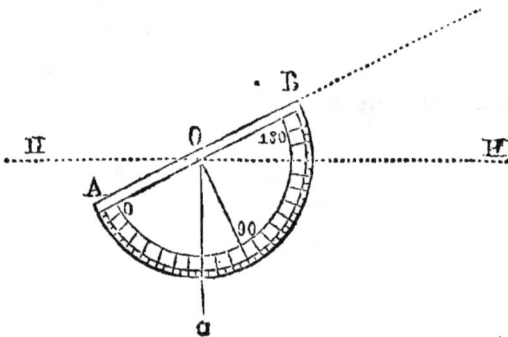

Fig. 21.

juger l'ensemble du mouvement du terrain. Cela aide beaucoup à déterminer les lignes qu'il faudra particulièrement étudier.

On juge mieux aussi quels sont les points les plus élevés et qui formeront la limite supérieure des cotes. Il est d'ailleurs évident que si on peut avoir la cote réelle d'un point quelconque, on prendra ce point comme point de départ.

M. T. A.   27

On déterminera avec le plus grand soin possible les points culminants comme les plus bas, ceux qui appartiennent aux lignes caractéristiques du terrain : c'est-à-dire les pics, les cols, les plateaux, les lignes de faîtes, les thalwegs, les confluents de rivières, etc.

Tout en parcourant le terrain pour en prendre la planimétrie, on fait le nivellement, partie par partie, sans chercher pour le moment à relier les lignes les unes aux autres.

Un instrument très-simple, avons-nous dit, est le rapporteur à perpendicule. C'est un éclimètre élémentaire, qu'on peut construire soi-même. Il suffit de suspendre un fil à plomb au centre d'un rapporteur que l'on a vérifié avec soin (fig. 21) (1).

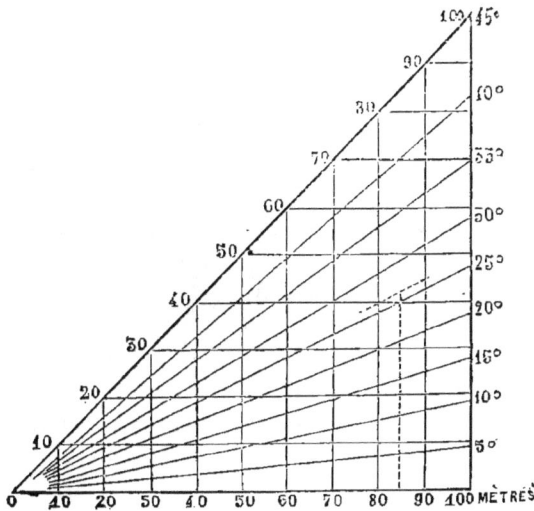

Fig. 22.

Si on vise par la base A B un point quelconque au-dessus du plan horizontal, on voit clairement que l'angle B O H est égal à

---

(1) La vérification du rapporteur consiste à s'assurer qu'il a sa base AB parallèle au diamètre et que le même angle mesuré avec différentes parties du rapporteur intercepte un même nombre de degrés.

l'angle formé par le fil à plomb et le rayon perpendiculaire à
la base.

Il n'y aura plus qu'à déterminer la distance horizontale du
point visé et on aura tous les éléments du calcul. Mais, au lieu
de calculer, il est plus simple de rapporter cet angle visé et la
distance sur un tableau, une sorte de gabarit tracé à l'avance,
et sur lequel on mesure les hauteurs.

Voici comment on construit ce tableau (fig. 22). On trace une
ligne horizontale sur laquelle on prend des longueurs de
10 mètres en 10 mètres, à une échelle assez grande, $\frac{1}{2000}$ par

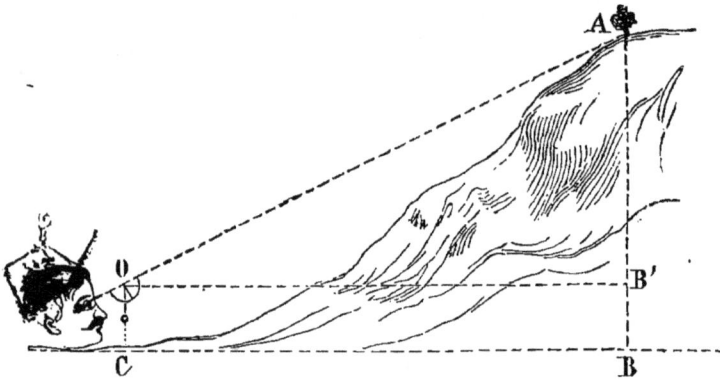

Fig. 23.

exemple; à l'extrémité de l'horizontale, au point marqué
100 mètres, ou plus si l'on veut, on élève une perpendiculaire
de même longueur et on trace la pente correspondante, qui est
la pente à $\frac{1}{1}$ ou à 45°. Par les points 10, 20, 30, etc., on élève
dans le triangle des perpendiculaires; elles auront par suite
10, 20, 30 mètres, etc. On trace également dans le triangle,
du point O comme centre, des angles de 5° en 5° qui intercep-
teront des hauteurs proportionnelles. Enfin des parallèles donnent les hauteurs de 10 mètres en 10 mètres sur toute la surface du triangle.

Ce simple tableau permet une lecture immédiate suffisamment approchée de la hauteur cherchée. (Il demande toutefois
à être construit avec soin.)

Supposons (fig. 23) qu'on ait à apprécier la cote du point A.
On vise A par le diamètre du rapporteur, et on arrête avec le
doigt le fil à plomb, de manière à mesurer l'angle AOB', soit
AOB' = 26° et la distance OA réduite à l'horizon, c'est-à-dire
OB' = 85ᵐ.

On prendra sur l'horizontale (fig. 22) le point correspondant
à 85 mètres et l'on imaginera la perpendiculaire passant par ce
point. L'angle 26° n'est pas porté, mais on a celui de 25° et on
peut voir la position qu'occuperait le rayon 26°.

L'intersection de ces deux lignes se trouve un peu au-dessus de l'horizontale cotée 40 mètres, soit 41 mètres, chiffre
qui représente la hauteur de AB'. Il convient d'y ajouter la
hauteur B'B, qui est égale à la distance de l'œil de l'observateur au sol, soit 1ᵐ50. Si l'on suppose 18 la cote du point
C, la cote du point A sera 18+41+1ᵐ50 = 60ᵐ50.

Voyons maintenant comment avec ces données on tracera les
courbes.

Soit AC (fig. 24) la projection sur le plan de la ligne visée et
admettons qu'on opère à l'échelle de $\frac{1}{20.000}$, pour laquelle l'équi-

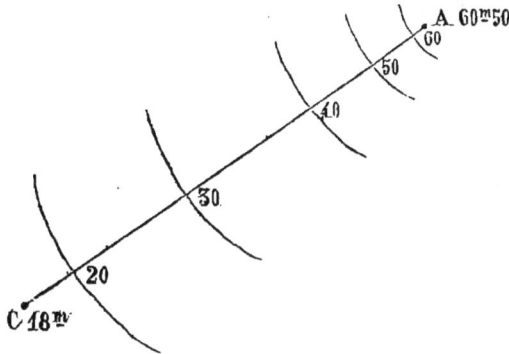

Fig. 24.

distance est à 10 mètres. Les courbes cotées 20 et 60, qui sont
voisines des points A et C, sont faciles à déterminer; on tracera ensuite à l'œil, et suivant le croquis qu'on aura pu prendre, les courbes 30, 40 et 50, qui sont à intercaler.

Lorsqu'on aura ainsi déterminé un certain nombre de lignes caractéristiques, lignes de faîtes, thalwegs, etc., comme on l'a dit plus haut, on reliera les courbes les unes aux autres.

Erreurs fréquentes. — On a vu précédemment les procédés les plus simples, les plus expéditifs de la topographie expédiée. Il faut convenir qu'ils sont sujets à des erreurs nombreuses et souvent très-graves.

Nous en signalerons quelques-unes qui sont plus ordinaires et contre lesquelles on devra se prémunir.

Le nivellement surtout est fort difficile à apprécier. Ainsi on est généralement entraîné à exagérer les pentes que l'on voit en silhouette et celles que l'on regarde de bas en haut. Au contraire, si l'on se trouve sur un sommet à pente un peu rapide, les pentes plus douces qui sont en dessous sembleront plus faibles encore.

Dans les estimations à vue des différences de niveau entre le point où l'on se trouve et d'autres assez éloignés, il est très-difficile de se rendre compte de la perspective ou des plans de fuite, et on cote cette différence presque toujours en dessous de ce qu'elle est réellement.

Les estimations de distance à vue varient avec la vue de chacun; elles demandent beaucoup d'exercice. Les conditions atmosphériques, la manière dont les objets sont éclairés modifient beaucoup les appréciations. Si l'on a le soleil dans les yeux, les distances paraissent trop petites. C'est le contraire si l'on a le soleil à dos.

A la suite d'un orage, les objets se dessinent nettement dans la transparence de l'air et ils paraissent plus rapprochés.

Toutes les fois que les circonstances permettront de recourir à des procédés exacts, on devra donc le faire. A ce titre nous aurions pu indiquer certains instruments portatifs et d'un usage assez bon, tels que boussole-éclimètre, alidade nivellatrice et autres. On en trouvera la description dans les ouvrages spéciaux.

Solution de quelques problèmes. — Les opérations de détail sur le terrain amènent quelquefois des problèmes dont nous donnerons ici des solutions pratiques.

Premier problème. — Étant données les projections *a* et *b* de deux points A et B inaccessibles ou considérés comme tels, déterminer la projection d'un point C accessible (fig. 25).

On se met en station au point C et on prend les azimuts de A et de B, c'est-à-dire les angles formés par les directions CA et CB et le méridien magnétique. Soit α l'azimut de A, et β l'azimut de B. Au point *a* on trace l'angle α et on prolonge la direction.

Au point *b* on porte l'azimut β (dont en pratique on diminue 180°), les lignes *ac* et *bc* se coupent en un point *c* qui est la projection du point C. C'est ce qu'on appelle la *méthode de recoupement.* Plus simplement encore, étant en C on orientera la planchette : la ligne *ab* sera venue se placer parallèlement à AB. Faisant alors passer l'alidade par les points *a* et *b*, on visera A et B et on tracera ces directions. Le point *c* sera donné par recoupement.

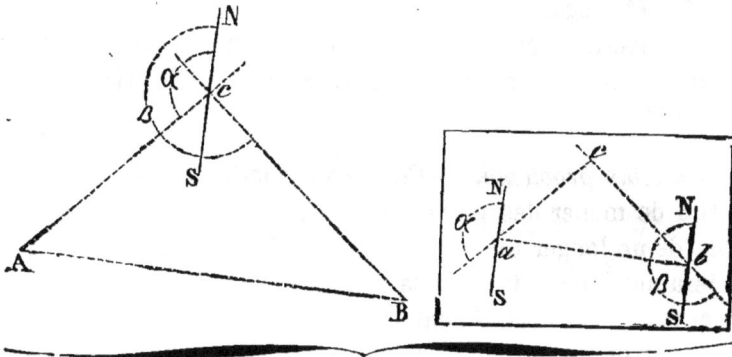

Fig. 25.

Ce procédé s'emploiera pour rattacher à une base qu'on a quittée et à laquelle on ne doit pas revenir un point où l'on se trouve et qu'il importe de déterminer.

Deuxième problème. — On a quelquefois à tracer sur le

terrain des perpendiculaires ou des parallèles à une distance donnée.

Cette opération se fait journellement en arpentage au moyen de l'équerre d'arpenteur. On peut soi-même se faire une équerre assez juste avec quelques mètres de ficelle qu'on partage en parties proportionnelles aux chiffres **3, 4** et **5,** ce qui donne les côtés d'un triangle rectangle (1).

Soit (fig. 26) à élever au point A une perpendiculaire à la direction AB, on prend AC = 3 ; du point A comme centre, avec un rayon égal à 4, on trace un arc de cercle ; du point C comme centre, avec un rayon égal à 5, on trace un autre arc de cercle qui rencontre le premier au point D. La direction AD, qu'on peut indéfiniment prolonger, est perpendiculaire à AB. Comme vérification, on prendra sur le prolongement de AB, AC′ = 3, C′D doit être égal à 5.

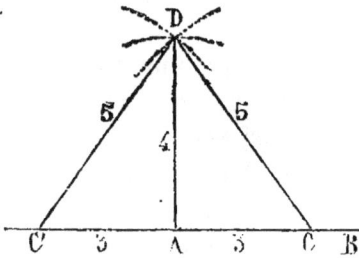

Fig. 26.

On arrivera au même résultat en prenant les points C et C′ et en traçant avec deux longueurs égales à 5 le triangle isocèle CDC′.

Troisième problème. — Cette construction très-simple permettra de mener des perpendiculaires à des parallèles, et par suite de prolonger une ligne au-delà d'un obstacle. On l'emploiera aussi pour trouver la distance d'un point accessible à un autre inaccessible. Soient sur le terrain (fig. 27) les points A et B séparés par un cours d'eau, on élève au point B une perpendiculaire à AB. Sur cette perpendiculaire on prend des lon-

---

(1) On démontre en géométrie que, dans un triangle rectangle, le carré de l'hypoténuse est égal à la somme des carrés des deux autres côtés. Les chiffres 3, 4 et 5 présentent cette relation : $5^2 = 3^2 + 4^2$ ou $25 = 9 + 16$. Les chiffres 3, 4 et 5 peuvent donc être considérés comme les côtés d'un triangle rectangle et l'angle opposé au côté 5 est l'angle droit.

gueurs égales : BC = CB′. Au point B′ on élève une perpendiculaire à BB′, et sur cette nouvelle ligne on cherche un point A
d'où l'on aperçoive les points A et C sur la même direction. Le
triangle B′A′C = BAC. On mesure directement B′A′.

Ce procédé sera employé pour la mesure de la largeur d'une
rivière.

Quatrième problème. — On peut même, pour cette me-

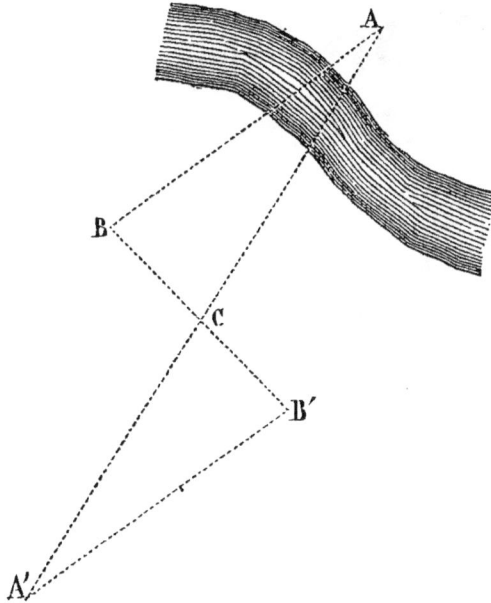

Fig. 27.

sure, éviter l'emploi de l'équerre en ruban en construisant sur
la rive accessible un triangle quelconque.

Soit (fig. 28) à mesurer AB. On prend dans une direction
quelconque BC = BC′.

Sur la direction CA on prend un point D d'où l'on vise B.
On prend BD′ = BD. La direction C′D′ prolongée rencontre en
A′ la direction AB. On mesure A′B, qui est égal à BA.

On pourrait encore faire un triangle semblable au triangle

ABC en prenant les longueurs BC″ et BD″, moitié ou quart de BC et BD. A″B sera alors égal à la moitié ou au quart de AB.

Cinquième problème. — La mesure d'une surface inaccessible, comme celle d'un bois, pourra se prendre en mesurant un

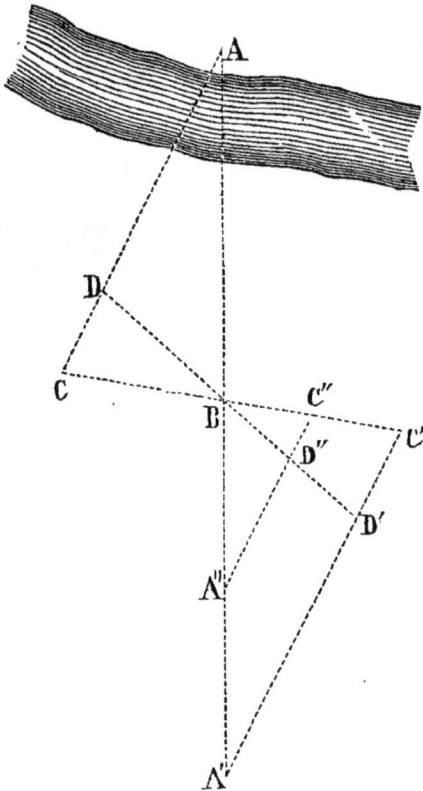

Fig. 28.

rectangle circonscrit (tracé au moyen de l'équerre) dont on déduira les triangles ou les trapèzes extérieurs.

USAGE DES CARTES SUR LE TERRAIN.

La première chose à faire lorsqu'on lit une carte ou lorsqu'on parcourt le terrain, c'est de *s'orienter.*

Bien qu'il ait déjà été question de l'orientation, nous réunirons dans le même article ce qui a trait à cette opération importante, qui est la base de la lecture des cartes, et sans laquelle celles-ci ne sont que lettres mortes.

L'orientation se rapporte essentiellement à l'une des opérations suivantes :

S'orienter sur le terrain ;

S'orienter sur la carte ;

Trouver sur la carte un point du terrain où l'on est en station, ou tout autre point ;

Trouver sur le terrain un point donné sur la carte.

Si l'on a à faire la reconnaissance d'un terrain, il faut tout d'abord déterminer les points cardinaux. Ce soin est également nécessaire si l'on ne doit que traverser une contrée pour arriver à un point donné, à moins qu'on n'ait à suivre une route qui ne laisse pas de doute sur la direction. Cette route unique est l'exception dans nos pays civilisés, et bientôt on arrivera à un embranchement devant lequel on se posera la question : « Faut-il prendre à droite ou à gauche ? »

La boussole, le simple déclinatoire donnent la direction du méridien magnétique, d'où l'on déduira, s'il est nécessaire, le nord vrai, en prenant à droite de la pointe bleue un arc égal à la déclinaison, soit 19° 16′. Dès lors on pourra marcher dans une direction donnée, et on observera la position relative des différents accidents du sol, naturels ou artificiels.

A défaut de boussole, la position du soleil, suivant l'heure de la journée, permettra de s'orienter assez exactement. Souvent même, malgré un temps couvert, on pourra retrouver à travers les nuages la position approximative du soleil.

Enfin, il n'est pas un paysan dans la campagne qui ne puisse dire où est le soleil à midi, et il faut savoir demander ce renseignement, comme beaucoup d'autres, dont il sera parlé plus tard.

L'orientation étant ainsi donnée, il faudra avoir soin de prendre des points de repère, éloignés autant que possible, afin d'assurer la direction.

Tout en cheminant, il faut se retourner de temps en temps

et s'habituer à reconnaître les mêmes accidents du terrain sous différents aspects. Cela aidera beaucoup à retrouver la direction, si l'on doit revenir sur ses pas.

Avec de l'exercice, on arrive à se former une mémoire locale, qui est très-nécessaire non-seulement pour l'orientation, mais pour les reconnaissances rapides, dans lesquelles on ne peut faire que parcourir le pays sans dessiner.

La nuit, à défaut de boussole, on peut se régler sur l'étoile polaire. (Voir aux *notes* le moyen de trouver l'étoile polaire.)

S'orienter sur une carte, c'est, à proprement parler, savoir la lire.

Une simple inspection permet de trouver l'orientation relative des objets, puisque toutes les cartes portent l'indication des points cardinaux, ou tout au moins la trace d'une aiguille de boussole qui donne le méridien magnétique.

On cherche ensuite à quelle échelle est la carte, afin de se former l'œil aux distances et de n'être pas obligé de recourir à chaque instant au compas.

L'échelle indiquera aussi l'équidistance. (On se rappelle qu'elle est fixée d'ordinaire au $\frac{1}{2000}$ du dénominateur de l'échelle.)

Quant à la nature des pentes, on n'oubliera pas qu'un même écartement des courbes, une égale intensité de la teinte formée par les hachures, correspondent à des pentes semblables, *quelle que soit l'échelle*, et que la pente est d'autant plus douce que les courbes sont plus espacées ou les hachures plus longues.

Pour comprendre ensuite la configuration générale, il faut chercher le bassin principal, son thalweg, ses affluents, sa ceinture et les contre-forts qui forment les bassins secondaires des affluents.

Le thalweg principal est le niveau le plus bas, puisque toutes les eaux s'y déversent.

C'est généralement sur la ceinture du bassin principal qu'on trouvera les sommets les plus élevés.

Les différentes formes du terrain étant nettement établies,

on cherche leur valeur relative, c'est-à-dire le commandement des hauteurs, qui est de première importance au point de vue militaire. On voit ce que deviennent, par suite, les voies de communication et les villes ou villages auxquels elles aboutissent.

Enfin, on portera plus particulièrement son attention sur certains points, suivant le but pour lequel la reconnaissance doit se faire.

S'il s'agit d'une marche, par exemple, on étudiera surtout la route à suivre, les voies parallèles, leurs communications, leurs pentes, leurs défilés, les ponts, les débouchés des bois et des villages, les points de protection et ceux qui peuvent être dangereux par leur commandement sur la route, etc.

Trouver sur la carte un point du terrain, et réciproquement. — Lorsqu'on marche sur un terrain inconnu, l'usage de la carte est pour ainsi dire constant. On a devant soi un bois dont on veut connaître l'étendue, une vallée sinueuse dont la profondeur ou la nature des pentes sont intéressantes à connaître, etc. On aura ces notions en lisant la carte, mais il faut d'abord pouvoir déterminer le point précis où l'on se trouve.

Si l'on sait la distance parcourue depuis un point initial connu et dans une direction nettement indiquée, comme une route, le problème est facile.

Les données ne sont pas toujours aussi claires; il faut alors savoir se faire une idée prompte de ce que doit être la représentation topographique du terrain qu'on a devant soi et transformer à l'œil un paysage en carte. La boussole donnera des indications plus précises. Se reportant au premier des problèmes exposés plus haut, on prendra les azimuts d'une ou de plusieurs directions environnantes, et ces angles reportés sur la carte donneront, par l'intersection de leurs côtés, la position du point de station. Souvent un seul azimut sera suffisant.

La carte une fois déclinée, on trouvera sans peine la position de tout autre point du terrain.

On aura souvent à faire l'opération inverse, c'est-à-dire qu'après avoir établi sur la carte une direction qu'on veut suivre, un point à occuper, etc., il faut les reconnaître sur le terrain. L'esprit de l'observateur suivra en sens opposé la marche que nous avons tracée tout à l'heure : reconstituer le paysage d'après la carte, noter, depuis le point de départ, chaque accident du terrain, chaque village, chaque embranchement, etc., à mesure qu'on y arrive, ou enfin se décliner.

Copie des cartes. — Pour arriver à très-bien lire une carte, un très-bon exercice est d'en avoir copié soi-même assez souvent, pour être bien pénétré de la valeur de tous les signes représentatifs qui ont été décrits. La rédaction des cartes en sera également très-facilitée. L'œil et la main se seront formés en même temps.

On ne peut copier une carte avec exactitude et un peu rapidement qu'en préparant méthodiquement son travail.

On serait, en effet, entraîné à de nombreuses erreurs s'il fallait mesurer successivement les angles et les dimensions des lignes d'une carte, pour les reporter ensuite sur la copie.

On divise la carte à copier par un système de lignes parallèles aux côtés du cadre, de manière à former des carrés assez petits pour qu'on puisse facilement déterminer la place de chaque objet, par rapport au carré qui l'encadre. Il est, dès lors, possible de reporter les objets dans des carrés égaux que l'on a tracés sur la feuille de copie.

Le même procédé s'appliquera si l'on a à réduire ou à agrandir une carte. Les carrés de la feuille de copie seront construits proportionnellement plus petits ou plus grands.

Cette méthode est assez rapide, et avec du soin on arrive à une exactitude suffisante.

RENSEIGNEMENTS TOPOGRAPHIQUES
ET STATISTIQUES.

Si exacte que soit une carte, elle doit toujours être accompagnée d'un rapport écrit ou verbal. On donnera ainsi la description de certains objets que le crayon est impuissant à rendre ou que la réduction donnée par l'échelle n'aura pas permis d'exprimer sur le dessin.

Ces renseignements sont fort importants. Ils se donnent d'ordinaire par écrit. Ce n'est que dans les circonstances pressées de la guerre qu'ils se donnent verbalement. L'officier ou le sous-officier chargé de la reconnaissance suit alors le croquis sommaire qu'il a pu prendre et en complète de vive voix les indications.

Indépendamment de la description physique, un mémoire militaire doit appuyer particulièrement sur les applications du terrain étudié aux opérations de la guerre.

Nous n'avons pas à traiter ici des reconnaissances générales qui s'appliquent à toute une contrée, et d'après lesquelles les généraux et leurs états-majors dressent des plans de campagne.

Les reconnaissances spéciales qui s'appliquent à un terrain de faible étendue ont pour objet de rechercher leurs propriétés tactiques. Par ce point, la topographie se lie intimement à l'art militaire.

Le classement méthodique des renseignements d'un mémoire aide beaucoup au profit qu'on en peut tirer.

La première partie d'un mémoire est toujours consacrée à une description physique plus ou moins détaillée ; on fait ensuite ressortir dans une autre partie les propriétés militaires du terrain.

Nous donnerons ici un classement sommaire des matières à traiter au point de vue topographique et sur lesquelles on devra porter ses recherches.

Description physique.

Position géographique du terrain parcouru. — On indique, s'il y a lieu, ses limites en latitude et longitude et le bassin auquel il appartient.

Aspect général du terrain. — Configuration générale : montagnes ou plaines ; couvert ou découvert ; cultures, landes, etc. ; sec ou marécageux. — Facilités d'accès : obstacles naturels, haies, murs de clôture, etc.

Bassins. — Lignes de partage. — Orographie. — Chaînes de montagnes ou de collines, leurs ramifications ; lignes de partage, leur direction ; plateaux, cols, vallées, ravins, gorges ; cotes des points principaux ; mamelons, plaines ou marais.

Hydrographie. — Fleuves ou rivières, affluents ; largeur, profondeur de l'eau et variations que ces données peuvent subir ; navigables ou non ; vitesse du courant ; chutes ou barrages ; îles, gués ; nature du fond, direction et profondeur des gués ; abords, forme des rives, leur commandement.

Bien que les passages tiennent plutôt aux communications, on indiquera ici sommairement les ponts, les ponceaux, bacs, leur emplacement, facilités d'accès, construction, état d'entretien.

Canaux, direction, lieu où ils aboutissent ; écluses et prises d'eau.

Lacs ou étangs, leurs dimensions, nature du fond, etc.

Marais, leur nature ; praticables ou non ; chemins qui les traversent.

Sources, fontaines, abreuvoirs, puits principaux.

Bois et forêts. — Domaine public ou particulier, superficie ; futaies ou taillis, essences principales ; coupes, clairières, terrains cultivés qu'ils renferment ; étangs et cours d'eau, ravins, routes ou chemins qui les traversent.

Communications.

Indications générales. — Les routes sont-elles nombreuses ou rares? facilité de communication, état d'entretien; chemins de fer, télégraphes.

Voies de terre. — On donne pour chaque route son classement, sa direction, sa largeur; nature du fond; haies, fossés ou arbres qui la bordent; pentes, défilés; entretien et facilités de réparations.

Les chemins et sentiers sont-ils praticables aux voitures ou aux chevaux?...

Chemins de fer. — A quelle ligne appartient la voie étudiée, importance; une voie, deux voies, voies d'évitement; des gares, leur importance, leurs ressources; obstacles que les chemins traversent; travaux d'art : ponts, viaducs et tunnels.

Signes télégraphiques. — Localités desservies, stations; appareils employés, nombre de fils.

Lieux habités. — Statistique.

Lieux habités et statistique. — Indiquer, s'il y a lieu, les divisions politiques ou administratives, les circonscriptions ou services divers.

Renseignements sur la population : nombre, mœurs, caractère des habitants.

Description des lieux habités, villes, villages, hameaux, fermes, maisons isolées. Distribution générale, mode de construction (pierre, briques, pisé, bois, etc.); clôtures, édifices principaux qui peuvent offrir une destination particulière. Ressources pour le logement des troupes, hommes et chevaux, et pour leur subsistance (bouchers, boulangers, fours, moulins, abreuvoirs, etc.).

Matériaux de construction qui peuvent être utilisés. — Ressources pour les transports : voitures et chariots, chevaux, mulets; bateaux, etc.; industries utiles; économie rurale, etc.

Ces différents renseignements se donnent avec détail si l'objet de la reconnaissance est de les rechercher, comme lorsqu'il s'agit de l'établissement des troupes en cantonnement. Pour que ces indications soient plus faciles à lire, on les groupe d'ordinaire en un *tableau statistique* dont le modèle est donné ci-contre.

Toute carte levée sur le terrain doit être accompagnée d'un mémoire donnant les détails que nous venons d'indiquer. Mais cette description topographique n'est pas suffisante au point de vue militaire : il faut *voir le terrain militairement* et savoir en apprécier la valeur pour une opération donnée, en vue de laquelle on fait la reconnaissance.

DES RECONNAISSANCES MILITAIRES.

Dans la série d'opérations militaires qui peuvent se faire sur un même terrain, il y a certains points et certaines lignes caractéristiques qui jouent un rôle particulier.

On peut les classer ainsi : *points d'appui, lignes de défense, communications.*

Les points d'appui présentent par eux-mêmes des obstacles ou un abri que l'on pourra utiliser pour entraver la marche de l'ennemi, ou pour y défiler des troupes qui préparent un mouvement. Tels sont particulièrement les bois, les hauteurs, des marais impraticables, souvent un village ou une ferme. Évidemment il y a combinaison possible entre ces différents accidents; ainsi un bois qui couronne une hauteur, un village à l'entrée d'un marais, seront des points d'appui d'autant plus forts.

Les lignes de défense sont formées par des obstacles généralement continus, comme un cours d'eau ou une chaîne de montagnes.

Pour être considérés comme lignes de défense, il faut qu'ils s'étendent en avant du front des opérations ; placés en arrière, ces mêmes obstacles seront, au contraire, presque toujours des causes d'embarras ou de désastres.

(Modèle d'un tableau statistique.)

TABLEAU STATISTIQUE DES RESSOURCES (

NOMS des COMMUNES.	Population.	Nombre de feux.	RESSOURCES pour le logement		MOYENS DE TRANSPORT.						Selliers-bourreliers.
			Hommes.	Chevaux.	Voitures suspendues.	Chariots.	Bateaux.	Chevaux.	Bœufs.	Anes et mulets.	

Ce tableau peut se modifier, se restreindre ou s'augmenter suivai
les ressources des communes reconnues. On y ajoute souvei
la statistique de la richesse communale et la division de so.
territoire en cultures différentes.

PRÉSENTENT LES COMMUNES SUIVANTES.

PROFESSIONS UTILES. CLASSEMENT DE LA POPULATION.									RESSOURCES POUR LA BOULANGERIE.						
Mécaniciens.	Autres ouvriers en fer.	Charpentiers.	Charrons.	Autres ouvriers en bois.	Boulangers.	Bouchers.	Épiciers.	Aubergistes.	Moulins à vent.	Moulins à eau.	Produit par jour de quintaux métriques.	Nombre de fours.	Nombre de rations en 24 heures.		

On peut faire, pour un chemin de fer reconnu, un tableau statistique analogue, donnant les ressources en employés, en matériel, etc.

Les communications sont les routes, les chemins, les voies ferrées; quelquefois des cours d'eau.

Les renseignements à donner pour une reconnaissance militaire sont analogues à ceux que nous avons indiqués pour une simple étude topographique; mais ils demandent en plus certains détails et surtout un examen fait au point de vue spécialement militaire.

Afin de faire mieux saisir cette différence, nous allons donner ici une analyse de reconnaissance spéciale.

Points d'appui.

Bois ou forêt. — La constitution d'un bois est fort importante. Futaie, taillis ou fourré feront qu'il est praticable ou non; les clairières permettront le rassemblement des troupes; les cours d'eau, les ravins, les marécages, les voies de communication qu'on y trouve ont également grande importance pour la facilité des mouvements.

On remarquera que presque toujours les arbres sont plus serrés sur la lisière et qu'on laisse même souvent pousser au pied des arbres ce qu'on appelle le *bois de recrû,* pour empêcher les bestiaux d'aller faire des dégradations dans l'intérieur du bois. Il ne faut donc pas juger de la pénétration du bois sur la lisière.

C'est toujours sur la lisière que se porte l'effort de la défense et par suite de l'attaque.

Il est important d'étudier le terrain en avant, les défilements que l'ennemi pourra y trouver et les points d'où on battra ce terrain. Par conséquent, chercher le rôle des saillants ou des rentrants du bois. Y a-t-il une clairière où on puisse placer les réserves? Les communications sont-elles favorables aux mouvements de l'artillerie? Pourra-t-on y faire des abatis ou des coupures? Enfin que sont ces routes du côté opposé à l'ennemi?

On voit quelle sera la marche à suivre et les points à observer dans une reconnaissance d'un bois occupé par l'ennemi.

Villages. — *Lieux habités*. — Un village est souvent un point d'appui plus sérieux qu'un bois, en ce qu'il abrite les défenseurs, au moins du feu de mousqueterie. Si les murs sont en pierre de taille ou en maçonnerie et suffisamment épais, ils peuvent résister jusqu'à un certain point aux projectiles de campagne. Il est donc fort important de connaître le mode de construction. On indiquera dans le cours de fortification comment on augmente la valeur défensive d'un village.

Comme pour un bois, on étudie les abords, les dégagements, les places intérieures et surtout le commandement des hauteurs environnantes du côté de l'ennemi ou du côté opposé.

Dans la reconnaissance d'un village occupé, ce sera surtout sur ses hauteurs qu'il faudra porter son attention, puisque leur occupation permettra de battre le village.

Hauteurs. — On porte son attention sur le commandement de la hauteur à occuper sur la plaine et sur les hauteurs voisines. Quelles seront les facilités de défilement pour les troupes qu'on y placera ? — Facilités d'accès. — Obstacles que l'ennemi pourra rencontrer ; ses points de défilement et moyen de les battre ; hauteurs voisines que l'on devra occuper à cet effet.

Terrains marécageux. — Étudier d'abord leur étendue et s'assurer qu'ils sont effectivement impraticables partout. S'il y a des digues ou des routes en chaussée, il faut indiquer leur direction, les facilités de passage qu'elles donnent et les obstacles qu'on y peut construire.

Lignes de défense.

Cours d'eau. — La valeur d'un cours d'eau comme ligne de défense tient évidemment aux difficultés qu'il présente pour le passage. On portera donc son attention sur les ponts et la possibilité d'en jeter d'autres, sur la navigabilité et la facilité de réunir des bateaux, sur les gués et leur importance. — Largeur, profondeur, nature du fond, vitesse du courant, escarpement des rives sont à noter, car de ces conditions dépendent la possibilité de jeter un pont, de préparer un passage en barques ou même à la nage.

Pour les gués remarquons que ceux dont le fond est pierreux — en gravier surtout — sont les meilleurs, les autres se détériorent promptement. La profondeur doit être soigneusement mesurée; on admet qu'elle peut aller jusqu'à 1 mètre pour l'infanterie, et 1^{m}30 pour la cavalerie. Mais un courant rapide peut rendre cette profondeur trop grande.

La vitesse du courant se mesure avec un flotteur quelconque qu'on abandonne au fil de l'eau. On observe avec une montre le temps employé pour parcourir une longueur donnée. Trois mètres par seconde est un maximum de vitesse qu'on rencontre rarement.

Les sinuosités de la rivière et les mouvements de terrain qui les accompagnent ne sont pas moins intéressants à étudier, ainsi que les routes parallèles ou perpendiculaires, surtout si on doit s'opposer à un passage de vive force.

Lignes de hauteurs. — Si on a pris pour ligne de défense un massif montagneux, il faut d'abord en étudier la configuration générale, comme on l'a indiqué dans ce cours. Les lignes de faîte, les contre-forts et les vallées étant nettement déterminés, on recherchera, comme on l'a fait pour les autres points de reconnaissance, leur valeur pour la défense et pour l'attaque. On s'attachera au commandement des hauteurs et au défilement; celui-ci surtout, sur lequel nous attirons l'attention parce qu'il échappe souvent à l'observation. Une dépression de quelques mètres est suffisante pour abriter des troupes assez nombreuses.

Les défilés demandent une étude particulière. Peut-on les rendre impraticables ou plus praticables? Les parties latérales sont-elles accessibles, et à quelle troupe? Quelle est leur largeur, sur quel front y passera-t-on? Ces points sont importants pour calculer le retard qu'il en résultera dans la marche des colonnes. Cela peut se traduire par la perte de journées entières pour une armée, et les conséquences en sont de la dernière gravité.

Communications.

Routes. — A la description topographique des routes, chemins et sentiers, il faut ajouter la recherche des facilités qu'ils donnent pour prendre l'ordre de marche ou de bataille et par suite la valeur des terrains latéraux.

Quels sont les obstacles naturels ou artificiels, les pentes, les villages traversés, les défilés, les bois et enfin les hauteurs voisines?

Chemins de fer. — Différents buts peuvent être poursuivis quand on fait la reconnaissance d'une voie ferrée; on peut se proposer de la détruire rapidement; on peut aussi s'en servir pour soi-même et par conséquent chercher les facilités d'exploitation et de réparation, s'il y a lieu.

Les destructions portent sur le matériel roulant, sur la voie et ses accessoires. On s'attaque particulièrement aux réservoirs d'eau, aux signaux et aux croisements de voies. Ou encore, on coupe la voie dans les ouvrages d'art et dans les tournants.

Il est donc important d'étudier les points suivants :

Largeur de la voie (en France et dans tout le centre de l'Europe, elle est de 1^m44). On la modifie légèrement pour préparer un déraillement. Système de rails; aiguilles et leur mécanisme; plaques tournantes.

Parties en déblai ou en remblai. — Ponts, viaducs, mode de construction. — Tunnels, leurs dimensions.

Gares; leur importance. Sont-elles défendables ?

Quais d'embarquement; peut-on les augmenter ?

Hangars; signaux divers; réservoirs d'eau; capacité et facilité d'approvisionnement.

Dépôt de machines et ateliers de réparations. Nombre de voitures de toute sorte.

Approvisionnements : charbons, rails, traverses, etc.

Lignes télégraphiques.

bords des gares ou de la voie : points de protection.

Cours d'eau. — En tant que voies de communication, les cours d'eau doivent être navigables.

On porte alors l'attention sur le courant, la largeur, la profondeur ; les rapides et les chutes ; les barrages ou écluses ; les points d'embarquement ou de débarquement ; la nature des rives.

Les barques de toutes sortes et la possibilité de les réunir sur un point donné.

Chemins de halage ou routes parallèles.

Hauteurs et abords de la rivière.

RÉDACTION D'UN MÉMOIRE.

Le style d'un mémoire a pour premières qualités la concision et la clarté. Un mémoire ne doit s'écarter en rien du but à atteindre, qui est de faire connaître le terrain et ses propriétés. Le rapport et la carte devant se compléter l'un l'autre, il est inutile de détailler ce que cette dernière suffit à dire clairement.

Enfin il faut se garder d'exagération, ne parler que de ce qu'on a vu réellement, ou, si quelques données proviennent de renseignements, le dire et en indiquer la source plus ou moins sérieuse.

A l'égard des renseignements, il faut remarquer qu'il est très-rare de les obtenir exacts, soit parce que les gens auxquels on s'adresse, si intelligents qu'ils soient, sont souvent hors d'état d'apprécier ce qu'on leur demande, soit parce qu'ils sont disposés à se faire valoir en augmentant la valeur de leur dire.

TRACÉ D'UN ITINÉRAIRE.

L'itinéraire est le levé de terrain réduit à sa plus simple expression, c'est le tracé graphique d'une route et des accidents importants qui peuvent se trouver à droite ou à gauche. Un carton sur lequel est collée une feuille de papier, une petite boussole dite *déclinatoire* fixée sur le carton, une échelle de pas et un double décimètre triangulaire suffisent pour l'exécu'

Après avoir indiqué sur son papier, au crayon, l'origine de la route en un point tel que, d'après la direction donnée par les cartes générales, l'ensemble du levé puisse autant que possible tenir dans les limites du cadre, l'officier trace deux lignes parallèles représentant la première section de la route en question. Il se porte ensuite en avant, en comptant ses pas, et s'arrête au premier tournant. Il a dû à l'avance *étalonner* ses pas, c'est-à-dire calculer le rapport de son pas au mètre et se construire, d'après le principe des échelles, une *échelle de pas*. Il porte alors, avec son décimètre, sur la direction tracée, la longueur donnée par son échelle et correspondant au nombre de pas comptés. Il oriente ensuite, avec sa boussole, son carton maintenu horizontal, en se plaçant au coude de la route et en dirigeant la ligne déjà tracée le long du côté de la route qu'il vient de parcourir; puis il vise avec son décimètre la nouvelle direction, la trace légèrement et repart en comptant ses pas. S'il arrive à un embranchement, il s'oriente et trace la direction du nouveau chemin de la même manière qu'il vient de le faire pour le tournant de la route.

Les maisons ou objets remarquables qui se trouvent sur la route sont placés au fur et à mesure qu'on avance à leur distance respective donnée par l'échelle de pas. Si elles forment groupe et ont des cours et des jardins, il est utile d'y pénétrer afin d'en mieux retracer la disposition. Si les maisons sont à quelque distance, à droite ou à gauche de la route, on détermine leur situation au moyen de *recoupements*. A cet effet, on trace d'une des stations d'où on les aperçoit une ligne dans la direction de l'objet visé; il est bon d'inscrire légèrement, le long de cette ligne, la disposition de l'objet afin d'éviter toute confusion. Au bout d'un certain temps, lorsqu'on a dépassé l'objet, on le revise en arrière; le recoupement des deux lignes donne assez exactement la position de la maison. Il est quelquefois difficile de recouper un objet, on évalue alors sa distance à vue et on le place en conséquence. On continue ainsi de proche en proche jusqu'à l'extrémité de la route qu'on a à lever. Généralement on se contente de donner les objets visibles à une

(Modèle du registre d'itinéraire).

ITINÉRAIRE DE LA ROUTE DE

NOMS DES LIEUX et distances DU POINT DE DÉPART.	DISTANCES d'un point à l'autre.	POINTS REMARQUABLES.	LARGEUR de LA ROUTE

Les points remarquables sont les changements de direction de la
route, les pentes, les maisons ou villages près desquels elle
passe, les ponts, défilés, embranchements de chemins, etc.

(DISTANCE TOTALE KILOMÈTRES).

VUES OU PROFILS des INTS REMARQUABLES.	DÉTAILS DESCRIPTIFS.	OBSERVATIONS.

es vues ou profils sont faits pour abréger la description et aider
à connaître la route.

distance de 500 à 1,000 mètres de la route. Le figuré du terrain est exprimé par des éléments de courbe qu'on rapproche si les pentes sont accusées, qu'on espace davantage si elles sont plus douces. On termine enfin le dessin en plaçant dans un coin du cadre une flèche indiquant la direction du nord, en inscrivant le nom des objets, ceux des lieux parallèlement à un des côtés du cadre, ceux des routes et des cours d'eau dans le sens de leur direction, puis on trace une échelle, le plus souvent celle de $\frac{1}{20.000}$.

Si l'on ne complète pas le levé par un tableau d'itinéraire, on met en note, sur les côtés de la feuille, les principaux renseignements topographiques ou statistiques qui n'ont pu être exprimés par le dessin. (Voir ci-contre le modèle ou tableau du registre ordinaire.)

Pour terminer cette instruction, nous mettons sous les yeux du lecteur un fragment de la minute de la carte de France à $\frac{1}{40.000}$. Nous allons commencer la description, que l'on pourra suivre phrase par phrase sur la carte.

Suivant les principes posés dans le cours de cette notice, l'équidistance, c'est-à-dire l'écartement des plans horizontaux qui déterminent les courbes de niveau, devrait être à $\frac{1}{2000}$ du dénominateur de l'échelle, soit à 20 mètres pour une échelle à $\frac{1}{10.000}$. Exceptionnellement, et afin de rendre les mouvements de terrain plus sensibles, l'équidistance pour l'exécution de la minute a été mise à 10 mètres seulement. Il en résulte que pour exprimer des pentes à $\frac{1}{2}$, à $\frac{1}{2}$, etc., l'écartement sera de $\frac{1}{4}$ de millimètre, de $\frac{1}{2}$ millimètre, etc.

Aspect général du pays. — Dans un des nombreux détours que la Seine fait au-dessous de Paris, elle reçoit l'Oise qui lui vient du nord. Sur la rive gauche du fleuve, quelques coteaux s'abaissent en pentes douces; vers le nord, dans le coude de la Seine et sur la rive droite de l'Oise, s'étend un plateau assez élevé, désigné sous le nom de hauteur de l'Hautie. Le sommet du plateau et une partie de ses pentes sont couverts de bois reliés entre eux par de nombreuses parcelles détachées. Plus bas, le sol se couvre de terres labourées et de vignes, de vergers, et de quelques prairies naturelles sur les bords du fleuve.

Le pays est sillonné de routes ou chemins qui relient entre eux de nombreux villages ou des exploitations rurales.

Sur la rive gauche de la Seine, nous trouvons à l'ouest la forêt de Saint-Germain qui s'étend jusqu'au pont de Conflans, et à l'est de la carte un fragment de chemin de fer de Paris au Havre qui court parallèlement à la Seine. Il y a une station qui correspond à Triel.

Orographie. — Les hauteurs de l'Hautie s'élèvent jusqu'à 170 mètres environ au-dessus du niveau de la rivière. Les pentes s'abaissent brusquement vers l'ouest et s'étagent plus doucement du côté de l'Oise et vers le sud. Le plateau inférieur, qui fait face à l'Oise, est lui-même coupé de plusieurs petites vallées perpendiculaires au cours de cette rivière.

Hydrographie. — La Seine est d'une largeur très-variable, en raison des îles nombreuses qui la divisent en plusieurs bras et dont quelques-unes sont assez étendues. Au pont de Triel, cette largeur est d'environ 140 mètres. Au confluent de l'Oise, le niveau n'est que de 17 mètres au-dessus du niveau de la mer. Presque toutes ces îles sont couvertes de prairies naturelles et de quelques arbres. Les rives de la Seine et de l'Oise sont généralement encaissées. Nous devons enfin signaler sur la Seine les ponts de Conflans à l'est et de Triel à l'ouest; sur l'Oise ceux de Neuville et de Fin-d'Oise.

Communications. — La route nationale n° 13, après avoir franchi la Seine à Poissy, se dirige vers le nord-nord-ouest, traverse le village de Triel et suit ensuite la rive droite de la Seine pour gagner Meulan, Mantes, etc.

Plusieurs routes importantes s'embranchent sur cette première voie :

1° Un chemin de grande communication relie Poissy aux vil-

lages de Denonval, Trélan, Beaulieu, Andrésy, qui se touchent
et bordent la rive droite de la Seine sur une étendue de près
de 2 kilomètres. Ce chemin se prolonge ensuite sur les villages
de Maurécourt, Grand-Choisy, etc., et se relie à la route de
Pontoise, qui franchit la Seine au pont de Conflans et l'Oise sur
le pont de Fin-d'Oise.

2° Une route départementale se détache de la route nationale n° 13, court dans une direction à peu près parallèle et
plus à l'est, passe au village de Chanteloup, gravit les pentes
de l'Hautie et en couronne le plateau.

Plusieurs chemins aboutissent à l'important village de Triel.
Signalons particulièrement celui qui franchit la Seine sur un
pont de pierre et relie ce village à la station du chemin de fer
et aux villages de Verneuil et de Vernouillet.....

.   .   .   .

On étudiera de même les autres routes qui sillonnent la carte,
puis on fera la description des bois, des villages, en donnant
leur étendue, les chemins qui les traversent, etc. — Nous pas-
sons sur cette lecture, qu'on pourra continuer à titre d'exercice, et nous allons reprendre en l'appliquant à cette carte ce
que nous avons dit du commandement des hauteurs et du défilement.

L'extrémité sud du plateau de l'Hautie s'arrête assez brusquement sur une ligne qui va de Triel au confluent de l'Oise. Nous
voyons en ce point une côte de 266 mètres qui indique un commandement considérable sur toute la vallée, et il est facile de
trouver, au-dessus de Chanteloup, un terrain de rayon assez
restreint d'où l'on aurait vue à la fois sur Triel et son pont,
sur toute la presqu'île formée au sud par la Seine sur les villages de Beaulieu, Andrésy, etc., et jusqu'au confluent de l'Oise
avec ses deux ponts sur la Seine et sur l'Oise.

Cette position est donc fort importante.

En regardant vers le nord nous voyons qu'elle domine également les pentes qui s'abaissent du plateau supérieur sur la
ferme de Bellefontaine et les croupes qui de là se dirigent vers
l'Oise. En effet, ces croupes comprises entre les petites vallées

Échelle au 40/000   1000   500   0   1000   2000   5000 Mètres.

de Maurecourt, de Glatigny et de Jouy ont pour point culminant le moulin de Falaise, qui a pour cote 87 mètres.

Nous allons chercher maintenant si tout ce terrain serait sous le feu d'une batterie placée dans la partie supérieure du parc du Fay.

Considérons la petite vallée de Glatigny. Il est évident que les coups les plus bas qui seront dirigés sur ce point suivront un plan qui, partant du sommet du Fay, est tangent aux crêtes sud de la vallée de Glatigny. Or il y a entre ces deux points un peu plus de 5 centimètres (2 kilomètres sur le terrain) et la pente n'est que de $166^m - 86^m = 80$ mètres pour tout cet espace ; ce qui fait 0^m04 par mètre, ou une pente à $\frac{1}{25}$. Il est facile de voir que les pentes de cette vallée de Glatigny sont beaucoup plus rapides (il y a des hachures qui n'ont que 1 demi-millimètre de long, ce qui correspond à une pente à $\frac{1}{2}$), et que par conséquent le terrain s'abaisse en dessous du plan que nous avons indiqué comme dangereux. Toute la partie inférieure de la vallée sera donc défilée.

Nous ne prolongerons pas cet exercice de lecture. Si on l'a suivi avec attention, si l'on s'est familiarisé avec les signes conventionnels et surtout avec les indications du nivellement, on saura lire sur la carte comme on lit sur le terrain même.

NOTES.

Table simplifiée de réduction de l'horizon.

D'une longueur de 1 mètre mesurée directement sur le terrain avec une pente variant de 5° en 5°.

Degrés de pente.	Projection de 1 mètre.
5°	0^m 9960
10	0 9850
15	0 9660
20	0 9400
25	0 9060
30	0 8660
35	0 8220
40	0 7690
45	0 7070

Ce tableau servira à déterminer la longueur de la projection d'une ligne du terrain en pente qu'on aura pu mesurer directement, comme, par exemple, une portion de route dont on aura mesuré la pente avec le rapporteur à perpendicule (voir la 5e leçon).

Le calcul se fait par une simple multiplication.

Moyen de trouver l'étoile polaire.

On sait que tous les astres semblent parcourir autour de la terre un cercle immense en vingt-quatre heures.

Pour se reconnaître dans cette prodigieuse quantité d'étoiles, on les a groupées en constellations qui, dans ce mouvement

apparent (*mouvement diurne*), conservent leur position relative.

Il nous semble encore que ce mouvement s'opère autour d'un
axe immense qui irait du pôle nord au pôle sud. — Or, tout
près du pôle nord, à 1° seulement, se trouve une étoile assez

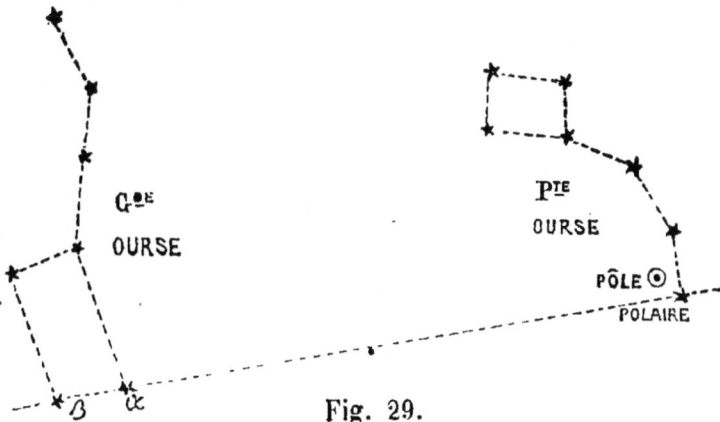

Fig. 29.

brillante que, par suite de son voisinage, on a appelée l'*étoile
polaire.*

Le cercle que décrit cette étoile autour du pôle est très-petit
(puisque son éloignement du pôle n'est que de 1°), et l'étoile
peut être considérée comme donnant le nord exactement.

Pour trouver la polaire, on cherche.dans le ciel la constellation appelée la *grande Ourse* ou le *Chariot,* que sa forme rend
facile à reconnaître (7 grandes étoiles, dont 4 forment un qua-
drilatère).

La position de cette constellation est variable, suivant l'heure.
Si vers huit heures du soir, on s'oriente ayant à sa gauche le
point où s'est couché le soleil, on trouvera la grande Ourse
devant soi à environ 40° au-dessus de l'horizon.

En joignant les étoiles αβ, nommées les *gardes de la
grande Ourse* (fig. 29), et prolongeant cette figure αβ d'environ cinq fois sa longueur, on trouve l'étoile polaire, qui forme
l'extrémité d'une constellation semblable à la grande Ourse,
mais renversée, et qu'on appelle la *petite Ourse,*

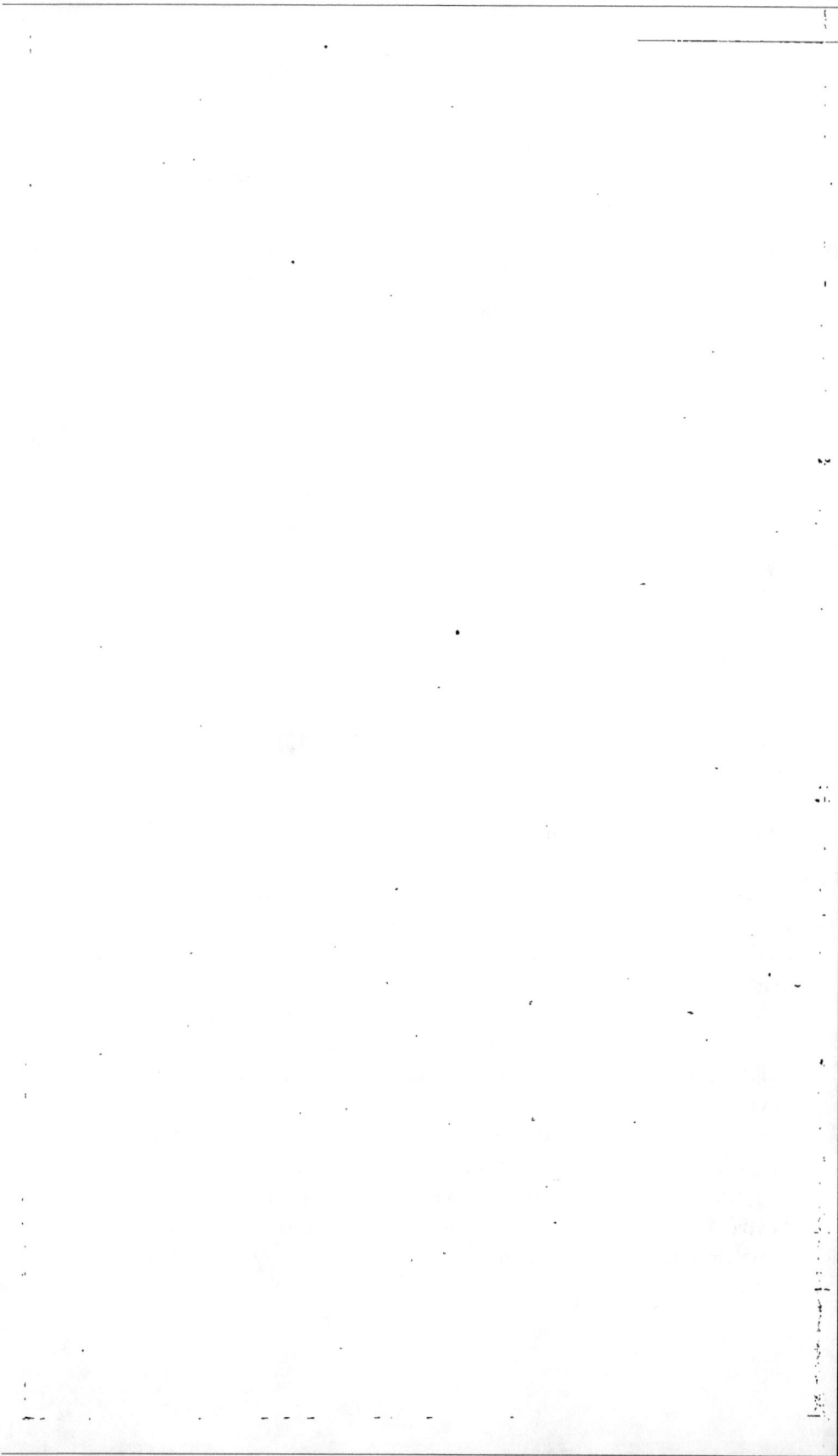

ARTILLERIE.

PREMIÈRE PARTIE.

CHAPITRE PREMIER.

Bouches à feu.

On donne le nom de *bouches à feu* aux armes non portatives dont le service exige le concours de plusieurs hommes.

Les bouches à feu en usage dans l'artillerie de terre se divisent en deux grandes classes : les canons et les mortiers.

Tous les canons sont rayés : on les nomme, suivant le service auquel ils sont destinés, canons de montagne, de campagne, de siége ou de place. Il y en a actuellement onze modèles en service (1) :

Canon de 24 rayé, de place, se chargeant par la bouche.
Canon de 24 rayé, de siége, *idem.*
Canon de 12, rayé, de place, *idem.*
Canon de 12, rayé, de siége, *idem.*
Canon de 12, rayé, de campagne, *idem.*
Canon de 8, rayé, de campagne, *idem.*
Canon de 7, rayé, de campagne, se chargeant par la culasse.
Canon de 5, rayé, de campagne, *idem.*
Canon de 4, rayé, de campagne, se chargeant par la bouche.
Canon de 4, rayé, de montagne, *idem.*

---

(1) Il existe encore dans certaines places d'anciens canons lisses de 16 et d'anciens obusiers de 22ᶜ, de 16ᶜ et de 12ᶜ. Ces pièces devant disparaître bientôt de l'armement, nous n'en parlerons point.

Canon à balles, ou mitrailleuse.

Les mortiers sont lisses, il y en a quatre espèces différentes :

Mortier de 32^c;

Mortier de 27^c;

Mortier de 22^c;

Mortier de 15^c.

Pour la défense des côtes, l'artillerie de terre emprunte à la marine quelques-unes de ses bouches à feu, dont la description sera l'objet d'un chapitre spécial.

Toutes les bouches à feu de l'artillerie de terre sont en bronze. Le bronze est un alliage de 100 parties de cuivre pour 11 d'étain.

Les bouches à feu se distinguent entre elles par leurs calibres. Le calibre des canons rayés s'indique par le poids du projectile exprimé en nombre rond de kilogrammes; celui des mortiers par le diamètre du projectile exprimé en nombre rond de centimètres.

On appelle aussi calibre d'une bouche à feu, canon ou mortier, le nombre qui exprime le diamètre de l'âme.

Fabrication.

Les bouches à feu sont fabriquées dans des usines de l'État appelées *fonderies*. Les métaux sont fondus dans des fours à réverbère, puis coulés dans des moules en terre argileuse mélangée de sable. Les canons sont coulés à noyau plein, la volée en haut, avec une masselotte. Les mortiers de 32 et de 27 sont coulés à noyau creux, la bouche en bas, ceux de 22 et de 15 sont coulés comme les canons. Au sortir du moule, la bouche à feu est forée; elle reçoit ensuite ses formes extérieures, son grain de lumière et ses rayures.

Pour forer une bouche à feu, on la place horizontalement sur un banc de forerie. L'âme est percée au moyen de forets en acier animés d'un mouvement de rotation.

Pour rayer la bouche à feu, on la place horizontalement sur un banc de rayage. Un arbre relié à la culasse communique à la pièce un mouvement de rotation autour de son axe; un couteau en acier, animé d'un mouvement de translation, entame la paroi de l'âme et y trace les rayures. Les mouvements de la pièce et du couteau sont réglés de manière que la rayure soit pratiquée le long d'une hélice de pas déterminé.

Ame. — L'âme de toutes les bouches à feu est cylindrique (1); le fond est perpendiculaire à l'axe de la pièce et se raccorde avec les parois par un arc de cercle, disposition qui a pour but de supprimer les angles vifs.

Dans les canons se chargeant par la culasse, le fond de l'âme est fermé par le système de fermeture.

Rayures. — Les pièces se chargeant par la bouche ont six rayures tournant de gauche à droite dans la partie supérieure de l'âme. La rayure dont l'origine est placée à la partie inférieure de l'âme prend le n° 1, les autres sont numérotées dans le sens de la rotation. Cette rayure n° 1 est rétrécie sur une partie de sa longueur. Ce rétrécissement produit le centrage du projectile. Les rayures sont séparées l'une de l'autre par les cloisons, numérotées dans le même sens que les rayures. La cloison n° 1 suit la rayure n° 1.

On appelle *flanc de tir* le côté de la rayure contre lequel prend appui le projectile pendant le tir, et *flanc de chargement* le côté contre lequel il prend appui pendant le chargement.

Les pièces de 7 et de 5 ont 14 rayures tournant de droite à gauche dans la partie supérieure de l'âme. On distingue dans ces rayures le flanc de tir et le *contre-flanc*.

La mitrailleuse n'a pas, à proprement parler, de rayures. La section de l'âme est octogonale; les sommets de l'octogone suivent des hélices de même pas, tracées de gauche à droite sur la surface de l'âme; les angles aux sommets remplissent ainsi le rôle de rayures.

La partie de l'âme occupée par le sachet dans les canons se

_____

(1) C'est-à-dire que le diamètre, au fond de l'âme, est égal au diamètre à la bouche.

chargeant par la bouche, par la gargousse et le projectile dans les canons se chargeant par la culasse, est dépourvue de rayures.

Chambre. — Dans les mortiers, la charge de poudre est placée dans une chambre d'un diamètre inférieur à celui de l'âme. Cette disposition est nécessaire, parce que le rapport de la charge au calibre est assez faible. Cette chambre est tronconique; le raccordement avec l'âme est en arc de cercle.

Prépondérance. — On appelle prépondérance la différence entre le poids de la culasse et celui de la volée, ou inversement, la pièce étant établie sur ses tourillons. La prépondérance des canons est à la culasse, celle des mortiers à la volée. Le canon de 24, de siége, n'a pas de prépondérance; la pièce est en équilibre sur ses tourillons.

Canal de lumière. — Le canal de lumière est incliné d'arrière en avant, pour que le dégorgeoir puisse percer le sachet de poudre sans glisser contre le fond de l'âme. Dans les canons de 7 et de 5, le canal de lumière traverse la vis de culasse et débouche au centre du godet qui la termine. Les canons à balles n'ont pas de canal de lumière; le feu est mis aux amorces par le choc des percuteurs. Le canal de lumière du 24 de siége est perpendiculaire à l'axe de la pièce.

Grain de lumière. — Le bronze étant fusible, il est nécessaire, pour prévenir la dégradation, de garnir le canal de lumière avec un grain de cuivre rouge. Les grains des canons et des mortiers sont d'un seul morceau, sauf ceux du 4 de campagne et du 4 de montagne, qui sont en deux parties. Les deux parties sont en cuivre rouge pour le 4 de campagne; pour le 4 de montagne, la partie supérieure est en fer forgé et l'inférieure en cuivre rouge.

La lumière est cylindrique.

Anses. — Les anses servent aux manœuvres de force. Les canons en ont deux, placées symétriquement de chaque côté de la pièce. Les mortiers n'en ont qu'une perpendiculaire à l'axe de la pièce. Le 4 de montagne n'a point d'anses, parce que cette bouche à feu étant relativement légère, on peut la transporter sans peine.

On considère aujourd'hui les anses comme inutiles; aussi le canon à balles et ceux de 7 et de 5 en sont-ils dépourvus.

Bouton de culasse. — Le bouton de culasse sert aussi à faciliter les manœuvres de force.

Tourillons, embases, renforts. — Les tourillons permettent de donner à la pièce des inclinaisons variables sur l'affût; les embases assurent leur rigidité. Ceux des mortiers sont consolidés par des renforts qui augmentent leur résistance à la flexion.

Vent. — Le vent est la différence entre le diamètre de l'âme et celui du projectile. Il varie pour les différentes bouches à feu, mais ne dépasse pas 2 millimètres. Le vent est nécessaire dans les pièces se chargeant par la bouche, pour qu'on puisse introduire le projectile à fond.

Dans les pièces se chargeant par la culasse, le vent n'existe pas : le projectile est muni de cordons de plomb d'un diamètre un peu supérieur à celui de l'âme.

Dégradations produites par le tir. — Les dégradations sont dues, soit aux gaz de la poudre, soit au projectile. Les gaz de la poudre produisent deux espèces de dégradations : l'*égrènement,* qui consiste en une fusion partielle du bronze sous l'action de la chaleur des gaz : cette fusion se manifeste surtout aux angles du métal; les *affouillements* ou crevasses, qui se manifestent sur la surface de l'âme lorsque la pièce est fatiguée par un tir prolongé.

Les dégradations dues au projectile sont : le *logement,* à l'emplacement du projectile, en avant de la charge; l'*éraflement,* lorsque par accident un projectile se brise dans l'âme : ses fragments éraflent les cloisons et dégradent les rayures; l'*égueulement,* enfoncement produit à la bouche par un battement du projectile à la sortie; l'*emplombage* des rayures, qui ne se produit que dans les pièces de 5 et de 7, dont les projectiles sont garnis de plomb.

Mise hors de service des bouches à feu. Pièces se char-

geant par la bouche. — Introduire la lame d'un dégorgeoir ou une baguette de fusil dans la lumière et river intérieurement avec un refouloir. Un clou tronconique en fer, de 0ᵐ20 de longueur et 5 millimètres de diamètre, est préférable pour *enclouer* une pièce. Le clou peut s'enfoncer avec un marteau.

Mater le cuivre du grain avec un marteau, de manière à boucher la lumière.

- Introduire un projectile dans l'âme avec des éclisses en fer ou bien la pointe la première.

Faire éclater les pièces en les tirant à forte charge, remplies de sable; tirer les pièces bouche à bouche ou la bouche de l'une contre la volée de l'autre.

Casser les tourillons. Faire ployer la volée en plaçant la pièce au-dessus du feu.

Faire éclater la pièce avec de la dynamite.

Pour les pièces de 7 et de 5, briser ou fausser le système de fermeture; briser le système de pontage si les pièces sont sur des affûts en fer.

Pour les canons à balles. — Enlever le système, les culasses mobiles, les lunettes de serrage ou de déclanchement. Tirer une cartouche dans un des canons préalablement bouché avec une balle.

Pour désenclouer. — Lorsque le clou n'est pas vissé dans la lumière, placer au fond de l'âme une charge ordinaire (sachet et projectile) et mettre le feu par la bouche. Si le clou est vissé, il faut percer une nouvelle lumière en avant de la première. Enlever les projectiles éclissés en introduisant une charge de poudre par la lumière et mettant le feu. Si l'on veut absolument se servir de la pièce, on peut pratiquer un trou dans le métal, près du bouton de culasse, et chasser le projectile éclissé avec un levier.

Conservation des bouches à feu. — Les canons sont placés par espèces sur des chantiers en bois, la lumière en dessous, la bouche fermée par un tampon en bois, les tourillons se touchant, l'axe de la pièce incliné vers la bouche. Les mortiers sont dressés sur la bouche, sur une planche de madriers, la lumière bouchée, les tourillons se touchant.

Les chantiers sont toujours en plein air, dans un lieu sec; le terrain est recouvert d'une couche de mâchefer pour arrêter la végétation. Il faut laisser 0^{m}50 entre les bâtiments et les culasses.

Les systèmes de fermeture des canons de 7 et de 5 et des canons à balles sont marqués au numéro de la pièce et conservés dans des caisses fermées. Sur les chantiers, ces pièces ont leurs culasses et leurs bouches enveloppées d'un manchon de cuir.

CHAPITRE II.

Projectiles.

Toutes les bouches à feu, à l'exception du canon à balles, tirent des projectiles creux. Les canons se chargeant par la bouche ont trois espèces de projectiles : les obus ordinaires, les obus à balles et les boîtes à mitraille. Les canons se chargeant par la culasse ne lancent que des obus ordinaires. La mitrailleuse lance une balle pleine en plomb.

Les obus ont une forme cylindro-ogivale, les boîtes à mitraille sont cylindriques.

Les projectiles des mortiers sont sphériques, ceux des mortiers de 32 et de 27 se nomment des bombes, ceux des autres mortiers des obus. Les bombes se distinguent des obus en ce qu'elles ont des anneaux et un culot, tandis que ceux-ci n'en ont pas.

Les obus et les bombes de l'artillerie sont en fonte et contiennent à l'intérieur une charge d'éclatement. Les obus à balles contiennent aussi une charge de poudre et, de plus, un certain nombre de balles en plomb. Les boîtes à mitraille sont en zinc et contiennent des balles, soit en fer forgé, soit en fonte.

Les projectiles sont fabriqués par les forges de l'artillerie. La fonte est un composé de fer, de carbone, et de quelques corps étrangers. On la prépare en fondant un mélange de minerai de fer et de houille dans des fours très-élevés, appelés hauts-fourneaux. La composition de la fonte varie avec la nature du minerai. La fonte employée à la fabrication des projectiles est la fonte truitée, qui est moins cassante que la fonte blanche. On se sert de moules en sable, à noyau central.

Les balles en plomb et en zinc sont coulées dans des moules en fer. Pour les balles en fer, on emploie deux étampes formant, par leur réunion, une cavité sphérique de la dimension voulue. On introduit entre les deux étampes une barre de fer chauffée au blanc soudant; on frappe sur les étampes de manière à détacher de la barre la portion qui est emprisonnée entre elles, laquelle se moule dans la cavité et prend la forme sphérique.

On recuit les balles en fonte, pour les préserver de l'oxydation. Les bombes portent des anneaux en fer forgé. Ces anneaux sont placés dans le moule avant la coulée. La partie inférieure de la bombe, sur laquelle s'exerce tout l'effort des gaz de la poudre, est renforcée par un culot venu de fonte.

Les obus pour canons rayés se chargeant par la bouche portent deux couronnes de six ailettes chacune. Ces ailettes en zinc sont mises dans les arsenaux, soit au marteau, soit à la machine. Les alvéoles sont préparées d'avance dans les forges. Les obus ordinaires sont peints en noir, les obus à balles en rouge. Ces derniers sont du reste reconnaissables à la forme en col de bouteille de leur partie antérieure. Les obus de 5 et de 7 reçoivent sur leur partie cylindrique des cordons de plomb destinés à produire le forcement. Trois rainures creusées sur les cordons sont remplies d'un corps gras pour lubrifier la surface de l'âme.

Pour placer ces cordons, on commence par tourner l'obus au burin, on décape sa surface dans de l'eau chargée de sel ammoniac, on le plonge ensuite dans un bain de zinc, puis dans un bain de soudure. L'obus est alors placé au centre d'un moule de même forme que les cordons que l'on veut obtenir. On coule du plomb entre le moule et le projectile. On termine les cordons en y creusant les rainures au burin. L'obus de 7 a deux cordons, celui de 5 n'en a qu'un, qui occupe presque tout le corps cylindrique de l'obus.

Les obus ordinaires, les obus à balles et les bombes sont percés d'une lumière qui reçoit la *fusée*. La lumière des obus de 4, 5, 7, 8 et 12 a 25 millimètres de diamètre, celle des obus de 24 en a 30. Il existe encore des obus de 4 et de 12, ancien modèle, dont la lumière n'a que 22 millimètres.

Les boîtes à mitraille renferment des balles de différentes grosseurs, suivant les calibres. Il y a quatre espèces de balles :

Nº 1 en fonte (mortier de 27).

Nº 2 en fonte (tous les mortiers).

Nº 5 en fonte (canons de 24).

Nº 6 en fer forgé (canons de 4, 8 et 12) (1).

Piles de projectiles sphériques.

Les projectiles sphériques (bombes ou obus) sont placés par espèce dans des lieux secs, l'œil en dessous.

Il faut cinq hommes pour établir une pile de projectiles. Les instruments nécessaires sont un cordeau, un niveau de maçon, une règle, des pelles et des pioches. On forme d'abord une plate-forme horizontale de 0ᵐ10 de hauteur, en terre bien damée ; on recouvre cette plate-forme de petits cailloux dépouillés de terre, et c'est sur cette couche de cailloux qu'on établit la pile, en formant la base de projectiles hors de service. La base est entourée de cailloux jusqu'au tiers de sa hauteur environ. On élève ensuite la pile successivement. Il ne faut pas faire les piles trop larges, afin que l'air circule librement entre les projectiles. Les bases doivent être laissées autant que possible à la même place. Généralement les projectiles sont recouverts d'une couche de colthar.

Nombre de projectiles contenus dans une pile triangulaire. — Dans la pile triangulaire, la base a la forme d'un triangle équilatéral. Soit *n* le nombre de projectiles contenus

---

(1) La balle nº 3 servait autrefois pour les boîtes à mitraille du canon de 16 lisse, et la balle nº 4 pour celles de l'obusier de 16 et du canon-obusier de 12.

dans un des côtés de la base, le nombre total des projectiles de la pile sera :

$$T = \frac{n(n+1)(n+2)}{6}$$

Exemple : soit $n = 10$,

$$T = \frac{10 \times 11 \times 12}{6} = 220$$

Pile carrée. Dans cette pile la base a la forme d'un carré. La formule qui donne le nombre des projectiles est dans ce cas :

$$T = \frac{n(n+1)(2n+1)}{6}$$

Si $n = 12$,

$$T = \frac{12 \times 13 \times 25}{6} = 650$$

Pile rectangulaire. — La base de cette pile est un rectangle. Appelons m et n le nombre de projectiles contenus respectivement dans le grand et dans le petit côté de la base. Nous aurons :

$$T = \frac{n(n+1)(3m-n+1)}{6}$$

Posons $m = 30$, $n = 8$:

$$T = \frac{8 \times 9 \times (90 - 8 + 1)}{6} = \frac{8 \times 9 \times 83}{6} = 996.$$

On fait aussi souvent des piles rectangulaires en retour d'é-

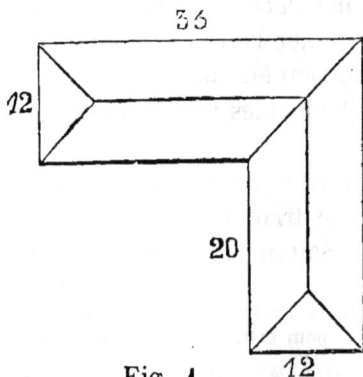

Fig. 1.

querre. La figure 1 représente une pile de ce genre. On peut la considérer comme une pile rectangulaire ayant 12 projectiles sur le petit côté et $35 + 20 = 55$ sur le grand.

La formule sera donc :

$$T = \frac{12 \times 13 \times (3 \times 55 - 12 + 1)}{6}$$

$$T = \frac{12 \times 13 \times 154}{6} = 4004.$$

Piles de projectiles oblongs.

Les projectiles oblongs sont toujours munis de leurs ailettes avant d'être empilés et recouverts de colthar. La plate-forme sur laquelle repose la pile doit être bordée d'une ligne de pierres taillées dépassant légèrement le niveau du sol.

Les projectiles sont accouplés 2 par 2, lumière contre lumière, et réunis par une cheville de bois. Cette cheville doit avoir été plongée dans l'huile bouillante pendant quelques minutes. Les couples d'obus sont d'abord placés les uns à côté des autres, de manière à former une première assise horizontale. Par-dessus cette première assise, on en établit une seconde en plaçant les couples d'obus directement au-dessus des couples correspondants de l'assise inférieure, et en interposant entre les deux deux tringles en fer recourbées à leurs extrémités de manière à retenir les projectiles extrêmes. S'il est nécessaire de consolider la pile, on pourra planter des piquets contre les projectiles extrêmes de la couche inférieure.

Des études sont entreprises dans le but d'appliquer ce système de pile aux projectiles chargés.

CHAPITRE III.

Poudres.

La poudre est un mélange de salpêtre, de soufre et de charbon. Par extension on donne le nom de poudre à des produits explosifs de compositions très-variées.

29.

Le dosage de la poudre varie avec sa destination.

Dosage des poudres françaises.

	Salpêtre.	Soufre.	Charbon.
Poudre de guerre.	75	12.5	12.5
Poudre B pour les armes modèle 1866	74	15.5	10.5
Poudre de chasse	78	12	10
Poudre de mine.	62	18	20

Les poudres sont fabriquées dans des établissements de l'État nommés *poudreries,* sous la surveillance de l'artillerie. Nous ne parlerons ici que de la fabrication de la poudre de guerre et de la poudre B.

Composants de la poudre. — Le salpêtre s'extrait par le lavage des matériaux de démolition; on en trouve aussi dans l'Inde à l'état brut. Le salpêtre brut est raffiné avant d'être livré aux poudreries.

Le charbon s'obtient par la calcination du bois de bourdaine en vase clos. Lorsque la température ne dépasse pas 300°, le bois se transforme en charbon roux utilisé pour la fabrication de la poudre de chasse. Si la température monte à 350°, on obtient comme produit le charbon noir, utilisé pour la fabrication des poudres de guerre et de la poudre B.

Le soufre s'extrait par distillation, soit des minerais de soufre, soit des sulfures métalliques naturels. Avant d'être expédié aux poudreries, le soufre est raffiné par une seconde distillation.

Lorsque la poudre s'enflamme, le salpêtre est décomposé; ses éléments s'unissent au soufre et au charbon. Il se produit deux gaz, l'acide carbonique et l'acide sulfureux, à la présence desquels la poudre doit toute sa force.

Fabrication de la poudre de guerre.

On désigne sous le nom de poudre de guerre deux espèces de poudre qui ne diffèrent que par la grosseur de leurs grains : la

poudre à canon et la poudre à fusil (ou à mousquet). Ces deux
poudres ont même dosage et sont fabriquées toutes deux par
le procédé des pilons.

Le soufre et le charbon sont d'abord pulvérisés séparément.
On porte ensuite dans un mortier en bois 20 kilogr. de mélange salpêtre, soufre et charbon légèrement humecté d'eau.
Ce mélange est battu pendant onze heures par un pilon pesant
40 kilogr. Après ce battage, la matière est agglomérée en gros
morceaux appelés des *galettes*. Ces galettes sont concassées
dans une tonne horizontale renfermant des gobilles en bronze
et appelée *tonne grenoir*. La paroi de cette tonne est constituée
par une toile métallique qui arrête les grains trop gros et ne
laisse passer que les bons grains et les grains trop petits. Cette
toile s'appelle un *surégalisoir*. Les grains trop petits sont séparés à l'aide d'un tamis appelé le *souségalisoir*. La poudre est
ensuite lissée, puis séchée, et enfin époussetée. Les dimensions
des grains doivent être comprises entre $1^{mm}4$ et $0^{mm}6$ pour la
poudre à fusil, $1^{mm}4$ et $2^{mm}5$ pour la poudre à canon.

Pour éprouver la force de la poudre à canon, on se sert d'un
mortier-éprouvette en fonte et de son globe. La charge est de
92 grammes. Le globe doit être lancé à 225 mètres, cette portée étant déterminée par un tir de six coups.

Fabrication de la poudre B.

La poudre B est fabriquée par le procédé des meules pe-
santes. Le soufre et le charbon sont d'abord pulvérisés. Le mélange, salpêtre, soufre et charbon, légèrement humecté, est
placé sur une aire horizontale et soumis pendant trois heures
à la pression de lourdes meules verticales en fonte qui écra-
sent les matières et les agglomèrent en galette. La galette est
ensuite portée dans un appareil composé de trois tamis superposés. Dans le premier, la galette est concassée par un tour-
teau de bois ; le second tamis sert de surégalisoir, le troisième
de sous-égalisoir.

La poudre B est lissée, séchée et époussetée comme la précédente.

La grosseur des grains doit être comprise entre 1ᵐᵐ4 et 0ᵐᵐ65. La poudre B est essayée au pendule balistique.

Les gargousses des canons se chargeant par la culasse sont chargées avec des rondelles de poudre comprimée. Cette poudre n'est autre que la poudre à canon ordinaire, dont les grains ont été comprimés dans un moule, à la presse hydraulique.

Magasins à poudre. — La poudre est expédiée par les poudreries, en barils de 50 kilogr. Chaque baril est revêtu d'une enveloppe protectrice nommée chape. Un modèle de caisse rectangulaire d'une contenance de 50 kilogr. est à l'essai pour le transport et la conservation de la poudre.

Les barils sont placés dans des magasins voûtés, à l'épreuve de la bombe et éloignés de toute habitation. Ces magasins sont entourés d'un mur qui en défend l'accès; une sentinelle doit être placée à la porte, pour surveiller les abords.

Dynamite.

La dynamite est un mélange mécanique de nitroglycérine et de sable poreux. La force d'explosion de cette substance est beaucoup plus grande que celle de la poudre.

La dynamite ne détone que sous un choc violent; au contact d'un corps en combustion, elle brûle lentement.

On l'emploie pour démolir des maçonneries, pour rompre des pièces de canon, pour détruire des ponts, pour faire sauter des blocs de rochers; elle est plus facile et moins dangereuse à manier que la poudre. Il n'est pas indispensable de placer la charge de dynamite dans un trou de forage; lorsqu'on veut produire une explosion, il suffit de suspendre les cartouches contre l'obstacle à abattre.

On fait actuellement des expériences pour utiliser la dynamite au chargement des projectiles creux.

CHAPITRE IV.

Munitions et artifices.

Les charges de poudre sont contenues, soit dans des sachets en serge de laine, soit dans des gargousses en papier.

Les charges des canons se chargeant par la culasse sont renfermées dans une gargousse rigide en papier, consolidée par du fer blanc; le culot de cette gargousse est en cuivre et produit l'obturation.

On se sert de sachets pour les munitions qui doivent être confectionnées longtemps à l'avance. Afin de préserver la serge des insectes, on la trempe dans une dissolution d'acétate de plomb. Cette étoffe a l'avantage de ne pas laisser tamiser la poudre et de brûler presque complétement dans l'âme de la pièce.

Le papier est employé à la confection des gargousses qui n'ont pas à subir de transport (gargousses des mortiers de 24 pour le tir plongeant). Les enveloppes de papier sont confectionnées dans les arsenaux, sur des mandrins, et expédiées par paquets aux batteries qui doivent les utiliser.

Gargousse de 7. (Voir le règlement sur le service de la bouche à feu de 7.)

Cartouche de mitrailleuse. — La cartouche de la mitrailleuse se compose d'un étui rigide en carton, contenant six petits cylindres de poudre comprimée, et fermée par un culot en cuivre portant en son centre une capsule fulminante. La balle, cylindro-ogivale, est réunie à l'étui. La cartouche à mitraille contient trois petites balles de plomb réunies dans une enveloppe en étoffe.

Les cartouches sont placées dans des boîtes cubiques en carton durci. Les boîtes à cartouches ordinaires sont vertes, les boîtes à mitraille sont rouges.

Fusées.

On appelle *fusées* les appareils destinés à produire l'inflammation de la charge des projectiles creux. Une fusée est dite percutante lorsqu'elle fonctionne sous le choc, et fusante lorsqu'elle fonctionne à une distance de la pièce réglée d'avance.

Fusées en bois.

Les projectiles des mortiers sont armés de fusées en bois, numérotées ainsi qu'il suit :

N° 1 pour les bombes de 32 et de 27.
N° 2 pour les obus de 22.
N° 3 pour les obus de 15 (1).

Ces fusées n'ont qu'un canal central, qui s'arrête à 0,01 du petit bout. Ce canal est rempli de pulvérin. Avant d'introduire la fusée dans l'œil du projectile, on perce un trou jusqu'au canal perpendiculairement à l'axe de la fusée, et plus ou moins haut suivant la distance à laquelle on veut obtenir l'éclatement. On amorce la fusée en plaçant dans ce trou un peu de mèche à étoupilles. Cette mèche se prépare en trempant plusieurs brins de coton dans un mélange de pulvérin et d'alcool.

On se sert aussi de scies en cuivre pour réduire la longueur des fusées de bois.

Fusées métalliques.

Les fusées métalliques sont destinées aux projectiles oblongs. Elles sont en laiton et se vissent dans la lumière.

Tous les obus oblongs ordinaires et les obus à balles des pièces de 4, 8 et 12, sont armés de la fusée percutante Desmarest.

La tête de la fusée est hexagonale. Dans la fusée percutante de l'obus de 24, le tampon *b* est maintenu par quatre pointes.

Avant d'introduire le projectile dans l'âme, il faut *décoiffer*

---

(1) On tire dans les mortiers avec les appareils à tiges cannelées : des obus de 16 armés de fusées n° 3, des obus sphériques de 12ᶜ armés de fusées n° 4, et des grenades armées de fusées n° 5.

la fusée en enlevant la plaque *d*. Au moment du choc, le tampon *b* est enfoncé, le rugueux *c* vient enflammer l'amorce *h*,

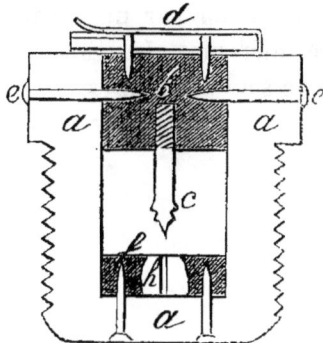

Fig. 2.

a Corps de fusée en laiton, percé d'un trou cylindrique suivant son axe.

b Tampon en bois, portant à sa partie inférieure un rugueux *c* en fer.

c Rugueux en fer.

d Plaque métallique clouée sur le tampon pour le garantir des chocs pendant le transport. Cette plaque est entourée d'un ruban de fil, elle est enlevée au moment du tir.

e Pointes de laiton qui maintiennent le tampon.

f Sabot en bois fixé sur le fond de la fusée par deux vis et portant en *h* la composition fulminante.

laquelle communique le feu à la charge.

Les obus à balles de 24 sont armés d'une fusée fusante à 6 canaux (fig. 3). Cette fusée en laiton a une tête carrée à pans coupés. Elle est traversée par deux étages de canaux. Les canaux inférieurs sont indépendants l'un de l'autre et débouchent par un évent au milieu de chacune des faces.

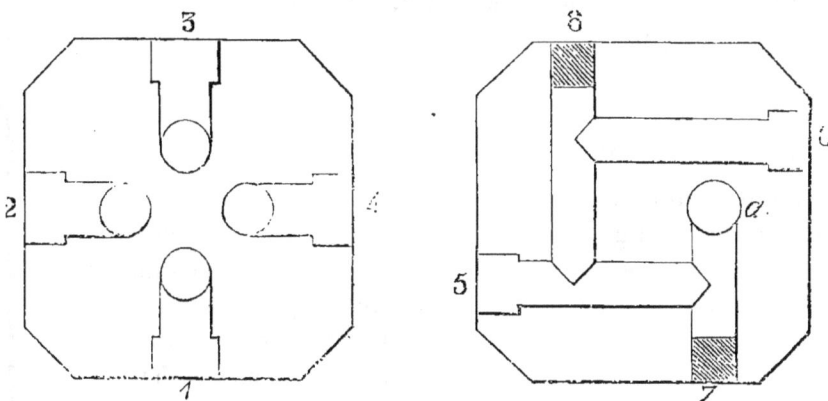

Fig. 3.

Chaque canal se prolonge à angle droit dans le corps de la fusée et descend jusqu'à l'extrémité inférieure. Ces quatre canaux correspondent aux quatre premières distances d'éclatement.

Les canaux de la rangée supérieure sont parallèles aux premiers et percés un peu à droite de ceux-ci. Ils communiquent les uns avec les autres, comme le montre la figure. Le canal marqué 7 sur la figure est en communication par un canal vertical a avec le canal 4 de la rangée inférieure. Les canaux 7 et 8 sont bouchés par un tampon et ne sont pas utilisés.

Chaque évent est recouvert d'une rondelle en papier couleur :

Rouge pour la 1re distance ;
Jaune pour la 2e ;
Bleu pour la 3e ;
Vert pour la 4e.
Violet pour la 5e ;
Blanc pour la 6e.

Ces rondelles sont marquées 1, 2, 3, 4, 5 et 6.
Les distances d'éclatement sont :

	1	2	3	4	5	6
24 de siége. . .	500	980	1440	1950	2400	2880
24 de place. . .	500	1000	1500	2000	2500	3000

Au-dessus de chaque évent il y a, sur la tête de fusée :

1 cran pour la 1re distance ;
2 — 2e —
3 — 3e —
4 — 4e —

Le 5e évent est à gauche et en haut du pan coupé marqué 5 ; le 6e évent est à gauche et en haut du pan coupé marqué 6.

Les canaux de la fusée sont remplis d'une composition à combustion lente sur une longueur d'autant plus grande que le point d'éclatement est plus éloigné. La partie du canal qui ne contient pas de composition est remplie de poudre. L'ouverture inférieure de la fusée est fermée par une rondelle en laiton.

Chargement des projectiles.

Le règlement sur le service des bouches à feu fournit tous

les renseignements utiles à connaître sur le chargement des projectiles. Nous y renvoyons le lecteur.

Les obus à balles sont chargés de la manière suivante : On commence par placer les balles, puis on verse du sable sec de manière à remplir les vides ; par-dessus les balles on coule du soufre, et enfin on introduit la charge de poudre, qui se trouve ainsi séparée des balles et du sable par le soufre. Dans les boîtes à mitraille, les balles sont agglomérées avec du soufre ; entre les balles et les culots on interpose une couche de goudron.

Nous donnons ici le chargement des projectiles de 8, que le règlement de 1869 ne fait pas connaître.

	kil. gr.
Poids de la charge.	0,800

Obus ordinaires.

Charge de poudre	0,350
Poids du projectile chargé.	7,500

Obus à balles.

Charge de poudre	0,150
Sable sec.	0,150
Soufre	0,250
Balles de pistolet de gendarmerie (nombre). .	140
Poids de l'obus chargé.	8,880

Boîtes à mitraille.

Numéros des balles	6
Nombre des balles.	70
Poids de la boîte chargée	8,065

Chargement des coffres.

(Voir le règlement sur le service des bouches à feu.)

Coffre de 8.

Le coffre de 8 contient 24 coups, savoir : 20 coups à obus ordinaire, 2 coups à obus à balles, 2 coups à boîte à mitraille.

Le coffre est divisé en deux demi-coffres par une séparation parallèle aux petits côtés. Les deux demi-coffres sont chargés de la même manière.

Caisse à poudre. — L'intérieur est divisé en trois compartiments contenant chacun 4 sachets.

Projectiles. — Ils sont sur deux couches :

$$\text{Couche supérieure. .} \begin{cases} 6 \text{ obus ordinaires.} \\ 1 \text{ boîte à mitraille.} \\ 1 \text{ obus à balles.} \end{cases}$$

Couche inférieure . . | 4 obus ordinaires.

Les obus de la couche supérieure sont placés dans un porte-obus mobile, la fusée en bas ; ceux de la couche inférieure sont couchés. L'outillage de section est le même que pour le 12 rayé.

Coffres de 7.

Le coffre modèle 1840 et le coffre modèle 1840 allongé ont été aménagés pour le transport des munitions de 7.

CASES.	COFFRE 1840 ALLONGÉ.			COFFRE 1840.		
	Gargousses.	Obus.	Étoupilles.	Gargousses.	Obus.	Étoupilles.
Case du (Couche inférieure	22	»	»	20	»	»
milieu. (Sur le couvre-charges. .	8	»	»	8	»	»
Case de (Couche inférieure , . . .	»	12	»	»	12	»
droite. (Sur le couvre-obus. . . .	»	3	•	»	2	»
Case de (Couche inférieure . . .	»	12	»	»	12	»
gauche. (Sur le couvre-obus. . . .	»	3	»	»	2	»
Poche à étoupilles (côté droit). . .	»	»	40	»	»	40
Totaux.	30	30	40	28	28	40

Outillage commun aux deux coffres. — 1 spatule dans sa gaîne et 1 crochet à désétouper sous le couvercle à gauche ;

400 g. d'étoupes sur le couvre-obus de gauche; 1 clef à fusées, sur le devant à gauche, dans chaque coffre d'avant-train; 1 hausse, sur le devant à droite, dans les coffres d'avant-train d'affût et de caissons de première ligne; 10 lanières dans une poche à côté de la poche à étoupilles.

Pour distribuer les munitions, commencer par celles de la couche supérieure, en les remplaçant au fur et à mesure par des obus et des gargousses pris dans la couche inférieure.

Coffre de canon à balles.

(Modèle 1858 allongé.)

Le coffre du canon à balles est divisé en trois cases égales par des cloisons parallèles aux petits côtés du coffre. Chaque case est divisée en quatre compartiments par des cloisons parallèles aux grands côtés.

Les compartiments placés contre le derrière du coffre sont très-étroits. Chacun d'eux peut recevoir, soit une planchette à accessoires, soit des chiffons, soit des burettes à huile ou à graisse. Il y a huit numéros de planchettes. La planchette n° 1 contient les outils dont on peut avoir à se servir pendant le tir : 1 hausse latérale, 4 broches en bois, 1 marteau en cuivre, 1 serpette ou pince et 1 arrache-culot.

La planchette n° 2 contient les outils nécessaires au nettoyage de la pièce : 1 monte-système, 1 marteau monte-système, 1 tournevis, 2 baguettes en bois, et en outre une hausse latérale.

Les 6 autres planchettes contiennent des rechanges et des outils nécessaires aux réparations du matériel.

Dans tous les coffres d'avant-train d'affût il y a une planchette n° 1 (compartiment de droite) et des chiffons (compartiment de gauche). Dans le coffre d'avant-train de l'affût de droite de chaque secteur, il y a en outre une planchette n° 2 (compartiment du milieu).

Enfin les boîtes à huile et à graisse se trouvent dans le compartiment de gauche des coffres d'avant-train du caisson de droite dans chaque section.

Les autres planchettes sont réparties entre les différents coffres d'avant-train de la batterie.

Les trois autres compartiments de chaque case sont égaux : chacun d'eux peut recevoir 9 boîtes placées sur trois couches de 3 boîtes chacune. Il y a par suite 27 boîtes dans chaque case et 81 dans tout le coffre.

Le compartiment de devant de la case de gauche ne contient que des boîtes rouges (mitraille).

Coffre de 5.

Le coffre modèle 1858 allongé est réglementaire pour le transport des munitions de 5 (1). Chaque coffre contient 32 coups répartis dans trois cases, de la manière suivante.

Case de droite. — Au fond, 12 obus debout sur le culot; sur le couvre-obus, 4 obus couchés; la fusée sur les côtés du coffre.

Case de gauche. — Comme la précédente.

Case du milieu. — Au fond, 24 gargousses debout sur le culot; sur le couvre-charges, 8 gargousses couchées les goulots tournés vers les cases extrêmes.

La poche à étoupilles, contenant 40 étoupilles, et la poche à étoupe, contenant 65 grammes d'étoupe, sont fixées sous le couvercle.

Outillage. — Les objets suivants sont placés dans les coffres : 1 spatule dans sa gaîne et un crochet à désétouper, sous le couvercle à gauche; 1 clef à fusée et un dégorgeoir simple au râtelier d'outils de droite dans les coffres d'avant-trains d'affûts; 1 hausse au râtelier d'outils de droite dans les coffres

---

(1) Il existe aussi dans les arsenaux des coffres modèle 1858, aménagés pour le transport des munitions de cinq. Chaque coffre contient 30 coups seulement, répartis en trois cases. La case du milieu contient les gargousses, 23 debout sur le fond, et 7 couchées sur le couvre-charges. Les cases extrêmes contiennent les obus sur deux couches, 12 à la couche inférieure, debout, et 3 à la couche supérieure, couchés parallèlement aux petits côtés du coffre et tête-bêche.

d'avant-trains d'affûts et de caisson de première ligne; 10 lanières dans la poche à lanières.

Il y a en outre :

Dans le coffre d'avant-train de l'un des affûts de la section : 1 pince tire-culot, 1 repoussoir, 1 dégorgeoir de 4, au râtelier de droite; 1 tournevis à clef, 2 clefs à écrous, au râtelier de gauche.

Dans le coffre d'avant-train de l'autre affût : 1 crochet tire-gargousses, au râtelier de gauche ; 1 chasse-goupille, 2 dégorgeoirs à vrille de 4, au râtelier de droite.

Les munitions se distribuent comme celles de 7.

Tous les coffres de campagne peuvent recevoir des poignées coudées avec dossier en bois, permettant d'attacher les sacs des servants sur le couvercle.

Caisses blanches de double approvisionnement.

Les munitions destinées à réapprovisionner les batteries sont expédiées dans des caisses en sapin ou en peuplier, que l'on nomme des caisses blanches. Pour les pièces de campagne se chargeant par la bouche, il y a trois modèles de caisses blanches : celle de 12, celle de 8 et celle de 4.

Le chargement d'un coffre à munitions est renfermé dans deux caisses accouplées : l'une marquée D pour le demi-coffre de droite, l'autre, G, pour celui de gauche.

Les munitions de 4 de montagne sont transportées dans des caisses blanches (de gauche) de 4. Une caisse contient l'approvisionnement de deux caisses à munitions de montagne.

La caisse blanche de 7 contient 10 coups. Il faut par suite trois caisses pour approvisionner un coffre. Celle de 5 contient 16 coups; il faut deux caisses pour chaque coffre.

CHAPITRE V.

Armes à feu portatives.

Toute arme à feu destinée au service de guerre doit être à la fois une arme de jet et une arme de main. Par suite, la valeur de cette arme dépendra des conditions dans lesquelles on aura su concilier les qualités suivantes, comme arme de jet :

1° Vitesse de chargement;

2° Certitude que le coup partira à la volonté du tireur;

3° Tension de la trajectoire;

4° Justesse du tir;

5° Portée;

6° Sécurité pour le tireur et pour ses voisins;

7° Simplicité de l'arme et facilité du maniement;

8° Légèreté de l'arme et des munitions.

Comme arme de main :

9° Facilité du maniement avec la baïonnette.

L'armement actuel de la France comprend deux catégories d'armes bien distinctes :

1° Armes se chargeant par la bouche;

2° Armes se chargeant par la culasse.

Les premières n'offrent plus d'intérêt qu'au point de vue historique. Il y en a encore quelques-unes en service dans les corps, mais elles sont destinées à disparaître de l'armement régulier. Nous n'en parlerons point.

Il y a aujourd'hui en service six modèles d'armes se chargeant par la culasse :

Fusil d'infanterie	modèle 1866	
Fusil de cavalerie	—	une cartouche, la même
Carabine de gendarmerie	—	pour les quatre armes.
Mousqueton d'artillerie	—	

Carabine modèle 1859 transformée, une cartouche.

Fusils transformés, une cartouche.

Le cadre restreint de cet ouvrage ne nous permet pas d'entrer dans de bien longs détails sur chacune de ces armes; nous nous bornerons donc ici à une description sommaire.

1° Fusil modèle 1866.

Le fusil d'infanterie modèle 1866, généralement connu sous le nom de *fusil Chassepot* (*fig.* 4 et 5), se divise, de même que toute arme à feu se chargeant par la culasse, en trois parties principales, savoir :

1° Le canon ;

2° La culasse mobile et le mécanisme servant à produire le feu ;

3° La monture ;

4° Les garnitures ;

5° La baïonnette.

1° **Le canon** est en acier pudlé fondu ; il se divise en deux parties principales : l'âme, du calibre de 11 millimètres, portant quatre rayures en hélice ; le tonnerre, placé à l'arrière du canon et servant de logement à la cartouche : les parois du tonnerre sont plus épaisses que celles de l'âme.

Lorsque l'arme est chargée, la balle occupe la partie AB (*fig.* 5), et l'étui à poudre la partie BC. La cartouche est maintenue en avant par le ressort B, en arrière par le dard de la tête mobile *a*. L'espace annulaire E qui reste vide autour du dard de la tête mobile porte le nom de *chambre ardente*. La présence de cette chambre facilite la combustion de la cartouche.

Le pointage de l'arme s'exécute au moyen d'une hausse H et d'un guidon G placés à la partie supérieure du canon (*fig.* 4).

Le canon est réuni à la boîte de culasse D (*fig.* 5) par une partie filetée.

La boîte de culasse sert de logement à la culasse mobile.

Dans la boîte de culasse on distingue : la fente supérieure qui livre passage au levier L (*fig.* 4) dans les mouvements en avant et en arrière de la culasse mobile ; l'échancrure avec son rempart dans laquelle vient se loger le renfort du levier lorsqu'on rabat ce dernier à droite pour fermer le tonnerre ; la vis-arrêtoir V (*fig.* 4), qui limite le mouvement en arrière de la culasse mobile. A la partie inférieure, la boîte de culasse est percée d'un trou pour le passage de la gâchette.

2° **La culasse mobile** (*fig.* 5) comprend des pièces destinées, les unes à fermer le tonnerre, les autres à produire l'inflammation de l'amorce.

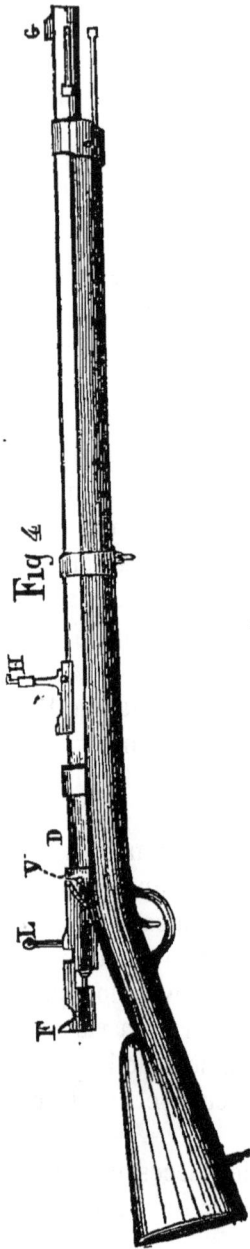

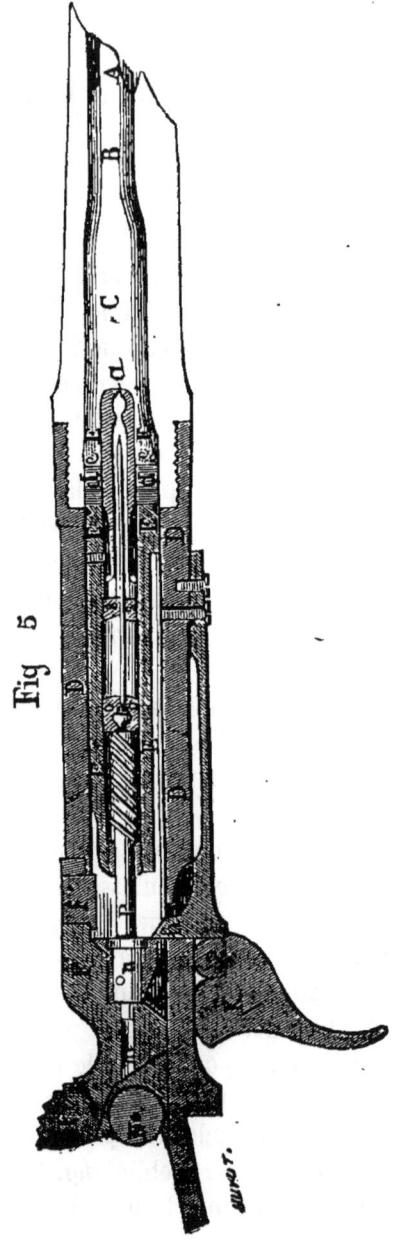

Fig 4

Fig 5

Les pièces de fermeture sont au nombre de trois :

1° Le cylindre E (*fig.* 5), avec son levier de manœuvre.

Une fente latérale creusée sur le côté droit du cylindre dans l'épaisseur du métal reçoit l'extrémité de la vis-arrêtoir et sert de directrice au cylindre dans ses mouvements.

2° La tête mobile *a* (*fig.* 5).

3° La rondelle en caoutchouc *d* (*fig.* 5).

La tête mobile porte à l'avant un dard *c* et en arrière une tige qui traverse la rondelle en caoutchouc. Une vis-arrêtoir, traversant la paroi supérieure du cylindre, vient s'engager dans un collet *b* pratiqué autour de la tige, et relie ainsi la tête mobile au cylindre.

La tête mobile est traversée suivant son axe par un canal pour le passage de l'aiguille ; à l'extrémité antérieure de ce canal se trouve la *chambre à crasse* dans laquelle se rassemblent les crasses dues à la combustion de la cartouche.

La plaque de caoutchouc, pièce essentielle de l'obturation, est maintenue en arrière par la tranche antérieure du cylindre et en avant par la plaque de recouvrement de la tête mobile *e*.

Les pièces qui servent à la production du feu sont les suivantes :

Le *cylindre* E, qui est creux et sert de logement au ressort. Un grain S (*fig.* 5) sépare le logement du ressort de celui de la tête mobile. Ce grain est percé d'un trou pour le passage de l'aiguille.

A l'arrière du cylindre on remarque : le *cran de l'armé,* qui a pour but de maintenir le chien dans une position telle que l'aiguille soit complétement rentrée pendant que la culasse mobile est retirée en arrière pour le chargement ; la *rainure de sûreté* dans laquelle s'engage la *pièce d'arrêt f* (*fig.* 5) lorsque, l'arme étant chargée, on ne veut pas faire partir le coup ; la *rainure du départ* dans laquelle pénètre la pièce d'arrêt au moment du départ du coup. Lorsque le tonnerre est fermé, cette rainure est exactement en face de la pièce d'arrêt. Le logement du ressort est fermé à l'arrière par la *vis-bouchon* V

30

(*fig.* 5) que traverse la tige porte-aiguille P. Cette vis sert d'appui au ressort à boudin.

Le mécanisme proprement dit comprend :

1° Le chien et son galet ;

2° La noix ;

3° Le porte-aiguille ;

4° Le manchon ;

5° L'aiguille ;

6° Le ressort à boudin.

Le chien F (*fig.* 5) porte à l'arrière une tête quadrillée sur laquelle agit le pouce de la main droite pour armer, et un galet N qui facilite le glissement du chien sur le fond de la boîte de culasse. A la partie supérieure se trouve le coude auquel est reliée par une goupille la pièce d'arrêt. Le chien est percé en son centre d'un trou *m* dans lequel pénètre l'extrémité du porte-aiguille.

La noix, sorte de virole qui entoure le porte-aiguille, est logée dans la partie antérieure du chien. Elle porte un cran à sa partie inférieure, lequel prend appui contre la tête de gâchette pour maintenir le ressort au bandé. Une goupille réunit la noix et le porte-aiguille au chien.

Le porte-aiguille P (*fig.* 5) est une tige cylindrique divisée en deux parties inégales par une embase. La partie postérieure *n*, qui est la moins longue, porte la noix et s'engage dans le chien ; la partie antérieure traverse la vis-bouchon, pénètre dans le logement du ressort et est terminée par un T sur lequel se place le manchon *o* qui relie l'aiguille au porte-aiguille.

Le manchon sert d'appui au ressort, dont il reçoit directement l'action.

L'aiguille, sous l'action du ressort à boudin, vient frapper la capsule de la cartouche et détermine son inflammation.

Voici maintenant comment ces différentes pièces fonctionnent :

Dans la position que représente la figure 5, l'arme est chargée et prête à tirer. La gâchette H maintient le cran de la noix ; le ressort est bandé et l'aiguille complétement rentrée ; le levier L est rabattu à droite de manière que le renfort soit placé dans l'échancrure de la boîte de culasse. Le coude du chien est engagé par sa partie antérieure dans la fente supérieure de la boîte de culasse. Si l'on fait effort avec le doigt sur la détente K, la gâchette s'abaisse, le chien n'étant plus retenu peut se porter en avant sous l'action du ressort, l'aiguille vient frapper l'amorce de la capsule et en même temps la pièce d'arrêt s'engage dans la rainure de départ. A ce moment tout mouvement de la culasse mobile est impossible.

Pour recharger l'arme, il faut agir avec le pouce sur la crête du chien, de manière à replacer le cran de la noix en arrière et contre la gâchette. Ce mouvement fait rentrer l'aiguille, bande le ressort et dégage la pièce d'arrêt de la rainure de départ. On peut alors faire tourner le levier de manière à l'amener dans la fente supérieure de la boîte de culasse. Le chien n'obéit pas à ce mouvement de rotation parce que, comme nous l'avons dit, l'extrémité du coude est engagée dans la fente supérieure de la boîte. Le levier étant dans sa nouvelle position, la pièce d'arrêt est en face du cran de l'armé; si l'on retire la culasse mobile en arrière, le ressort reste bandé et l'aiguille rentrée parce que la pièce d'arrêt s'appuie contre le cran de l'armé. Lorsqu'on referme le tonnerre en ramenant la culasse en avant, après avoir chargé, le cran de la noix revient se replacer derrière la gâchette qui l'arrête, et, lorsqu'on rabat le levier à droite, la rainure de départ revient en face de la pièce d'arrêt; l'arme est prête à tirer.

La monture est en bois; elle se divise en trois parties principales : le fût dans lequel est encastré le canon; la poignée qui sert à saisir l'arme et la crosse qui fait contre-poids au canon et répartit sur l'épaule du tireur l'action de recul.

Les garnitures sont les diverses pièces qui maintiennent le canon réuni au fût ou qui protègent certaines parties de l'arme. Les garnitures sont au nombre de neuf.

La baguette sert à décharger l'arme et à nettoyer le canon.

L'embouchoir maintient le canon contre le fût près de la bouche et la baguette dans son canal.

La grenadière, placée au milieu du canon qu'elle maintient aussi contre le fût, porte un des deux battants dans lesquels passe la bretelle.

La pièce de détente porte la bouterolle qui sert d'écrou à la vis de culasse; elle est percée d'un trou rectangulaire pour le passage de la détente.

Le pontet protége la détente.

Les deux battants, l'un à la grenadière, l'autre à la crosse, sont les points d'attache de la bretelle.

L'embase du battant de crosse est fixé sur la crosse par deux vis.

La plaque de couche protége l'extrémité de la crosse.

Le sabre-baïonnette s'adapte par une douille à l'extrémité du canon, lorsqu'on veut transformer le fusil en arme de main.

Accessoires et piéces de rechange.

On donne le nom d'*accessoires* aux instruments nécessaires au soldat pour nettoyer son arme. L'ensemble de ces instruments ainsi que la boîte qui les contient s'appelle *nécessaire d'armes*. Le nécessaire d'armes se compose :

1° D'une boîte cylindrique en tôle de fer dont le fond est percé d'une fente rectangulaire dans laquelle on engage une lame de tournevis ou une clef. Cette boîte est fermée par un huilier qui est lui-même bouché par une vis;

2° D'une lame de tournevis dont les deux bouts ont des dimensions différentes; le plus large sert pour les grandes vis, le plus étroit pour les petites;

3° D'une clef pour dévisser et revisser la vis-bouchon du cylindre;

4° D'une spatule-curette pour nettoyer l'intérieur de la tête mobile;

5° D'un lavoir pour nettoyer le canon. Cette pièce se fixe à l'une des extrémités de la baguette.

Ces cinq objets sont réunis dans une trousse en drap.

Le nettoyage intérieur du cylindre exige une pièce spé-

ciale, c'est la grande curette. Il y en a une par section dans
l'artillerie.

Pièces de rechange.

Chaque servant reçoit trois pièces de rechange : un obturateur en caoutchouc, un ressort à boudin, une aiguille; le
ressort et l'aiguille sont enfermés dans un étui en fer-blanc.

Chaque batterie reçoit en outre quelques têtes mobiles de
rechange.

2° Fusil de cavalerie.

Le fusil de cavalerie est établi d'après les mêmes principes
que le fusil d'infanterie et n'en diffère que par quelques détails.

Le cavalier à cheval porte son arme soit *à la botte,* soit *à la
grenadière.* Ces deux manières de porter le fusil ont nécessité
quelques modifications dans certaines pièces de l'arme. Pour
le port à la botte, il a fallu couder le levier du cylindre, car
le levier droit aurait été gênant et même dangereux quand
les chevaux sont serrés dans les rangs; il a fallu, en outre,
arrondir les angles saillants de la hausse, qui frottaient contre le pantalon et finissaient par le couper. Pour le port à la
grenadière, on a dû déplacer les attaches de la bretelle de
manière que le pontet ne vînt pas blesser le dos du cavalier
pendant le trot ou le galop. Le battant de crosse a été placé
en avant du pontet et il est devenu battant de sous-garde.
Cette modification en a amené d'autres : afin de consolider
le pontet, on l'a réuni à la pièce de détente. Ensuite il a fallu
remonter la grenadière vers l'embouchoir, ce qui a amené à
attacher le canon au fût par un troisième point intermédiaire
entre la grenadière et le pontet à l'aide de la *capucine.*

L'embouchoir, la grenadière, la capucine, le pontet et la
plaque de couche sont en laiton.

3° Carabine de cavalerie.

Mêmes principes que pour les deux armes précédentes. La

carabine des gendarmes à pied peut recevoir un sabre-baïonnette à douille et à lame quadrangulaire.

4° Mousqueton d'artillerie.

Le mousqueton d'artillerie, destiné aux servants des pièces, est semblable, sauf la longueur, à la carabine de gendarmerie. Cette longueur a été déterminée en raison du service spécial des troupes qui sont armées de ce mousqueton.

Cartouche.

Les quatre armes dont nous venons de parler tirent la même cartouche (fig. 6).

Cette cartouche est combustible, c'est-à-dire qu'elle est en-

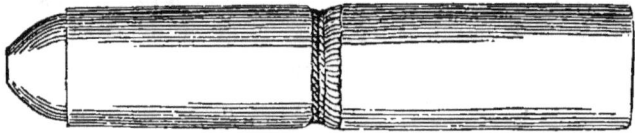

Fig. 6.

tièrement brûlée dans le canon par les gaz de la poudre. Elle se compose d'un étui amorcé et rempli de poudre et d'une balle pleine réunie à l'étui par un cône de papier et une ligature.

L'étui en papier recouvert d'une révolution de gaze de soie porte l'amorce à l'une de ses extrémités. Cette amorce est formée par une capsule engagée dans une collerette en carton. L'ouverture de la capsule est fermée par une petite rondelle de caoutchouc qui obstrue le canal de la tête mobile pendant la combustion de la cartouche. La collerette en carton est collée sur une étoile en papier collée elle-même sur l'étui.

L'étui contient 5^{gr},50 de poudre B. Au-dessus de la poudre on place une rondelle en carton percée d'un trou central. Le papier de l'étui est rabattu sur le carton, puis tortillé et coupé ras; l'excédant se loge dans le trou central.

La balle pèse 24^{gr},50. Un tronc de cône en papier plus long que la balle entoure celle-ci sur presque toute sa hauteur et la déborde du côté de la base. Cette portion en excès coiffe l'étui à poudre et reçoit la ligature que l'on place sous la rondelle de carton. Le cône de papier est graissé; la tranche postérieure de la cartouche est cirée.

La cartouche terminée pèse 32^{gr},50 environ.

Les cartouches, pour le transport, sont réunies au nombre de neuf dans des boîtes en carton.

Les avantages de la cartouche précédente sont les suivants: la fabrication en est simple et facile; elle est d'un prix peu élevé; elle est légère et ne porte pas avec elle, comme les cartouches métalliques, un poids mort considérable; enfin, étant combustible, elle rend inutile l'emploi d'un extracteur pour retirer l'étui vide de la chambre.

Par contre les inconvénients sont graves: les ratés sont assez fréquents; la cartouche se détériore très-vite par l'humidité; un choc accidentel la brise facilement; enfin elle nécessite l'emploi d'un obturateur, de la rondelle en caoutchouc, et d'une chambre ardente.

Depuis la guerre de 1870 des études sérieuses ont été entreprises en vue de modifier la cartouche et par suite le fusil modèle 1866. Ces études, qui se poursuivent encore actuellement, conduiront prochainement sans doute à la transformation et peut-être à l'abandon complet du système Chassepot. On paraît disposé à revenir aux cartouches métalliques dont les avantages semblent, dans les expériences, l'emporter sur les inconvénients.

Carabines et fusils transformés.

Les anciennes armes se chargeant par la bouche, qui armaient autrefois l'infanterie, ont été transformées d'après le système dit *à tabatière*.

Dans ce système, le tonnerre est fermé par une culasse mobile massive, fixée à la boîte de culasse par une broche parallèle à l'axe du canon autour de laquelle elle peut tourner; lorsque le tonnerre est fermé, la culasse mobile est maintenue en place par un ressort. Lorsque le tonnerre est ouvert, la culasse mobile peut recevoir, sur la broche-charnière, un léger déplacement vers l'arrière; dans ce mouvement elle entraîne un tire-cartouche enfilé sur la broche, le tire-cartouche à son tour entraîne l'étui de la cartouche dans la boîte de la culasse. La culasse mobile est traversée obliquement par le percuteur qui débouche en avant, vis-à-vis l'axe du canon, et qui en arrière est terminé par un bouton sur lequel s'exerce l'effort du chien.

Le chien est mis en mouvement par une platine ordinaire.

Le percuteur rentre dans son logement par la pression d'un ressort lorsqu'on arme le chien pour charger l'arme.

Cartouches.

Les cartouches des deux armes dont nous nous occupons ne diffèrent que par le poids de la balle et par la charge de poudre. Ces cartouches sont à étui métallique.

L'étui se compose :

1° D'un culot à bourrelet au centre duquel est l'amorce. Le bourrelet donne prise au tire-cartouche;

2° D'un étui à poudre formé d'une révolution de clinquant entouré de papier. Cet étui est engagé dans le culot contre lequel il est serré par une rondelle de carton embouti.

Cette rondelle maintient en même temps l'amorce au centre du culot.

La balle est séparée de la poudre par une rondelle de carton.

Les cartouches sont chargées avec de la poudre à mousquet, 4^{gr},50 pour le fusil, 5 grammes pour la carabine. La balle pèse 36 grammes pour le fusil et 44 grammes pour la carabine.

Revolvers.

Les revolvers appartiennent à la catégorie des armes dites

à magasin. Le magasin consiste en un barillet cylindrique mobile autour d'un axe horizontal. Ce barillet, dans la plupart des revolvers, est percé de six trous qui peuvent recevoir chacun une cartouche.

Le revolver est dit *à mouvement simple* lorsque la rotation du barillet ne s'effectue que lorsqu'on arme le chien avec la main.

Pendant qu'on arme le chien, le barillet exécute un sixième de tour, et est maintenu dans sa nouvelle position par un mécanisme particulier dont les dispositions sont variables suivant les modèles.

Lorsque la rotation et l'arrêt du barillet peuvent avoir lieu soit quand on arme le chien avec la main, soit quand on agit sur la détente, le revolver est dit *à double mouvement.* Dans ce système, le mécanisme est disposé de telle sorte que la pression sur la détente produit les effets suivants :

Le chien est armé, le barillet tourne, puis s'arrête, en dernier lieu le chien revient à l'abattu, et le coup part. On peut aussi armer le chien à l'avance comme dans le système précédent.

Enfin, il existe un troisième système dans lequel tous les mouvements simultanés du barillet et du chien ne s'effectuent que lorsqu'on agit sur la détente. Ces revolvers sont dits *à tir continu.*

Cartouches. — Les cartouches de revolvers sont presque toutes des cartouches métalliques; elles sont de deux espèces : à percussion centrale lorsque le chien vient frapper le culot au centre; ou à broche lorsqu'elles portent perpendiculairement à leur paroi une broche sur laquelle vient agir le chien.

Nous ne nous étendrons pas davantage sur ces armes dont il existe de nombreux modèles. Le revolver a été adopté en principe pour l'armement des troupes à cheval, mais le modèle réglementaire n'est pas encore arrêté.

Renseignements et observations sur les armes à feu modèle 1866.

Nous terminerons ce qui est relatif aux armes portatives par le paragraphe suivant, extrait du Manuel de l'instructeur de tir.

Dégradations pouvant gêner ou arrêter la marche du mécanisme.

« Par suite du frottement des pièces mobiles sur les pièces fixes, il se produit quelquefois des bavures qui gênent momentanément la marche des pièces. Un coup de lime suffit pour remettre l'arme en état. Ces bavures se trouvent ordinairement, soit à l'extrémité de la fente latérale, soit aux crans du cylindre, soit sur la pièce d'arrêt, soit sur le carré de la vis-bouchon, soit enfin sur le bourrelet de la tête mobile.

« Le jeu du mécanisme peut être encore enrayé par la tête carrée de la gâchette, la vis-arrêtoir du cylindre, ou la vis-arrêtoir de la tête mobile, lorsque ces pièces ont une trop grande longueur.

Principales causes de ratés.

« Une chambre trop longue, une cartouche trop courte, une rondelle de carton trop étroite ou trop molle, peuvent amener des ratés, surtout au premier coup.

« On peut attribuer la presque-totalité des ratés de premier coup à l'insuffisance de l'arrêt fourni par la rondelle de carton de l'étui à poudre; ils se produisent surtout lorsque la chambre est huilée ou graissée.

« Avant chaque tir et chaque jour en campagne, il faut s'assurer que la chambre est parfaitement sèche; il vaudrait mieux, pour la sûreté du départ, qu'elle fût encrassée que graissée. On peut d'ailleurs éviter les ratés de premier coup en coiffant de papier la première cartouche.

« L'aiguille peut être émoussée, faussée ou trop courte ;

le ressort à boudin trop faible ; la chambre à crasse obstruée.

« Toutes ces causes peuvent produire des ratés. Mais, si l'on passe la visite des armes avant le tir, on reconnaîtra l'existence de ces défauts, et l'on préviendra les ratés, soit en changeant les pièces, soit en les mettant en bon état de service.

Départs accidentels.

« Les départs accidentels pendant le chargement se produisent ordinairement par suite de la rupture de l'aiguille ou de la goupille qui relie le chien à la tige porte-aiguille. Quelle qu'en soit la cause, il est facile de s'en apercevoir, car la pointe de l'aiguille reste en saillie en avant du dard au moment où l'on ouvre le tonnerre pour charger. Il suffit donc, pour éviter les accidents, de s'assurer que l'aiguille est rentrée, soit en regardant le dard de la tête mobile lorsqu'on met la cartouche, soit en touchant l'extrémité de la pièce avec l'index de la main droite. »

Chargement des coffres à munitions pour armes portatives rayées.

Les munitions pour armes portatives sont transportées dans es coffres, modèles 1840 et 1858, dont on a enlevé l'aménagement intérieur. Le chargement est entouré de bandes de toile. Chaque couche de cartouches est matelassée sur les quatre faces latérales. On rabat les bandes de toile sur la couche supérieure, on étend par-dessus une couche de foin, puis l'on place sur le foin une planchette de pression.

Coffre modèle 1840.

Le coffre est partagé en deux demi-coffres.

Chargement d'un demi-coffre. (Cartouche 1866.)

Huit couches composées chacune de six rangées de onze paquets couchés, le grand côté parallèle à la séparation.

Nombre de paquets par couche.   66
—   dans un demi-coffre. . .   528
—   dans un coffre.   1,056
—   dans un caisson..   3,168
Nombre de cartouches par couche.   594
—   dans un demi-coffre..   4,752
—   dans un coffre. . . .   9,304
—   dans un caisson. . . . 28,512
Poids approximatif du chargement d'un coffre. 314^k
—   d'un paquet. . . . . 310^g

Coffre modèle 1858.

Le coffre est divisé en trois cases appelées : case de gauche, case de droite, case du milieu.

Chargement d'une case extrême. (Cartouche 1866.)

Cinq couches formées chacune de neuf rangées de quatre paquets, le côté bleu en dessus.

Chargement de la case du milieu.

Cinq couches de neuf rangées contenant chacune huit paquets debout, le côté bleu en dessus.

Nombre de paquets, couche d'une case extrême.   36
—   id.   de la case du milieu.   72
—   coffre.   720
—   caisson. 2,160
Nombre de cartouches, cases extrêmes, chacune.   1,620
—   case du milieu. 3,250
—   coffre. 6,480
—   caisson. 19,440

Poids du chargement : environ 220 kilogr.

On transporte aussi les cartouches dans des caisses à munitions de montagne et dans un caisson à deux roues d'un modèle spécial.

Caisse de montagne. (Cartouche 1866.)

Cinq·couches de trente paquets, plus trois paquets superposés.

Dans chaque couche : 1° une rangée de dix-neuf paquets couchés parallèlement aux petits côtés de la caisse; 2° une rangée de onze paquets couchés parallèlement aux grands côtés de la caisse.

Les trois paquets superposés sont debout à l'extrémité des rangées de onze paquets, la face bleue en dessus.

Nombre par caisse de paquets. 153
— de cartouches. 1,377
Poids approximatif du chargement. . . . . 46^k

Coffre du caisson léger d'infanterie.

(Voir plus bas la description de la voiture.)

Chargement d'une caisse : six couches de deux rangées de onze paquets debout, la face bleue en dessus.

Nombre de paquets, par couche. 22
— par caisse. 132
— par caisson. 1,320
Nombre de cartouches, par couche. 198
— par caisse.. 1,188
— par caisson. 11,880
Poids approximatif du chargement. . . . 440 kil.

Un certain nombre de caissons Whitworth de 3 et 12 livres ayant été achetés pendant la guerre, on les a utilisés en les aménageant pour le transport des cartouches d'infanterie. Les coffres contiennent :

Coffre de 3 livres. . . . . 5,103 cartouches.
Coffre de 12 livres. . . . . . . 10,719 cartouches.

Caisses blanches pour cartouches, modèle 1866.

Il y a deux numéros de caisses blanches :
Caisse n° 1. — 384 paquets de 9 cart., soit 3,456 . cartouches.
Poids de la caisse chargée : 135 kil. environ.

Caisse n° 2. — 168 pàquets de 9 cart., soit 1,512 cartouches.

Poids de la caisse chargée : 57 kil. environ.

CHAPITRE VI.

Affûts et voitures.

Voie des voitures. — On appelle voie des voitures l'écartement des roues mesuré d'axe en axe sur le sol.

Les fusées des essieux sont inclinées vers le sol, afin que la roue serre l'essieu en dessous et ne puisse s'échapper. Cette disposition s'appelle le carrossage.

On appelle *écuanteur* l'inclinaison des rais de la roue sur la jante et sur le moyeu. Cette inclinaison est calculée de manière que le rais qui correspond à la partie de la roue qui touche le sol soit vertical.

La voie des deux trains d'une voiture est la même, afin que les roues puissent passer dans les mêmes ornières.

Voies des voitures.

Affûts et voitures de 12, de 8 et de 7 de campagne ; affût de 12 rayé de siége ; chariot de parc, haquet d'équipage de réserve ; charrette de siége, caisson léger. . . . . $1^m,525$

Matériel de 3 et de 4 de campagne du canon à balles, haquet d'équipage de corps d'armée. . . . $1^m,43$

Affût de 24 de siége. — Chariot porte-corps. —
Avant-train de siége. . . . . $1^m,54$

Affût de montagne. . . . . $0^m,750$

Trique-balle. $1^m,51$

Affût de place. . . . . $1^m,30$

Roues.

Les roues des voitures portent les numéros suivants :

N° 1 de siége. . . . . Chariot porte-corps.
—   Avant-train de siége.
—   Affût de 24 rayé de siége.

Nº 2 de camp......	Matériel de 12, de 8 et de 7.
—	Caisson léger.
—	Arrière-train de chariot de parc.
—	Charrette de siége.
—	Arrière-train de haquet d'équipage de réserve et de tombereau.
Nº 2 *bis* de camp...	Matériel de 3 et de 4.
—	Matériel du canon à balles.
—	Arrière-train de haquet d'équipage de corps d'armée.
Nº 3 (avant-trains) .	Avant-train de chariot de parc.
—	de haquet d'équipage de réserve.
—	de trique-balle.
—	de tombereau.
Nº 3 *bis.*	Avant-train de haquet d'équipage de corps d'armée.
Nº 4 de place.......	Affûts de place.
Nº 5 de montagne...	Affûts de montagne.
Nº 6.	Arrière-train de trique-balle.

La roue de l'affût de 24 de siége a un cercle un peu plus fort que celui des autres voitures. Toutes les roues ont un moyeu en bois, sauf la roue nº 4 dont le moyeu est en fonte. Les jantes sont en bois, la roue nº 4 n'a pas de jantes. Tous les rais sont en bois.

De nouvelles roues à moyeu en bronze viennent d'être adoptées pour le matériel de campagne.

Toutes les roues, sauf le nº 4, ont des boîtes de roues en bronze qui protégent le moyeu contre le frottement de la fusée d'essieu. Une chambre à graisse est ménagée vers le milieu de ces boîtes.

Les boîtes de roues sont reliées au moyeu par des crampons de boîtes en bronze.

Essieux.

Tous les essieux sont en fer, sauf celui de montagne qui est en bois, et celui du 24 de siége qui est en acier.

Les essieux sont classés par numéro :

Nº 1 de siége......	Affût de siége.
—	Chariot porte-corps.
—	Trique-balle.
—	Avant-train de siége.

No 2 (d'affût).. . . .	Affût de 8 et de 7.
—	Affût de 12 de campagne et de siége.
No 2 *bis* (d'affût)...	Affût de 5, de 4 de campagne et de canon à balles.
No 3 (de caisson)... .	Caissons, avant-trains et voitures de 8 et de 7.
—	Id. de 12 de campagne et de siége.
—	Caisson léger.
—	Charrette.
—	Chariot de parc.
—	Haquet d'équipage de réserve.
—	Avant-train de trique-balle.
—	Avant-train de tombereau.
No 3 *bis* (de caisson).	Caisson de 5, de 4 et de canon à balles.
—	Voitures des batteries de 5, de 4 et de canon à balles.
—	Haquet d'équipage de corps d'armée.
—	Avant-trains de haquet d'équipage de corps d'armée et des voitures de 5, de 4 et de canon à balles.
No 4 de place. . . .	Affûts de place.

Les essieux d'avant-train et de caisson sont consolidés par un corps d'essieu en bois auquel ils sont reliés par un talon. Ce corps d'essieu est fixé à la voiture par des étriers.

Artillerie de campagne.

Matériel de 12 et de 8.

Le même affût en bois sert pour le 12 et le 8. L'écrou de la vis de pointage peut être placé sur la flèche dans deux positions différentes, suivant que l'affût doit recevoir du 12 ou du 8.

2 numéros d'essieux n° 2 pour l'affût.
     —   n° 3 pour les autres voitures.
1 numéro de roue n° 2 pour toutes les voitures.

Une roue n° 2 à moyeu métallique est désormais réglementaire.

Le caisson est le même pour les deux calibres. Il reçoit un certain nombre de ferrures pour le transport des outils suivants :

5 pelles rondes,
1 pelle carrée,
5 pioches,
1 hache.

Armements transportés par l'affût. — Deux leviers de pointage; deux écouvillons; un seau; une hachette suspendue au flasque gauche; un tire-bourre pour deux affûts.

Un crochet de brancard est placé derrière le caisson; on peut y accrocher la lunette d'une autre voiture privée d'avant-train.

Matériel de 7.

Un affût en bois dit de 7 de campagne est provisoirement en service, il sera remplacé par un affût en tôle de fer.

Cet affût se compose de deux flasques en tôle se réunissant au bout de crosse. Entre les flasques est placé le système de pointage. Près du bout de crosse-lunette se trouve un coffret de flèche placé aussi entre les deux flasques. Ce coffret renferme des outils.

Sur l'essieu des deux affûts se trouvent des coffrets d'essieux renfermant des outils de section.

Affût en bois. — *Coffret de gauche.* — 1 burette à l'huile, 1 quart de cercle à niveau, 1 pince tire-culot, 2 burins (dont 1 ciseau à froid et 1 bédane), 1 chasse-goupille, 1 repoussoir, 4 limes, 2 manches de limes, 1 crochet tire-gargousse, 1 hausse, 1 dégorgeoir à vrille, 1 dégorgeoir ordinaire, 1 clef anglaise, 1 marteau rivoir, 1 tricoise, 1 tournevis à clef, 2 brosses, 1 tire-feu, 1 dégorgeoir simple.

Coffret de droite. — 1 éponge, 1 télomètre, chiffons.

Affût en fer. — *Coffret de gauche.* — Mêmes outils que celui de l'affût en bois, moins la hausse et plus les suivants : 1 tournevis à trou, 2 clefs universelles, 1 scie articulée, chiffons.

Coffret de droite. — 1 télomètre, 1 quart de cercle à niveau, 20 écrous, chiffons.

Coffret de flèche. — Le compartimentage n'a pas encore été publié.

En avant du coffret de flèche se trouve une boîte à éponge pour le nettoyage du système de culasse.

Les coffrets d'essieux sont aménagés extérieurement pour le transport d'un servant.

Essieux : Comme aux voitures de 12. L'essieu de l'affût en fer est renforcé par une bande de tôle fixée sous les flasques.

Roues : n° 2 à moyeu en bois.

—   n° 2 à moyeu métallique.

Caisson. — Le même que celui de 12.

Armements. — Deux leviers de pointage, 1 grand écouvillon, 1 petit écouvillon, 1 seau, 1 hachette sur le flasque gauche, 1 levier à crochet pour ouvrir la culasse et placé sur le côté gauche de la flèche.

Appareil de pointage. — Cet appareil, dont les dispositions générales sont indiquées par la figure 7 (1), permet le tir sous de grands angles. La vis de pointage D est placée entre les deux flasques et maintenue à la partie supérieure par une plaque de tôle rivée et à son extrémité inférieure par une crapaudine portée par un étrier. La vis est immobile par rapport aux flasques. L'écrou C, en bronze, est relié par deux tenons à deux bras B symétriques, et fixés à un axe A placé sous les tourillons. Entre les deux bras B se trouve l'appareil S servant à supporter la pièce. Cet appareil se compose de deux tiges d'inégales longueurs, *a* et *b*, perpendiculaires l'une à l'autre, et pouvant tourner autour d'un axe excentrique *c*, perpendiculaire aux bras B. Lorsque la tige *a* est verticale, et par conséquent supporte la pièce, le trou *n* est traversé par une chevillette qui fixe le système dans sa position ; un petit taquet H, s'appuyant contre les bras, assure la solidité de l'ensemble. Si l'on veut faire reposer la pièce sur la

---

(1) La figure 7 ne représente pas exactement le système de pointage.

tige B, on commence par soulever la culasse, on dégage la
chevillette du trou *n*, on fait tourner l'appareil dans le sens

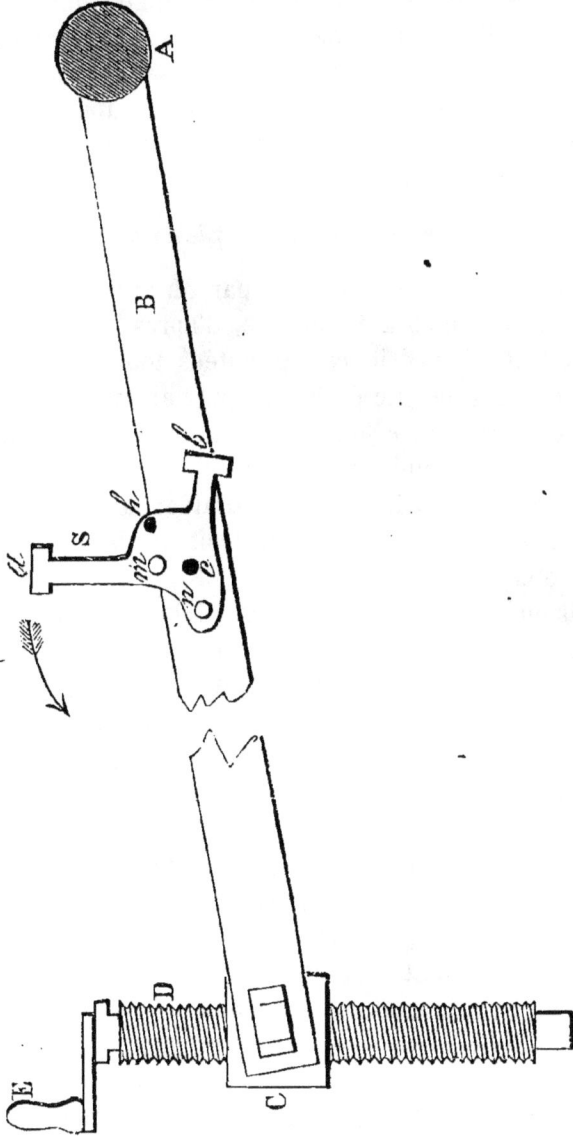

Fig. 7.

de la flèche ; le trou M vient alors prendre la place du trou *n* et le taquet H buter contre le bras B, après avoir décrit un quart de cercle autour de l'axe C. On fixe le système dans la nouvelle position en engageant la chevillette dans le trou M.

Lorsque, à l'aide de la manivelle E, on fait tourner la vis D, l'écrou monte ou descend, suivant le sens du mouvement ; les bras B tournent autour de l'axe A, et le support S s'abaisse ou s'élève ; la pièce peut ainsi prendre diverses inclinaisons par rapport à l'affût.

Système de fermeture des pièces de 5 et de 7.

La pièce de 7 a été imaginée par M. le lieutenant-colonel de Reffye. Celle de 5 a été établie, d'après les mêmes principes, à la suite d'expériences exécutées tout récemment. Ces deux bouches à feu ne diffèrent que par les dimensions ; les systèmes de fermeture sont du même modèle. Nous nous bornerons à décrire celui du canon de 7.

Ce système, qui a beaucoup d'analogie avec celui des pièces de la marine, se compose de trois parties principales : la vis, le volet, l'écrou.

La vis ou culasse mobile est cylindrique ; sa surface est divisée en six secteurs égaux ; trois secteurs sont filetés, les trois autres sont lisses ; les secteurs filetés alternent avec les secteurs lisses. Sur les trois secteurs lisses sont creusées les trois coulisses-guides qui règlent le mouvement de la vis.

Le volet est un anneau qui sert à réunir la vis à la pièce contre laquelle il est lui-même fixé par une charnière verticale. Il porte trois vis-guides qui pénètrent dans les coulisses-guides de la vis, et trois évidements qui donnent passage aux filets de la vis, lorsqu'on la tire en arrière pour ouvrir la culasse. Ces évidements se nomment *les passages des filets*. Sur la partie du volet opposée à la charnière se trouve le verrou disposé de telle sorte que le volet ne peut s'ouvrir que lorsque la vis est complétement retirée, et que la vis ne peut être poussée en avant dans la culasse qu'au moment où le volet est fermé.

L'écrou est une bague d'acier vissée dans le métal de la

pièce qui porte, comme la vis, trois secteurs filetés égaux, séparés par trois secteurs lisses.

La pièce étant chargée, il faut trois mouvements pour fermer la culasse : 1° fermer le volet ; 2° pousser la vis à fond ; 3° faire exécuter à la vis $\frac{1}{6}$ de tour pour engager ses filets dans ceux de l'écrou. On ouvre la culasse par les mouvements inverses.

Matériel de 5.

Un affût en fer, dit de 5 de campagne, présentant des dispositions analogues à celles de l'affût de 7.

> *Essieux :* n° 2 *bis*, pour l'affût.
> — n° 3 *bis*, pour les autres voitures.

Roues : n° 2 *bis*, à moyeu métallique, pour toutes les voitures.

L'essieu de l'affût est renforcé par une plaque de tôle rivée sous les flasques. Il porte deux coffrets d'essieux, aménagés de la manière suivante :

Coffret de gauche. — 1 burette à l'huile, 1 quart de cercle à niveau, 1 tire-feu, 2 clefs universelles, 2 burins, 1 tournevis à trou (1 par section, pièce de droite), 1 tricoise (1 par section, pièce de gauche), 1 marteau-rivoir, 1 tournevis à clef, 1 scie articulée, 1 pince tire-culot, 1 brosse, 1 dégorgeoir ordinaire, 1 dégorgeoir à vrille, 1 dégorgeoir simple, 1 chasse-goupille, 1 repoussoir, 1 crochet tire-gargousse, 20 écrous, chiffons.

Coffret de droite. — 1 télomètre, chiffons.

Comme sur l'affût de 7 en fer, un coffret de flèche et une boîte à éponge sont placés entre les flasques.

Le caisson de 5 est en fer, de même que l'avant-train. Les positions générales de ces voitures sont les mêmes que celles du caisson et de l'avant-train de 4.

Le caisson porte les mêmes outils de pionniers que celui de 12.

Armements. — Les mêmes que ceux de l'affût de 7.

31.

Matériel de 4 de campagne.

1 seul affût en bois dit de 4 de campagne.

Essieux. — Comme ceux de 5.

Roues. — N° 2 *bis* à moyeu métallique ou à moyeu en bois (14 rais).

La flèche de l'affût se compose de deux demi-flèches séparées par des rondelles d'écartement et des entretoises.

Le caisson reçoit, comme celui de 12, des ferrures pour le transport d'outils à pionniers. Il porte un crochet de brancard à l'arrière.

L'essieu de l'affût porte deux coffrets renfermant chacun deux coups à mitraille et quelques objets nécessaires au service de la pièce (tire-feu, dégorgeoir, doigtier, étoupilles).

Armements. — Deux leviers de pointage, deux écouvillons; un tire-bourre (pour deux pièces), un seau, une hachette.

Matériel du canon à balles.

Un seul affût en bois: c'est l'affût de 4 de campagne avec flasques en bronze. Mêmes essieux, mêmes roues.

La pièce ne repose pas directement sur l'affût; elle est supportée par une semelle en bronze munie de tourillons. L'extrémité de la semelle opposée aux tourillons est reliée à la tête de la vis de pointage et sert de logement à la vis du mouvement latéral. L'appareil de pointage se compose d'une première vis reliée à la semelle par une articulation à genou, et d'une deuxième vis creuse servant d'écrou à la première. Les filets des deux vis sont tracés en sens contraire. La deuxième vis porte sur sa tête un volant de manœuvre et peut tourner dans un écrou en bronze muni de tourillons. Cet écrou repose sur un support en bronze boulonné sur les demi-flèches.

Cet appareil permet de changer rapidement l'inclinaison de la pièce sur l'affût. En effet, quand par exemple la vis extérieure descend dans son écrou, comme les filets des deux vis sont tracés en sens inverse, la vis intérieure descend aussi et la culasse se trouve abaissée d'une quantité égale à la somme des deux mouvements.

Sur l'essieu sont placés deux coffrets d'essieu. Chacun d'eux contient deux boîtes à mitraille. Celui de gauche renferme en outre un système de rechange et trois burettes; celui de droite, deux culasses mobiles et deux manivelles de percussion. Un petit coffret de flèche dans lequel le deuxième servant de droite place, pendant le tir, la culasse qu'il vient de charger, est suspendu à la demi-flèche de droite.

Près du bout de crosse se trouve le déchargeoir avec son couvercle et son levier. Enfin des crochets de culasse, placés sur chaque demi-flèche, sont destinés à recevoir les culasses mobiles pendant le tir.

Le caisson est le même que celui de 4.

Armements. — Deux leviers de pointage, deux lavoirs pour nettoyer les canons (dans leur gaîne), un seau, une hachette.

Système de fermeture de la mitrailleuse.

Le canon à balles ou mitrailleuse se divise en deux parties principales : 1° les canons; 2° la cage.

1° *Canons*. — Les canons sont en acier et à section octogonale. Les sommets de l'octogone suivent des hélices de même pas, tracées sur la surface de l'âme; les angles formés par les côtés remplissent ainsi le rôle des rayures. Les canons sont au nombre de 25 et rangés par couches horizontales et verticales de 5 chacune. Ils sont noyés dans une enveloppe en bronze.

Cage. — La cage contient : la culasse porte-cartouche et le système de percussion.

La culasse est un prisme rectangulaire en acier, percé de 25 canaux disposés par rangées de 5 comme les canons. Chaque canal peut recevoir une cartouche. Lorsqu'elle est placée dans la cage, la culasse repose par deux tenons, fixés à se parois latérales sur deux crochets portés par le système; elle est munie en outre de quatre tenons, lesquels, lorsque le système est serré à fond, pénètrent dans des mortaises prati-

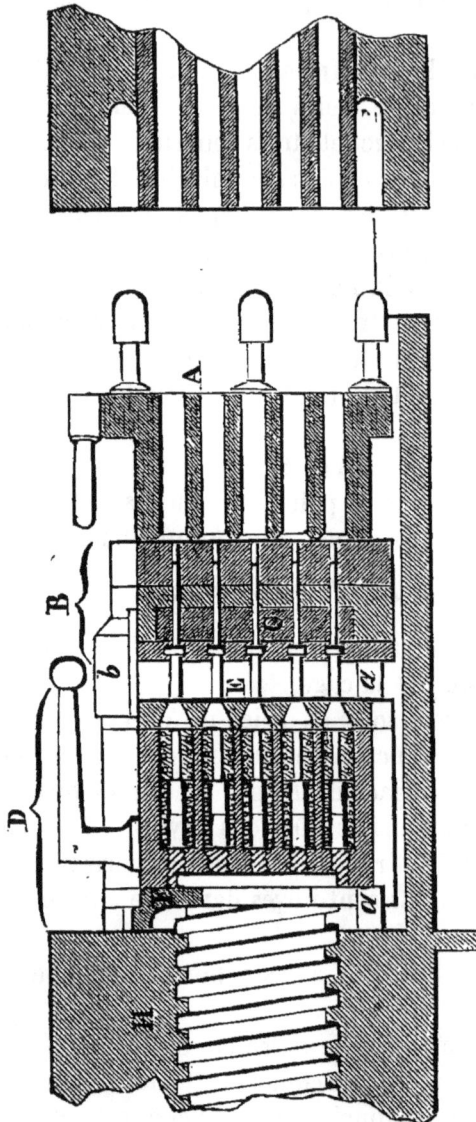

A culasse mobile avec ses tenons et sa poignée.

B partie antérieure du système.

C Plaque de déclanchement.

D partie postérieure du système avec sa poignée, les ressorts dans leurs logements et les percuteurs.

E Plaque percée de trous en entonnoir contre laquelle viennent buter les percuteurs.

F lunette de serrage.

H vis de serrage.

a goujons de la partie antérieure du système.

b plaque en laiton recouvrant le joint entre les deux parties du système.

Fig. 8.

quées dans l'enveloppe de bronze et assurent la fixité de la culasse au moment du départ du coup.

Système de percussion.

Le système de percussion se divise en deux parties principales : la partie postérieure et la partie antérieure.

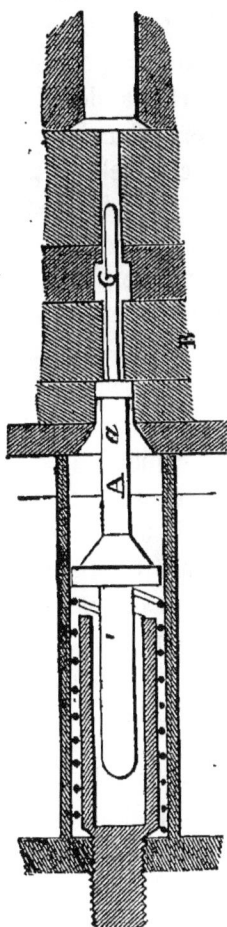

La partie postérieure D, fig. 8, en acier, contient les ressorts à boudin qui actionnent les percuteurs. Ces ressorts sont placés dans des logements distincts, disposés par rangées de 5. L'ouverture de ces logements, tournée du côté des canons, est fermée par une plaque en bronze E percée de 25 orifices en forme d'entonnoir qui laissent passer l'extrémité des percuteurs tout en limitant leur course. Sur cette plaque sont fixées quatre chevilles en fer, ou goujons, qui traversent de part en part le bloc d'acier qui sert de logement aux percuteurs. Ces goujons sont échancrés près de leur extrémité, de manière à livrer passage à la lunette de serrage F.

La partie antérieure du système B est en bronze. Elle se réunit à la partie postérieure par quatre goujons échancrés comme ceux dont nous venons de parler et dans le même but. Ces goujons dépassent d'une certaine longueur la partie postérieure du système.

Cette partie du système constitue une sorte de boîte dans laquelle est placée la plaque de déclanchement C. Cette plaque est carrée et percée d'ouvertures pour le passage de la tige des percuteurs. Ces ouvertures sont réunies par [des coulisses étroites à travers

Fig. 9.
Échelle ½.

lesquelles les dards des percuteurs peuvent seuls passer
tandis que la tige (*a*) est arrêtée par son épaulement
(voir fig. 9). Au moyen d'une petite manivelle à vis, placée
sur le côté droit de la pièce et nommée *manivelle de percussion*, on peut communiquer à la plaque de déclanchement un mouvement latéral de gauche à droite ou de droite
à gauche. Lorsque les percuteurs sont en face des coulisses
(fig. 9), leurs dards sont rentrés et les ressorts bandés; lorsque, par suite du mouvement de la plaque de déclanchement,
une ouverture se présente en face d'un percuteur, celui-ci peut
se porter en avant sous l'action du ressort et vient frapper la
capsule de la cartouche.

Le derrière de la cage sert d'écrou à la vis de serrage H
(fig. 8), au moyen de laquelle tout le système est mis en
mouvement. La tête de cette vis est réunie au système par la
lunette de serrage F.

Manœuvre. — Lorsque la pièce est chargée et le coup
prêt à partir, la plaque de déclanchement est placée dans la
partie gauche de son logement; les coulisses sont en face
des percuteurs (fig. 9); au contraire, après le départ du
coup, elle se trouve du côté droit, et, comme les tiges des
percuteurs sont engagées dans les orifices de la plaque, il est
impossible de faire revenir celle-ci à sa position primitive. Il
faut donc faire rentrer les percuteurs avant de ramener la
plaque du côté gauche. A cet effet, on desserre la vis de
serrage de manière à entraîner le système et la culasse
mobile en arrière. Au moment où les goujons fixés à la
partie antérieure du système et qui font saillie en arrière,
comme nous l'avons dit, viennent toucher le fond de la cage,
la partie antérieure du système est arrêtée, tandis que la partie postérieure, la plaque E et, par suite, les percuteurs, continuent leur mouvement de recul.

Les deux parties du système sont alors dans la position représentée par la figure 8, et comme les dards des percuteurs
peuvent glisser dans les coulisses sans s'opposer aux mouvements de la plaque de déclanchement, on peut alors rame-

ner celle-ci à l'aide de la manivelle de percussion dans la partie gauche de son logement. Il suffit alors de remplacer la culasse vide par une pleine et de ramener tout l'ensemble en avant en serrant la vis de serrage. Les percuteurs prennent la position du bandé, représentée par la figure 9.

Matériel de montagne.

Un affût en bois, de 4, de montagne ;
Un essieu en bois renforcé en dessous par un *équignon* en tôle de fer ;
Roues n° 5 (12 rais).
Armements. — 1 écouvillon, 1 levier avec sa ganse.

Matériel de siége.

3 affûts de siége ;
1 affût en bois pour le 24 de place ;
1 affût en fer pour le 24 de siége ;
1 affût en bois pour le 12 de siége ;

Trois numéros d'essieux . . {
Essieu n° 1, pour l'affût de 24 de place ;
Essieu n° 2, pour l'affût de 12 de siége ;
Essieu spécial pour l'affût de 24 de siége.

Trois numéros de roues. . . {
Roue n° 1, pour l'affût de 24 de place ;
Roue n° 1, à cercle renforcé, pour l'affût de 24 de siége ;
Roue n° 2, pour l'affût de 12 de siége.

L'essieu de l'affût de 24 de place est consolidé par un corps d'essieu en bois. La pièce peut occuper deux positions sur son affût : la position de tir et la position de route. (Voir le titre VII, *Manœuvres de matériel.*)

L'essieu spécial du 24 de siége est en acier. Il traverse les flasques et porte deux rebords en saillie qui empêchent tout déplacement longitudinal. Un talon qui s'enfonce dans les flasques s'oppose aux mouvements de rotation. (Voir pour la disposition de cet affût le titre III du règlement de 1869.)

L'affût de 12 de siége diffère de l'affût de 12 de campagne par les points suivants : il est marqué sur le flasque droit ; la deuxième partie de la chaîne d'enrayage a 16 mailles ; la tête d'un des boulons de l'écrou de la vis de pointage est en saillie et arrondie en goutte de suif.

Pour le transport des affûts de 24, on se sert d'un avant-train de siège (essieu et roue n° 1).

Armements transportés par l'affût. — *Affût de 24 de siège.* — La vis de frein qui traverse le flasque gauche, la clef de manœuvre fixée contre la face interne de la demi-flèche de gauche.

Affût de 12. — Deux leviers de pointage.

Artillerie de place.

3 affûts de place ;

1 affût en bois pour le 24 de place ;

1 affût en bois pour le 12 de place ;

1 affût en fer, de casemate, pour les canons de 4' de campagne et de montagne ;

Essieu et roue n° 4 pour les affûts de place proprement dits.

Les affûts de place sont transportés sur un avant-train de campagne. Pour le tir, ils sont montés soit sur un grand châssis, soit sur un lisoir directeur. Dans ce dernier cas, les roues sont remplacées par des roulettes.

L'affût de 12 de place peut être disposé pour recevoir le 12 de siège, le 12 et le 8 de campagne. Il suffit pour cela de changer la position de la vis de pointage.

Affûts de mortiers.

4 affûts de mortiers ;

L'affût de 32c ;

L'affût de 27c ;

L'affût de 22c ;

L'affût de 15c.

L'affût de 32 centimètres diffère de celui de 27 par l'écartement des flasques et par le dégagement de l'entretoise de derrière qui n'existe pas dans l'affût de 27 centimètres.

Les affûts de mortiers, sauf celui de 15, sont disposés pour le tir à ricochet.

Voitures des batteries de campagne.

Ces voitures sont au nombre de deux : le chariot de batteries et la forge.

Il y a deux modèles de chariot de batterie : celui de 4 de campagne et celui de 12 de campagne. Ces deux voitures ne diffèrent que par leurs dimensions. Les batteries de 7 recevront le chariot de batterie de 12, celles de 5 et de mitrailleuses le chariot de 4.

Deux chariots sont donnés à chaque batterie : l'un est affecté au service du matériel et l'autre au service du harnachement.

Les coffres d'avant-train contiennent, l'un des outils d'ouvriers en bois et l'autre des sacs à charges et des mesures à poudre.

Il y a aussi deux modèles de forges : l'un pour les batteries de 12 et de 7, l'autre pour les batteries de 4, de 5 et de mitrailleuses.

Chaque batterie ne reçoit qu'une forge. Le coffre d'avant-train contient différents outils d'ouvriers en fer et de maréchaux-ferrants.

L'arrière-train comprend la forge proprement dite et un coffre renfermant aussi des outils.

La forge des batteries de montagne est enfermée dans une caisse dite caisse A. Une autre, dite caisse B, contient les accessoires et les outils. Ces caisses sont transportées à dos de mulets.

Un nouveau modèle de forge portative de campagne vient d'être adopté. Cette forge peut être placée sur un chariot de parc.

Voitures des parcs de campagne.

Le chariot de parc est une voiture à quatre roues servant

au transport des munitions, des outils et agrès de toute espèce. L'essieu n° 3 sert pour l'avant-train et l'arrière-train ;
la roue n° 2 pour l'arrière-train (14 rais), la roue n° 3 pour
l'avant-train (12 rais) (1).

Pour le transport des objets élevés on exhausse les côtés
du chariot avec des ridelles. Il y a deux modèles de ridelles ;
ces modèles diffèrent par leur hauteur.

Caisson à munitions d'infanterie (à 2 roues).

Cette voiture est destinée à transporter sur le champ de
bataille une réserve de munitions pour l'infanterie.

Le coffre à munitions s'ouvre par le rabattement du côté de
devant et contient dix caisses reposant sur le fond entre deux
coulisses. Ces caisses sont munies d'une poignée en corde
pour la manœuvre ; elles peuvent être portées isolément à
dos de cheval, à l'aide d'une sangle porte-caisse.

L'attelage à deux chevaux qui traîne cette voiture est conduit à grandes guides. Les deux chevaux peuvent être placés
soit de front, soit en file. Le conducteur est assis sur le coffre,
il peut s'appuyer contre un dossier fixe aux deux poignées.

L'essieu est du n° 3 ; la roue du n° 4.

Voitures des parcs de siége.

Chariot porte-corps. — Cette voiture est employée au
transport des pièces de siége, des mortiers et de leurs projectiles.

Pour le transport des canons on fixe sur les brancards un
coussinet porte-volée. Pour le transport des projectiles on
place sur la voiture un cadre mobile muni de montants.

Le chariot porte-corps est traîné par l'avant-train de siége.
Il a même essieu (n° 1) et même roue (n° 1). Un treuil est fixé
à l'arrière de la voiture.

---

(1) Une roue n° 3 à moyeu métallique est désormais réglementaire.

Charrette de siège. — La charrette de siége sert au transport des approvisionnements pour les batteries de siége. Elle n'a que deux roues, afin de pouvoir plus facilement circuler dans les tranchées. Elle porte deux limons et est traînée par deux chevaux. Ces deux chevaux peuvent être placés soit en file, soit de front.

Elle a même essieu (n° 3) et même roue (n° 2) que le caisson léger.

Voitures des places.

Trique-balle à treuil. — Le trique-balle sert à transporter de lourds fardeaux à des distances rapprochées.

> 2 n^os d'essieux... n° 1 pour l'arrière-train;
> —   n° 3 pour l'avant-train.
> 2 n^os de roues.... n° 6 pour l'arrière-train;
> —   n° 3 pour l'avant-train.

Tombereau à bascule. — Cette voiture est destinée au service des polygones et des établissements d'artillerie. L'avant-train est d'un modèle spécial. La caisse de l'arrière-train est disposée de manière à pouvoir basculer en tournant autour de l'essieu.

L'essieu n° 3 sert pour deux trains, la roue n° 2 pour l'arrière-train et la roue n° 3 pour l'avant-train.

Voitures des équipages de pont.

Haquets. — On appelle haquets des voitures à quatre roues employées au transport du matériel des équipages de pont (bateaux, nacelles, poutrelles, etc.).

Il y a deux modèles de haquets : 1° celui de l'équipage de réserve, qui reçoit les roues n° 2 et l'essieu n° 3 et qui transporte les bateaux de l'équipage de réserve, les nacelles et les agrès divers ; 2° celui de l'équipage de corps d'armée, qui transporte les demi-bateaux, modèle 1866, et les agrès. Ce haquet a un avant train portant une roue spéciale, n° 3 *bis*. Les essieux et les roues de l'arrière-train sont les mêmes que ceux des voitures du matériel de 4.

Attelages.

Toutes les voitures de l'artillerie, sauf le caisson léger et la charrette de siége, n'ont qu'un seul timon. Les chevaux de trait pour ces voitures sont harnachés à la bricole et attelés trait sur trait par couple. Les chevaux de derrière tirent directement sur la voiture.

Dans les voitures de campagne, l'avant-train est plus chargé du côté du timon que du côté opposé; il en résulte que le timon doit être soutenu par les chevaux de derrière. Ceux-ci, à cet effet, portent un colleron qui se boucle par une courroie d'agrafe aux anneaux des branches de support.

Dans les voitures de siége et de place (chariot porte-corps, trique-balle, etc.), les deux trains sont réunis par le système dit à contre-appui. Le timon se maintient naturellement horizontal et n'a pas besoin d'être soutenu, aussi les branches de support ont-elles été supprimées.

Le caisson léger et la charrette de siége sont à deux roues. Les chevaux pour ces voitures reçoivent des harnachements différents. Celui qui est placé en dehors des timons est harnaché avec une bricole; le timonier doit avoir un harnais particulier dont les parties principales sont : la sellette, la sousventrière et la dossière.

Dans toutes les voitures, les chevaux de derrière seuls agissent dans le mouvement de reculer, mouvement qu'ils impriment à la voiture au moyen de l'avaloire.

CHAPITRE VII.

Artillerie de côte.

Les bouches à feu empruntées par l'artillerie à la marine pour la défense des côtes sont au nombre de trois;

Canon de 16ᶜ rayé et fretté (en fonte).
Obusier de 22ᶜ rayé et fretté   —
Mortier de 32ᶜ à plaque   —

Le canon de 16ᶜ porte aussi le nom de canon de 30 (1). Il en existe plusieurs modèles, les uns se chargent par la culasse, les autres par la bouche; il y en a même encore en service dans les polygones qui ne sont pas frettés.

Les calibres de ces bouches à feu sont respectivement 16, 22 et 32 centimètres.

Fabrication. — Le canon de 16 et l'obusier de 22 sont coulés à noyau creux, la volée en haut, dans des moules en sable. Le mortier à plaque est coulé à noyau la bouche en bas. Le forage et le rayage s'exécutent comme pour les autres bouches à feu.

Frettes. — On appelle frettes des cercles en acier placés à chaud sur la pièce, et qui, une fois refroidis, exercent une certaine compression sur le métal. L'effet de cette compression est d'augmenter considérablement la résistance des bouches à feu.

Rayures. — Les pièces de côtes rayées se chargeant par la bouche n'ont que trois rayures paraboliques tournant de droite à gauche dans la partie supérieure de l'âme. — Leur section est en ansé de panier. L'une des rayures a son origine à la partie inférieure de l'âme.

Chambres. — L'obusier de 22 a une chambre tronconique raccordée avec l'âme par un arc de cercle.

Dans le mortier à plaque, la chambre est tronconique, mais le fond a la forme d'un segment de sphère, ce qui permet de tirer cette pièce à très-fortes charges.

Prépondérance. — La prépondérance est à la culasse pour le canon et l'obusier. Quant au mortier, il est fixé à demeure sur une plaque de fonte qui fait corps avec lui.

Lumière. — Les canons et obusiers de côte d'anciens modèles n'ont pas de grains de lumière, mais ceux de cons-

(1) C'est le poids en kilogrammes de l'obus ordinaire.

truction récente en sont munis. Ce grain est en cuivre rouge. Le mortier à plaque n'en a pas.

Anses. — Les pièces de côte n'ont pas d'anses.

Canons de 16 se chargeant par la culasse. — La culasse est fermée par un système à vis, dont les dispositions principales ont été imitées dans le système de fermeture des nouvelles pièces de campagne de 7 et de 5.

Projectiles.

Projectiles des canons de 16 se chargeant par la bouche et non frettés. — Obus oblong, boîte à mitraille.

Projectiles des canons frettés de 16 se chargeant par la culasse. — Obus oblong en fonte ordinaire, obus oblong en fonte dure, boulet ogival en acier, boulet cylindrique en acier (boulets de rupture).

Une ganse en fil de laiton, attachée au culot, facilite le transport des projectiles.

Projectiles de l'obusier de 22^c. — Obus oblong, boîte à mitraille.

Projectiles du mortier à plaque. — Bombe sphérique de 32 de côte, et bombe de 32 de siége.

Munitions et artifices.

Charge de poudre des canons de 16 non frettés. . 3 k.

—   —   de 16 frettés. . . . 5,500

—   de l'obusier de 22, varie de 1 à 6 kil.

La charge du mortier à plaque varie suivant la distance à laquelle on tire.

Les charges sont contenues dans des gargousses en papier parcheminé. Le projectile est séparé de la charge par un bouchon en algue.

Les obus sont armés d'une fusée métallique percutante.

La bombe de 32 est armée d'une fusée en bois (n° 1 *bis*).

Affûts, châssis et plates-formes.

(Voir les titres V et VI du règlement du 17 avril 1869.)

DEUXIÈME PARTIE.

CHAPITRE PREMIER.
Conduite des batteries, parcs et convois (1).

Réception du matériel. — Au moment de la remise du matériel, l'officier commandant reçoit l'inventaire des bouches à feu, voitures, outils et accessoires divers qui lui sont confiés. Il doit vérifier l'exactitude de cet inventaire et passer une visite détaillée du matériel afin de s'assurer qu'il est dans de bonnes conditions de service. Après cette visite, le commandant signe l'inventaire en double expédition et devient responsable de la conservation du matériel. Il conserve l'une des expéditions et laisse l'autre à l'établissement qui lui livre le matériel. Une garde doit aussitôt après être établie au parc.

Dispositions avant le départ. — Quelques jours avant de se mettre en route, le commandant de la batterie ou du convoi passe une revue de ses hommes, de ses chevaux et du harnachement. Il s'assure que les armes, le grand équipement et l'habillement sont en bon état, et que les hommes emportent bien avec eux les effets de linge et chaussure et de campement réglementaires ; il vérifie la ferrure et fait ajuster les harnais.

Marches. — Dans l'intérieur ou en pays ami, les batteries et convois marchent sans escortes. Une ou deux heures avant le départ, le commandant de la colonne doit faire partir un officier accompagné d'un adjudant et du fourrier. Cet officier se rend au gîte d'étape, prépare le logement pour la troupe et les chevaux, choisit un emplacement pour le parc et pour sa garde, et s'enquiert des lieux où le fourrage et

(1) Extrait de *l'Aide-mémoire de campagne.*

les vivres pourront être touchés. Il fait son rapport au commandant de la colonne lorsque celle-ci arrive (1).

L'heure du départ doit être réglée de telle sorte que les hommes aient le temps de manger la soupe, et que les conducteurs puissent bouchonner leurs chevaux, leur donner la botte et les conduire à l'abreuvoir avant de se mettre en route. Une demi-heure avant le départ, la troupe se rend au parc pour atteler et charger le fourrage, s'il y a lieu. Il est défendu de placer sur les voitures ou les chevaux aucun objet étranger au service.

A proximité de l'ennemi, le fourrage ne doit être porté que sur les caissons. L'avoine est placée sur les marchepieds. On ne transporte du fourrage que pour trois jours au plus.

Lorsqu'on est éloigné de l'ennemi, les voitures marchent en colonne sur une file, tenant la droite de la route, chaque pièce suivie de son caisson. La réserve d'une batterie sous les ordres du capitaine en second marche en queue de la colonne; les hommes à pied sont réunis en peloton en tête sous les ordres d'un officier et d'un nombre suffisant de sous-officiers.

Dans le voisinage de l'ennemi, les servants se placent à leurs pièces, les hommes en plus à la réserve.

L'allure doit être de 4 kilomètres à l'heure. Les voitures qui perdent leur distance, la reprennent sans trotter. S'il arrive un accident à une voiture, on la fait sortir de la colonne là où elle se trouve. Selon l'urgence, la décharger et même la démonter, et répartir sur les autres voitures son chargement et les différentes parties; ou bien la laisser, sur reçu, aux autorités civiles ou militaires voisines.

Les officiers et sous-officiers s'arrêtent souvent pour voir défiler la partie de la colonne à laquelle ils sont attachés.

---

(1) Ce que nous disons ici semble en contradiction avec les prescriptions du service en campagne; mais nous rapportons ici ce qui se pratique le plus ordinairement. Lorsque les colonnes sont peu nombreuses, l'officier chargé du logement n'a pas besoin de partir un jour d'avance comme le prescrit le règlement.

Avant-garde, arrière-garde. — La garde montante forme l'avant-garde à 200 mètres de la tête de la colonne; elle fait écarter les obstacles qui arrêteraient la marche, et donne avis au commandant des réparations à faire aux chemins lorsqu'elle ne peut les exécuter elle-même. — La garde descendante, à 200 mètres de la queue de la colonne, veille à ce que rien ne se perde, et à ce que les hommes ne restent pas en arrière; elle prête assistance aux voitures qui ont éprouvé quelque accident, et laisse une garde à celles qui sont obligées de stationner quelque temps sur la route pour des réparations.

Escortes. — Dans le voisinage de l'ennemi, les batteries et les convois sont toujours escortés par une troupe d'infanterie et de cavalerie. Cette escorte fournit une avant-garde et une arrière-garde qui doivent se tenir à une distance de la colonne telle qu'en cas d'attaque on ait le temps de se mettre en défense. (Voir les articles du *Service en campagne* relatifs aux convois.)

Montées et descentes. — Dans les montées, faire prendre dix pas de distance aux voitures. Si la montée est longue, les conducteurs mettent pied à terre; si elle est courte et rapide, ils restent à cheval.

Les servants calent les roues aussitôt qu'on s'arrête pour faire reposer les chevaux. — Dans une montée rapide, doubler les attelages, mais ne jamais mettre à la même voiture plus de dix chevaux. S'il y a de la glace, la casser et la couvrir de terre.

Dans les descentes, les conducteurs restent à cheval; les chevaux de derrière seuls tirent. Enrayer si la descente est rapide.

Lieux habités. — Dans les villages, veiller avec soin à ce que personne ne s'écarte de son poste, faire serrer les voitures, rétablir l'ordre dans la colonne.

Passages difficiles. — S'informer, chaque jour, des difficultés que présentera la route le lendemain; employer les canonniers et même les paysans pour faire aux chemins les réparations nécessaires.

32

Quand le passage difficile est long, faire passer la colonne en plusieurs fois. Sur les ponts suspendus, ou sur les ponts de bateaux, faire passer les voitures une à une, les conducteurs à pied à la tête de leurs chevaux.

S'il y a des gués à passer, il faut d'abord les reconnaître. Lorsque la profondeur dépasse 80 centimètres, l'eau peut atteindre les coffres; dans ce cas, séparer les coffres des voitures et les passer en bateaux.

Marches de nuit. — Redoubler d'attention, faire serrer les voitures, veiller à ce que les conducteurs ne s'endorment pas et restent à cheval.

Haltes. — Faire une halte de dix minutes d'heure en heure. On en profite pour ressangler les chevaux, replacer les couvertures et rétablir le chargement. Lorsque l'étape est longue, faire une grand'halte d'une heure à moitié chemin; former le parc si le terrain est favorable. Débrider les chevaux, les faire boire, puis leur donner la botte et l'avoine.

Cas d'attaque. — Lorsqu'on redoute une attaque, on doit, autant que possible, marcher sur deux voitures de front. Si l'ennemi se présente, l'escorte lui fait face, et la colonne continue de marcher. Si l'attaque devient sérieuse, choisir une position défensive et s'y établir. Avec un convoi, se faire un retranchement des voitures, en se couvrant de celles qui ne contiennent pas de poudre.

Arrivée. — L'officier qui a précédé la colonne vient à sa rencontre pour la conduire à l'emplacement du parc et faire connaître la manière dont le logement est établi. Autant que possible, les hommes et les chevaux doivent être logés dans le voisinage du parc. Si la batterie est divisée, chaque détachement doit comprendre des sous-officiers et des brigadiers. — Choisir pour le parc un terrain sec et d'un accès facile. — Parquer, suivant le terrain, sur deux ou plusieurs lignes, les timons tournés du côté par où l'on doit sortir. — Aussitôt le parc formé, établir la garde. — Défendre aux conducteurs d'attacher leurs chevaux aux voitures. — Faire graisser les voitures tous les cinquièmes jours de marche.

Vivres et fourrages. — Lorsque les distributions n'ont plus lieu, et que les corps sont obligés de s'approvisionner eux-mêmes, ce service doit se faire avec ordre et en armes. — Des détachements sont commandés et conduits par des officiers ou des sous-officiers qui s'entendent, autant que possible, avec les autorités locales et prennent les précautions nécessaires contre les surprises. On emploie des voitures de paysans, et, s'il le faut, les chevaux de trait de la batterie ou du convoi, en ayant soin de laisser toujours un parc avec des chevaux pour l'atteler au besoin. ¬¦

CHAPITRE II.

Service de l'artillerie en campagne.

L'unité tactique de l'artillerie est la batterie. Une batterie de combat proprement dite compte six pièces et six caissons, mais on adjoint toujours à cette batterie, pour les besoins du service de guerre, une réserve comprenant un certain nombre de caissons, une forge, un affût de rechange et deux chariots de batterie.

La batterie de combat paraît seule sur le champ de bataille; la réserve, sous les ordres du capitaine en second, prend position en arrière et à proximité de la batterie, dans un lieu abrité.

L'artillerie d'un corps d'armée se divise en artillerie divisionnaire et en artillerie de réserve. On donne le nom de batteries divisionnaires à celles qui sont spécialement attachées aux divisions d'infanterie ou de cavalerie qui marchent et combattent avec elles. Les batteries de réserve, au contraire, forment un corps distinct dont le commandant en chef peut disposer, lorsqu'il le juge à propos, soit pour *engager* et soutenir le combat jusqu'à ce que les divisions se soient déployées, soit pour renforcer un point faible de la ligne de bataille, soit enfin pour décider la victoire en écrasant les masses ennemies déjà ébranlées.

Rôle de l'artillerie. — Le rôle de l'artillerie sur les champs de bataille est de commencer le combat, de préparer et de soutenir les attaques des autres armes.

L'artillerie engage le combat, pour forcer l'ennemi à déployer ses forces et pour laisser le temps à l'infanterie et à la cavalerie de prendre leurs positions.

« L'infanterie abandonnée à elle-même, en présence d'un ennemi qui disposerait des trois armes, pourrait résister longtemps peut-être, mais non sans éprouver des pertes considérables, et elle finirait toujours par opérer une retraite que l'artillerie à cheval et la cavalerie ennemies changeraient bientôt en un désastre.

« La cavalerie lancée sans que l'artillerie ait préparé son action, sur une bonne infanterie prête à recevoir son choc, aurait grande chance d'être repoussée. » (*Aide-mémoire de campagne.*)

L'artillerie a aussi besoin de l'appui des autres armes. Un détachement de troupes formant soutien doit être placé à proximité des batteries et repousser les attaques dirigées spécialement contre elles.

La répartition générale de l'artillerie sur la ligne de bataille est réglée par le commandant en chef ; quant aux officiers de batterie, ils ont à résoudre les questions de détail et à prendre les dispositions qui leur paraissent indiquées par les circonstances.

D'après M. Hime, ces questions sont les suivantes (1) :

1° Choix des positions ;
2° Opportunité d'ouvrir le feu ;
3° Nature du but ;
4° Genre de projectiles ;
5° Changement de position.

Choix de la position. — Pour choisir une position, on s'ins-

---

(1) *Tactique de détail de l'artillerie de campagne*, par le lieutenant Hime de l'artillerie anglaise, traduit par le capitaine Jourdy. (*Revue d'artillerie*, novembre 1872.)

pirera de la forme du terrain. Les pièces ne doivent être placécs ni trop haut, ni trop bas. Placée trop bas, la batterie est dominée par l'ennemi et n'a que peu d'action sur lui; placée trop haut, la batterie envoie des projectiles sous une inclinaison trop grande et perd tous les avantages d'une trajectoire tendue. L'obus arrivant sous un angle de chute trop considérable s'enfonce sans éclater si le sol est mou, ou bien ricoche par-dessus les lignes ennemies si le sol est résistant. Si les pièces sont placées au sommet d'un escarpement, l'ennemi pourra préparer une attaque au pied même de l'escarpement sans être inquiété.

Mais, d'un autre côté, il est nécessaire de dérober autant que possible les pièces et les attelages aux vues éloignées. On choisira donc comme position une ondulation de terrain nettement dessinée, à pente douce en avant et à pente un peu plus forte en arrière. Si le terrain n'offre aucun relief, on élèvera un épaulement en avant des pièces. Les voitures et les attelages seront placés derrière les pièces, au pied de la pente.

Un petit remblai, une haie, un buisson, peuvent jouer le rôle de l'épaulement. Si l'on aperçoit un canal, une route encaissée, une tranchée de chemin de fer, on amènera les pièces jusque sur le bord du talus. Tous les projectiles courts entreront dans la tranchée et éclateront sans atteindre la batterie.

On ne devra pas craindre, dans tous les cas, d'éloigner un peu les voitures, si l'on découvre un point favorable pour les abriter. Il est indispensable cependant que le commandant de la batterie ait des caissons sous la main, afin que les mouvements en avant ou en arrière puissent s'exécuter sans retard.

Un marais, une rivière, un étang, un ravin, sont de très-bonnes défenses pour le front d'une batterie, pourvu que de tels obstacles ne rendent pas un mouvement en avant trop difficile.

Les pièces ne doivent être placées dans le voisinage d'un

32.

bois que lorsqu'on est sûr que l'ennemi ne peut y pénétrer.
— Il faut éviter de s'établir sur les terrains pierreux.

Dispositions des réserves. — La réserve de chaque batterie sous le commandement du capitaine en second, escortée
s'il est nécessaire, prend des positions et suit les mouvements
des troupes. — Un sous-officier de la réserve suit la batterie,
et à mesure des besoins va chercher les caissons, affûts, servants, attelages nécessaires. — Il emmène les blessés et les
harnais des chevaux tués. — Le commandant de la réserve
doit connaître la position du parc de son corps d'armée; il y
fait conduire les caissons vides.

Opportunité d'ouvrir le feu. — On ne doit commencer le
feu qu'à 2,500 mètres au plus, même lorsque la distance a
pu être appréciée exactement, parce qu'il est extrêmement
difficile de juger des effets du tir lorsqu'on est trop loin de
l'ennemi. Lorsqu'on tire sur une troupe trop éloignée, l'effet
produit est considérablement diminué, car les projectiles arrivent sous une trop grande inclinaison, la zone dangereuse
a trop peu d'étendue.

Nature du but. — En principe, l'artillerie doit tirer sur la
troupe qui lui paraît la plus dangereuse. S'il y a doute, la
règle admise est de diriger le feu de préférence sur la cavalerie ou l'infanterie. La raison en est que l'artillerie ne peut
se défendre lorsque l'infanterie ou la cavalerie sont dispersées,
tandis que les fantassins et les cavaliers peuvent encore s'é-
chapper après que leurs canons ont été réduits au silence.

Genre de projectile. — Jusqu'à présent les batteries de 5
et de 7 ne sont approvisionnées qu'en obus ordinaires; les
batteries de 4, de 8 et de 12 ont dans leurs coffres un certain nombre de coups à obus à balles et à mitraille; mais,
comme ce nombre est assez faible, ces projectiles ne peuvent
être tirés que dans des circonstances exceptionnelles.

Les obus à balles produisent le meilleur effet contre les buts
suivants : 1° contre l'artillerie, car on réduit plus vite une batterie au silence en mettant les hommes et les chevaux hors
de combat qu'en démontant les pièces; 2° contre les troupes

déployées ou en colonnes; les balles en se dispersant couvrent un espace de terrain considérable et causent plus de pertes à l'ennemi que les éclats d'obus ordinaires; 3° contre la cavalerie.

La mitraille ne produit d'effet utile que jusqu'à 600 mètres. Le tir à mitraille doit être employé principalement : 1° contre des charges de cavalerie; 2° contre les charges à la baïonnette de l'infanterie; 3° dans la défense des ouvrages de fortifications passagères, lorsque les colonnes ennemies tentent l'assaut; les pièces qui arment les parties flanquantes des ouvrages ne doivent tirer que des boîtes à mitraille.

Lorsqu'il est nécessaire de tirer à mitraille à de grandes distances, il faut avoir recours au canon à balles. — Le canon à balles possède un effet destructeur considérable lorsqu'il est placé à bonne portée. Il peut être utilement employé à fouiller les bois et les plis du terrain, à battre un plateau découvert, à enfiler un pont, une route ou les rues d'un village, et à flanquer les ouvrages de fortifications passagères.

Sur un champ de bataille il faut, autant que possible, faire agir le canon à balles par masse et non isolément. Au-delà de 3,000 mètres, l'effet produit est presque nul, parce qu'à cette distance l'angle de chute des balles étant de 45° environ, la zone dangereuse est très-petite. A 2,500 mètres, une batterie de canons à balles peut encore lutter soit contre une batterie de canons ordinaires et la forcer à la retraite, soit contre de l'infanterie ou de la cavalerie réunies en masses profondes et présentant un but étendu. Les bonnes portées de canons à balles sont entre 1,800 et 2,500 mètres.

Les boîtes à mitraille ne doivent pas être tirées au-delà de 600 mètres.

Changements de position. — Les changements de position pendant une action occasionnent toujours une perte de temps; il ne faut donc se déplacer que dans le cas d'absolue nécessité. Si l'ennemi se retire, on le suivra en augmentant progressivement la hausse jusqu'à la distance pour laquelle le tir cesse d'être efficace. Il faudra alors amener les avant-trains en avant et se mettre à sa poursuite. Si, au contraire, l'ennemi gagne du terrain, il est de règle que la batterie amène ses avant-trains quand l'infanterie arrive à 800 mètres, car à cette distance le tir du fusil devient très-dangereux. « Les pièces rayées, dit le baron de Moltke, ont par elles-mêmes une mobilité suffisante, mais leur nature les destine à rester le plus longtemps possible sur la position qu'elles ont choisie ; car tout changement demande une nouvelle évaluation de distance, condition indispensable d'un tir exact. Grâce à l'étendue de leur portée, elles peuvent, si elles sont bien placées, agir du même point sur les différentes parties du champ de bataille. Sans prendre la peine d'avancer de quelques centaines de mètres, il suffit d'augmenter la hausse sans nuire en quoi que ce soit à l'exactitude du tir. »

Exécution des feux.

Lorsque la batterie est en position, que la distance au but à battre a été déterminée par les moyens qui seront indiqués plus loin et que le tir a été rectifié, le capitaine fait ouvrir le feu. Les chefs de section et les chefs de pièces mettent pied à terre ; ils surveillent avec le plus grand soin le chargement et le pointage et s'assurent que les pourvoyeurs apportent bien les projectiles de l'espèce indiquée. Cette surveillance est nécessaire principalement dans les batteries de canons à balles ; la manœuvre doit s'exécuter avec calme et sans précipitation : le mécanisme de culasse étant assez délicat, la moindre inadvertance de la part des servants peut occasionner des dégradations assez graves pour mettre la pièce hors de service pendant la durée de l'action.

- Les chefs de pièces ne doivent faire feu que sur l'ordre du commandant de la batterie ou des chefs de section. Lorsque l'ennemi est en marche, il faut tirer plutôt en-deçà qu'au-delà du but. Le feu, d'abord lent aux grandes distances, doit s'accélérer à mesure que l'ennemi avance. A l'approche d'une charge, le tir doit être aussi rapide que possible. Le feu par pièces est le plus généralement employé, parce que c'est celui qui laisse le moins de relâche à l'ennemi ; mais il peut être parfois utile de faire feu par section, par demi-batterie ou même par salve de la batterie entière. Avec les canons à balles, au contraire, il est recommandé de ne faire feu que par salves, surtout contre les buts mobiles.

Il est inutile de répondre au feu des tirailleurs : c'est l'infanterie qui doit les éloigner. — L'artillerie cherche à atteindre les soutiens.

On commence ordinairement par prendre les munitions dans le coffre d'avant-train de la pièce; puis on passe aux coffres du caisson. — N'entamer qu'un seul caisson pour deux bouches à feu. — Remplacer, selon les circonstances, l'avant-train de la pièce par celui du caisson, ou approvisionner, à l'aide du caisson, l'avant-train de la pièce, ou enfin prendre telle autre disposition qu'on juge convenable, en tenant compte de la facilité que donne le mode de chargement pour transporter les munitions d'un coffre dans un autre. — Refermer les coffres dès qu'on a pris les charges. (*Aide-mémoire de campagne.*)

Service aux avant-postes. — Les avant-postes d'une armée en position comprennent une ligne de sentinelles et de vedettes, en arrière de cette ligne les petits postes, puis les grand'gardes et enfin des postes intermédiaires destinés à soutenir les grand'gardes.

Lorsque les positions occupées par les avant-postes doivent être défendues avec opiniâtreté, on adjoint du canon aux postes intermédiaires et même quelquefois aux grand'gardes.

« Les pièces (1) détachées auprès des grand'gardes restent attelées et prêtes à tirer, la nuit aussi bien que le jour. On ne fait manger ou boire les chevaux que successivement et par attelage. Celles qui sont aux postes intermédiaires restent at-

---

(1) Joubert, *Emploi du canon rayé*, traduit de l'allemand par Timmerans.

telées aussi, en cas général; mais leurs chevaux peuvent être dessellés, avec l'agrément du commandant des avant-postes. Quand l'enlèvement des harnais devient nécessaire pour procurer aux chevaux un soulagement certain, le commandant peut aussi l'autoriser, mais seulement pendant le jour; au crépuscule les hommes s'équipent et harnachent leurs chevaux.

« Si l'ennemi attaque un poste soutenu par des canons, le chef de section de l'artillerie doit ménager son temps, de manière à permettre le rassemblement des troupes campées en arrière; en conséquence, il s'efforcera d'arrêter l'adversaire par un feu efficace et énergique; il résistera avec le plus de ténacité possible et n'abandonnera le terrain que pied à pied, à la dernière extrémité, en ayant soin de se maintenir en étroite liaison avec les troupes qui battent en retraite. »

Aussitôt que l'officier commandant l'artillerie a reconnu la position qu'il doit occuper en cas d'attaque, il doit en étudier les abords, rechercher les routes par lesquelles il pourra se retirer et déterminer les distances auxquelles se trouvent les points remarquables du terrain environnant.

Destruction du matériel. — Si l'on est obligé d'abandonner son matériel pour alléger la marche de l'armée, faire sauter les caissons; démonter les voitures, les brûler, enclouer les bouches à feu. Si l'on est pressé par le temps, chercher, en amenant les avant-trains, à empêcher l'ennemi de se servir du matériel, ou bien encore couper les rais à coups de hache et scier les timons. (*Aide-mémoire.*)

Il a déjà été dit plus haut comment on mettait des bouches à feu hors de service.

Dispositions après une affaire. — Le commandant de chaque batterie passe une revue détaillée du personnel, du matériel, des armes, des munitions, des attelages, etc., et il ordonne immédiatement toutes les réparations de détails qui peuvent être exécutées par les ouvriers de la batterie. Il fait établir l'état des munitions consommées, celui de tous les objets du matériel qui doivent être remplacés, et les adresse au directeur du parc; il les envoie également au commandant de l'artillerie du corps d'armée. Il fait parvenir à l'administration militaire les procès-verbaux de dégradations ou de pertes. Il établit lui-même, en double expédition, un rapport circonstancié faisant connaître la part que la batterie a prise aux événements de la journée, les noms des militaires qui se sont distingués, l'état nominatif et par grade des hommes tués ou blessés, indiquant le genre de blessures, et si l'homme est indisponible, enfin les pertes en chevaux, et sommairement en matériel; l'une des expéditions est destinée au général de division, l'autre au général qui commande l'artillerie, lequel, à son tour, envoie au commandant en chef de l'artillerie le résumé de tous les rapports qu'il a reçus.

Le commandant de chaque parc de corps d'armée, après avoir sans retard approvisionné les batteries, se pourvoit au grand parc des munitions et de tous les objets qui lui manquent; il fait réparer le matériel et adresse au directeur général des parcs un rapport, ainsi que les états des pertes et des consommations. (*Aide-mémoire.*)

Appréciation des distances (1).

De tous les moyens propres à faire connaître les distances, l'appréciation à vue est assurément le plus simple et le plus commode; cette opération sera facilitée par les remarques suivantes, relatives à une vue moyenne, et qui portent sur les objets qu'on voit à la guerre : 1° les hommes ou corps de troupes; 2° les accidents de terrain.

A 20 mètres, on voit le blanc des yeux;

A 60 mètres, on voit les yeux comme des points;

De 75 à 100 mètres les yeux ne se voient plus;

---

(1) Extrait du Cours d'artillerie de l'école d'application de Fontainebleau.

A 150 mètres, on distingue les boutons de l'uniforme, on reconnaît la tournure des individus;

A 200 mètres, on distingue encore la figure et les jambes;

A 300 mètres, on voit briller les casques, les parements de couleurs vives;

A 450 mètres, on voit encore les armes, la tête, mais on ne distingue plus la figure ni les parements;

A 600 mètres, on voit dans une troupe d'infanterie les créneaux formés par les têtes, dans une troupe de cavalerie les mouvements des jambes des chevaux;

A 700 mètres, on distingue la tête des hommes de temps en temps;

A 900 mètres, on peut compter les pièces d'une batterie;

De 900 à 1100 mètres, les sections d'infanterie apparaissent comme une ligne noire crénelée; la cavalerie se reconnaît: on ne distingue plus les hommes des chevaux;

A 1500 mètres, on voit encore les mouvements des masses, l'infanterie ressemble à une ligne noire sur laquelle se détachent des points brillants (les armes); la cavalerie ressemble à une grosse ligne dentelée.

En ce qui concerne les accidents de terrain, on distingue :

Vers 200 mètres, les tuiles des toits;

De 450 à 600 mètres, les fenêtres des maisons;

De 900 à 1100 mètres, les troncs des arbres, les poteaux;

A 2000 mètres, les gros arbres;

De 3000 à 3500 mètres, les cheminées des maisons;

De 5500 à 7500 mètres, les petites maisons.

Les appréciations ainsi faites varient beaucoup avec la lumière et l'état de l'atmosphère. On estime les objets trop loin quand on a le soleil devant soi, trop près dans la position inverse. Les troupes placées devant un front obscur paraissent plus loin qu'elles ne le sont; sur un fond clair, c'est le contraire. Par un temps pur, les distances sont jugées plus courtes; par un temps brumeux, elles sont jugées plus grandes.

Souvent l'état et la forme du sol permettent d'apercevoir

les points de chute des projectiles, mais cette observation peut amener des erreurs assez grandes lorsque la distance est un peu considérable.

Lorsqu'une batterie ennemie tire sur celle dont on fait partie, on pourra souvent conclure la distance à laquelle elle se trouve de la mesure du temps écoulé entre le moment de départ d'un coup et celui où le bruit de la détonation se fait entendre. La vitesse de la lumière est pour ainsi dire instantanée; celle du son est d'environ 340 mètres par seconde. Si l'on note par suite, à l'aide d'un chronomètre ou d'une montre à secondes, le nombre de secondes qui s'écoulent entre l'instant où l'on aperçoit la lumière et celui où l'on entend le bruit, il suffira de multiplier ce nombre de secondes par 340 pour avoir la distance. Mais il faut remarquer qu'une erreur de $\frac{1}{10}$ de seconde sur la mesure du temps, erreur bien facile à atteindre, donne 34 mètres d'erreur sur la distance, et que de plus, suivant la direction du vent, la vitesse du son peut être augmentée ou diminuée de 20 mètres. On peut donc craindre une erreur de 60 mètres au moins, ce qui est trop.

Si l'on connaît la vitesse du projectile qui tombe à proximité de la batterie, on pourra compter le nombre de secondes compris entre le moment où on voit la lumière et celui où le projectile arrive, et multiplier ce nombre par la vitesse. Ce procédé est plus exact que le précédent, mais il exige que l'on connaisse à quelle espèce de bouche à feu l'on a affaire.

Tous les procédés que nous venons d'énumérer ne donnent pas à beaucoup près autant d'exactitude que les télémètres. On donne le nom de télémètres aux instruments destinés à mesurer les distances. Il existe un grand nombre de télémètres, tant français qu'étrangers : les deux plus connus en France sont ceux du capitaine Gautier et du colonel Goulier, que nous ne pouvons citer ici que pour mémoire, car leur description nous entraînerait dans des considérations mathématiques trop longues.

Tir et pointage.

Le règlement du 17 avril 1869 contient tous les renseignements utiles à connaître sur le pointage des bouches à feu et les différentes espèces de tir. Nous dirons donc seulement quelques mots ici de la manière dont s'exécute le tir en brèche.

On peut faire brèche à l'escarpe d'un corps de place, soit de près (batteries de couronnement), soit de loin (batteries de 2e période).

L'expérience a démontré que le mur doit être coupé au tiers de sa hauteur, à partir de la base, si l'on veut que le talus des terres éboulées soit franchi sans trop de difficultés par les colonnes d'assaut; la brèche doit avoir à peu près 25 mètres de large pour le même motif.

Cette largeur de 25 mètres est divisée en autant de parties égales qu'il y a de pièces dans la batterie; chaque pièce doit couper le mur dans la partie qui lui correspond.

Le tir peut s'exécuter de deux manières. Si l'escarpe n'est pas soutenue par des voûtes en décharge, on commence par pratiquer une tranchée horizontale, chaque pièce tirant sans s'occuper de sa voisine. Les coups doivent être espacés d'environ 8 diamètres de projectile, car l'ébranlement produit dans la maçonnerie par le choc d'un obus s'étend à peu près jusqu'à cette distance. On tire ensuite entre les intervalles des coups précédents jusqu'à ce que la tranchée soit complète, ce qu'on aperçoit lorsque les debris de pierre qui tombent sont mélangés de terre. Les deux pièces extrêmes seules font les tranchées verticales en tirant d'abord à 0,50 au-dessus des tranchées horizontales, de manière à couper la maçonnerie sur toute cette hauteur, puis en remontant progressivement le tir pour pratiquer chaque fois des tranchées de 1 mètre de haut environ.

Le deuxième procédé s'emploie dans le cas où l'escarpe est soutenue en arrière par des voûtes en décharge que l'on ne veut pas démolir. On commence par pratiquer une tranchée horizontale au tiers de la hauteur, à partir de la base, comme dans le cas précédent. Cette tranchée étant faite, on en pratique une seconde par-dessus, plus profonde que la première, puis une troisième, et ainsi de suite, de manière à remonter la brèche en talus jusqu'au sommet du mur.

Les expériences du fort Liedot ont démontré qu'on pouvait faire brèche même à la distance de 1,500 mètres avec le 24 rayé de siége; mais, aux distances rapprochées, il est préférable d'employer du 12 de siége.

Construction des épaulements rapides (1).

Lorsque l'officier commandant une batterie vient prendre position sur un terrain découvert, il doit, toutes les fois que cela lui est possible, mettre ses pièces à l'abri derrière des épaulements.

Comme les pièces sur un champ de bataille sont généralement placées à de grands intervalles, il faut que chacune d'elles soit protégée par un épaulement particulier construit par le personnel de cette pièce.

Voici les dispositions qui sont recommandées :

Tracé. — L'épaulement se compose d'un parapet destiné à protéger la pièce et de deux retours couvrant des fossés creusés de chaque côté pour les servants. Le tracé se fait par le pied du talus intérieur.

Le parapet doit avoir 3 mètres de longueur au moins, afin que la pièce ait un champ de tir de 90 degrés. Pour le tracé, on plante en terre deux piquets à 3 mètres l'un de l'autre, en ayant soin de les placer de telle sorte que la ligne qui les joint soit perpendiculaire à la direction du tir. Cette ligne détermine le pied du talus intérieur du parapet. La position des retours est ensuite fixée par deux lignes de 2 mètres de lon-

---

(1) *Extrait de la Revue d'artillerie* (août 1873).

gueur partant des extrémités de la première, et faisant avec

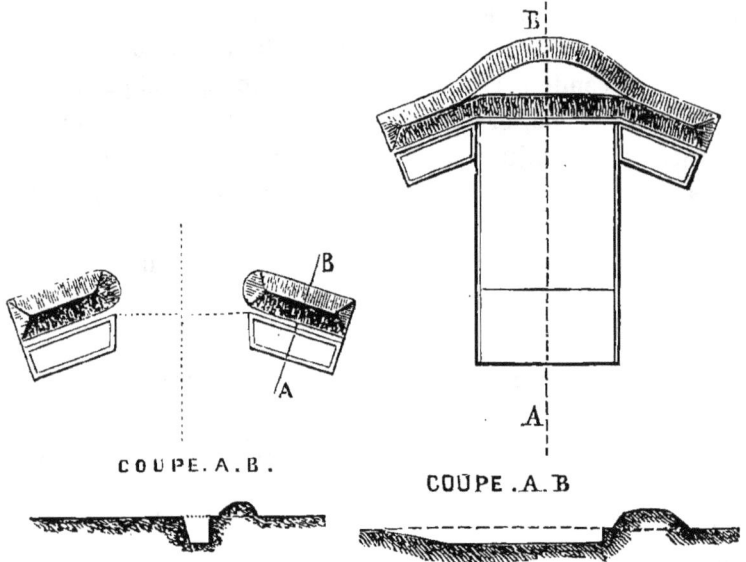

COUPE. A.B.

Fig. 10.

COUPE . A. B

Fig. 11.

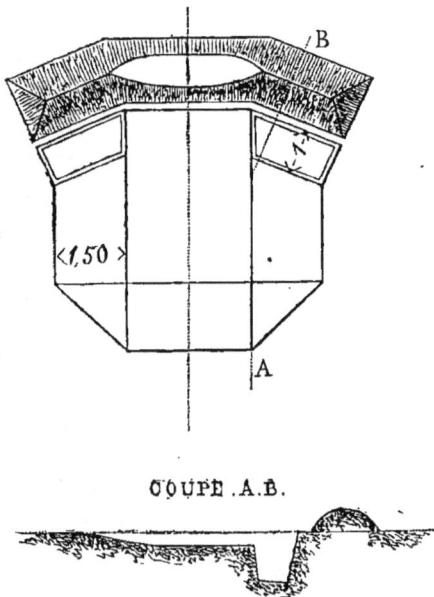

COUPE .A.B.

Fig. 12.

elle un angle tel que les fossés creusés pour les servants le long de ces retours laissent à la pièce toute liberté pour reculer quelle que soit la direction du tir.

La progression du travail peut, dès lors, être réglée de la manière suivante :

Première période. — Les servants se placent en arrière des retours, creusent le sol sur 0ᵐ,60 environ de largeur, s'en-

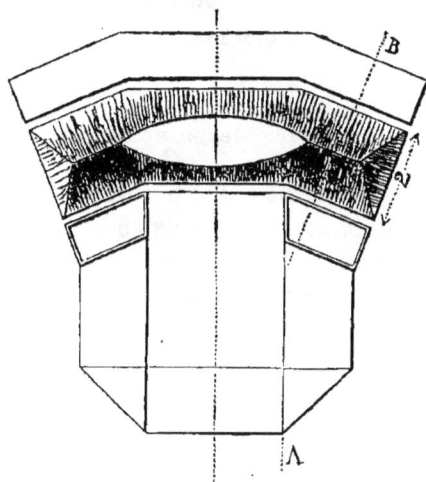

COUPE.A.B.

Fig. 13.

fonçant d'environ 0ᵐ,60, et se couvrant avec la terre qu'ils extraient (fig. 10).

Deuxième période. — On creuse pour placer la pièce une plate-forme enfoncée de 0ᵐ,25, longue de 3ᵐ,50 au moins, et se raccordant avec le sol par des plans inclinés qui facilitent la mise en batterie et limitent le recul. Les terres jetées en avant, entre les deux massifs obtenus dans la première période, établissent la continuité de l'épaulement (fig. 11).

Troisième période. — On donne à la masse couvrante une épaisseur suffisante en élargissant et approfondissant les fossés pour les servants (fig. 12).

Quatrième période. — On peut ensuite, si on a le temps, augmenter l'épaisseur de l'épaulement en prenant la terre dans un fossé en avant. Enfin, on peut augmenter la hauteur des retours et les allonger même dans une direction différente (fig. 13).

Batteries de campagne.

Lorsque l'artillerie occupe une position importante qu'elle doit défendre longtemps, les abris de construction rapide n'offriraient pas de protection suffisante ; on couvre les pièces par ce qu'on nomme une batterie. La construction des batteries de campagne ayant beaucoup d'analogie avec celle des batteries de siége, nous traiterons des deux en même temps, en faisant ressortir les quelques différences qui les séparent.

CHAPITRE III.

Construction des batteries.

L'artillerie, dans les siéges, est chargée de la construction, de l'armement et du service des batteries.

On appelle batterie tout emplacement préparé pour recevoir des bouches à feu et les protéger contre le feu de l'ennemi.

Les batteries de siége sont armées, soit de canons, soit de mortiers, les premières comprenant de quatre à huit pièces, les secondes de deux à quatre.

Les batteries de campagne sont armées avec des pièces de campagne.

Le capitaine Moriz Brunner divise les batteries, suivant leur destination, en :

1° Battéries d'enfilade, dont les projectiles doivent parcourir toute la longueur d'un parapet;

2° Batteries à revers, destinées à prendre à revers un ouvrage ennemi;

3° Batteries à démonter, dont le tir est dirigé directement contre les créneaux et les embrasures;

4° Contre-batteries, qui sont des batteries à démonter, dirigées spécialement contre les flancs des bastions ou les caponnières;

5° Batteries de brèche, destinées à battre en brèche le mur d'escarpe. Si le tir a lieu de loin, sans que la pièce ne touche le mur, le projectile arrivant sous un grand angle et rasant la crête du glacis, c'est le tir en brèche indirect;

6° Batteries de démolition chargées de détruire les postes, casemates, édifices, etc.;

7° Outre ces batteries, il y a encore les batteries de campagne, armées de pièces de campagne ou de mitrailleuses, destinées à agir contre les sorties (1).

D'après leur position par rapport à la place, les batteries sont appelées:

1° Batteries d'investissement établies avec des mortiers et des canons de gros calibres, pour gêner l'armement des remparts et inquiéter la garnison: leur distance à la place varie entre 2 et 4 kilomètres;

2° Batteries de première période construites en même temps que la première parallèle et dans son voisinage à 1,200 mètres environ de la place;

3° Batteries de deuxième période établies à des distances de plus en plus rapprochées, à mesure de l'avancement des travaux de siége;

4° Batteries de couronnement placées sur le couronnement du chemin couvert.

On distingue dans une batterie: 1° le terre-plein, c'est la

---

(1) Moriz Brunner, *la Guerre de siége*, traduit de l'allemand par M. Piette, capitaine du génie.

partie sur laquelle sont les plates-formes des bouches à feu ; 2° l'épaulement, masse de terre couvrant le personnel et le matériel, avec ses embrasures ; 3° le fossé ; 4° les traverses servant à arrêter les éclats des projectiles tombant dans la batterie ; 5° les magasins à poudre ; 6° les abris ; 7° les communications.

Terre-plein. — Dans les batteries, le terre-plein peut être au-dessous, au niveau ou au-dessus du sol.

Lorsque le terre-plein est au-dessous du sol, la batterie est dite enfoncée. On trouve à cette disposition deux avantages : 1° l'épaulement est constitué en partie par une masse de terres vierges, ce qui augmente sa solidité ; 2° le travail marche avec rapidité, car on forme la masse couvrante à la fois avec les terres du terre-plein et avec celles du fossé.

L'enfoncement ne doit pas dépasser la hauteur de genouillère des bouches à feu avec lesquelles on veut armer la batterie ; en dessous de cette limite la valeur la plus convenable sera celle qui donnera la plus grande rapidité d'exécution.

Ce genre de batterie est surtout employé dans les siéges.

Dans les batteries de campagne, comme il est nécessaire que les pièces puissent arriver facilement derrière l'épaulement et conservent une certaine mobilité, le terre-plein est ordinairement maintenu sur le sol ; des rigoles sont creusées de chaque côté des pièces pour les servants.

On emploie les batteries sur le sol dans les siéges lorsque la terre est difficile à piocher.

Les batteries surélevées sont très-rarement employées.

La largeur du terre-plein d'une batterie enfoncée est de 7^m,50 environ pour les mortiers, de 6 mètres pour les pièces de siége et de place, et de 5 mètres pour les pièces de campagne. Dans ce dernier cas, en arrière de chaque bouche à feu est une rampe au $\frac{1}{6}$ qui assure toute liberté au recul.

La distance entre les axes des pièces est de 6 mètres pour les affûts de siége, que l'on manœuvre avec des leviers de 5 mètres pour les pièces de campagne et les mortiers ; de 4 mètres, pour le 12 de siége.

Le terre-plein, à l'emplacement de chaque pièce, est consolidé par des plates-formes dont la construction sera donnée plus loin.

Épaulement. — On distingue dans l'épaulement : le talus intérieur et son pied, la crête intérieure, la plongée, la crête extérieure, le talus extérieur et son pied. Le talus intérieur est tenu aussi raide que possible, afin que les pièces puissent en approcher tout à fait; les terres sont soutenues par des revêtements.

La hauteur de l'épaulement se mesure par la distance verticale de la crête intérieure au sol. Cette hauteur doit être suffisante pour que les servants soient bien couverts contre les coups de pleins fouet arrivant normalement à la crête.

Lorsque les pièces tirent à barbette, la hauteur de l'épaulement est égale à la hauteur de genouillère; mais alors il est indispensable de creuser des rigoles de chaque côté des pièces, où les servants trouvent un couvert suffisant.

Lorsque les pièces tirent à embrasure, il faut compter au moins 2^{m}50 pour la hauteur de la crête intérieure au-dessus du sol.

L'épaisseur de l'épaulement doit être telle qu'il ne puisse être traversé par les projectiles ennemis. D'après cela, on a été conduit à donner à l'épaulement une épaisseur de 4 mètres dans les batteries de campagne et de 6 mètres dans les autres batteries.

La plongée est inclinée de $\frac{1}{25}$ vers le fossé pour l'écoulement des eaux. Le talus extérieur est maintenu à 45° pour les terres ordinaires; 2 de base sur 3 de hauteur pour les terres fortes; 3 de base sur 2 de hauteur pour les terres friables et légères. C'est dans ces conditions que le talus extérieur résiste le mieux aux dégradations produites par les projectiles ennemis. Une berme ménagée entre le pied du talus extérieur et la crête de l'escarpe facilite la construction de la batterie et soutient les terres du coffre. On la supprime quelquefois.

Lorsque la batterie a à craindre des feux obliques, on pro-

33.

tége ses extrémités par des retours tracés perpendiculairement à la direction des coups dangereux.

Embrasures (fig. 14). — Dans une embrasure on distingue :

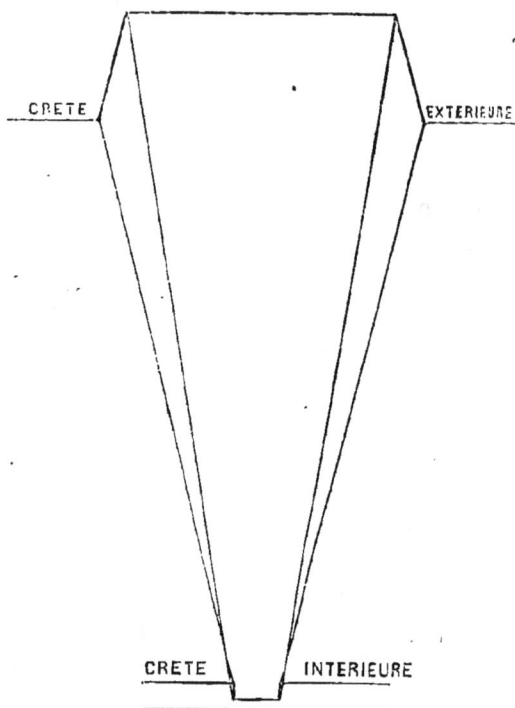

Fig. 14.

l'ouverture intérieure, l'ouverture extérieure, le fond, les
faces, etc.

L'ouverture intérieure doit être de :

0^m50 pour les pièces de campagne ;

0^m54 pour le 24 ;

0^m80 pour les mortiers et l'obusier de 22.

(La longueur de 0^m54, donnée comme réglementaire, paraît devoir être augmentée dans la pratique, car elle est insuffisante. Les revêtements des faces ne sont pas assez protégés contre le souffle des gaz.)

L'ouverture extérieure doit avoir une largeur égale à la moitié de l'épaisseur du coffre.

Pour le tir de plein fouet, le fond de l'embrasure est incliné de 0ᵐ,02 vers le fossé; pour le tir plongeant, l'inclinaison est en sens inverse et beaucoup plus forte, elle varie suivant les cas; l'embrasure est dite alors à contre-pente.

On appelle directrice d'une embrasure la ligne qui part du milieu de la genouillère dans la direction du but à battre.

L'embrasure est directe lorsque la directrice est perpendiculaire à la crête intérieure, et oblique dans le cas contraire.

La portion de l'épaulement comprise entre deux embrasures s'appelle un merlon.

La hauteur de la genouillère au-dessus du terre-plein varie avec le matériel employé et avec le genre de tir. Cette hauteur est de :

1ᵐ,50 pour le tir des pièces de place sur un grand châssis;

1ᵐ,20 pour le tir de plein fouet des canons de 24, avec le matériel de siége;

1 mètre pour le tir de plein fouet du canon de 12, pour le tir sur lisoir directeur, et pour le tir plongeant des mortiers;

0ᵐ,80 pour le tir des canons de campagne.

Dans les batteries à tir plongeant, cette hauteur varie avec l'angle sous lequel on tire.

Fossé. — Le fossé n'est destiné qu'à fournir en tout ou en partie les terres de l'épaulement. Il est inutile, dans la construction d'une batterie, de faire des calculs en vue d'établir l'équilibre des déblais et des remblais; on pourra s'aider des nombres suivants, que l'on modifiera suivant les cas :

ESPÈCES DE BATTERIES.	Épaisseur de l'épaulement.	FOSSÉ de l'épaulement.		FOSSÉ DE RETOUR.	
		Profondeur.	Largeur en haut.	Profondeur.	Largeur en haut.
SUR LE SOL.					
Avec embrasures............	6^m	2^{m}50	6^{m}00	2^{m}00	4,20
Avec embrasures de campagne.	4	2,50	4,45	2,00	3,50
Sans embrasures............	6	2,50	7,00	2,00	4,20
Sans embrasures de campagne.	5	2,50	6,25	2,00	4,00
ENFOUIE.					
de 0,65 avec embrasures......	6	1,50	3,50	1,50	2,50
de 0,75 id. de campagne...	4	0	0	0	0
de 0,75 sans embrasures......	5	1,50	3,50	1,50	2,50
de 1^m avec embrasures........	6	1,00	3,00	1,00	2,00

Traverses. — On distingue deux sortes de traverses : 1° les traverses proprement dites, que l'on ne rencontre que dans les ouvrages de fortifications permanentes, et qui abritent dans leur intérieur des locaux plus ou moins étendus pour le service de l'artillerie : ces traverses sont soudées à l'épaulelement; 2° les traverses pare-éclats, employées dans les batteries de siége et de campagne, et dont le principal but est

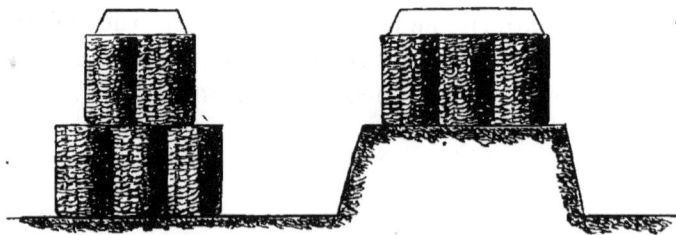

Fig. 15.

d'arrêter les projectiles ennemis. Un passage servant d'abri est ménagé à la tête de ces pare-éclats (fig. 15).

Magasins à poudre. — Ce sont de petits magasins placés dans la partie la moins exposée de la batterie, et dans lesquels on dépose l'approvisionnement nécessaire aux bouches à feu pendant vingt-quatre heures. Ils fournissent un abri pour l'artificier qui charge les projectiles creux.

Dans les batteries de campagne, on ne construit que de petits abris de faibles dimensions, dans lesquels on dépose quelques charges et quelques projectiles tirés des coffres. Dans les ouvrages de campagne, on pourra organiser le magasin à poudre comme nous le dirons plus loin pour les magasins à poudre des batteries de place.

Abris. — Les abris sont destinés à servir de refuge aux

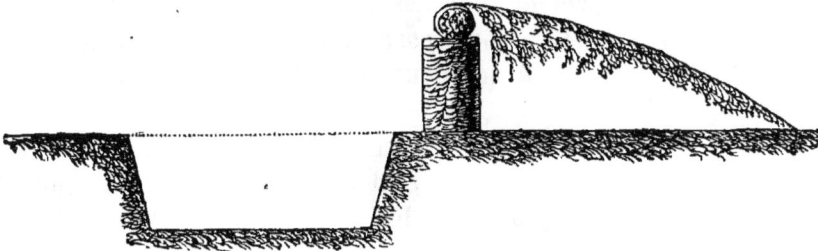

Fig. 16.

canonniers pendant les interruptions du feu; on les place pour cette raison à proximité des pièces. Ils sont construits tantôt avec des bois de charpente, tantôt avec des gabions et des saucissons comme les magasins à poudre dont il sera question plus loin.

Communications. — On appelle communications les tranchées qui permettent d'effectuer les mouvements de personnel et de matériel sans être vu de l'ennemi (fig. 16).

Pour faciliter la surveillance extérieure de la batterie, on construit souvent, en galerie couverte, une communication entre le terre-plein de la batterie et le fossé.

Dans les batteries de campagne, on ne construit généralement pas de communications; on y supplée par un choix judicieux de l'emplacement, près d'un couvert naturel.

Confection des fascinages (1).

Saucissons. — Le saucisson est un cylindre massif, formé par des branches dont les gros bouts sont aux extrémités tandis que les petits bouts s'entre-croisent au milieu.

Longueur du saucisson . . . . 6^m,30
Diamètre extérieur . . . . 0^m,32
Harts { Nombre. 20
{ Distance de l'une à l'autre. . . . . 0^m,20

Atelier. — Quatre hommes.

Outils. — Deux serpes, deux leviers, une chaîne de 1 mètre de développement pour mesurer la circonférence du saucisson, un cabestan, forte corde de 2 mètres de longueur portant une boucle à ses deux extrémités, une masse, une scie.

Établir le chantier. — Tracer sur le terrain deux droites parallèles espacées de 0^m,75 et d'une longueur égale à celle du saucisson; à 0^m,65 d'une des extrémités, enfoncer obliquement en terre, d'un tiers de leur longueur, deux piquets se croisant à angle droit, le sommet de l'angle à 0^m,40 environ du sol; attacher ces piquets avec une corde ou de la mèche à canon, en remplissant l'angle supérieur pour donner au saucisson la forme cylindrique. Établir les autres chevalets de la même manière, à 1 mètre de distance les uns des autres; s'assurer, au moyen du cordeau, que tous les angles supérieurs des chevalets sont bien à la même hauteur.

Confection. — Un homme, à chaque extrémité du chantier, coupe en sifflet les gros bouts des brins de bois, ôte les rameaux qui ne peuvent se plier dans le sens des brins et redresse les parties tortueuses par un coup de serpe en biais dans le rentrant du coude, sans rien retrancher du bois. Un homme, à chaque extrémité du chantier, arrange les tiges sur les chevalets, les sifflets tournés vers l'axe du saucisson

---

1) Extrait de l'*Aide-mémoire,* de 1856.

et disposés en retraite du bas vers le haut, parce que les brins supérieurs glissent en dehors d'environ 0ᵐ,05 lorsqu'on place les harts. Il est d'ailleurs toujours plus facile de les retirer que de les repousser. Garnir le saucisson vers le milieu, s'il est nécessaire, avec de gros branchages, pour l'amener au diamètre voulu.

Deux hommes placent alors le cabestan à 0ᵐ,05 de l'endroit où l'on veut mettre une hart; ramènent les boucles en les croisant par-dessus le saucisson, y engagent les pinces des leviers et abattent ensemble peu à peu, jusqu'à ce que la circonférence ait un peu moins de 1 mètre. A mesure qu'on serre un cabestan, replacer les brins qui se dérangent; un des deux hommes libres place la hart et la serre à l'aide du second, qui agit sur la boucle avec un crochet en fer ou en bois dur, puis il l'arrête en tordant le gros bout sur la boucle en forme de rosette. Mettre d'abord une hart à 0ᵐ,20 de chaque extrémité, puis une provisoire au milieu, et continuer de placer les harts en allant des extrémités sur le centre. Les nœuds des harts doivent être en ligne droite, les boucles du même côté; l'extrémité de chaque hart maintenue par celle qui suit, lorsqu'on va des extrémités au milieu.

Parer le saucisson en enlevant les petits branchages extérieurs. Lorsque le bois est peu abondant, on ne donne que 6 mètres de longueur et 0ᵐ,27 de diamètre aux saucissons; le nombre des harts peut varier avec la qualité du bois.

Gabion. — Le gabion est un clayonnage cylindrique en menu bois tressé autour de 7 piquets.

Hauteur du gabion	1ᵐ,00
Diamètre extérieur	0ᵐ,56
Épaisseur du clayonnage	0ᵐ,06
Nombre des piquets.	7
Longueur des piquets.	1ᵐ,20
Diamètre au gros bout	0ᵐ,04
Nombre de harts	8

Atelier. — Deux hommes.

Outils. — Une pioche, une scie, une serpe, un maillet, un gabarit. Le gabarit est formé de deux cercles concentriques en bois, réunis par des taquets. Le cercle extérieur porte sept coches, également espacées, indiquant la place des piquets. On se sert aussi quelquefois d'un plateau circulaire portant sur sa circonférence sept échancrures.

Confection. — Poser le gabarit sur un terrain horizontal et enfoncer les piquets de 0^m,20 en terre, en les plaçant entre les cercles de bois, vis-à-vis les échancrures et contre le cercle extérieur, toutes les têtes dans un même plan horizontal. Disposer les piquets de manière que la surface extérieure du gabion soit bien cylindrique; rejeter ceux qui sont tordus en divers sens. Relever le gabarit à mi-hauteur, et l'assujettir avec des harts. Clayonner en-dessus, en commençant par le gros bout des brins que l'on a soin de placer en dedans. Enlacer à la fois deux brins, laissés alternativement, l'un en dedans, l'autre en dehors des piquets, en les faisant toujours passer l'un au-dessus de l'autre. Quand un des brins devient trop mince, le tortiller avec un nouveau brin en dedans. Serrer de temps en temps le clayonnage avec le maillet. Arrivé à l'extrémité des piquets, placer quatre harts en bois ou en fil de fer : la première hart à la tête d'un piquet quelconque; la seconde, deux piquets plus loin, et ainsi de suite. Pour placer les harts, introduire le gros bout de dedans en dehors, à droite du piquet, au troisième ou quatrième avant-dernier tour de clayon; ramener ce bout par-dessus le clayon supérieur, à gauche du piquet, pour l'introduire dans la boucle qui doit rester à l'intérieur du gabion; le ramener à droite du piquet, par-dessus le clayonnage; le faire rentrer en diagonale par la gauche du piquet; puis faire un dernier nœud en pinçant le brin entre la boucle et le clayonnage.

Les harts étant placées, arracher le gabion de terre et le retourner; enlever le gabarit et faire le clayonnage de la deuxième partie comme celui de la première, et dans le même sens jusqu'à ce que la hauteur totale du clayon soit de 1 mètre. Placer de ce côté quatre harts, en ayant soin d'en mettre aux piquets qui n'en ont point encore ; rafraîchir les pointes s'il est nécessaire ; couper les petites branches qui débordent à l'extérieur.

Lorsqu'on n'a pas de gabarit, on y supplée en traçant sur le sol, avec un cordeau, une circonférence de 0ᵐ,26 de rayon à peu près ; on plante les piquets sur cette circonférence en les plaçant à vue à égale distance les uns des autres.

Claies. — La claie est un clayonnage plan ; quand elle est faite d'avance, on lui donne de 1ᵐ,30 à 1ᵐ,50 de hauteur et 2 mètres de longueur ; mais généralement la claie est confectionnée sur place : on lui donne alors la forme de la surface à revêtir.

Pour les claies faites d'avance, on se sert d'un gabarit formé de deux tringles droites séparées par des taquets. Des coches espacées de 21 à 24 centimètres, suivant la grosseur des bois, indiquent la place des piquets.

Les deux piquets extrêmes doivent être à 0ᵐ,06 des bords de la claie.

Confection. — Enfoncer les piquets en terre de 0ᵐ,20 à peu près en les plaçant avec le gabarit. Commencer le clayonnage par le bas d'un des piquets extrêmes avec un seul brin de bois ; arrivé à l'autre piquet extrême ; l'envelopper avec le clayon et revenir en sens inverse, continuer ainsi jusqu'en haut ; arrêter alors le clayonnage avec des harts ; arracher la claie de terre, la retourner en la maintenant avec des piquets, et compléter le clayonnage. Les clayons doivent être serrés à coup de maillet et les gros bouts des brins de bois du même côté de la claie. Les claies faites sur place s'exécutent de la même manière. On plante les piquets suivant l'inclinaison du talus ; on arrête chacun d'eux avec deux harts de retraite, l'une à la partie supérieure, l'autre au milieu du piquet.

Le saucisson, le gabion et la claie consomment respectivement, pour une même surface de revêtement, des quantités de bois qui sont entre elles comme les nombres :

$$1, \frac{2}{3}, \frac{2}{9}.$$

Les solidités qu'ils procurent sont aussi dans le même rapport.

Le gabion est plus commode ; il est facile à transporter, à mettre en place et à remplacer.

Gazons. — Avant de couper les gazons pour revêtements dans une prairie, il faut faucher l'herbe de très-près. On emploie les gazons sous deux formes différentes : les boutisses, rectangles de 0ᵐ,32 de largeur sur 0ᵐ,48 de longueur, les paneresses, carrés de 0ᵐ,32 de côté.

L'épaisseur commune est de 0ᵐ,15 ; elle se réduit à 0ᵐ,12 après la mise en place.

On emploie quelquefois des gazons en forme de coins ayant 0ᵐ,32 en carré et à 0ᵐ,15 d'épaisseur.

Manière de couper les gazons. — Atelier : cinq hommes ; outils : deux pelles, dont une carrée et une ronde ; un cordeau de 10 mètres ; un cordage, un levier ou un manche d'outil ; deux calibres, un pour la largeur et un pour la longueur des gazons.

Un homme enfonce obliquement la pelle carrée de champ, de 0ᵐ,15 environ, et la dirige, comme le soc d'une charrue, par le manche ; deux autres travailleurs tirent à l'aide du levier ou du manche d'outil sur une corde attachée à la douille de la pelle ; on peut assurer la direction de la pelle avec un madrier. On se sert du cordeau pour diviser le terrain en damier. — Les gazons sont enlevés avec la pelle ronde et portés au dépôt, soit dans des brouettes, soit dans des civières. — Trois hommes coupent cent gazons en une heure.

Sacs à terre. — Les sacs à terre servent à faire non-seulement des revêtements, mais aussi des épaulements entiers.

		Longueur.	Largeur.	Épaisseur.
Dimensions du sac. .	{ vide. .	0ᵐ,70	0ᵐ,40	»
	{ plein. .	0ᵐ,50	0ᵐ,30	0ᵐ,20

Soixante sacs pleins font à peu près 1 mètre cube.

Pour la facilité du travail, il convient de ne pas remplir complétement les sacs qui doivent être fermés, laisser 0^m,15 environ entre la terre et la ligature. — Ne pas mettre de mottes de terre dans les sacs. — Tasser la terre par des secousses pendant le remplissage.

Matériaux divers. — On peut employer encore, pour revêtir un épaulement, des barils, des tonneaux, des caisses d'armes, des caisses à biscuits, des bois de charpente, des planches, des balles de coton ou de laine. Les pièces sèches et les bois de fort équarrissage ne doivent'être employés qu'à la base des revêtements, là où ils ne peuvent être atteints par les projectiles.

On a aussi tiré parti, dans quelques circonstances, de gabions confectionnés avec les bandes de fer qui maintiennent les balles de fourrage. Ces gabions sont très-lourds, mais·ils ont l'avantage d'être incombustibles,

Revêtements.

Revêtements du talus intérieur.

Revêtements en saucissons (fig. 17). — Enterrer le premier rang de saucissons de 0^m,15 environ pour les saucissons de

Fig. 17.

0^m,32, et de 0^m,11 pour ceux de 0^m,27, de manière que le revêtement de la genouillère comprenne un nombre exact de rangs. Le bout du premier saucisson, scié carrément, doit se trouver au point où commence l'épaulement; s'il y a un retour, la deuxième hart du saucisson doit être contre le piquet qui marque l'extrémité de la batterie. Les saucissons d'un même rang sont lardés les uns dans les autres, attachés par une hart au point de jonction et piquetés de trois en trois harts. Poser les saucissons des rangs supérieurs en retraite suivant l'inclinaison du talus intérieur marquée par une fausse équerre; les joints vers le milieu des saucissons inférieurs, en commençant chaque rang impair par un saucisson scié et chaque rang pair par un saucisson entier. Placer les saucissons les nœuds des harts en dedans du coffre et faire en sorte qu'il ne se trouve pas de joints dans les ouvertures des embrasures.

Le revêtement des côtés ou des retours se fait de la même manière que celui de la batterie. Croiser les saucissons des extrémités qui sont sciés carrément, de telle sorte que les rangs impairs de l'intérieur du coffre servent d'appui aux rangs pairs des côtés ou des retours.

Mettre des harts de retraite aux saucissons de la genouillère, vers le milieu des merlons. A cet effet, planter dans le saucisson un piquet de choix, avant que le saucisson soit garni de terre; embrasser ce piquet au-dessous du saucisson par une forte hart arrêtée, en la tendant le plus possible à un piquet à mentonnet enfoncé dans le coffre. — Il est avantageux, surtout dans les endroits de revêtement exposés au souffle des gaz, d'employer des harts de retraite en fil de fer. — Il est parfois utile de mettre deux et même trois piquets de retraite.

Le revêtement des merlons se fait avec des saucissons sciés à la longueur voulue.

Sept rangs de saucissons de $0^m,32$, dont quatre pour la genouillère, suffisent généralement pour former le talus intérieur; la hauteur totale à donner à l'épaulement est complétée par des gazons, de la terre damée ou des sacs à terre.

Avec les saucissons de $0^m,27$, il faut neuf rangs, dont cinq pour la genouillère. Afin de ne pas avoir de joints dans les embrasures, on fait les rangs impairs avec des saucissons entiers.

Revêtement en saucissons et gabions (fig. 18 et 19). — En général, la partie du talus intérieur correspondant aux merlons est revêtue en gabions. Le revêtement étant construit comme il vient d'être dit pour la partie du talus correspondante aux genouillères, on place sur les saucissons du quatrième rang et en rétraite sur eux de la moitié de leur diamètre, des gabions, la pointe des piquets en bas, inclinés au dixième. Ces gabions doivent avoir dans le plan du talus deux piquets dont on scie

Fig. 18.   Fig. 19.

les pointes parce qu'elles ne pourraient pas pénétrer dans les saucissons; ils doivent être serrés de manière qu'il en entre un nombre exact dans chaque merlon. Chaque gabion est maintenu par une hart de retraite. A la rencontre de deux talus à revêtir, le gabion de l'angle doit avoir la pente qu'aurait l'intersection des talus, les gabions voisins sont inclinés dans leur talus, de manière qu'il y ait une transition graduée entre l'inclinaison du gabion de l'angle et l'inclinaison régulière.

On emploie souvent aussi les revêtements composés de deux rangs de gabions séparés par un double rang de saucissons, posés jointivement l'un derrière l'autre (fig. 19). A cet effet, disposer en dedans du pied du talus intérieur une base de 0^m,60 de largeur avec une pente de 0^m,06 du côté du coffre, pour que les arêtes des gabions aient une inclinaison au dixième.

Placer chaque gabion tangentiellement au pied du talus intérieur, de manière que les deux piquets antérieurs se trouvent dans un plan parallèle à ce talus. Enfoncer les pointes des piquets en terre, les scier lorsque le terrain ne permet pas de les enfoncer. Mettre à chaque gabion une hart et un piquet de retraite. On peut aussi fixer les gabions en enfonçant un piquet de 1^m,50 environ contre leur paroi interne, et en attachant à ce piquet la hart de retraite. Placer de petits fagots derrière les joints si la nature des terres l'exige. Remplir les gabions de terre bien damée. Fixer le premier rang de saucissons à chaque gabion par un piquet ; placer le deuxième rang jointivement au premier du côté du coffre et le piqueter de même ; dresser le dessus des deux rangs de saucissons parallèlement au plan de la base ; placer les gabions du rang supérieur en retraite du demi-diamètre du saucisson extérieur chacun d'eux au-dessus du gabion correspondant du rang inférieur. Avant de poser les gabions, scier les pointes des piquets qui ne pourraient pas s'enfoncer dans les saucissons ; damer la terre en dedans et en arrière des gabions, et maintenir dans le haut chacun d'eux par une hart de retraite. Scier les saucissons, s'il est nécessaire, à l'ouverture des embrasures, de manière à avoir la hauteur de genouillère voulue.

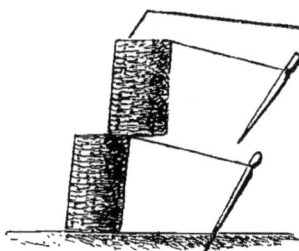

Revêtement en gabions seuls (fig. 20). — Si l'on n'a pas de saucissons, placer directement le deuxième rang de gabions sur le premier en le reculant d'un demi-diamètre ; cette espèce de revêtement convient aux batteries sans embrasures.

Quand on revêt un ancien épaulement, il faut l'entamer de 1 mètre au moins, bien damer la terre derrière le revêtement afin de relier convenablement les terres fraîchement remuées avec l'ancien massif.

Revêtement en claies. — Le revêtement se compose de deux rangs de claies : le premier est enterré, de manière que les deux rangs donnent la hauteur de l'épaulement ; les pointes du deuxième rang sont enfoncées dans le clayonnage du premiér.

Planter des pieux suivant l'inclinaison du talus, et s'élevant à la hauteur de l'épaulement : le premier à 1 mètre d'une des extrémités de l'épaulement; le deuxième à 1 mètre du premier; les suivants de 2 mètres en 2 mètres.

Planter entre les pieux des piquets dépassant le premier rang de claies de 0^m,20, et s'appuyant sur le second rang. Les claies se joignant sous la face intérieure des pieux, les relier entre elles par de petites harts espacées de 0^m,30; placer à la partie supérieure, autant que possible, au milieu de la hauteur de chaque rang de claies, des harts de retraite fixées aux pieux et aux piquets, de manière que chaque hart embrasse les extrémités de deux claies jointives, le milieu d'une claie du premier rang correspondant au milieu de chaque embrasure; compléter au besoin la hauteur de genouillère par un bout de saucisson. La longueur des claies du deuxième rang est réglée de manière à réserver l'ouverture des embrasures. Les claies extrèmes sont en forme de trapèze. Les côtés de la batterie sont revètus comme le talus intérieur. A la rencontre de deux talus revètus en claies, lier fortement par des harts de lien et de retraite les claies qui forment l'angle de l'épaulement.

Le clayonnage sur place, lorsqu'il est possible, est d'une exécution plus facile et plus prompte.

Quand les terres de l'épaulement sont assez rassises, on emploie le revêtement en gradins, en retraite de 0^m,10 les uns sur les autres. Les claies se font alors sur place.

Revêtement en gazons. — Les gazons ne sont employés qu'au revêtement des batteries construites à loisir.

Le revêtement se fait par rangs, pleins sur joints, et composés chacun alternativement d'une boutisse pour deux panneresses. Il faut vingt panneresses et dix boutisses pour 1 mètre carré de revêtement, y compris $\frac{1}{6}$ de déchet.

Atelier. — Quatre hommes pouvant faire 25 mètres carrés de revêtement en dix heures.

Outils. — Un cordeau de 10 mètres, deux pelles carrées le tranchant bien affûté, une règle de 3 mètres, un niveau de maçon, un maillet, un arrosoir, une dame, petits piquets de 0^m,20 de longueur.

Un homme régularise les formes et les dimensions des gazons et dresse leurs côtés avec une pelle ; un autre creuse, suivant le pied du talus du revêtement, en dedans, une rigole d'une largeur égale à la longueur des boutisses et d'une profondeur de 0^m,08, le fond légèrement incliné vers l'épaulement et horizontal, suivant la longueur. Disposer des profils directeurs de 10 en 10 mètres. Placer dans la rigole la première couche de gazons, l'herbe en dessous, les faces perpendiculaires au talus à revêtir. Damer légèrement les gazons avec le maillet. Remplir de terre bien damée l'intervalle compris entre les gazons et le talus. Mettre bien de niveau le dessus de cette première couche et placer la deuxième à joints contrariés. Continuer ainsi jusqu'à la crête. Si les terres sont légères, enfoncer un petit piquet au milieu de chaque gazon. Déborder les profils de quelques centimètres. La dernière couche doit être toute en panneresses, l'herbe en dessus. Recouper les gazons avec une pelle, en s'aidant d'un cordeau et d'une règle.

En été, arroser les gazons jusqu'à ce que l'herbe ait repris.

Revêtement en sacs à terre. — Le revêtement en sacs à terre se fait également par couches disposées en boutisses et panneresses, l'ouverture des sacs qui forment boutisses placée en dedans; pour consolider le revêtement, on le relie avec l'intérieur du coffre en appliquant contre le parement, de distance en distance, une planche autour de laquelle passe une hart de retraite. On donne au revêtement une pente de $\frac{5}{1}$.

Éviter de mettre des sacs dans les embrasures. — Il faut soixante sacs par mètre courant de revêtement.

Revêtements des batteries enfoncées.

Dans les batteries enfoncées, on se dispense généralement de revêtir le talus de l'excavation du terre-plein. Pour la partie

supérieure de l'épaulement, on peut employer l'un quelconque
des revêtements dont nous venons de parler, en saucissons,
en saucissons et gabions, en gabions seuls, en claies, en gazons, en sacs à terre.

Embrasures.

Tracé. — L'épaulement étant élevé à la hauteur de genouillère, marquer par un piquet le milieu de l'ouverture
intérieure; planter un autre piquet sur la crête extérieure,
dans l'alignement du premier et du but à battre. Porter de
chaque côté de la directrice ainsi déterminée, suivant la projection des crêtes intérieure et extérieure, des longueurs égales à la moitié des ouvertures, pour marquer le pied des joues.
Quand l'embrasure est oblique, il faudrait porter ces longueurs sur des perpendiculaires à la directrice; mais, cette
obliquité étant très-faible, en général, on opère comme pour
l'embrasure directe.

Revêtements des joues d'embrasures.

En saucissons. — A l'ouverture intérieure, les saucissons
sciés carrément s'appuient contre le derrière des saucissons
des merlons. Ils portent en entier les uns sur les autres. A
l'ouverture extérieure, le bout de chaque saucisson s'écarte
de manière à ne porter que les deux tiers du saucisson placé
au-dessous de lui, afin de donner aux joues, en cette partie,
une pente de $\frac{3}{1}$. Devant l'ennemi, ce bout n'est pas scié, lors
même qu'il déborde sur le talus extérieur; dans les polygones
on le scie suivant l'inclinaison du talus. Piqueter les saucissons et damer fortement la terre en arrière.

En gabions. — A l'ouverture intérieure, placer le premier
gabion verticalement, les pointes en terre, contre le revêtement du merlon. Disposer provisoirement huit autres gabions jointifs, suivant l'inclinaison du fond de l'embrasure,
dans l'alignement de la joue; donner au dernier une inclinai-

34

son de $\frac{3}{1}$. Tendre un cordeau tangent à la partie supérieure des deux gabions extrêmes ; incliner les gabions intermédiaires de manière qu'ils soient aussi tangents au cordeau ; fixer chacun d'eux par une hart de retraite et damer fortement la terre en arrière et en dedans. Dans les embrasures à contre-pente, on ne met en général que les trois premiers gabions.

En claies. — Le revêtement se fait sur place, comme il a déjà été dit plus haut. Les claies ne sont employées que dans les places et les ouvrages de campagne.

En gazons. — Le revêtement est formé par des assises de gazons de même épaisseur ; on se règle sur un cordeau tendu de l'ouverture intérieure à l'ouverture extérieure.

Pour les embrasures revêtues en saucissons ou en gabions, consolider l'embrasure par un bout de saucisson posé sur l'ouverture intérieure, et piqueté des deux côtés.

Plates-formes.

Plate-forme de siége (fig. 21).

Bois employés.

	Long.	Larg.	Épaiss.
1 heurtoir.	2^m,60	0^m,22	0^m,22
3 gîtes.	4^m,55	0^m,14	0^m,14
14 madriers.	3^m,25	0^m,325	0^m,055
5 ou 6 piquets.	1^m,00	0^m,09	0^m,09
4 piquets de chevalets. .	0^m,80	0^m,04	0^m,04

Inclinaison de la plate-forme pour le tir de plein-fouet 0^m,04 par mètre, ou 0^m,18 sur la longueur totale. Cette inclinaison peut varier avec les circonstances du tir. Pour le tir plongeant, la plate-forme est maintenue horizontale.

Atelier. — cinq canonniers, dirigés par un sous-officier, construisent une plate-forme en deux heures ; trois canonniers en trois heures.

Outils. — Deux pelles, deux pioches, une masse, une dame,

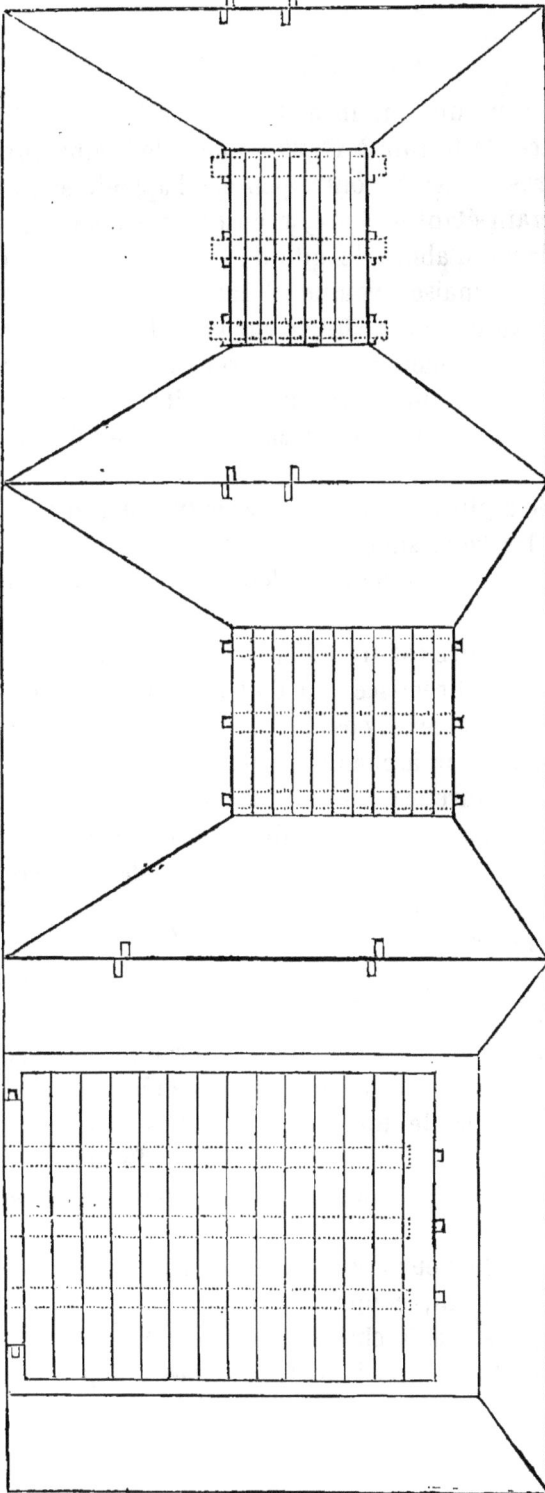

ARTILLERIE.

Fig. 26.

Fig. 25.

Fig. 24.

une règle, un niveau, un mètre, un cordeau, un fil-à-plomb.

Préparer le terrain à 1m,20 du fond de l'embrasure (à 1m,35 si l'embrasure est à contre-pente); l'aplanir et le raffermir.

Le terrain étant préparé, creuser les trois rigoles pour les gîtes. Placer d'abord le gîte du milieu sur la directrice, lui donner l'inclinaison voulue; à cet effet, placer verticalement un morceau de bois de 0m,18 sur la partie supérieure du gîte, près de l'épaulement; faire reposer une règle sur ce morceau de bois et sur l'autre extrémité du gîte; relever ou enfoncer le gîte à l'extrémité jusqu'à ce que la règle soit bien horizontale.

Les trois gîtes, bien parallèles entre eux, et à 0m,80 d'axe en axe; les faces supérieures dans le même plan; les extrémités antérieures touchant l'épaulement si l'embrasure est directe.

Si l'embrasure est directe, placer le heurtoir perpendiculairement à la directrice qui doit le partager en deux parties égales, le plus près possible de l'épaulement; le fixer par deux piquets, un à chaque bout.

Si l'embrasure est oblique, placer le heurtoir, le milieu sur la directrice, une des extrémités contre l'épaulement; placer le milieu du cordeau sur la directrice, de manière à tendre ce côté du cordeau; faire avancer ou reculer l'autre extrémité du heurtoir, jusqu'à ce que les deux côtés du cordeau, de même longueur, et placés de la même manière aux extrémités du heurtoir, soient également tendus; marquer sur le sol le devant du heurtoir, pour déterminer la place de l'extrémité antérieure des gîtes, enlever le heurtoir. — Les gîtes placés, remplir de terre les intervalles entre chacun d'eux; damer par lit et avec soin, pour bien affermir les gîtes sans les déranger; si les gîtes sont voilés, mettre en dessus la face la plus plane.

Replacer le heurtoir perpendiculairement à la directrice avec le cordeau, comme il vient d'être dit. Le fixer par trois piquets, un à chaque bout, et le troisième en avant, près de l'extrémité qui ne touche pas à l'épaulement. Remplir de terre l'espace libre entre le heurtoir et l'épaulement. Poser les madriers sur leur plat, perpendiculairement aux gîtes; le premier contre le heurtoir, tous joignant le mieux possible. — Arrêter le dernier madrier par trois piquets correspondants aux gîtes et arasant bien le plan de la plate-forme. Si les madriers sont voilés, placer la partie convexe en dessus; s'ils n'ont pas tous la même longueur, mettre les plus courts en avant. Entourer les madriers de terre bien damée sur une largeur de 0ᵐ,15 à 0ᵐ,20.

Des deux côtés de la plate-forme, ménager des gouttières inclinées de $\frac{1}{100}$ d'avant en arrière.

Chevalets pour armements. — On les établit à droite de chaque plate-forme et au milieu de l'intervalle entre deux pièces voisines. Les deux piquets, se croisant à angle droit, sont enfoncés de 0ᵐ,30 (voir fig. 24, 25 et 26).

Le premier chevalet est à 1ᵐ,30 de l'épaulement, le second à 0ᵐ,65 si la plate-forme doit recevoir un obusier de 22, à 1ᵐ,80 si c'est du 12, et 2ᵐ,90 si c'est du 24. Sur la figure 24, les chevalets sont disposés pour recevoir les armements du 24.

Plate-forme volante ou à la prussienne. — Bois employés.

	Long.	Larg.	Épaiss.
1 heurtoir.	2ᵐ,60	0ᵐ,22	0ᵐ,22
3 gîtes (demi-gîtes de plate-forme de siége)	2ᵐ,275	0ᵐ,14	0ᵐ,14
2 madriers.	3ᵐ,25	0ᵐ,32	0ᵐ,055
1 demi-madrier. . . .	1ᵐ,625	0ᵐ,32	0ᵐ,055
18 ou 19 piquets. . . .	1ᵐ,00	0ᵐ,09	0ᵐ,09

Atelier. — Cinq hommes dirigés par un sous-officier construisent une plate-forme en une heure.

Outils. — Deux pelles, deux pioches, une masse, une dame, une règle, un niveau, un mètre, un cordeau, un fil-à-plomb.

Le heurtoir repose sur le sol, au pied du talus intérieur, et est assujetti par deux ou trois piquets. Les gîtes sont hori-

34.

zontaux et parallèles au heurtoir, leur écartement est mesuré de dedans en dedans, et non d'axe en axe, le premier à 0^m,40 du heurtoir, le second à 1^m,10 du premier, et le troisième à 1^m, 10 du second, dans des rigoles de 0^m,14 de profondeur.

Le bout de madrier est enfoncé en terre de toute son épaisseur, horizontalement et parallèlement aux gîtes, à 1 mètre du troisième (de dedans en dedans). Les deux madriers destinés à servir d'appui aux roues sont placés sur les gîtes parallèlement à la directrice, et à 0^m,80 de chaque côté (mesure prise de l'axe du madrier), une de leurs extrémités touchant le heurtoir; ils sont assujettis chacun par cinq piquets. Le demi-madrier est mis sur la directrice pour servir d'appui à la crosse, son extrémité antérieure à 2^m,70 du heurtoir; il est maintenu par six piquets sur le dernier gîte et le bout de madrier. Les madriers des roues et de la crosse doivent être dans un même plan horizontal et garnis de terre bien damée sur le pourtour.

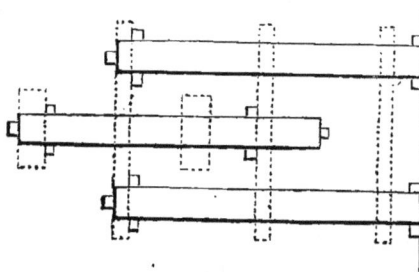

Fig. 22.

On supprime parfois le heurtoir, l'extrémité des deux madriers des roues vient alors buter contre le pied du talus intérieur. Le premier gîte est placé dans ce cas à 0^m,30 de l'épaulement, le second, à 1^m,20 du premier et le troisième à 1^m,33 du second (mesures prises de dedans en dedans). (Fig. 22.)

Enfin le demi-madrier de crosse peut être remplacé par un madrier entier placé sur la directrice, à 1^m,10 de l'épaulement et supporté par les deux derniers gîtes et par un bout de madrier à son extrémité postérieure (fig. 22).

La plate-forme est inclinée d'arrière en avant comme celle de siége. Lorsque l'angle de tir dépasse 12 degrés, il est nécessaire de placer le madrier de crosse dans une excavation qui sera de

0^m,14 pour l'angle de 16°
0^m,28   —   . 20°
0^m,42   —   24°

Le dernier enfoncement peut servir à la rigueur pour le tir sous tous les angles compris entre 16 et 24 degrés. Cette excavation nécessite la suppression du troisième gîte, qui est remplacé par deux bouts de madriers placés sous les extrémités des madriers des roues.

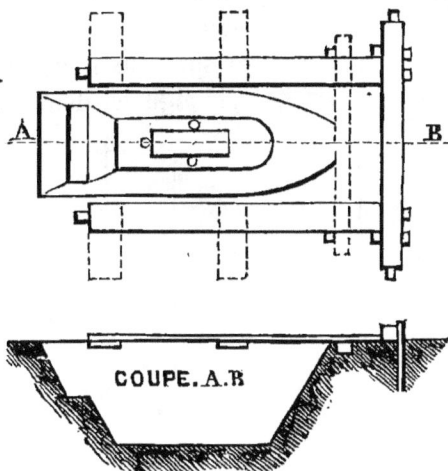

COUPE. A.B

Fig. 23.

Pour le tir à 35 degrés, lequel se fait par-dessus l'épaulement, on place le devant de la plate-forme à 3 mètres du pied du talus intérieur ; l'excavation pour la crosse est approfondie à 1^m,10. Le fond de cette excavation, qui a 0^m,50 de largeur et 1^m,70 de longueur, est consolidé par un bout de madrier. Fig. 23.

Plates-formes pour affûts de place sur châssis.

Bois employés.

	Long.	Larg.	Épais.
1 petit châssis	1^m,15	0^m,30	0^m,085
3 madriers en forme de trapèze.	1^m,27		
6 bouts de madrier	1^m,00	0^m,30	0^m,085
6 piquets à plate-forme	1^m,00	0^m,09	0^m,00

Il faut de plus par plate-forme douze broches en fer de 0^m,13 de longueur et 0^m,009 de diamètre (fig. 24).

Préparer à 1^m,83 au-dessous de la crête intérieure un terrain horizontal de 5 mètres de longueur sur 5 ou 6 mètres de largeur.

Placer le petit châssis, l'une des branches parallèle à l'épaulement, la cheville ouvrière sur la directrice, et à $0^m,65$ du pied du talus intérieur, la face supérieure des branches dans le plan du terrain. La branche du petit châssis perpendiculaire à la crête intérieure doit reposer sur deux bouts de madriers. Assujettir le petit châssis par six piquets, deux en

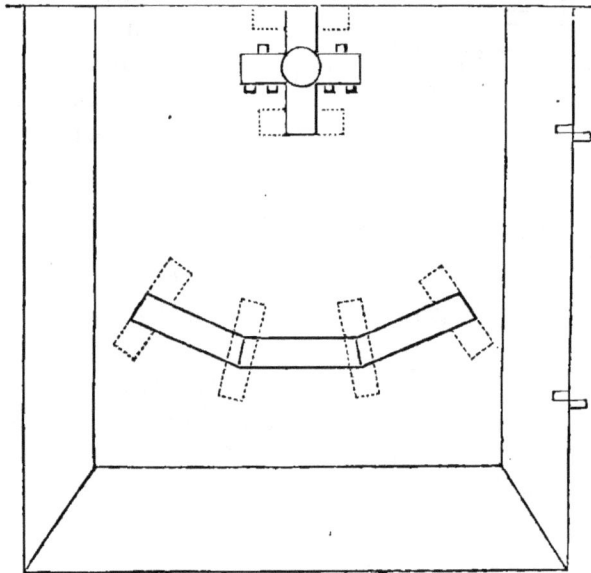

Fig. 24.

avant et quatre en arrière. Disposer les quatre madriers-gîtes de manière que la surface supérieure de la voie circulaire soit horizontale et de niveau avec la partie supérieure des branches du petit châssis. Diriger les gîtes vers la cheville ouvrière; le milieu des gîtes intermédiaires sous le joint des madriers de la voie circulaire; les gîtes extrêmes affleurant par le côté extérieur le bout de ces madriers.

Les madriers de la voie circulaire ont leur petite base inscrite dans un cercle de $2^m,95$ de rayon ayant son centre sur la cheville ouvrière. Chacune des extrémités des madriers est fixée sur le gîte inférieur par deux broches en fer.

Garnir de terre damée le pourtour de la voie circulaire et du petit châssis. Établir les chevalets pour armements et les gouttières comme dans les batteries de siège.

Pour le tir à barbette la plate-forme doit être à 1^m,50 au-dessous de la crête intérieure.

Pour faciliter le service de la bouche à feu, disposer une banquette de 0^m,30 de hauteur entre le plateau et les branches du petit châssis.

Plate-forme pour affûts sur lisoir directeur. — Cette plate-forme se construit comme la plate-forme de siège, dont elle ne diffère que par les points suivants :

1° Le gîte du milieu porte à son extrémité une cheville ouvrière servant d'axe de rotation au lisoir : cette cheville ouvrière se trouve à 0^m,25 en dedans du pied du talus intérieur dans un petit logement ménagé pour la recevoir ; 2° le second madrier du côté de l'épaulement est remplacé par un plateau en chêne qui a 0,35 de largeur sur 0^m,08 d'épaisseur, et dans lequel est encastrée une bande circulaire en fer de 0,35 de rayon. Les trois gîtes de la plate-forme sont entaillés pour recevoir ce plateau.

Plate-forme en fer pour affûts sur grands châssis (1). — Cette plate-forme, qui est en essai depuis 1873, se compose d'un petit châssis et d'une voie circulaire.

Le petit châssis comprend deux parties distinctes :

1° Un cadre formé par trois semelles, une grande et une petite, assemblées entre elles par deux traverses en fer plat ; 2° une sellette en fonte avec cheville ouvrière.

La voie circulaire se compose d'une seule pièce de fer cintrée à chaud. Le secteur a la forme d'un double T. Son rayon est de 3^m,10.

Placer le petit châssis de manière que la semelle du milieu

_____

(1) *Revue d'artillerie*, mars 1874.

soit parallèle à l'épaulement, sa surface supérieure étant dans le plan de la plate-forme. Si la nature du terrain l'exige, faire reposer les extrémités de cette semelle sur des bouts de madriers.

Assujettir le petit châssis par six piquets en bois ou en fer, deux en avant et deux en arrière de la semelle du milieu, dans les angles extérieurs formés par cette semelle avec les traverses; les deux derniers contre la face extérieure de la semelle de l'arrière. Entourer le châssis de terre bien damée.

Pour la mise en place de la voie circulaire, tracer sur la partie postérieure de la plate-forme un arc de cercle de 3^m,10 de rayon ayant son centre sur l'axe de la cheville ouvrière; creuser une rigole de 0^m,50 à 0^m,60 de largeur, de 6 mètres de longueur et d'une profondeur égale à celle de la voie circulaire, le fond bien horizontal et damé avec soin. Placer dans cette rigole la voie circulaire et combler avec de la terre bien damée. La voie circulaire porte trois coches qui facilitent sa mise en place, l'une au milieu et les deux autres à 0^m,20 des extrémités.

Plate-forme en bois pour affût de côte.

Matériaux nécessaires. — Un petit châssis composé d'une sellette en fonte portant une cheville ouvrière et fixé par quatre boulons à deux semelles de croisillons. — Un heurtoir de 1^m,80 de longueur et 0^m,22 d'équarrissage; cinq madriers-gîtes de 1 mètre de longueur, 0,30 de largeur et 0^m,085 d'épaisseur; une voie circulaire composée de cinq madriers ayant les mêmes dimensions que ceux de la plate-forme de place; six madriers-gîtes de 1 mètre de longueur sur 0,30 et 0^m,085.

Pratiquer au pied de l'épaulement une excavation de 1,80 perpendiculairement à la directrice, 2^m,02 suivant la directrice et 0,305 de profondeur; y placer les madriers-gîtes sur un même plan horizontal, de manière qu'ils se trouvent en travers de chacune des branches du croisillon: ceux de de-

vant et de derrière effleurant les bouts des branches longitudinales; ceux des côtés appuyés contre les bouts du madrier
de devant; le cinquième sous la branche longitudinale de
derrière, entre les madriers des côtés, son milieu correspondant à leurs extrémités. Damer fortement la terre autour des
madriers. Placer la sellette, la cheville ouvrière à 0ᵐ,65 du
pied du talus intérieur. Disposer le heurtoir contre le bout
de la branche longitudinale de derrière.

Consolider le tout par autant de piquets qu'il est nécessaire
eu égard à la nature du sol.

Les madriers de la voie circulaire doivent avoir leurs petits
côtés inscrits dans un cercle de 2ᵐ,88 de rayon comptés de
la cheville ouvrière comme centre. Placer les madriers-gîtes
comme ceux de la plate-forme de place; fixer les madriers
avec des broches en fer.

Plates-formes pour mortiers.

Bois employés.

Mortiers de 32 et de 27 (fig. 25).

	Long.	Larg.	Épaiss.
3 lambourdes-gîtes.	2ᵐ,40	0ᵐ,22	0ᵐ,22
11 lambourdes de recouvrement..	2ᵐ,00	0ᵐ,22	0ᵐ,22
6 piquets.	1ᵐ,00	0ᵐ,09	0ᵐ,09

Mortiers de 22 (fig. 26).

	Long.	Larg.	Épaiss.
3 lambourdes-gîtes.	2ᵐ,00	0ᵐ,165	0ᵐ,165
9 lambourdes de recouvrement. . .	2ᵐ,00	0ᵐ,165	0ᵐ,165
6 piquets.	1ᵐ,00	0ᵐ,09	0ᵐ,09

Marquer sur la directrice l'emplacement de la plate-forme
par deux piquets : le premier à 2ᵐ,30 du pied du talus (à 2ᵐ,60
lorsqu'il s'agit d'une plate-forme pour mortier de 32 tirant sous
l'angle de 30°); placer le deuxième piquet à 2ᵐ,40 du premier
ou à 2 mètres, suivant la longueur des lambourdes-gîtes;
prendre 1 mètre de chaque côté de la ligne marquée par les

deux piquets; creuser de 0^m,10 l'espace rectangulaire ainsi tracé. Creuser trois rigoles parallèles de 0^m,25 ou 0^m,20 de longueur sur 0^m,22 ou 0^m,165 de profondeur, celle du milieu sur la directrice, les deux autres à 0^m,80 de la première, d'axe en axe. Placer dans ces rigoles les gîtes de manière qu'un des bouts soit à 2^m,30 du pied du talus intérieur (ou 2^m,60) et que les surfaces supérieures soient dans un même plan horizontal; damer fortement la terre dans les intervalles. — Placer les lambourdes perpendiculaires aux gîtes, le milieu sur la directrice; la première du côté de l'épaulement, arasant le bout des gîtes pour la plate-forme du mortier de 32 et à 0^m,26 de ce bout pour celle du mortier de 22. Arrêter les lambourdes par six piquets, trois en avant et trois en arrière. Les piquets vis-à-vis des lambourdes gîtes pour la plate-forme du mortier de 32, à gauche en avant, et à droite en arrière pour celle du mortier de 22; la plate-forme des mortiers de 32 et 27 est à 0^m,12 au-dessus du sol, celle du mortier de 22 à 0^m,065. — Souvent dans les polygones on établit ces plates-formes à la même hauteur, en faisant pour la seconde une excavation de 0^m,045 au lieu de 0^m,10.

Les chevalets pour armements sont plantés, le premier à hauteur du devant de la plate-forme, le deuxième à 0^m,65 du premier.

Lorsque les mortiers doivent tirer sous des angles voisins de 9°, on place la première lambourde à 3^m,45 du pied de l'épaulement.

.Le mortier de 0^m,15 n'a pas besoin de plate-forme. Pour pouvoir le tirer jusque sous l'angle de 30°, mettre le devant de la semelle à 3 mètres au moins du pied de l'épaulement; pour le tir sous l'angle de 9° cette distance doit être de 5^m,30; il faut de plus une embrasure de 0^m,80 d'ouverture intérieure, avec une genouillère de 1 mètre.

Plate-forme du mortier à plaque.

Matériaux nécessaires. — Sept lambourdes-gîtes de 3^m,10 de longueur et de 0ᵐ,22 d'équarrissage; dix-huit lambourdes de recouvrement de mêmes dimensions; douze madriers de 3ᵐ,10 de longueur.

La plate-forme est établie dans une excavation de 4 mètres de longueur, 3ᵐ,10 de largeur et 0ᵐ,96 de profondeur, dont les côtés sont soutenus par un petit mur en moellons; le mur de derrière est couronné par un chevet en fortes pierres de taille.

Le fond de l'excavation est rempli de sable sur une hauteur de 0ᵐ,50. Damer fortement le sable et établir par-dessus les douze madriers bien horizontaux. Placer ensuite les sept gîtes parallèlement à la directrice et espacés de 0ᵐ,22, damer le sable entre les gîtes. Poser les lambourdes de recouvrement perpendiculairement à la directrice. Serrer au besoin ces lambourdes les unes contre les autres à l'aide de coins chassés entre celles de devant et un madrier placé de champ.

Communications.

Communications avec la parallèle.

On commence les communications aussitôt que le tracé de la batterie est terminé; elles se font généralement à la sape volante simple; on les fait en sape double lorsqu'il y a nécessité.

Les travailleurs, conduits par un officier, marchent sur un rang, encadrés par deux sous-officiers ou deux caporaux; ils portent chacun leurs outils et un gabion; en arrivant au débouché de la communication dans la parallèle, ils se forment sur la droite ou sur la gauche en bataille. A mesure que chaque homme arrive sur la ligne, l'officier prend son gabion et le pose à 0ᵐ,55 en avant du tracé qui marque le pied du talus intérieur de la communication. — Les gabions doivent être posés avec une légère inclinaison vers l'épaulement, pour qu'ils résistent mieux à la poussée des terres. — Tous les gabions étant posés, les travailleurs de supplément se retirent; les autres, espacés de mètre en mètre, commencent le travail.

— Chaque homme fait une excavation de 1 mètre de longueur et de 1 mètre de profondeur sur une largeur de 2^m,50. Il s'enfonce verticalement à partir du pied du talus intérieur, jetant d'abord les terres dans les gabions pour les remplir, puis en arrière pour former l'épaulement et en ménageant une berme de 0^m,30 au pied des gabions. Les gabions sont couronnés avec un saucisson ou avec des fascines du génie. — Le fond de la communication est raccordé avec le terre-plein de la batterie par des rampes.

Communications avec le fossé.

Cette communication se place ordinairement à l'origine de la communication avec la parallèle. Elle s'exécute soit en sape volante, soit en galerie couverte. — La communication doit avoir 1 mètre de profondeur au-dessous du sol naturel et 0^m,50 de largeur; on lui donne la pente nécessaire pour qu'elle vienne déboucher au fond du fossé. Lorsqu'elle doit être couverte, des gabions sont disposés en ressaut sur les bords et portent un lit de saucissons recouverts de terre. Il faut vingt-quatre gabions et trente bouts de saucissons de 2^m,80 de longueur.

Magasins à poudre.

Magasins dans les batteries de siége.

Il y a six modèles réglementaires de magasins à poudre, appelés magasins n°s 1, 2, 3, 4, A et B.

Magasin n° 1, dans l'épaulement de la communication. — Excavation de 1^m,15 de profondeur, 1^m,10 de largeur et 2 mètres dans le sens de la longueur de l'épaulement. Entrée par le petit côté opposé à la batterie; largeur, 0^m,80. — Hauteur totale au-dessus du sol, 1^m,75. — Cette excavation est recouverte au moyen de trois fermes formées chacune par un montant vertical de 2^m,00 de haut, dressé contre le côté le plus éloigné de la communication, et par un chevron incliné de 1^m,80 de long; les pieds des montants reposent sur un

madrier et ceux des chevrons sur deux madriers placés d'é-
querre sur le bord voisin de la communication, à 0m,60 au-
dessus du fond. Un chapeau réunit les têtes des montants et
des chevrons, l'assemblage de ces pièces est à mi-bois. —Onze
bouts de saucissons de 2m,50, dont trois placés horizontalement les uns sur les autres contre les montants en dehors et
huit formant la couverture ; trois à quatre bouts de saucissons ferment la partie supérieure du magasin du côté de l'entrée. — Seize gabions, y compris les neuf qui seraient employés à la communication, si le magasin n'existait pas. Trois
travailleurs peuvent faire le magasin entier en neuf heures.

Magasin n° 2, dans l'épaulement de la communication. —
Excavation de 1m,15 de profondeur, 0m,80 de largeur, 2 mètres de longueur dans le sens de la longueur de l'épaulement.
— Hauteur totale au-dessus du sol, 1m,60. — Entrée par le
grand côté, largeur 0m,80. — La couverture est horizontale
et formée par dix saucissons de 4m,50 dans la longueur du magasin, supportés par des gabions rangés le long des petits
côtés de l'excavation. Les deux rangs de gabions voisins de la
communication n'ont que 0m,67 de hauteur et portent un lit
de saucissons; le troisième rang n'a que 0m,35 de hauteur et
porte deux lits de saucissons; enfin le côté opposé à l'entrée
est fermé par trois saucissons superposés et maintenus en arrière par un rang de gabions. Deux gabions de 0m,67 de hauteur, placés sur la même ligne que ceux du premier rang, ferment la partie correspondante au massif de terre qui a été
laissé entre l'excavation et la communication. — Treize saucissons de 2m,70 sont placés en travers sur les autres.

*Magasin n° 3, en arrière de la communication ou de la
batterie.* — Excavation de 1m,50 de profondeur, 1m,50 de
largeur en haut et 1 mètre de largeur au fond, 2 mètres de
longueur. — Hauteur totale au-dessus du sol, 1m,40. Entrée
par le grand côté, largeur 0m,80. — Couverture horizontale
en lambourdes non jointives recouvertes de madriers et de
deux ou trois lits croisés de saucissons, le tout entouré de

gabions disposés sur plusieurs rangs du côté des coups dangereux.

Sept lambourdes de 2ᵐ,40; deux posées sur les bords de l'excavation dans la longueur et cinq en travers sur les premières; six madriers de 2 mètres au moins, dont cinq posés sur les lambourdes dans le même sens et un sur les deux gabions de l'entrée. — Vingt et un saucissons; sept de 2ᵐ,70 de côté, placés en travers sur les madriers; quatorze de 2ᵐ,40, dont huit recroisés sur les premiers, quatre recouvrant l'entrée du magasin et deux formant la berme du côté opposé à l'entrée; quarante gabions.

Huit hommes, dirigés par un sous-officier, peuvent construire ce magasin en neuf heures.

En plaçant les lambourdes jointives, on augmente beaucoup la résistance; il en faut alors onze au lieu de sept.

Magasin n° 4, contre l'épaulement de la batterie. — Excavation de 0ᵐ,50 de profondeur, 1ᵐ,10 de largeur en haut et 1 mètre au fond, 2 mètres de long. — Hauteur totale au dessus du sol, 2ᵐ,30. — Entrée par le petit côté, largeur 1 mètre. — Appentis en gîtes de plates-formes recouverts de saucissons et de terre. — Douze gîtes de 2ᵐ,40 jointifs, reposant par leur partie inférieure sur un madrier enfoncé en terre à 1ᵐ,20 de l'épaulement et par leur partie supérieure sur trois saucissons de 0ᵐ,27 de diamètre et 3ᵐ,30 de longueur, placés horizontalement les uns sur les autres, sur la saillie des gabions du rang inférieur; neuf saucissons de 0ᵐ,32 de diamètre et de 2ᵐ,70 de longueur sont posés jointivement en travers des gîtes. — Quinze gabions sur deux rangs de hauteur, neuf au rang inférieur et six au rang supérieur en retraite sur les premiers d'un demi-diamètre. — Quatre travailleurs et un sous-officier peuvent faire ce magasin en neuf heures. Pour augmenter la solidité de l'excavation, on peut revêtir les talus en claies, en gazons ou avec des coffrages préparés à l'avance.

Magasin A, dans l'épaulement de la communication. — Excavation de 1ᵐ,50 de profondeur, 1ᵐ,50 de largeur en haut et 1 mètre au fond; 2 mètres de longueur dans le sens de la longueur de l'épaulement. Hauteur totale au-dessus du sol, 1^m,50 environ. Entrée par le grand côté, largeur 0^m,65 au fond.

Les deux petits côtés sont coupés verticalement, les deux grands côtés le sont suivant des talus de 0^m,25 de base ; deux lambourdes de 2,40 sont placées le long des grands côtés, dix lambourdes de deux mètres en travers par-dessus les premières et surmontées de deux lits de saucissons; la gabionnade qui forme le parapet de la communication contourne toute cette construction, qui est entièrement couverte de terre.

Quatre canonniers, dirigés par un sous-officier, peuvent faire ce magasin en neuf heures.

Magasin B, dans l'épaulement de la communication. — Excavation de 1^m,50 de profondeur, 1^m,30 de largeur en haut et 0^m,85 au fond, 2 mètres de longueur dans le sens de la longueur de l'épaulement. — Entrée par le petit côté : largeur, 0^m,85. Hauteur totale au-dessus du sol, 1^m,50 environ. Couverture inclinée. Sur le bord du côté opposé à la communication, se trouvent trois saucissons superposés, soutenus en arrière par des gabions qui se relient à ceux de la parallèle en contournant l'excavation; dix lambourdes inclinées, jointives, prennent appui d'une part contre le troisième rang de saucissons, d'autre part sur deux madriers placés d'équerre dans un logement de 0^m,80 au-dessus du fond; le côté opposé à l'entrée est formé aussi par trois saucissons superposés. Le tout est recouvert de saucissons de 2^m,50 jointifs, posés longitudinalement, et d'une couche de terre.

Magasins à poudre des batteries de place.

Ces magasins sont constitués, soit par une galerie de mines construite sous le massif du rempart avec le matériel du génie, soit par un blindage adossé à un mur de la fortification que l'ennemi ne peut atteindre. Les galeries doivent être recouvertes d'une couche de terre de 3 mètres au moins d'épaisseur. Les blindages sont faits avec des poutrelles, des corps d'arbres ou des rails jointifs, le tout recouvert de saucissons et de sacs à terre ; les extrémités sont laissées libres ou fermées avec des gabions.

Portières d'embrasure.

Dans les batteries de siége voisines de la place, des portières doivent être disposées devant les embrasures, pour protéger les canonniers contre la mousqueterie. Ces portières sont faites généralement en cordage de $0^m,025$ de diamètre; elles ont $1^m,00$ à $1^m,20$ de largeur sur $1^m,20$ à $1^m,40$ de hauteur et $0^m,25$ environ d'épaisseur. Un orifice est ménagé à la partie inférieure pour le passage de la volée de la pièce. Ces portières sont suspendues à l'aide de piquets contre l'ouverture de l'embrasure. — Un masque également en cordage, de forme demi-circulaire, brêlé sur la pièce à la naissance de la volée, est destiné à arrêter les projectiles qui passeraient par l'ouverture de la portière. Un trou de visée ayant $0^m,08$ de côté est ménagé dans les couches voisines de la pièce pour le pointage.

Ces portières en cordage ont l'inconvénient d'être très-longues à confectionner, très-lourdes et très-difficiles à manier.

Batteries blindées.

On appelle blindage une construction destinée à protéger un certain nombre de pièces contre les feux ennemis. Les batteries blindées s'emploient beaucoup dans les places; on les établit partout où il est nécessaire d'avoir des pièces agissant jusqu'aux derniers moments du siége.

Les blindages sont faits en bois de charpente, en corps d'arbres ou en rails, et doivent être recouverts d'une forte couche de terre.

Les batteries de canons blindés s'établissent sur le rempart, les pièces tirent à embrasures. Les batteries de mortiers s'établissent en contre-bas du rempart; le blindage consiste seulement en une couverture protégeant les pièces contre les feux verticaux.

Exécution d'ensemble.

Batteries de campagne.

L'officier qui est chargé de la construction d'une batterie commence par reconnaître avec soin les abords de la position et détermine l'emplacement que la batterie devra occuper, ainsi que les retours et les communications s'il y en a. Lorsque ces dispositions sont prises, il exécute le tracé de la batterie avec l'aide de sous-officiers et de canonniers : marquer le pied du talus intérieur ; jalonner les directrices des embrasures ; tracer le pied du talus extérieur, le sommet de l'escarpe et de la contrescarpe ; tracer de même les traverses, retours, communications et les magasins à poudre. — Il faut par pièce, pour une batterie à embrasure construite sur le sol, huit canonniers et quatorze travailleurs, plus quatre hommes par mètre courant de retour ou de traverse, et un homme par mètre courant de communication. Il faut, en outre, un sous-officier d'artillerie pour deux pièces et quelques travailleurs pour le transport des matériaux. Les canonniers exécutent les revêtements, les plates-formes, en un mot tous les travaux spéciaux ; les travailleurs sont chargés des mouvements de terre.

Une batterie de six pièces sur le sol peut être construite et armée en 9 heures. Quand la batterie est enfoncée de 75 centimètres, le travail ne dure que sept heures ; il faut le même nombre de travailleurs.

Nous donnons ici un type de batterie de campagne, imaginée par le colonel de Pidoll et employée par les Autrichiens à la bataille de Sadowa (fig. 27).

C'est une batterie sur le sol, avec rigoles pour les servants. Cent soixante-dix-huit hommes peuvent exécuter une batterie de ce genre pour huit pièces, en deux heures et demie.

Batteries de siége.

Reconnaissance. — La reconnaissance de l'emplacement se

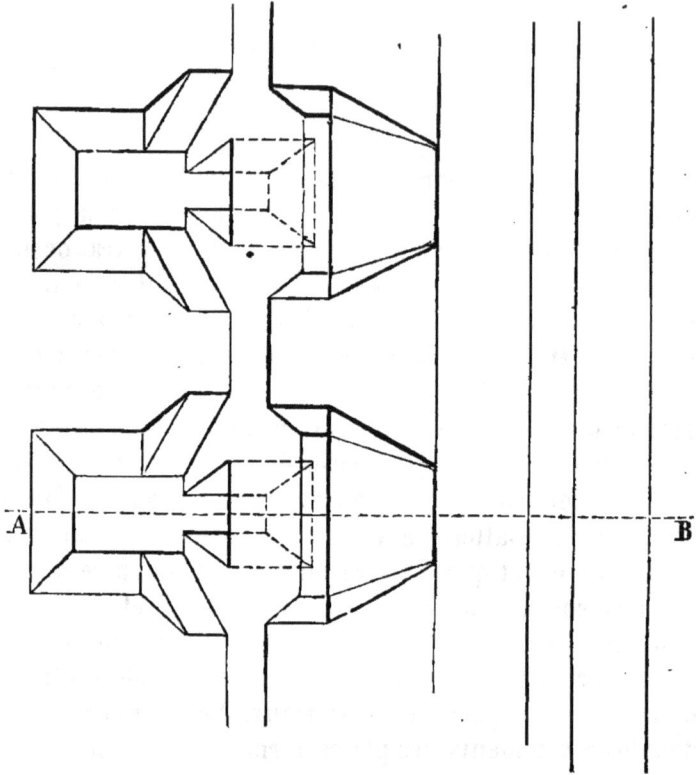

COUPE .A.B.

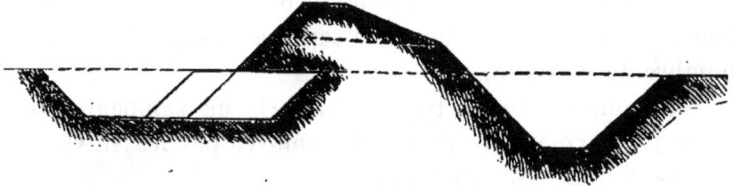

Fig. 27.

fait comme pour une batterie de campagne. L'officier chargé
de cette opération, de retour au camp, dessine un projet de

batterie et demande les matériaux et les travailleurs nécessaires à la construction.

Tracé. — Le tracé se fait la nuit. Marquer sur le terrain
les directrices, le pied du talus intérieur, celui du talus extérieur, l'encadrement du terre-plein, les bords du fossé, les
retours, les traverses, les magasins à poudre et enfin les côtés
des embrasures, à moins que la batterie ne doive être construite sur le sol.

Pour placer les crêtes perpendiculaires à la direction du
tir, on se sert de l'équerre à rubans. Cet instrument n'est
autre chose qu'un triangle rectangle formé par trois rubans
ayant respectivement 3, 4 et 5 mètres.

Construction d'une batterie de première période avec traverses-relais.

Ces batteries se construisent pendant la nuit de l'ouverture de la tranchée.

Tracer les directrices espacées de 7^m,20, les pieds des talus
intérieur et extérieur, les embrasures, l'encadrement du
coffre, l'encadrement du fossé ayant environ 4 mètres de largeur et laissant une berme de 1^m,50, l'encadrement de l'excavation correspondante à chaque pièce; ce sera un rectangle
placé à 0^m,50 du talus intérieur et ayant 4 mètres de largeur
dans le sens de la crête et 5^m,40 de longueur; un passage de
1 mètre de large en arrière des traverses séparant les pièces;
enfin les retours et les communications. Durée de l'opération,
30 minutes.

Placer les gabions du talus intérieur et des joues d'embrasures, les pointes en haut, pour aller plus rapidement.

Neuf hommes creusent le fossé le long de l'escarpe et jettent les terres dans le coffre; douze autres travailleurs, sur
deux rangs perpendiculaires aux crêtes, attaquent le terre-
plein; ceux de droite creusent le long du bord de l'excavation, ceux de gauche, le long de la directrice, les deux rangs
se tournant le dos. Les terres sont jetées : dans le coffre, par
es deux travailleurs placés près du talus intérieur; sur le

revers du terre-plein, par les deux placés du côté opposé (ils ont soin de ménager l'espace où doit être établie la rampe d'accès); sur les traverses, par les huit autres travailleurs. Deux travailleurs creusent le passage en arrière de la traverse et jettent les terres sur le terre-plein. — Tous ces travailleurs sont munis d'une pelle et d'une pioche dont ils se servent alternativement.

Quatre travailleurs se portent sur chaque traverse-relais et rejettent dans les coffres les terres qui y sont accumulées; six autres égalisent les terres du coffre et les dament; trois d'entre eux placent les harts de retraite.

Il faut que le terre-plein ait la profondeur voulue, deux heures et demie avant la fin de la nuit. Cette profondeur est réglée d'après la résistance des terres et la difficulté du travail. Dès que le terre-plein est creusé, six travailleurs par pièces s'occupent de la plate-forme, trois vont sur le revers du terre-plein et trois sur la traverse, pour faire écouler les terres dans le coffre; les pelleteurs qui se trouvent sur cette traverse vont procéder à l'exécution de la rampe d'accès, les deux travailleurs qui ont fait le passage en arrière des traverses vont en faire un autre en avant à 0^m,75 du pied du talus intérieur. Ce passage doit avoir 0^m,80 de largeur.

La plate-forme exigera une heure et demie de travail; il restera une heure pour terminer les passages, les rampes et mettre les pièces en batterie, opération qui devra être faite aussitôt qu'elle sera possible.

On réservera pour la seconde nuit les travaux non encore achevés. Pendant cette seconde nuit, on élargira le terre-plein jusqu'à 6 mètres; on achèvera les rampes, on transformera les traverses en pare-éclats avec des gabions et de la terre, on blindera les passages en avant, on établira les chevalets pour armements, on construira à la queue des traverses de petits dépôts de munitions, on creusera les puisards nécessaires, enfin on pourra établir sur le terrain en arrière de la batterie des plates-formes volantes sur lesquelles seront amenées les pièces en cas de sortie de l'assiégé.

Construction d'une batterie enfoncée sans traverses-relais.

Lorsqu'on n'est pas pressé par le temps, on peut adopter le mode de construction suivant, qui exige moins de travailleurs. Le tracé étant exécuté comme il a été dit plus haut, les travailleurs creusent le fossé et jettent les terres dans le coffre; six canonniers commencent le revêtement, puis creusent le terre-plein. En commençant à 0^m,50 du pied du talus intérieur, six autres travailleurs attaquent le terre-plein à sa partie postérieure et jettent les terres vers les canonniers, qui les reprennent à leur tour et les jettent dans le coffre. Sur le coffre, deux canonniers et deux travailleurs dament les terres; le revêtement est continué à mesure que les terres s'élèvent. Les plates-formes sont établies le plus tôt possible. Le travail dure de dix à onze heures. — Il faut par pièce huit canonniers et quatorze auxiliaires, plus huit auxiliaires pour les deux extrémités.

Batterie sur le sol.

Le tracé s'exécute toujours de la même manière.

Six travailleurs creusent le fossé et jettent les terres dans le coffre; si les feux d'infanterie sont trop meurtriers, les travailleurs se couvrent par des masques en gabions farcis ou par une sape volante. Trois travailleurs sur la berme jettent les terres dans le coffre le plus loin possible, trois autres sur le coffre dament les terres. Dès qu'il y a 0^m,60 de terre dans le coffre, cinq canonniers commencent le revêtement; d'autres canonniers font les revêtements des retours et construisent les communications et les magasins à poudre. A la fin de la nuit, le terre-plein doit être préparé, l'épaulement élevé et revêtu à hauteur de la genouillère sur 2 mètres d'épaisseur, les magasins terminés.

Pendant la seconde nuit on trace les embrasures, on construit les plates-formes et on arme la batterie. Le travail dure trente-six heures. Il faut par pièces onze canonniers, douze auxiliaires, plus vingt travailleurs environ pour les retours, un par mètre courant de communication, cinq pour le raccordement de la batterie avec la communication.

Obstacle à surmonter dans la construction. — Si les directrices doivent avoir une grande obliquité, faire le revêtement intérieur à redan, sur un terrain pierreux garnir de gabions et de fascines la base de l'épaulement, sur le roc construire la batterie avec des sacs à terre, établir les plates-formes sur des terres rapportées et damées; les gîtes et le heurtoir sont amarrés à une lambourde placée dans l'épaulement, les madriers sont maintenus par une poutrelle guindée sur les gîtes; les chevalets d'armements sont formés par trois piquets liés ensemble en forme de trépied. Dans un terrain marécageux, consolider le sol avec des fascinages entre lesquels on jette de la terre.

Attaque et défense des places.

On peut s'emparer d'une place de plusieurs manières :

1° Par le blocus; 2° par surprise; 3° de vive force; 4° par le bombardement; 5° par un siége en règle.

Blocus. — Investir ou bloquer une place, c'est l'entourer d'un cordon de troupes qui intercepte toutes les communication avec l'extérieur. La garnison ne peut se ravitailler et la famine l'oblige à se rendre au bout d'un temps plus ou moins long.

Pour investir une place forte, l'armée de siége doit s'établir à cinq ou six kilomètres des remparts, hors de la portée efficace des bouches à feu, et se fortifier dans ses positions de manière à repousser, non-seulement les sorties de la garnison, mais aussi les attaques des armées de secours qui peuvent se présenter.

Surprise. — On tente l'attaque par surprise lorsqu'on a des intelligences dans la place, ou que la garnison, oublieuse de ses devoirs, a laissé, par négligence, certains points de l'enceinte sans défense.

Attaque de vive force ou assaut. — Lorsqu'une armée

de siége arrive brusquement devant la place dont elle veut s'emparer, elle peut essaver d'y pénétrer sans retard en donnant l'assaut sans avoir pratiqué de brèches ; l'assaut ne peut réussir que lorsque la garnison est insuffisante et l'armement des remparts peu avancé.

Bombardement. — Le bombardement est presque toujours employé en même temps que l'investissement. Pour bombarder la ville l'assiégeant établit des batteries de gros calibres, à 4,000 mètres des fortifications, autant que possible sur des points dominants. Ces batteries couvrent d'obus principalement les magasins d'approvisonnements et les maisons de la ville pour démoraliser les habitants et les pousser à exiger la reddition.

Si les remparts sont pourvus d'abris à l'épreuve, et que le commandant de place ne se laisse pas intimider par la population, le bombardement restera sans effet, d'autant plus qu'au bout de trois ou quatre jours les habitants se seront créé des abris dans lesquels ils supporteront le feu sans pertes.

On peut préparer l'attaque de vive force par un bombardement.

Siége en règle.

Assiéger une ville, c'est s'en approcher peu à peu à l'aide de tranchées, pour arriver jusqu'aux ouvrages de l'enceinte et s'en emparer.

Avant de commencer le siége d'une place forte, il faut l'investir pour couper les communications avec l'extérieur. L'investissement est exécuté par un corps dont la force varie avec l'importance de la place, mais qui contient beaucoup de cavalerie. Ce corps précède l'armée de siége de quatre ou cinq jours ; arrivé devant la place, il coupe les voies de communication, repousse les postes avancés de l'ennemi et établit le plus près possible des remparts un cordon flexible de troupes pour surveiller la garnison et l'inquiéter par tous les moyens. En même temps des reconnaissances multipliées, parcourant le terrain environnant, doivent recueillir tous les renseignements utiles à l'armée de siége, sur la force de la garnison, l'esprit des habitants, sur l'armement et les approvisionnements.

Le corps d'investissement est accompagné d'un assez grand nombre d'officiers du génie et d'état-major, qui exécutent les levées topographiques des abords de la place et font la reconnaissance des ouvrages détachés des dehors et du corps de place. Pendant ce temps-là, les sapeurs et les canonniers disponibles sont employés à la confection des fascinages.

Pendant que l'investissement s'opère, l'armée de siége achève son organisation ; les parcs du génie et de l'artillerie sont rassemblés et les approvisionnements de toutes sortes complétés. Lorsque cette armée arrive devant la place, le général en chef reçoit les résultats des reconnaissances et des levés exécutés par les officiers du génie et de l'état-major, et il arrête avec le commandant de l'artillerie et celui du génie le projet de siége.

Le point d'attaque étant choisi, les camps sont aussitôt établis. Autrefois, avant d'ouvrir la tranchée, l'armée de siége fortifiait ses camps d'abord par des lignes dites de contrevallation tournées vers la place, contre les sorties, et ensuite par des lignes de circonvallation, contre les attaques d'une armée de secours. Aujourd'hui on a renoncé à l'emploi de ces lignes ; on se borne à fortifier les positions dominantes, les bois, les châteaux, les villages en arrière, lorsqu'on a à craindre l'arrivée d'une armée de secours : du côté de la place, les travaux de terrassement remplacent les lignes.

Les camps doivent être établis à 6 kilomètres au moins de la place et les parcs à 5 ou 600 mètres plus loin; souvent même ceux-ci peuvent être encore plus éloignés si l'on peut les relier aux dépôts de tranchées par une voie ferrée.

On appelle dépôts de tranchées les dépôts où l'on rassemble les approvisionnements en munitions, outils, bois et fascinages nécessaires au service des batteries et des tranchées; ce sont, en un mot, de petits parcs établis à proximité des travaux de siége : on les installe à 3,000 mètres environ de la place dans les endroits abrités.

Les camps étant établis, on s'occupera de donner plus de solidité à la ligne d'investissement en multipliant les petits postes et en construisant des batteries armées de canons de gros calibres qui tireront sur les remparts de manière à gêner le plus possible l'armement de la place. C'est alors qu'il est nécessaire de prendre le prolongement des faces et des capitales des ouvrages, et de mesurer la distance à laquelle on se trouve de la place, afin de pouvoir déterminer les emplacements que devront occuper les batteries.

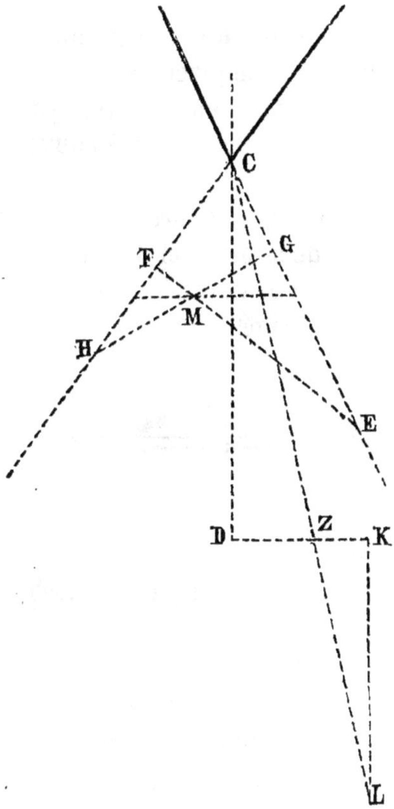

Voici le procédé donné par le capitaine Moriz Brunner (1) pour déterminer la capitale, sans passer par la mesure des angles (fig. 28) :

Les prolongements des faces s'obtiennent sans difficultés. Sur ces prolongements on prend deux points g et f en chacun desquels on élève, sur la direction de la face

Fig. 28.

correspondante, une perpendiculaire gh, fe. On mène la bissectrice de l'angle hmf et on abaisse une perpendiculaire sur

---

(1) Moriz Brunner, la Guerre de siége, traduite de l'allemand par M. Piette, capitaine de génie.

cette bissectrice du saillant de l'ouvrage ennemi. Cette perpendiculaire est la capitale cherchée.

La capitale étant connue, pour avoir la distance on élève la perpendiculaire dk que l'on mesure; au point e on mène à dk une perpendiculaire kl, et on a $dc = \dfrac{dz \times kl}{kz}$.

La distance peut, du reste, être déterminée au moyen de télémètres.

Pendant l'installation des batteries d'investissement, les officiers du génie auront dû fixer l'emplacement de la première parallèle et des communications en arrière. Aussitôt que le moment paraîtra favorable on procédera à l'ouverture de cette parallèle.

On donne le nom de parallèles à de longues tranchées tracées *parallélement* à l'enceinte de la place et de plus en plus près des saillants. Ces parallèles sont destinées à relier entre eux les divers cheminements dirigés contre la place et

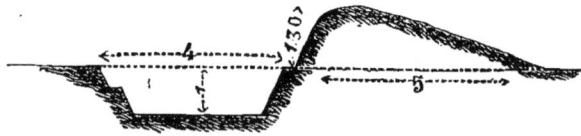

Fig. 29.

à servir de points d'appui aux troupes chargées de garder les travaux.

La première parallèle doit être placée à 1,000 mètres au moins des saillants du chemin couvert. On lui donne un profil de tranchée simple (fig. 29). De distance en distance on

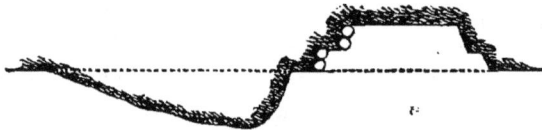

Fig. 30.

établit avec des fascines des gradins de fusillade (fig. 30) et des gradins de franchissement'(fig. 31), pour permettre aux gardes de tranchées de se porter en avant contre les sorties.

Les travaux de sape s'exécutent principalement la nuit. La veille de la nuit fixée pour l'ouverture de la première paral-

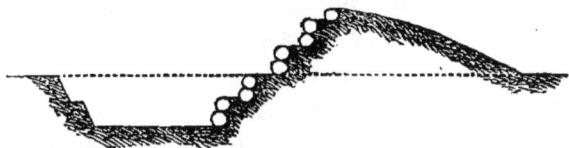

Fig. 31.

lèle, les travailleurs se rendent aux dépôts de tranchées et y reçoivent chacun une pelle, une pioche et une fascine à tracer de 1m,30 de long. A la chute du jour, ils sont rassemblés et répartis en divers détachements, lesquels sont conduits par des officiers du génie à l'emplacement de la portion de parallèle qu'ils doivent creuser. Chaque travailleur remet à l'officier sa fascine ; celui-ci les pose à terre, à la suite l'une de l'autre. Les travailleurs se mettent à l'œuvre, et chacun creuse le terrain sur une longueur égale à celle de la fascine.

Souvent on se sert, pour le tracé, de la pelle elle-même qui a 1m,30 de longueur.

Le travail doit être, sinon tout à fait terminé, au moins fort avancé au point du jour.

Pendant cette première nuit, on construit aussi les batteries dites de première période à 1,500 mètres environ des saillants et en arrière de la parallèle. Ces batteries doivent engager, avec l'artillerie de la place, une lutte vigoureuse, enfiler et battre à revers les faces des ouvrages, démonter les pièces, bouleverser les parapets, en un mot affaiblir assez le feu de la place pour que les tranchées puissent être poussées en avant sans trop de dangers. Il est très-important que ces batteries soient construites et armées à la fin de la nuit ; on a vu plus haut la marche à suivre pour atteindre ce but.

Les travaux sont protégés par une garde, laquelle détache

en avant d'elle des grand'gardes, des petits postes et des sentinelles. Le jour venu, toute la garde se replie et va se placer
dans la parallèle, pour surveiller la place et prévenir les entreprises de la garnison contre les travaux.

Il est impossible de fixer exactement le moment où l'assiégeant pourra déboucher de la première parallèle et pousser
ses tranchées en avant; nous nous bornerons donc à indiquer
comment les travaux s'exécutent.

On marche sur les saillants de l'enceinte au moyen de
tranchées en zigzag, comme le représente la fig. 32; chaque
portion en ligne droite s'appelle un boyau.

Ces boyaux sont construits soit en tranchées simples lorsque le feu de la place est très-affaibli, soit en sape volante
lorsqu'on veut mettre le plus vite possible les travailleurs à
l'abri des projectiles ennemis.

Pour exécuter le boyau à la sape volante on donne à chaque travailleur, au dépôt de tranchée, un gabion outre ses
outils, pelle et pioche; l'officier du génie qui dirige le travail,
en arrivant sur le terrain, place les gabions debout les uns à
côté des autres, les pointes des piquets en l'air. Les travailleurs se mettent à l'ouvrage et creusent le terrain sur une
largeur égale à celle du gabion. Ils jettent la terre d'abord
dans le gabion, ensuite en avant. La ligne de gabions est
surmontée de deux rangs de fascines, dont le premier est
double (fig. 33).

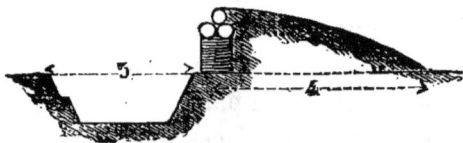

Fig. 33.

Les boyaux sont toujours un peu moins larges que les parallèles. Ils sont tracés de manière que leur prolongement
passe à une certaine distance des saillants du chemin couvert, afin que l'ennemi ne puisse pas les enfiler. Les différents boyaux se débordent à leur point de jonction de ma-

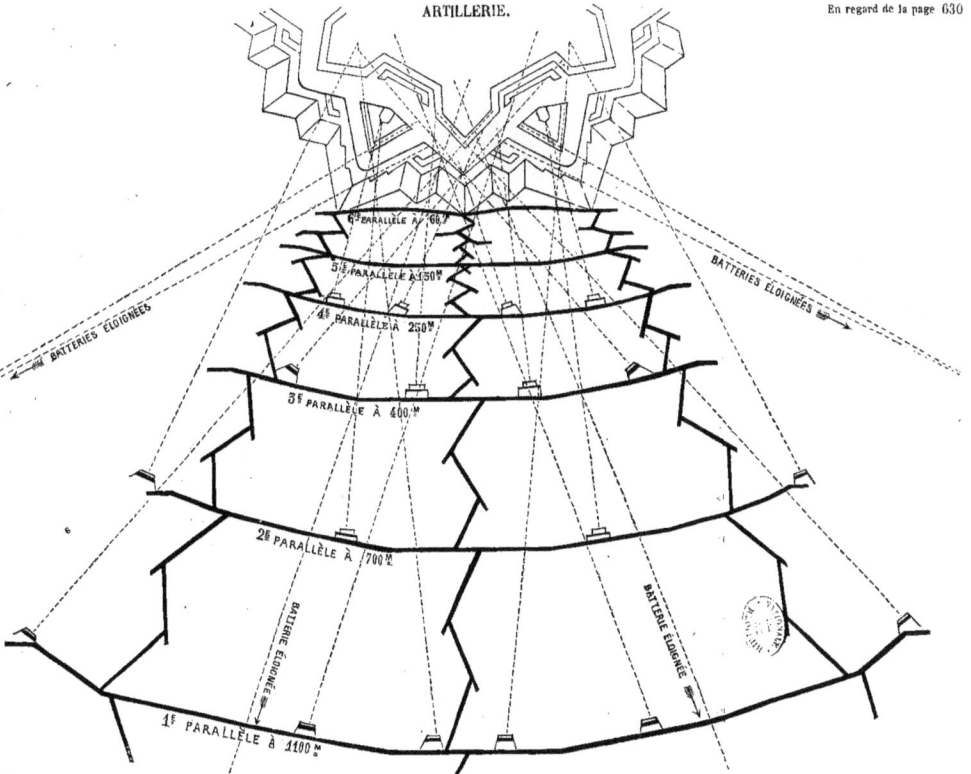

6ᵉ PARALLÈLE A 60ᵐ

5ᵉ PARALLÈLE A 130ᵐ

4ᵉ PARALLÈLE A 250ᵐ

BATTERIES ÉLOIGNÉES

BATTERIES ÉLOIGNÉES

3ᵉ PARALLÈLE A 400.ᵐ

2ᵉ PARALLÈLE A 700ᵐ

BATTERIE ÉLOIGNÉE

BATTERIE ÉLOIGNÉE

1ᵉ PARALLÈLE A 1100ᵐ

Fig. 32.

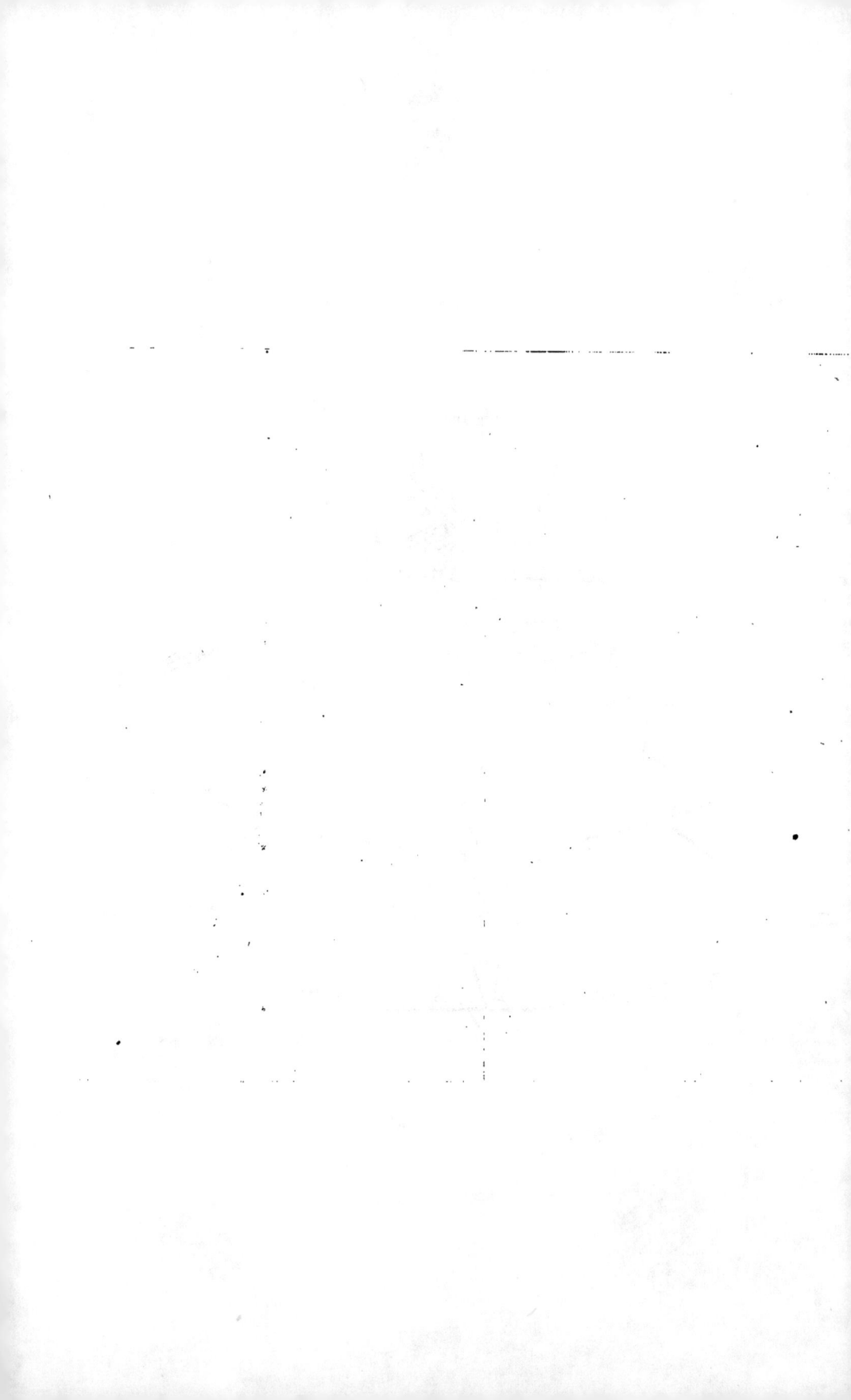

nière à former des retours. Ces retours empêchent l'ennemi de prendre des vues de revers dans les boyaux pendant les sorties.

Lorsque la tête des travaux arrive à 7 ou 800 mètres de la place environ, il est nécessaire de relier les tranchées par une deuxième parallèle qui permette de rapprocher de la place les batteries et les gardes de tranchées. Cette seconde parallèle se construit en sape volante, comme il vient d'être dit. Elle est ouverte la nuit comme la première.

En certains endroits convenablement choisis, on dispose des gradins de fusillade et de franchissement.

En même temps de nouvelles batteries seront élevées, soit dans la parallèle même, soit un peu en arrière. Certaines d'entre elles peuvent être armées de mortiers de gros calibres (32 ou 27).

Ces batteries de mortiers chercheront à atteindre les abris de la défense, à ruiner les casemates et à percer les blindages. Les batteries de canon pourront déjà, à cette distance, commencer à battre en brèche les escarpes, soit du corps de place, soit des dehors.

A partir de la deuxième parallèle, le voisinage de la place obligera l'assiégeant à ne cheminer qu'à la sape volante jusqu'à 500 mètres des saillants, distance à laquelle une troisième parallèle deviendra nécessaire.

L'ouverture de cette parallèle se fera comme celle des précédentes.

A ce moment, l'artillerie de la place devra être presque totalement réduite au silence. Si le feu d'infanterie est encore trop actif, on sera forcé de déboucher de la troisième parallèle en sape pleine simple, que l'on appelle aussi sape simple. La tranchée en sape simple est exécutée par huit soldats du génie se relayant par moitié. La tête de la tranchée est protégée par un gros gabion farci de fascines que l'on pousse peu à peu en avant à mesure que le travail marche. Ce gabion a 2^m,30 de longueur et 1^m,30 de diamètre.

Les deux premiers sapeurs sont armés d'un casque appelé

le pot en tête et d'une cuirasse; ils travaillent à genoux. L'espace où chacun d'eux travaille s'appelle une forme.

Le quatrième sapeur donne à la forme 1 mètre de profondeur, 1 mètre de largeur en haut et $0^m,75$ au fond; la tranchée est terminée par des travailleurs d'infanterie qui lui donnent les dimensions définitives.

Le premier sapeur place les gabions un à un et les remplit de terre; les joints sont bouchés avec de petites fascines appelées fagots de sape.

Si les feux de face ne sont point à craindre, on exécutera le travail sans gabion farci; la sape ainsi faite est dite demi-pleine. A 300 mètres environ des saillants, les têtes de sape seront reliées par une quatrième parallèle que l'on sera généralement forcé de construire en sape pleine.

C'est le moment d'élever des batteries de mortiers, parce qu'à la distance à laquelle on est parvenu, le tir des bombes possède une grande efficacité. Les mortiers de 22 tireront sur les chemins couverts pour ruiner les réduits et bouleverser les traverses; les mortiers de 32 et de 27 dirigeront leurs feux sur le corps de place, sur les caponnières ou les casemates flanquantes. Quant aux mortiers de 15, la distance est encore trop considérable pour qu'on puisse les employer.

Sur la figure 32, la quatrième parallèle est à 250 mètres des saillants du chemin couvert.

A mesure qu'il approche de la place, l'assiégeant est exposé à des dangers toujours croissants; aussi ne doit-il marcher qu'avec beaucoup de prudence et ne pas faire un pas en avant sans s'être assuré la possession du terrain qu'il laisse derrière lui. C'est pour cela qu'à 100 ou 150 mètres en avant de la quatrième parallèle, il lui faudra ouvrir une cinquième parallèle, puis une sixième à 150 mètres au-delà.

Si les circonstances le permettent, on pourra ne pas tracer entièrement la cinquième parallèle afin de diminuer le travail, et la remplacer par des demi-places d'armes, c'est-à-dire par des portions de parallèle plus ou moins longues, placées à droite et à gauche des cheminements, et qui remplissent le même rôle que les parallèles complètes. Sur la figure 32, sont figurées de ces demi-places d'armes, entre la troisième et la sixième parallèle.

C'est à partir de la sixième parallèle que commence l'attaque rapprochée (fig. 34). A ce moment, le défenseur doit être assez affaibli par les combats précédents pour être incapable d'arrêter les progrès de l'attaque. Cependant l'assiégeant ne saurait prendre trop de précautions contre les retours offen-

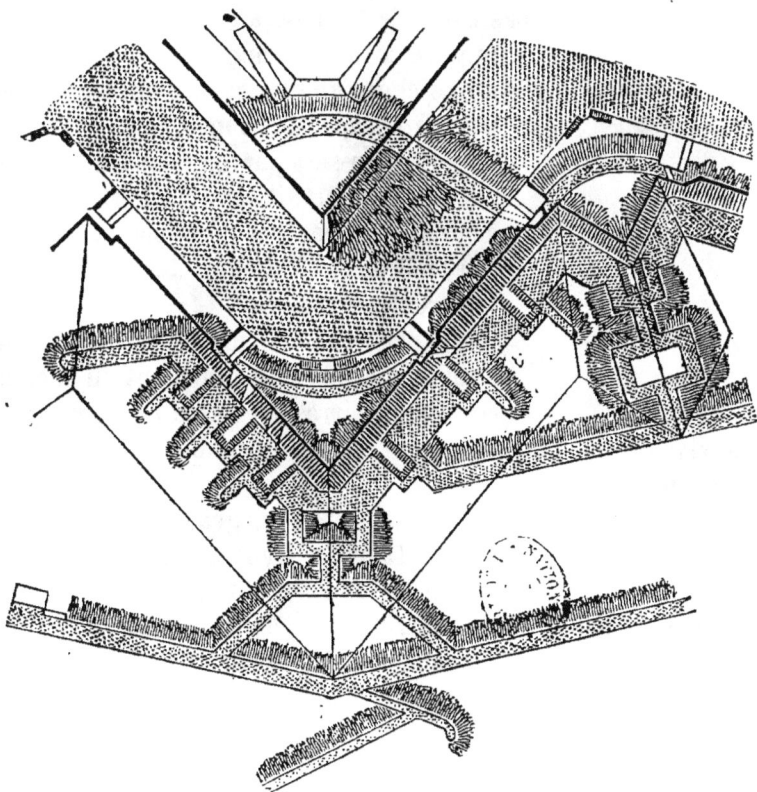

Fig. 34.

sifs; ses travaux devront être protégés et surveillés de très-près et avec beaucoup de vigilance; les gardes de tranchées établis dans la sixième parallèle, soutenus par des mortiers de 15, en aussi grand nombre que possible, dirigeront un feu non interrompu sur les chemins couverts, dans les fossés, dans les dehors, pour en chasser les derniers défenseurs.

On cheminera sur les saillants à la sape double avec traverses. Cette sape se compose de deux sapes pleines exécutées l'une à côté de l'autre. La figure 35 représente une portion de tranchée exécutée à la sape double avec traverses. On peut remarquer que la tranchée est partagée des deux côtés par une masse courante.

Si l'on ne veut pas avoir de tranchées trop larges, on cheminera à la sape demi-double, qui n'est autre chose qu'une sape pleine protégée par un parapet de chaque côté.

Fig. 35.

Lorsqu'on sera parvenu aux saillants du chemin couvert, il sera prudent de relier ces saillants par des demi-places d'armes qui faciliteront l'attaque des places d'armes rentrantes.

La prise du chemin couvert, qu'on nomme aussi le couronnement du chemin couvert, pourra alors être effectuée, soit de vive force si la défense n'est plus capable de résistance, soit pied à pied.

On couronne le chemin couvert en dirigeant la sape le long des crètes (fig. 34 et 37). Dans la tranchée ainsi faite, on construit des batteries de brèche s'il est nécessaire, et des contre-batteries pour contre-battre les feux des pièces de flanc qui pourraient gêner le tir des batteries de brèche.

Pendant que ces batteries renversent le mur d'escarpe, on opère la descente du chemin couvert, puis celle des fossés (fig. 35) dans des galeries souterraines.

Dans ces galeries la terre est soutenue par un coffrage en planches appuyé contre des châssis rectangulaires en bois de 2 mètres de hauteur sur 1 mètre de largeur.

Généralement, avant d'attaquer le corps de place, l'assiégeant devra s'emparer des dehors.

Dans l'exemple que nous avons choisi (fig. 32), les cheminements sont dirigés sur les saillants de deux demi-lunes et
d'un bastion ; l'assiégeant devra donc d'abord s'emparer des
demi-lunes, et pour cela faire brèche à leurs escarpes. Maître

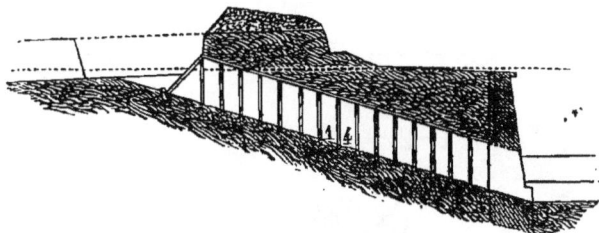

Fig. 36.

des demi-lunes et de leurs réduits, il pourra diriger ses efforts
contre le bastion.

Lorsqu'une brèche est praticable, on donne l'assaut.

Les colonnes d'assaut sont toujours composées des meilleures troupes. Le rassemblement se fait dans les tranchées
du couronnement du chemin couvert. Dans les parallèles en
arrière, on place les réserves et les soutiens. Au signal convenu, les troupes débouchent par les descentes et gravissent
la brèche le plus rapidement possible. Si l'ouvrage a un réduit, la première chose à faire sera de couronner la brèche à
la sape volante de manière à s'en assurer la possession; on
cheminera ensuite sur le terre-plein de l'ouvrage, on ouvrira
une brèche à l'escarpe du réduit, dont on se rendra maître
par un nouvel assaut. Si l'ouvrage n'a pas de réduit, les colonnes d'assaut, sans s'arrêter sur la brèche, poursuivront vigoureusement la garnison et tâcheront de surprendre une
poterne du corps de place.

Les dehors une fois pris serviront de point d'appui à l'assiégeant pour l'attaque du corps de place.

Le plus ordinairement on chemine dans le fossé du dehors
jusqu'à celui du corps de place, puis on donne l'assaut et on
couronne la brèche comme précédemment (fig. 37).

Il est impossible de dire rien de précis sur le genre de lutte que l'assiégeant aura à supporter dans le corps de place et les travaux qu'il aura à exécuter. S'il existe des retranche-

Fig. 37.

ments intérieurs ou des casernes défensives adossées au rempart, si la garnison est décidée à continuer sa résistance jusqu'à la dernière extrémité, l'assiégeant devra tenter de nouveaux efforts et le siége pourra durer encore longtemps, surtout si l'assiégé, après la perte des remparts, se retranche dans les maisons de la ville et continue la lutte en barricadant les rues.

Il est rare que l'assiégeant soit obligé d'exécuter tous les travaux dont nous venons de parler. Souvent, en profitant des circonstances favorables, il réussira à n'en exécuter qu'une partie.

On peut, par exemple, n'ouvrir que quatre parallèles au lieu de six, réduire leur longueur, diminuer l'épaisseur des parapets et le nombre des batteries, profiter enfin de tous les couverts naturels du terrain pour s'approcher de plus en plus de la place sans avoir recours aux travaux de terrassement. Quand la brèche aura pu être faite de loin, on se dispensera de couronner le chemin couvert, et on donnera aussitôt l'assaut en pénétrant d'abord brusquement dans le chemin couvert, puis en profitant des communications pour entrer dans le corps de place.

Défense.

La défense d'une place peut se partager en deux parties bien distinctes : la défense extérieure et la défense intérieure; elles ont chacune une égale importance.

Aussitôt que la menace d'un siége devient imminente, le commandant de la place doit immédiatement faire occuper et fortifier les villages, les bois, les grands parcs, les hauteurs; en un mot toutes les positions favorables qui peuvent se trouver autour de la place, et cela le plus loin qu'il sera possible, eu égard à l'effectif de la garnison et de sa valeur comme troupe.

En même temps, l'état de siége est décrété, et le conseil de défense constitué. Ce conseil se compose des commandants du génie et de l'artillerie, du médecin et de l'intendant en chef, et de quelques officiers généraux des corps de troupes. Le conseil prend les mesures relatives à l'armement, à l'approvisionnement et à la mise en état de défense; mais le commandant de place est seul responsable.

Il faut d'abord mettre la ville à l'abri d'une surprise et d'un bombardement, c'est-à-dire :

1° Recouper les talus, réparer les parapets, les barbettes et les embrasures;

2° Débarrasser le terrain en avant de l'enceinte jusqu'à 1200 mètres de tout ce qui pourrait gêner le tir de la mousqueterie ou de l'artillerie ;

3° Mettre en état les communications et les manœuvres d'eau pour tendre une inondation s'il est nécessaire. Boucher toutes les sorties inutiles ;

4° Recouvrir de terre les magasins à poudre, les abris voûtés ; prendre toutes les précautions pour parer aux incendies. Dépaver les cours des casernes et les rues, pour diminuer l'action des projectiles ;

5° Approvisionner la place en bois de charpente et en fascinages.

Lorsque la lutte commence avec l'assiégeant, la défense extérieure doit être conduite avec une grande vigueur, parce que les premiers engagements avec l'ennemi influent beaucoup sur le moral de la garnison. Il faut donc que l'assiégé se maintienne jusqu'à la dernière extrémité sur les positions qu'il a choisies et ne les abandonne que peu à peu, et en combattant sans relâche.

Les troupes doivent en effet être convaincues que le plus sûr moyen de retarder la chute de la place est de prolonger le plus possible la lutte extérieure.

Cependant, malgré toute son énergie, l'assiégé pourra être forcé de reculer devant les forces supérieures de l'assiégeant. Ce dernier établira sa ligne d'investissement et choisira le point d'attaque après avoir refoulé la garnison derrière les remparts. C'est alors que commencera la défense intérieure.

Aussitôt le point d'attaque connu, le commandant de la place fait compléter l'armement des ouvrages menacés. On construit les traverses qui manquent, on installe des abris, des parados, des blindages pour certaines pièces ; on établit des magasins à poudre sous les remparts, et des redoutes dans les bastions ; on palissade les chemins couverts, on répare les passages et les réduits de places d'armes saillantes et rentrantes ; enfin on complète le système de mines, et on en crée un si l'on dispose des moyens nécessaires.

La principale préoccupation de la défense dans cette période du siége sera d'empêcher l'ouverture de la première parallèle.

Lorsque le combat d'artillerie s'engage, tous les travaux d'armement doivent être terminés, les abris au complet, les magasins à poudre approvisionnés, toutes les traverses nécessaires construites. Il serait presque impossible, en effet, d'achever ces travaux pendant la lutte.

Dès le premier jour, la défense doit déployer toute son artillerie et tirer avec toute la vigueur possible. Elle doit profiter de la supériorité que lui donnent la connaissance exacte qu'elle a des distances, et la position abritée qu'elle occupe, pour empêcher l'ennemi de construire ses batteries et pour bouleverser ses travaux. Il serait très-imprudent de répondre mollement au feu de l'attaque, sous prétexte d'économiser ses ressources pour la fin du siége. On laisserait ainsi l'ennemi démolir sans peine les maçonneries de la place, et les remparts seraient intenables au moment critique.

Du reste, comme le dit le capitaine Moriz Brunner : « Le silence de l'artillerie exerce sur le moral de la garnison la plus déplorable impression. »

L'assiégé, même après l'ouverture de la tranchée, ne doit pas rester enfermé dans ses murs, mais au contraire en sortir fréquemment pour aller attaquer l'ennemi jusque dans ses cheminements.

Ces sorties sont exécutées dans le plus grand secret, car, pour obtenir un résultat décisif, il faut surprendre l'ennemi. Les hommes s'efforceront d'approcher le plus possible des boyaux de tranchées sans se faire voir; puis, à un signal convenu, ils se jetteront sur les défenseurs, sur les canonniers, renverseront les gabions et les parapets, et encloueront les pièces.

Il ne faut pas que les troupes, entraînées par un premier succès, se laissent aller à poursuivre l'ennemi.

Le but de la sortie étant atteint, le commandant de la troupe doit rallier ses hommes et les ramener dans la place.

L'assiégé peut encore prolonger la défense en exécutant des contre-approches. On appelle ainsi les travaux faits en dehors de la fortification dans le but de s'approcher des cheminements de l'ennemi et de les combattre plus efficacement. Généralement, on débouche du chemin couvert en creusant des boyaux en zigzag sur les glacis. Ces boyaux doivent être bien enfilés par les ouvrages en arrière, de manière que l'ennemi ne puisse s'en servir s'il réussit à s'en emparer. Quelquefois on construit des batteries de contre-approche pour battre d'écharpe ou d'enfilade certaines batteries de l'assiégeant.

La période sans contredit la plus critique pour l'assiégeant est celle de l'attaque rapprochée, et, si la garnison sait user de ses moyens de défense, elle peut faire essuyer des pertes cruelles à l'armée de siége. C'est alors que commence la guerre de mines.

On appelle mines des galeries souterraines conduisant en un point où se trouve une masse de poudre. L'endroit où est placée la poudre porte le nom de fourneau. L'explosion de la poudre produit une excavation de forme conique nommée l'entonnoir, dont les dimensions dépendent à la fois de la quantité de poudre employée et de la profondeur à laquelle se trouve le fourneau. La plus courte distance du fourneau à la surface du sol s'appelle la ligne de moindre résistance.

Il y a trois espèces de fourneaux de mines : 1° les fourneaux surchargés, dans lesquels le rayon A B de l'entonnoir (fig. 38) est plus grand que la ligne de moindre résistance B H; 2° les fourneaux ordinaires dans lesquels A B = B H (fig. 39); 3° enfin les fourneaux sous-chargés, dans lesquels A B est plus petit que B H (fig. 40).

Lorsque le fourneau est à une profondeur telle que l'effet de l'explosion ne s'étend pas jusqu'à la surface du sol, on a ce qu'on nomme un camouflet.

Le feu est mis le plus ordinairement par l'étincelle électrique.

Il est impossible d'entrer ici dans tous les développements

que comporterait le sujet, mais ce qu'il ne faut pas oublier, c'est que la guerre de mines est si lente et si périlleuse que dans bien des siéges l'assiégeant n'a pas hésité à modifier ses

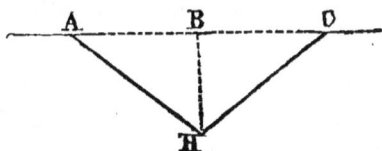

Fig. 38.

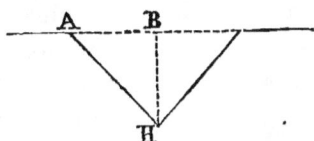

Fig. 39.

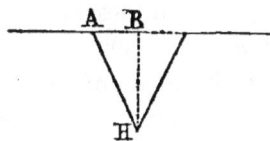

Fig. 40.

projets en apprenant que le front dont il préparait l'attaque était défendu par des mines.

La défense du chemin couvert n'offre rien de particulier. La garnison pourra encore à ce moment exécuter quelques grandes sorties, et l'histoire des siéges offre de nombreux exemples de sorties heureuses contre le couronnement du chemin couvert.

Si les réduits de places d'armes sont encore habitables, la défense pourra en tirer un grand parti pour prolonger la résistance, en tirant sur les tranchées et les batteries avec de petits mortiers et des pièces légères placés dans ces réduits. Lorsque les escarpes de ces ouvrages seront bien couvertes, l'assiégeant sera forcé de les battre en brèche pour s'en emparer, parce qu'il ne peut occuper en sûreté les demilunes, contre-gardes ou couvre-faces qu'à ce prix.

Enfin, lorsque les chemins couverts seront pris et la brèche à la demi-lune praticable, la garnison devra se préparer à repousser l'assaut du haut de la brèche.

Pour défendre la brèche, on déblaye les décombres tombes dans le fossé, de manière à découvrir la partie de l'escarpe encore intacte, on jette sur le talus des chausse-trapes, on

36.

tend des fils de fer, on plante de petits piquets, enfin on ferme la partie supérieure par une tranchée armée de pièces de montagne, dirigées de manière à balayer le talus de la brèche de leurs feux. On peut aussi barrer le passage avec des chevaux de frises. Il est à remarquer que, pendant la période de l'attaque rapprochée, les batteries éloignées de l'assiégeant ne peuvent plus tirer sur la place, sous peine d'atteindre leurs propres troupes. Pour la défense, il n'en est pas de même, et, s'il existe encore à ce moment dans ses arsenaux quelques pièces disponibles, elle devra les mettre en batterie, soit au sommet de la brèche, soit dans les parties flanquantes du corps de place, en ayant soin de ne les faire tirer qu'au moment de l'assaut. Lorsque les colonnes ennemies déboucheront dans le fossé, elles seront reçues en tête et en flanc par un feu violent et inattendu ; profitant de leur surprise, la garnison se précipitera sur elles et les taillera en pièces.

Si l'assaut réussit, tout n'est pas encore perdu, et une garnison énergique trouvera moyen d'opposer à son ennemi, dans l'intérieur de la ville, des obstacles redoutables et toujours croissants.

Si, après tant d'efforts courageux et tant de dangers bravement surmontés, la lutte devient impossible, la garnison n'aura pas du moins à rougir de sa défaite et sera en droit de réclamer de son vainqueur, en capitulant, des conditions honorables. Une capitulation n'a rien de honteux après une belle défense, car, lorsqu'une armée a vaillamment accompli son devoir en combattant, vaincue ou victorieuse, elle n'en a pas moins bien mérité de la patrie !

ADMINISTRATION ET LÉGISLATION.

Dispositions essentielles de la loi du 27 juillet 1872. — Dispositions essentielles de la loi du 24 juillet 1873. — Solde des troupes. — Positions donnant droit à la solde. — Situation et rapport journalier. — Feuilles de prêt. — Ordinaires. — Livre de détail. — Registre matricule et livret individuel. — Perception et distribution des effets et des armes. — Solde et vivres de campagne. — Dégradations et réparations mises à la charge du soldat. — Masses individuelles. — Feuilles de journées. — Carnet de comptabilité en campagne. — Administration d'un détachement en campagne. — Fonctionnement général de la justice militaire.

I. — DISPOSITIONS ESSENTIELLES DE LA LOI DU 27 JUILLET 1872.

*La loi sur le recrutement de l'armée a été votée
par l'Assemblée nationale dans la séance du 27 juillet 1872.*

TITRE PREMIER. — Dispositions générales.

Art. Ier. Tout Français doit le service militaire personnel.

Art. 2. Il n'y a dans les troupes françaises ni primes en argent ni prix quelconque d'engagement.

Art. 3. Tout Français qui n'est pas déclaré impropre à tout service militaire peut être appelé, depuis l'âge de vingt ans, jusqu'à celui de quarante ans, à faire partie de l'armée active et des réserves, selon le mode déterminé par la loi.

Art. 4. Le remplacement est supprimé.

Les dispenses de service, dans les conditions spécifiées par la loi, ne sont pas accordées à titre de libération définitive.

Art. 5. Les hommes présents au corps ne prennent part à aucun vote.

Art. 6. Tout corps organisé en armes est soumis aux lois militaires, fait partie de l'armée et relève soit du ministre de la guerre, soit du ministre de la marine.

Art. 7. Nul n'est admis dans les troupes françaises, s'il n'est Français.

Sont exclus du service militaire et ne peuvent à aucun titre servir dans l'armée :

1° Les individus qui ont été condamnés à une peine afflictive ou infamante ;

2° Ceux qui, ayant été condamnés à une peine correctionnelle de deux ans d'emprisonnement et au-dessus, ont en outre été placés par le jugement de condamnation sous la surveillance de la haute police, et interdits en tout ou en partie des droits civiques, civils ou de famille.

TITRE II. — Des appels.

PREMIÈRE SECTION. — *Du recensement et du tirage au sort.*

Art. 8. Chaque année, les tableaux de recensement des jeunes gens ayant atteint l'âge de vingt ans révolus dans l'année précédente et domiciliés dans le canton, seront dressés par les maires :

1° Sur la déclaration à laquelle sont tenus les jeunes gens, leurs parents ou leurs tuteurs ;

2° D'office, d'après les registres de l'état civil et tous autres renseignements et documents.

Ces tableaux mentionnent dans une colonne d'observations la profession de chacun des jeunes gens inscrits.

Ces tableaux sont publiés et affichés dans chaque commune et dans les formes prescrites par les articles 63 et 64 du Code civil. La dernière publication doit avoir lieu au plus tard le 15 janvier.

Un avis publié dans les mêmes formes indique le lieu et le jour où il sera procédé à l'examen desdits tableaux et à la désignation, par le sort, du numéro assigné à chaque jeune homme inscrit.

Art. 9. Les individus nés en France de parents étrangers, et les individus nés à l'étranger de parents étrangers naturalisés Français, et mineurs au moment de la naturalisation de leurs parents, concourent, dans les cantons où ils sont domiciliés, au tirage qui suit la déclaration par eux faite en vertu de l'article 9 du Code civil, et de l'article 2 de la loi du 1er février 1851.

Les individus déclarés Français en vertu de l'article 1er de la loi du 7 février 1851 concourent également, dans le canton où ils sont domiciliés, au tirage qui suit l'année de leur majorité, s'ils n'ont pas réclamé leur qualité d'étranger conformément à ladite loi.

Les uns et les autres ne sont assujettis qu'aux obligations de service de la classe à laquelle ils appartiennent par leur âge.

Art. 10. Sont considérés comme légalement domiciliés dans le canton :

1° Les jeunes gens même émancipés, engagés, établis au dehors, expatriés, absents ou en état d'emprisonnement, si d'ailleurs leurs père, mère ou tuteur ont leur domicile dans une des communes du canton, ou si leur père expatrié avait son domicile dans une desdites communes;

2° Les jeunes gens mariés dont le père, ou la mère à défaut du père, sont domiciliés dans le canton, à moins qu'ils ne justifient de leur domicile réel dans un autre canton ;

3° Les jeunes gens mariés et domiciliés dans le canton, alors même que leur père ou leur mère n'y seraient pas domiciliés;

4° Les jeunes gens nés et résidant dans le canton, qui n'auraient ni leur père, ni leur mère, ni tuteur ;

5° Les jeunes gens résidant dans le canton, qui ne seraient dans aucun des cas précédents, et qui ne justifieraient pas de leur inscription dans un autre canton.

Art. 11. Sont d'après la notoriété publique considérés comme ayant l'âge requis pour le tirage, les jeunes gens qui ne peuvent produire, ou n'ont pas produit avant le tirage, un extrait des registres de l'état civil constatant un âge différent, ou qui, à défaut de registres, ne peuvent prouver, ou n'ont pas prouvé leur âge conformément à l'article 46 du Code civil.

Art. 12. Si dans les tableaux de recensement, ou dans les tirages des années précédentes, des jeunes gens ont été omis, ils sont inscrits sur les tableaux de recensement de la classe qui est appelée après la découverte de l'omission, à moins qu'ils n'aient trente ans accomplis à l'époque de la clôture des tableaux.

Après cet âge, ils sont soumis aux obligations de la classe à laquelle ils appartiennent.

Art. 13. Dans les cantons composés de plusieurs communes, l'examen des tableaux de recensement et le tirage au sort ont lieu au chef-lieu de canton, en séance publique, devant le sous-préfet assisté des maires du canton.

Dans les communes qui forment un ou plusieurs cantons, le sous-préfet est assisté du maire et de ses adjoints.

Dans les villes divisées en plusieurs arrondissements, le préfet ou son délégué est assisté d'un officier municipal de l'arrondissement.

Le tableau est lu à haute voix. Les jeunes gens, leurs parents ou ayants cause, sont entendus dans leurs observations. Le sous-préfet statue après avoir pris l'avis des maires. Le tableau rectifié, s'il y a lieu, et définitivement arrêté, est revêtu de leurs signatures.

Dans les cantons composés de plusieurs communes, l'ordre dans lequel elles seront appelées par le tirage est, chaque fois, indiqué par le sort.

Art. 14. Le sous-préfet inscrit, en tête de la liste de tirage, les noms des jeunes gens qui se trouveront dans les cas prévus par l'article 60 de la présente loi.

Les premiers numéros leur sont attribués de droit.

Ces numéros sont, en conséquence, extraits de l'urne avant l'opération du tirage.

Art. 15. Avant de commencer l'opération du tirage, le sous-préfet compte publiquement les numéros et les dépose dans l'urne, après s'être assuré que leur nombre est égal à celui des jeunes gens appelés à y concourir; il en fait la déclaration à haute voix.

Aussitôt, chacun des jeunes gens appelés dans l'ordre du

tableau prend dans l'urne un numéro qui est immédiatement proclamé et inscrit. Les parents des absents, ou, à leur défaut, le maire de leur commune, tirent à leur place.

L'opération du tirage achevée est définitive.

Elle ne peut, sous aucun prétexte, être recommencée, et chacun garde le numéro qu'il a tiré ou qu'on a tiré pour lui.

Les jeunes gens qui ne se trouveraient pas pourvus de numéros seront inscrits à la suite avec des numéros supplémentaires, et tireront entre eux pour déterminer l'ordre suivant lequel ils seront inscrits.

La liste par ordre de numéros est dressée à mesure que les numéros sont tirés de l'urne. Il y est fait mention des cas et des motifs d'exemption et de dispenses que les jeunes gens ou leurs parents, ou les maires des communes, se proposent de faire valoir devant le conseil de révision mentionné en l'article 27.

Le sous-préfet y ajoute ses observations.

La liste du tirage est ensuite lue, arrêtée et signée de la même manière que le tableau de recensement, et annexée avec ledit tableau au procès-verbal des opérations. Elle est publiée et affichée dans chaque commune du canton.

DEUXIÈME SECTION. — *Des exemptions; des dispenses et des sursis d'appel.*

Art. 16. Sont exemptés du service militaire les jeunes gens que leurs infirmités rendent impropres à tout service actif ou auxiliaire dans l'armée.

Art. 17. Sont dispensés du service d'activité en temps de paix :

1° L'aîné d'orphelins de père et de mère;

2° Le fils unique ou l'aîné des fils, ou, à défaut de fils ou de gendre, le petit-fils unique ou l'aîné des petits-fils d'une femme actuellement veuve ou d'une femme dont le mari a été légalement déclaré absent, ou d'un père aveugle ou entré dans sa soixante-dixième année.

Dans les cas prévus par les deux paragraphes précédents, le frère puîné jouira de la dispense si le frère aîné est aveugle ou atteint de toute autre infirmité incurable qui le rende impotent ;

3° Le plus âgé des deux frères appelés à faire partie du même tirage, si le plus jeune est reconnu propre au service ;

4° Celui dont un frère sera dans l'armée active ;

5° Celui dont un frère sera mort en activité de service ou aura été réformé ou admis à la retraite pour blessures reçues dans un service commandé ou pour infirmités contractées dans les armées de terre ou de mer.

La dispense accordée, conformément aux paragraphes 5 et 6 ci-dessus, ne sera appliquée qu'à un seul frère pour un même cas, mais elle se répétera dans la même famille autant de fois que les mêmes droits s'y reproduiront.

Le jeune homme omis, qui ne s'est pas présenté par lui et ses ayants cause au tirage de la classe à laquelle il appartient, ne peut réclamer le bénéfice des dispenses indiquées par le présent article, si les causes de ces dispenses ne sont survenues que postérieurement à la clôture des listes.

Ces causes de dispenses doivent, pour produire leur effet, exister au jour où le conseil de révision est appelé à statuer.

Néanmoins l'appelé ou l'engagé qui, postérieurement, soit à la décision du conseil de révision, soit au 1er juillet, soit à son incorporation, devient l'aîné d'orphelins de père et de mère, le fils unique ou l'aîné des fils, ou, à défaut du fils ou du gendre, le petit-fils unique ou l'aîné des petits-fils d'une femme veuve, d'une femme dont le mari a été légalement déclaré absent ou d'un père aveugle, est, sur sa demande et pour le temps qu'il a encore à servir, renvoyé dans ses foyers en disponibilité, à moins qu'en raison de sa présence sous les drapeaux, il n'ait procuré la dispense du service à un frère puîné actuellement vivant.

Le bénéfice du paragraphe précédent s'étend aux militaires

devenus fils aînés ou petits-fils aînés d'un septuagénaire, par suite du décès d'un frère.

Les dispenses énoncées au présent article ne sont applicables qu'aux enfants légitimes.

Art. 18. Peuvent être ajournés deux années de suite à un nouvel examen, les jeunes gens qui, au moment de la réunion du conseil de révision, n'ont pas la taille d'un mètre cinquante-quatre centimètres ou sont reconnus d'une complexion trop faible pour un service armé.

Les jeunes gens ajournés à un nouvel examen du conseil de révision sont tenus, à moins d'une autorisation spéciale, de se représenter au conseil de révision du canton devant lequel ils ont comparu.

Après l'examen définitif, ils sont classés, et ceux de ces jeunes gens reconnus propres soit au service armé, soit au service auxiliaire, sont soumis, selon la catégorie dans laquelle ils sont placés, à toutes les obligations de la classe à laquelle ils appartiennent.

Art. 19. Les élèves de l'École polytechnique et les élèves de l'École forestière sont considérés comme présents sous les drapeaux dans l'armée active, pendant tout le temps par eux passé dans lesdites écoles.

Les lois d'organisation prévues par l'article 45 de la présente loi déterminent pour ceux de ces jeunes gens qui ont satisfait aux examens de sortie, et ne sont pas placés dans les armées de terre ou de mer, les emplois auxquels ils peuvent être appelés, soit dans la disponibilité, soit dans la réserve de l'armée active, soit dans l'armée territoriale, ou dans les services auxiliaires.

Les élèves de l'École polytechnique et de l'École forestière qui ne satisfont pas aux examens de sortie de ces écoles suivent les conditions de la classe de recensement à laquelle ils appartiennent par leur âge; le temps passé par eux à l'École polytechnique ou à l'École forestière est déduit des années de service déterminées par l'article 36 de la présente loi.

Art. 20. Sont, à titre conditionnel, dispensés du service militaire :

1° Les membres de l'instruction publique, les élèves de l'École normale supérieure de Paris dont l'engagement de se vouer pendant dix ans à la carrière de l'enseignement aura été accepté par le recteur de l'Académie, avant le tirage au sort, et s'ils réalisent cet engagement ;

2° Les professeurs des institutions nationales des Sourds-muets et des institutions nationales des Jeunes aveugles, aux mêmes conditions que les membres de l'instruction publique ;

3° Les artistes qui ont remporté les grands prix de l'Institut, à condition qu'ils passeront à l'École de Rome les années réglementaires et rempliront toutes leurs obligations envers l'État ;

4° Les élèves pensionnaires de l'École des langues orientales vivantes et les élèves de l'École des chartes, nommés après examen, à condition de passer dix ans tant dans lesdites écoles que dans un service public ;

5° Les membres et novices des associations religieuses vouées à l'enseignement ou reconnues comme établissements d'utilité publique, et les directeurs, maîtres adjoints, élèves-maîtres des écoles fondées ou entretenues par les associations laïques, lorsqu'elles remplissent les mêmes conditions ; pourvu toutefois que les uns et les autres, avant le tirage au sort, aient pris devant le recteur de l'Académie l'engagement de se consacrer pendant dix ans à l'enseignement, et s'ils réalisent cet engagement, dans un des établissements d'éducation religieuse ou laïque, à condition que cet établissement existe depuis plus de deux ans ou renferme trente élèves au moins ;

6° Les jeunes gens qui, sans être compris dans les paragraphes précédents, se trouvent dans les cas prévus par l'article 79 de la loi du 15 mars 1850, et par l'article 18 de la loi du 10 avril 1867, et ont, avant l'époque fixée pour le tirage, contracté devant le recteur le même engagement et aux mêmes conditions.

L'engagement de se vouer pendant dix ans à l'enseignement

peut être réalisé, par les instituteurs et par les instituteurs adjoints, mentionnés au présent paragraphe 6, tant dans les écoles publiques que dans les écoles libres désignées à cet effet par le ministre de l'instruction publique, après avis du conseil départemental ;

7° Les élèves ecclésiastiques désignés à cet effet par les archevêques et par les évêques, et les jeunes gens autorisés à continuer leurs études pour se vouer au ministère dans les cultes salariés par l'État, sous la condition qu'ils seront assujettis au service militaire s'ils cessent les études en vue desquelles ils auront été dispensés, ou si, à vingt-six ans, les premiers ne sont pas entrés dans les ordres majeurs, et les seconds n'ont pas reçu la consécration;

Art. 21. Les jeunes gens liés au service dans les armées de terre ou de mer, en vertu d'un brevet ou d'une commission, et qui cessent leur service ;

Les jeunes marins portés sur les registres matricules de l'inscription maritime, conformément aux règles prescrites par les articles 1, 2, 3, 4 et 5 de la loi du 25 octobre 1795 (3 brumaire an IV), qui se feront rayer de l'inscription maritime ;

Les jeunes gens désignés à l'article 20 ci-dessus, qui cessent d'être dans une des positions indiquées audit article avant d'avoir accompli les conditions qu'il leur impose, sont tenus :

1° D'en faire la déclaration au maire de la commune dans les deux mois, et de retirer expédition de leur déclaration;

2° D'accomplir dans l'armée active le service prescrit par la présente loi, et de faire ensuite partie des réserves selon la classe à laquelle ils appartiennent.

Faute par eux de faire la déclaration ci-dessus et de la soumettre au visa du préfet du département, dans le délai d'un mois, ils seront passibles des peines portées par l'article 60 de la présente loi.

Ils sont rétablis dans la première classe appelée après la cessation de leur service, fonctions ou études. Mais le temps écoulé depuis la cessation de leurs services, fonctions ou études, jusqu'au moment de la déclaration, ne compte pas dans les années de service exigées par la présente loi.

Toutefois, est déduit du nombre d'années pendant lesquelles tout Français fait partie de l'armée active, le temps déjà passé au service de l'État par les marins inscrits et par les jeunes gens liés au service dans les armées de terre et de mer, en vertu d'un brevet ou d'une commission.

Art. 22. Peuvent être dispensés à titre provisoire, comme soutiens indispensables de famille, et s'ils en remplissent effectivement les devoirs, les jeunes gens désignés par les conseils municipaux de la commune où ils sont domiciliés.

La liste est présentée au conseil de révision par le maire.

Ces dispenses peuvent être accordées par département jusqu'à concurrence de quatre pour cent du nombre des jeunes gens reconnus propres au service et compris dans la première partie des listes du recrutement cantonal.

Tous les ans, le maire de chaque commune fait connaître au conseil de révision la situation des jeunes gens qui ont obtenu les dispenses à titre de soutiens de famille pendant les années précédentes.

Art. 23. En temps de paix, il peut être accordé un sursis d'appel aux jeunes gens qui, avant le tirage au sort, en auront fait la demande.

A cet effet, ils doivent établir que, soit pour leur apprentissage, soit pour les besoins de l'exploitation agricole, industrielle ou commerciale, à laquelle ils se livrent pour leur compte ou pour celui de leurs parents, il est indispensable qu'ils ne soient pas enlevés immédiatement à leurs travaux.

Ce sursis d'appel ne confère ni exemption ni dispense.

Il n'est accordé que pour un an et peut être néanmoins renouvelé pour une seconde année.

Le jeune homme qui a obtenu un sursis d'appel conserve le numéro qui lui est échu lors du tirage au sort, et, à l'expiration de son sursis, il est tenu de satisfaire à toutes les obligations que lui imposait la loi en raison de son numéro.

Art. 24. Les demandes de sursis adressées au maire sont instruites par lui ; le conseil municipal donne son avis. Elles sont remises au conseil de révision et envoyées par duplicata au sous-préfet, qui les transmet au préfet avec ses observations, et y joint tous les documents nécessaires.

Il peut être accordé, pour tout le département et par chaque classe, des sursis d'appel jusqu'à concurrence de quatre pour cent du nombre de jeunes gens reconnus propres au service militaire dans ladite classe et compris dans la première partie des listes du recrutement cantonal.

Art. 25. Les jeunes gens dispensés du service dans l'armée active, aux termes de l'article 17 de la présente loi, les jeunes gens dispensés à titre de soutiens de famille, ainsi que les jeunes gens auxquels il est accordé des sursis d'appel, sont astreints, par un règlement du ministre de la guerre, à certains exercices.

· Quand les causes de dispenses viennent à cesser, ils sont soumis à toutes les obligations de la classe à laquelle ils appartiennent.

Art. 26. Les jeunes gens dispensés du service de l'armée active aux termes de l'article 17 ci-dessus, les jeunes gens dispensés à titre de soutiens de famille, ainsi que ceux qui ont obtenu des sursis d'appel, sont appelés, en cas de guerre, comme les hommes de leur classe.

L'autorité militaire en dispose alors selon les besoins des différents services.

TROISIÈME SECTION. — *Des conseils de révision et des listes de recrutement cantonal.*

Art. 27. Les opérations du recrutement sont revues, les réclamations auxquelles ces opérations peuvent donner lieu sont entendues, les causes d'exemption et de dispenses prévues par les articles 16, 17 et 20 de la présente loi sont jugées en séance publique par un conseil de révision composé :

Du préfet, président, ou, à son défaut, du secrétaire général ou du conseiller de préfecture délégué par le préfet;

D'un conseiller de préfecture désigné par le préfet;

D'un membre du conseil général du département autre que le représentant élu dans le canton où la révision a lieu ;

Tous deux désignés par la commission permanente du conseil général, conformément à l'article 82 de la loi du 10 août 1871 ;

D'un officier général ou supérieur désigné par l'autorité militaire;

Un membre de l'intendance, le commandant du recrutement, un médecin militaire ou, à défaut, un médecin civil désigné par l'autorité militaire, assistent aux opérations du conseil de révision. Le membre de l'intendance est entendu dans l'intérêt de la loi toutes les fois qu'il le demande et peut faire consigner ses observations au registre des délibérations.

Le conseil de révision se transporte dans les divers cantons. Toutefois, suivant les localités, le préfet peut exceptionnellement réunir, dans le même lieu, plusieurs cantons pour les opérations du conseil.

Le sous-préfet, ou le fonctionnaire par lequel il aura été suppléé pour les opérations du tirage, assiste aux séances que le conseil de révision tient dans son arrondissement.

Il a voix consultative.

Les maires des communes auxquelles appartiennent les jeunes gens appelés devant le conseil de révision assistent aux séances et peuvent être entendus.

Si, par suite d'une absence, le conseil de révision ne se compose que de quatre membres, il peut délibérer, mais la voix du président n'est pas prépondérante. La décision ne peut être prise qu'à la majorité de trois voix ; en cas de partage, elle est ajournée.

Art. 28. Les jeunes gens portés sur les tableaux de recensement, ainsi que ceux des classes précédentes, qui ont été ajournés conformément à l'article 18 ci-dessus, sont convoqués, examinés et entendus par le conseil de révision. Ils peuvent alors faire connaître l'arme dans laquelle ils désirent être placés.

S'ils ne se rendent pas à la convocation, ou s'ils ne se font pas représenter, ou s'ils n'obtiennent pas un délai, il est procédé comme s'ils étaient présents.

Dans le cas d'exemption pour infirmités, le conseil ne prononce qu'après avoir entendu le médecin qui assiste au conseil.

Les cas de dispenses sont jugés sur la production de documents authentiques, ou, à défaut de documents, sur les certificats de trois pères de famille domiciliés dans le même canton, dont les fils sont soumis à l'appel ou ont été appelés. Ces certificats doivent, en outre, être signés et approuvés par le maire de la commune du réclamant.

La substitution de numéros peut avoir lieu entre frères, si celui qui se présente comme substituant est reconnu propre au service par le conseil de révision.

Art. 29. Lorsque les jeunes gens portés sur les tableaux de recensement ont fait des réclamations dont l'admission ou le rejet dépend de la décision à intervenir sur des questions judiciaires relatives à leur état ou à leurs droits civils, le conseil de révision ajourne sa décision ou ne prend qu'une décision conditionnelle.

Les questions sont jugées contradictoirement avec le préfet, à la requête de la partie la plus diligente. Les tribunaux statuent sans délai, le ministère public entendu.

Art. 30. Hors les cas prévus par l'article précédent, les décisions du conseil de révision sont définitives. Elles peuvent néanmoins être attaquées devant le conseil d'État pour incompétence et excès de pouvoirs.

Elles peuvent aussi être attaquées pour violation de la loi, mais par le ministre de la guerre seulement, et dans l'intérêt de la loi. Toutefois, l'annulation profite aux parties lésées.

Art. 31. Après que le conseil de révision a statué sur les

cas d'exemptions et sur ceux de dispenses, ainsi que sur toutes les réclamations auxquelles les opérations peuvent donner lieu, la liste du recrutement cantonal est définitivement arrêtée et signée par le conseil de révision.

Cette liste divisée en cinq parties comprend :

1° Par ordre de numéros de tirage, tous les jeunes gens déclarés propres au service militaire et qui ne doivent pas être classés dans les catégories suivantes ;

2° Tous les jeunes gens dispensés en exécution de l'article 17 de la présente loi;

3° Tous les jeunes gens conditionnellement dispensés en vertu de l'article 20, ainsi que les jeunes gens liés au service en vertu d'un engagement volontaire, d'un brevet ou d'une commission, et les jeunes marins inscrits;

4° Les jeunes gens qui, pour défaut de taille ou pour toute autre cause, ont été dispensés du service dans l'armée active, mais ont été reconnus aptes à faire partie d'un des services auxiliaires de l'armée ;

5° Enfin les jeunes gens qui ont été ajournés à un nouvel examen du conseil de révision.

Art. 32. Quand les listes du recrutement de tous les cantons du département ont été arrêtées conformément aux prescriptions de l'article précédent, le conseil de révision, auquel sont adjoints deux autres membres du conseil général également désignés par la commission permanente et réuni au chef-lieu du département, prononce sur les demandes de dispenses pour soutien de famille, et sur les demandes de sursis d'appel.

QUATRIÈME SECTION. — *Du registre matricule.*

Art. 33. Il est tenu, par département ou par circonscriptions déterminées dans chaque département, en vertu d'un règlement d'administration publique, un registre matricule, dressé au moyen des listes mentionnées en l'article 31 ci-dessus, et sur lequel sont portés tous les jeunes gens qui n'ont pas été déclarés impropres à tout service militaire ou qui n'ont pas été ajournés à un nouvel examen du conseil de révision.

Ce registre mentionne l'incorporation de chaque homme inscrit, ou la position dans laquelle il est laissé, et successivement tous les changements qui peuvent survenir dans sa situation, jusqu'à ce qu'il passe dans l'armée territoriale.

Art. 34. Tout homme inscrit sur le registre matricule, qui change de domicile, est tenu d'en faire la déclaration à la mairie qu'il quitte et à la mairie du lieu où il vient s'établir.

Le maire de chacune des communes transmet, dans les huit jours, copie de ladite déclaration, au bureau du registre matricule de la circonscription dans laquelle se trouve la commune.

Art. 35. Tout homme inscrit sur le registre matricule, qui entend se fixer en pays étranger, est tenu, dans sa déclaration à la mairie de la commune où il réside, de faire connaître le lieu où il va établir son domicile et, dès qu'il y est arrivé, d'en prévenir l'agent consulaire de France. Le maire de la commune transmet, dans les huit jours, copie de ladite déclaration au bureau du registre matricule de la circonscription dans laquelle se trouve la commune.

L'agent consulaire, dans les huit jours de la déclaration, en envoie copie au ministre de la guerre.

TITRE III. — Du service militaire.

Art. 36. Tout Français qui n'est pas déclaré impropre à tout service militaire fait partie :

De l'armée active pendant cinq ans ;

De la réserve de l'armée active pendant quatre ans ;

De l'armée territoriale pendant cinq ans ;

De la réserve de l'armée territoriale pendant six ans.

1° L'armée active est composée, indépendamment des hommes qui ne se recrutent pas par les appels, de tous les jeunes gens déclarés propres à un des services de l'armée et compris dans les cinq dernières classes appelées ;

37.

2° La réserve de l'armée active est composée de tous les hommes également déclarés propres à un des services de l'armée et compris dans les quatre classes appelées immédiatement avant celles qui forment l'armée active;

3° L'armée territoriale est composée de tous les hommes qui ont accompli le temps de service prescrit pour l'armée active et la réserve;

4° La réserve de l'armée territoriale est composée des hommes qui ont accompli le temps de service pour cette armée.

L'armée territoriale et la deuxième réserve sont formées par régions déterminées par un règlement d'administration publique; elles comprennent pour chaque région les hommes ci-dessus désignés aux §§ 3 et 4, et qui sont domiciliés dans la région.

Art. 37. L'armée de mer est composée, indépendamment des hommes fournis par l'inscription maritime :

1° Des hommes qui auront été admis à s'engager volontairement ou à se rengager dans les conditions déterminées par un règlement d'administration publique ;

2° Des jeunes gens qui, au moment des opérations du conseil de révision, auront demandé à entrer dans un des corps de la marine, et auront été reconnus propres à ce service ;

3° Enfin, et à défaut d'un nombre suffisant d'hommes compris dans les deux catégories précédentes, du contingent du recrutement affecté par décision du ministre de la guerre à l'armée de mer.

Ce contingent fourni par chaque canton, dans la proportion fixée par ladite décision, est composé des jeunes gens compris dans la première partie de la liste du recrutement cantonal, et auxquels seront échus les premiers numéros sortis au tirage au sort.

Un règlement d'administration publique déterminera les conditions dans lesquelles pourront avoir lieu les permutations entre les jeunes gens affectés à l'armée de mer et ceux de la même classe affectés à l'armée de terre.

Pour les hommes qui ne proviennent pas de l'inscription maritime, le temps de service actif dans l'armée de mer est de cinq ans, et de deux ans dans la réserve.

Ces hommes passent ensuite dans l'armée territoriale.

Art. 38. La durée du service compte du 1er juillet de l'année du tirage au sort.

Chaque année, au 30 juin, en temps de paix, les militaires qui ont achevé le temps de service prescrit dans l'armée active, ceux qui ont accompli le temps de service prescrit dans la réserve de l'armée active, ceux qui ont terminé le temps de service prescrit pour l'armée territoriale, enfin ceux qui ont terminé le temps de service pour la réserve de cette armée, reçoivent un certificat constatant :

Pour les premiers, leur envoi dans la première réserve ;

Pour les seconds, leur envoi dans l'armée territoriale ;

Pour les troisièmes, leur envoi dans la deuxième réserve ;

Et, à l'expiration du temps de service dans cette réserve, les hommes reçoivent un congé définitif.

En temps de guerre, ils reçoivent ces certificats immédiatement après l'arrivée au corps des hommes de la classe destinée à remplacer celle à laquelle ils appartiennent.

Cette dernière disposition est applicable, en tout temps, aux hommes appartenant aux équipages de la flotte en cours de campagne.

Art. 39. Tous les jeunes gens de la classe appelée, qui ne sont pas exemptés pour cause d'infirmités, ou ne sont pas dispensés en application des dispositions de la présente loi, ou n'ont pas obtenu de sursis d'appel, ou ne sont pas affectés à l'armée de mer, font partie de l'armée active et sont mis à la disposition du ministre de la guerre.

Ces jeunes soldats sont tous immatriculés dans les divers corps de l'armée et envoyés, soit dans lesdits corps, soit dans des bataillons et écoles d'instruction.

Art. 40. Après une année de service des jeunes soldats dans les conditions indiquées en l'article précédent, ne sont plus maintenus sous les drapeaux que les hommes dont le chiffre est fixé chaque année par le ministre de la guerre.

Ils sont pris par ordre de numéros sur la première partie de la liste du recrutement de chaque canton et dans la proportion déterminée par la décision du ministre; cette décision est rendue aussitôt après que toutes les opérations du recrutement sont terminées.

Art. 41. Nonobstant les dispositions de l'article précédent, le militaire compris dans la catégorie de ceux ne devant pas rester sous les drapeaux, mais qui, après l'année de service mentionnée audit article, ne sait pas lire et écrire, et ne satisfait pas aux examens déterminés par le ministre de la guerre, peut être maintenu au corps pendant une seconde année.

Le militaire placé dans la même catégorie qui, par l'instruction acquise antérieurement à son entrée au service, et par celle reçue sous les drapeaux, remplit toutes les conditions exigées, peut après six mois, à des époques fixées par le ministre de la guerre, et avant l'expiration de l'année, être envoyé en disponibilité, dans ses foyers, conformément à l'article suivant.

Art. 42. Les jeunes gens qui, après le temps de service prescrit par les articles 40 et 41, ne sont pas maintenus sous les drapeaux, restent en disponibilité de l'armée active, dans leurs foyers et à la disposition du ministre de la guerre.

Ils sont, par un règlement du ministre, soumis à des revues et à des exercices.

Art. 43. Les hommes envoyés dans la réserve de l'armée active restent immatriculés d'après le mode prescrit par la loi d'organisation.

Le rappel de la réserve de l'armée active peut être fait d'une manière distincte et indépendante pour l'armée de terre et pour l'armée de mer; il peut également être fait par classe, en commençant par la moins ancienne.

Les hommes de la réserve de l'armée active sont assujettis,

pendant le temps de service de ladite réserve, à prendre part à deux manœuvres.

La durée de chacune de ces manœuvres ne peut dépasser quatre semaines.

Art. 44. Les hommes en disponibilité de l'armée active et les hommes de la réserve peuvent se marier sans autorisation.

Les hommes mariés restent soumis aux obligations de service imposées aux classes auxquelles ils appartiennent.

Toutefois, les hommes en disponibilité ou en réserve qui sont pères de quatre enfants vivants passent de droit dans l'armée territoriale.

Art. 45. Des lois spéciales détermineront les bases de l'organisation de l'armée active et de l'armée territoriale, ainsi que des réserves.

TITRE IV. — Des engagements, des rengagements et des engagements conditionnels d'un an.

PREMIÈRE SECTION. — Des engagements.

Art. 46. Tout Français peut être autorisé à contracter un engagement volontaire aux conditions suivantes :

L'engagé volontaire doit :

1° S'il entre dans l'armée de mer, avoir seize ans accomplis, sans être tenu d'avoir la taille prescrite par la loi, mais sous la condition qu'à l'âge de dix-huit ans, il ne pourra être reçu s'il n'a pas cette taille;

2° S'il entre dans l'armée de terre, avoir dix-huit ans accomplis et au moins la taille de 1^{m}54;

3° Savoir lire et écrire;

4° Jouir de ses droits civils;

5° N'être ni marié, ni veuf sans enfants;

6° Être porteur d'un certificat de bonnes vie et mœurs délivré par le maire de la commune de son dernier domicile, et s'il ne compte pas au moins une année de séjour dans cette commune, il doit également produire un autre certificat du maire des communes où il a été domicilié dans le cours de cette année.

Le certificat doit contenir le signalement du jeune homme qui veut s'engager, mentionner la durée du temps pendant lequel il a été domicilié dans la commune et attester :

Qu'il jouit de ses droits civils;

Qu'il n'a jamais été condamné à une peine correctionnelle pour vol, escroquerie, abus de confiance ou attentat aux mœurs.

Si l'engagé a moins de vingt ans, il doit justifier du consentement de ses père, mère ou tuteur.

Ce dernier doit être autorisé par une délibération du conseil de famille.

Les conditions relatives soit à l'aptitude militaire, soit à l'admissibilité dans les différents corps de l'armée, sont déterminées par un décret inséré au *Bulletin des lois.*

Art. 47. La durée de l'engagement volontaire est de cinq ans.

Les années de l'engagement volontaire comptent dans la durée du service militaire fixée par l'article 36 ci-dessus.

En cas de guerre, tout Français qui a accompli le temps de service prescrit pour l'armée active et la réserve de ladite armée, est admis à contracter dans l'armée active un engagement pour la durée de la guerre.

Cet engagement ne donne pas lieu aux dispenses prévues par le paragraphe 4 de l'article 17 de la présente loi.

Art. 48. Les hommes qui, après avoir satisfait aux conditions des articles 40 et 41 de la présente loi, vont être renvoyés en disponibilité, peuvent être admis à rester dans ladite armée de manière à compléter cinq années de service.

Les hommes renvoyés en disponibilité peuvent être autorisés à compléter cinq années de service sous les drapeaux.

Art. 49. Les engagés volontaires, les hommes admis à rester dans l'armée active, ainsi que ceux qui, en disponibilité, ont été autorisés à compléter cinq années de service dans ladite armée, ne peuvent être envoyés en congé sans leur consentement.

Art. 50. Les engagements volontaires sont contractés dans les formes prescrites par les articles 34, 35, 36, 37, 38, 39, 40, 42 et 44 du Code civil, devant les maires des chefs-lieux de canton.

Les conditions relatives à la durée des engagements sont insérés dans l'acte même.

Les autres conditions sont lues aux contractants avant la signature et mention en est faite à la fin de l'acte, le tout sous peine de nullité.

DEUXIÈME SECTION. — *Des rengagements.*

Art. 51. Des rengagements peuvent être reçus pour deux ans au moins et cinq ans au plus.

Ces rengagements ne peuvent être reçus que pendant le cours de la dernière année de service sous les drapeaux.

Ils sont renouvelables jusqu'à l'âge de vingt-neuf ans accomplis pour les caporaux et soldats et jusqu'à l'âge de trente-cinq ans accomplis pour les sous-officiers.

Les autres conditions sont déterminées par un règlement inséré au *Bulletin des lois.*

Art. 52. Les engagements prévus à l'article 48 de la présente loi et les rengagements sont contractés devant les intendants ou sous-intendants militaires dans la forme prescrite dans l'article 50 ci-dessus, sur la preuve que le contractant peut rester, ou être admis dans le corps pour lequel il se présente.

TROISIÈME SECTION. — *Des engagements conditionnels d'un an.*

Art. 53. Les jeunes gens qui ont obtenu des diplômes de bachelier-ès-lettres, de bachelier-ès-sciences, des diplômes de fin d'étude, ou des brevets de capacité, institués par les art. 4 et 6 de la loi du 21 juin 1865;

Ceux qui font partie de l'École centrale des arts et manufactures, des Écoles nationales des arts et métiers, des Écoles nationales des beaux-arts, du Conservatoire de musique, les élèves des Écoles nationales vétérinaires et des Écoles nationales d'agriculture; les élèves externes de l'École des mines, de l'École des ponts et chaussées, de l'École du génie maritime et les élèves de l'École des mineurs de Saint-Étienne, sont admis avant le tirage au sort, lorsqu'ils présentent les certificats d'études émanés des autorités désignées par un règlement inséré au *Bulletin des lois*, à contracter dans l'armée de terre des engagements conditionnels d'un an selon le mode déterminé par ledit règlement.

Art. 54. Indépendamment des jeunes gens indiqués en l'article précédent, sont admis, aux mêmes époques, à contracter un semblable engagement, ceux qui satisfont à un des examens exigés par les différents programmes proposés par le ministre de la guerre et approuvés par décret rendu dans la forme des règlements d'administration publique.

Ces décrets seront insérés au *Bulletin des lois.*

Le ministre de la guerre fixe chaque année le nombre des engagements conditionnels d'un an, spécifiés au présent article. Ce nombre est réparti par régions déterminées conformément à l'article 36 ci-dessus, et proportionnellement au nombre des jeunes gens inscrits sur les tableaux de recensement de l'année précédente.

Si, au moment où les jeunes gens mentionnés au présent article et à l'article précédent se présentent pour contracter un engagement d'un an, ils ne sont pas reconnus propres au service, ils sont ajournés et ne peuvent être incorporés que lorsqu'ils présentent toutes les conditions voulues.

Art. 55. L'engagé volontaire d'un an est habillé, monté, équipé et entretenu à ses frais.

Toutefois, le ministre de la guerre peut exempter de tout ou partie des obligations déterminées au paragraphe précédent, les jeunes gens qui ont donné dans leur examen des preuves de capacité, et qui justifient, dans les formes prescrites par les règlements, être dans l'impossibilité de subvenir aux frais résultant de ces obligations.

Art. 56. L'engagé volontaire d'un an est incorporé et soumis à toutes les obligations du service imposées aux hommes présents sous les drapeaux.

Il est astreint aux examens prescrits par le ministre de la guerre.

Si, après un an de service, l'engagé volontaire d'un an ne satisfait pas à ces examens, il est obligé de rester une seconde année au service, aux conditions déterminées par le règlement prévu par l'article 53.

Si, après cette seconde année, l'engagé volontaire ne satisfait pas à cet examen, il est, par décision du ministre de la guerre, déclaré déchu des avantages réservés aux volontaires d'un an, et il reste soumis aux mêmes obligations que celles imposées aux hommes de la première partie de la classe à laquelle il appartient par son engagement.

Il en est de même pour le volontaire qui, pendant la première ou la seconde année, a commis des fautes graves contre la discipline.

Dans tous les cas, le temps passé dans le volontariat compte en déduction de la durée du service prescrite par l'article 36 de la présente loi.

En temps de guerre, l'engagé volontaire d'un an est maintenu au service.

En cas de mobilisation, l'engagé volontaire d'un an marche avec la première partie de la classe à laquelle il appartient par son engagement.

Art. 57. Dans l'année qui précède l'appel de leur classe, les jeunes gens mentionnés dans l'article 53, qui n'auraient pas terminé les études de la faculté ou des écoles auxquelles ils appartiennent, mais qui voudraient les achever dans un laps de temps déterminé, peuvent, tout en contractant l'engagement d'un an, obtenir de l'autorité militaire un sursis avant de se rendre au corps pour lequel ils se sont engagés. Le sursis peut leur être accordé jusqu'à l'âge de vingt-quatre ans accomplis.

Art. 58. Après que les engagés volontaires d'un an ont satisfait à tous les examens exigés par l'article 56, ils peuvent obtenir des brevets de sous-officier ou des commissions au moins équivalentes.

Les lois spéciales prévues par l'article 45 déterminent l'emploi de ces jeunes gens soit dans l'armée active, soit dans la disponibilité, soit dans la réserve de l'armée active, soit dans l'armée territoriale, ou dans les différents services auxquels leurs études les ont plus spécialement destinés.

TITRE V. — Dispositions pénales.

Art. 59. Tout homme inscrit sur le registre matricule, qui n'a pas fait les déclarations de changement de domicile prescrites par les articles 34 et 35 de la présente loi, est déféré aux tribunaux ordinaires, et puni d'une amende de 10 francs à 200 francs; il peut en outre être condamné à un emprisonnement de quinze jours à trois mois.

En temps de guerre, la peine est double.

Art. 60. Toutes fraudes ou manœuvres, par suite desquelles un jeune homme a été omis sur les tableaux de recensement ou sur les listes du tirage, sont déférées aux tribunaux ordinaires et punies d'un emprisonnement d'un mois à un an.

Sont déférés aux mêmes tribunaux et punis de la même peine :

1° Les jeunes gens appelés qui, par suite d'un concert frauduleux, se sont abstenus de comparaître devant le conseil de révision;

2° Les jeunes gens qui, à l'aide de fraudes ou manœuvres, se sont fait exempter ou dispenser par un conseil de révision, sans préjudice des peines plus graves en cas de faux.

Les auteurs ou complices sont punis des mêmes peines.

Si le jeune homme omis a été condamné comme auteur où complice de fraudes ou manœuvres, les dispositions de l'article 14 lui seront appliquées lors du premier tirage qui aura lieu après l'expiration de sa peine.

Le jeune homme indûment exempté ou indûment dispensé est rétabli en tête de la première partie de la classe appelée,

après qu'il a été reconnu que l'exemption ou la dispense avait
été indûment accordée.

Art. 61. Tout homme inscrit sur le registre matricule, au
domicile duquel un ordre de route a été régulièrement notifié,
et qui n'est pas arrivé à sa destination au jour fixé par cet
ordre, est, après un mois de délai, et hors le cas de force majeure, puni, comme insoumis, d'un emprisonnement d'un mois
à un an, en temps de paix, et de deux à cinq ans en temps de
guerre.

Dans ce dernier cas, à l'expiration de sa peine, il est envoyé
dans une compagnie de discipline.

En temps de guerre, les noms des insoumis sont affichés dans
toutes les communes du canton de leur domicile; ils restent
affichés pendant toute la durée de la guerre.

Ces dispositions sont applicables à tout engagé volontaire
qui, sans motifs légitimes, n'est pas arrivé à sa destination dans
le délai fixé par sa feuille de route.

En cas d'absence du domicile, et lorsque le lieu de la résidence est inconnu, l'ordre de route est notifié au maire de la
commune dans laquelle l'appelé a concouru au tirage.

A l'égard des appelés, le délai d'un mois sera porté :

1° A deux mois, s'ils demeurent en Algérie, dans les îles
voisines des contrées limitrophes de la France ou en Europe;

2° A six mois, s'ils demeurent dans tout autre pays.

L'insoumis est jugé par le conseil de guerre de la division
militaire dans laquelle il est arrêté.

Le temps pendant lequel l'engagé volontaire ou l'homme
inscrit sur le registre matricule aura été insoumis ne compte
pas dans les années de service exigées.

Art. 62. Quiconque est reconnu coupable d'avoir recélé ou
d'avoir pris à son service un insoumis, est puni d'un emprisonnement qui ne peut excéder six mois. Selon les circonstances,
la peine peut être réduite à une amende de vingt à deux cents
francs,

Quiconque est convaincu d'avoir favorisé l'évasion d'un insoumis est puni d'un emprisonnement d'un mois à un an.

La même peine est prononcée contre ceux qui, par des manœuvres coupables, ont empêché ou retardé le départ des jeunes soldats.

Si le délit a été commis à l'aide d'un attroupement, la peine sera double.

Si le délinquant est fonctionnaire public, employé du gouvernement ou ministre d'un culte salarié par l'État, la peine peut être portée jusqu'à deux années d'emprisonnement, et il est, en outre, condamné à une amende qui ne pourra excéder deux mille francs.

Art. 63. Tout homme qui est prévenu de s'être rendu impropre au service militaire, soit temporairement, soit d'une manière permanente, dans le but de se soustraire aux obligations imposées par la présente loi, est déféré aux tribunaux, soit sur la demande des conseils de révision, soit d'office, et, s'il est reconnu coupable, il est puni d'un emprisonnement d'un mois à un an.

Sont également déférés aux tribunaux et punis de la même peine les jeunes gens qui, dans l'intervalle de la clôture de la liste cantonale à leur mise en activité, se sont rendus coupables du même délit.

A l'expiration de leur peine, les uns et les autres sont mis à la disposition du ministre de la guerre pour tout le temps du service militaire qu'ils doivent à l'État, et peuvent être envoyés dans une compagnie de discipline.

La peine portée au présent article est prononcée contre les complices.

Si les complices sont des médecins, chirurgiens, officiers de santé ou pharmaciens, la durée de l'emprisonnement sera de deux mois à deux ans, indépendamment d'une amende de deux cents francs à mille francs, qui peut aussi être prononcée, et sans préjudice de peines plus graves, dans les cas prévus par le Code pénal.

Art. 64. Ne compte pas pour les années de service exigées par la présente loi, le temps pendant lequel un militaire a subi la peine de l'emprisonnement en vertu d'un jugement.

Art. 65. Tout fonctionnaire ou officier public, civil ou militaire, qui, sous quelque prétexte que ce soit, a autorisé ou admis des exemptions, dispenses ou exclusions autres que celles déterminées par la présente loi, ou qui aura donné arbitrairement une extension quelconque soit à la durée, soit aux règles ou conditions des appels, des engagements ou des rengagements, sera coupable d'abus d'autorité, et puni des peines portées dans l'article 185 du Code pénal, sans préjudice des peines plus graves prononcées par ce code dans les autres cas qu'il a prévus.

Art. 66. Les médecins, chirurgiens ou officiers de santé qui, appelés au conseil de révision à l'effet de donner leur avis conformément aux articles 16, 18, 28, ont reçu des dons ou agréé des promesses pour être favorables aux jeunes gens qu'ils doivent examiner, sont punis d'un emprisonnement de deux mois à deux ans.

Cette peine leur est appliquée, soit qu'au moment des dons ou promesses ils aient déjà été désignés pour assister au conseil, soit que les dons ou promesses aient été agréés dans la prévoyance des fonctions qu'ils auraient à y remplir.

Il leur est défendu, sous la même peine, de rien recevoir, même pour une exemption ou réforme justement prononcée.

Art. 67. Les peines prononcées par les articles 60, 62 et 63 sont applicables aux tentatives des délits prévus par ces articles.

Dans le cas prévu par l'article 66, ceux qui ont fait des dons ou promesses sont punis des peines portées par ledit article contre les médecins, chirurgiens ou officiers de santé.

Art. 68. Dans tous les cas non prévus par les dispositions précédentes, les tribunaux civils et militaires, dans les limites de leur compétence, appliqueront les lois pénales ordinaires aux délits auxquels pourra donner lieu l'exécution du mode de recrutement déterminé par la présente loi.

Dans tous les cas où la peine d'emprisonnement est prononcée par la présente loi, les juges peuvent, suivant les circonstances, user de la faculté exprimée par l'article 463 du Code pénal.

Dispositions particulières.

Art. 69. Les jeunes gens appelés à faire partie de l'armée, en exécution de la présente loi, outre l'instruction nécessaire à leur service, reçoivent dans leurs corps, et suivant leurs grades, l'instruction prescrite par un règlement du ministre de la guerre.

Art. 70. Les ministres de la guerre et de la marine assureront par des règlements aux militaires de toutes armes le temps et la liberté nécessaires à l'accomplissement de leurs devoirs religieux les dimanches et autres jours de fête consacrés par leurs cultes respectifs. Ces règlements seront insérés au *Bulletin des lois*.

Art. 71. Tout homme ayant passé sous les drapeaux douze ans, dont quatre au moins avec le grade de sous-officier, reçoit des chefs de corps un certificat en vertu duquel il obtient, au fur et à mesure des vacances, un emploi civil ou militaire en rapport avec ses aptitudes ou son instruction.

Une loi spéciale désignera, dans chaque service public, la catégorie des emplois qui seront réservés en totalité, ou dans une proportion déterminée, aux candidats munis du certificat ci-dessus.

Art. 72. Nul n'est admis, avant l'âge de trente ans accomplis, à un emploi civil ou militaire s'il ne justifie avoir satisfait aux obligations imposées par la présente loi.

Art. 73. Chaque année, avant le 31 mars, il sera rendu compte à l'Assemblée nationale, par le ministre de la guerre, de l'exécution de la présente loi pendant l'année précédente.

Dispositions transitoires.

Art. 74. Les dispositions de la présente loi ne seront appliquées qu'à partir du 1er janvier 1873.

Toutefois la totalité de la classe de 1871 sera mise à la disposition du ministre de la guerre ; les jeunes gens de cette classe qui ne feront pas partie du contingent fixé par le ministre seront placés dans la réserve de l'armée active, au lieu de l'être dans la garde nationale mobile, conformément à la loi du 1er février 1868, et y resteront un temps égal à la durée du service accompli dans l'armée active et dans la réserve par les hommes de la même classe compris dans le contingent.

Après quoi les uns et les autres seront placés dans l'armée territoriale, conformément aux dispositions de l'article 36 de la présente loi.

La durée du service pour la classe de 1871 comptera du 1er juillet 1872, conformément aux prescriptions de la loi du 1er février 1868 ; toutefois, pour les jeunes gens de cette classe qui ont devancé l'appel à l'activité, elle comptera du 1er janvier 1871, conformément au décret du 5 janvier 1871.

Art. 75. Les jeunes gens ne faisant pas partie de la classe de 1871 qui voudraient, avant le 1er janvier 1873, profiter des dispositions des articles 53 et 54 ci-dessus feront au ministre de la guerre la demande de contracter un engagement d'un an.

Le règlement prévu par les articles 53 et suivants et les programmes mentionnés en l'article 54 seront publiés avant le 1er novembre prochain ; à partir de cette époque, les jeunes gens désignés au § 1er du présent article seront admis soit à contracter leur engagement, soit à passer les examens exigés.

Les jeunes gens des classes de 1872 et suivantes, actuellement sous les drapeaux, par suite d'engagements volontaires, pourront, à partir du 1er janvier 1873, profiter des dispositions des articles 53 et 54.

Le temps passé au service par ces jeunes gens sera, lorsqu'ils auront rempli les obligations déterminées par l'article 56, déduit du temps de service prescrit par l'article 36.

Le temps passé au service par les jeunes gens qui se sont engagés volontairement pour la durée de la guerre sera également déduit du temps de service prescrit par l'article 36.

Art. 76. Les jeunes gens des classes de 1867, 1868, 1869 et 1870, appelés en vertu de la loi du 1er février 1868, qui ont été compris dans le contingent de l'armée, seront, à l'expiration de leur service dans la réserve, placés dans l'armée territoriale, conformément aux dispositions de l'art. 36 de la présente loi.

Les jeunes gens de ces mêmes classes, qui n'ont pas été compris dans le contingent de l'armée, et qui font actuellement partie de la garde nationale mobile, seront, à partir du 1er janvier 1873, placés dans la réserve de l'armée, où ils compteront jusqu'à la libération du service dans la réserve des jeunes gens de la même classe qui ont été compris dans le contingent de l'armée. Ils seront ensuite placés dans l'armée territoriale, conformément aux dispositions de l'art. 36 de la présente loi.

Art. 77. Les hommes des classes antérieures appelées en vertu de la loi du 21 mars 1832, qu'ils aient eté ou non compris dans les contingents fournis par lesdites classes, feront partie de l'armée territoriale et de la réserve de l'armée territoriale, conformément aux dispositions de l'article 36 de la présente loi, jusqu'à ce qu'ils aient atteint l'âge prescrit par ladite loi pour la libération du service dans l'armée territoriale et dans la réserve de l'armée territoriale.

L'état de recensement des hommes compris dans cette catégorie sera établiconformément aux dispositions de l'article 15 de la loi du 1er février 1868. Ils pourront être appelés par classe, en commençant par les moins anciennes.

Un conseil de révision par arrondissement, composé ainsi qu'il est dit à l'article 16 de la loi précitée, prononcera sur les cas d'exemption pour infirmités et défaut de taille qui lui seront soumis.

Art. 78. Les jeunes gens qui, au lieu d'être placés ou maintenus dans la garde nationale mobile, feront partie de la réserve, conformément aux dispositions précédentes, seront soumis à des exercices et revues, déterminés par un règlement du ministre de la guerre.

Art. 79. L'obligation de savoir lire et écrire pour contracter un engagement volontaire, ou pour être envoyé en disponibilité après une année de service, ne sera imposée qu'à partir du 1er janvier 1875.

Art. 80. Toutes les dispositions des lois et décrets antérieurs à la présente loi, relatifs au recrutement de l'armée, sont et demeurent abrogé s.

II. — DISPOSITIONS ESSENTIELLES DE LA LOI DU 24 JUILLET 1873.

La loi sur l'organisation générale de l'armée a été votée par l'Assemblée nationale dans la séance du 24 juillet 1873.

TITRE PREMIER. — Division du territoire. Composition des corps d'armée.

Art. 1er. Le territoire de la France est divisé, pour l'organisation de l'armée active, de la réserve de l'armée active, de l'armée territoriale et de sa réserve, en dix-huit régions et en subdivisions de régions.

Ces régions et subdivisions de régions, établies d'après les ressources du recrutement et les exigences de la mobilisation, sont déterminées par décret rendu dans la forme des règlements d'administration publique et inséré au *Bulletin des Lois*.

Art. 2. Chaque région est occupée par un corps d'armée qui y tient garnison.

Un corps d'armée spécial est, en outre, affecté à l'Algérie.

Art. 3. Chaque région possède des magasins généraux d'approvisionnements dans lesquels se trouvent les armes et munitions, les effets d'habillement, d'armement, de harnachement, d'équipement et de campement nécessaires aux diverses armes qui entrent dans la composition des corps d'armée.

Art. 4. Chaque subdivision de région possède un ou plusieurs magasins munis des armes et munitions, ainsi que de tous les

38

effets d'habillement, d'armement, de harnachement, d'équipement et de campement nécessaires, et alimentés par les magasins généraux de la région.

Art. 5. Dans chaque subdivision de région, il y a un ou plusieurs bureaux de recrutement. Dans chaque bureau est tenu le registre matricule prescrit par l'article 33 de la loi du 27 juillet 1872, pour les hommes appartenant à l'armée active et à la réserve de ladite armée.

Ce bureau est chargé d'opérer l'immatriculation, dans les divers corps de la région, des hommes de la disponibilité et de la réserve, conformément aux paragraphes 3, 4, 5 et 6 de l'article 11 ci-après.

Il est, en outre, chargé de la tenue des contrôles de l'armée territoriale pour les hommes domiciliés dans la subdivision, et de leur immatriculation dans les divers corps de l'armée territoriale de la région.

Par ses soins, il est fait chaque année un recensement général des chevaux, mulets et voitures susceptibles d'être utilisés pour les besoins de l'armée.

Ces chevaux, mulets et voitures sont répartis d'avance dans chaque corps d'armée et inscrits sur un registre spécial.

Art. 6. Chacun des corps d'armée des dix-huit régions comprend deux divisions d'infanterie, une brigade de cavalerie, une brigade d'artillerie, un bataillon du génie, un escadron du train des équipages militaires, ainsi que les états-majors et les divers services nécessaires.

La composition détaillée des corps d'armée, des divisions et des brigades, celle des corps de troupes de toutes armes dont l'armée se compose, et les effectifs de ces corps de troupes, tant sur le pied de paix que sur le pied de guerre, seront déterminés par une loi spéciale.

Art. 7. En temps de paix, les corps d'armée ne sont pas réunis en armées à l'état permanent.

Art. 8. Les hommes appartenant à des services régulièrement organisés en temps de paix, peuvent en temps de guerre être formés en corps spéciaux destinés à servir, soit avec l'armée active, soit avec l'armée territoriale.

La formation de ces corps spéciaux est autorisée par décret.

Ces corps sont soumis à toutes les obligations du service militaire, jouissent de tous les droits des belligérants, et sont assujettis aux règles du droit des gens.

Art. 9. Chaque corps d'armée est organisé d'une manière permanente en divisions et en brigades.

Le corps d'armée, ainsi que toutes les troupes qui le composent, sont pourvus en tout temps du commandement, des états-majors, et de tous les services administratifs et auxiliaires qui leur sont nécessaires pour entrer en campagne ; le matériel de toute nature dont les troupes et les divers services du corps d'armée doivent être pourvus en temps de guerre, est constamment organisé et emmagasiné à leur portée.

Le matériel roulant est emmagasiné sur roues.

Art. 10. A l'exception de ceux mentionnés à l'article 8, il ne peut être créé de nouveaux corps, ni apporté de changement dans la constitution normale de ceux qui existent, qu'en vertu d'une loi.

Aucun changement dans l'équipement et dans l'uniforme, si ce n'est partiellement et à titre d'essai, ne pourra avoir lieu qu'après le vote d'un crédit spécial.

Art. 11. L'armée active se recrute sur l'ensemble du territoire de la France.

En cas de mobilisation, les effectifs des divers corps de troupes et des divers services qui entrent dans la composition de chaque corps d'armée, sont complétés avec les militaires de la disponibilité et de la réserve domiciliés dans la région, et en cas d'insuffisance, avec les militaires de la disponibilité et de la réserve domiciliés dans les régions voisines.

A cet effet, les jeunes gens qui, à raison de leur numéro de tirage, ont été compris dans la partie maintenue plus d'un an sous les drapeaux, sont, au moment où ils entrent dans la réserve, immatriculés dans un des corps de la région dans laquelle ils ont déclaré vouloir être domiciliés.

Cette immatriculation est mentionnée dans une colonne spéciale, sur le certificat indiqué en l'article 38 de la loi du 27 juillet 1872, de sorte que le militaire faisant partie de la réserve sache toujours où il doit se rendre en cas de mobilisation.

Les jeunes militaires qui, conformément aux articles 40, 41 et 42 de la loi du 27 juillet 1872, restent en disponibilité dans leurs foyers, sont également immatriculés dans les divers corps de la région et reçoivent, au moment où ils sont envoyés en disponibilité, un certificat constatant leur immatriculation dans le corps qu'ils doivent rejoindre en cas de rappel. La même disposition est applicable aux engagés conditionnels d'un an, après leur année de service accomplie.

Elle est également applicable aux soldats, caporaux, brigadiers et sous-officiers envoyés en disponibilité avant l'expiration des cinq années de service dans l'armée active, prévues par l'article 36 de la loi du 27 juillet 1872.

Art. 12. Les jeunes gens qui se trouvent dans les diverses positions mentionnées dans l'article 26 de la loi du 27 juillet 1872, et dont l'autorité militaire dispose conformément audit article, sont portés sur des états spéciaux; en cas de mobilisation, ils sont versés dans les différents corps de la région selon les besoins de l'armée.

Art. 13. Les divers emplois dont la mobilisation de l'armée rend la création nécessaire, ont en tout temps leurs titulaires désignés d'avance et tenus, autant que possible, au courant de la position qui leur est assignée en cas de mobilisation.

Les officiers auxiliaires mentionnés aux articles 36, 38 et 41 de la présente loi, les sous-officiers provenant des engagés conditionnels d'un an, et les sous-officiers qui, de l'armée active, sont passés dans la réserve, sont d'avance affectés aux divers corps de la région et il leur est délivré un certificat constatant leur titre d'immatriculation.

TITRE II. — **Commandement. — Administration**

Art. 14. Dans chaque région, le général commandant le corps d'armée a sous son commandement le territoire, les forces de l'armée active, de la réserve, de l'armée territoriale et de sa réserve, ainsi que tous les services et établissements militaires qui sont exclusivement affectés à ces forces.

Les établissements spéciaux destinés à assurer la défense générale du pays, ou à pourvoir aux services généraux des armées, restent sous la direction immédiate du ministre de la guerre dans les conditions de fonctionnement qui leur sont afférentes.

Toutefois, le commandant du corps d'armée exerce une surveillance permanente sur ces établissements et transmet ses observations au ministre de la guerre.

En temps de paix, le commandant d'un corps d'armée ne pourra conserver que pendant trois années au plus son commandement, à moins qu'à l'expiration de ce délai il ne soit maintenu dans ses fonctions par un décret spécial rendu en conseil des ministres.

L'exercice de ce commandement ne crée d'ailleurs aux officiers généraux qui en ont été investis aucun privilége ultérieur de fonctions dans leur grade.

Art. 15. Des corps de troupes ou fractions de ces corps appartenant à un corps d'armée en peuvent être momentanément détachés et placés dans un autre corps d'armée. Ils sont alors sous le commandement du général commandant le corps d'armée auquel ils sont temporairement annexés.

Art. 16. Le général commandant un corps d'armée a sous ses ordres un service d'état-major placé sous la direction de son chef d'état-major général et divisé en deux sections :

1° Section active marchant avec les troupes en cas de mobilisation;

2° Section territoriale attachée à la région d'une manière permanente, chargée d'assurer en tout temps le fonctionnement

38.

du recrutement, des hôpitaux, de la remonte, et en général de tous les services territoriaux.

Les états-majors de l'artillerie, du génie et les divers services administratifs et sanitaires du corps d'armée sont également divisés en partie active et en partie territoriale.

Un règlement du ministre de la guerre détermine la composition et la répartition des états-majors et des divers services pour chaque corps d'armée.

Un officier supérieur faisant partie de la section territoriale, et désigné par le ministre de la guerre, est chargé de centraliser le service du recrutement.

Art. 17. Outre les états-majors dont il est parlé en l'article précédent, le commandant du corps d'armée a auprès de lui et sous ses ordres les fonctionnaires et les agents chargés d'assurer la direction et la gestion des services administratifs et du service de santé.

Une loi spéciale sur l'administration de l'armée réglera les attributions de ces divers fonctionnaires et agents et pourvoira à l'établissement d'un contrôle indépendant.

Art. 18. Un officier supérieur est placé à la tête du service du recrutement de chaque subdivision.

Tous les militaires de l'armée active, de la réserve et de l'armée territoriale, qui se trouvent à un titre quelconque dans leurs foyers et sont domiciliés dans la subdivision, relèvent de cet officier supérieur.

Il tient le général commandant le corps d'armée et les chefs des corps de troupes et des différents services au courant de toutes les modifications qui se produisent dans la situation des officiers, sous-officiers et hommes de la disponibilité et de la réserve, et qui sont immatriculés dans les divers corps de la région.

Art. 19. Tous les six mois, il est dressé, par le service central du corps d'armée, un état des officiers auxiliaires, sous-officiers et hommes des cadres de la disponibilité et de la réserve, immatriculés dans les divers corps et dans les divers services de la région, et qui doivent être rappelés immédiatement, en cas de mobilisation, pour porter les cadres au pied de guerre.

Le général commandant transmet cet état au ministre de la guerre, et lui fait les propositions nécessaires pour que les cadres complémentaires soient toujours préparés pour la mobilisation.

TITRE III. — Incorporation. — Mobilisation.

Art. 20. Les jeunes soldats qui, à raison de leur numéro de tirage, sont destinés à être maintenus plus d'une année sous les drapeaux, se rendent, à la réception de leur ordre de départ, au bureau de recrutement de la subdivision de leur résidence.

Ils y reçoivent, sous la surveillance des cadres de conduite, les effets d'habillement nécessaires pour leur mise en route, et ils sont dirigés, par détachement, sur les divers corps de l'armée auxquels ils sont affectés.

Les jeunes soldats qui, par leur numéro de tirage, ne sont appelés qu'à demeurer un an au corps, se rendent également au bureau de recrutement de leur subdivision.

Ils accomplissent, dans le corps de la région dans lequel ils ont été immatriculés, la période d'instruction à laquelle ils sont assujettis.

Art. 21. En cas de mobilisation, et pour la mise sur le pied de guerre des forces militaires de la région, le ministre de la guerre transmet au général commandant le corps d'armée l'ordre de mobilisation de tout ou partie des hommes des diverses classes de la disponibilité et de la réserve, enfin de la mise en activité des diverses classes de l'armée territoriale.

Art. 22. Aussitôt cet ordre reçu, le général prescrit à chaque officier commandant le bureau de recrutement de subdivision, de faire connaître immédiatement aux militaires de la disponibilité et de la réserve destinés à porter au complet de guerre les compagnies, escadrons, batteries et services du corps d'armée de la région, qu'ils aient à se rendre à leur corps dans le délai fixé par l'ordre de départ.

Le commandant du bureau de recrutement fait remettre à chaque homme rappelé l'ordre nominatif et toujours préparé qui lui prescrit de rejoindre.

Art. 23. A dater du jour où il a reçu l'ordre de mobilisation, le général commandant le corps d'armée est assisté dans son commandement par l'officier général qui doit le remplacer et qui est désigné d'avance par le ministre de la guerre. Cet officier général prend le commandement de la région le jour où le corps d'armée quitte la région.

Art. 24. Les hommes de remplacement, à quelque région qu'ils appartiennent, peuvent être envoyés par détachement aux divers corps de l'armée, selon les besoins de ces corps.

Ils peuvent d'ailleurs être formés en compagnies, bataillons, escadrons ou batteries, et même en régiments, si les besoins de la guerre le réclament.

Art. 25. En cas de mobilisation, la réquisition des chevaux, mulets et voitures recensés en exécution de l'article 5 de la présente loi, peut être ordonnée par décret du président de la République.

Cette réquisition a lieu moyennant fixation et payement d'une juste indemnité.

Une loi spéciale déterminera le mode d'exécution de cette réquisition, et celui d'après lequel cette indemnité est fixée et payée.

Art. 26. En cas de mobilisation ou de guerre, les compagnies de chemins de fer mettent à la disposition du ministre de la guerre tous les moyens nécessaires pour les mouvements et la concentration des troupes et du matériel de l'armée.

Un service de marche ou d'étapes sera organisé sur les lignes de chemin de fer par un règlement ministériel.

Art. 27. L'administration des télégraphes tient en tout temps à la disposition du ministre de la guerre le matériel et le personnel nécessaires pour assurer ou compléter le service de la télégraphie militaire.

Art. 28. L'instruction progressive et régulière des troupes de toutes armes se termine chaque année par des marches, manœuvres et opérations d'ensemble, de brigade, de division, et, quand les circonstances le permettent, de corps d'armée. Jusqu'à la promulgation d'une loi spéciale sur la matière, un règlement d'administration publique, inséré au *Bulletin des lois*, déterminera les conditions suivant lesquelles s'effectuera l'évaluation des dommages causés aux propriétés privées, ainsi que le payement des indemnités dues aux propriétaires.

TITRE IV. — Armée territoriale.

Art. 29. L'armée territoriale a, en tout temps, ses cadres entièrement constitués.

Sa composition sera déterminée par la loi spéciale mentionnée en l'article 6 de la présente loi.

L'effectif permanent et soldé de l'armée territoriale ne comprend que le personnel nécessaire à l'administration, à la tenue des contrôles, à la comptabilité et à la préparation des mesures qui ont pour objet l'appel à l'activité des hommes de ladite armée.

Art. 30. L'armée territoriale est formée, conformément à l'article 36 de la loi du 27 juillet 1872, des hommes domiciliés dans la région.

Les militaires de tous grades qui la composent restent dans leurs foyers et ne sont réunis ou appelés à l'activité que sur l'ordre de l'autorité militaire.

La réserve de l'armée territoriale n'est appelée à l'activité qu'en cas d'insuffisance des ressources fournies par l'armée territoriale. Dans ce cas, l'appel se fait par classe et en commençant par la moins ancienne.

Art. 31. Les cadres des troupes et des divers services de l'armée territoriale sont recrutés :

1° Pour les officiers et fonctionnaires, parmi les officiers et fonctionnaires démissionnaires ou en retraite des armées de terre et de mer, parmi les engagés conditionnels d'un an qui ont obtenu des brevets d'officiers auxiliaires ou des commissions, conformément aux articles 36 et 38 de la présente loi.

. Toutefois, les anciens sous-officiers de la réserve et les engagés conditionnels d'un an munis du brevet de sous-officier peuvent, après examen déterminé par le ministre de la guerre, être promus au grade de sous-lieutenant dans l'armée territoriale, au moment où ils passent dans ladite armée, conformément à la loi du 27 juillet 1872.

2° Pour les sous-officiers et employés, parmi les anciens sous-officiers et employés de la réserve et les engagés conditionnels d'un an munis d'un brevet de sous-officier, et parmi les anciens caporaux et brigadiers présentant les conditions d'aptitude nécessaires.

Les nominations des officiers et des fonctionnaires sont faites par le président de la République, sur la proposition du ministre de la guerre.

Les nominations des sous-officiers et des employés sont faites par le général commandant le corps d'armée de la région.

L'avancement dans l'armée territoriale sera réglé par une loi spéciale.

Un règlement d'administration publique déterminera les relations hiérarchiques entre l'armée active et l'armée territoriale.

Art. 32. La formation des divers corps de l'armée territoriale a lieu :

Par subdivision de région, pour l'infanterie;

Sur l'ensemble de la région, pour les autres armes.

A cet effet, chaque commandant de bureau de recrutement fait connaître au général commandant la région l'état, par arme, des hommes qui, finissant d'accomplir leur service dans la réserve, sont domiciliés dans sa subdivision.

Après que la répartition est faite entre les diverses armes par le général commandant, chaque homme passant dans l'armée territoriale est averti par le commandant du service de recrutement de la subdivision, du corps dont il doit faire partie. Mention en est faite dans une colonne spéciale, sur le certificat qui doit lui être délivré, conformément à l'article 38 de la loi du 27 juillet 1872.

Les dispositions des articles 34 et 35 de la loi du 27 juillet 1872 sont applicables aux militaires inscrits sur les contrôles de l'armée territoriale.

Art. 33. Chaque commandant de bureau de recrutement tient le général commandant la région au courant de la situation de l'armée territoriale, suivant le mode qui sera déterminé par un règlement ministériel.

Le général commandant propose au ministre de la guerre les nominations et mutations qui lui paraissent devoir être faites, pour tenir au complet les cadres de ladite armée.

Art. 34. En cas de mobilisation, les corps de troupes de l'armée territoriale peuvent être affectés à la garnison des places fortes, aux postes et lignes d'étapes, à la défense des côtes, des points stratégiques; ils peuvent être aussi formés en brigades, divisions et corps d'armée destinés à tenir campagne.

Enfin, ils peuvent être détachés pour faire partie de l'armée active.

Art. 35. L'armée territoriale, lorsqu'elle est mobilisée, est soumise aux lois et règlements qui régissent l'armée active, et lui est assimilée pour la solde et les prestations de toute nature.

Tant que les troupes de l'armée territoriale sont dans la région de leur formation, sans être détachées pour faire partie de l'armée active, elles restent placées sous le commandement déterminé par les articles 14 et 16 de la présente loi.

Lorsqu'elles sont constituées en divisions et en corps d'ar-

mée, elles sont pourvues d'états-majors, de services adminis·
tratifs, sanitaires et auxiliaires spéciaux.

TITRE V. — Dispositions particulières

Art. 36. Les élèves de l'École polytechnique et les élèves de
l'École forestière qui ont satisfait aux examens de sortie desdites écoles, et ne sont pas placés dans un service public, reçoivent un brevet de sous-lieutenant auxiliaire ou une commission équivalente au titre auxiliaire, et restent dans la
disponibilité, dans la réserve de l'armée active, dans l'armée
territoriale, pendant le temps durant lequel ils y sont astreints
en conformité de l'art. 36 de la loi du 27 juillet 1872.

Toutefois est déduit, conformément à l'article 19 de la loi
du 27 juillet 1872, le temps passé par eux dans ces écoles.

Un règlement d'administration publique, rendu pour chacun des services dans lesquels sont placés les élèves sortant
de l'École polytechnique qui ne font pas partie de l'armée de
terre ou de mer, et les élèves de l'École forestière entrés dans
le service forestier, détermine les assimilations de grades et les
emplois qui peuvent, en cas de mobilisation, leur être donnés
dans l'armée, selon la position qu'ils occupent dans les services
publics auxquels ils appartiennent.

Art. 37. Les engagés conditionnels d'un an qui, après l'année de service exigée par l'article 56 de la loi du 27 juillet
1872, ont satisfait à tous les examens prescrits et ont obtenu
des brevets de sous-officier ou une commission pour un des
services de l'armée, restent en disponibilité, passent ensuite
dans la réserve et dans l'armée territoriale, pendant le temps
prescrit par la loi.

Ils sont, à cet effet, d'avance immatriculés dans les corps ou
affectés aux services auxquels ils sont destinés, et reçoivent,
en entrant dans la disponibilité, un titre qui leur fait connaître le corps ou le service qu'ils devront rejoindre s'ils sont
rappelés.

Art. 38. Les engagés conditionnels d'un an qui ont satisfait aux examens prescrits par l'article 56 de la loi du 27 juillet 1872 peuvent, en restant une année de plus, soit dans l'armée active, soit dans une école désignée par le ministre de la guerre, et après avoir subi les examens déterminés, obtenir un brevet de sous-lieutenant auxiliaire ou une commission équivalente et être placés avec leur grade, selon les besoins de l'armée, dans la disponibilité ou la réserve de l'armée active, et, après le temps voulu par la loi, dans l'armée territoriale.

Ils sont immatriculés comme officiers dans les corps ou services du corps d'armée auxquels ils sont attachés ; mention en est faite sur leur brevet ou commission.

Art. 39. Les engagés conditionnels d'un an qui ont satisfait aux examens prescrits par l'article 56 de la loi du 27 juillet 1872, et qui veulent compléter cinq années de service dans l'armée active, peuvent y être autorisés.

Ceux qui, conformément à l'article 58 de ladite loi, ont obtenu un brevet de sous-officier, conservent alors, au titre de l'armée active, leur grade et concourent pour l'avancement dans les corps dont ils font partie.

Art. 40. Les officiers auxiliaires, les officiers de l'armée territoriale sont, pendant la durée de leur présence sous les drapeaux, considérés comme étant en activité; mais ils ne peuvent se prévaloir des grades qu'ils ont occupés ou obtenus pendant ce temps, pour être maintenus dans l'armée active.

Toutefois, ceux qui jouissaient d'une pension de retraite peuvent faire reviser leur pension.

Sous le rapport de la médaille militaire, de la croix de la Légion d'honneur, obtenues par eux pendant qu'ils sont sous les drapeaux, de même que sous le rapport des pensions pour infirmités et blessures, ils jouissent de tous les droits attribués aux militaires de même grade dans l'armée active.

Disposition transitoires.

Art. 41. Les officiers de la garde nationale mobile qui sont

M. T. A.

39

assujettis par leur âge à servir dans la réserve de l'armée active en exécution de l'article 76 de la loi du 27 juillet 1872, pourront, transitoirement et à la condition de satisfaire à un examen qui sera déterminé par un règlement du ministre de la guerre, recevoir un brevet de sous-lieutenant au titre auxiliaire dans la réserve de l'armée active. Ils passeront dans l'armée territoriale en même temps que les hommes de la classe à laquelle ils appartiennent.

Les officiers, sous-officiers et soldats de la garde nationale mobile et des corps mobilisés qui, en raison de leur âge, ne sont pas classés dans la réserve de l'armée active, pourront transitoirement, et à la condition de satisfaire à un examen qui sera déterminé par un règlement du ministre de la guerre, être admis dans les cadres de l'armée territoriale.

Art. 42. Des règlements d'administration publique et des règlements ministériels pourvoiront à l'exécution des dispositions contenues dans la présente loi.

Art. 33. Sont abrogées toutes les dispositions des lois antérieures contraires à la présente loi.

III. — SOLDE DES TROUPES.

Le service de la solde, réglé par l'ordonnance du 25 décembre 1837, a pour objet de pourvoir à toutes les prestations qui entrent dans la composition du traitement en deniers, et des allocations en nature, soit des militaires considérés individuellement, soit des corps de troupe et autres réunions considérées comme parties prenantes collectives du département de la guerre.

Les prestations en deniers qui ressortissent au service de la solde sont : la solde; les accessoires de solde; la masse individuelle; les masses générales d'entretien.

Les droits aux prestations de solde et accessoires varient en raison des *positions* dans lesquelles peuvent se trouver les officiers sans troupe, les fonctionnaires et employés assimilés, les corps de troupe et autres réunions considérées comme corps.

Les positions et les droits qui en dérivent sont constatés par les fonctionnaires du corps de l'intendance militaire investis du droit d'ordonnancer et de liquider les dépenses du service de la solde.

Des comptes établis sous le titre de *Revues de liquidation* constatent, par trimestre, les dépenses du service de la solde. Les revues de liquidation servent, en outre, à constater les consommations de prestations en nature qui se distribuent à la ration, telles que le pain, les vivres de campagne, les liquides, le chauffage et le fourrage.

Les diverses prestations qui composent le traitement de chaque grade sont fixées pour chaque arme par des tarifs et allouées suivant les règles déterminées ci-après.

IV. — POSITIONS DONNANT DROIT A LA SOLDE.

Les positions sont générales ou individuelles.

Les positions générales sont : le pied de paix, qui se subdivise, pour les corps et les détachements de troupe, en position de station et en position de route; le pied de guerre.

Les positions individuelles sont : l'activité; la disponibilité; la non-activité et la réforme.

La position d'activité se divise en position de présence et en position d'absence.

La position de présence est celle de tout militaire : présent au drapeau (en station ou en route); présent au poste qui lui est assigné, ou en route pour s'y rendre; en mission.

La position d'absence est celle de tout militaire : en congé; à l'hôpital; à l'hôpital étant en congé; en jugement ou détenu; en captivité à l'ennemi.

La solde devant dériver des positions, l'ordonnance du 25 décembre 1837 a dû établir pour celle-là les mêmes distinctions que pour celles-ci.

On distingue deux espèces principales de solde : la solde d'activité; la solde de non-activité. Il ne sera pas question ici des traitements de réforme.

La solde d'activité se divise en : solde de présence; solde d'absence; solde de disponibilité.

La solde de présence diffère dans les circonstances ci-après : 1° en station sur le pied de paix ; 2° en route sur le pied de paix; 3° sur le pied de guerre.

La solde d'absence, aux termes de ladite ordonnance, se modifie dans les positions suivantes : 1° en congé; 2° à l'hôpital; 3° à l'hôpital en congé; 4° en jugement ou en détention; 5° en captivité à l'ennemi.

Toutefois des dispositions récentes ont en partie abrogé, d'une manière implicite, les distinctions de principe qui précèdent par le fait même de l'unification de certains tarifs et de la suppression de quelques autres relatifs aux positions d'absence.

Ainsi un arrêté présidentiel, du 15 octobre 1871, a unifié, pour les officiers, la solde d'absence dans les positions suivantes : en congé; en jugement ou en détention; en captivité à l'ennemi.

A l'hôpital, ou à l'hôpital en congé, les officiers reçoivent, selon le cas, la solde de présence ou la solde d'absence, et les journées de traitement sont remboursées par eux d'après des fixations déterminées.

En ce qui concerne les sous-officiers et soldats, un décret du 7 septembre 1871 leur enlève le bénéfice de la solde en position d'absence. Les adjudants sous-officiers et leurs assimilés sont seuls exceptés de la mesure. L'arrêté précité, du 15 octobre 1871, élève pour eux la solde d'hôpital, étant au service, au taux fixé pour la solde en congé, mais il dispose en même temps qu'ils ne recevront plus aucune solde étant à l'hôpital en congé.

La solde de non-activité varie dans sa fixation, selon les causes pour lesquelles les officiers ont été placés dans cette position.

Aucun militaire ne peut jouir d'une solde quelconque d'activité, s'il n'est pas en activité de service.

L'officier de troupe entre en solde le jour où il est reçu sous les drapeaux, ou lorsqu'il se met en route pour se rendre à sa destination.

Les jeunes soldats appelés à l'activité entrent en solde du jour où, étant formés en détachement, ils sont mis en route pour rejoindre les corps auxquels ils sont destinés.

Les jeunes soldats isolés et les engagés volontaires entrent en solde du jour même de leur incorporation, s'ils n'ont point eu droit à l'indemnité de route, ou du lendemain de leur arrivée au corps, quand ils ont eu droit à cette indemnité.

Les droits à la solde d'activité cessent, pour les officiers, le lendemain du jour où ils reçoivent l'ordre de rentrer dans leurs foyers; pour les sous-officiers, brigadiers et soldats, du jour où ils sont renvoyés dans leurs foyers soit en congé renouvenable, soit dans la disponibilité de l'armée active, soit dans la réserve de ladite armée, soit par suite de libération définitive.

Dans ces divers cas, ils sont rayés des contrôles de leurs corps et cessent de compter à l'effectif général de l'armée active.

L'officier rentré de captivité n'a droit qu'à la solde de non-activité à compter du jour de son arrivée en France, s'il a été remplacé dans son emploi.

Les sous-officiers, brigadiers et soldats prisonniers de guerre ne cessent point d'être en activité de service au jour de leur rentrée, à moins qu'ils ne soient renvoyés dans leurs foyers par libération ou pour toute autre cause emportant radiation des contrôles.

Tout militaire commissionné pour remplir temporairement des fonctions attribuées à un grade supérieur au sien, a droit à la solde du grade dont il a le brevet.

Le colonel qui, promu au grade de général de brigade, continue à commander son régiment n'a droit qu'à la solde de son ancien grade jusqu'à ce qu'il ait cessé d'en exercer les fonctions.

Les sous-lieutenants d'artillerie employés comme lieutenants en second reçoivent la solde du grade dont ils remplissent les fonctions.

La solde due par l'État aux officiers décédés est acquise, jusqu'au jour inclus de leur décès, à leurs héritiers ou ayants-droit.

La solde due, à quelque titre que ce soit, aux sous-officiers, brigadiers et soldats morts ou désertés ou rayés des contrôles, soit pour longue absence, soit par suite de condamnation, est acquise à l'État.

ACCESSOIRES DE SOLDE. — Les accessoires de solde se divisent en quatre sections : 1° suppléments; — 2° hautes-payes; — 3° indemnités; — 4° gratifications.

Chacune de ces sections comprend à son tour plusieurs catégories d'accessoires. Nous ne mentionnerons ici que ceux qui intéressent plus particulièrement les officiers de l'armée territoriale.

Supplément pour résidence dans Paris. — Le supplément de solde pour séjour à Paris est dû aux officiers jusqu'au grade de colonel inclusivement, aux sous-officiers, brigadiers et soldats des corps de troupe stationnés dans toutes les garnisons des départements de la Seine et de Seine-et-Oise, ainsi que dans celles de Melun et de Fontainebleau. Le supplément de solde n'est dû que pour les journées de présence dans ces garnisons. En conséquence, les militaires jouissant de ce supplément qui vont en mission, en congé, ou qui entrent aux hôpitaux, cessent d'y avoir droit à compter du jour de leur départ ou de leur entrée à l'hôpital.

Indemnité de logement et d'ameublement. — L'indemnité de logement est due, en station dans l'intérieur du territoire, aux officiers qui ne sont ni campés, ni baraqués, ni logés dans les bâtiments de l'État, ou aux frais des communes.

Ceux qui sont logés dans les bâtiments non meublés, et

ceux qui sont campés ou baraqués dans l'intérieur, ont droit seulement à l'indemnité d'ameublement.

Indemnités en remplacement de vivres. — Des indemnités peuvent être accordées en remplacement des vivres de campagne. Elles sont dues dans les positions donnant droit aux distributions en nature qu'elles représentent. Hors le cas de force majeure, aucune indemnité en remplacement de vivres ne doit être allouée sans une décision spéciale du Ministre de la guerre.

Indemnité extraordinaire de rassemblement. — Lorsque des rassemblements extraordinaires de troupes ont lieu, il est accordé aux officiers, sous-officiers, brigadiers et soldats, qui font partie de ces rassemblements, une indemnité motivée sur la cherté locale des vivres. Cette allocation doit préalablement être autorisée par une décision du chef de l'État. L'indemnité n'est due que pour les journées passées dans la circonscription du rassemblement, soit en marche, soit en station.

Indemnité pour perte de chevaux et d'effets. — Les officiers montés qui ont été faits prisonniers de guerre *autrement que par capitulation*, reçoivent, à leur retour des prisons de l'ennemi, pour la perte de leurs chevaux, l'indemnité fixée par le tarif. Ceux qui, dans une affaire contre l'ennemi, ont eu des chevaux tués, reçoivent également l'indemnité pour chaque cheval.

L'indemnité pour perte d'effets est due aux officiers qui, ayant été faits prisonniers de guerre *autrement que par capitulation*, et étant de retour des prisons de l'ennemi, reçoivent l'ordre de rentrer immédiatement en campagne.

Les pertes de cette nature éprouvées par les officiers dans d'autres circonstances dérivant d'un service commandé, et par suite d'événements de force majeure dûment constatés, n'ouvrent de droit à une indemnité qu'en vertu d'une décision spéciale du Ministre de la guerre, rendue sur un rapport motivé.

Gratification d'entrée en campagne. — L'officier qui reçoit l'ordre de se rendre à une armée active, stationnée dans l'intérieur ou hors du territoire, et qui exécute cet ordre, a droit à la gratification d'entrée en campagne affectée à son grade par le tarif. Cette gratification n'est point due à l'officier envoyé à l'armée pour y' remplir une mission temporaire. La gratification d'entrée en campagne ne peut être payée aux officiers y ayant droit que d'après un ordre spécial du Ministre de la guerre. L'officier qui, après avoir touché la gratification d'entrée en campagne, reste dans l'intérieur, est passible du remboursement de cette gratification, à moins qu'il n'y soit retenu par une circonstance indépendante de sa volonté.

Dispositions particulières concernant les troupes embarquées. — Lorsque des troupes de l'armée de terre sont appelées à tenir garnison à bord des bâtiments de l'État, ou embarquées pour une expédition maritime, elles reçoivent des caisses de la marine et par les soins de ses agents la solde et les masses auxquelles elles ont droit, mais à titre d'avance remboursable par le département de la guerre.

Pendant la durée de la traversée, tant en allant qu'en revenant, le département de la marine pourvoit au couchage des officiers, sous-officiers, brigadiers et soldats. Ils participent à la fourniture des vivres de bord, et n'ont droit en conséquence, pour ce même temps, qu'à la solde sur le pied de guerre. Le traitement des troupes embarquées est réglé, à compter du jour de leur arrivée à destination, par des décisions spéciales.

Dispositions générales relatives aux payéments. — La solde et les accessoires de solde des officiers se payent par mois et à terme échu; tout payement de cette nature à titre d'avance est formellement interdit. La solde de la troupe et les suppléments acquittables avec la solde, ainsi que les indemnités en remplacement de vivres et de liquides, et celles qui sont accordées en cas de rassemblement, sont perçus par quinzaine à l'avance, le 1er et le 16 de chaque mois. Aux armées, et lorsque les troupes reçoivent les vivres de campagne, la perception de la solde de la troupe et des suppléments acquittables avec la solde a lieu aux mêmes époques, mais seulement à terme échu, à moins que la situation de la caisse du corps ne permette pas de faire l'avance du prêt.

La solde des officiers, et les accessoires de la solde, autres que les indemnités de vivres, se décomptent par mois, à raison de la douzième partie de la fixation annuelle, et par jour, à raison de la trois cent soixantième partie de la même fixation. Les indemnités de vivres se décomptent à raison du nombre effectif de journées. La solde des sous-officiers, brigadiers et soldats, se décompte par jour et sur le pied de sa fixation journalière. Cette disposition est applicable aux suppléments de solde et aux indemnités.

Des retenues sur la solde. — Les officiers subissent sur leur traitement une retenue de 2 pour cent au profit du Trésor public, substitué aux droits de l'ancienne dotation des invalides. Cette retenue est exercée sur la solde et les suppléments. La gratification d'entrée en campagne, les indemnités de rassemblement, de vivres, de logement et de perte de chevaux ou d'effets, n'en sont point passibles.

Le Ministre de la guerre peut prescrire, sur la solde des officiers, une retenue pour aliments dans les cas prévus par les articles 203, 205 et 214 du Code civil. Cette retenue peut être indépendante de toute autre que subirait déjà l'officier, pour quelque cause que ce fût.

Les retenues pour dettes contractées par des officiers ont lieu en vertu d'oppositions juridiques. Néanmoins le Ministre de la guerre peut en ordonner d'office, lorsqu'il le juge convenable.

39.

TARIFS DE SOLDE DES RÉGIMENTS D'ARTILLERIE.

Officiers.

GRADES.	SOLDE DE PRÉSENCE.			SUPPLEMENT de solde dans Paris par jour.	INDEMNITÉ de logement par mois; à Paris moitié en sus.	INDEMNITÉ de rassemblement par mois.	GRATIFICATION d'entrée en campagne.
	PAR MOIS.	PAR JOUR					
		en station ou en campagne.	en marche en corps ou détachement.				
	fr.	fr.	fr.	fr.	fr.	fr.	fr.
Colonel.	675,000	22,500	27,500	3,333	80,00	60,00	1,800
Lieutenant-colonel... .	550,000	18,333	23,333	3,333	70,00	60,00	1,200
Chef d'escadron.... .	462,500	15,416	20,416	3,000	60,00	60,00	1,000
Capitaine { en premier.	283,333	9,444	12,444	2,25	30,00	40,00	700
en second..	250,000	8,333	11,333	2,25	30,00	40,00	700
Lieutenant { en premier.	204,166	6,805	9,805	2,083	20,00	30,00	500
en second et sous-lieutenant... .	195,833	6,527	9,527	2,083	20,00	30,00	500

SOUS-OFFICIERS ET SOLDATS

(*Batterie montée.*)

GRADES.	SOLDE DE PRÉSENCE PAR JOUR			SUPPLÉMENT de solde dans Paris par jour.	INDEMNITÉ de rassemblement par jour.
	avec vivres de campagne ou sans vivres.	en station avec le pain seulement.	en marche en corps avec le pain.		
	fr.	fr.	fr.	fr.	fr.
Adjudant sous-officier. . . .	3,10	3,25	4,10	0,98	0,15
Maréchal des logis chef. . .	1,82	1,97	2,22	0,51	0,08
Sous-chef artificier.	1,26	1,41	1,61	0,33	0,08
Maréchal des logis et fourrier.	1,16	1,31	1,51	0,33	0,08
Fourrier non sous-officier. .	1,06	1,21	1,41	0,33	0,08
Brigadier.	0,77	0,92	1,02	0,30	0,05
Artificier.	0,51	0,66	0,76	0,18	0,05
Canonnier servant 1re classe.	0,41	0,56	0,66	0,13	0,05
Canonnier servant 2e classe.	0,32	0,47	0,57	0,08	0,05
Canonnier conducteur. 1re classe.	0,51	0,66	0,76	0,18	0,05
Canonnier conducteur. 2e classe.	0,42	0,57	0,67	0,13	0,05
Ouvrier en fer ou en bois*. .	»	»	»	»	»
Maréchal-ferrant.	0,41	0,56	0,66	0,13	0,05
Bourrelier.	0,41	0,56	0,66	0,13	0,05
Trompette.	0,65	0,80	0,90	0,25	0,05
Élève trompette..	0,42	0,57	0,67	0,13	0,05

* La solde de 1er ou de 2e canonnier servant avec un supplément de 5 centimes pour les journées de présence seulement.

Nota. — A partir du 1er janvier 1875, la solde de présence par jour, en station avec le pain seulement, sera fixée comme il suit, pour les sous-officiers ci-dessous désignés :

Chefs artificiers, 2fr 10. — Maréchaux des logis chefs, 2fr 00. — Maréchaux des logis et maréchaux des logis fourriers, 1fr 35.

V. — SITUATION ET RAPPORT JOURNALIERS.

L'ordonnance du 2 novembre 1833, sur le service intérieur, détermine la forme de ce rapport journalier. Le recto porte l'indication du régiment et de la batterie, la date du . . . au . . . et la composition de l'effectif d'après les positions.

Le verso donne les mutations, les punitions et les demandes. Il porte la date et enfin la signature du capitaine-commandant et le visa du major.

Les mutations sont inscrites suivant un formulaire adopté, qui se trouve en tête du livre de détail. Elles sont accompagnées des numéros matricules et annuels et de la situation de la masse.

Les mutations sont accompagnées des pièces justificatives.

Le major relève, chaque jour, les mutations et les inscrit sur les contrôles du corps; il dresse ensuite un **état de mutations** qu'il transmet au sous-intendant chargé de la surveillance administrative, tous les jours ou tous les cinq jours, suivant que le corps est stationné dans le lieu où réside le sous-intendant, ou qu'il stationne dans une autre localité.

Les pièces à l'appui sont conservées par le major, et, à la fin du trimestre, lors du règlement des comptes, elles sont jointes aux **feuilles de journées.**

Comme vérification, le major compare, une fois par mois, le contrôle général du corps avec les livrets de détail des batteries.

Le sous-intendant compare ses contrôles avec ceux du major; de plus, il vise les pièces à l'appui et se fait présenter les hommes rentrant de position d'absence.

Mais, avant d'aller plus loin, il est bon de faire connaître le fonctionnement de l'administration des corps de troupe.

L'administration des corps de troupe, dit l'ordonnance du 10 mai 1844, *est exercée dans chacun d'eux par un conseil qui prend le nom de* conseil d'administration.

Le conseil d'administration varie dans sa composition sui-

MODÈLE 1.

° RÉGIMENT D'ARTILLERIE

Ordonnance
du 2 novembre 1833.

° *Batterie.*

SITUATION ET RAPPORT du   *au*   18 .

Hommes à la HAUTE-PAIE journalière.

Sous-officiers.	Brig. et Caval.
1 Chev.	1 Chev.
2 Chev.	2 Chev.
3 Chev.	3 Chev.

DÉSIGNATION des GRADES.	Sous les armes.	À l'infirmerie.	Malades à la chambre.	Travailleurs en ville.	Recrues.	En prison.	À la cellule de correction.			TOTAL.	Détachés.	du lieu.	externes.	En permission.	En congé ou en semestre.	Manquants à l'appel.	En désertion.	En jugement.	Détenus par jugement.	En recrutement.	TOTAL.	EFFECTIF.	En congé.	En subsistance.
			PRÉSENTS. — NON DISPONIBLES.									ABSENTS. — Aux hôpitaux													
Capitaine de classe....																								
Lieutenant de classe....																								
Sous-lieutenant																								
Totaux....																								
Maréchal des logis chef de 1re classe.																								
2e classe..																								
Maréchaux des logis de 1re classe.																								
2e classe.																								
Fourriers de 1re classe.																								
2e classe.																								
Brigadiers de 1re classe.																								
2o classe.																								
Cavaliers de 1re classe.																								
2e classe..																								
Trompettes de 1re classe.																								
2e classe..																								
Totaux....																								
Enfants de troupe......																								

NUMÉROS		Nombre de chevrons.	NOMS, GRADES ET MUTATIONS.	SITUATION DE LA MASSE des hommes allant aux hôpitaux, en congé, morts, désertés, en jugement, passés à d'autres corps, à d'autres compagnies du corps, etc.		PUNITIONS.	DEMANDES.
matricule	annuel.		NOTA. Indiquer le genre de maladie des hommes entrant à l'hôpital. Indiquer de quel jour était absent l'homme rentrant d'une absence quelconque.	Avoir.	Redû.		

A   le   18 .

VU : LE MAJOR,   LE COMMANDANT DE LA BATTERIE,

vant la force du corps de troupe ou de la fraction de corps à administrer.

Pour un *régiment*, il se compose de sept membres : le colonel, *président*, — le lieutenant-colonel, — un chef de bataillon ou d'escadron, — le major, *rapporteur*, — un capitaine de compagnie, d'escadron ou de batterie, — le trésorier, *secrétaire*, — l'officier d'habillement.

S'il arrive, et cela est très-fréquent, que le corps de troupe soit divisé, l'administration se divise aussi. Cela se produit toutes les fois que des portions du corps tiennent garnison hors du département où siége le conseil d'administration.

La portion du corps qui reste avec le conseil d'administration central porte le nom de *portion centrale*.

Le conseil d'administration des portions détachées porte le nom de *conseil d'administration éventuel*.

Le conseil central est chargé de toutes les opérations comprenant l'ensemble du corps, de l'établissement des archives, en un mot, ainsi que l'indique son nom, de *centraliser* toute l'administration du corps.

Le conseil d'administration central, lorsque le dépôt est constitué et que les portions actives sont hors du lieu où stationne ce dépôt, se compose de cinq membres : l'officier qui commande le dépôt, *président*, — le major, *rapporteur*, — un capitaine, — le trésorier, *secrétaire*, — l'officier d'habillement.

Si le major commande le dépôt, il a la présidence du conseil, mais sans être remplacé dans ses fonctions de rapporteur.

Si le nombre des officiers présents au dépôt est inférieur à cinq, le conseil central ne se compose que des officiers présents, et même, si le major et ses deux officiers comptables sont seuls présents, il ne se compose que de ces trois officiers.

Le chef de bataillon ou d'escadron et le capitaine sont changés tous les ans, au 1er janvier, à tour de rôle et par rang d'ancienneté.

Les membres des conseils ne pouvant exercer qu'autant qu'ils sont présents, et les conseils ne pouvant délibérer que lorsque tous les membres sont réunis, il y a lieu de désigner des suppléants pour les membres absents. — Le major et les officiers comptables ne peuvent être suppléés que par des officiers désignés par le conseil pour remplir leurs fonctions; les autres sont suppléés par les officiers de leur grade de l'ancienneté immédiatement inférieure à la leur.

Toute portion de corps détachée n'a pas un conseil éventuel. Il faut que le détachement soit d'une certaine force, qui ne peut être moindre d'un bataillon ou de deux escadrons.

Tout détachement moindre est administré par l'officier ou le sous-officier commandant le détachement.

Les agents des conseils sont : le *major*, le *trésorier* et l'*officier d'habillement*.

Dans les portions de corps ayant un conseil d'administration éventuel, les agents du conseil sont : le capitaine, qui remplit les fonctions de major; l'officier payeur, qui remplit les fonctions de trésorier, et l'officier délégué pour l'habillement, qui est en même temps officier d'armement.

Les conseils dirigent l'administration dans tous ses détails, surveillent les commandants de batterie dans l'exercice de leurs fonctions administratives, et prennent toutes les mesures nécessaires pour la bonne exécution des règlements et des ordres ou instructions concernant l'administration.

Toutes les séances du conseil sont constatées par un procès-verbal inscrit sur un registre spécial dit *registre des délibérations,* et signé par tous les membres.

Le président du conseil peut suspendre l'exécution d'une mesure adoptée, mais il en rend compte sur-le-champ au sous-intendant militaire, qui prononce ou en réfère, selon le cas, au général commandant la brigade ou à l'intendant divisionnaire.

La correspondance du conseil, à l'exception des lettres d'envoi ou de transmission des pièces du conseil, des lettres qui n'ont pas trait aux délibérations et des accusés de réception, toutes pièces revêtues seulement de la signature du président, est signée par tous les membres.

Le président reçoit les pièces adressées au conseil. (Ord. du 2 novembre 1833.)

Le major, dont les attributions générales sont fixées par l'ordonnance du 2 novembre 1833, exerce une surveillance constante sur tous les détails de l'administration, principalement sur les recettes et les dépenses du trésorier, dont il vérifie scrupuleusement la caisse toutes les fois que le conseil doit délibérer sur une remise de fonds à faire à ce comptable. Il surveille aussi la gestion de l'officier d'habillement, et prononce, en cas de dissidence entre les commandants de batterie et ce comptable, sur les imputations.

Toute pièce ayant pour but une sortie, de fonds de la caisse du trésorier, d'effets de n'importe quelle nature des magasins, ou une réintégration, doit être revêtue de son visa.

Le trésorier, *secrétaire du conseil,* est chargé de la gestion en deniers. Il établit les pièces nécessaires pour recevoir les différents fonds revenant au corps et dont il fait le versement immédiat dans la caisse du conseil; il solde, avec autorisation du conseil et après vérification du major, les dépenses faites par le corps, sur le vu des pièces fournies par les créanciers; il établit les bons généraux pour toucher les prestations de vivres et de chauffage qui reviennent au corps, d'après les bons partiels fournis par les commandants de batterie, et qu'il doit vérifier.

Il est personnellement responsable, indépendamment de sa responsabilité proportionnelle comme membre du conseil :

1° Des fonds qu'il a reçus et dont il doit faire le versement dans la caisse du conseil ;

2° Des fonds reçus directement sur ses quittances, et que le major inscrit *lui-même* sur le livret de solde, ainsi que de ceux qui lui sont remis par le conseil, pour le service courant, jusqu'à ce qu'il en ait justifié l'emploi ;

3° Des payements illégaux, des avances, des omissions de

recette et de toutes erreurs qu'il pourrait commettre dans sa gestion.

Il est aidé dans ses fonctions par un officier du grade de sous-lieutenant, qui remplit près du conseil éventuel les fonctions d'officier-payeur.

L'officier d'habillement est chargé de tous les détails qui constituent le service de l'habillement dans les corps et des écritures qui s'y rapportent; il est le secrétaire du conseil pour la correspondance qui concerne son service.

Il est encore spécialement chargé d'établir les comptes de gestion de l'habillement et de l'armement, qu'il présente à la vérification du major avant de les soumettre au conseil.

Il a deux adjoints, dont un, au moins du grade de lieutenant, est spécialement chargé des détails de l'armement.

Les fonds sont renfermés dans une caisse, déposée chez le commandant du corps et fermant à deux clefs, dont une reste entre les mains du président du conseil, et dont l'autre est confiée au major.

Le trésorier ne doit jamais être mis en possession d'une de ces clefs.

Dans la caisse se trouve le *carnet du conseil* sur lequel on inscrit toutes les sommes déposées dans la caisse et celles qui en sont retirées.

Les sous-intendants militaires exercent, sur place, la surveillance administrative des corps de troupe appelée encore *contrôle local*. En outre, ils dirigent les conseils d'administration dans leurs travaux et les aident de leurs connaissances professionnelles.

Délégués du ministre, ils portent leurs investigations constantes sur toutes les parties de l'administration intérieure des corps dont ils règlent ensuite définitivement les comptes. A cet effet, ils vérifient d'abord les éléments de ces comptes (feuilles de journées, feuilles de décompte) que les corps ont mission de préparer, et résument ces éléments dans les Revues de liquidation.

Les intendants militaires exercent dans un degré supérieur

et par délégation directe du ministre, sur l'administration des corps de troupe, une haute direction et une surveillance de la même nature que celle qui est exercée par les sous-intendants.

Administration intérieure d'une batterie. — L'administration intérieure d'une batterie a pour objet de constater l'existence des hommes et des chevaux de l'escadron et leur droit aux différentes allocations, de percevoir et de distribuer les prestations et d'en établir les comptes.

Les capitaines-commandants sont chargés, sous l'autorité et la surveillance du **major** et du conseil d'administration, de toutes les écritures ou détails qui ont pour objet l'administration de leur batterie.

Ils sont responsables des fonds, effets ou fournitures quelconques dont ils donnent quittance, et des distributions faites sur les situations qu'ils ont signées.

Les écritures de la batterie sont tenues par le maréchal des logis-chef et les fourriers.

L'ordonnance du 2 novembre 1833 sur le service intérieur fixe les devoirs généraux des sous-officiers comptables.

En ce qui concerne l'administration, le maréchal des logis chef est responsable envers le capitaine-commandant. Il surveille et dirige le maréchal des logis fourrier et le brigadier fourrier.

Le maréchal des logis fourrier est aux ordres du maréchal des logis chef, il tient sous la direction de celui-ci les registres de la batterie et fait les écritures. Il est particulièrement chargé du casernement.

Le brigadier fourrier seconde le maréchal des logis fourrier suivant ce qui est déterminé par le maréchal des logis chef. Il tient le livre d'ordres de la batterie.

Les droits des militaires aux différentes prestations varient avec les positions générales ou individuelles de ces militaires.

Ces positions sont constatées au moyen des **contrôles annuels** qui sont tenus pour tout le corps par le major, et contradictoirement par le fonctionnaire de l'intendance qui a la surveillance administrative.

Ils sont tenus également dans les batteries, mais sans former un registre spécial. Ils font l'objet des chapitres 4, 5, 6 et 7 du livre de détail qui sera étudié plus loin.

On fait des contrôles séparés pour les hommes et pour les chevaux (le modèle en est donné par l'ordonnance du 25 décembre 1837).

VI. — Feuilles de prêt.

Le prêt est la solde de la troupe payée six fois par mois d'*avance* (en temps de paix), *à terme échu* (en campagne), au commandant de batterie.

Le prêt se touche sur une sorte de bon d'argent que signe le capitaine et qu'on nomme *feuille de prêt*.

Les hommes sont portés sur la feuille de prêt par la désignation de leurs grades et classes et l'indication de leur nombre dans chaque grade ou classe.

Le décompte de cette feuille s'établit sur l'effectif des présents au jour de la perception.

La première colonne comprend la désignation des grades.

La deuxième colonne, le nombre de journées, qui se trouve en multipliant les chiffres portés dans la deuxième colonne par celui des jours compris dans le prêt (on indique que ces journées sont en station, dans Paris, en route ou avec vivres de campagne).

La quatrième comprend le décompte en deniers. C'est le résultat du nombre de journées multiplié par la solde journalière affectée à chaque grade ou classe, suivant la position de la batterie au moment de l'établissement de la feuille.

La cinquième et la sixième sont l'une et l'autre partagées en deux, et ne servent que lorsque dans l'intervalle du prêt la batterie doit faire un mouvement, ce qui donne lieu à augmentation ou à déduction, pour les journées de station dans ou hors de Paris, et pour les jours de marche.

La somme à percevoir pour l'ensemble de la batterie se modifie d'après les mutations individuelles ; il faut donc en

SOLDE
ET
A.Accessoires de solde.

Prêt.

d Mois de   187

° RÉGIM^T D'ARTILLERIE.

° BATTERIE.

Tableau n° 2.
recto.

Feuille du prêt du   au   187 · inclus.

GRADES.	NOMBRE		DÉCOMPTE en deniers.	A AJOUTER		A DÉDUIRE	
	d'hommes présents au	de jours.		pour jours de marche.	pour jours de station dans Paris.	pour jours de marche.	pour jours de station dans Paris.
M^{al} de logis chef.......							
M^{aux} des logis.							
Fourrier............··							
Brigadiers..........•,.							
Cavaliers de 1re classe..							
Cavaliers de 2e classe...							
Trompettes, ...							
TOTAUX....							
Augmentation d'après les mutations du au inclus.							
Ensemble.........							
Diminution....................·							
Reste pour solde proprement dite.....							
Accessoires de solde { Hautes payes d'ancienneté (*Voir au verso.*)..... .·•··············•,·· ....··m···							
MONTANT DU DÉCOMPTE...							

Certifié par nous,   commandant l'escadron, la présente feuille de prêt, montant à la somme de (*en toutes lettres*) Dont quittance.

A   le   187

Mutations survenues du   au   187   inclus.

Numéros annuels.	NOMS.	GRADES.	MUTATIONS.	NOMBRE de journées			DÉCOMPTE en deniers dont le montant est à porter d'autre part.	
				en station.	en route.	en congé.	augon.	dimon.
			Totaux.....					

HAUTES-PAYES D'ANCIENNETÉ.								RENSEIGNEMENTS.
NOMBRE				Décompte en deniers.	MUTATIONS du au inclus.	Journées.	à porter ci-contre.	
de chevrons.	d'hommes		de journées					
	sous-off.	autres que s.-of.	de sous-off.	d'autres que s.-of.			augmentation.	diminution.
Augmentation.........								
TOTAL.....								
Diminution...........								
Décompte à porter d'autre part............					Totaux....			

tenir compte. On les inscrit au dos de la feuille, nominativement autant que possible, en relatant le numéro matricule de l'homme et en établissant, dans des colonnes distinctes, les augmentations ou les diminutions auxquélles elles donnent lieu.

A défaut d'espace, les mutations se désignent en nombre.

Quand les décomptes d'augmentation et de diminution sont totalisés séparément, on porte le premier sur le recto de la feuille, en dessous du décompte en deniers; on déduit ensuite les diminutions et on obtient ainsi la *solde proprement dite.*

Un petit tableau au dos de la feuille donne le décompte des hautes pays d'ancienneté et les augmentations ou les diminutions qui les concernent.

Le montant de ce décompte est porté au recto, aux *accessoires de solde;* les différentes indemnités, suppléments de solde, etc..., sont portés à la suite, et, en additionnant ces accessoires avec le restant pour solde, on obtient le *montant du décompte.*

Si par suite de mouvements prévus de la batterie on a des augmentations ou des déductions à faire (colonnes 5 et 6), on les porte à la suite et le résultat final est inscrit dans une case à droite. Ces mouvements à faire sont indiqués au verso de la feuille dans une case intitulée *renseignements.*

La feuille est arrêtée en toutes lettres par le capitaine-commandant lui-même.

La comptabilité s'établissant par trimestre, il ne faut pas porter sur la feuille du premier jour d'un trimestre les mutations survenues pendant le prêt antérieur. Si, d'après les mutations, il y a eu trop perçu, le capitaine garde la somme jusqu'au règlement du trimestre; s'il y a eu moins perçu, le capitaine fait établir une feuille de prêt supplémentaire qui se paye le premier jour du trimestre, mais au titre du trimestre précédent.

Il arrive aussi quelquefois qu'il y a lieu d'établir une feuille de prêt spéciale, lorsque, par suite d'une augmentation brusque dans l'effectif, ou le passage du pied de paix au pied de guerre, dans l'intervalle des époques assignées pour le prêt, le capitaine réclame la somme nécessaire pour subvenir aux besoins de sa batterie jusqu'à la fin du prêt commencé.

Le prêt se touche à terme échu lorsque la batterie touche les vivres de campagne et ne fait pas ordinaire.

Le prêt se divise en deux parties : l'une pourvoit aux dépenses de l'ordinaire ; la seconde forme ce qu'on appelle les centimes de poche des hommes vivant à l'ordinaire.

Ou a vu que les dépenses de l'ordinaire étaient payées directement par le trésorier sur la note remise par le capitaine-commandant au secrétaire de la commission.

Le trésorier retient cette somme sur le prêt suivant.

La totalité du prêt des sous-officiers ou des hommes ne vivant pas à l'ordinaire, les hautes-payes et les centimes de poche, sont remis par le capitaine-commandant au maréchal des logis chef, le premier jour du prêt suivant.

Le maréchal des logis chef remet lui-même le prêt échu aux sous-officiers et le fait payer aux hommes par les brigadiers d'escouade.

Les centimes de poche des hommes irrégulièrement absents au dernier jour du prêt sont versés à l'ordinaire. — Les hommes qui s'absentent légalement sont payés des centimes de poche et des hautes-payes jusqu'au jour de leur départ exclusivement.

VII. — Ordinaires.

On appelle *ordinaire* la réunion d'hommes qui vivent ensemble et tirent leurs vivres d'une même marmite.

En temps de paix, lorsque la batterie est réunie dans un même quartier, elle ne forme qu'un ordinaire, à moins que le nombre d'hommes présents ne soit très-élevé, auquel cas on forme un ordinaire par division.

En campagne, les ordinaires se font par escouade, et on réunit autant que possible dans le même cantonnement les hommes qui font ordinaire ensemble.

La batterie étant réunie, le capitaine désigne un brigadier apte à ces fonctions, qui, sous le nom de chef d'ordinaire, dirige le service de détails.

Le capitaine-commandant surveille l'ordinaire de sa batterie, et fait ses efforts pour l'améliorer le plus possible.

Les dépenses étant réglées sur le montant des recettes, il faut étudier celles-ci les premières.

Recettes. — Les recettes sont ordinaires ou additionnelles.

Les recettes ordinaires comprennent :

1º Le prélèvement fait journellement sur la solde.

En station, avec le pain seulement. . .   0^{fr} 30
En marche, avec le pain.   0   38
Avec les vivres de campagne.   0   18

Ces chiffres peuvent être modifiés par le colonel avec l'autorisation du général de brigade, mais en aucun cas les hommes ne doivent recevoir moins de cinq centimes par jour.

Les recettes ordinaires comprennent aussi les suppléments temporaires qui ont été accordés, par des décisions spéciales, en raison de la cherté des vivres ; notamment le supplément de huit centimes aujourd'hui commun à toute l'armée.

On comprend aussi dans les recettes ordinaires : l'indemnité représentative de la ration hygiénique d'eau-de-vie pendant les chaleurs ; la demi-journée de solde qui est allouée dans des circonstances extraordinaires.

Les produits additionnels comprennent.

Versements faits par les travailleurs en ville, 0 fr. 15 centimes par jour;

Le service des ordonnances d'officiers, 3 francs par mois;

Le cinquième de la solde des officiers aux arrêts de rigueur, ou en prison avec une sentinelle à leur porte ;

Supplément de 0 fr. 05 centimes par jour dû par les sous-officiers vivant à l'ordinaire;

Totalité des centimes de poche des brigadiers et cavaliers en prison ou à la cellule de correction, ou irrégulièrement absents au dernier jour du prêt;

40

Enfin le produit de la vente des issues provenant de l'ordinaire (os, eaux grasses, cendres, etc...).

Dépenses. — Les dépenses ne peuvent être autres que les suivantes :

Pain de soupe, légumes, épicerie, etc. Denrées nécessaires à la nourriture des hommes. (Voir la nomenclature du livret d'ordinaire.)

Part proportionnelle du prix d'achat des registres de la commission des ordinaires. (Il y a 4 registres.)

Livret d'ordinaire de la batterie.

Éclairage des chambres, balais, ingrédients pour le marquage des effets, sabots de cuisine.

Rasage, à raison de 0 fr. 10 centimes par homme et par mois. (Se paye aux hommes qui se rasent eux-mêmes.)

Ingrédients pour le nettoyage et l'entretien des armes et des différents effets. — Blanchissage du linge à raison de : une chemise, un caleçon, un mouchoir, par homme et par semaine, plus deux blouses, deux pantalons et des torchons en nombre suffisant pour l'ordinaire.

Entretien des paniers qui servent au transport de la viande ou du charbon (1).

Entretien des ustensiles de cuisine. (Ils sont fournis par la masse générale d'entretien.)

Les dépenses sont inscrites chaque jour sur le livret d'ordinaire en présence des hommes de corvée, dont les noms sont également portés sur le cahier.

Le maréchal des logis chef inscrit les recettes et fait la balance des recettes et des dépenses.

Le lieutenant qui a la direction de l'ordinaire vérifie les inscriptions, s'assure qu'elles sont régulièrement portées et signe le compte. — L'excédant de recettes, nommé *boni*, est reporté au prêt suivant. Il n'en est jamais fait décompte aux hommes.

---

(1) La première mise et le remplacement après durée légale incombent à la masse générale d'entretien. (*Décision du* 16 *novembre* 1863.)

Le maximum du boni est fixé à 0 fr. 80 centimes par homme.

L'achat, la réception, la distribution des denrées et des objets qui sont à la charge des ordinaires ne se fait point directement par chaque batterie, mais pour toute la fraction du corps stationnée dans la même garnison, par les soins d'une commission spéciale.

Cette commission est également chargée de la vente des issues.

La commission est chargée de la passation des marchés et de la réception des denrées, qui doivent satisfaire à certaines conditions stipulées à l'avance dans des cahiers des charges.

Elle livre ensuite les denrées aux batteries sur leur demande.

(Il y a deux modes de procéder : la fourniture simple et la gestion par la commission. — La comptablilité exige 4 registres :

1º Registre des marchés et conventions ;

2º Registre des distributions ;

3º Registre des recettes et dépenses (deniers) ;

4º Registre des entrées et des sorties (denrées).

Le secrétaire de la commission remet tous les cinq jours au trésorier le bordereau des sommes à payer. Les registres sont arrêtés le dernier jour de chaque mois.)

Depuis le 1er juillet 1873, la fourniture de la viande fraîche a été modifiée.

Cette fourniture ne fait plus partie des dépenses de l'ordinaire.

La viande est l'objet de marchés passés directement par l'administration supérieure.

Le taux de la ration est désormais fixé à 300 grammes remboursables au prix invariable de 0 franc 26 centimes, quels que soient les prix que paye l'administration militaire aux divers entrepreneurs.

Les capitaines-commandants signent chaque jour un bon pour la quantité de rations nécessaire. .

Ces bons sont totalisés par prêt, et le trésorier en retient le montant sur le prêt suivant.

Tous les hommes de troupe qui touchent le pain ont droit à la ration de viande. Toutefois ceux qui sont régulièrement autorisés à ne pas vivre à l'ordinaire sont libres, à la condition de prévenir cinq jours à l'avance, de prendre ou de ne pas prendre livraison de la ration. S'ils ne perçoivent pas la ration, ils touchent les 0 fr. 26 centimes par jour, mais ils n'ont pas droit dans ce cas aux suppléments accordés pour cherté des vivres.

Des facilités sont données aux corps pour la création et l'entretien de jardins potagers.

Ces jardins, qui sont évidemment une source d'économie et par suite d'amélioration de l'ordinaire, donnent lieu à une comptabilité spéciale que tient la commission.

VIII. — LIVRE DE DÉTAIL.

Les inscriptions des contrôles annuels sont portées dans les batteries au *livre de détail*. Ce livre est souvent appelé *main courante*, par suite des inscriptions journalières qui s'y font.

Il comprend, outre l'inscription des contrôles annuels, celle des comptes de la masse individuelle, de la solde et des perceptions de toute nature.

Il est divisé en dix-huit chapitres, dont chacun a un but déterminé.

Il est renouvelé chaque année au 1er janvier. Le livre de détail de l'année précédente est conservé dans la batterie jusqu'à la fin du premier trimestre de l'année courante; après ce temps, il est déposé aux archives du corps.

En tête du *livre de détail* se trouve une instruction pour sa tenue, puis la série des formules d'un grand nombre de mutations (tirées du règlement sur la solde et les revues, du 25 décembre 1837).

CHAPITRE PREMIER. — *Renseignements sur la position de la batterie pendant l'année.* — Dans une première case, on inscrit la position de la batterie au premier jour de l'année.

Les mouvements s'inscrivent ensuite successivement à mesure qu'ils s'effectuent. Différentes colonnes donnent la désignation des portions de la batterie qui ont marché ;

L'effectif en hommes et en chevaux, au jour du départ ; .

Les lieux de départ et de destination ;

Les dates de départ et d'arrivée ;

Enfin les cas de marche forcée.

Ces renseignements sont nécessaires pour établir les droits aux différentes prestations.

CHAP. II. — *Renseignements relatifs aux allocations de vivres de campagne, d'indemnités et fournitures extraordinaires.* — Les allocations extraordinaires ne se font que sur des ordres signés par l'autorité compétente.

Le chapitre II relate les jours où les allocations commencent, celui où elles cessent (s'il y a lieu), la date des ordres et la désignation de l'autorité qui a signé ces ordres.

Des colonnes sont affectées aux différentes allocations.

CHAP. III. — *Situation et mutation journalières.* — La situation est établie, chaque matin, d'après les mutations survenues pendant la journée précédente. Les mutations sont inscrites nominativement sur un recto de page. Vis-à-vis, sur le verso précédent, on porte numériquement l'effectif avec sa décomposition par grades, présents ou absents.

L'effectif et les mutations des chevaux sont portés à la droite des mutations des hommes, dans des colonnes spéciales.

CHAP. IV. — *Contrôle annuel des officiers.* — Les officiers sont inscrits par ordre de grade et de classe.

Il est affecté à chaque grade ou classe un nombre de cases triple de celui qui forme le complet.

On porte les mutations, au jour le jour, dans des cases divisées par trimestre.

CHAP. V. — *Contrôle annuel des hommes de troupe et compte courant de leur masse individuelle.* — Les hommes de troupe sont inscrits par ordre de grade et de classe et par ancienneté, sous les mêmes numéros qu'au contrôle tenu par le major. Le nombre de cases affecté à chaque grade ou classe est triple de celui formant le complet réglementaire.

Il y a quatre noms par page ouverte.

Une colonne, avec la distinction des trimestres, est affectée à l'inscription des mutations.

Le recto de la page ouverte est divisé en quatre colonnes affectées chacune à l'inscription des comptes courants de l'un des hommes dont les noms sont portés à gauche.

Les comptes comprennent des recettes et des dépenses.

La gestion de la masse individuelle faisant l'objet d'une leçon ultérieure, nous ne donnerons ici que quelques indications principales.

Recettes : première mise ; versements faits par les hommes ; prime journalière.

Dépenses : Payement de l'excédant du complet réglementaire ; prix des effets de petit équipement ; prix des réparations aux effets ou aux armes, etc.

Les comptes sont arrêtés par le capitaine-commandant, au premier jour de chaque trimestre, signés par lui et par les hommes.

On arrête aussi les comptes des hommes qui entrent en position d'absence, ou qui cessent de compter à la batterie.

S'il y a lieu à rectification après le règlement du compte, on arrête de nouveau en toutes lettres.

Lorsqu'il a été sursis à des réparations ou imputations, leur valeur estimative est inscrite sur le livret après l'arrêté provisoire.

CHAP. VI. — *Contrôle annuel des chevaux d'officiers.* — Les chevaux sont inscrits suivant l'ordre des grades ou classes des officiers, et sous les mêmes numéros qu'au contrôle général que tient le major.

Le nombre des cases est triple de celui qui forme le complet.

Différentes colonnes contiennent les numéros, noms et

signalement des chevaux, noms des propriétaires. Ces inscriptions sont exactement conformes à la matricule.

Des colonnes par trimestre sont destinées aux mutations
qui s'inscrivent jour par jour.

CHAP. VII. — *Contrôle annuel des chevaux de troupe.* —
A l'établissement du contrôle, les chevaux formant l'effectif
sont inscrits en suivant l'ordre de la matricule ; les autres le
sont à la date de leur arrivée.

Même note qu'au chapitre VI pour les mutations et la radiation.

CHAP. VIII. — *Solde de la troupe et rations diverses perçues.* — Les inscriptions de ce chapitre servent à établir, à la
fin de chaque trimestre, la balance des allocations et des perceptions pour faire ressortir les trop ou moins perçus.

Les perceptions sont inscrites avec leurs dates, et à mesure
qu'elles se font, dans des colonnes spécialement affectées à
chacune d'elles. On totalise par trimestre.

La balance s'établit lorsque le sous-intendant a vérifié les
feuilles de journées.

CHAP. IX. — *Listes des travailleurs.* — Le règlement autorise, sous certaines conditions, l'emploi des militaires
comme travailleurs à l'extérieur.

Une portion du salaire de ces hommes est versée à l'ordinaire de leur batterie (15 centimes par jour), une autre
portion est destinée à payer les hommes qui ont remplacé les
travailleurs dans leur service ; la dernière portion reste la
propriété de l'homme.

Toutefois, ces dernières portions sont retenues et versées
entre les mains du capitaine, lorsque la masse de ces hommes
n'est pas complète. Le capitaine les inscrit à mesure qu'il les
reçoit.

Les ordonnances d'officiers sont compris comme travailleurs et versent 3 fr. par mois aux ordinaires.

Ce chapitre IX fournit le moyen de vérifier le livret d'ordinaire en ce qui concerne certains services payés.

CHAP. X. — *Compte ouvert avec le magasin d'habillement*

pour les effets de la première catégorie et les galons. —
Cɴᴀᴘ. XI. — *Compte ouvert avec le magasin d'habillement
pour les effets de la deuxième catégorie et les armes. —*
Cɴᴀᴘ. XII. — *Compte ouvert avec le magasin d'habillement
pour les effets de harnachement.* — Ces trois chapitres se
tiennent d'une manière analogue et servent à établir les
comptes avec le magasin d'habillement.

Sur un verso de feuille, les distributions sont inscrites date
par date et par nature d'effet ; les réintégrations sont inscrites
sur le recto de la feuille voisine, d'après les quantités relatées
sur les bons ou bulletins de versement.

Les unes et les autres sont totalisées par trimestre.

Cɴᴀᴘ. XIII. — *Compte ouvert aux effets de casernement.*
— Cɴᴀᴘ. XIV. — *Compte ouvert aux effets de campement.* —
Les réceptions et réintégrations s'inscrivent date par date ;
elles sont balancées à l'expiration de chaque trimestre, et
lorsque tous les effets de casernement ou de campement sont
rendus au garde du génie, au préposé des lits militaires ou à
l'officier d'administration comptable. — Ces deux chapitres
doivent être en concordance avec ceux tenus par l'officier de
casernement, ou l'officier chargé du campement.

Cɴᴀᴘ. XV. — *Enregistrement des bons des effets de petit
équipement, reçus du magasin d'habillement.* — Les bons
s'inscrivent successivement par date et par nature d'effets,
avec indication de leur valeur. Ils sont totalisés le dernier
jour de chaque trimestre.

Le montant en argent est égal à celui de la colonne correspondante sur la feuille de décompte de la masse individuelle.

Remarquons que tous ces chapitres de comptes ouverts
avec le magasin d'habillement doivent être en concordance
avec les chapitres correspondants du registre des recettes et
consommations tenu par l'officier d'habillement.

Cɴᴀᴘ. XVI. — *Enregistrement sommaire des bordereaux
ou relevés et des états de répartition, pour réparations,
dégradations et autres remboursements, mis au compte des*

hommes. — Les réparations aux effets ou aux armes ne se font pas sur la demande individuelle de l'homme au chef ouvrier. On a vu que le capitaine-commandant juge s'il y a lieu d'imputer le prix des réparations aux hommes. C'est donc la battérie qui est chargée de faire faire ces réparations. Elles sont portées au chef ouvrier avec un bulletin.

Ces bulletins sont inscrits au fur et à mesure sur un bordereau d'enregistrement journalier qui se totalise à la fin de chaque trimestre, et qu'on remet à l'officier d'habillement. Le montant des réparations mises au compte de la masse individuelle est inscrit au chapitre XVI. Les autres imputations à faire s'inscrivent lorsque les états de répartition sont communiqués au capitaine-commandant.

Chap. XVII. — *Situation générale des masses individuelles après l'arrêté des comptes de chaque trimestre.* — La situation des masses est relevée sur la feuille trimestrielle de décompte; elle présente le nombre des masses au-dessus du complet, au complet, au-dessous du complet et le total de leur valeur; on en déduit les masses en débet et on établit pour chaque trimestre le taux moyen des masses de la batterie.

Chap. XVIII. — *Table des numéros d'ordre empreints sur les effets de la deuxième catégorie, sur les armes et sur les effets de harnachement, et indiquant le numéro matricule des hommes qui en sont détenteurs, ou des chevaux auxquels ils sont affectés.* — Ce chapitre se divise en trois parties, avec des colonnes particulières par nature d'effets. Les effets en service lors de l'établissement du contrôle sont inscrits dans leur ordre progressif; les autres le sont à mesure des remplacements et distributions.

A la suite du *livre de détail* sont inscrits divers chapitres, non réglementaires, ajoutés par ordre des chefs de corps, et différant selon les régiments.

Ce sont généralement :

1° État du matériel en service dans la batterie (effets de

cuisine, — effets de gymnase, — théories diverses, placards, — objets divers);

2° Versements volontaires;

3° Mandats touchés.

IX. — REGISTRE MATRICULE ET LIVRET INDIVIDUEL.

La *matricule du personnel et des effets et armes en service*, que l'on appelle simplement matricule des hommes, sert à constater l'existence des militaires et les changements qui se produisent dans cette existence. — Elle contient, en outre, la transcription de tous les renseignements que présente le registre-matricule du corps tenu par le trésorier, pour les hommes de troupe composant la batterie; l'enregistrement des effets d'habillement, de coiffure, de grand équipement, d'armement qui leur sont distribués, et l'époque des réintégrations en magasin pour les effets de première catégorie (habillement).

Ce registre-matricule se compose de feuillets individuels et mobiles, afin que ceux des hommes qui cessent d'appartenir à la batterie puissent se déplacer.

Les folios suivent les hommes dans leur nouvelle batterie ou dans leur nouveau corps. Ils sont transmis au nouveau capitaine ou au nouveau corps aussitôt après la radiation des contrôles de la batterie.

Ceux des hommes rayés des contrôles du corps, qui passent dans la disponibilité ou dans la réserve de l'armée active, sont envoyés aux commandants des dépôts de recrutement.

On remet aux archives du corps ceux des hommes qui cessent d'appartenir à l'armée, ceux des morts, désertés, disparus, prisonniers de guerre, etc.

Comme classement dans le registre, les folios sont placés par rang de numéros matricules sans distinction de grade.

Le folio matricule comprend :

1° Au recto :

La signature du major;

L'état civil du militaire et le signalement ;

L'incorporation de l'homme et le titre sous lequel il sert ;

Les rengagements pour continuation de service ;

Les hautes-payes ;

Les services avant l'incorporation et dans le corps ;

Les campagnes, blessures et actions d'éclat ;

La libération et les déductions du service s'il y a lieu ;

La radiation et ses motifs ;

Le lieu où se retire le militaire et la mention de certificat de bonne conduite.

2° Au verso :

La désignation des effets.

On appelle effets de la première catégorie les effets d'habillement proprement dit, dont la durée se décompte par trimestres.

La durée des effets de la deuxième catégorie se décompte par années, de même que les armes.

Pour les effets de première catégorie, on porte l'année et le trimestre de la mise en service, et des colonnes successives permettent d'inscrire les nouvelles distributions.

Les effets de la deuxième catégorie ont un numéro propre, qu'ils prennent pour tout le corps sur les contrôles de l'habillement, chaque effet formant une série particulière. Les séries pour les armes ne s'établissent pas par corps, mais en manufacture.

Pour les effets de deuxième catégorie, on ajoute l'année de première mise en service, la durée n'étant pas suspendue pour ces effets, par suite de réintégration en magasin.

Une dernière case donne le numéro au contrôle annuel.

Les inscriptions du recto du feuillet matricule sont conformes à la matricule du corps, celles du verso sont conformes aux registres de l'habillement.

Nous verrons en outre que les unes et les autres se reproduisent sur le livret individuel de l'homme.

Les folios à envoyer à d'autres corps, ou au dépôt de récrutement, sont certifiés par le trésorier, vérifiés par le major et visés par le conseil d'administration et le sous-intendant.

La *matricule des chevaux et des effets de harnachement* est destinée à recevoir l'extrait de la matricule du corps, les numéros des effets de harnachement qui sont affectés au cheval, le nom du cavalier auquel il appartient et des renseignements physiques sur l'état sanitaire du cheval.

Les folios sont individuels et mobiles, et se déplacent d'une manière analogue à ceux de la matricule en hommes. Ils sont certifiés, vérifiés et visés par les mêmes personnes.

Le folio porte au recto :

La signature du major ;

La date de la réception par le corps ;

Le signalement, l'origine et les mutations antérieures ;

Les effets de harnachement, indiqués par leurs numéros de série et l'année de mise en service ;

Le nom du cavalier auquel le cheval est successivement affecté.

Le verso porte comme titre général :

Renseignements sur l'état physique et sanitaire du cheval ;

Puis : numéro du registre tenu par le vétérinaire ;

Classement successif du cheval à son arrivée et aux inspections générales.

Séjour aux infirmeries. Entrées, sorties, genre de maladie.

Date et cause de la radiation des contrôles du corps.

De même que pour la matricule en hommes, les diverses inscriptions de la matricule en chevaux se retrouvent soit sur les matricules du trésorier, soit sur les registres de l'habillement, et enfin sur les registres du vétérinaire.

Chaque homme de troupe reçoit, à son arrivée au corps, un *livret* qui est signé par le major, et sur lequel son état civil, son signalement, le titre sous lequel il a été incorporé, et tous les renseignements que contient la matricule de la batterie sont transcrits exactement.

Le livret contient aussi des renseignements sur la vaccination et sur l'instruction tant primaire que militaire du cavalier ; les résultats du tir à la cible ; les mesures des divers effets de l'homme ; le nom et les numéros de son cheval et du harnachement ; la nomenclature des effets de petit équipement dont l'homme doit être pourvu ; les comptes de la masse individuelle, conformes au chapitre V du livre de détail ; les dispositions des lois et règlements dont les militaires doivent avoir incessamment le texte sous les yeux (marques extérieures de respect, code pénal).

Une dernière feuille contient l'inscription des versements faits à la caisse du comité de patronage des sociétés de secours mutuels entre les anciens militaires.

Le livret est la propriété de l'homme (le prix en est prélevé sur sa masse); il ne peut lui être retiré sous aucun prétexte, même lorsqu'il lui en est donné un nouveau, ou qu'il quitte le service. L'homme qui passe d'un corps dans un autre reçoit, à son arrivée, un nouveau livret.

Les effets et les armes qui sont distribués aux hommes et les articles de recette et de dépense de la masse sont inscrits en leur présence au livret.

Le capitaine-commandant arrête et signe les comptes de la masse sur les livrets des hommes, comme au livre de détail, au premier jour de chaque trimestre, lorsque l'homme entre en position d'absence, ou qu'il quitte la batterie.

Les hommes ne signent leur compte qu'au livre de détail et pas sur les livrets.

En campagne, il n'est fait aucun arrêté de compte sur les livrets. Les comptes du temps passé en campagne ne se font qu'avec le premier arrêté de comptes trimestriel qui suit le retour à l'intérieur.

Toutes les inscriptions du livre ayant déjà été décrites, en étudiant le livre de détail et le registre matricule, il est superflu d'y revenir ici.

X. — PERCEPTION ET DISTRIBUTION DES EFFETS ET DES ARMES.

Effets d'habillement, de grand équipement et d'armement. — Les effets d'habillement, de grand équipement et d'armement sont délivrés sur des bons nominatifs et distincts par nature d'effets.

Les hommes essayent leurs effets au magasin d'habillement, en présence du capitaine-commandant et du maréchal des logis chef, et, à son défaut, du fourrier.

Les distributions d'effets d'habillement se font en première mise ou à titre de remplacement.

Les hommes nouvellement immatriculés sont habillés et équipés à leur arrivée au corps, après la visite du médecin-major.

Les effets neufs sont donnés de préférence aux engagés volontaires, aux hommes venant d'autres corps, etc.; les effets en cours de durée, aux jeunes soldats. Les hommes qui, pour cause de réforme, sont présumés devoir être renvoyés prochainement dans leurs foyers, ne reçoivent que les effets strictement nécessaires et pris parmi ceux hors de service, autant que possible.

Le grand équipement, les armes et le harnachement ne sont remplacés qu'après la réforme prononcée. Toutefois les effets perdus ou mis hors de service sont remplacés dès que le fait est constaté.

Les effets de la première catégorie sont marqués au magasin d'habillement du numéro du trimestre et de l'année de leur distribution au moment où ils sont délivrés; on y ajoute, dans la batterie, le numéro matricule de l'homme.

Ceux qui rentrent en magasin après avoir fait une partie de leur temps de service reçoivent, en dessous de la première marque, le timbre du trimestre de la réintégration. — Lorsqu'ils sont remis en service, l'officier d'habillement fait ajouter au timbre de la nouvelle distribution le nombre de trimestres restant à faire, et on inscrit ce nombre sur le bon au moment de la distribution.

Les effets de la deuxième catégorie, ceux de harnachement, sont marqués au millésime de l'année de leur première mise en service et d'un numéro de série. Ils portent aussi le numéro et les initiales du corps.

Les armes sont marquées d'une lettre et d'un numéro de série (marque apposée en manufacture). Les corps ajoutent sur la plaque de couche la marque distinctive du régiment.

Établissement des bons, leur enregistrement. — Les bons s'établissent nominativement et portent autant de colonnes qu'il y a d'effets, en distinguant même, pour les effets de première catégorie et les galons d'or ou d'argent, ceux qui sont *neufs* ou *en cours de service.*

Chaque colonne est totalisée en conservant les mêmes distinctions. On inscrit ensuite en toutes lettres le nombre et la nature de chaque effet, et le capitaine-commandant signe.

Cette pièce porte pour titre :

Bon des effets de la première, de la deuxième catégorie et des armes nécessaires aux hommes ci-après dénommés.

Les effets de harnachement se touchent sur un bon analogue, les différents modèles de harnachement étant portés d'une manière distincte dans des colonnes particulières.

Les bons dont il vient d'être question sont présentes à l'approbation du major avant l'approbation.

L'année d'exercice et le trimestre sont indiqués en tête ; le capitaine d'habillement y ajoute un numéro.

Les mutations ou causes qui donnent lieu aux distributions sont portées dans la dernière colonne.

Au fur et à mesure des distributions, les bons sont inscrits aux chapitres spéciaux du livre de détail. Ils sont totalisés au dernier jour de chaque trimestre. Ils doivent être en concordance avec le registre des comptes ouverts avec les batteries tenu par le magasin d'habillement.

Réintégration des effets. — Bulletin de versement. — Les effets des hommes rayés des contrôles, déclarés déserteurs, envoyés en congé illimité, condamnés..., des sous-officiers promus officiers ou adjudants, des brigadiers nommés sous-officiers, des sous-officiers cassés, etc..., sont réintégrés au magasin d'habillement, qui les remet en service lorsqu'ils n'ont pas atteint le terme de leur durée légale.

On verra plus loin quels sont les effets qui, dans ces différentes conditions, doivent être laissés aux mains de leurs détenteurs.

Ces réintégrations se font sur des états nominatifs dits **Bulletins de versement**. Ce bulletin est d'un modèle analogue au bon de première mise, avec cette différence que les effets de première catégorie se distinguent en *bons* ou *hors de service*.

Ces états indiquent comme pertes les effets ou armes laissés aux hommes passés dans d'autres corps, libérés, réformés, promus, etc...

Les effets d'habillement sont laissés en principe aux sous-officiers promus adjudants ou officiers; une décision du 25 janvier détermine d'ensemble les effets d'habillement que les hommes de troupe doivent emporter ou laisser au corps dans les diverses mutations prévues (promotion, retraite, réforme, libération, semestre, changement de corps).

Tous emportent un pantalon, un képi et l'effet de 2e tenue (veste ou dolman). Dans quelques cas l'homme peut emporter le dolman de 1re tenue. Les militaires retraités quittent le corps avec la totalité de leurs effets d'habillement.

Des dispositions spéciales sont prises en campagne.

Les ceintures de flanelle et tous les effets de linge et chaussure sont conservés en toute position.

Les effets des hommes décédés aux hôpitaux ou en congé sont réintégrés à la vigilance du major, ou par les soins des intendants, sur la demande du conseil d'administration.

Les effets des hommes entrant en position éventuelle d'absence sont visités et déposés au magasin du corps, en leur présence s'il est possible, avec un inventaire signé par le capitaine-commandant.

Les dégradations aux effets ou armes et leur valeur estimative sont inscrites sur cet inventaire et transcrites sur le livret de l'homme et le livre de détail à la suite de l'arrêté provisoire du compte de l'homme. L'inventaire est remis à l'officier d'habillement et le double en est conservé par le

° TRIMESTRE.

Masse individuelle.

N°

° BATTERIE.

BULLETIN des réparations exécutées au compte de la masse individuelle par le maître [a]

NUMÉROS annuels.	NOMS.	DÉSIGNATION des effets.	DÉTAIL DES RÉPARATIONS.	PRIX.
Somme à payer après réparations :			Total. . . .	

[a] Désigner l'ouvrier.

NOTA. — Pour les réparations à faire par le maître armurier, on ouvre deux colonnes de prix, afin de distinguer les réparations au compte de l'homme et celles au compte de l'abonnement.

A   le   187

Le Capitaine-Commandant :

maréchal des logis chef. On fait le versement définitif des objets de l'homme déclaré déserteur.

Réparations. — Les réparations d'effets sont imputées aux corps pour les dégradations ou usures naturelles, et à l'État dans les cas de force majeure.

Dans les deux premiers cas, elles donnent lieu à l'établissement de bulletins nominatifs de réparation signés par le capitaine-commandant et approuvés par le major pour ceux imputables à la masse générale d'entretien.

Chaque bulletin désigne le maître ouvrier qui doit exécuter la réparation, le nom du détenteur de l'effet, l'indication sommaire de l'ouvrage à faire et le prix, conformément à un tarif déterminé.

Ces bulletins sont inscrits au fur et à mesure sur un bordereau d'enregistrement journalier relatant distinctement les prix alloués aux maîtres ouvriers pour chaque objet et par nature de réparation. On totalise ces bordereaux par trimestre.

Effets de petit équipement. — Les effets de petit équipement ne se distribuent pas de la même manière que les autres.

Ces effets, qui comprennent le linge, la chaussure, les effets de pansage, les ustensiles de propreté et divers accessoires, sont conformes à des modèles-types envoyés par le ministre, et achetés par le corps dans les limites d'un tarif *maximum*. Tous les hommes de troupe doivent être pourvus des effets compris dans la nomenclature de l'arme à laquelle ils appartiennent.

L'achat des effets de petit équipement se fait dans le corps par une commission de trois capitaines, présidée par le major (qui n'a pas voix délibérative); cette commission passe les marchés nécessaires, en n'achetant que des effets conformes aux modèles-types envoyés par le ministre, et en ne dépassant pas le prix *maximum* qu'il a fixé; elle procède aussi à la réception des effets, et les fait emmagasiner (le major et l'officier d'habillement ont voix délibérative pour la réception).

L'officier d'habillement distribue ces effets aux batteries sur des bons nominatifs, signés par les commandants de compagnie et vérifiés par le major.

Le bon indique le numéro annuel, le nom et le grade des hommes, la situation de leur masse au jour de l'établissement du bon, la désignation et la valeur des effets, le montant de la dépense à imputer à chaque homme, et les *totaux en toutes lettres* des effets à percevoir.

Les effets sont ensuite distribués dans l'intérieur de la batterie, après avoir reçu l'empreinte du numéro matricule des hommes à qui ils sont destinés.

Ces bons sont enregistrés au chapitre XV du livre de détail et totalisés par trimestre.

Armement. — Le chef de corps est responsable de la conservation et de l'entretien de l'armement; cette responsabilité est partagée entre les commandants de batterie.

Une école théorique et pratique d'entretien et de conservation des armes est placée sous la direction et la surveillance du lieutenant-colonel.

Le lieutenant d'armement tient un registre de toutes les décisions relatives à l'armement; le chef armurier signe en marge de chacune d'elles, pour constater qu'elle lui a été notifiée.

Les commandants de batterie doivent faire réapposer les marques qui cessent d'être apparentes.

Toute arme neuve arrivant dans un corps doit être démontée par le chef armurier ou ses ouvriers.

L'arme de tout homme quittant le corps ou s'en absentant est visitée par le chef armurier en présence du lieutenant d'armement, et réparée avant son dépôt, à titre définitif ou provisoire, au magasin du corps.

Les sous-officiers allant en permission ou en congé temporaire emportent leur sabre, à moins qu'ils ne soient susceptibles d'être libérés pendant leur absence.

En campagne, les hommes emportent leurs armes aux hôpitaux; ils les conservent, autant que possible, avec eux lorsqu'ils sont évacués des ambulances sur les hôpitaux.

Les armes saisies sur les déserteurs et les sabres des sous-officiers morts en congé sont remis à leurs corps, si ceux-ci sont à la portée de les faire reprendre; dans le cas contraire, ils sont versés dans le magasin d'artillerie le plus voisin.

Les dépenses incombant à l'État pour l'entretien et la conservation des armes confiées aux corps de troupe sont comptées suivant deux modes distincts : le régime de l'*abonnement* et celui de *clerc à maître*.

Dans le premier mode, il y a entre l'État et l'armurier une sorte de marché à prix ferme, au moyen duquel celui-ci entretient les armes d'après les conditions stipulées au règlement.

Dans le régime de clerc à maître, l'État conserve toutes les charges de l'entretien naturel des armes, et le chef armurier n'est payé qu'en raison du travail qu'il exécute.

Les réparations reconnues nécessaires aux armes des compagnies doivent être exécutées aussitôt que les dégradations sont constatées.

Quand l'arme est réparée, le chef armurier la présente au lieutenant d'armement, qui vérifie si la réparation est bien faite, et, dans ce cas, vise le bulletin.

Les officiers adjoints suivent entre eux un tour de semaine, pour assister le lieutenant d'armement à la visite des armes réparées.

L'article 292 du règlement du 1er mars 1854 offrira d'ailleurs une instruction complète à l'officier chargé de cette vérification.

XI. — SOLDE ET VIVRES DE CAMPAGNE.

Solde de guerre. — Aucun rassemblement de troupe ne peut jouir de la solde de guerre, ni passer du pied de guerre au pied de paix, qu'en vertu d'une décision du chef de l'État.

Les troupes formant la garnison d'une place mise en état de siége ne peuvent avoir droit à la solde de guerre, ni passer du pied de guerre au pied de paix, qu'en vertu de la décision de l'autorité compétente qui a constitué l'état de siége ou qui l'a fait cesser.

Les corps ne peuvent jouir de la solde de guerre qu'autant qu'ils font partie d'une armée ou d'un rassemblement mis sur le pied de guerre, ou de la garnison d'une place en état de siége, et seulement pour les journées de présence dans cette armée, rassemblement ou place.

En conséquence, lorsqu'ils reçoivent l'ordre de se rendre à une armée ou à un rassemblement de troupes mis sur le pied de guerre, ils ne commencent à jouir du supplément de guerre qu'à compter du jour où ils passent la frontière, si l'armée ou le rassemblement se trouve hors du territoire, et, dans le cas contraire, qu'à compter du lendemain du jour où ils sont arrivés au lieu de destination indiqué dans leurs feuilles de route.

Quand ils reçoivent l'ordre de quitter l'armée, ils cessent d'avoir droit à la solde de guerre à compter du jour où ils passent la frontière, et, si l'armée se trouve dans l'intérieur du territoire, à compter du jour de leur départ.

Solde de captivité. — Elle est due à tout officier fait prisonnier de guerre à dater du lendemain du jour où il est tombé au pouvoir de l'ennemi jusqu'au jour exclu de sa rentrée en France.

Les officiers qui sont restés au moins deux mois au pouvoir de l'ennemi reçoivent, à leur rentrée en France, une avance de deux mois de la solde de captivité de leur grade. A leur arrivée à destination, ils sont rappelés de cette solde pour tout le temps de leur captivité, sauf déduction de l'avance qui leur a été faite.

Ceux qui sont restés moins de deux mois chez l'étranger reçoivent, à leur rentrée, le payement de ce qui leur est dû pour la durée de leur captivité.

41.

Les sous-officiers, brigadiers et soldats rentrant des prisons de l'ennemi n'ont plus droit à aucune solde de captivité pendant le temps qu'ils sont restés au pouvoir de l'ennemi. Nous avons vu en effet que le décret du 15 octobre 1871 a supprimé toutes les soldes d'absence pour cette catégorie de militaires.

Lorsque les officiers ont été faits prisonniers de guerre, le ministre de la guerre peut autoriser leurs familles à recevoir la moitié de leur traitement de captivité. Ces payements ont lieu à titre d'avance et la retenue en est opérée sur le décompte de la solde des officiers lors de leur retour en France.

En cas de décès d'un officier prisonnier de guerre, si les avances reçues par sa famille jusqu'au jour où elle est officiellement informée du décès dépassent le montant du décompte de la solde de captivité, les payements effectués sont considérés comme définitifs et le trop perçu ne donne lieu à aucune reprise.

Délégations. — Les officiers embarqués pour toute autre destination que les colonies, et ceux qui font partie d'une armée employée hors du territoire, ont la faculté de déléguer en faveur de leur famille ou d'un tiers jusqu'à concurrence du *quart* de la solde du grade dont ils sont pourvus au moment de leur départ. Toutefois cette proportion peut être dépassée lorsque, sur la demande motivée des officiers, le ministre de la guerre juge convenable d'autoriser une exception.

Ceux qui veulent souscrire des délégations doivent en faire, avant leur départ, la déclaration au sous-intendant militaire de l'arrondissement.

Les officiers partis sans faire de déclaration de délégation peuvent user ensuite de cette faculté en remplissant à leur destination les formalités prescrites.

Toute délégation cesse de plein droit un mois après la rentrée du délégant dans l'intérieur du territoire.

Service des subsistances. — Le service des subsistances a pour but de fournir aux militaires de l'armée certaines prestations en nature destinées à subvenir à la nourriture des hommes.

Cette fourniture comprend : 1° le pain ; — 2° les vivres de campagne ; — 3° les liquides.

Mode d'exécution du service. — Les prestations du service des subsistances sont distribuées aux ayants-droit, soit par les manutentions de ce service, qui, après avoir reçu les denrées brutes, telles que grains, farines, etc., les délivrent manutentionnées sous la forme de pain, de biscuit, etc., soit par des entrepreneurs qui, moyennant un prix déterminé par ration, délivrent aux troupes les denrées prêtes à être consommées, surtout le pain.

On distingue donc deux sortes de marchés pour la fourniture des denrées du service des subsistances :

1° Les marchés de livraison, qui consistent dans l'achat fait par l'administration des denrées brutes, destinées à être manutentionnées avant d'être livrées à la consommation ;

2° Les marchés à la ration, dont les adjudicataires doivent fournir directement aux consommateurs les prestations allouées par le règlement.

Droits au pain. — Sur le pied de paix, le pain est dû aux sous-officiers, caporaux ou brigadiers, soldats et enfants de troupe, des corps de troupes de toutes armes (gendarmerie exceptée) en station, en route avec le corps ou en détachement, ou détenus.

Sur le pied de guerre, il est dû aux officiers, caporaux ou brigadiers, soldats ou employés militaires, ainsi qu'à tout militaire en détention.

Sur le pied de paix, le pain n'est pas dû aux hommes en congé, en semestre, en permission, à l'hôpital, marchant isolément, et aux garnisaires. Sur le pied de guerre, il n'est pas dû aux militaires nourris chez l'habitant.

Sur le pied de guerre, les vivres de campagne sont accordés à tous ceux qui ont droit au pain, et le nombre de rations de vivres accordées à chaque grade est le même que celui des rations de pain.

Droits aux liquides. — Sur le pied de paix comme sur le pied de guerre, le droit aux rations de liquides est acquis aux hommes de troupe présents sous les armes lorsque la distribution en a été ordonnée par le ministre ou les généraux commandants en chef.

Sur le pied de paix, il est habituellement accordé des rations de liquide après la revue d'honneur de l'inspecteur général, à raison d'une ration par homme présent sous les armes à cette revue.

Pendant la saison des chaleurs, il est fait aux troupes, pour assainir l'eau qu'elles boivent, des distributions de vinaigre ou d'eau-de-vie, auxquelles ont droit tous les sous-officiers, caporaux ou brigadiers, soldats et enfants de troupe présents au corps ou détenus.

Fourrages des officiers. — Les officiers perçoivent en nature, sur le pied de paix comme sur le pied de guerre, le nombre de rations de fourrage que leur alloue le règlement. Ils doivent, à cet effet, posséder effectivement le nombre de chevaux pour lesquels ils touchent des rations.

Ils n'ont droit aux fourrages sur le pied de guerre qu'à compter du jour où ils sont mis sur ce pied, jusqu'au jour exclu où ils sont remis sur le pied de paix.

Quotité des rations. — Le pain comprend, outre le pain ordinaire, dit *pain de munition,* le pain biscuité au quart, à moitié ou totalement, et le biscuit.

La ration de pain est fixée à 750 grammes par jour, soit qu'il s'agisse de pain ordinaire ou de pain biscuité; celle du biscuit est de 550 grammes.

Les vivres de campagne comprennent la viande fraîche, la viande salée, le lard, le riz, le sel et les légumes secs, le sucre et le café.

La ration de la viande fraîche, comme celle de la viande salée, est de 250 grammes; celle du lard salé n'est que de 200 grammes (1).

---

(1) Ces fixations sont celles du tableau annexé au règlement provisoire du

La ration de riz est de 30 grammes ; celle des légumes secs, pois, fèves, haricots ou lentilles, est de 60 grammes ; la ration de sel est fixée à un soixantième de kilogramme.

La ration de sucre est de 24 grammes, celle de café de 16 grammes.

Les liquides se composent de vin, de vinaigre, de bière, de cidre et d'eau-de-vie.

La ration de vin est fixée à un quart de litre, celle de vinaigre à un vingtième de litre, celle de la bière et du cidre à un demi-litre, et enfin celle de l'eau-de-vie à un seizième de litre.

Observations sur la qualité des denrées. — Le pain doit remplir certaines conditions qui dénotent qu'il est bon et qu'il peut être mis en distribution. Il doit être bien cuit, sans être brûlé, d'une couleur uniforme et légèrement dorée, la croûte bien adhérente à la mie, qui doit être semée d'une foule innombrable de petits yeux bien serrés. Le pain doit, en outre, être de forme ronde, légèrement bombé au milieu, laisser dans la bouche un goût approchant de celui de la noisette, et ne pas présenter plus de quatre baisures.

Après vingt-quatre heures, la mie du pain doit être assez élastique pour ne pas conserver l'empreinte du doigt qui l'a pressée. Le manque d'élasticité de la mie est une preuve d'un défaut dans la cuisson.

Le pain, mis en distribution, pèse habituellement 1 k. 500, et contient, par conséquent, deux rations.

Le biscuit se fabrique en galettes carrées ou rondes, du poids de 275 grammes, c'est-à-dire que deux galettes font une ration.

Viande. — La viande fraîche doit provenir le plus habituellement de bœuf ; ce n'est qu'à défaut de ce dernier que l'on donne de la vache ou du mouton, mais jamais isolément

---

26 mai 1866 sur le service des subsistances. Mais elles seront certainement modifiées, puisque la ration de viande fraîche, en temps de paix, vient d'être fixée à 300 grammes. En campagne elle ne saurait être inférieure.

et toujours de manière que la ration contienne au moins trois quarts de bœuf et un quart de vache ou de mouton.

Perception des prestations en nature. — Lorsque la troupe doit toucher des vivres en nature, les perceptions se font sur des bons spéciaux fournis par les capitaines-commandants tous les deux jours en station, tous les jours en marche. Ces bons sont totalisés par le trésorier, qui souscrit le bon général pour le corps.

Les bons s'inscrivent au chapitre viii de la main courante ou du carnet de campagne.

Ils sont distincts par nature de service : vivres pain, vivres de campagne, liquides.

Établissement des bons. — Toutes les prestations du service des subsistances sont perçues au moyen de bons établis par les capitaines commandants, et qui sont distincts selon la nature des denrées, savoir :

1º Pour le pain; 2º le biscuit; 3º le riz, les légumes, le sel, le sucre et le café; 4º la viande fraîche et la viande salée, en distinguant le bœuf du lard; 5º le vin, l'eau-de-vie et le vinaigre.

Les bons comprennent le nombre des jours pour lesquels les denrées sont distribuées, habituellement quatre jours. Les bons établis à la fin d'un mois sont pour deux ou trois jours, selon le nombre qui se trouve en excéder la division par quatre des jours dont se compose le mois.

Ces bons comprennent d'abord le nombre d'hommes présents à la batterie, et par suite le nombre de rations à recevoir. Puis, d'après les mutations survenues pendant les quatre jours précédents, et qui sont inscrites nominativement, autant que possible, au dos des bons, on augmente et l'on diminue, suivant les augmentations et diminutions survenues, de manière que le total présente exactement ce qui revient à chaque batterie.

Au moyen de ces bons partiels, le trésorier ou l'officier payeur établit le bon général du corps, qu'il signe, qu'il présente ensuite à la vérification du major chargé des contrôles,

e DIVISION MILITAIRE.

DÉPARTEMENT

PLACE d

FOURNITURES

DISTRIBUTION
du   au   18 .

NOTA.—Les bons doivent être signés par les Trésoriers et visés par les Majors, et à leur défaut, par les officiers chargés de les suppléer.

Dans les détachements qui n'ont pas de conseil d'administration, les bons doivent être signés par les commandants de ces détachements.

Les arrêtés devront toujours être en toutes lettres.

Seront rejetés les bons:
1ᵒ Qui cumuleraient des jours appartenant à plusieurs mois;
2ᵒ Qui auraient, dans les arrêtés, des ratures et surcharges qui ne seraient pas approuvées.

Vu par nous,
Sous-intendant militaire,

Enregistré sous le nᵒ

BON d

ÉTAT DE L'EFFECTIF des hommes présents au   18   , pour servir à la distribution des rations de   qui doivent être fournies pour leur subsistance, du   au même mois :

SAVOIR :

	NOMBRE d'hommes.	RATIONS POUR jours.
État-major.		
Petit État-major.		
Officiers des compagnies.		
Sous-officiers et soldats..		
TOTAL. . . .		
A ajouter par suite des mutations survenues depuis le dernier Bon.		
TOTAL. . . .		
A déduire pour les mêmes motifs..		
Reste à percevoir.		

BON pour la quantité de   rations de   pour la subsistance dudit corps, du   au   de ce mois.

A   le   18   .

Vu par le Major
chargé de la tenue des Contrôles,
Z.

Le Trésorier,
X.

puis au visa du sous-intendant militaire pour autorisation de distribution. Il conserve par-devers lui les bons partiels qui, au moment de l'établissement des feuilles de journées, lui servent de moyen de vérification pour les trop ou moins perçus.

Totalisation des bons. — Les bons généraux étant trop nombreux pour servir utilement à l'appui de la comptabilité, ils sont remplacés trimestriellement par un bon, établi en double expédition, qui les résume tous, que l'on nomme *bon de totalisation,* ou plus·ordinairement *bon total,* et qui, indiquant les dates des bons, les noms des individus qui les ont souscrits, les quantités qui ont été perçues, est souscrit par tout le conseil d'administration pour le total des rations qui y sont portées. Les bons de totalisation indiquent en outre au profit de qui, officier comptable ou entrepreneur, ils sont souscrits, cet officier comptable ou entrepreneur certifiant l'exactitude de la totalisation, qui est visée et vérifiée par le sous-intendant militaire chargé de la surveillance administrative des subsistances.

Manière dont ont lieu les distributions. — Aux heures fixées par l'ordre de l'autorité militaire supérieure, sur la proposition des fonctionnaires de l'intendance, les hommes de corvée se rendent au magasin sous la conduite du capitaine de semaine, porteur du bon général et accompagné des fourriers. Il est en outre porteur d'un état de répartition indiquant le nombre de rations qui reviennent à chaque batterie.

Le capitaine entre seul dans le magasin ; il vérifie l'état des denrées mises en distribution, fait peser le pain par masses de vingt-cinq pour s'assurer du poids, en fait ouvrir ou un plusieurs, pour vérifier s'il réunit les qualités prescrites. Le pain se délivre à la ration, par compte de cinq pains, formant dix rations.

Le biscuit, les légumes secs, le sel, la viande fraîche, la viande salée, le sucre, le café, le son, l'avoine, se distribuent au poids.

Les liquides se distribuent au moyen de mesures parfaitement vérifiées et permettant de surveiller facilement le compte, la distribution se faisant au litre, à la mesure pleine, sans mousse, les subdivisions du litre servant pour les appoints.

Lorsque plusieurs distributions ont lieu en même temps, le capitaine de semaine fait commencer celle du pain, et se fait remplacer pour les autres distributions par les officiers de semaine. Les fourriers restent à la distribution du pain, et sont suppléés pour celles qui ont lieu en même temps par les brigadiers de semaine.

Le capitaine consigne ses observations sur un registre *ad hoc*, où il inscrit son avis par les mots *bon*, *acceptable*, *non recevable*. En cas de refus pour cause de mauvaise qualité de denrées, il en informe le major et le sous-intendant militaire. Ce dernier prononce après avis, s'il y a lieu, d'une commission consultative.

Les denrées sont transportées par les hommes, à moins que le magasin ne soit à une distance de plus de deux kilomètres des quartiers, ou qu'il n'y ait un bras de mer à traverser.

Lorsque les distributions sont terminées, le capitaine en rend compte au major ou, en l'absence de ce dernier, au lieutenant-colonel.

Du chauffage. — Bien que considéré comme une annexe du service des subsistances, qui tantôt est assuré directement par l'État et tantôt par voie d'adjudication, le chauffage est, le plus ordinairement, en temps de paix, fourni aux troupes par entreprise, c'est-à-dire par voie d'adjudication.

Le combustible à employer varie selon les ressources des localités : il se compose de bois ou de charbon de terre remplissant certaines conditions de réception. On ajoute au charbon des fagots de menu bois destinés à l'allumer, et que, pour cette raison, on appelle *fagots d'allumage*.

Chauffage pour cuisson d'aliments. — Pour la cuisson

des aliments, les rations sont de deux sortes, les rations *collectives* et les rations *individuelles*.

Les rations collectives, dites d'*ordinaire*, varient en quotité selon la nature des fourneaux, qui sont à une ou deux marmites.

Les fourneaux varient également de modèles. Quant aux marmites, elles varient d'après leur contenance, qui se trouve comprise entre 65 et 75 litres; quelques-unes atteignent le chiffre de 100 litres, le litre représentant la quantité de bouillon suffisante pour un homme par repas.

Lorsque la contenance des marmites est insuffisante, on doit reverser sur un autre ordinaire les hommes qui se trouvent en excédant de cette contenance. Si cette opération est impossible, on accorde autant de rations individuelles qu'il y a d'hommes en excédant dans la limite de 8 à 10 hommes. Cette allocation est accordée, parce que toutes les fois que le nombre d'hommes est en excédant de la contenance des marmites, on retire du bouillon fait pour le remplacer par de l'eau qui, de cette manière, permet de donner à chacun la part qui lui revient, mais arrête l'ébullition.

Rations collectives. — Les rations collectives d'ordinaire sont accordées à toute troupe faisant usage de fourneaux économiques à raison, habituellement, d'une ou deux marmites par batterie, ou bien d'un plus grand nombre suivant l'effectif et la contenance. Il est de principe qu'on doit le moins possible scinder ou accoupler les batteries.

Les rations collectives sont fixées, par jour, à 25 kil. de bois ou 14 de charbon de terre par fourneau ancien modèle à une marmite; 42 kil. de bois ou 24 de charbon par fourneau ancien modèle à deux marmites; à 40 kil. de bois ou 22 de charbon pour les fourneaux à la Choumara à deux marmites, chacune de la contenance de 75 litres et au-dessous, et à 45 kil. de bois et 25 de charbon pour les mêmes fourneaux lorsque les marmites sont d'une contenance supérieure à 75 litres.

On alloue deux fagots d'allumagé par ration collective de charbon.

Prélèvement possible sur les rations. — Les troupes casernées ont droit aux rations collectives d'ordinaire à compter du jour de leur entrée en caserne.

Sur ces rations, le colonel peut ordonner un prélèvement qui ne peut excéder 2 kil. de bois ou 1 de charbon de terre par ration pour les fourneaux à une marmite, et 4 kil. de bois ou 2 de charbon de terre par ration de fourneau à deux marmites. Ce chauffage, ainsi prélevé, est destiné aux besoins de l'infirmerie régimentaire et des hommes mariés et nécessiteux.

Rations individuelles. — Les rations individuelles pour la cuisson des aliments sont accordées aux sous-officiers et autres traités comme tels, dans les corps qui font usage de fourneaux économiques, aux troupes en station logées chez l'habitant, aux troupes campées ou baraquées, aux hommes qui se trouvent en excédant de la contenance des marmites.

Chauffage d'hiver; division du territoire en trois régions. — Le chauffage pour les chambres pendant les froids de la saison rigoureuse doit varier nécessairement avec la position géographique des pays. On a partagé, à cet effet, la France en trois régions :

1° La région froide. — Dans cette région, la saison d'hiver dure cinq mois, du 1er novembre au 31 mars ;

2° La région tempérée. — Dans cette région, la saison d'hiver dure quatre mois, du 16 novembre au 15 mars inclus ;

3° La région chaude. — Dans cette région, l'hiver ne dure que trois mois, du 1er décembre au dernier jour de février.

Rations collectives. — La ration collective de chambre est fixée, par jour, à 30 kil. de bois ou 18 kil. de charbon dans la région froide, à 25 kil. de bois ou 15 kil. de charbon dans la région tempérée, à 20 kil. de bois ou 12 kil. de charbon dans la région chaude.

Chaque ration collective de charbon donne droit à trois fagots d'allumage.

Il n'y a que les troupes casernées qui aient droit aux rations collectives de chauffage des chambres; celles qui sont campées ou baraquées reçoivent les rations individuelles dont nous parlerons plus loin. Quant aux troupes logées chez l'habitant, étant en station, elles n'ont pas droit au chauffage d'hiver.

La ration collective est destinée à alimenter trois feux, dont un est entretenu dans la chambre des sous-officiers comptables, et les deux autres dans les chambres des soldats, d'après les prescriptions du chef de corps.

Rations individuelles. — Des rations individuelles de chauffage sont accordées aux troupes campées ou baraquées. Pour elles, l'hiver est censé commencer un mois plus tôt et finir un mois plus tard; ainsi, dans la région chaude, l'allocation de chauffage commence le 1er novembre pour finir le 31 mars; dans la région tempérée, elle commence le 16 octobre pour finir le 15 avril inclus; enfin, dans la région froide, elle commence le 1er octobre pour cesser le 30 avril inclus.

La ration individuelle est fixée, dans ce cas, à :

1 kil. de bois ou 0 kil. 50 de charbon dans la région chaude;

1 kil. 20 de bois ou 0 kil. 60 de charbon dans la région froide et dans la région tempérée.

Les rations individuelles de chauffage sont encore accordées aux troupes qui, non pourvues de fourneaux économiques, se chauffent à la cheminée, et pour les détachements dont la force n'excède pas trente-cinq hommes. Cette allocation a lieu pendant le même temps que les rations collectives, et la quotité en est fixée, d'après la différence des régions, à :

0 kil. 50 de bois ou 0 kil. 25 de charbon dans la région chaude;

0 kil. 70 de bois ou 0 kil. 35 de charbon dans la région tempérée;

0 kil. 80 de bois ou 0 kil. 40 de charbon dans la région froide.

La ration des sous-officiers est double de celle des soldats.

Détails sur le bon de chauffage établi par le trésorier. — Les distributions de chauffage aux troupes se font, comme toutes les autres prestations en nature, sur des bons souscrits par le trésorier au nom du corps, mais avec cette différence qu'il n'est pas fourni de bons partiels par les commandants de batterie, pour établir le bon général du corps.

Le bon de chauffage établi par le trésorier est assez compliqué, par suite du modèle uniforme adopté pour parer à tous les cas que peut présenter le service du chauffage. Il se se divise, en outre, en trois parties bien distinctes : l'une pour le chauffage nécessaire à la cuisson des aliments, la seconde pour le chauffage des chambres, la troisième pour la conversion des rations en quintaux métriques de combustible.

Des distributions. — Les bons sont établis habituellement pour quatre ou cinq jours (1). Ce bon, vérifié par le major, visé et enregistré par le sous-intendant militaire, est remis au capitaine de semaine avec un état indiquant la quantité de combustible revenant à chaque partie prenante et la destination de ce combustible.

Le capitaine de semaine se rend ensuite au magasin, vérifie la qualité du combustible, s'assure qu'il remplit les conditions du cahier des charges, et fait faire la distribution.

Si le combustible fourni par l'entrepreneur ne réunit pas les qualités voulues, le capitaine suspend la distribution et informe le major. Celui-ci prévient le sous-intendant militaire qui prononce.

Le bois est porté à bras, à moins que le lieu de la distribu-

---

(1) Quand le combustible est du charbon, on ajoute le nombre de fagots d'allumage.

tion ne soit à une distance de plus de 2 kilomètres des quartiers, ou qu'il n'y ait un bras de mer à traverser.

Le capitaine inscrit son avis sur le registre *ad hoc*.

Tous les trois mois, les bons souscrits par le trésorier sont totalisés en un seul bon établi en double expédition par l'entrepreneur, vérifié par le sous-intendant militaire et souscrit par le conseil d'administration. Les bons établis par le trésorier sont annulés et conservés par le sous-intendant.

XII. — DÉGRADATIONS ET RÉPARATIONS MISES A LA CHARGE DU SOLDAT.

Le prix de réparation des effets ou armes dont la dégradation provient de la faute des hommes est imputé sur leur masse individuelle. Ce prix est payé aux ouvriers, ou versé au Trésor, en ce qui concerne les dégradations aux armes, lorsque celles-ci doivent être réparées dans les établissements de l'artillerie.

Les commandants de batterie jugent directement, ou après avoir pris l'avis des officiers sous leurs ordres, sauf le recours des parties intéressées au major, et subsidiairement au conseil d'administration, si, en raison de la cause manifeste ou apparente des dégradations faites aux effets ou aux armes, le prix des réparations nécessaires doit être mis à la charge des hommes qui en sont détenteurs.

Les règles données précédemment (art. x), en ce qui concerne les réparations imputées au corps, sont applicables pour les réparations imputées aux hommes.

Le montant des pertes et dégradations d'effets de casernement, de campement ou d'hôpital, et des dégradations dans les bâtiments de l'État ou chez l'habitant, imputables aux hommes de troupe, est payé aux ayants-droit ou versé au Trésor, selon le cas, au moyen d'un prélèvement sur les fonds de la masse individuelle.

Les retenues à opérer pour couvrir ce fonds de la somme dont il a fait l'avance, s'effectuent par l'inscription de la part

TRIMESTRE 187

• BATTERIE.

N°

Bulletin d'imputation (a) *sur la masse individuelle de la valeur des effets ou armes perdus ou mis hors de service par la faute de l'homme qui en était détenteur.*

NUMÉRO annuel.	NOM ET GRADE.	NOMBRE et désignation des effets ou armes perdues ou mis hors de service.	NUMÉROS des effets ou armes au contrôle général.	DURÉE légale des effets.	DURÉE RESTANT A FAIRE		VALEUR de chaque effet neuf ou de l'arme.	VALEUR de l'arme ou décompte de la moins-value.	OBSERVATIONS.
					NOMBRE de trimestres.	NOMBRE d'années.			

Certifié par nous le présent bulletin pour servir à l'imputation sur la masse individuelle
de la somme de :

Le Capitaine,

à   le   187

Le Capitaine d'habillement,

(a) Ou de moins-value.

Le Conseil d'administration, considérant qu'il résulte des informations qu'il a prises, que l'effet désigné d'autre part a été mis hors de service dans la circonstance ci-après relatée
est d'avis que le montant du décompte porté au présent bulletin doit être imputé sur la masse individuelle de l'homme qui y est dénommé.

A   le   187

LES MEMBRES DU CONSEIL D'ADMINISTRATION,

Le Major,   le Trésorier,   le Capitaine d'habillement,   le Capitaine,   le Chef d'escadron,   le Lieutenant-Colonel,   le Colonel-Président.

Le sous-intendant militaire, vu l'avis du Conseil, et attendu que les motifs sur lesquels cet avis est fondé témoignent que la mise hors de service de l'effet dont le dénommé d'autre part était détenteur, provient manifestement de sa faute, approuve que l'imputation de la moins-value constatée par le présent bulletin soit opérée sur sa masse individuelle.

A   le   187

contributive de chaque homme à son compte courant, d'après l'état que l'officier chargé du casernement a dressé pour en régler la répartition entre les batteries, et qui est communiqué aux capitaines après avoir été revêtu du visa du major.

Lorsque les pertes ou dégradations ont été commises par des hommes qui entrent dans une position d'absence ou qui cessent d'appartenir à la batterie, l'officier de casernement, et, à son défaut, le capitaine, en dresse lui-même une note appréciative, qui, après avoir été revêtue de l'approbation du major, sert de base aux inscriptions à faire aux comptes courants des débiteurs.

Le prix intégral des armes et la moins-value des effets et des instruments de musique, qui sont perdus ou qui sont reconnus hors de service par la faute des hommes, sont imputés sur leur masse individuelle.

Le montant de la perte ou de la moins-value est constaté par un *bulletin* établi par le capitaine, certifié par lui et par l'officier d'habillement, revêtu de l'avis du conseil sur la justice de l'imputation, et approuvé par le sous-intendant militaire.

Ces dispositions sont communes aux effets que les hommes venant d'un autre corps ne peuvent représenter à leur arrivée, ou qui sont reconnus hors de service, bien qu'ils n'aient pas accompli leur durée réglementaire.

XIII. — MASSES INDIVIDUELLES.

On a vu précédemment que les capitaines-commandants doivent veiller avec la plus grande sollicitude à ne point laisser obérer les masses individuelles.

La **masse individuelle** est allouée à tout homme de troupe ; elle a pour objet de pourvoir et d'entretenir les hommes des effets de petit équipement réglementaires ; elle solde les réparations aux effets de toute nature, dégradations ou dégâts.

42

Elle rembourse les avances qui ont pu être faites aux hommes voyageant isolément.

La masse est la propriété de l'homme et le suit dans toutes les positions ; elle lui est payée lors de sa libération ou au moment de sa nomination d'officier ; dans certains cas, le fonds en est acquis à l'État.

La masse s'alimente principalement par **la première mise, la prime journalière d'entretien.**

La **première mise** varie suivant l'arme (1) ; elle est allouée à tout homme nouvellement incorporé.

Sont considérés comme tels : les jeunes soldats, les engagés volontaires, les hommes rentrant des prisons de l'ennemi, les déserteurs amnistiés après avoir été rayés des contrôles annuels, les hommes sortant des équipages de la marine.

L'homme de recrue qui, en arrivant au corps, paraît susceptible de réforme, ne reçoit qu'une première mise provisoire de 12 francs, — sauf à recevoir plus tard le complément, s'il est maintenu.

Il est alloué un supplément de première mise aux hommes qui passent de l'infanterie dans la cavalerie, et réciproquement ; aux hommes de la seconde portion du contingent, appelés à l'activité ; aux sous-officiers promus adjudants, etc.

La prime journalière d'entretien est allouée à tous les hommes de troupes présents au corps ou détachés dans un autre, pour toutes les journées de présence (à dater du lendemain s'ils ont voyagé, du jour même s'ils sont incorporés dans le lieu de leur résidence).

La prime journalière est de 10 centimes pour les hommes non montés, et de 14 centimes pour les hommes montés et les conducteurs.

Recettes. — Les recettes de la masse, au point de vue de la comptabilité générale des corps, comprennent :

---

(1) Elle est ainsi tarifée pour l'artillerie :
Hommes montés y compris les bourreliers. .	74 fr.
Hommes non montés.	49
Canonniers, conducteurs et soldats du train.	75

Les sommes perçues à titre de première mise, complément, supplément et prime journalière ;

Les versements volontaires faits par les hommes qui veulent améliorer leur masse. Ces versements sont faits entre les mains du capitaine-commandant qui, à la fin du mois, les dépose dans la caisse du trésorier.

On compte aussi comme recette :

Les masses apportées par des hommes venus d'autres corps ;

Les versements faits par la masse d'entretien pour compenser le débet des hommes morts, désertés, disparus, etc.;

Enfin, la valeur des effets de petit équipement, détruits comme ayant servi à des chevaux atteints de maladies contagieuses. (Remboursement fait par la masse d'entretien.)

Dépenses. — Les dépenses comprennent :

L'achat des effets de petit équipement, les réparations ou imputations ;

Le payement de l'excédant du complet réglementaire ;

L'avoir des hommes rayés quittant le service, ou promus adjudants ou officiers ;

L'avoir des hommes qui passent à d'autres corps ;

Le versement à la masse d'entretien de l'avoir des hommes morts, désertés, etc.

Ces différentes recettes ou dépenses, qui s'appliquent à l'ensemble de la masse individuelle du corps, sont récapitulées trimestriellement dans des feuilles de décompte par les capitaines-commandants, comme il sera dit dans la treizième leçon.

En ce qui concerne les hommes eux-mêmes, les recettes comprennent :

Les premières mises et la prime d'entretien ; les versements volontaires et les remboursements faits par la masse d'entretien pour les effets de pansage ayant servi à des chevaux atteints de maladie contagieuse.

Les dépenses comprennent :

L'achat des effets, les réparations ou imputations; le remboursement des avances en route aux isolés.

Avoir. — *Débet.* — *Complet de masse.* — Les allocations faites pour alimenter la masse sont supposées suffire habituellement aux besoins de l'homme de troupe.

La somme non dépensée se nomme **Avoir**. On appelle **Débet** la somme dépensée en sus des allocations faites.

Le règlement a fixé, suivant les différentes armes, une somme qu'on appelle le **complet de la masse** (artillerie : 40 francs pour les hommes non montés; 55 francs pour les autres); l'excédant de recettes au-delà du complet est payé à l'homme lors du règlement des comptes trimestriels.

Comptes courants. — Étudions maintenant comment se tiennent les comptes courants de la masse individdelle sur le livre de détails et sur les livrets des hommes.

Recettes. — La première mise ou le supplément s'inscrivent au moment de l'incorporation ou de la mutation.

L'avoir à la masse des hommes venus d'autres corps est inscrit lorsque la situation de masse est envoyée par l'ancien corps au nouveau.

Le produit de la prime journalière s'inscrit au dernier jour du trimestre pour toutes les journées acquises pendant le trimestre précédent. Pour les hommes rayés des contrôles ou entrant en position d'absence, l'inscription de la prime se fait au moment où la mutation est portée au contrôle annuel.

Les versements volontaires s'inscrivent au moment du versement entre les mains du capitaine-commandant.

Pour les hommes veuus d'autres corps, rentrés après une première radiation, la masse se porte au moment de l'inscription des hommes au contrôle annuel.

Pour les effets de pansage détruits, le décompte en est fait par le capitaine, vérifié par le major et porté ensuite en recette.

Dépenses. — L'excédant du complet, l'avoir à la masse des libérés, des sous-officiers promus adjudants ou sous-lieutenants, s'inscrivent au moment où le payement est fait aux hommes.

Le débet d'hommes venus d'autres corps ou rentrant après radiation, se porte au moment de l'inscription des hommes au contrôle annuel;

Le prix des effets de petit équipement fournis, au moment où les hommes les touchent;

Le prix des réparations aux effets ou armes, lorsque le capitaine-commandant signe le bulletin de réparation;

Le montant des pertes ou dégradations au casernement, etc., dès que l'état de répartition dressé par l'officier de casernement est communiqué au capitaine, ou au moment de la mutation, si l'homme part.

Les mandats d'avances, qui peuvent être délivrés aux hommes voyageant isolément, sont inscrits sur la feuille de route ou donnent lieu à l'envoi d'un avis au corps : le capitaine-commandant porte ces mandats au compte courant dès qu'il en a connaissance. (Les mandats dont il est question ici sont indépendants des indemnités de route.)

Les moins-values d'effets ou armes, lorsque le sous-intendant a donné son approbation au bulletin d'imputation et que le capitaine en est informé.

On a vu que les comptes sont arrêtés trimestriellement, ou lorsque l'homme entre en position d'absence ou cesse d'appartenir à l'escadron.

Les comptes sont signés par le capitaine et par les hommes.

Les inscriptions aux livrets individuels se font aux mêmes époques que celles du livre de détail et en présence des hommes. Les livrets sont signés par le capitaine-commandant.

En campagne, les livrets ne sont pas arrêtés.

Payement de l'avoir aux hommes libérés, réformés, retraités. — Les hommes libérés, retraités ou réformés, doivent toucher leur masse au moment de leur départ; l'arrêté de compte, au lieu de porter : « *Restant en avoir* », porte la mention : « *Payé comptant* ».

42.

XIV. — FEUILLES DE JOURNÉES.

Règlement des comptes trimestriels. — On a vu précédemment que les comptes de la masse sont arrêtés trimestriellement sur le livre de détail et sur les livrets individuels; le capitaine-commandant doit en outre régler avec le conseil d'administration, représenté par le capitaine-trésorier, pour la solde, la masse individuelle et les rations, et par le capitaine d'habillement pour les effets d'habillement, d'équipement, l'armement et le campement.

Feuille de journées des officiers et des hommes de troupe. — Les comptes du service de la solde (trésorier) s'établissent au moyen des **feuilles de journées.**

Ainsi, la feuille de journées a pour objet de constater d'une manière précise, et pour un trimestre, les droits des officiers ou hommes de troupe composant la batterie aux différentes allocations du service de la solde : solde, masse, vivres, chauffage et fourrage.

Ces droits sont récapitulés par grade et par classe, de manière à établir le décompte de ce qui revient à la batterie, argent ou rations.

Les feuilles de journées ont donc pour base les contrôles annuels.

La feuille de journées se compose de sept tableaux, dont les cinq premiers sont établis en partie et certifiés par le capitaine, puis vérifiés par le major; les deux derniers sont dressés par le trésorier, qui complète aussi les premiers.

La feuille du peloton hors rang comprend quatre tableaux supplémentaires qui sont établis par le trésorier pour l'ensemble du corps.

Chaque batterie établit une feuille particulière pour les chevaux.

C'est à ces feuilles de journées que se joignent les pièces justificatives. (§ I : Principes généraux.)

Les feuilles servent à la confection des revues générales de liquidation, qu'établit le sous-intendant chargé de la surveillance administrative.

TABLEAU Nº 1. — *Renseignements sur les mouvements de la portion de corps et sur les traitements extraordinaires auxquels elle a eu droit pendant le trimestre.* — Ce premier tableau est rempli par le trésorier; il doit évidemment concorder avec les chapitres I et II du livre de détail.

TABLEAU Nº 2. — *Officiers.* — Les noms, prénoms, mutations, et par suite les gains et pertes en officiers, y sont portés conformément au chapitre IV du livre de détail. On en déduit le nombre de journées dans les différentes positions, le nombre de rations, et enfin le nombre de gratifications ou indemnités spéciales auxquelles les officiers peuvent prétendre.

(On consultera, pour ce tableau comme pour les suivants, les « notes à consulter » placées en tête de la feuille.)

TABLEAU Nº 3. — *Sous-officiers, brigadiers, cavaliers et enfants de troupe.* — Il contient pour ces derniers des renseignements analogues à ceux qu'on a fournis dans le tableau nº 2 pour les officiers. C'est le chapitre V du livre de détail qui fournit ces renseignements.

Le capitaine inscrit les noms, prénoms, grades, mutations, les mouvements de l'effectif en gains et pertes, et la comparaison de l'effectif actuel à celui de la revue précédente.

Les noms sont inscrits par catégories de grades et de classes.

Les colonnes suivantes, remplies par le trésorier, font ressortir le nombre de journées de solde et d'accessoires de solde; les allocations de première mise, supplément, complément ou prime journalière d'entretien de la masse, individuelle; enfin le nombre des rations.

Les hommes promus à un nouveau grade ou classe dans la batterie sont portés avec ceux de leur ancien grade jusqu'au jour exclu de leur réception, et depuis cette époque avec ceux de leur nouveau grade ou classe.

Si des hommes passent à une autre batterie, ils sont portés jusqu'au jour exclu de leur départ de la batterie.

Le militaire décédé est porté jusqu'au jour inclus de son décès.

Tableau N° 4. — *Gains et pertes et balance de l'effectif.* — Les gains et pertes se relèvent sur les tableaux 2 et 3. Gains et pertes se classent en absolus et relatifs.

Les gains absolus sont des militaires qui n'appartenaient point au corps. Les gains relatifs comprennent les hommes qui, pour un motif quelconque, viennent d'une autre fraction du corps, ou qui changent de grade ou de classe dans la même batterie.

Les pertes sont absolues ou relatives par des motifs analogues.

Tableau N° 5. — *Composition et situation de l'effectif.* — Ce tableau se relève également sur les tableaux 2 et 3.

A la suite de ce tableau la feuille est certifiée par le capitaine-commandant pour l'effectif et les mutations, et vérifiée par le major, qui la compare au contrôle général du corps.

Tableau N° 6. — *Récapitulation des journées et des nombres, et décompte des allocations en deniers.* — Ce tableau, dressé par le trésorier, sert à établir d'après le nombre de journées le décompte des allocations que le corps perçoit au titre de la batterie.

Il se divise en quatre parties : 1° *officiers;* 2° *sous-officiers et troupe;* 3° *abonnements;* 4° *gratifications et indemnités extraordinaires résultant du pied de guerre.*

On fait les totaux par nature d'allocation et un total général.

Les première et quatrième parties, qui concernent les officiers, se relèvent sur le tableau n° 2; les deuxième et troisième parties se relèvent sur le tableau n° 3.

Le total en argent de la deuxième partie sera ultérieurement comparé aux feuilles de prêt de la batterie, pour faire ressortir les plus ou moins perçus.

Dans la troisième partie, qui contient les abonnements, et entre autres les allocations de la masse, on recherchera les sommes à porter sur la feuille qui sert à établir les comptes de la masse individuelle et qu'on appelle feuille de décompte. (Voir le § XIII.)

TABLEAU Nº 7. — *Fournitures en nature.* — Il donne, comme l'indique le sous-titre, la récapitulation des totaux portés aux tableaux 2 et 3 en ce qui concerne les fournitures en nature, telles que vivres et chauffage.

Le trésorier dresse les deux derniers tableaux et fait les décomptes pour tous. Il certifie ensuite la feuille, qui sera transmise à la vérification du sous-intendant.

Lorsqu'un corps ou un détachement de troupe est mobilisé pour faire partie d'une armée active, on fait une coupure à dater du jour où commencent les allocations du pied de guerre, c'est-à-dire qu'on fait une feuille spéciale pour les journées sur le pied de paix, et une autre feuille pour les journées passées à l'armée.

Feuille de journées des chevaux. — Les feuilles de journées des chevaux s'établissent suivant les mêmes principes.

Elles comprennent six tableaux :

TABLEAU Nº 1. — *Renseignements sur les mouvements des chevaux et sur la nature des fournitures qui ont été faites pendant le trimestre.* — Dans ce tableau on relate les routes faites, les différentes fournitures de fourrages, les suppléments et le vert, avec les époques où ont commencé ou fini les allocations.

TABLEAU Nº 2. — *Chevaux d'officiers.*

TABLEAU Nº 3. — *Chevaux de troupe.* — Les chevaux y sont portés suivant l'ordre du contrôle annuel avec les mutations survenues, les gains et les pertes, enfin le nombre de journées représentant un nombre égal des différentes rations de fourrages qui ont pu être perçues.

TABLEAU Nº 4. — *Gains et pertes, et balance de l'effectif.* — Gains et pertes sont absolus ou relatifs comme pour les hommes.

A la suite de ce tableau le capitaine-commandant certifie l'effectif et les mutations.

TABLEAU Nº 5. — *Composition et situation de l'effectif.*

— Ce tableau, qui découle du précédent, est également dressé par la batterie.

Le major vérifie la feuille et la certifie conforme au contrôle du corps.

TABLEAU N° 6. — *Récapitulation des rations de fourrage en nombre égal à celui des journées.* — Ce tableau se relève sur les tableaux 2 et 3.

On y fait ressortir, dans une case spéciale, le nombre de journées donnant droit aux allocations de la masse d'entretien du harnachement et ferrage (1). Ce nombre est égal à celui des journées de fourrage.

Après ce sixième tableau, la feuille est certifiée par le trésorier et présentée ensuite à la vérification du sous-intendant chargé de la surveillance administrative du corps.

État comparatif. — Lorsque la feuille de journées est vérifiée, le capitaine-commandant dresse un **état comparatif** des sommes qu'il a perçues pour le prêt pendant le trimestre et de celles dont sa feuille de journées constate l'allocation pour les hommes de troupe, à titre de solde et d'accessoires de solde.

C'est au moyen de cet état comparatif qu'on établit le plus ou moins perçu, qui se règle immédiatement entre le capitaine-commandant et le trésorier.

Feuille de décompte. — On a vu comment la masse individuelle était gérée par le capitaine-commandant.

Cette gestion est résumée trimestriellement dans une **feuille de décompte** dont l'objet est de constater les recettes et les dépenses qui ont eu lieu pendant le trimestre.

Les comptes s'établissent nominativement et donnent pour chaque homme :

---

(1) Une masse particulière est chargée de pourvoir aux dépenses du harnachement et du ferrage. Sans entrer dans le détail de la gestion de cette masse, nous dirons que l'entretien des effets de harnachement donne lieu à des marchés passés par le conseil d'administration avec le maître sellier et le chef armurier. La ferrure donne lieu à d'autres marchés d'abonnement passés avec les maréchaux. Ceux-ci sont payés mensuellement sur des états certifiés par les capitaines-commandants.

Le numéro annuel, le nom et le grade ; les causes d'inscription ou de radiation sur les contrôles : le nombre de journées de prime d'entretien allouées par la feuille de journées;

Les recettes pendant le trimestre;

Les dépenses pendant le même temps ;

La situation de la masse au dernier jour du trimestre ou au moment de la radiation des contrôles de l'escadron.

Lorsque le trésorier a clos la feuille de journées, il la communique au capitaine-commandant, qui y relève (tabl. n° 6, 3e partie) les allocations de la masse : première mise, prime journalière, etc., pour les porter sur la feuille de décompte.

La situation de masse de chaque homme est relevée sur la feuille de décompte du précédent trimestre : si elle constitue un avoir, elle est portée aux recettes ; si la masse est en débet, on l'inscrit au contraire à l'article dépenses.

Les recettes et les dépenses de la masse, telles qu'elles ont été étudiées plus haut, doivent figurer sur la feuille de décompte. Ces chiffres sont d'accord soit avec les feuilles de journées et les comptes établis par le trésorier, soit avec les comptes de l'habillement, soit avec ceux de l'officier de casernement, soit enfin avec les feuilles de décompte des autres batteries, pour les hommes passés à ces batteries ou qui en sont venus.

La dernière division principale de la feuille porte pour titre : **Situation de la masse**. Elle fait ressortir l'avoir, le débet ou l'excédant du complet au premier jour du trimestre suivant, pour les hommes présents ou absents comptant à l'effectif; — puis l'avoir ou le débet au jour de la radiation des contrôles, pour les hommes passés à d'autres batteries ou à d'autres corps, qui ont quitté le service, ou sont compris parmi les morts, désertés, disparus, prisonniers de guerre, retraités ou réformés.

Ces dernières inscriptions ne sont qu'un renseignement fourni par le capitaine-commandant pour mettre l'administration du corps à portée de faire ou de vérifier les opérations d'ordre, les mouvements de fonds ou les virements occasionnés par les mutations qu'on vient de voir.

Toutes ces colonnes sont totalisées; après quoi le capitaine-commandant certifie :

1° Le montant des recettes, auquel il convient d'ajouter le débet des hommes rayés des contrôles ;

2° Le montant des dépenses, en y ajoutant l'avoir des hommes rayés.

D'où il conclut **l'avoir net de la masse**, au premier jour du trimestre suivant.

Il fait la balance de l'avoir et du débet des hommes comptant à l'effectif, laquelle balance reproduit une somme égale à l'avoir net.

Pour les batteries en campagne, la feuille est certifiée par le chef du bureau spécial de comptabilité.

La feuille de décompte est vérifiée par le trésorier et visée par le major.

Pour terminer l'étude des règlements de comptes à établir à la fin de chaque trimestre, nous rappellerons ici que les comptes ouverts avec le magasin d'habillement pour les effets de la première catégorie et les galons, pour les effets de la deuxième catégorie et les armes, pour les effets de harnachement, et enfin l'enregistrement des bons d'effets (chapitres X, XI, XII et XV du livre de détail), sont totalisés en fin de trimestre et comparés avec les registres tenus par l'officier d'habillement.

Les effets de campement (chapitre XIV) sont l'objet de situations mensuelles.

Le capitaine-commandant doit toujours être en mesure de fournir l'inventaire des objets existants dans sa batterie. Cet inventaire s'établit notamment au 31 décembre de chaque année, afin d'aider au recensement général des matières et objets de toute nature existants dans le corps, que dresse l'officier d'habillement et que le conseil d'administration fait parvenir au ministère avec l'évaluation en deniers.

XV. — CARNET DE COMPTABILITÉ EN CAMPAGNE.

Les corps en campagne ne peuvent être astreints à emporter avec eux et à tenir tous les registres qui viennent d'être étudiés.

L'immatriculation et la radiation nécessitent les mêmes écritures, il faut donc emporter les matricules.

L'intérêt de la discipline exige qu'on emporte le registre des punitions.

Le livre de détail, le livre de la dotation, sont laissés au dépôt où ils sont tenus par les soins d'un bureau spécial de comptabilité.

Le livre de détail est remplacé par un **carnet de comptabilité** qui se renouvelle tous les trois mois. Ce même carnet porte la mention des hautes payes de rengagement et dispense ainsi d'emporter le registre de la dotation (1).

Le carnet de campagne ne contient que douze chapitres :

CHAPITRE Ier. — *Renseignements sur les diverses positions de la batterie.* — Les mouvements s'inscrivent par l'ordre de date ; les premiers et derniers carnets relatent le jour du passage de la frontière, au départ comme à la rentrée.

CHAP. II. — *Renseignements relatifs aux allocations de vivres de campagne, d'indemnités et de fournitures extraordinaires.* — Ce chapitre se tient de la même façon que le chapitre II du livre de détail, avec cette seule différence qu'on n'ouvre pas de colonne spéciale pour chaque nature d'allocation, mais qu'on les porte toutes ensemble à mesure qu'elles se produisent.

CHAP. III. — *Situation et mutations journalières.* — La situation est établie chaque matin. Les mutations se portent sommairement au moyen des numéros annuels seulement.

Le capitaine-commandant peut totaliser ce chapitre comme vérification des perceptions en deniers et en nature.

---

(1) Le service de la dotation de l'armée cessera le 1er avril 1875.

Chap. IV. — *Contrôle des officiers.* — Comme au livre de détail.

Chap. V. — *Contrôle des hommes par grade, avec indication des dépenses au compte de la masse individuelle.* — Ce chapitre contient le contrôle de la batterie par grade et par rang d'ancienneté, l'indication des hommes ayant droit aux hautes payes de chevrons ou de rengagement; les mutations; enfin les recettes éventuelles ou dépenses de la masse individuelle inscrites très-sommairement.

Les hommes sont inscrits sous les mêmes numéros qu'au contrôle général, tenu par le major. Ceux qui cessent de faire partie de la batterie, du jour du départ à celui du passage de la frontière, sont rayés.

On laisse en blanc un nombre de cases égal à la moitié du complet pour les grades, au quart pour les emplois.

Les mutations sont inscrites très-succinctement chaque jour. En inscrivant les effets de petit équipement imputables à la masse individuelle, on mentionne la lettre correspondante à la date des bons. (Chap. X.)

Chap. VI. — *Contrôle des chevaux.* — On distingue les chevaux d'officiers, chevaux de selle, chevaux de trait ou de bât. On laisse en blanc, après chaque catégorie, un nombre de cases égal à la moitié du complet d'organisation.

Chap. VII. — *Solde de la troupe et prestations diverses en deniers.* — Les prestations se totalisent à la fin de chaque trimestre. Une colonne spéciale indique pour mémoire le chiffre des rappels de solde d'hôpital et de chevrons. Ce total sert à l'établissement du décompte comparatif à la fin du chapitre III.

Chap. VIII. — *Prestations diverses en nature.* — Elles s'inscrivent à mesure des perceptions.

Chap. IX. — *Compte ouvert aux effets de campement.* — Les distributions, réintégrations ou pertes s'inscrivent à mesure, conformément aux bons, bulletins de versement, ou procès-verbaux de perte. On fait la balance à la fin du trimestre.

CHAP. X. — *Enregistrement des bons d'effets distribués au compte de la masse individuelle.* — Les bons s'inscrivent sommairement par ordre de date et par nature d'effets, sans décompte. On les timbre d'une lettre alphabétique qui se reproduit aux inscriptions correspondantes au chapitre V, et sert par conséquent de renvoi. On totalise en fin de trimestre.

Le décompte du prix des effets est établi sur les bons par l'officier d'habillement.

CHAP. XI. — *Enregistrement sommaire des bulletins et des états pour dégradations, réparations et autres remboursements mis au compte des hommes.* — L'inscription du montant des réparations et du montant des moins-values se fait au fur et à mesure de la remise des états à l'officier d'habillement. On totalise à la fin du trimestre.

CHAP. XII. — *Enregistrement des pertes de toute espèce par cas de force majeure survenues pendant le trimestre.* On y inscrit, à mesure et sans lacune, les procès-verbaux qui contiennent succinctement le numéro matricule et le nom de l'homme, l'indication de l'effet perdu, les causes de perte.

Chaque procès-verbal est immédiatement signé par le capitaine-commandant, le fonctionnaire major et le sous-intendant.

Pour les effets de petit équipement, on met l'estimation de la valeur au moment de la perte.

Les états de mutations sont envoyés dans les dix jours au conseil d'administration central.

A la fin du trimestre et dans les cinq jours qui suivent, les capitaines-commandants, après avoir certifié et signé tous les chapitres, adressent leur carnet au fonctionnaire major; celui-ci les fait collationner en ce qui les concerne par les officiers payeur et d'habillement et les fait ensuite parvenir au conseil d'administration central.

XVI. — ADMINISTRATION D'UN DÉTACHEMENT EN CAMPAGNE.

Au moment où les troupes reçoivent l'ordre d'entrer en cam-

pagne, il est formé au dépôt de chaque corps un bureau spécial pour l'établissement des comptes des batteries qui se sé--
parent de la portion centrale; mais ce bureau n'entre en fonctions qu'après la réception au dépôt des premiers carnets trimestriels.

Le bureau spécial de comptabilité est composé de la manière
suivante : un officier (autre que les officiers comptables et
leurs adjoints), chef; — un sous-officier, premier secrétaire;
— un secrétaire pour trois batteries.

L'officier chef du bureau spécial de comptabilité est substitué aux commandants de batteries sur le pied de guerre, pour
tout ce qui concerne l'établissement des feuilles de journées,
des feuilles de décompte de la masse individuelle et autres documents de comptabilité.

Dès la réception par le conseil d'administration central des
carnets de comptabilité des batteries en campagne, le major
les vérifie avec ses contrôles et les remet à l'officier chef du
bureau spécial, après les avoir rectifiés, s'il y a lieu, en ce qui
concerne l'effectif et les mutations. Il lui fait remettre en
même temps, par le trésorier et l'officier d'habillement, les
bons d'effets au compte de la masse individuelle, les bulletins
de réparations, et en général toutes les pièces de recettes et de
dépenses relatives à cette masse.

A l'aide de ces documents, le chef du bureau spécial procède immédiatement à l'établissement des feuilles de journées,
des feuilles de décompte de la masse individuelle, ainsi qu'à
la mise à jour des livres de détail. Les bons d'effets de petit
équipement et les diverses pièces de recettes et de dépenses
sont ensuite réintégrés dans les archives du trésorier et de
l'officier d'habillement; les carnets sont déposés dans les archives du corps.

Les décomptes des prestations en deniers et en nature sont
établis sur les feuilles de journées par les soins de l'officier
chef du bureau spécial de comptabilité, au lieu et place de
l'officier payeur.

Le chef du bureau spécial inscrit successivement sur les livres de détail, au compte de chaque homme, les recettes et les dépenses telles qu'elles résultent des carnets et des pièces diverses qui lui ont été remises, et y porte, en outre, les recettes pour premières mises, suppléments de première mise et primes journalières aussitôt après la vérification des feuilles de journées par le trésorier. Il arrête et signe les comptes courants au lieu et place du capitaine-commandant.

Les feuilles de décompte sont établies d'après les inscriptions faites au livre de détail.

Les procès-verbaux de pertes d'effets et d'armes, inscrits au chapitre XII des carnets de comptabilité, sont récapitulés, par les soins de l'officier chef du bureau spécial, dans un état établi pour chaque service : habillement, — petit équipement, — campement, — armement. Les états, arrêtés par ce conseil, sont envoyés au sous-intendant qui, après s'être assuré de leur exactitude, autorise le conseil à porter en sortie, dans ses comptes, les quantités d'effets perdus ou détériorés.

Il n'est fait aucun arrêté de compte sur les livrets pendant la durée de la campagne. On se borne à y inscrire toutes les recettes et toutes les dépenses, ainsi que les redressements résultant de la communication des feuilles de décompte établies au dépôt.

Le bureau est dissous aussitôt que les portions actives rappelées à l'intérieur sont rendues à leur destination.

XVII. — FONCTIONNEMENT GÉNÉRAL DE LA JUSTICE MILITAIRE.

D'après l'article 1er du *Code de justice militaire pour l'armée de terre*, du 9 juin 1857, la justice militaire est rendue : 1º par des *conseils de guerre* ; — 2º par des *conseils de révision*.

Il est établi, en outre, dans les armées en campagne, une troisième juridiction sous le nom de *prévôtés*.

Des conseils de guerre. — *Organisation.* — Un conseil de guerre permanent est établi au chef-lieu de chaque division territoriale. Il est composé d'un colonel ou lieutenant-colonel, président, et de six juges, savoir : un chef de bataillon, ou chef d'escadron, ou major; — deux capitaines; — un lieutenant; — un sous-lieutenant; — un sous-officier.

Il y a près chaque conseil de guerre un commissaire du gouvernement remplissant les fonctions du ministère public; un rapporteur, chargé de l'instruction; — et un ou plusieurs commis-greffiers pour faire les écritures.

Si les besoins du service l'exigent, un deuxième conseil de guerre permanent peut être établi dans la division, par un décret du chef de l'État.

La composition de ce conseil de guerre est maintenue ou modifiée suivant le grade de l'accusé, de telle sorte que, sauf le cas d'empêchement absolu, nul ne soit jugé que par ses pairs et ses supérieurs.

Nul ne peut faire partie d'un conseil de guerre, à un titre quelconque, s'il n'est Français ou naturalisé Français et âgé de vingt-cinq ans accomplis. Les parents et alliés, jusqu'au degré d'oncle et de neveu inclusivement, ne peuvent être membres du même conseil de guerre, ni remplir près de ce conseil les fonctions de commissaire du gouvernement, de rapporteur ou de greffier.

Nul ne peut siéger comme président ou juge, ni remplir les fonctions de rapporteur dans une affaire soumise au conseil de guerre : 1° s'il est parent ou allié de l'accusé jusqu'au degré de cousin germain inclusivement; 2° s'il a porté la plainte, donné l'ordre d'informer ou déposé comme témoin; 3° si, dans les cinq ans qui ont précédé la mise en jugement, il a été engagé comme plaignant, partie civile ou prévenu, dans un procès criminel contre l'accusé; — 4° s'il a précédemment connu de l'affaire comme administrateur ou comme membre d'un tribunal militaire.

Lorsque plusieurs divisions sont réunies en armée ou en corps d'armée, deux conseils de guerre sont établis dans chacune de ces divisions, ainsi qu'au quartier général du corps d'armée. Si une division active ou un détachement de troupes doit opérer isolément, deux conseils de guerre peuvent également être formés dans la division ou dans le détachement.

Lorsqu'une ou plusieurs communes, un ou plusieurs départements ont été déclarés en état de siége, les conseils de guerre permanents des divisions territoriales, dont font partie ces communes ou ces départements, indépendamment de leurs attributions ordinaires, statuent sur les crimes et délits dont la connaissance leur est déférée par le Code et par les lois sur l'état de siége. Il est établi deux conseils de guerre dans toute place de guerre en état de siége. Leurs fonctions cessent dès que l'état de siége est levé, sauf en ce qui concerne le jugement des crimes et délits dont la poursuite leur a été déférée.

Les conseils de guerre ne statuent que sur l'action publique ; ils peuvent néanmoins ordonner, au profit des propriétaires, la restitution des objets saisis ou des pièces de conviction, lorsqu'il n'y a pas lieu d'en prononcer la confiscation. L'action civile ne peut être poursuivie que devant les tribunaux civils ; l'exercice en est suspendu tant qu'il n'a pas été prononcé définitivement sur l'action publique intentée avant ou pendant la poursuite de l'action civile.

Compétence.— Tout individu appartenant à l'armée, en vertu soit de la loi du recrutement, soit d'un brevet ou d'une commission, est justiciable des conseils de guerre permanents dans les divisions territoriales en état de paix. Lorsqu'un justiciable des conseils de guerre est poursuivi en même temps pour un crime ou un délit de la compétence des conseils de guerre, et pour un autre crime ou délit de la compétence des tribunaux ordinaires, il est traduit devant le tribunal auquel appartient la connaissance du fait emportant la peine la peine la plus grave, et renvoyé ensuite, s'il y a lieu, pour l'autre fait, devant le tribunal compétent. En cas de double condamnation, la peine la plus forte est seule subie. Si les deux crimes ou délits emportent la même peine, le prévenu est d'abord jugé pour le fait de la compétence des tribunaux militaires.

Sont justiciables des conseils de guerre aux armées, pour tous crimes ou délits : 1° les justiciables des conseils de guerre

dans les divisions territoriales en état de paix; — 2° les individus employés, à quelque titre que ce soit, dans les états-majors ou dans les administrations et services qui dépendent de
l'armée; — 3° les vivandiers et vivandières, cantiniers et can-
tinières, les blanchisseuses, les marchands, les domestiques et
autres individus à la suite de l'armée en vertu de permissions;
— 4° si l'armée est sur le territoire ennemi, tous les individus,
auteurs ou complices des crimes de trahison, espionnage, embauchage, etc; — 5° si l'armée se trouve sur le territoire français en présence de l'ennemi, les *étrangers* auteurs ou complices des mêmes crimes dans l'arrondissement de l'armée, et
tous les individus auteurs ou complices des crimes de trahison,
espionnage, embauchage, pillage, destruction de bâtiments ou
d'approvisionnements militaires.

Les conseils de guerre, dans le ressort desquels se trouvent
les communes, les départements et les places de guerre déclarés en état de siége, connaissent de tous crimes et délits commis par les justiciables des conseils de guerre aux armées, sans
préjudice de l'application de la loi du 9 août 1849 sur l'état de
siége.

Procédure. — Quand un militaire s'est rendu coupable d'un
crime ou d'un délit, pour l'amener devant un conseil de guerre,
on procède de la manière suivante :

Le commandant de la batterie du militaire accusé fait un
rapport au colonel du régiment, sur l'acte de son subordonné.
Dans ce rapport, il explique toutes les circonstances qui peuvent aggraver ou atténuer la faute commise.

Si le colonel, d'après ce rapport, juge l'homme coupable, il
dresse une plainte en conseil de guerre, qu'il envoie avec le
rapport du commandant de la compagnie au général commandant la division.

Si le général juge de son côté qu'il y a lieu de poursuivre,
il envoie les pièces dressées par le commandant de la compagnie et le colonel, au commissaire du gouvernement près le
conseil de guerre, en y joignant un ordre d'informer.

Le commissaire du gouvernement transmet de suite toutes les pièces au rapporteur.

Le rapporteur, une fois muni des documents, interroge le prévenu, les témoins, fait comparaître devant lui ceux qu'il juge capables de l'éclairer; puis, une fois son opinion faite, il la consigne par écrit et transmet le tout au commissaire du gouvernement.

Le commissaire du gouvernement renvoie les pièces au général de division, en y ajoutant ses conclusions par écrit.

Ce n'est qu'après ces formalités remplies que le général prononce sur la mise en jugement.

Trois jours avant la réunion du conseil de guerre, le commissaire du gouvernement notifie l'ordre du général à l'accusé, en lui faisant connaître le crime ou le délit pour lequel il est mis en jugement, les articles de la loi qui lui sont applicables et le nom des témoins cités.

L'accusé peut choisir son défenseur parmi les avocats, les avoués et les militaires de quelque grade que ce soit. Il peut même obtenir du président du conseil de guerre l'autorisation de se faire défendre par un ami ou un parent. S'il ne prend pas de défenseur, on lui en donne un d'office.

Au jour et à l'heure indiqués par l'ordre de convocation, le conseil se réunit en séance publique, à peine de nullité.

Mais si la publicité des débats paraît dangereuse pour l'ordre ou pour les mœurs, le conseil peut ordonner que les débats aient lieu à huis clos, et interdire le compte rendu de l'affaire.

Dans tous les cas, le jugement est prononcé publiquement et peut être publié.

Des exemplaires du Code de justice militaire, du Code d'instruction criminelle et du Code pénal ordinaire sont déposés sur le bureau.

Les membres du tribunal ayant pris place, le président déclare la séance ouverte et ordonne qu'on amène l'accusé, lequel comparaît, sous garde suffisante, libre et sans fers, assisté de son défenseur.

Le président procède à l'interrogatoire de l'accusé.

43.

Les juges, le commissaire du gouvernement et le défenseur peuvent faire poser les questions qu'ils jugent nécessaires.

Le président reçoit la déposition des témoins séparément. Avant de déposer, ils prêteront serment, à peine de nullité, de parler sans haine et sans crainte, de dire toute la vérité, rien que la vérité.

Mais si l'accusation ni la défense ne prennent acte de la non-prestation de serment, le cas de nullité ne pourra être invoqué.

Il n'est pas nécessaire que le témoin lève la main en disant : Je le jure.

Le président leur demandera ensuite leurs nom, prénoms, âge, profession, domicile; s'ils connaissaient l'accusé avant le fait pour lequel il est traduit en jugement; s'ils sont parents ou alliés de l'accusé, et à quel degré; s'ils ne sont pas attachés au service l'un de l'autre.

Cela fait, les témoins déposeront oralement.

Des questions peuvent être faites aux témoins par les juges, le commissaire du gouvernement, la défense ou l'accusé, avec l'autorisation du président.

Le commissaire du gouvernement développe ensuite les moyens de l'accusation, et fait son réquisitoire.

Le défenseur et l'accusé sont entendus dans leurs moyens de défense.

Le commissaire du gouvernement réplique, s'il y a lieu, mais l'accusé et son défenseur ont toujours la parole les derniers.

Le président demande ensuite à l'accusé s'il n'a rien à ajouter à sa défense, et déclare les débats terminés.

Il ordonne de faire retirer l'accusé.

Les juges se rendent dans la salle des délibérations.

Les juges ne peuvent plus communiquer avec personne, ni se séparer avant que le jugement ait été rendu.

Toutes les pièces de la procédure sont mises sous les yeux du conseil; mais il n'est fait aucun résumé de l'affaire par le président.

Le président pose les questions et recueille les voix, en commençant par le grade inférieur et en émettant son opinion le dernier.

La culpabilité ne peut être établie qu'à la majorité de cinq voix.

S'il n'y a que quatre voix pour la culpabilité, l'accusé ne peut être condamné; il est alors acquitté à la minorité de faveur.

Si l'accusé est déclaré coupable, le conseil délibère sur l'application de la peine, qui ne peut être prononcée qu'à la majorité de cinq voix.

Si aucune peine ne réunit cette majorité, la peine la plus faible est alors appliquée.

Lorsque la loi autorise l'admission de circonstances atténuantes, le président pose la question; mais le jugement ne doit en faire mention qu'autant que la majorité l'a résolue en faveur de l'accusé, et alors le jugement le constate.

Lorsque plusieurs accusés sont impliqués dans la même affaire, il est posé autant de questions, et pour chaque fait, qu'il y a d'accusés. — Il est ensuite délibéré pour l'application de la peine sur chaque accusé individuellement.

En cas de conviction de plusieurs crimes ou délits, la peine la plus forte est seule prononcée.

Les délibérations closes, le conseil rentre en séance publique, et le président donne lecture des motifs et du dispositif du jugement.

Si l'accusé n'est pas reconnu coupable, le conseil prononce son acquittement, et le président ordonne qu'il soit mis en liberté, s'il n'est retenu pour autre cause.

Si le fait commis par l'accusé ne donne lieu à l'application d'aucune peine, le conseil le déclare absous, et le président ordonne qu'il sera mis en liberté à l'expiration du délai pour le recours en révision.

Si le condamné est décoré de la Légion d'honneur ou de la médaille militaire, dans les cas prévus par la loi, le jugement le déclare déchu de ses droits.

La procédure établie pour les conseils de guerre dans les

divisions territoriales en état de paix est suivie dans les conseils de guerre aux armées, dans les divisions territoriales en état de guerre, dans les communes, les départements et les places de guerre en état de siége, sauf les modifications suivantes.

L'ordre d'informer est donné par le général en chef, à l'égard des inculpés justiciables du conseil de guerre du quartier général de l'armée ; — par le général commandant le corps d'armée, à l'égard des inculpés justiciables du conseil de guerre du corps d'armée ; — par le général commandant la division, à l'égard des inculpés justiciables du conseil de guerre de la division ; — par le commandant du détachement de troupes, à l'égard des inculpés justiciables du conseil de guerre formé dans le détachement ; — par le gouverneur ou commandant supérieur, dans les places de guerre en état de siége.

L'accusé peut être traduit directement et sans instruction préalable devant le conseil de guerre.

Enfin les conseils statuent, séance tenante, sur tous les crimes et délits commis à l'audience, alors même que le coupable ne serait pas leur justiciable.

Des conseils de révision. — Les jugements rendus par les conseils de guerre peuvent être attaqués par recours devant les conseils de révision.

Il y a huit conseils de révision, dont trois pour l'Algérie.

Les conseils de révision prononcent sur les recours formés contre les jugements des conseils de guerre établis dans leurs ressorts.

Ils ne connaissent pas du fond des affaires et ne peuvent annuler les jugements que dans les cas suivants :

1° Si le conseil n'a pas été composé conformément à la loi;

2° Si les règles de la compétence n'ont pas été observées;

3° Si la peine appliquée ne se rapporte pas aux faits déclarés constants, ou s'il y a peine prononcée en dehors des cas prévus par la loi.

4° S'il y a eu omission ou violation des formes prescrites à peine de nullité ;

5° Lorsque le conseil a omis de statuer sur une demande de l'accusé ou du commissaire du gouvernement tendant à l'usage d'un droit.

Des prévôtés. — Le commandant de la gendarmerie d'une armée est appelé grand prévôt; celui d'une division, prévôt.

Le grand prévôt exerce sa juridiction, soit par lui-même, soit par les prévôts de division, sur tout le territoire occupé par l'armée et sur les places et les divisions.

Les prévôts jugent seuls, assistés d'un greffier pris parmi les sous-officiers et brigadiers de gendarmerie.

Leur juridiction s'étend sur toutes les personnes non militaires suivant l'armée en vertu d'une permission; sur les vagabonds; sur les soldats et sous-officiers prisonniers de guerre.

Les jugements des prévôts ne donnent droit à aucun recours et sont définitifs.

Compétence en cas de complicité. — Lorsque la poursuite d'un crime, d'un délit ou d'une contravention comprend des individus non justiciables des tribunaux militaires et des militaires ou autres individus justiciables de ces tribunaux, tous les prévenus indistinctement sont traduits devant les tribunaux ordinaires, sauf les cas ci-après, dans lesquels tous les prévenus indistinctement sont traduits devant les tribunaux militaires : 1° lorsqu'ils sont tous militaires on assimilés aux militaires, alors même qu'un ou plusieurs d'entre eux ne seraient pas justiciables de ces tribunaux, en raison de leur position au moment du crime ou du délit; 2° s'il s'agit de crimes ou de délits commis par des justiciables des conseils de guerre et par des étrangers; 3° s'il s'agit de crimes ou délits commis aux armées en pays étranger; 4° s'il s'agit de crimes ou de délits commis à l'armée sur le territoire français en présence de l'ennemi.

Des pourvois devant la cour de cassation. — Les individus compris dans les catégories suivantes ne peuvent, en aucun cas, se pourvoir en cassation contre les jugements des conseils de guerre et des conseils de révision :

1° Les militaires et les assimilés aux militaires;

2° Les individus soumis, à raison de leur position, aux lois et règlements militaires;

3° Les justiciables des conseils de guerre aux armées (voir Compétence des conseils de guerre);

4° Tous individus enfermés dans une place de guerre en état de siége.

Les accusés ou condamnés qui ne sont pas compris dans les catégories précédentes peuvent attaquer les jugements des conseils de guerre et des conseils de révision devant la cour de cassation, mais pour cause d'incompétence seulement.

Exécution du jugement. — S'il n'y a pas eu recours en révision et si le pourvoi en cassation est interdit au condamné, le jugement est exécutoire dans les vingt-quatre heures après l'expiration du délai de recours.

S'il y a recours, il est sursis à l'exécution.

Si le recours en révision est rejeté, le jugement est exécutoire dans les vingt-quatre heures après la réception de la décision qui a rejeté le pourvoi.

Dans les cas prévus, si la voie du pourvoi en cassation est ouverte, le condamné doit le former dans les trois jours qui suivent la notification de la décision du conseil de révision, et, s'il n'y a pas eu recours, à l'expiration du délai accordé pour l'exercer.

Le pourvoi en cassation est reçu par le greffier du conseil ou par le directeur de la prison.

S'il n'y a pas eu pourvoi, le jugement est exécutoire dans es vingt-quatre heures qui suivent l'expiration du délai accordé pour l'exercer, et, s'il y a eu pourvoi, dans les vingt-quatre heures qui suivent la réception de l'arrêt qui l'a rejeté.

Le commissaire du gouvernement rend compte au général de ces diverses situations, et requiert l'exécution du jugement, lorsqu'il y a lieu.

Les jugements sont exécutés sur l'ordre du général commandant la division, à la diligence du commissaire du gouvernement, en présence du greffier qui dresse procès-verbal, dont la mention est inscrite sur la minute du jugement et sur l'extrait qui doit suivre le condamné.

Jugements par contumace et par défaut. — Lorsqu'un accusé d'un fait qualifié crime n'a pu être saisi, ou si, étant arrêté, il s'est évadé, le président du conseil rend une ordonnance, mise à l'ordre du jour de la place, indiquant le crime pour lequel l'accusé est poursuivi, et portant qu'il sera tenu de se présenter dans un délai de dix jours.

Si, à l'expiration du délai, l'accusé ne se présente pas, sur l'ordre du général commandant la division, il est procédé au jugement par contumace.

Les rapports, procès-verbaux, dépositions des témoins et les autres pièces de l'instruction sont lus en entier à l'audience ; nul défenseur ne peut se présenter pour l'accusé.

Le commissaire du gouvernement fait ses réquisitions, et le jugement est rendu dans la forme ordinaire, mis à l'ordre de la place, affiché à la porte du conseil et à la mairie du domicile de l'accusé.

Le greffier et le maire dressent procès-verbal de cet affichage, et ces formalités tiennent lieu de l'exécution par effigie.

Le commissaire du gouvernement seul peut se pourvoir en révision.

Lorsqu'il s'agit d'un fait qualifié délit par la loi, si l'accusé n'est pas présent, il est jugé par défaut.

Le jugement rendu dans la forme ordinaire est mis à l'ordre de la place, affiché à la porte du conseil et signifié à l'accusé ou à son domicile.

Dans les cinq jours de la signification, outre un jour par myriamètre, l'accusé peut former opposition.

Ce délai expiré, le jugement devient définitif et est réputé contradictoire.

Des peines et de leur effet. — Les tribunaux militaires peuvent appliquer les peines suivantes :

En matière de crime : la mort, — les travaux forcés à perpétuité, — la déportation, — les travaux forcés à temps, — la détention, — la réclusion, — le bannissement, — la dégradation militaire.

En matière de délit : la destitution, — les travaux publics, — l'emprisonnement, —l'amende.

Tout individu condamné à mort par un conseil de guerre est fusillé.

La mort, prononcée contre un militaire en vertu des lois pénales ordinaires, entraîne de plein droit la dégradation.

Les autres peines, prononcées en matière de crime, sont appliquées conformément aux dispositions du Code pénal ordinaire; elles ont les effets déterminés par ce Code et entraînent, en outre, la dégradation.

La dégradation, prononcée comme peine principale, est toujours accompagnée d'un emprisonnement dont la durée n'excède pas cinq années. Elle entraîne : 1° la privation du grade et du droit d'en porter les insignes et l'uniforme; — 2° l'incapacité absolue de servir dans l'armée, et les autres incapacités prononcées par les articles 28 et 34 du Code pénal ordinaire ; — 3° la privation du droit de porter aucune décoration, et la déchéance de tout droit à pension et à récompense pour les services antérieurs.

La destitution entraîne la privation du grade ou du rang, et du droit d'en porter les insignes distinctifs et l'uniforme.

La durée de la peine des travaux publics est de deux ans au moins et de dix ans au plus.

La durée de l'emprisonnement est de six jours au moins et de cinq ans au plus.

L'amende peut être remplacée par un emprisonnement de six jours à six mois.

Toute condamnation, prononcée contre un officier, par quel que tribunal que ce soit, pour l'un des délits prévus par les articles 401, 402, 403, 405, 406, 407 et 408 du Code pénal ordinaire, entraîne la perte du grade.

CONNAISSANCE DU CHEVAL.

Généralités. — La connaissance pratique du cheval comporte particulièrement l'étude de ce qu'on nomme l'extérieur.

Toutefois, avant de commencer cette étude, il est bon de jeter un coup d'œil rapide sur l'organisation générale du cheval.

Caractères zoologiques. — En zoologie, le cheval se distingue par des caractères particuliers qui sont les suivants :

C'est un mammifère. Il fait partie du groupe des solipèdes ou monodactyles.

Il a quarante dents : vingt-quatre molaires, douze incisives, quatre crochets. (Les crochets n'existent pas chez les juments, sauf quelques rares exceptions. Ces juments sont dites bréhaignes.)

Il porte deux mamelles inguinales peu développées.

L'estomac est simple, petit; les intestins volumineux.

Le bord supérieur de l'encolure et de la queue sont garnis de longs crins.

Enfin il a un cri particulier, dit hennissement.

Des tissus. — Le corps du cheval, comme celui de tous les animaux vertébrés, forme un ensemble de solides et de liquides que l'on appelle des tissus. (Les liquides forment les $\frac{6}{10}$ du poids total).

Sur un *système osseux,* — le squelette, — sont placés les *muscles,* masse de filaments contractiles qui donnent le mouvement.

Les muscles sont maintenus ou prolongés par le *tissu fibreux* qui forme les tendons et les ligaments.

Le *tissu vasculaire* comprend les artères qui portent le sang du cœur aux différentes parties du corps, et les veines qui rapportent le sang vers le cœur.

La vie, la faculté de sentir et d'agir sont portées à toutes les parties du corps par le *système nerveux*. Il a pour centre le cerveau et la moelle épinière; pour agents, les nerfs.

Le *tissu cellulaire* assemble les organes sans nuire à leurs mouvements individuels.

Le *tissu séreux* sécrète un liquide onctueux qui lubrifie les surfaces de frottement des os et des tendons.

Les *cartilages* sont un tissu élastique qui prolonge les os, lorsque la flexibilité doit s'allier à la solidité, ou sert de coussinet entre des os juxtaposés.

Enfin la peau, — *tissu tégumentaire*, — recouvre le corps et se replie à l'intérieur sous le nom de muqueuse.

Tels sont les principaux tissus.

Des fonctions. — On appelle appareil la réunion de plusieurs organes qui concourent à l'exécution d'une même fonction générale.

Nous étudierons sommairement les fonctions les plus importantes, qui sont : la locomotion, la digestion, la circulation, la respiration, la nutrition.

Locomotion. — La locomotion a pour base le système osseux et les muscles.

Les os sont formés d'une matière spongieuse dite *parenchyme* dans les cellules de laquelle sont déposés des sels calcaires.

Le *périoste*, membrane très-mince, entoure l'os, le protége et concourt à sa sécrétion; des *vaisseaux sanguins*, des *nerfs*, et un corps graisseux dit *moelle*, y portent la vie.

Les os sont pairs ou impairs, suivant qu'ils se trouvent symétriquement placés de chaque côté de la partie médiane du corps ou qu'ils se trouvent sur ce plan même.

On distingue encore des os longs, larges, courts, etc.; ces mots n'ont pas besoin d'explication.

Les os forment des articulations plus ou moins complètes

dans lesquelles entrent des *ligaments,* des *cartilages* et des poches séreuses, dites *capsules synoviales.*

D'autres articulations très-peu développées, les vertèbres,

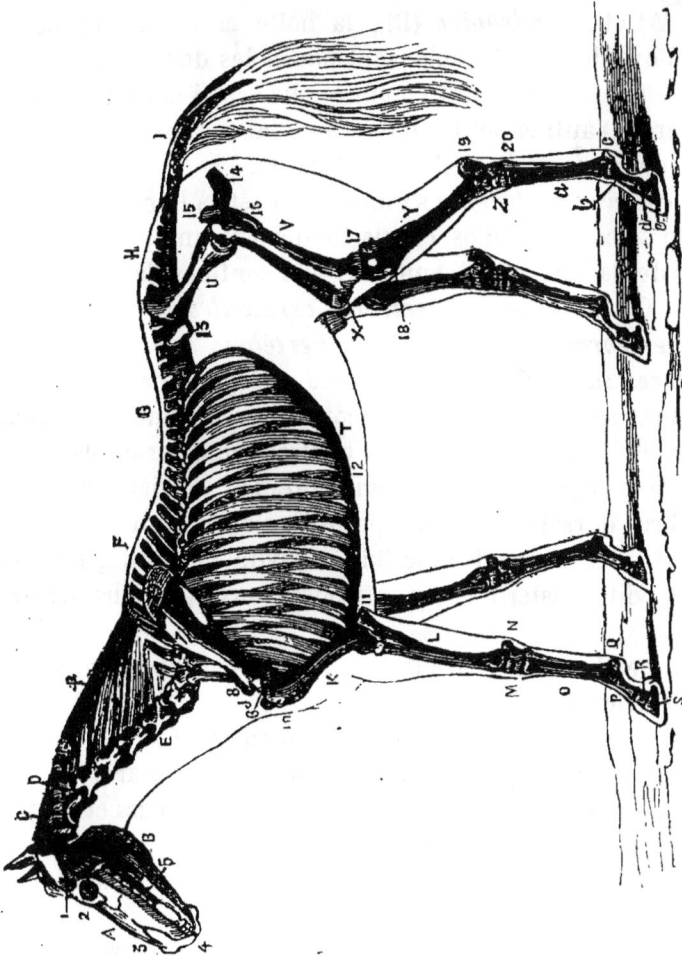

Fig. 1.

par exemple, ne se produisent que par l'élasticité d'un fibro-cartilage intermédiaire.

Le squelette. — Le squelette donne la configuration générale du corps; il est donc utile de le connaître. On verra d'ailleurs plus loin que les os (ceux des membres) sont souvent le siége d'affections graves dont on comprendra mieux les inconvénients après avoir étudié le squelette.

On le divise en tronc et membres.

La tête comprend la *boîte cranienne* (1) (V. le squelette), la *face* (A) et la *mâchoire* (B) ; la boîte cranienne forme une cavité ovoïde dans laquelle sont placés les deux lobes du cerveau. Une ouverture fait communiquer celui-ci avec la moelle épinière. D'autres petites ouvertures laissent passer des nerfs, notamment ceux de l'œil et de l'oreille.

La *colonne vertébrale* s'étend de la tête à la queue.

Elle se compose d'os courts solidement unis ; elle forme la base de la charpente animale ; elle contient la moelle épinière. On la divise en *vertèbres cervicales* au nombre de 7 (E) ; *vertèbres dorsales*, 18 (F) ; *vertèbres lombaires*, 6 (G) ; *vertèbres sacrées*, 5 (H) ; *vertèbres coccygiennes*, 20 (I) (les vertèbres sacrées sont souvent considérées comme ne formant qu'un seul os, le sacrum, et en effet ces cinq vertèbres se soudent dans l'âge adulte) ; dix-huit *côtes* (T) s'articulent sur les vertèbres dorsales : les neuf premières s'appuient sur le *sternum* (10) et forment avec lui la cavité pectorale ; les neuf autres, dites asternales, contribuent aux fonctions respiratoires.

Les membres sont pareils deux à deux par bipèdes antérieur ou postérieur.

Les *membres antérieurs* sont ainsi composés :

Le *scapulum* (J) ou os de l'épaule, avec une arête qui sépare les muscles extérieurs des muscles fléchisseurs et un prolongement cartilagineux vers le garot.

L'*humérus* (K), ou os du bras, solidement fixé aux côtés et au sternum.

Le *cubitus* (L), avant-bras, au haut duquel on voit l'*apophyse olécrâne*, bras de levier où s'attachent les extenseurs.

Le *carpe* (MN) se compose de sept petits os placés en deux couches.

Le *métacarpe* (O), os du canon, est formé de trois os, dont deux rudimentaires.

Le membre se termine par les *phalangiens* au nombre de trois : *os du paturon* (P), avec les deux *sésamoïdes* (Q), véritables poulies d'écartement des tendons fléchisseurs ; l'*os de la couronne* (R) ; l'*os du pied* (S), en arrière duquel est le petit sésamoïde ou *os naviculaire*.

Membres postérieurs :

Le *coxal,* os de la hanche (U), forme le bassin. De grandes saillies offrent des points d'attache et des leviers aux muscles de la fesse et du dos. On distingue dans le coxal : les *ilions* (13), pointe de la hanche ; les *ischions* (14), pointe de la fesse.

Le *fémur* (V), os de la cuisse, dont l'articulation avec le tibia est complétée par la *rotule* (X), sorte de poulie de renvoi.

Le *tibia* (Y), os de la jambe, porte en arrière le *péroné*.

Le *tarse* (Z) se compose de sept os, parmi lesquels on distingue l'*astragale* et le *calcaneum* (19).

Le *métatarse* (*a*), formé de trois os, le canon et les deux péronés.

Les *phalangiens* (*bde*) sont semblables à ceux des membres antérieurs.

Tels les sont les leviers de la locomotion ; les muscles sont les puissances qui les mettent en jeu. — L'étude de ces derniers est moins importante, nous n'en citerons que quelques-uns : dans la bouche, les lèvres et la langue, qui aident à l'alimentation ;

Les releveurs et les baisseurs de l'encolure ; le ligament cervical (*f*), qui a pour fonction de soutenir la tête et l'encolure.

Dans la région dorso-lombaire : l'ilio-spinal, que l'on peut considérer comme l'agent central de la progression.

Les intercostaux, qui servent à la respiration : les muscles de l'abdomen supportent les intestins.

Le diaphragme sépare les cavités pectorales et abdominales.

Les muscles des membres comprennent les muscles d'attache, les extenseurs et les fléchisseurs et leurs prolongements tendineux.

D'autres organes musculaires, le cœur, par exemple, sont étrangers à la locomotion et fonctionnent indépendants de la volonté de l'animal. — C'est la vie végétative ; — leurs fonctions seront étudiées plus loin.

Pour continuer l'étude des fonctions principales, voyons comment le cheval conserve, et entretient ses différents appareils.

Le sang qui circule dans toutes les parties du corps y porte la vie ; mais comment ? et comment le sang lui-même se renouvelle-t-il ?

Par la *digestion* et la *respiration*.

Digestion. — L'appareil digestif se compose d'un long canal qui va de la bouche à l'anus. Il portent successivement les noms de *bouche, arrière-bouche, œsophage, estomac, intestin grêle* et *gros intestin*.

Des organes auxiliaires s'y ajoutent : ce sont les *glandes salivaires,* le *foie,* le *pancréas* et la *rate.*

Pour mieux comprendre le phénomène de la digestion, nous suivrons une bouchée de foin que mange le cheval et ses transformations successives.

Le cheval saisit le foin avec ses incisives, en s'aidant des lèvres. La langue distribue ce foin sous les molaires qui font la mastication. Les glandes salivaires déversent dans la bouche la salive qui imprègne le foin, et unit les parcelles triturées, pour former une sorte de boule de pâte que l'on nomme le *bol alimentaire.* La langue pousse ce bol dans l'arrière-bouche, et dès lors la volonté de l'animal fait place à la vie végétative.

L'arrière-bouche est une sorte d'entonnoir qui conduit ce bol à l'œsophage.

Celui-ci, par des contractions d'avant en arrière, le chasse dans l'estomac.

Celui-ci sécrète des sucs acides qui se mêlent aux parcelles alimentaires. Les contractions multipliées de l'estomac forment du tout une pâte homogène grisâtre que l'on appelle *chyme*.

Alors s'ouvre l'ouverture intestinale ; le foie, le pancréas et sans doute aussi la rate (l'action de cette dernière est encóre à connaître) mêlent au chyme leurs sucs particuliers, la *bile* et le *suc pancréatique*.

La matière avance lentement dans l'intestin et se sépare en deux produits : l'un, le *chyle*, liquide d'apparence laiteuse, est la partie nutritive ; l'autre partie, excrémentitielle, sera expulsée sous forme de crottins.

L'intestin est long d'une vingtaine de mètres et étroit dans sa première partie. De nombreux petits suçoirs y aboutissent ; ils absorbent le chyle, et, de proche en proche, le conduisent à un unique canal, *canal thoracique,* — qui le verse dans le cœur.

Le cœur, divisé en deux par une cloison principale, fait office de pompe double, chaque pompe se divisant elle-même en deux parties. L'*oreillette droite* reçoit le chyle et en même temps que lui le sang noir, qui revient de toutes les parties du corps après avoir perdu ses principes nutritifs. Les deux liquides mélangés passent dans le *ventricule droit* qui les chasse dans le poumon, où ils seront mis en contact avec l'air absorbé par la respiration.

Ici il faut abandonner un moment le chyle pour voir comment s'opère la respiration.

Respiration. — Les voies respiratoires se composent des *naseaux*, du *larynx*, de la *trachée*, des *bronches* et du *poumon*.

Le tube aérien se divise à l'infini dans le poumon, et l'air arrive à former une innombrable quantité de petits vésicules à l'extrémité de chacun de ces conduits.

Le chyle mélangé au sang noir est arrivé dans le poumon par des canaux de plus en plus multipliés qui l'ont divisé en portions extrêmement ténues.

A chaque gouttelette de ce liquide correspond une vésicule d'air.

De ce contact résulte une opération chimique, dite *hématose*, qui est une véritable combustion.

L'air expiré immédiatement a perdu une portion de son oxygène et contient de l'acide carbonique.

Le sang oxygéné, devenu rouge, est ramené au cœur par de nouveaux canaux, qui se réunissent en un seul aboutissant au cœur.

C'est la pompe droite qui a réuni le chyle et le sang noir dont les qualités vivifiantes étaient perdues; c'est la pompe gauche (*oreillette gauche* et *ventricule gauche*) qui reçoit le sang rouge purifié et le répartit par les artères dans toutes les parties de l'économie qu'il va reconstituer.

Nutrition. — C'est ainsi que s'opère ce phénomène sans cesse renouvelé. — Nous en avons exposé sommairement le mécanisme, mais nous n'expliquerons pas comment le même sang se transforme en os, en chair, en corne, en ligaments, etc.; ceci est la vie dont la Providence a gardé le secret.

La nutrition n'est évidemment pas la même pour tous les individus : plus forte dans la jeunesse, stationnaire dans l'âge adulte, elle décroît de plus en plus dans la vieillesse.

Bien que ce cours ne doive traiter particulièrement que de l'extérieur, ces notions ne sont pas indifférentes : les qualités qui font un bon cheval ne se bornent pas à la vitesse et à la beauté des allures; le fonds, si nécessaire au cheval de guerre, tient surtout à la respiration.

D'autres appareils qui n'ont pour nous qu'une importance secondaire seront passés sous silence.

Les sens. — Parmi les sens, le toucher, le goût et l'odorat peuvent être négligés.

Sans étudier l'appareil de l'ouïe, on doit signaler son importance chez le cheval de guerre.

Le cheval a l'ouïe très-fine et prévient souvent son cavalier d'un bruit suspect que celui-ci n'aurait pas su distinguer.

L'œil. — L'œil est aussi très-important, et, comme il est quelquefois le siége d'affections apparentes, nous donnerons une description rapide de cet organe.

L'œil est de forme sphérique à peu près régulière. Il se compose de la *sclérotique*, membrane dure, fibreuse, blanche, dans laquelle s'ajuste, à la partie antérieure, la *cornée lucide* par où pénètrent les rayons lumineux.

La sclérotique est doublée de la *choroïde*, membrane vasculaire noirâtre, qui fait à l'intérieur la chambre noire des physiciens.

Le *nerf optique*, qui communique directement avec le cerveau, traverse ces deux premières membranes et s'épanouit à l'intérieur en nombreux filaments, qui tapissent la choroïde et forment la *rétine*.

Une matière visqueuse, dite *corps vitré*, occupe la plus grande partie de la sphère.

Le *cristallin*, sorte de lentille bi-convexe très-limpide, est placé en avant dans l'axe de la cornée lucide.

L'*humeur aqueuse*, liquide transparent, remplit l'espace entre ces deux derniers.

Cet espace est divisé en deux chambres par l'*iris*, membrane qui donne à nos yeux leur couleur distinctive.

La *pupille* s'ouvre au milieu, et l'iris en peut régler l'ouverture pour atténuer l'effet des rayons trop éclatants.

La vision s'opère à travers les humeurs et le cristallin, comme à travers une lunette qui n'a qu'une lentille, c'est-à-dire que l'image se renverse sur la rétine; le cerveau la redresse.

Les *paupières*, les *cils*, préservent soigneusement l'œil de tout contact étranger. Il s'y ajoute, chez le cheval, une membrane particulière, blanche et mince, qui se replie à l'angle interne de l'œil et qui se nomme *corps clignotant*.

Les *glandes lacrymales* sont chargées de lubrifier les surfaces de ces membranes extérieures, afin de faciliter leur mouvement sur l'œil.

L'étude des parties externes du cheval, leur belle conformation, leurs défectuosités, les accidents qui peuvent y survenir, constituent ce qu'on appelle, en hippologie, l'*extérieur*.

Il résulte des observations précédentes que le squelette est la base des formes du cheval, et que les os peuvent être considérés comme des leviers que les muscles mettent en mouvement.

La longueur des os entraîne celle des muscles qui les recouvrent.

La longueur des fibres musculaires implique l'étendue du mouvement; leur nombre a pour conséquence la force.

Ainsi le cheval rapide a des rayons osseux longs; le cheval fort a des os courts, mais chargés de masses musculaires considérables.

L'étendue des bras de leviers, l'insertion plus ou moins perpendiculaire des muscles, ont des conséquences faciles à saisir.

Ces principes reviendront au cours de cette étude.

L'extérieur du cheval comprend toute une nomenclature que nous étudierons en trois divisions principales :

1° Avant-main ; 2° corps ; 3° arrière-main.

1° **L'avant-main.** — L'avant-main comprend la tête, l'encolure jusqu'au garrot, le poitrail, les épaules et les membres antérieurs.

La *tête* forme avec l'encolure un véritable balancier, dont le cheval se sert pour déplacer le centre de gravité.

La physionomie nous donnera des indications précieuses sur les qualités ou les défauts du cheval.

En commençant par le haut et sur le plan médian, nous trouverons successivement :

La *nuque,* qui est le point où la tête s'unit à l'encolure. C'est le point sur lequel repose la têtière de la bride ou du bridon.

Ces attaches y occasionnent quelquefois, chez les chevaux qui *tirent au renard,* une blessure grave dite *mal de taupe.*

Le *toupet* est l'extrémité antérieure de la crinière qui retombe en avant sur le front.

Il est long et soyeux chez les chevaux de race et surtout les chevaux d'Orient.

Le *front* s'étend entre les oreilles et les yeux. Large et plat, il laisse plus d'espace au cerveau, et par suite dénote l'intelligence et la supériorité des fonctions organiques qui tiennent au système nerveux.

Le front étroit et bombé est le signe de peu de race et d'intelligence.

Le *chanfrein* fait suite au front. S'il est large et droit, il contribue à donner du cachet à la tête et il est l'indice des facultés respiratoires. Il est quelquefois étroit et busqué, ce qui est le signe d'un mauvais type.

Le *bout du nez* est situé entre les naseaux et la lèvre supérieure, avec laquelle il se confond.

Il est nerveux et mobile chez les chevaux de race.

La *bouche* comprend les lèvres, les barres, la langue, le canal, le palais et les dents.

Les *lèvres* doivent être minces et fermes : épaisses et flasques, elles annoncent un cheval sans énergie.

Les *barres* sont cet espace interdentaire sur lequel repose le mors; leur sensibilité sera plus ou moins grande, suivant qu'elles seront tranchantes, rondes ou charnues. L'embouchure se règle en conséquence. La main dure du cavalier y occasionne souvent des blessures.

On a vu le rôle de la *langue* dans l'acte digestif. Cet organe se loge dans le *canal*. Il importe que la langue ne soit ni trop grosse ni trop mince. Quelques chevaux la laissent pendre hors de la bouche; elle est alors dite *pendante* ou *serpentine*.

Le *palais* est la voûte de la bouche. On y remarque des sillons transversaux qui aident à retenir les aliments.

La membrane qui le recouvre est quelquefois gonflée au moment de la dentition ; cette maladie s'appelle le *lampas*.

Les *dents* incisives de la mâchoire inférieure servent à déterminer l'âge. (Cette étude sera traitée plus loin.) Certains chevaux ont les dents mauvaises ou endommagées et se nourrissent mal, les tiqueurs, par exemple, qui usent leurs dents à les appuyer sur le bord de la mangeoire.

Le *menton* est au-dessous de la lèvre inférieure. Sa partie saillante s'appelle *houppe*. Il est ferme, arrondi, et d'autant mieux dessiné que le cheval est distingué.

La *barbe* vient ensuite; elle est placée à la réunion des branches de la mâchoire inférieure. C'est sur elle que repose la gourmette. Trop tranchante, elle se blesse; il est donc préférable qu'elle soit ronde. Si à l'examen on y trouve des excoriations ou des indurations, et si surtout des traces analogues existent simultanément aux barres, on en déduira que l'animal est indocile ou trop ardent.

L'*auge* est la cavité qui résulte de l'écartement des deux branches de la mâchoire inférieure. Elle doit être large et nette. Son rétrécissement, qui coïncide avec celui du front et du chanfrein, indique que les voies respiratoires, et souvent la poitrine elle-même, sont trop étroites.

L'engorgement de l'auge est presque toujours le symptôme de la gourme ou de la morve.

L'auge se termine à la *gorge*, qui est au pli de la tête sur l'encolure. On presse avec la main la gorge, où sont les premiers anneaux de la trachée, et on provoque ainsi chez le cheval une toux qui donne des indices sur l'état de ses organes pulmonaires.

Les parties latérales de la tête sont :

Les *oreilles*, qui contribuent beaucoup à la physionomie du cheval. Hardies dans leur position et dans leur forme, elles sont signe de race. Mal plantées et pendantes, on dit que le cheval est *oreillard ;* si ces défauts sont exagérés, on dit que le cheval a des *oreilles de cochon.*

Les mouvements des oreilles, leur attitude habituelle, sont des indices du caractère de l'animal, et souvent de ses intentions de défense.

Les *tempes* sont formées par la saillie de l'arcade temporale et l'articulation de la mâchoire.

Si, sur une robe foncée, les poils des tempes sont blancs, c'est souvent un signe de vieillesse. Leur excoriation fait supposer que le cheval s'est débattu à terre par suite de coliques, d'épilepsie ou d'autres graves maladies.

Les *salières* sont les cavités qui apparaissent sur les côtés du front au-dessus des yeux. Elles se creusent souvent avant l'âge.

L'*œil* joue un grand rôle dans la physionomie ; nous y lisons l'ardeur, la docilité, l'attachement ou la méchanceté du cheval. Le cheval commun a l'œil terne et sans coloris.

L'œil doit être transparent, l'iris sensible à l'action de la lumière. Les yeux trop saillants sont dits *yeux de bœuf ;* si au contraire ils sont enfoncés dans des paupières épaisses, on les nomme *yeux de cochon.*

La coloration blanche de l'iris constitue l'*œil vairon.*

Les *paupières* doivent être minces et mobiles. Le corps clignotant, qui est une troisième paupière, doit rester caché dans l'angle interne de l'œil.

L'excédant des larmes se déverse dans les naseaux par un petit canal qui aboutit à l'angle interne de l'œil. Si ce canal est oblitéré, les larmes s'écoulent sur le chanfrein. On appelle cette maladie *fistule lacrymale.*

L'œil est le siége de maladies nombreuses.

L'opacité qui se produit sur la cornée lucide ou en arrière peut rendre le cheval aveugle.

Cette affection porte les noms de *nuage, taie* ou *albugo,* suivant qu'elle est faible ou qu'elle envahit toute la cornée lucide.

Le cheval est susceptible de presbytie ou de myopie. On appelle *cataracte* l'opacité du cristallin.

La cécité peut encore provenir de la paralysie du nerf optique : c'est l'*amaurose* ou *goutte sereine.*

Il est une autre maladie grave qui n'apparaît que par intermittence et n'attaque souvent qu'un œil à la fois, pour se porter ensuite sur l'autre : c'est la *fluxion périodique*. L'œil atteint diminue, pleure, perd sa transparence au bout d'un certain temps et conserve une teinte feuille-morte qui est le caractère distinctif de cette maladie.

Les *joues* se présentent sur les côtés de la tête; leur première partie forme une large surface lisse qui a pour base le principal muscle masticateur ; la partie inférieure, qui s'étend jusqu'à la commissure des lèvres, suit la forme de la mâchoire. Chez certains chevaux on trouve cette partie gonflée par les aliments qu'ils y ont accumulés ; c'est ce qu'on appelle *faire grenier* ou *magasin*.

Les *ganaches* sont formées par le bout postérieur des branches de la mâchoire. Elles doivent être écartées et sèches. Si elles sont trop volumineuses, le cheval est dit chargé de ganaches.

Les *naseaux* sont les ouvertures extérieures des cavités nasales. Chacun d'eux est formé par deux lèvres qui doivent être bien ouvertes et facilement dilatables.

Nous remarquerons que le cheval les ouvre de plus en plus à mesure qu'il accélère son allure. Les naseaux étroits sont un signe de peu de fond ; ils amènent souvent le cornage.

La muqueuse qui tapisse les naseaux est d'un rose vif qui est l'indice de la santé. Elle sécrète en temps ordinaire un liquide limpide peu abondant. Si celui-ci s'épaissit, s'il devient verdâtre et gluant, nous craindrons la morve. Ce symptôme coïncide avec l'engorgement de l'auge.

La tête dans son ensemble. — Si maintenant nous considérons la tête dans son ensemble, nous verrons que sa beauté dépend non-seulement de celle de chacune de ses parties, mais des proportions générales, de la forme, de la direction et de l'attache.

La tête belle présente la forme d'une pyramide quadrangulaire, large vers le front et courte intérieurement. C'est ce qu'on appelle *tête carrée*.

La peau est fine, les oreilles bien plantées et courtes, l'œil grand, doux et vif, les naseaux ouverts, le chanfrein droit ou camus, l'attache avec l'encolure bien dégagée.

Les conformations défectueuses sont :

La *tête busquée*, dont le front et le chanfrein sont convexes, et la *tête de lièvre*, qui à cette disposition du chanfrein ajoute de grandes oreilles rapprochées l'une de l'autre.

La *tête vieille*, qui pèche par excès de maigreur.

La *tête empâtée* ou *lourde* (fig. 4), dont toutes les parties semblent noyées dans le tissu cellulaire.

Le port de tête se lie à celui de l'encolure. La position de ce véritable balancier a une grande influence sur les allures.

Le cheval qui s'*encapuchonne* aura les allures raccourcies et gracieuses du manége.

Si au contraire il tend son encolure et *porte le nez au vent* (fig. 3) dans une direction horizontale, il sera dans une meilleure condition pour aller vite, mais aussi, souvent, en dehors de la main.

La position intermédiaire, qui est la plus naturelle, est aussi celle qui convient le mieux comme liberté de respiration, bonne action du mors, équilibre de la masse, facilité d'allures.

L'*encolure* a pour base les vertèbres cervicales, le ligament cervical qui en détermine l'arête supérieure, la trachée qui est au-dessous, et enfin des muscles nombreux et forts, fléchisseurs, releveurs et extenseurs de la tête et de l'encolure, qui forment les parties latérales de cette dernière.

La *crinière*, qui orne la partie supérieure, est d'autant plus fine et soyeuse que le cheval est de race plus distinguée. Le bord de l'encolure doit être mince ; il est quelquefois tellement empâté de tissu graisseux que l'encolure est entraînée d'un côté, ce qui constitue l'*encolure versée* ou *penchante*.

La malpropreté de la crinière occasionne des crevasses toujours longues à guérir.

Le bord inférieur doit être arrondi d'un côté à l'autre et large, ce qui annonce le développement de la trachée.

Dans certaines maladies on est obligé de pratiquer une ouverture à la trachée (*trachéotomie*), opération dont nous trouverons les traces.

On trouve aussi vers la même région des traces de *sétons* ou de *saignée* de la jugulaire.

Les sétons auront probablement été placés pour maladie des yeux, du cerveau ou des voies respiratoires. La saignée peut occasionner l'oblitération de la jugulaire, ce qui est grave (1). La circulation étant interrompue de ce côté, l'autre jugulaire peut ne pas suffire pour ramener le sang veineux de la tête au cœur. Il en résulterait une congestion cérébrale.

L'attache de l'encolure au garrot, aux épaules, au poitrail se fait par une fusion harmonieuse des parties; c'est ce qu'on nomme l'*encolure bien sortie*.

On a déjà signalé l'importance de la tête et de l'encolure comme balancier. La pondération étant la base de la science équestre, la position de l'encolure est un des points auxquels le cavalier attache le plus d'importance. Ainsi on peut presque dire que pour le cheval de selle il n'est point d'encolure trop longue, à moins toutefois qu'elle ne soit en même temps trop grêle; l'harmonie avec les autres parties du corps est la seule règle. Lorsqu'un cheval est ainsi conformé, on dit *qu'il a de la branche*.

L'encolure a des directions variables.

Elle peut être *droite* du garrot à la nuque. Cette disposition peu gracieuse se trouve chez le cheval de course, auquel elle convient.

L'encolure *rouée* (fig. 2) décrit une courbe qui amène le cheval à s'encapuchonner.

---

(1) Pour s'en assurer, on place le doigt un peu au-dessous de la cicatrice et on appuie de manière à interrompre la circulation. Le sang s'accumule alors et forme un gonflement qui disparaît quand on enlève le doigt. Ce gonflement ne se produit naturellement pas si la cicatrisation de la saignée a oblitéré la jugulaire.

Certains chevaux ont l'*encolure du cerf* ou *encolure renversée* (fig. 3). Comme l'encolure droite, elle est favorable aux grandes allures. Elle est quelquefois accompagnée d'une dépression plus ou moins profonde qui existe vers le garrot, et que l'on désigne du nom de *coup de hache*.

Enfin il y a l'*encolure de cygne*, qui, renversée à sa base, est rouée à la partie supérieure. C'est la plus gracieuse. Elle ne se trouve guère que chez les chevaux très-fins, qui ont des allures cadencées et brillantes.

Le *poitrail* est situé en dessous de l'encolure, entre les pointes des épaules. Son développement en hauteur et en largeur indique la longueur et l'écartement des premières côtes, et comme conséquence le volume des organes pulmonaires.

La largeur, qui indique la force musculaire, convient plutôt au cheval de gros trait. Son exagération dans le cheval de selle ralentit l'allure en déterminant souvent un bercement désagréable. On lui préférera donc la hauteur.

Les *ars* sont les plis de la peau à la jonction des membres antérieurs avec la poitrine. L'*inter-ars* est l'espace compris entre les deux ars.

Le *garrot* est placé entre l'encolure et le dos.

Il a pour base les apophyses épineuses les plus élevées des vertèbres dorsales. On se rappelle que nous avons signalé ces apophyses comme point d'attache de deux muscles importants, les ilio-spinaux, qui relèvent l'avant-main sur l'arrière-main et inversement. Ce sont les muscles qui agissent pour opérer le cabrer, le saut et le galop en prenant leur point fixe à la croupe. Aussi les chevaux qui ont le garrot élevé exécutent-ils ces mouvements avec facilité.

Le garrot élevé est aussi favorable à l'allure du trot par le soutien qu'il donne à l'avant-main, facilitant ainsi le développement des membres antérieurs.

Le garrot doit aussi s'incliner en arrière ; sa hauteur et sa direction se lient presque toujours à la beauté de l'épaule (fig. 2).

Le beau garrot maintient la selle et le cavalier dans une

position avantageuse. Les chevaux communs ont le garrot mal sorti, bas et charnu (fig. 4); on y est mal en selle et cette conformation amène souvent des tumeurs douloureuses et longues à guérir.

La beauté de l'épaule dépend de sa longueur et de sa direction oblique (fig. 2). Ces conditions indiquent un jeu plus

Fig. 2.

Bel avant-main. — Encolure rouée. — Beau garrot et belle épaule.
Bonne attache de rein. — Croupe relativement courte. — Un peu écarté
dans ses membres.

grand dans l'angle scapulo-huméral et une plus grande intensité d'action dans les muscles dont l'insertion est plus perpendiculaire.

Les conditions de hauteur du garrot et de longueur et direction d'épaule sont celles qui permettent le mieux de préjuger les allures d'un cheval à l'examen.

Certains chevaux ont les *épaules froides* au départ; on appelle *épaules chevillées* les épaules constamment froides.

Le *bras* a pour base l'humérus; son étude se confond avec celle de l'épaule, leurs caractères de beauté tenant aux mêmes causes.

L'*avant-bras* est formé par le cubitus et les muscles qui meuvent le reste du membre. Sa direction doit être verticale. Le développement des muscles indique leur force.

L'avant-bras doit être long au détriment du canon. On voit en effet que le cheval embrassera d'autant plus de terrain à chaque temps de trot, que l'avant-bras sera plus long. Si au contraire le cheval a le canon long et l'avant-bras court, il relèvera bien davantage, trottera du genou, comme on dit, et avancera moins.

Toutefois ce dernier aura souvent plus de sécurité dans les allures : le cheval qui a l'avant-bras long, marchant près de terre, *en rasant le tapis*.

Vers le milieu de la face interne de l'avant-bras, on distingue la *châtaigne*, qui est d'autant plus petite que le cheval est plus distingué.

Le *coude*, qui est formé par l'apophyse olécrane, doit être proéminent et dans un plan parallèle à l'axe du corps.

Certains chevaux qui se couchent en vache déterminent à cette partie, par le contact répété du fer, une tumeur plus ou moins volumineuse, connue sous le nom d'*éponge*.

Le *genou* est formé par l'articulation des carpiens avec le cubitus et les métacarpiens. Il importe que toutes ces parties, qui à l'extérieur sont l'avant-bras, le genou et le canon, soient dans le prolongement l'une de l'autre et dans une direction verticale : c'est une condition de solidité.

Si le genou est porté en avant, il est dit *arqué*. C'est presque toujours suite d'usure. Les jambes fléchissent sous le poids du cavalier, et les chutes sont à craindre ; déjà elles ont laissé au genou des traces qui font dire que le cheval est *couronné*.

Quelquefois le genou est en avant par conformation de naissance ; le cheval est dit alors *brassicourt*. On ne trouve pas chez ce cheval de trace d'usure comme dans le cheval arqué, ni le tremblement particulier qui caractérise ce défaut.

Si au contraire le genou est porté en arrière, on l'appelle

genou creux. Ce défaut, toujours congénial, est bien moins sérieux.

Le genou peut aussi être porté en dedans, ce qui s'appelle *genou de bœuf*, ou en dehors, *genou cambré.*

Bien fait, le genou présente une surface large, unie, légèrement arrondie d'un côté à l'autre.

Le *canon*, vu de face, doit être mince, car la solidité tient à la densité de l'os et non à son volume.

Fig. 3.

Cheval grêle. — Encolure renversée. — Très-belle ligne de croupe.
Flanc retroussé. — Tendon failli. — Droit jointé.

Vu de profil, au contraire, il ne saurait présenter trop de largeur, ce qui revient à dire que les tendons fléchisseurs qui passent sur les sésamoïdes doivent être bien détachés dans cette partie, pour s'insérer plus perpendiculairement sur les phalangiens.

Il arrive parfois que ces tendons, tout en étant bien détachés par les grands sésamoïdes, sont resserrés dans leur partie supérieure contre le genou. Cette conformation, qui a pour conséquence une déperdition de force, s'appelle *tendon failli* (fig. 3).

Chez les chevaux de race on distingue, entre le canon et les tendons, le *ligament suspenseur du boulet*.

On a compris par ce qui précède l'importance de l'articulation du *boulet*. On remarquera que les phalangiens sont placés dans une direction oblique, au lieu de supporter verticalement le poids considérable du corps du cheval; il faut donc que les ligaments soient très-forts, et ils auront d'autant plus de force que les grands sésamoïdes les détacheront davantage des phalangiens.

Il se produit un autre effet qui vient diminuer l'action du poids du corps (action d'autant plus destructive que l'allure est rapide) : c'est l'élasticité de ces trois articulations du boulet et des phalangiens. Elle décompose la résistance.

Le boulet sera dans les meilleures conditions de solidité lorsqu'il présentera beaucoup de largeur d'avant en arrière.

L'arrière du boulet est pourvu d'un petit bouquet de poils, dit *fanon*, qui est d'autant moins développé que le cheval est plus fin de race. Au milieu du fanon, à la pointe du boulet, se trouve l'*ergot*, petite production cornée.

Le *paturon* et la *couronne* se font suite et peuvent être étudiés ensemble. Ils forment avec le sol un angle de 50° à 60°. Le paturon court offre évidemment les meilleures conditions de force, mais il rendra les réactions plus dures. Il est dit alors *droit-jointé* (fig. 3).

L'exagération opposée est appelée *long-jointé*. Cette conformation fatigue doublement les tendons. Une conformation intermédiaire est préférable.

Le *pied* fera l'objet d'un prochain article. Nous n'avons point parlé non plus des *tares*, elles seront traitées dans un chapitre spécial.

2° **Le corps.** — Le corps comprend : le dos, le rein, les côtes, le passage des sangles, le ventre, les flancs.

Le *dos* est la partie du corps sur laquelle repose la selle et tout le poids du cavalier. Il est donc important qu'il soit fort, c'est-à-dire court, bien musclé et droit.

Quelquefois le dos est dévié et s'infléchit en bas, ce qu'on appelle *ensellé*. Ce défaut vient presque toujours de l'excès de longueur. Il en résulte des réactions plus douces, mais la force de progression est moindre et les blessures provenant du paquetage sont plus à craindre, bien qu'il y ait des selles appropriées à cette conformation.

Si au contraire le dos est voussé en contre-haut, on le nomme *dos de carpe* ou *dos de mulet*. Cette conformation est évidemment beaucoup plus propre au support des fardeaux, mais elle est contraire à la vitesse et entraîne souvent des réactions fatigantes pour le cavalier.

Le dos est *double* quand il présente de chaque côté de la ligne médiane des muscles qui font saillie; il est plus favorable au maintien de la selle qu'il soit *tranchant*.

Ces dispositions du dos tiennent presque toujours à la conformation du *rein* qui lui fait suite. C'est une des parties les plus importantes à considérer dans le cheval de service.

La bonne direction du rein (fig. 2), son attache forte et bien musclée, son peu de longueur assurent au cheval la puissance pour supporter le poids qu'on lui impose, la bonne harmonie entre l'impulsion qui vient de l'arrière-main et le soutien que donne l'avant-main : il en résulte docilité, régularité d'allures, durée du cheval.

Le rein long, au contraire, amène une prompte usure, des allures irrégulières, des souffrances à chaque mouvement un peu violent, souffrances auxquelles nous attribuerons des défenses que le dressage ne saurait empêcher.

Si, entre le rein et la croupe, on voit une ligne de démarcation qui semble séparer ces deux parties, on dit que le rein est *mal attaché* ou *plongé*.

Cette conformation prédispose le cheval à l'*effort de rein*, maladie grave qui est une distension des muscles et des ligaments sous-lombaires.

La compression du portemanteau ou même simplement de la selle, détermine quelquefois au rein une plaie, longue à guérir, nommée *mal de rognon*.

La souplesse du rein est un indice de santé utile à constater: on la constate en pinçant légèrement le rein.

La cavité formée par les *côtes* correspond au développement
des organes pectoraux. Hauteur et largeur seront donc,
comme pour le poitrail, des indices favorables. Toutefois, pour
e cheval de selle, on préférera la *côte plate*, qui présente un
meilleur appui aux bandes de la selle, à la *côte en cerceau*,
qui occasionne souvent le bercement des allures et qui est

Fig. 4.

Tête lourde, encapuchonnée; encolure courte. — Garrot bas.
Croupe avalée et trop forte.

plus sujette aux indurations (*cors*) ou blessures qu'occasionne
la selle.

Le *passage des sangles* a pour base le sternum et l'insertion des côtes. Il doit être cylindrique et exempt de traces de
vésicatoires, lesquelles seraient l'indice d'affections graves à
la poitrine.

Le *ventre* fait suite à la poitrine et contient les intestins.
Les chevaux communs élevés dans les pâturages humides ont
souvent le *ventre de vache*, c'est-à-dire très-volumineux, ce
qui nuit aux allures, mais peut se modifier par le régime sec.

Dans l'exagération opposée, le cheval est dit *levretté; il manque de boyau.* C'est souvent un cheval qui se nourrit mal ou qui souffre d'une ancienne maladie.

C'est aussi quelquefois l'effet d'un tempérament trop irritable.

Le ventre est quelquefois le siége de hernies, sortes de tumeurs produites par la sortie plus ou moins volumineuse des viscères, par une ouverture accidentelle des parois de l'abdomen. Cette affection peut être grave.

Les *flancs* sont la partie supérieure du ventre comprise entre les côtes et la hanche. Ils doivent être courts comme le rein dont ils dépendent.

Les chevaux malades ou épuisés ont le *flanc creux*, presque toujours même *cordé*, c'est-à-dire qu'ils présentent une saillie en forme de corde qui s'attache à la hanche. On dit aussi que le flanc est *retroussé* (fig. 3).

Le mouvement du flanc est très-important à examiner comme indiquant l'état de la poitrine. Un arrêt, un brusque soubresaut qui coupe l'expiration, est l'indice de la *pousse*, affection qui se classe dans les vices rédhibitoires.

3° **Arrière-main.** — La *croupe* fait suite au rein et s'étend entre les hanches jusqu'à la queue et les cuisses. C'est elle qui transmet à la masse du corps les efforts produits par les membres postérieurs. La direction et la longueur des leviers, le développement des masses musculaires qui la composent, sont donc fort importants. Ce sont eux qui détermineront les caractères de beauté de la croupe.

Les coxaux fortement liés au sacrum s'articulent vers leur milieu sur le fémur; les ischions qui se prolongent en arrière vers la pointe de fesse forment avec les ilions, base de la hanche, les extrémités d'un levier qui sera d'autant plus fort qu'il sera plus long. Ceci indique comme qualité la longueur de la croupe (fig. 2).

La croupe est *horizontale,* ou *avalée* (fig. 4); ce sont les limites extrêmes de direction. Avalée, elle est défectueuse, parce que les muscles qui la forment seront courts et ont peu d'action sur les leviers qui tendent à prendre une direction parallèle. Horizontale, elle sera plus apte à chasser en avant par les raisons opposées. Cette dernière conformation est aussi la plus gracieuse à l'œil, mais elle laisse moins de force à la ligne supérieure du corps pour résister au poids du cavalier et elle est moins favorable au rassembler. On lui préférera une direction un peu oblique de la pointe de la hanche à la pointe de la fesse, tandis que la ligne supérieure de la croupe restera horizontale par l'attache et le port de la queue (fig. 3).

Fig. 5.

Croupe tranchante. — Cuisse de grenouilles.
Jarrets clos. — Pieds panards.

La croupe peut être *tranchante* (fig. 5) ou *double*, comme le dos.

La *queue* doit être attachée haut. Elle est soyeuse et d'un port élégant chez le cheval de race.

Les chevaux communs l'ont basse, pendante et formée de crins ondulés et bourrus. On en peut rectifier le port par une opération qui consiste à couper une partie des muscles abaisseurs.

Si on a retranché une partie du tronçon et les crins, le cheval est dit *courte queue.*

Le cheval *queue de rat* est celui dont les poils sont clairsemés.

L'*anus* est l'orifice postérieur du canal de l'intestin. Il doit former un petit bourrelet serré, qu'on dit *bien bondé* ou *bien marronné.* Volumineux et béant, il est l'indice d'un tempérament lymphatique. Il est quelquefois environné de tumeurs noires, dites *mélaniques,* qui rendent un suintement fétide. Ces tumeurs existent surtout chez les chevaux de robe claire.

La *hanche* est placée en arrière du flanc. Sa saillie très-prononcée fait dire du cheval qu'il est *cornu*. Ce n'est un défaut que pour l'œil.

On remarquera quelquefois une différence dans les deux hanches (ce qu'on nomme *éhanché*); cela vient presque toujours d'un choc violent que le jeune cheval s'est donné.

La *fesse* sera d'autant plus belle qu'elle sera plus développée, ce que l'on nomme *bien culotté*.

Chez les chevaux maigres ou d'un tempérament nerveux, elle porte quelquefois un sillon longitudinal : c'est la *raie de misère*.

On y trouve quelquefois aussi des traces de sétons qui sont l'indice d'une maladie ancienne des membres ou des organes intérieurs.

La *cuisse* a comme le bras pour caractères de beauté : longueur et développement musculaire. On la dit *bien gigottée* ou *cuisse de grenouille* (fig. 5) suivant qu'elle est bien musclée ou maigre.

Le *grasset* a pour base la rotule. Celle-ci se luxe quelquefois, ce qui est grave chez le cheval adulte et occasionne toujours des boiteries.

La *jambe* doit être longue, oblique et bien musclée. On répétera à son sujet les considérations qui s'appliquent aux membres antérieurs.

Le *jarret* tient le premier rôle dans l'étude de la locomotion. Son épaisseur, sa largeur, la longueur du calcanéum, la sécheresse des os et des tendons sous la peau, sont les signes de la force et de la détente de l'articulation.

La direction du jarret est aussi à étudier :

Le *jarret coudé* est plus favorable à la force, puisque les muscles extenseurs agissent plus normalement; mais les allures gagnent plus en hauteur qu'en rapidité. Les extrémités postérieures étant plus engagées sous la masse, il en résulte une plus grande légèreté dans l'avant-main.

Le *jarret droit* est moins puissant, mais il est plus favorable à la vitesse des allures, au détriment de la souplesse.

Plus que toute autre articulation, le jarret est sujet à des lésions graves que nous étudierons plus loin.

La description du canon, du boulet, des phalangiens, qui a été faite pour les membres antérieurs, s'applique aux membres postérieurs.

Les *organes de la génération* chez le cheval sont ainsi composés :

Le *fourreau* est un pli de la peau qui enveloppe le pénis. Il doit laisser celui-ci entrer et sortir librement. Trop étroit, il peut causer un étranglement de cet organe ; trop large, il laisse entrer une grande quantité d'air que le ballottement du pénis chasse avec un bruit désagréable.

Le *pénis* est contenu dans le fourreau, d'où il ne sort que dans l'érection qui sert à l'accouplement, dont nous n'avons pas à nous occuper, ou pour conduire l'urine au dehors.

Le fourreau et le pénis sont souvent le siége de *verrues* ou *poireaux* qui proviennent de la malpropreté.

Le *scrotum* forme une sorte de bourse qui contient les *testicules*. La plupart de nos chevaux de cavalerie étant *hongres*, c'est-à-dire castrés, n'ont point cet appendice. Il n'y a d'exception que pour les chevaux arabes.

Chez la jument, les organes de la génération se composent de :

La *vulve*, qui s'ouvre verticalement en dessus de l'anus. Elle présente quelquefois des excroissances charnues nommées *polypes*. Certaines juments ouvrent fréquemment la vulve pour rejeter un liquide purulent qui peut être l'indice de maladie de la matrice. C'est aussi l'effet des *fureurs utérines* qui rendent ces juments chatouilleuses, irritables et parfois dangereuses.

Les *mamelles* se trouvent dans la région inguinale. Elles sont à peine apercevables dans l'état ordinaire.

On appelle *périnée* l'espace qui sépare l'anus du scrotum ou de la vulve.

Des proportions. — L'étude de toutes les régions du corps prises isolément n'est point suffisante pour juger les aptitudes d'un cheval; il faut comparer entre elles ces différentes parties et chercher leurs bonnes proportions.

La tête a été prise comme unité de mesure, et des méthodes anciennes l'ont divisée en fractions et sous-fractions à l'infini. Sans tomber dans ces exagérations, nous accepterons volontiers la tête comme base de comparaison, parce qu'il est facile de déterminer ses caractères de beauté. Encore faut-il ajouter que l'habitude d'examiner des chevaux forme l'œil et dispense bien vite de ces mesures comparatives.

On admet que le cheval aura la longueur du corps (de la pointe de l'épaule à la pointe de la fesse) à peu près égale à la hauteur mesurée au garrot; ces deux dimensions donnent chacune 2 têtes $\frac{2}{3}$.

L'épaule mesure 1 tête.

La hauteur du tronc, au garrot, pas tout à fait 1 tête $\frac{1}{3}$. Le membre antérieur un peu plus de 1 tête $\frac{1}{3}$. L'encolure à peu près la même mesure.

Ce sont les seules dimensions qui soient facilement comparables.

Avec cela, nous chercherons la croupe longue, le rein court, les rayons supérieurs des membres longs, au détriment des inférieurs; le pied dans une bonne direction oblique, les premiers phalangiens plutôt courts que longs, les articulations larges, les tendons bien détachés.

Les défauts de proportion peuvent affecter les membres ou le corps.

L'excès de hauteur des membres fait dire d'un cheval qu'il est *haut perché*. Si, au contraire, le cheval a les membres courts, on le dit *près de terre*.

La disproportion entre l'avant-main et l'arrière-main fait le cheval *trop haut du devant* ou *bas du devant*. Dans l'un ou l'autre cas, il y a défaut d'équilibre entre l'avant et l'arrière-main, et, par suite, usure probablement plus rapide du bipède le moins fort. Il en pourra résulter aussi une défectuosité dans les allures, défectuosité que le cavalier devra combattre, soit en asseyant son cheval davantage, si c'est l'avant-main qui est plus faible, soit en ralentissant les allures si l'arrière-main, trop faible, ne peut suivre les mouvements de l'avant-main.

Le garrot bas, défaut que nous avons signalé en étudiant le garrot, vient, à proprement parler, du défaut de longueur des membres antérieurs. Si ceux-ci sont assez longs et que cependant le garrot soit peu saillant, on dira qu'il est *mal sorti* ou *empâté*.

Les défauts : *trop haut* ou *trop bas* du derrière, donnent lieu à des considérations semblables.

Il faut remarquer encore que le cheval qui n'aura point de disproportion dans la hauteur de l'avant ou de l'arrière-main, peut cependant être mal équilibré par le désaccord de l'épaule et de l'avant-bras, d'une part, de la croupe et du jarret, de l'autre.

Le corps trop long est presque toujours accompagné de faiblesse et d'allures décousues. Si le corps est trop court, le cheval aura les allures ralenties, forgera souvent, mais comme compensation il présentera beaucoup plus de force.

Des aplombs. — On appelle *aplombs* la direction que prennent les membres du cheval, soit comme supports dans la station, soit comme agents de la progression.

Comme supports, la meilleure direction sera évidemment la verticale, les membres étant examinés de face, de profil ou par derrière. (Cette direction pour les membres antérieurs s'applique à l'avant-bras, au genou et au canon ; pour les membres postérieurs, au canon seul.)

Si les membres antérieurs vus de profil sont déviés en arrière et plus engagés sous la masse, le cheval est dit *sous lui du devant ;* il est plus susceptible de tomber et de forger.

La déviation en avant est plus rare. On dresse quelquefois les chevaux à prendre cette attitude comme plus élégante, mais le cheval qui, de lui-même, est *campé du devant,* souffre souvent des pieds ou des épaules.

Lorsque les phalangiens sont dans une direction qui se rapproche de la verticale, le cheval est dit *droit jointé ;* s'ils sont, au contraire, dans une direction trop oblique (ce qui vient presque toujours de l'excès de longueur du paturon), on le dit *long jointé.*

Le cheval vu de face est *serré du devant* si les pieds sont trop rapprochés; s'ils sont éloignés avec excès, on le dit *écarté du devant* (fig. 2).

Ces deux déviations de la colonne de sustentation sont presque toujours accompagnées de celle du pied, qui est *cagneux* ou *panard,* suivant qu'il est en dedans ou en dehors de la verticale. Ces défauts peuvent aussi exister dans les pieds seulement.

Le cheval cagneux fait l'appui surtout sur le quartier externe qui, par conséquent, s'use davantage : c'est l'inverse pour le cheval panard.

Au point de vue des allures, le cheval cagneux est disposé à se couper, ce qui peut amener des chutes.

Panard et cagneux ont aussi le défaut de ne pas mouvoir leurs membres dans le plan parallèle à celui de la progression. Il en résulte une perte de temps et de force. On dit de l'un qu'*il billarde* et de l'autre qu'*il fauche.*

Les membres postérieurs ont des défectuosités analogues.

Un cheval est *sous lui du derrière* ou *campé du derrière.* Dans le premier cas, il y a fatigue inutile des tendons et des jarrets, des allures cadencées, un enlevé facile de l'avant-main sur l'arrière-main. Dans le second, il y a surcharge dans l'avant-main. ralentissement dans les allures.

Vu par derrière, le cheval peut être *serré du derrière* ou *trop ouvert.*

Si ce sont les jarrets qui sont en dedans, on dit que le cheval a les *jarrets clos* (fig. 5); s'il les a en dehors de la verticale, ils sont *trop ouverts.* Presque toujours, le pied est en même temps panard ou cagneux.

Ces défauts ont des conséquences semblables à ce qu'on a dit des membres antérieurs.

Lorsqu'on examine un cheval, il faut le voir en station et en mouvement.

La station. — En station, on observe chacune des parties, les proportions, les aplombs, enfin l'âge et les tares que l'on étudiera plus loin.

Il faut distinguer dans la station la *station forcée*, qui est le *rassemblé*, et la *station libre*, que est l'attitude que le cheval prend de lui-même. Les marchands de chevaux nous laisseront difficilement étudier cette dernière, dans laquelle nous surprendrions des défauts cachés.

Les allures. — Les allures naturelles comprennent le pas, le trot et le galop.

Sans vouloir entrer dans les discussions sans nombre qu'a provoquées le mécanisme des allures, nous en donnerons une description sommaire.

Le pas. — Bien que le pas soit l'allure la plus lente, c'est la plus compliquée et celle qui a donné lieu à plus de controverse. Il s'exécute en quatre temps très-légèrement rapprochés deux à deux, qui se succèdent en diagonale, de telle sorte que chaque extrémité fasse entendre sa battue séparément.

Ainsi, au poser du membre antérieur droit succède le poser de la jambe gauche postérieure, et de même pour le diagonal gauche. Mais les extrémités postérieures n'attendent pas pour se lever que les antérieures qui les précèdent en diagonale aient effectué leur poser; c'est lorsque les antérieures sont arrivées vers le milieu de leur soutien que les postérieures commencent à se lever.

Il en résulte que la masse est supportée alternativement par un bipède latéral et par un bipède diagonal.

La station sur les diagonaux est plus longue, parce que l'équilibre est assuré.

La station sur les latéraux est plus courte, parce que l'équilibre est instable; nous voyons même qu'au moment où le corps est supporté par un bipède latéral, un des membres de l'autre bipède arrive aussitôt au secours de la masse, et pendant un instant — très-court, il est vrai — la station se fait sur trois jambes. Cet effet se produit au moment où la masse passe {des diagonaux sur les latéraux et des latéraux sur les diagonaux. (Voir le tableau des allures.)

Il est une autre remarque à faire sur cette allure: c'est que,

LE PAS.

1° Départ. Lever du membre antérieur droit.

2° Lever du postérieur gauche. Station sur le diagonal gauche.

3° L'antérieur droit posé, lever de l'antérieur gauche. Station sur le latéral droit, le postérieur gauche arrive au secours de la masse.

4° Le diagonal droit à terre; le postérieur droit se lève lorsque l'antérieur gauche est à mi-chemin de sa course.

5° Le latéral gauche à terre; le postérieur droit prend la place de l'antérieur comme au n° 3. Pour un instant il y aura appui sur trois membres, etc.

dans le pas ordinaire ou pas soutenu, les membres postérieurs couvrent exactement les empreintes qu'ont laissées les membres antérieurs.

Dans le pas allongé, les empreintes se croisent. Si, au contraire, l'allure se ralentit, la trace des pieds postérieurs n'atteint pas celle des pieds antérieurs.

Le trot. — Le trot s'opère en deux temps , les extrémités se suivant par bipède diagonal avec un ensemble parfait. Chaque battue est suivie d'un soutien plus ou moins long dans l'espace.

Dans le trot soutenu, les pieds postérieurs viennent prendre sur le sol la place des antérieurs.

Dans le trot allongé, le trajet dans l'espace est beaucoup

LE TROT.

En l'air.   A terre : diagonal droit.

En l'air.   A terre : diagonal gauche.

plus long et les foulées se croisent. Certains chevaux qui parcourent le kilomètre en moins de 2 minutes, couvrent dans un pas complet 3^m,20 à 3^m,40.

Les chevaux poussés hors de leur allure se détraquent, et chaque battue arrive à se décomposer en deux.

Le galop. — Le galop est une allure à trois temps, dont le mécanisme est parfaitement expliqué par l'ordonnance de cavalerie.

Dans le galop à droite, le 1er temps est marqué par le membre postérieur gauche qui pose seul à terre, les autres s'enlevant comme pour le cabrer; le 2ᵉ temps est marqué par le bipède diagonal gauche; enfin, au moment où ce diagonal gauche termine son appui, la jambe antérieure droite effectue le sien, ce qui constitue le 3ᵉ temps.

La masse, ayant alors acquis une grande vitesse par la dé-

LE GALOP (sur le pied droit).

1ʳᵉ foulée : postérieur gauche.   2ᵉ foulée : diagonal gauche.

3ᵉ Foulée : antérieur droit.   En l'air.

tente des extrémités, progresse dans l'espace, pendant un temps plus ou moins long, en décrivant un mouvement de bascule, pour recommencer ensuite les foulées dans le même ordre.

Le galop de course s'exécute de la même manière, seulement les foulées sont considérablement plus espacées et le temps de suspension dans l'espace plus long.

Quelques auteurs ont voulu faire du galop de course une allure particulière, qui s'exécuterait en deux temps. Nous ne pouvons classer comme allure les bonds que quelques rares chevaux d'élite ont su faire dans un moment de surexcitation suprème.

Allures défectueuses. — Toutes les autres allures sont considérées comme défectueuses ou artificielles.

Ces dernières, que l'on appelle aussi *airs de manége*, peuvent varier à l'infini par le dressage; nous n'avons pas à les étudier dans ce cours.

Les allures défectueuses sont les suivantes :

L'*amble* s'exécute en deux temps, comme le trot, mais par bipèdes latéraux et en rasant le sol avec vitesse. Lorsque les quatre battues se font entendre séparément, on appelle cette allure *amble rompu*. Ces deux allures extrêmement douces étaient recherchées autrefois pour les bidets de poste.

Il en était de même du *pas relevé*. Le pas relevé est un pas précipité, dans lequel les quatre battues sont espacées deux à deux.

Le *traquenard* est une sorte de trot décousu et désagréable pour le cavalier, que les chevaux prennent lorsqu'on les pousse hors de leur allure.

L'*aubin* est un mode de progression dans lequel le cheval semble galoper du devant et trotter du derrière. Il résulte presque toujours d'excès d'usure.

Enfin, certains chevaux communs ont un *galop à quatre temps;* il ne diffère de celui que nous avons étudié qu'en ce que les membres du bipède diagonal, au lieu de frapper le sol en même temps, arrivent l'un après l'autre.

Étude des tares. — Un grand nombre de causes, trop souvent impossibles à saisir, viennent troubler la régularité des allures.

Les boiteries déprécient le cheval, le mettent même tout à fait hors de service. Il est donc de première importance de les reconnaître.

Certaines de ces boiteries pourront provenir de tares qu'on

aura découvertes à l'examen du cheval en station; dans d'autres cas nous verrons un cheval, jugé parfaitement sain des membres, boiter plus ou moins bas.

Les *tares* sont des affections congéniales ou accidentelles qui atteignent les os, les tendons, les capsules synoviales et quelquefois simplement la peau.

Celles qui se produisent sur les os sont dites *tares dures* ou *exostoses ;* les autres s'appellent *tares molles.* Les unes et les autres ont les membres pour siége..

Tares dures. — Les tares dures sont presque toujours produites par une lésion du périoste, qui a amené une sécrétion anormale de la matière osseuse.

Fig. 7.

Suros.chevillé.

Face postérieure
du canon.

Les membres antérieurs peuvent être atteints des tares suivantes.

Exostose du genou. — Le genou est formé, comme on l'a vu, des os carpiens et de leur articulation, avec le cubitus d'une part, et le métacarpe de l'autre. L'exostose peut atteindre un ou plusieurs de ces os ; quelquefois elle les soude ensemble, ce qui empêche la flexion du membre.

Les ligaments et les tendons n'ont plus leur liberté d'action, le cheval boite.

A l'extérieur, nous ne trouverons plus la surface du genou nette comme nous l'avons demandé ; il y aura inflammation locale, gène dans le mouvement.

L'exostose est presque toujours incurable.

Suros. — Lorsqu'en examinant le canon, de face ou de profil, on aperçoit une saillie plus ou moins prononcée qui adhère à l'os, on dit que le cheval a un suros.

Les suros peuvent affecter un, deux ou les trois métacarpiens. Si le suros est simple, c'est-à-dire qu'il n'existe que sur un point du métacarpe et sur la partie latérale, il est peu grave, parce que les tendons et les ligaments ne passent point en cette place.

S'il descend le long du métacarpe, on le dit *en fusée* ou *en chapelet*.

Enfin, il peut être *double* ou *chevillé* s'il existe des deux côtés à la fois (fig. 7). Presque toujours alors les deux suros tendent à se rejoindre, soit en arrière sous les tendons fléchisseurs, soit en avant sous les extenseurs ; il les soulève en raison de son développement et nuit à leurs fonctions.

La boiterie est incurable.

Formes. — Les formes sont des exostoses qui affectent les phalangiens. Si petites qu'elles soient, elles sont toujours graves, cette région couverte de ligaments et de tendons étant le siège d'un travail continuel.

Dans les membres postérieurs, les canons et phalangiens sont sujets aux mêmes suros et formes.

Tares du jarret. — Le jarret est le siége de tares toujours sérieuses qui prennent, suivant leur place, les noms de *courbe*, *épargne* ou *jarde*.

La *courbe* se développe sur la tubérosité interne de l'extré-

Fig. 8.

Courbe.

Éparvin.

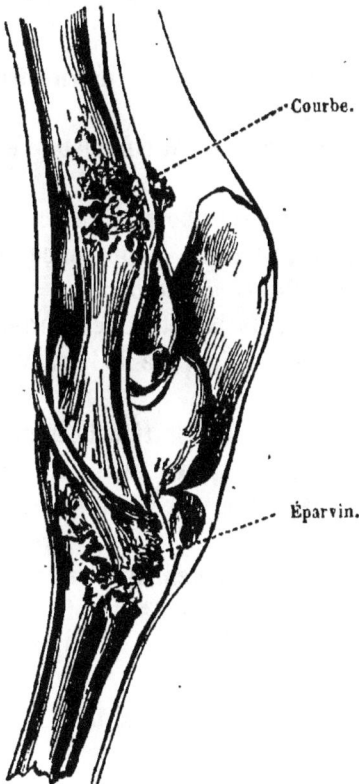

Jarret, face interne.

mité inférieure du tibia, au point où viennent s'attacher les ligaments latéraux du tarse (fig. 8 et 9 : C-1).

Elle atteint parfois un volume considérable, contournant l'articulation et gagnant la poulie et les autres tarsiens. On la dit encore *cerclée*.

L'*éparvin* est beaucoup plus grave. Il se produit également à la face interne du jarret, mais en bas sur le métatarsien rudimentaire et au point d'insertion du ligament latéral. Souvent il s'étend plus en avant, sous l'attache du tendon fléchisseur (fig. 8 et 9 : D-2).

Mais comme toutes les tumeurs osseuses tendent toujours à envahir les parties voisines, il est rare que l'éparvin se circonscrive dans les limites que nous venons d'indiquer.

La boiterie sera d'autant plus dangereuse qu'elle viendra plus en avant et plus près de l'articulation.

Lorsque l'induration de la matière osseuse est complète, l'éparvin est dit *calleux*.

D'autres fois les tissus sont imprégnés de phosphate calcaire non solidifié et qui, à la dissection, présente l'apparence de plâtre délayé. C'est ce qu'on appelle l'*éparvin de bœuf*.

La *jarde* se produit à la face externe du jarret, à l'extrémité supérieure du canon, par conséquent à l'opposé de l'éparvin (fig. 9 : E-3).

Cette tare prend généralement naissance sur la tête du métatarsien rudimentaire externe (que nous avons aussi appelé péroné) ; lorsqu'elle se limite à cette partie, elle prend le nom de *jardon*.

Lorsque l'exostose prend plus de développement et s'étend à la partie postérieure du jarret sous les tendons fléchisseurs des phalangiens, on l'appelle *jarde*. Cette tare est alors très-grave.

Moyens de les reconnaître. — Ces différentes tares forment une éminence plus ou moins prononcée ; mais il faut convenir qu'il est difficile de discerner cette éminence anormale de celle qui est naturelle et dont souvent elle occupe la place.

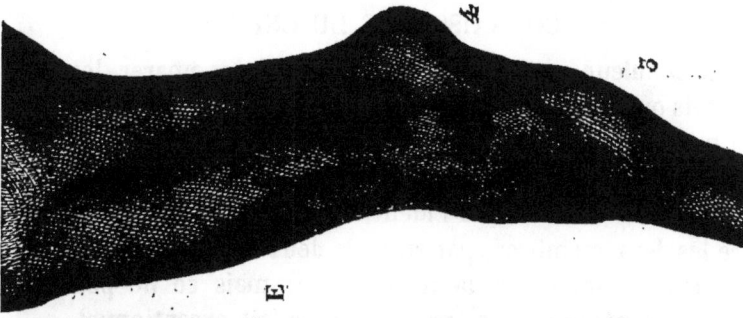

Jarret taré vu de profil.

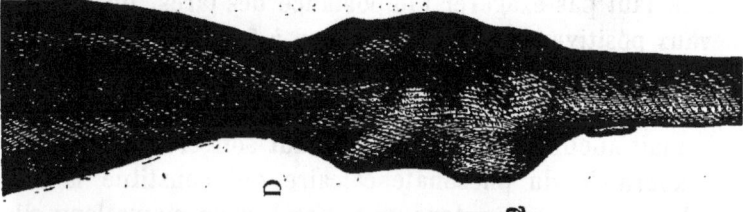

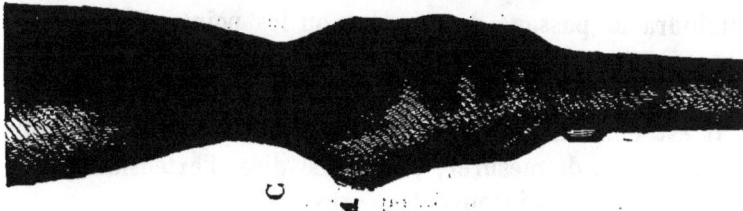

Jarrets tarés vus par devant.

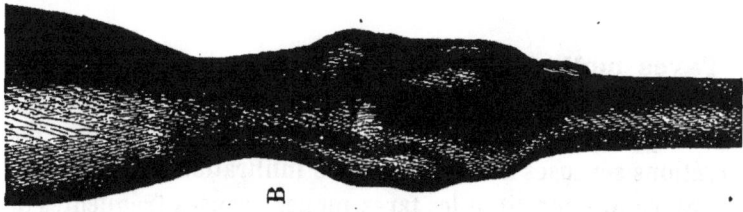

Jarret sain { A vu par derrière.
B vu par devant.

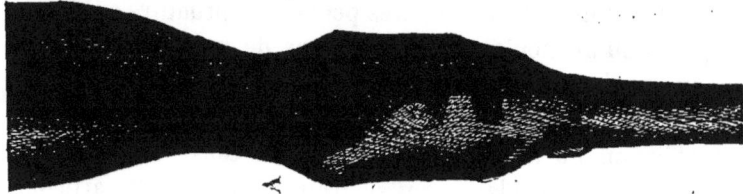

Fig. 9.

Le meilleur moyen d'y arriver est de comparer les deux jarrets ou les deux membres, et de bien s'assurer si la forme, la grosseur, la position des éminences sont parfaitement identiques (comparer fig. 9, les jarrets A, B, C, D).

Il pourra arriver que l'identité parfaite soit maintenue entre les deux membres, par suite de deux tares semblables survenues exactement à la même place; mais ce ne peut être évidemment qu'un cas très-rare tout à fait exceptionnel.

Il ne faut pas exagérer l'importance des tares, on voit des chevaux positivement tarés continuer à faire un très-bon service. Les Anglais même en tiennent peu compte, lorsque, après avoir essayé le cheval, ils ont constaté que la tare n'occasionnait aucune boiterie. Mais il faut songer que la sécrétion anormale du phosphate calcaire qui constitue la tare s'arrête rarement, que dans un temps plus ou moins long elle atteindra le passage des tendons ou les points d'attache des ligaments, et qu'alors le cheval deviendra boiteux et peut-être de valeur nulle.

Il est donc très-important d'observer la position actuelle de la tare et de mesurer, pour ainsi dire, l'extension qu'elle peut prendre sans inconvénient grave.

Tares molles. — Les capsules synoviales qui enveloppent les articulations, les tendons, les ligaments, les cartilages, sont exposées à des inflammations graves qui amènent des sécrétions séreuses anormales et des infiltrations des tissus.

C'est ce qui constitue les tares molles, causes fréquentes de boiteries.

Les inflammations capsulaires peuvent se produire au genou, au jarret ou au boulet. Elles n'ont pas de nom particulier au genou; au jarret, elles portent le nom de *vésigons;* au boulet, celui de *molettes.*

L'affection du genou est très-grave, à cause de la grande quantité de tissus blancs qui se trouvent dans cette articulation. Elle se présente sous forme d'un gonflement mou que l'on reconnaît au toucher et qui est surtout apparent pendant l'appui du membre.

Le *vésigon articulaire* se présente à la partie antérieure et interne du jarret, et quelquefois dans le vide du jarret.

Les *molettes* se montrent au-dessus du boulet. Elles sont dénommées simples, doubles ou chevillées comme les suros.

Vésigons et molettes peuvent aussi être causés par l'inflammation des tendons.

Le *vésigon tendineux* se place dans le vide formé entre le tibia et le calcanéum.

Les *molettes tendineuses* se forment le long du ligament suspenseur du boulet ou du tendon d'Achille.

L'inflammation des gaînes tendineuses donne lieu à des effets analogues à celle des capsules synoviales.

Les *capelets* sont dus à une infiltration de la peau et du tissu cellulaire à la pointe du jarret (fig. 9 : E-4).

Lorsqu'ils se limitent à ces parties, ils sont peu graves. Ils sont alors mollasses et vacillants au toucher; mais ils sont quelquefois le produit d'une sécrétion anormale et peuvent être même adhérents au tendon qui couvre la pointe du calcanéum. Le capelet est alors plus grave; il se manifeste par une fluctuation d'humeurs que l'on sent en palpant la pointe du jarret.

Causes des tares, leur traitement. — Les tares molles ou dures ont pour causes principales : les arrêts brusques, les efforts violents, les coups.

Le travail forcé, la pente trop grande du sol des écuries qui met les chevaux sur les jarrets, l'humidité constante des écuries ou des terrains marécageux, occasionnent des molettes.

Leur traitement fait partie de l'art vétérinaire: il comprend sommairement l'application d'astringents, d'émollients et de narcotiques pendant la période inflammatoire; puis, comme résolutifs, les frictions d'alcool camphré ou mercurielles, les réactifs violents, comme le sublime corrosif, le feu anglais, et enfin la cautérisation par le fer rouge.

Les molettes et l'engorgement des membres apparaissent

quelquefois à la suite d'un repos prolongé à l'écurie; les bains dans l'eau courante, les lotions d'eau blanche, les émollients et un exercice modéré sont alors les meilleurs moyens curatifs.

Éparvin sec. — Il ne faut pas confondre les éparvins, tares osseuses dont il a été question tout à l'heure, avec ce qu'on appelle *éparvin sec*.

L'éparvin sec consiste en une flexion brusque, saccadée du jarret, qu'on appelle *harper*.

Il n'y a pas de cause apparente et n'a d'autre inconvénient que d'être fort disgracieux et d'augmenter en pure perte le travail du membre qui en est affecté.

Effort du boulet. — L'effort du boulet consiste en une rétraction plus ou moins sensible des tendons fléchisseurs des phalangiens, qui se produit à la suite d'excès de fatigue ou d'efforts violents. Le boulet s'engorge et se porte en avant, l'appui du pied ne s'opère plus qu'en pince. On dit que le cheval est *bouleté*.

Il faut un long temps de repos et beaucoup de soins pour calmer l'inflammation et ramener les tendons à leur longueur normale.

Nerf-ferrure. — La nerf-ferrure est produite par une atteinte aux tendons ou par un effort violent qui y occasionne une grande inflammation. C'est un accident à redouter pour les chevaux de course. La guérison est lente et se termine souvent par un engorgement induré.

Boiteries. — L'examen du cheval peut n'amener la découverte d'aucune tare, et cependant, soit que la tare ait échappé à nos recherches, soit que la cause se produise à l'intérieur, le cheval boite...

Il faudra alors rechercher soigneusement le membre malade, afin de l'examiner avec plus d'attention encore; mais cette recherche elle-même est souvent très-difficile.

On distingue généralement trois degrés de boiterie : le cheval *feint*, il *boite*, ou il *boite bas*.

C'est surtout lorsque la boiterie est légère qu'elle est plus difficile à constater.

Le cheval cherche à soulager le membre malade en diminuant le temps et la force de l'appui.

Une oreille exercée saisit l'inégalité de la battue, et nous voyons le cheval se servir de son encolure comme d'un levier pour rejeter le poids du corps sur l'avant ou l'arrière-main, suivant qu'il souffre d'un membre postérieur ou d'un membre antérieur.

Mais ce symptôme lui-même peut nous induire en erreur : car si le cheval a levé la tête pour soulager un membre antérieur, il faut bien qu'il la baisse ensuite, et nous pourrons prendre ce deuxième mouvement comme indice d'une boiterie d'un membre postérieur.

On observera le jeu alternatif des épaules pour une boiterie antérieure et des hanches pour une boiterie postérieure. On verra l'une ou l'autre se soulever pour éviter la réaction au moment où s'opère l'appui, et s'élever ensuite pour que le membre malade participe moins à la progression.

Enfin, si la marche a fait soupçonner une boiterie, il faut observer longtemps le cheval en station libre : le cheval se place naturellement de façon que le membre atteint participe moins que les autres au soutien du corps.

Lorsqu'on n'a pu déterminer la cause de la boiterie, on l'attribue, presque toujours avec raison, au pied, surtout pour les membres antérieurs.

On pourra quelquefois s'en assurer en faisant passer le cheval au trot de la terre molle sur le pavé : la différence dans l'intensité de la boiterie sera beaucoup plus sensible si elle vient du pied, que si elle vient des régions supérieures. L'épreuve inverse donnera des résultats opposés : la boiterie du pied sera moindre en arrivant sur le sol mou ; la boiterie augmentera, au contraire, si elle vient des membres, à cause de l'extension plus grande du mouvement sur ce terrain mou.

Le pied. — En suivant l'ordre naturel, le pied aurait dû prendre place dans l'étude de l'extérieur ; on l'a rejeté à la suite des tares et des boiteries, parce que trop souvent, comme on l'a déjà dit, c'est le pied lui-même qui est le siége de la boiterie ; trop souvent aussi c'est la ferrure qui a occasionné l'inflammation du pied.

Pour supporter le poids énorme du corps du cheval, poids qui s'augmente considérablement par la vitesse, il est nécessaire que le pied soit très-résistant et en même temps élastique, afin de neutraliser l'effet destructif du choc multiplié contre le sol. La description anatomique montre que ces conditions sont parfaitement remplies.

Parties internes. — L'*os du pied* et le *petit sésamoïde,* dit aussi *os naviculaire,* sont les bases du pied. (Voy. la description du squelette.) Des ligaments très-forts unissent ces os.

L'extrémité du *tendon extenseur* vient s'implanter en avant sur la crête supérieure de l'os du pied.

Le *tendon fléchisseur* (appelé aussi *perforant*) descend en arrière du paturon et de la couronne, passe sur les coulisses du petit sésamoïde et s'attache à la face plantaire de l'os du pied.

Des *brides ligamenteuses* maintiennent en place ces deux tendons.

L'os du pied est prolongé latéralement par deux *fibro-cartilages,* sortes de coussins élastiques qui aident à la dilatation du sabot.

Un *coussinet plantaire,* production fibreuse et mollasse, remplit le même office en arrière.

Ces parties sont lubrifiées par des poches synoviales.

Le tout est enveloppé par la chair du pied, foyer de nutrition de la corne, que l'on nomme *tissu réticulaire.* Ce tissu prend différents noms et présente une texture particulière suivant la place qu'il occupe.

Sur les parties latérales du pied, on trouve la *chair cannelée,* ou *feuilletée,* qui se présente sous forme de lamelles longitudinales extrêmement minces et nombreuses, lesquelles s'engrènent dans des lamelles semblables de la corne. Aussi l'union de ces parties est-elle très-solide. Ces lames de chair et de corne forment comme des soupentes pour suspendre le pied dans l'intérieur du sabot.

La *chair du bourrelet* se trouve à la partie supérieure du pied, dans une gouttière ménagée au pied de la paroi qu'elle sécrète en grande partie.

Cette chair est ferme et présente une apparence veloutée.

La *chair de la sole et celle de la fourchette* offrent la même apparence, mais à un degré moindre, et sont moins fermes.

Les vaisseaux sanguins et les nerfs ont des ramifications très-nombreuses dans tout le pied ; aussi l'inflammation s'y propage-t-elle rapidement, lorsqu'une lésion quelconque vient atteindre une des parties que nous venons de décrire.

Parties externes. — On appelle *sabot* la matière cornée, insensible, résistante et élastique, qui enveloppe le pied.

Le sabot se compose de trois parties qui se distinguent par leur place, leurs fonctions et la nature de leur corne. Ce sont la paroi, la sole et la fourchette.

La *paroi* ou muraille est la portion de corne apparente lorsque le pied est posé à terre.

La paroi est formée de filaments longitudinaux, sorte de poils agglutinés ensemble par un vernis que l'on nomme le *gluten*. Ce gluten est sécrété par le *périople*, bande de corne qui unit la paroi à la peau. Le gluten joue un rôle important dans la bonne conservation du pied.

La partie antérieure de la paroi s'appelle la *pince* ; de chaque côté de la pince sont les *mamelles* à la suite desquelles viennent les *quartiers*. La paroi se replie ensuite à angles aigus pour former les *talons*. La partie repliée qui se perd dans la sole se nomme *arcs-boutants*.

L'extérieur de la paroi est lisse et luisant dans le pied en santé. La face interne s'unit étroitement avec la chair du pied par de nombreuses lamelles, comme on l'a déjà dit.

La *sole* est la plaque de corne qui constitue la face plantaire du sabot. Elle est formée de feuillets superposés. Elle s'incruste par son bord extérieur dans une échancrure de la paroi. Le bord intérieur se réunit à la fourchette.

La *fourchette* est formée de deux branches qui s'appuient sur les talons et se réunissent au centre de la sole. La fourchette est d'une corne flexible et sans filaments, comme serait du caoutchouc.

Ces trois parties de la corne sont élastiques, non-seulement par nature, mais en raison de leur conformation. La sole, qui forme une voûte, s'aplatit sous le poids du corps et presse sur le bord inférieur de la muraille; celle-ci, qui est quasi cylindrique, résiste à cette pression dans une proportion qui n'est pas la même dans ses différentes parties : l'épaisseur, et en même temps qu'elle, la force de résistance diminue graduellement de la pince jusqu'aux talons. Les talons, d'ailleurs, n'étant pas unis l'un à l'autre, cèdent plus facilement.

La fourchette s'ouvre et aide à ce mouvement de dilatation.

Lorsque le pied se lève, la paroi se resserre à la façon d'un ressort et rend à la sole sa concavité primitive. Ce mouvement alternatif est en rapport avec la violence du choc qu'il décompose; il contribue à la conservation du pied et en même temps à la vitesse de l'allure.

On voit dès maintenant le danger et la difficulté de la ferrure : le fer n'a aucune élasticité; il importe cependant de ne pas détruire cette qualité essentielle dans le pied du cheval.

Il faut observer que les pieds antérieurs et les pieds postérieurs ne sont point semblables. Les sabots antérieurs, dont les fonctions comme organe de support sont plus étendues, sont plus larges et plus élastiques.

Dans les sabots postérieurs, la forme est moins arrondie, la pince fait saillie, les talons sont plus serrés et plus hauts, la sole est plus creuse et la corne généralement moins dure.

Conformations belles et défectueuses. — Le pied bien fait est proportionné comme grosseur à l'ensemble du corps, la muraille forme en pince un angle de 50 à 60 degrés avec le sol; sa surface est lisse, unie, liante, plus large en bas qu'en haut; la sole est bombée sans excès, la fourchette bien nourrie et nette.

Le pied peut être *trop grand*, ce qui n'est guère un défaut que pour l'œil; les chevaux élevés dans les prairies marécageuses ont souvent le pied grand, tandis que les chevaux de montagne ou des pays rocailleux ont généralement le pied petit.

Le *pied petit* peut devenir une difformité grave, en ce sens qu'elle augmente presque toujours avec le séjour dans l'écurie et qu'elle occasionne des boiteries (1).

Dans le *pied plat*, la muraille est trop oblique, la sole abaissée. Il y a peu d'élasticité dans ce pied; l'appui se fait en talons. Il y a tiraillement des tendons et prédisposition aux oignons et aux bleimes.

Le *pied comble* présente une sole convexe au lieu d'être concave. Les boiteries sont fréquentes et le cheval presque toujours hors de service.

Les *piéds dérobés* sont ceux dont la muraille est cassante. Ils sont souvent difficiles à ferrer.

Le *pied rampin* a la paroi verticale et une grande hauteur de talons. Cette conformation est plutôt disgracieuse que nuisible.

Telles sont les difformités naturelles.

D'autres sont accidentelles.

Les pieds sont dits *encastelés* lorsque les talons sont trop resserrés l'un contre l'autre. L'élasticité du pied a disparu, les parties contenues sont comprimées; il en résulte des boiteries. L'encastelure se produit souvent dans les pieds petits et plutôt dans les membres antérieurs.

Les *pieds étroits* sont ceux dont le diamètre latéral est rétréci. Ce défaut coïncide souvent avec l'encastelure.

---

(1) Ce qu'on a dit du pied trop grand indique le remède: si un cheval boite parce que ses pieds se sont resserrés, on l'enverra pour quelque temps dans une prairie basse; ou bien on garnira l'écurie de terre glaise molle, dans laquelle ses pieds reprendront leur élasticité et leur forme.

Le raccourcissement des tendons suspenseurs, des douleurs continues rendent les pieds *pinçards,* c'est-à-dire ne portant sur le sol que par la pince.

Les pieds *cerclés* présentent sur leur muraille des éminences ou des dépressions circulaires qui sont le témoignage de l'irritation dont la couronne a été le siége. Cette altération se rencontre souvent dans les pieds plats ou dans les pieds encastelés.

Maladies du pied. — Les pieds, enfin, peuvent être atteints des maladies suivantes :

Les *seimes* sont des fentes qui se produisent longitudinalement dans la paroi.

Elles proviennent de la mauvaise nature de la corne qui perd sa cohésion, se sèche et se fend ; elles sont aussi quelquefois occasionnées par la maladresse des maréchaux, qui enlèvent avec la râpe le vernis protecteur du pied... La seime est longue à guérir.

La *fourbure* consiste dans l'inflammation du tissu réticuculaire. Elle a généralement pour cause les marches forcées ; quelquefois aussi le resserrement trop grand du fer et l'excès d'alimentation avec des substances échauffantes.

La *bleime* est une affection grave qui consiste en une meurtrissure des talons ou des quartiers. Les tissus intérieurs s'enflamment, il se produit un épanchement de sang dans les pores des talons ou de la sole, et presque toujours une suppuration.

Cette affection est d'autant plus grave que, même après guérison complète, le retour en est à craindre.

La fourchette peut être atteinte, d'une décomposition très-rebelle, nommée *crapaud.* Cette affection débute par un suintement fétide qui fait dire que la *fourchette* est *échauffée* ou *pourrie.*

Un accident assez fréquent est le *clou de rue* ou corps étranger quelconque qui a pénétré dans la face plantaire du pied, — presque toujours dans la fourchette ou entre la sole et la fourchette. — La boiterie est immédiate. Le premier remède est d'extirper le corps étranger avec soin, pour qu'il ne se casse pas dans la blessure. Quelquefois il s'établit par suite une suppuration que l'on favorise en creusant en entonnoir la partie affectée.

La ferrure. — Pour garantir le pied du cheval et prévenir la dégradation de la corne qu'entraînerait la marche sur des terrains durs, on a été amené à fixer sous le pied une bande de fer préparée à cet effet.

C'est ce qui constitue la ferrure.

Il n'entre pas dans le plan de ce cours de traiter à fond de la ferrure. On ne donnera ici que quelques principes. On y reviendra tout à l'heure, à propos de l'hygiène.

Le fer est fixé par des clous spéciaux. Les instruments qui servent à l'opération sont le *brochoir*, les *tricoises*, le *repoussoir*, le *boutoir,* le *rogne-pied* et la *râpe*.

Le but de la ferrure étant de prévenir l'usure du sabot, on peut poser comme principe que, pour un pied bien fait, il faut le plus possible respecter sa forme, conserver la rectitude des aplombs, ménager l'élasticité du pied.

Ces règles, qui semblent si simples, sont souvent difficiles à appliquer.

La corne ayant poussé, il faut, avec le boutoir et le rogne-pied, enlever l'excédant qui se serait usé naturellement si le cheval n'avait pas eu de fers.

C'est ce qu'on appelle *parer le pied*. Il importe de le faire bien également et ne pas parer plus en pince qu'en talons, ou inversement, car l'aplomb serait évidemment changé.

Une observation analogue s'applique au choix du fer : le pied étant dans un bon aplomb, le fer doit être également épais dans toutes ses parties.

Dans ces conditions, on verra le fer s'user régulièrement; mais si l'aplomb a été détruit par une précédente ferrure, parce que les talons auront été trop abattus, par exemple (ce qui arrive souvent), on verra le fer irrégulièrement usé, le sabot portant plus en pince qu'en talons. Le maréchal alors devra ménager les talons, et, en attendant que la corne re-

46.

pousse, il donnera à son fer plus d'épaisseur en cette partie, pour soulager le pied et ne point augmenter la fatigue des tendons fléchisseurs (1).

Quant à l'élasticité du pied, on voit que le fer ne permet pas de la conserver entièrement. On peut du moins la laisser aux quartiers et aux talons, en rapprochant plutôt les étampures de la pince.

Il importe enfin que le fer soit préparé pour le pied et non pas le pied ajusté pour le fer, pratique trop fréquente des maréchaux, qui abusent de la râpe pour façonner le pied et détruisent ainsi le vernis protecteur de la corne, dont l'action est si importante.

De l'âge. — On conçoit qu'il est très-important de pouvoir déterminer l'âge du cheval. L'estimation des services qu'il peut rendre et par suite la valeur pécuniaire ont l'âge pour base principale.

Dans l'étude de l'extérieur on a signalé certains indices qui accompagnent la vieillesse, mais ces signes sont vagues et très-irréguliers. On a trouvé dans la dentition des indices beaucoup plus sûrs et dont la succession s'établit assez régulièrement pour tous les âges.

Les dents sont divisées en trois séries : les *incisives,* les *crochets* et les *molaires.*

Les *incisives* sont placées à l'extrémité inférieure de la tête. On les distingue en *pinces,* qui sont les deux dents placées au centre; en *mitoyennes,* qui sont placées de chaque côté des pinces, et en *coins,* qui forment les extrémités.

Les *crochets* sont placés isolément sur les barres, entre les incisives et les molaires.

Les *molaires,* au nombre de vingt-quatre, sont disposées en rang de six sur les quatre côtés des arcades dentaires. Les trois dernières molaires de chaque rang, appelées *arrière-molaires,*

---

(1) Quelques maréchaux font le raisonnement inverse et disent que, le cheval ayant plus usé en pince, il faut augmenter l'épaisseur du fer en cette partie. — Ils augmentent le mal au lieu de le guérir.

sont persistantes. Les avant-molaires ainsi que les incisives du poulain sont *caduques* et tombent à époques déterminées. Elles sont remplacées par des *dents de cheval*.

Les dents, sauf les crochets, sont terminées par une section plus ou moins régulière que l'on nomme la *table de la dent* et qui frotte sur la dent opposée.

En observant les irrégularités de cette surface, on voit qu'elles proviennent de la réunion en une même dent de deux substances d'inégale densité : l'ivoire et l'émail.

L'ivoire, d'aspect jaunâtre, forme la base de la dent; il est recouvert par l'émail, matière blanche excessivement dure qui le pénètre et l'entoure.

Les molaires présentent une large table garnie de bandes transversales qui servent à triturer les aliments.

La partie enchâssée se termine par trois ou quatre racines·

Comme il est à peu près impossible de les observer en raison de leur place, il n'en sera plus question ici.

Les incisives de la mâchoire inférieure sont les dents qu'on observe pour déterminer l'âge; celles de la mâchoire supérieure ont des caractères trop irréguliers pour être utilement consultées.

Trois points principaux sont à considérer : l'*éruption de la dent,* la *forme de la table,* son *degré d'usure.*

On verra plus loin les époques de l'éruption des dents. Quant à la forme et au degré d'usure, il importe pour les bien comprendre de connaître la structure de la dent.

Forme et anatomie des dents. — Les incisives de lait n'ont pas la même forme que celles du cheval; les premières sont petites, très-plates d'avant en arrière, d'un blanc laiteux; enfin entre la partie libre et la partie enchâssée, il y a un étranglement marqué, nommé *collet*.

Les dents de cheval sont plus volumineuses et plus longues, elles n'ont pas de collet.

Les incisives sont recourbées d'une extrémité à l'autre, présentant une convexité en avant. Leur forme varie suivant les

différents points de la longueur (qui est d'environ 70 millimètres) : à l'extrémité libre, la dent est aplatie d'avant en arrière,
tandis qu'à l'autre extrémité elle est aplatie d'un côté à l'autre.

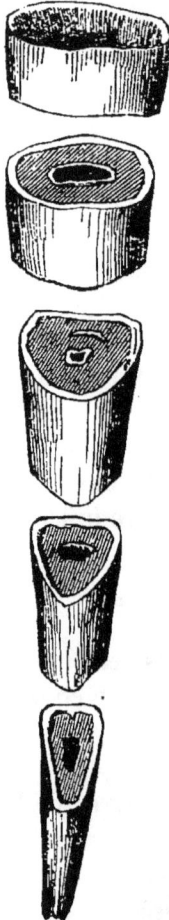

Fig. 10.

En sorte que si l'on sciait une incisive à différents points de sa longueur, les sections intermédiaires seraient d'abord ovales, puis arrondies, puis triangulaires, et enfin aplaties d'un
côté à l'autre. Or, la dent s'use annuellement
de 2 à 3 millimètres et sort de l'alvéole d'une
quantité à peu près égale; les différentes sections se présenteront donc naturellement au
regard de l'observateur. Vers l'âge de huit ans,
l'étude de cette conformation de la table deviendra d'importance capitale.

Si maintenant on sciait une dent non encore usée longitudinalement, et suivant une
direction parallèle au plan médian de la tête,
on verrait qu'elle présente deux cavités : la
première externe, profonde de 12 à 15 millimètres, et limitée par deux bords tranchants,
antérieur et postérieur ; le bord antérieur
dominant le postérieur d'environ 2 millimètres.

La seconde cavité, plus étroite, lui est opposée. Elle part de la racine, monte dans l'i-
voire et croise en avant le cornet dentaire
sans le toucher. Elle contient la pulpe de la
dent, substance plus jaune et moins dure que
l'ivoire, organe sécréteur de la dent, que l'on
verra apparaître à un certain âge.

Incisive sciée à
différents points de
sa longueur.

L'émail tapisse la première de ces cavités :
il en résulte qu'à un certain degré d'usure la
table présentera deux cercles d'émail, l'un
extérieur enveloppant l'ivoire, l'autre central limitant le cornet
dentaire externe.

Un peu plus tard, on verra apparaître entre le cornet central et le bord tranchant antérieur le cul-de-sac de la cavité dentaire interne, que l'on nomme *cornet radical*.

Le mot *raser* est employé pour désigner le degré d'usure de la dent. Les auteurs n'étant pas d'accord sur la valeur et l'emploi de ce mot, il importe de le bien définir.

Pour nous conformer au cours de M. Wallon, qui a été publié avec l'attache officielle, nous dirons qu'une dent est rasée lorsque l'usure est telle que, sur tout le pourtour de la table, l'ivoire apparaît entre l'émail d'encadrement et l'émail central, — ou, en d'autres termes, lorsque l'émail aura été assez usé pour que la partie repliée à l'intérieur du cornet dentaire soit entièrement séparée de la partie qui recouvre la muraille. — C'est le degré d'usure qui a été signalé ci-dessus.

Fig. 11.

Incisive sciée longitudinale- ment.

Les dents ne se montrent pas toutes en même temps, et, comme conséquence, les phénomènes d'usure et de variation de forme dont il a été question précédemment se produisent successivement : dans les pinces d'abord, puis dans les mitoyennes et enfin dans les coins, ordre dans lequel ces dents ont fait leur éruption.

Le jeune âge est marqué par l'éruption des dents de lait, leur rasement, leur chute et leur remplacement par les dents de cheval.

Pendant cette première période, les qualités du cheval se développent peu à peu, mais il est mou, impropre au travail et sous le coup d'une crise dépuratoire, la *gourme*, occasionnée par le travail fluxionnaire auquel donne lieu la dentition. Cette crise est suivie d'une grande faiblesse qui parfois réagit sur la vie entière.

L'âge adulte, que l'on pourrait aussi appeler la *période stationnaire*, vient ensuite. Malheureusement, l'époque où le cheval a acquis la plénitude de ses forces n'est pas la même pour tous : certains chevaux sont faits à cinq ans; pour d'autres il faut attendre jusqu'à six, sept et même huit ans.

Toutefois les remontes ont dû prendre une base fixe, et les règlements de cavalerie prescrivent que les chevaux seront mis en dressage à l'âge de cinq ans.

Cette période se marque par le rasement des incisives d'abord, puis par l'arrondissement de la table de la dent.

On peut fixer à sept ans en moyenne la durée de l'âge stationnaire. Ce n'est pas à dire que la vieillesse commence à douze ans; nous voyons, au contraire, beaucoup de chevaux continuer à faire un très-bon service, mais l'ardeur n'est plus la même, l'usure laisse ses traces qui seront des indices de l'âge. Les dents en fourniront de plus précis par leur forme triangulaire d'abord, puis aplatie d'un côté à l'autre.

Première période. — *Éruption des dents de lait.* —

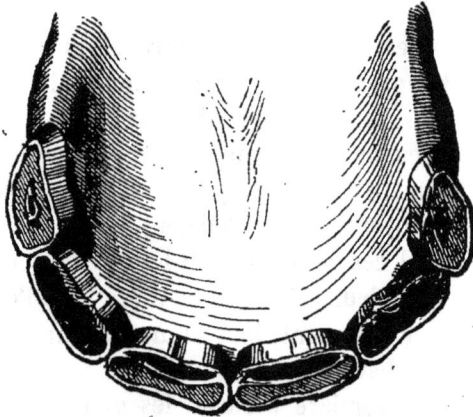

Fig. 12. — 4 ans.

Huit ou dix jours après la naissance, les pinces commencent à percer la gencive, si le poulain ne les a déjà en naissant.

Les mitoyennes apparaissent du vingtième au quarantième jour;

Les coins, à six ou dix mois.

Rasement des dents de lait. — Aussitôt que l'éruption d'une incisive est accomplie, le frottement commence et la table se forme.

Le rasement est assez irrégulier dans les dents caduques.

En général, les pinces ont rasé de huit à dix mois ;

Les mitoyennes, à douze ou quatorze mois ;

Les coins, de dix-huit à vingt-deux mois.

Éruption des dents de remplacement. — Vers deux ans et demi, les pinces caduques tombent et l'on voit apparaître les

Fig. 13. — 5 ans.

pinces de remplacement, qui arrivent à hauteur des mitoyennes de lait à trois ans.

Celles-ci disparaissent à leur tour et sont remplacées à trois ans et demi.

En sorte qu'*à quatre ans* le cheval n'a plus que ses coins de lait, rasés, tandis que les mitoyennes ne le sont pas du tout, et les pinces ne le sont pas encore complétement.

Les coins de lait tombent à quatre ans et demi, et *à cinq ans* le cheval aura toutes ses dents d'adulte : les pinces rasées ; les mitoyennes usées sur le bord antérieur et présentant déjà une bande d'ivoire de ce côté ; les coins à hauteur des mitoyennes, mais n'ayant pas encore frotté.

Deuxième période. — *A six ans*, les mitoyennes sont rasées à leur tour, les coins ne sont usés que par leur bord antérieur.

A sept ans, toutes les incisives sont rasées.

La mâchoire supérieure présente généralement à cet âge un

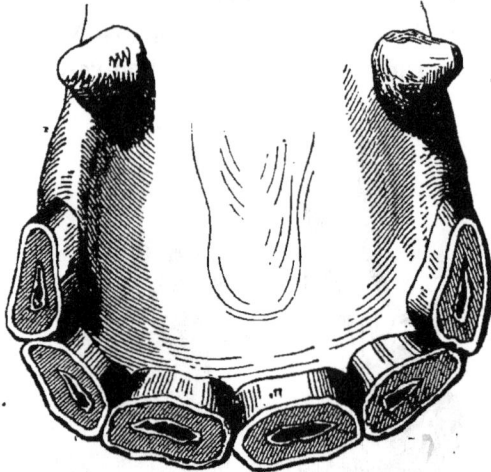

Fig. 14. — 7 ans.

indice utile. L'arc de cercle formé par les incisives dans la mâchoire supérieure est un peu plus grand que dans la mâchoire inférieure; il en résulte qu'une partie des coins supérieurs ne frotte pas sur les inférieurs et ne s'use pas également. La saillie qui se présente aux coins supérieurs s'appelle la *queue d'hirondelle*.

A huit ans, les incisives sont devenues ovales; le cornet dentaire s'est rapproché du bord postérieur, la queue d'hirondelle est bien marquée.

Les crochets, dont il n'a pas encore été question parce que leur éruption est irrégulière (ils sortent de quatre à sept ans), sont généralement émoussés. Le rasement n'existe pas dans les crochets.

A neuf ans, les pinces s'arrondissent; le cornet dentaire, devenu rond, s'est approché davantage du bord postérieur;

entre lui et le bord antérieur on distingue nettement, sous forme d'une bande jaunâtre, l'étoile radicale ou cul-de-sac de la cavité dentaire interne.

A dix ans, les mêmes transformations se produisent dans les mitoyennes.

A onze ans, mêmes transformations dans les coins ; le cor-

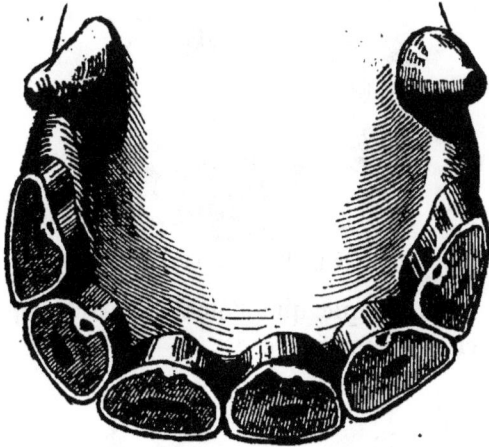

Fig. 15. — 11 ans.

net dentaire externe n'est plus qu'une petite exubérance d'émail qui touche le bord supérieur.

A douze ans, les incisives sont arrondies ; l'émail central a disparu ; tout au plus existe-t-il encore dans les coins ; l'étoile radicale occupe le centre de la table.

Troisième période. — *A treize ans*, disparition absolue de l'émail central. Les pinces prennent la forme triangulaire, qui devient nettement accusée *à quatorze ans*. L'angle formé par les deux mâchoires est beaucoup plus aigu.

A quinze ans, les mitoyennes sont triangulaires à leur tour.

A seize ans, les coins le sont aussi, l'étoile radicale se présente sur toutes les tables en un point rond central.

M. T. A.   **47**

A dix-sept ans, les pinces commencent à s'aplatir d'un côté à l'autre.

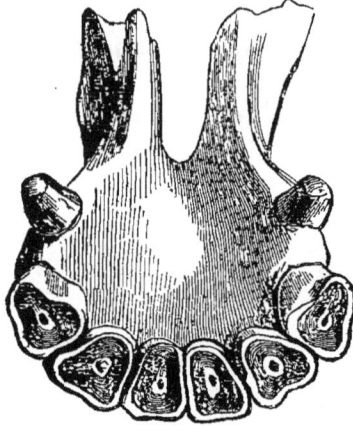

Fig. 16. — 16 ans.

C'est vers cette époque que l'émail central disparaît dans toutes les incisives supérieures.

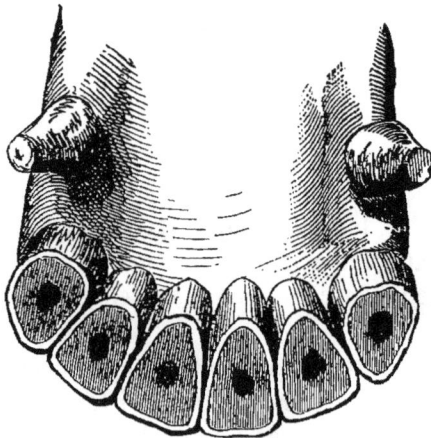

Fig. 17. — 20 ans.

A dix-huit ans, la table des pinces est plus longue d'avant en arrière que d'un côté à l'autre.

A dix-neuf ans, cette configuration se présente dans les mitoyennes.

A vingt ans, même changement dans les coins : toutes les incisives sont devenues bi-angulaires.

Au delà de cet âge les dents n'offrent plus de caractère précis. Le degré d'aplatissement, la direction de plus en plus oblique des deux mâchoires l'une sur l'autre, fourniront encore quelques indices qui n'ont d'ailleurs plus grande importance, le cheval étant généralement hors de service.

Les règles qu'on vient de voir s'appliquent à une dentition normale. La pratique présente des exceptions fréquentes qu'il faut savoir discerner.

En principe, la dernière dent sortie ou rasée offre les caractères plus certains que les dents précédentes.

La partie libre de la dent doit être de 18 millimètres environ dans les pinces, 15 dans les mitoyennes, 12 dans les coins. Si l'usure est irrégulière et que les dents soient trop longues ou trop courtes, le cheval paraîtra évidemment plus jeune ou plus âgé qu'il ne l'est réellement.

Une autre exception qui trompe plus facilement est la profondeur plus grande du cornet dentaire ou de l'émail qui le tapisse, et par suite leur persistance au delà du temps fixé pour leur disparition. Dans le premier cas, le cheval est qualifié de *bégu* ; dans le second, de *faux-bégu*.

C'est surtout la forme de la dent qui permettra de rectifier l'erreur.

Chez les chevaux tiqueurs, il deviendra presque impossible d'apprécier l'âge par l'inspection des dents. On examinera attentivement les signes extérieurs.

Il est bon aussi de se prémunir contre les ruses des marchands de chevaux, qui vieillissent ou rajeunissent leurs chevaux pour en augmenter la valeur et en favoriser la vente.

Les dents de lait sont arrachées pour faire paraître plus tôt les dents de remplacement.

Mais il n'y aura plus accord entre l'éruption prématurée des dents de remplacement et l'usure des dents non arrachées.

La lime et le burin sont employés pour produire artificiellement un cornet dentaire ou modifier la forme de la table. L'absence d'émail d'encadrement permettra de discerner facilement cette grossière supercherie.

Des robes. — On entend par *robe* la couleur de l'ensemble des poils et des crins d'un cheval.

Les couleurs se distinguent entre elles par leurs nuances, et les robes varient en outre par un grand nombre de signes particuliers.

Ces signes particuliers seront étudiés après les robes elles-mêmes.

Pour faciliter cette étude, nous réunirons dans une première division les robes simples, ou d'une seule couleur; la seconde division comprendra les robes composées. Cette seconde division se partage elle-même en plusieurs classes qui seront indiquées plus loin.

Première division. — Robes simples. — Cette première division comprend quatre robes : le *noir*, le *blanc*, le *café au lait* (1), l'*alezan*.

Les nuances qui les modifient sont :

1° *Noir : Mal teint. — Franc. — Jaïet.*

2° *Blanc : Mat. — Sale. — Argenté. — Porcelaine.*

3° *Café au lait : Clair. — Foncé.*

4° *Alezan : Clair. — Doré. — Foncé. — Brûlé.*

Le *noir* est dit mal teint lorsqu'il est roussâtre;

Il est franc lorsqu'il est d'une nuance bien prononcée et mate;

Il est jaïet ou jais lorsqu'il a le brillant de cette substance.

Le *blanc* est mat lorsqu'il a une teinte de lait;

Il est sale quand il semble jauni par la poussière;

Il est argenté lorsqu'il a l'éclat de l'argent neuf;

---

(1) Certains auteurs considèrent le café au lait comme un isabelle à crins lavés et ne comptent par conséquent que trois robes dans cette première division.

On le dit porcelaine lorsqu'il prend les reflets bleuâtres de la porcelaine.

Cet effet est produit par la coloration foncée de la peau qu'on aperçoit à travers les poils quand ils sont fins.

Le *café au lait* se rapproche de la nuance du mélange de ces deux substances. — Il se divise naturellement en clair et foncé.

L'*alezan* est une robe d'un brun-rouge jaunâtre dont les nuances sont caractérisées par l'intensité plus ou moins grande de ces trois couleurs.

Il est clair lorsqu'il est presque jaune;

On le dit doré lorsqu'il prend l'éclat brillant de l'or neuf;

Il est foncé lorsqu'il tire sur le roux;

Brûlé lorsqu'il prend une nuance de café torréfié.

Deuxième division. — Robes composées. — Les robes composées comprennent quatre subdivisions :

1° Les robes d'une couleur avec l'extrémité inférieure des membres et les crins d'une autre couleur que la robe;

2° Deux couleurs intimement mélangées,

3° Trois couleurs intimement mélangées;

4° Mélange par plaques distinctes du blanc avec une autre couleur.

1° *Extrémité inférieure des membres et crins d'une autre couleur que la robe.* — Cette classe comprend trois robes : le *bai, l'isabelle*, le *souris*.

Elles sont ainsi nuancées :

1° *Bai : Clair.* — *Cerise.* — *Châtain.* — *Marron.* — *Brun.*

2° *Isabelle : Clair.* — *Foncé.*

3° *Souris : Clair.* — *Foncé.*

Le *bai* a le fond de la robe brun-rouge plus ou moins foncé, avec les extrémités et les crins noirs.

Il est clair ou lavé lorsqu'il a une teinte rousse peu prononcée.

Cerise, châtain ou *marron,* il présente la coloration plus ou moins rapprochée de ces fruits.

Le *bai-brun* est d'une couleur foncée qui se rapproche du noir mal teint.

L'*isabelle* est la nuance café au lait modifiée par les extrémités et les crins noirs.

Il se divise en clair et en foncé.

Le *souris* a le fond de la robe gris cendré de l'animal de ce nom. Il est clair ou foncé.

2° *Mélange intime de deux couleurs.* — Trois robes : *Gris. — Aubère. — Louvet.*

Les nuances sont :

1° *Gris* : *clair*, — *sale*, — *foncé*, — *ardoise*, — *tourdille*, — *étourneau*.

2° *Aubère* : *clair*, — *mille-fleurs*, — *foncé*, — *fleur de pêcher*.

3° *Louvet* : *clair*, — *foncé*.

Le *gris* est formé du mélange de poils noirs et blancs en variable proportion.

Dans le gris clair, les poils blancs dominent.

Le gris sale prend un ton jaunâtre.

Le gris est foncé si les poils noirs sont en plus grand nombre.

On le dit *ardoisé* lorsqu'il a la teinte de l'ardoise ou de la cassure récente du fer, ce qui le fait aussi nommer *gris de fer*.

Le gris tourdille est parsemé de petits bouquets de poils noirs.

Le gris étourneau est mélangé de petits bouquets blancs et noirs semblables au plumage de l'étourneau.

L'*aubère* est l'union de poils blancs et de poils alezans.

La prédominance du blanc fait l'aubère clair.

Le *mille-fleurs* est parsemé de petits bouquets blancs.

L'aubère foncé ou vineux a les poils alezans en plus grand nombre.

Le *fleur de pêcher* est parsemé de petits bouquets de poils rouges.

Le *louvet* est formé du mélange de poils noirs et alezans.

Ces deux teintes sont aussi quelquefois réunies sur le même poil.

Dans le louvet clair, les poils alezans dominent; dans le louvet foncé, ce sont les noirs.

3° *Trois couleurs intimement mélangées.* — Une seule robe : le *rouan,* mélange de poils blancs, alezans et noirs. Il peut être *clair, vineux* ou *foncé.*

Le *rouan* est clair lorsque le blanc domine. Il est vineux si c'est le rouge; il est foncé quand c'est le noir.

Il faut remarquer que les poils peuvent n'être pas mélangés également sur tout le corps, mais que très-souvent les poils noirs sont réunis aux extrémités, le fond de la robe étant composé de blanc et d'alezan.

4° *Mélange par plaques du blanc avec une autre couleur.* — Ce mélange par plaques plus ou moins grandes du blanc avec une autre robe simple ou composée, est ce qui constitue la robe *pie.*

Selon la robe avec laquelle le blanc s'est allié, on dit : *pie-alezän, pie-noir, pie-bai, pie-gris,* etc., etc.

Les robes ne sont pas nettes dès leur jeune âge : ce n'est que vers la deuxième année qu'il devient possible de préciser la robe d'un poulain.

Les saisons ont une grande influence sur les robes : le poil d'hiver est long et terne, il rend parfois méconnaissable un cheval que l'on a vu avec le poil éclatant de l'été. Certains caractères cependant sont à peu près invariables : la nuance de la tête, celles des jambes et des crins. On y joindra les particularités qui nuancent les robes à l'infini et sont comme la marque propre de l'individu.

Particularités des robes. — Les robes simples comme les robes composées, indépendamment de leur nuance, ont presque toujours quelques particularités.

Ces particularités sont divisées en quatre classes, qui sont formées suivant les parties du corps qu'elles affectent.

1° *Particularités qui se trouvent sur toutes les parties du corps.* — Les *miroitures* sont des reflets partiels qui se trouvent les uns à côté des autres et séparés par des poils de couleur moins vive.

Les *pommelures* présentent des dispositions à peu près analogues s'appliquant aux robes grises ou rouannes. On dit pommelé clair ou pommelé foncé, suivant que ce sont les poils blancs ou les poils noirs qui dominent.

Les *mouchetures* sont de petits bouquets de poils plus foncés que le fond de la robe ; elles se produisent dans les gris, les aubères et les rouans.

Si ces bouquets de poil sont alezans, on les appelle des *truitures*.

Le *tisonné* ou *charbonné* sont des marques noires qui semblent faites par le frottement d'un charbon.

Marqué de feu désigne des taches d'un rouge plus ou moins vif qui se trouvent plus particulièrement aux naseaux, aux flancs ou aux fesses.

Lavé est la décoloration de certaines partie de la robe ; c'est plutôt au ventre, aux flancs, aux ars, que cette marque se produit.

Les *zébrures* sont des lignes noirâtres transversales comme celles du zèbre. Elles se trouvent plutôt aux membres.

Les *tigrures* sont des mouchetures de grande dimension.

Le mot *rubican* est employé pour désigner la présence d'un certain nombre de poils blancs disséminés sur la robe sans en changer la teinte générale.

On désigne par le mot *ladre* une partie de peau colorée en rose tendre et couverte de poils très-fins. Le ladre existe par taches circonscrites près des ouvertures naturelles. S'il est veiné de noir, on le dit *marbré*.

Rouanné exprime la teinte rousse de l'extrémité des poils noirs dans certaines robes grises· qui par suite paraissent rouannes en quelques parties.

Le mot *bordé* désigne le mélange des poils de différentes couleurs au pourtour d'une marque particulière, comme les pelotes en tête ou les balzanes.

Mélangé s'applique aux mêmes particularités qui, au lieu d'être tranchées par plaques, présentent un mélange de poils blancs avec ceux de la robe.

Les *épis* méritent quelquefois aussi d'être signalés ; toutefois on y attache généralement très-peu d'importance parmi nous. Les Orientaux en tiennent grand compte.

L'absence complète de poils blancs sur une robe fait dire que le cheval est *zain*.

Pour les particularités qui peuvent être générales, on a soin, dans les signalements, d'indiquer si elles se trouvent effectivement sur toutes les parties du corps, ou quelles sont les parties où elles sont placées.

2° *Particularités de la tête.* — Certaines particularités ne se rencontrent qu'à la tête ; elles ont été réunies en une classe.

Cap de More exprime la couleur noire de la tête avec une robe d'autre couleur (rouan, gris ou louvet).

Nez de renard indique des marques de feu aux naseaux et aux lèvres.

Les *marques en tête* sont des taches blanches qui se présentent sur le front, le chanfrein, le nez ou les lèvres. Elles portent différents noms, suivant leur place et leur dimension.

Une marque de moyenne dimension au front fait dire que le cheval est *en tête*, — expression qui se modifie ainsi : *légèrement en tête* ou *fortement en tête*, si la tache est petite ou très-grande.

On dit aussi *quelques poils en tête* lorsqu'il n'y en a qu'un petit nombre et que la tache est à peine visible.

La marque en tête peut être appelée *pelote, étoile, croissant*, etc., suivant sa forme, qu'il faut toujours indiquer. On y ajoute aussi les qualificatifs *bordée, mélangée, truitée*, etc.

Le prolongement de la marque en tête sur le chanfrein porte le nom de *lisse*.

On indique la forme et la dimension de la lisse.

Lorsqu'elle descend à droite et à gauche du chanfrein, le cheval est dit *belle face ;* souvent ces grandes marques se ter-

47.

minent par du ladre aux lèvres. On dit alors que le cheval *boit dans son blanc.*

L'œil *vairon* doit être signalé.

3º *Particularités du tronc.* — La *raie de mulet,* bande noire, où plus foncée que la robe, va du garrot à la queue ; on la trouve dans les chevaux isabelles, souris, bais ou louvets.

Ventre de biche indique la coloration jaunâtre du ventre.

Les crins peuvent être blancs ou mélangés, ce qui existe surtout dans la robe alezane.

Si les crins blancs se présentent par mèches, il faut en indiquer le nombre et la place.

4º *Particularités des membres.* — La *balzane* est une tache blanche plus ou moins étendue, qui est située immédiatement au-dessus du sabot. Si la tache n'atteint pas le boulet, on dit *balzane* simplement. Plus petite, on dit *principe de balzane* ou *balzane incomplète,* ou moins encore : *trace de balzane.*

Au-dessus du boulet, la balzane est dite *chaussée ;* on dit *très-haut chaussée,* si elle monte au jarret et au-dessus.

Les balzanes peuvent être *régulières, irrégulières, bordées, dentelées, truitées,* etc. On dit *herminées* lorsqu'elles présentent des bouquets de poils foncés, comme seraient ceux des fourrures d'hermine.

On désigne avec soin le membre ou les membres qui portent les balzanes : pour deux balzanes, on désigne le bipède ; pour trois, on dit *trois balzanes,* dont une à tel membre antérieur ou postérieur.

La corne du sabot est généralement noire ; quand elle est blanche, c'est à signaler.

Indices fournis par les robes. — Les robes sont bien loin de donner des indices certains sur les qualités d'un cheval ; cependant on trouve dans plusieurs races les chevaux d'une ou de certaines robes généralement bons, tandis que ceux d'autres robes sont moins bons et se vendent moins cher. Ces préférences des gens du pays sont basées sur l'expérience, et on en peut tenir compte.

En général les robes franches, d'un ton intense, sans pelotes ni balzanes, sont l'apanage des chevaux énergiques, tandis que les robes lavées, le café au lait, les alezans clairs, les blancs dès le jeune âge, le ladre, les balzanes haut-chaussées se rencontrent plutôt parmi les chevaux mous, lymphatiques, souffreteux.

En Bretagne, les rouans et les aubères se vendent plus cher que les autres. Les Arabes attachent une grande importance aux mouchetures et aux truitures. L'alezan clair, l'isabelle, le bai lavé, sont pour eux en grand dédain.

Signalements. — Les signalements sont l'énumération des caractères extérieurs qui permettent de reconnaître un cheval.

Les signalements établis sur les registres matricules des corps donnent le nom, le sexe, l'âge, la robe et ses particularités.

La taille se mesure à la potence. Lorsqu'elle a été mesurée autrement, on doit l'indiquer.

Dans l'énoncé des particularités, on dit d'abord celles du corps, puis celles de la tête, et enfin celles des membres.

Voici un exemple de signalement :

Espérance, jument, sept ans en 1873, 1^{m}55, alezan brûlé, légèrement rubican aux flancs, quelques poils en tête, petite balzane postérieure gauche herminée.

Il y a un autre genre de signalement, qu'on appelle signalement composé ou d'appréciation. (Il n'est pas en usage dans les corps de troupe.)

Aux renseignements ci-dessus indiqués on ajoute des détails sur la race, la conformation, le tempérament, le caractère, le genre de service que l'animal peut rendre ; — enfin les tares ou marques accidentelles dont il peut être affecté : traces de feu, opérations chirurgicales, suros, etc....

Parmi ces marques accidentelles il en est une dont il n'a pas encore été question, c'est le coup de lance.

Le *coup de lance* est une dépression musculaire, une sorte

de trou, comme aurait pu en faire une pointe de lance et sans lésion de la peau.

Il existe à l'encolure ou à l'épaule.

La conservation du cheval en santé, comme celle de l'homme, tient à bien des causes que les exigences du service ou de la guerre ne permettent pas toujours de rendre conformes aux règles de l'hygiène. Il faut du moins chercher à s'en rapprocher, et c'est surtout lorsque les chevaux seront au bivouac ou éparpillés dans des cantonnements que l'initiative individuelle pourra s'exercer et modifier par des soins intelligents des conditions fâcheuses par elles-mêmes.

Les influences principales viennent de l'air, des aliments, de la boisson, du pansage et des bains, du travail ou du repos, et de la ferrure.

De l'air. — On a vu le rôle de l'air dans la respiration ; son action est donc incessante.

L'air est chimiquement composé d'un mélange de 21 parties d'oxygène et de 79 parties d'azote.

Ce mélange se modifie toujours par une addition de vapeur d'eau et d'acide carbonique, et par différents gaz et corpuscules solides dont la proportion est variable suivant les milieux dans lesquels on se trouve.

On peut admettre en principe que, à part le voisinage de certains marais fangeux et les émanations que les industries répandent autour de nos villes, l'air extérieur est sain et pur.

Cet air est profondément vicié à l'intérieur, et on peut dire que les miasmes impurs de nos écuries, par leur influence débilitante, sont la principale source des maladies.

Le cube de l'air est nécessairement fort restreint, le renouvellement difficile et incomplet ; au bout de peu d'instants la respiration a transformé une partie notable d'oxygène en acide carbonique ; l'odeur du fumier, l'ammoniaque qui s'en dégage, la vapeur d'eau qui vient de la transpiration cutanée ou des urines s'y ajoutent, et le cheval respire la plus grande partie de sa vie cet air empoisonné. Là est sans doute la principale cause de la morve et du farcin.

Le vent, la pluie, le chaud, le froid, toutes les incommodités du bivouac n'ont jamais eu ces funestes résultats.

Aussi ne peut-on trop recommander l'aération et la propreté des écuries, et les sorties des chevaux aussi fréquentes que possible.

Les écuries. — Pour se rendre compte de l'aération que doit avoir une écurie, il faut savoir qu'un cheval de taille moyenne absorbe environ 4 litres d'air par aspiration (la capacité des poumons étant à peu près de 25 litres). La respiration se renouvelle seize fois par minute, ce qui demande près de 4 mètres cubes d'air par heure. Mais la transpiration pulmonaire et cutanée, les déjections et les exhalaisons qui s'en dégagent, la fermentation des litières vicient l'air dans une proportion bien plus considérable.

Les hygiénistes estiment qu'il faut introduire dans l'écurie 36 mètres cubes d'air nouveau par heure et par cheval pour maintenir celui-ci dans de bonnes conditions. Quelle différence, cependant, entre cette quantité dite suffisante, et l'espace sans bornes dans lequel respire le cheval en liberté !

L'aération se donne par les portes ou par les fenêtres. Le mieux est d'ouvrir tout en permanence, à moins qu'il n'en résulte un courant d'air direct sur les chevaux, ce qui pourrait être cause de maladies. L'aération par les fenêtres, qui sont d'ordinaire placées très-haut, est préférable pour cette raison que nous venons d'indiquer, et ensuite parce que l'air chaud et vicié, montant toujours, se dégage plus facilement.

Le sol des écuries doit être pavé plutôt que bitumé ou dallé, afin que le cheval ne glisse pas; les interstices des pavés cimentés ou bitumés, afin d'éviter les infiltrations. On donne une pente de 2 centimètres par mètre pour l'écoulement des urines.

La litière est nécessaire pour les chevaux qui se couchent et pour former sous les pieds des chevaux une sorte de matelas élastique qui compense la dureté du pavage.

Son bon entretien est important. Les couches inférieures s'imprègnent de l'urine et forment à la longue un fumier qu'il faut enlever de temps en temps (on le fait ordinairement tous les huit jours). On sèche la paille encore bonne et on la remet dans les écuries.

On évite de laisser séjourner le crottin sur la litière, parce qu'il la pourrit, et aussi parce qu'il donne à l'écurie une mauvaise odeur.

L'aménagement intérieur de l'écurie n'est pas indifférent. Les mangeoires de pierre, les râteliers, le mode d'attache des chevaux, les bat-flancs et leur suspension... toutes ces questions doivent être étudiées et mises dans les meilleures conditions, pour que les chevaux mangent leur ration, qu'il n'y ait pas de prise de longe, pas de coups de pied, et que les chevaux embarrassés soient facilement dégagés. Sans développer ces points, qui sont toujours en dehors de notre action, nous renvoyons le lecteur à l'examen des modèles adoptés dans nos modernes quartiers de cavalerie.

La désinfection des écuries qui ont été occupées par des chevaux morveux ou farcineux est fort importante. Elle se fait au moyen de lavages avec des chlorures et de l'eau.

Les aliments.— Les aliments que reçoivent les chevaux de l'armée sont uniformément composés de paille, de foin et d'avoine (celle-ci étant remplacée par l'orge pour les chevaux arabes). Les quantités seules varient suivant les armes.

Cette alimentation, toujours la même, sauf les rares exceptions qu'amène un état morbide, offre un inconvénient sérieux.

L'estomac se blase, les facultés digestives s'émoussent en opérant toujours sur les mêmes substances. L'assimilation diminue à la longue, et la ration paraît insuffisante.

Pour introduire un peu de variété, on donne tous les ans, pendant une période de quatre à six semaines, le vert à un certain nombre de chevaux. Cette mesure serait avantageusement étendue à tous, en continuant, comme l'usage en est adopté actuellement, une ration d'avoine en même temps que le vert.

Dans l'alimentation on peut considérer deux parties distinctes : l'une de travail, qui est l'avoine ; l'autre d'entretien, qui est représentée par la paille et le foin. La quantité d'avoine peut et doit se proportionner aux fatigues imposées, sans oublier que le cheval marche avec la nourriture de la veille, et non avec celle du jour.

Quant à la répartition de la ration sur l'ensemble de la journée, il faut beaucoup tenir compte du temps qui sera consacré au travail ; c'est pendant le repos que le cheval reconstitue ses forces et assimile le mieux. Les Arabes disent que l'avoine du matin va au fumier, tandis que celle du soir va à la croupe.

Le *foin* est l'herbe des prairies naturelles fauchée et desséchée de manière à pouvoir se conserver. Il se compose d'un grand nombre de plantes, les unes bonnes, les autres inutiles, quelques autres enfin nuisibles (1), dont les proportions sont variables suivant le climat, l'élévation relative des prairies, leur engrais. Ces mêmes causes modifient la qualité du fourrage.

L'époque où il a été fauché, les circonstances atmosphéri-

----

(1) Voici un classement sommaire des plantes qui se trouvent dans le foin :

Plantes bonnes.	Légumineuses. (Pois, gesses, fèves, lentilles, trèfle, luzerne, sainfoin.)
	Graminées. (Les avenacées, fétuques, paturin, flouve, vulpin, amourette.)
Plantes inutiles.	Ombellifères. (Céleri, persil, cerfeuil, anis, angélique, carotte, panais.)
	Rosacées. (Arbres fruitiers, spiriacées (reine des prés), le sanguisorbe, vulgairement pimprenelle.)
	Labiées. (Sauge, mélisse, menthe, thym, serpolet, marjolaine.)
	Joncacées. (Joncs des prairies marécageuses.)
Plantes nuisibles.	Crucifères. (Radis, moutarde, navette, colza, giroflée.)
	Renonculacées. (Aconit, ellébore, anémone, clématite, renoncule, bouton d'or.)
	Colchicacées. (Safran des prés, tue-chien, veillotte.)

ques, pluie ou sécheresse, qui ont précédé ou accompagné la fenaison, ont une grande influence. Les longues pluies, les débordements, font les foins lavés ou envasés. Lorsque des brouillards épais et persistants paraissent peu avant la fenaison, ils font naître sur le foin de petits champignons qui se produisent sous forme de taches rousses. On dit le foin *rouillé*.

La dessiccation incomplète occasionne la moisissure, ou tout au moins une fermentation nuisible qui fait le foin échauffé.

Le bon foin est d'un vert jaunâtre foncé, légèrement lustré, composé en majeure partie de graminées et de légumineuses, dont les tiges sont souples, garnies de leurs feuilles et de leurs fleurs. L'odeur en est agréable.

Au bout de dix-huit mois le foin a perdu beaucoup de ses qualités.

La *paille* est la tige desséchée du blé garnie de ses feuilles et de son épi, duquel on a extrait la graine.

La paille ne se présente pas toujours sous le même aspect. Quand elle est battue au fléau, elle reste entière; les tiges alors doivent être égales, flexibles, brillantes et sans odeur. La paille battue à la mécanique ou dépiquée au rouleau est toute brisée, et ses bottes se font un peu comme les bottes de foin. Les deux procédés sont bons au point de vue de l'alimentation du cheval comme au point de vue de la séparation du grain. La paille brisée est peut-être plus favorable à la mastication, mais elle occasionne toujours plus de déchet.

Les plantes fourragères que l'on rencontre quelquefois dans la paille sont plutôt une amélioration.

Les qualités et les défauts de la paille sont les mêmes que pour le foin.

L'*avoine* contient non seulement un principe nutritif considérable, elle a aussi des propriétés excitantes qu'elle doit aux parties résineuses et aromatiques de son enveloppe.

Il existe plusieurs variétés d'avoines. Les meilleures sont les plus lourdes (elles doivent peser au moins 45 kilogrammes l'hectolitre). Les grains bien remplis glissent facilement l'un sur l'autre quand on la presse dans la main. Elle doit être lisse, luisante, d'une saveur agréable, sans odeur, et soigneusement débarrassée de la poussière ou des cailloux qui y sont souvent mélangés.

Celle qui est ridée, humide, germée ou noircie, d'une odeur désagréable, doit être rejetée.

Les régiments montés en chevaux arabes reçoivent de l'orge au lieu d'avoine. Cette graine est aussi nourrissante que l'avoine, sans avoir ses principes excitants.

On appelle *vert* la nourriture fournie par l'herbe des prairies naturelles, soit prise sur pied par le cheval en liberté, soit transportée à l'écurie. Les chevaux soumis à ce régime rafraîchissant reçoivent en même temps une ration d'avoine.

On donne aussi en vert l'herbe des prairies artificielles (le trèfle, la luzerne et le sainfoin).

L'eau. — La meilleure eau est celle de pluie. Quelle que soit son origine, voici les qualités qu'elle doit réunir pour être potable : être limpide, aérée, incolore, sans odeur ni saveur.

Elle doit dissoudre le savon et bien cuire les légumes.

Les eaux qui contiennent du sulfate de chaux ne dissolvent pas bien le savon, il se forme des grumeaux. On les qualifie d'*eaux dures* ou *crues*.

L'eau courante, surtout lorsque c'est sur un fond pierreux ou sablonneux, est généralement bonne.

Les eaux trop froides ou croupies peuvent occasionner des maladies.

Le cheval boit une ou deux fois par jour, de 15 à 30 litres. On le fait boire avant de manger l'avoine ; il faut avoir soin de couper l'eau, surtout si elle est froide. On évite aussi de faire boire un cheval en sueur ; toutefois, si c'est au milieu d'une marche et qu'on doive se remettre en mouvement tout de suite, il n'y a pas d'inconvénient à faire boire modérément.

Le pansage, les bains. — Le pansage est l'action méthodique des instruments spéciaux destinés à entretenir la propreté du cheval. Il favorise la transpiration, active la circulation générale et contribue à l'entretien du cheval en santé.

Mais si un pansage rationnel est utile, sa trop longue durée
et l'emploi d'instruments trop durs peut être nuisible. Il faut
mesurer cette action à l'irritabilité du cheval. L'étrille ne doit
être employée qu'un moment, pour désunir les poils agglutinés par la sueur ou par la boue. La brosse en chiendent est
préférable : elle excite la peau sans l'irriter. On achève de
nettoyer le cheval avec la brosse et on lustre le poil avec l'é-
poussette. On emploie aussi avantageusement (suivant la méthode orientale reprise par les Anglais) un gant de crin ou un
gros bouchon de foin légèrement mouillé que l'on appuie fortement.

L'éponge est employée pour laver toutes les ouvertures
naturelles. Il faut avoir soin de l'entretenir très-propre. En
été, les lotions et les bains complets ne sauraient être trop
recommandés ; ils calmeront l'excitation que cause la chaleur, tonifieront les muscles et favoriseront l'appétit comme
rafraîchissant général. Les chevaux en éprouvent toujours un
grand bien-être.

Une très-bonne pratique au retour du travail est de laver les
jambes jusqu'au genou et au jarret. Mais il faut avoir soin de
bien sécher ensuite, surtout dans le pli du paturon où l'humidité constante occasionne des crevasses.

L'usage de tondre les chevaux en hiver est maintenant à peu
près général dans l'armée. Cette opération présente des avantages réels, qui sont surtout de donner plus d'énergie au cheval en diminuant les pertes occasionnées par la transpiration.
La sueur ne séjourne pas sur la peau, le cheval est promptement sec et le pansage en est facilité. Mais il faut aussi plus
de précautions, éviter les courants d'air et les refroidissements,
couvrir le cheval, qui est devenu plus susceptible.

Le travail et le repos. — Après l'air et des aliments
sains, ce qui contribue le plus à maintenir le cheval en santé,
c'est un travail proportionné à ses forces. Il excite l'appétit,
rend la digestion meilleure, active la respiration, rend enfin la
vie plus complète. L'excès de travail a les effets les plus fu-

nestes : on en a déjà vu les résultats en parlant des tares; ce n'est pas tout; les fonctions ne se font plus dans les conditions ordinaires; indépendamment des boiteries, le cheval est usé avant l'âge. Le cheval que l'on pousse longtemps à une allure vive sans lui laisser reprendre haleine ne répare pas les forces perdues, sa respiration devient haletante, le sang veineux n'a plus le temps de se révivifier. A la longue, ce cheval devient poussif, ou bien, tout d'un coup il tombe après une course, on le dit pris de chaleur...

Le repos prolongé est nuisible comme l'excès de travail. La circulation se ralentit, les rouages perdent leur liberté, les membres s'engorgent, le cheval devient bouffi de mauvaise graisse et tout à fait impropre à supporter la moindre fatigue : c'est un cheval de boucherie.

On doit donc s'attacher à partager raisonnablement le travail et le repos, et remplacer au besoin le travail par des promenades hygiéniques.

Les chevaux rustiques et habitués aux fatigues sont ceux qui résistent le mieux en campagne.

La ferrure. — On a déjà parlé de la ferrure; nous ne reviendrons pas sur les principes qui ont été donnés. Il nous reste seulement à signaler les ferrures particulières et leur objet.

On appelle *fer couvert* un fer dont la surface de couverture est plus large que les fers ordinaires. On l'emploie pour les pieds plats, pour ceux atteints de bleimes et d'oignons dont la sole a besoin d'être ménagée.

Le *fer à planche* a les deux branches réunies par une traverse soudée : on s'en sert pour soulager les talons, les relever ou aider à leur écartement. Il sert aussi à protéger la fourchette.

Pour les chevaux panards ou cagneux, ou qui se coupent en talons, on emploie le *fer à la turque,* dont une des branches est plus épaisse, plus courte et moins large. On y met aussi moins d'étampures.

Pour les chevaux encastelés, ou qui ont simplement les talons serrés, on emploie le *fer à éponges tronquées,* qui favorise l'expansion des talons. On s'en sert aussi pour les chevaux qui forgent; dans ce cas on peut mettre en même temps, aux pieds de derrière, un *fer à pince tronquée*.

Les étampures ne sont pas forcément placées à égale distance les unes des autres. Il est indiqué que, pour les pieds dérobés, il faudra les percer irrégulièrement et suivant les parties saines de la corne. On a déjà vu que le nombre des étampures peut être diminué.

La ferrure se pratique ordinairement à chaud, mais en route, en campagne, on peut ferrer à froid. Chaque cheval est à cet effet muni d'une ferrure ajustée à l'avance, que le cavalier place dans les poches à fers. Cette ferrure permet de remettre à l'instant, au milieu d'une marche et sans feu de forge, un fer qui se casse ou toute une ferrure neuve; là est son avantage. Mais les difficultés d'ajustage sont plus grandes et par suite le résultat est plus difficile à obtenir, tout en employant un temps plus long.

Les indications que nous avons données ci-dessus, particulièrement sur les écuries, l'alimentation, l'aération, s'appliquent surtout au service intérieur de garnison, dans lequel ces questions sont prévues, réglementées et un peu en dehors de l'action des cavaliers ou officiers. Le temps de guerre et même les routes à l'intérieur laissent une beaucoup plus large part à l'initiative individuelle.

On cherchera à se rapprocher des préceptes généraux que nous avons posés dans ce cours, tout en tirant le meilleur parti des circonstances du moment.

Les écuries qu'on trouve dans les villages sont souvent petites et insuffisantes. L'air y manque, les barres sont réduites à de mauvaises poutrelles appuyées contre la mangeoire d'un côté et posant à terre par l'autre bout; souvent même elles n'existent pas. Si l'écurie est trop petite, le hangar à côté sera souvent meilleur, n'eût-il ni mangeoire ni litière... S'il faut quand même entrer dans l'écurie et que les barres manquent, il vaut mieux serrer les chevaux les uns contre les autres, en ayant soin de placer côte à côte ceux qui sont voisins d'ordinaire, que donner plus d'espace et laisser les chevaux se traverser. Surtout, que l'écurie soit nettoyée dès l'arrivée et qu'on y donne de l'air le plus possible.

On ne peut donner ici aucune indication de traitements qui sont du ressort des vétérinaires; mais il est certaines précautions, quelques premiers soins, que tout le monde doit savoir appliquer.

Les maladies sont rares en route; les accidents sont plus à redouter : c'est un coup de pied, une atteinte, un harnachement mal ajusté ou mal empaqueté qui fait naître une tumeur au garrot ou sur le rein...

On n'a pas toujours un vétérinaire à portée, et il faut marcher quand même. Il est un remède que l'on a toujours à portée, c'est l'eau. Quelques autres dēnrées se trouveront dans le moindre cantonnement.

Le cheval qui a reçu une *atteinte* ou un *coup de pied*, quelquefois même un effort léger, marchera le lendemain si on l'envoie faire une longue station dans la rivière.

Si le garrot s'enfle après que la selle est enlevée, ce qui est le commencement du *mal de garrot,* le cavalier y mettra de suite son éponge imbibée, ou mieux encore un carré de gazon enlevé avec les racines et la terre. Si c'est possible, il mêlera à l'eau un astringent quelconque et entretiendra fraîche cette compresse élémentaire. Presque toujours la grosseur disparaîtra dans la nuit. — Le cavalier verra avec soin son paquetage ou son harnachement, pour que la cause de l'enflure disparaisse. — S'il y a plaie, il faut mettre la selle aux bagages : le cheval est indisponible et ne doit plus être monté.

L'eau trop froide donne souvent des coliques, surtout le matin. Il faut la faire séjourner au soleil, ou la battre, ou y mêler une poignée de son. Si un cheval a des *coliques,* il faut le bouchonner fortement sous le ventre, lui mettre la couverte et le faire marcher. Supprimer la nourriture, faire boire tiède, administrer des lavements émollients.

Un chef de détachement de remonte pourra avoir à soigner la *gourme* qui atteint les jeunes chevaux.

Cette maladie se caractérise par l'engagement des glandes de l'auge et le jetage par les naseaux (ne pas confondre avec le jetage verdâtre de la morve qui ne se produit que d'un côté). Il faut supprimer l'avoine et le foin, tenir le cheval chaudement, lui donner des barbotages clairs et une pâte composée de miel et de poudre de réglisse.

Le vétérinaire appliquera des sétons, etc.

Si un cheval a des *crevasses* dans les paturons, comme il a été dit ci-dessus, on peut les enduire d'un corps gras (*saindoux*), ou mieux encore, y appliquer un peu d'étoupe enduite de miel et de vin blanc. Ce mélange astringent (et facile à faire) amènera la guérison.

Lorsqu'un cheval se couronne, il faut bien laver la plaie, la graisser ensuite chaque jour, ce qui aide à la cicatrisation et fait repousser le poil.

Les atteintes demandent surtout des soins de propreté.

Quelques accidents proviennent de la ferrure :

La *piqûre* vient d'un clou mal planté qui a atteint les parties internes du pied. Le premier soin est de retirer le clou ; on met dans le trou qu'il a fait quelques gouttes d'essence de térébenthine. Il faut déferrer si l'inflammation est grande et laisser le cheval au repos.

Quelquefois, en essayant leur fer, les maréchaux tiennent ce fer chaud trop longtemps sur le pied. Il en résulte un accident que l'on nomme la *sole brûlée* ou *échauffée,* dont le caractère principal, outre la boiterie, est le dépôt dans la sole d'une humeur séreuse qui suinte à travers. Il faut déferrer et appliquer des cataplasmes émollients.

Enfin, un cheval peut boiter en sortant de la forge, simplement parce que le fer est trop serré. Comme dans toute boiterie dont la cause est inconnue, il faut toujours commencer par déferrer; le remède est appliqué du même temps.

Si le maréchal a paré trop à fond, les pieds resteront sensibles jusqu'à ce que la corne se soit suffisamment reconstituée. Il faudra nécessairement du repos pendant ce temps.

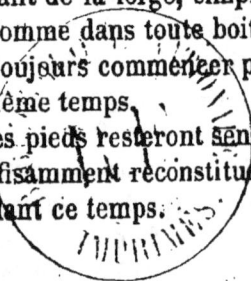

TABLE DES MATIÈRES

CONTENUES DANS CE MANUEL.

Service en campagne.

Appendice.

Service intérieur.

Fortification.

PREMIÈRE PARTIE

DEUXIÈME PARTIE.

Fortification permanente.

Embarquement des batteries en chemin de fer.

Topographie.

Artillerie.

PREMIÈRE PARTIE.

DEUXIÈME PARTIE.

Administration et législation.

Connaissance du cheval.

FIN DE LA TABLE DES MATIÈRES.

STATUTS

DE LA

RÉUNION DES OFFICIERS

DE TERRE ET DE MER.

*(Ces statuts résultent d'une révision des statuts primitifs,
faite conformément aux prescriptions de l'art. 20 de ces statuts.)*

Constitution et but de la Réunion.

ARTICLE PREMIER. — La Réunion des Officiers de terre et de mer a pour objet d'établir un lieu général entre tous les officiers français ; elle résulte de l'initiative privée des officiers et a un caractère essentiellement facultatif.

Elle se propose :

1º De développer l'étude des questions militaires et d'en vulgariser l'application ;

2º De produire et de publier le plus grand nombre possible de mémoires, de traductions, de notices historiques et techniques ;

3º De favoriser les relations mutuelles des officiers ;

4º De contribuer, en ce qui dépendra d'elle, à la création de bibliothèques et de cercles militaires dans toutes les garnisons ;

5º D'établir des relations entre ces différents centres ;

6º De publier un Bulletin hebdomadaire ;

7º De faire et d'encourager des entretiens militaires ;

8º En un mot, de favoriser le développement de l'étude et de l'activité parmi les officiers, sous toutes les formes et par tous les moyens possibles.

La réunion des Officiers se place sous le patronage du chef de l'État et des ministres de la guerre et de la marine.

Admissions.

ART. 2. — Seront membres de la Réunion, à la charge de verser annuellement la cotisation fixée à l'art. 9, et aussitôt après avoir donné leurs noms, grades et adresses :

1° Tous les officiers, fonctionnaires et employés assimilés, français des armées de terre et de mer, en activité de service ;

2° Tous les officiers en retraite qui adhéreront aux statuts ;

3° Les officiers démissionnaires présentés par deux officiers de l'arme ou du corps duquel ils sortent.

Aucune autre condition n'est exigée.

Droits des officiers de la Réunion.

ART. 3. — Les officiers de la Réunion reçoivent le Bulletin, jouissent des journaux et des livres de la bibliothèque, des instruments, modèles, etc.

Leurs mémoires sont imprimés gratuitement toutes les fois que cela est possible, soit au Bulletin, soit ailleurs, au moyen des avantages que la Réunion peut faire aux libraires.

Ils prennent part aux élections du Bureau.

Présidence.

ART. 4. — La présidence d'honneur est dévolue aux chefs d'état-major des ministres de la guerre et de la marine.

Bureau.

ART. 5. — L'expédition des affaires de la Réunion se fait par les soins d'un Bureau élu par l'ensemble des officiers.

Le Bureau est responsable de tous les actes de la Réunion.

Le Bureau se choisit un Président et fait lui-même son règlement intérieur.

Il se compose d'officiers de toutes armes dans les proportions suivantes :

État-Major, 3 ; Infanterie, 8 ; Cavalerie, 4 ; Artillerie, 4 ; Génie, 4 ; Intendance et service de santé, 4 ; Marine, 4 ; autres corps, 4.

Les élections du Bureau ont lieu le 1er juin et le 1er décembre de chaque année pour le semestre suivant.

Les conditions d'éligibilité sont :

Être en activité de service et résider à Paris ou aux environs.

Le Bureau a la faculté de s'adjoindre, pour l'aider dans ses travaux, un nombre indéterminé d'officiers, choisis soit parmi ceux en activité de service, soit parmi ceux en retraite, soit parmi les démissionnaires.

Bibliothèque.

ART. 6. — La bibliothèque est ouverte de 10 heures du matin à 10 heures du soir. Elle contiendra, outre les livres, instruments, modèles, cartes, etc., les journaux et revues obtenus par échange avec le Bulletin ou autrement.

Son organisation sera analogue à celle indiquée par le règlement du 1er juin 1872, sur les bibliothèques de garnison.

Elle servira aux entretiens et lectures.

Elle sera sous la surveillance du Bureau.

Entretiens.

ART. 7. — La Réunion fera, au moins une fois par semaine, sauf en été, des entretiens où les officiers viendront exposer leurs idées et le résultat de leurs études.

Ces entretiens présenteront de préférence un caractère technique et pratique.

Ils seront, autant que possible, publiés soit par le Bulletin, soit autrement.

Tous les officiers sont invités à assister aux entretiens et à y prendre part.

Bulletin.

ART. 8. — Le Bulletin étant surtout destiné à multiplier les relations entre les officiers, à leur servir de lien, à leur fournir des renseignements, à s'ouvrir à tous pour l'expression de toutes les idées, paraîtra au moins une fois par semaine. Il recevra tout le développement que les ressources pécuniaires permettront de lui donner.

Les officiers qui ne feront pas encore partie de la Réunion seront invités à lui envoyer leurs travaux, qui pourront aussi être insérés.

Cotisations.

ART. 9. — Les cotisations ont pour but :

1° De subvenir aux frais généraux, entretien des salles, bibliothèque, gérance, etc. ;

2° De couvrir les frais d'impression et de poste du Bulletin, des circulaires, etc.

Dans le cas où les recettes seraient en excédant à la fin de l'année, elles serviraient à la formation d'un fonds de réserve.

Les dons en argent qui pourraient être faits à la Réunion, passeraient au fonds de réserve.

Les cotisations sont annuelles et ouvrent les droits à partir du jour où elles sont payées.

Le prix de la cotisation est fixé à 15 francs.

La cotisation annuelle peut être rachetée au prix de 150 fr. une fois payés.

Administration.

ART. 10. — La Réunion possédant un matériel en meubles, instruments, livres, et pouvant être appelée à en avoir un plus considérable, ayant en outre la propriété du Bulletin, se choisit un gérant civil et le nombre nécessaire d'employés pour la garde et l'entretien des salles, l'expédition du journal, la comptabilité, etc.

L'administration est surveillée par le Bureau.

Le gérant de la Réunion est aux ordres du Président du Bureau, qui se rend directement responsable.

Dispositions générales.

ART. 11. — Il ne peut être introduit à la Réunion de consommations d'aucune sorte.

Tout litige est réglé par le Bureau.

Toute demande de modification aux Statuts sera soumise par le Bureau aux ministres de la guerre et de la marine, par l'intermédiaire des Présidents honoraires.

Le Bulletin, comme propriété littéraire et matérielle, appartient exclusivement aux officiers.

1er juillet 1872.

Vu et approuvé :

Le Ministre de la guerre,
Gᵃˡ DE CISSEY.

Le Ministre de la marine,
Aˡ POTHUAU.

Le Bulletin de la **Réunion des officiers** de terre et de mer paraît tous les samedis et contient :

48 colonnes de texte avec figures.

Prix : **16 francs** par an.

37, rue de Bellechasse, Paris.

(15 *francs* pour les officiers en activité, en retraite ou démissionnaires).

La Bibliothèque de la Réunion est ouverte de 10 heures du matin à 10 heures du soir à tous les officiers français sans exception.

Les entretiens du mardi sont également publics pour les officiers.

On distribue les statuts de la Réunion, rue de Bellechasse, 37.

Paris. — Typ. de Firmin Didot frères, fils et Cie, rue Jacob, 56.

COMPTES RENDUS

DES OUVRAGES

DE LA RÉUNION DES OFFICIERS

PUBLIÉS

PAR LA LIBRAIRIE FIRMIN-DIDOT.

———

Règlement d'exercices pour la cavalerie de l'armée royale de Prusse, traduit de l'allemand par H. LANGLOIS, capitaine d'artillerie. — *Publication de la Réunion des officiers.* — Un volume in-18 de 212 pages, accompagné de planches. — Paris, FIRMIN-DIDOT.

———

Le règlement d'exercices pour la cavalerie prussienne date du 5 mai 1855. Par un ordre de cabinet du 9 janvier 1873, l'empereur Guillaume a consenti à l'introduction dans ce règlement de certaines modifications à titre d'essai. Les généraux commandants doivent fournir, au bout d'un an, un rapport sur les résultats obtenus, et, au bout de deux ans, un nouveau rapport sur l'exercice de l'attaque prolongée, qu'on ne doit pratiquer que peu à peu, eu égard à la conservation des chevaux. C'est cette nouvelle édition du règlement dont la librairie Firmin-Didot publie la traduction par le capitaine Langlois, de l'artillerie.

Le règlement est divisé en deux parties traitant successivement de l'instruction à pied et de l'instruction à cheval.

La première partie comprend quatre articles : instruction individuelle de l'homme à pied ; — la troupe et l'escadron à pied ; — le régiment à pied ; — grande parade à pied.

La deuxième partie comprend sept articles : instruction individuelle de l'homme à cheval ; — la troupe et l'escadron à cheval ; — le régiment à cheval ; — la brigade ; — prescriptions générales sur la conduite de la cavalerie en deux ou plusieurs lignes ; — grande parade à cheval ; — emploi des sonneries.

Les articles *La troupe et l'escadron à cheval* et *Le régiment à cheval* sont terminés par un paragraphe intitulé *L'attaque*, et par un chapitre relatif au déploiement des flanqueurs et au combat à pied.

Nous regrettons que les bornes de ce compte rendu ne nous permettent pas de citer textuellement les articles concernant le but de la formation d'une deuxième ligne, — la conduite d'une troisième ligne désignée comme réserve, — et l'artillerie affectée à la cavalerie; mais nous ne pouvons passer sous silence cette observation essentielle : *Toutes choses égales d'ailleurs, la victoire appartient à celui qui, au moment où l'adversaire a déjà engagé toutes ses forces, amène dans le combat une réserve intacte, quelque faible d'ailleurs que soit la force de celle-ci.*

Cette observation du règlement prussien est d'autant plus juste qu'elle s'applique d'une façon générale non-seulement aux réserves d'arme, mais encore aux réserves d'armée. *Les réserves gagnent les batailles :* on l'a posé en principe, dit le général Lamarque, et ce principe a le sceau de l'expérience des siècles.

(Extrait du *Journal des sciences militaires,*
livraison de mars 1874.)

Aide-mémoire du cavalier, pour servir à l'instruction théorique des jeunes officiers et des sous-officiers; par le général-major von Mirus, traduit par le commandant L. Le Maitre. — *Publication de la Réunion des officiers.* — 2 vol. in-18. Paris, Firmin-Didot.

Un des premiers et des meilleurs services qu'ait rendus à notre armée la *Réunion des officiers* est certainement la traduction de ces nombreux règlements étrangers qui nous manquaient en France et dont, à vrai dire, nous n'avions pas l'idée avant la guerre. Avant la guerre et après la guerre, pourrions-nous ajouter pour parler juste, car qui donc eût songé à traduire l'excellent livre que nous avons sous les yeux, si la *Réunion* n'eût point été là, encourageant le travail, le facilitant, mettant en contact nos traducteurs novices avec cette individualité farouche qu'on appelle *un éditeur*. Il est vrai que sous ce dernier point la tâche de la *Réunion* a été bien diminuée quand elle a eu la bonne fortune de tomber sur un homme comme M. Alfred Firmin-Didot.

Le livre que nous avons sous les yeux est certainement un des meilleurs qu'ait produits l'armée prussienne.

M. le commandant Le Maître nous a donné là un livre aussi agréable à lire qu'utile à étudier. Il n'est point aussi commode qu'on le pense communément de rendre d'une façon qui s'adapte au génie de notre langue cette phraséologie allemande interminable, imponctuée, parfois bien obscure. Le traducteur s'est montré ici maître de son sujet, et le lecteur ne s'aperçoit véritablement point qu'il n'a pas sous les yeux une œuvre originale.

Cet *Aide-mémoire* est à la fois une ordonnance sur le service intérieur, sur le service des places, un traité d'administration, un règlement de manœuvres et un traité d'hygiène.

Les soins à donner au cheval et le service d'écurie, l'entretien des fourrages, quelques notions d'hippologie, terminent heureusement cette encyclopédie au petit pied, où tout est à lire et tout à retenir.

L'*Aide-mémoire* du général Mirus est réellement un ouvrage que tous nos officiers devraient connaître. Nous le leur recommandons vivement, assuré qu'ils trouveront comme nous dans cette lecture utilité, profit et intérêt.

(Extrait du *Spectateur militaire*, livraison de février 1874.)

Notions de service en campagne, à l'usage des volontaires d'un an (infanterie), par P.-G. HERBINGER, capitaine adjudant-major au 101ᵉ de ligne. — *Publication de la Réunion des officiers.* — In-18. Paris, FIRMIN-DIDOT. — Prix : 50 cent.

Ce travail, qui a paru dans le *Bulletin de la Réunion*, est le résumé de conférences faites aux engagés conditionnels d'un an du 101ᵉ régiment. Il a pour but d'initier ces jeunes gens au service de guerre, en développant les prescriptions de l'ordonnance sur le service en campagne qui les concernent plus spécialement.

Les engagés conditionnels ne restent pas assez longtemps sous les drapeaux pour qu'on puisse songer à les instruire par *la routine*, il faut leur expliquer ce qu'ils ont vu faire sur le terrain, dans l'instruction pratique, et leur souligner une foule de détails qui leur feront bien comprendre l'ensemble de l'opération à laquelle ils prennent part.

Dans une série d'articles traitant des camps, cantonnements et bivouacs, des avant-gardes, arrière-gardes et flanqueurs, des patrouilles et reconnaissances, des avant-postes, des marches et des combats, M. le capitaine Herbinger s'est efforcé de donner des notions exactes et précises sur les mille détails de la vie intérieure, d'expédients, de discipline surtout, qui ne sauraient être formulés dans aucun règlement.

Un dernier chapitre forme un aperçu succinct de petites opérations dans lesquelles une compagnie d'infanterie peut être appelée à se suffire elle-même.

Il serait à souhaiter qu'un travail du même genre fût entrepris pour les engagés conditionnels de la cavalerie.

(Extrait du *Bulletin de la Réunion des officiers*, du 20 juin 1874.)

*Du service en campagne. — Méthode d'instruction pra-
tique pour les soldats et officiers d'infanterie*, traduit de
l'ouvrage du général COMTE DE WALDERSÉE, par M. DAR-
GNIÈS, ingénieur, et résumée par M. F. LOUIS, colonel
du 69e de ligne. In-18. — *Publication de la Réunion des
officiers.* — Paris, FIRMIN-DIDOT. — Prix : 2 fr.

Le général de Waldersée, qui a doté l'armée prussienne d'ouvrages devenus en quelque sorte réglementaires, était spécialement un instructeur.
Sa méthode pour l'enseignement du service en campagne, que vient de
faire publier la *Réunion des officiers*, et dont s'est inspiré le règlement
prussien sur le service en campagne et les grandes manœuvres, jouit
d'une grande notoriété en Allemagne.

Son système consiste à exercer les troupes sur des terrains variés,
en opposant deux détachements l'un à l'autre, dans des manœuvres
ayant le caractère de la guerre avec tout son imprévu, de manière
à mettre en œuvre l'intelligence des soldats et des chefs, pour les habituer à saisir rapidement une situation, et à prendre sans hésitation la
résolution qui convient le mieux aux circonstances.

Cette méthode, toute pratique, a surtout pour objet le développement de l'aptitude individuelle et de l'initiative; elle offre le moyen
d'obtenir *une bonne préparation à la guerre.*

On ne saurait trop en recommander l'étude aux officiers de tout
grade, qui y trouveront des procédés d'instruction que les règlements
n'indiquent pas, procédés qui sont d'une application simple et facile, et
qui, en rendant les exercices du service en campagne instructifs et intéressants, contribueront à former le coup d'œil de l'officier et à développer le sens pratique du soldat.

(Extrait du *Bulletin de la Réunion des officiers*
du 19 avril 1873.)

Études sur la nouvelle tactique de l'infanterie, par W. von Scherff, major à l'état-major général, traduit de l'allemand par A. Couturier, capitaine au 40ᵉ de ligne. Deux volumes in-18. — *Publication de la Réunion des officiers.* — Paris, Firmin-Didot.

———

Voici un livre que nous voudrions voir dans la bibliothèque de tout officier d'infanterie, non point là par parade, ni à demi coupé, mais lu deux ou trois fois, étudié, annoté, commenté. Pour nous-même, nous avons pris un intérêt tel à voir déduits aussi logiquement et aussi clairement les principes de la guerre moderne telle que nous l'avons vue aujourd'hui sur les champs de bataille, qu'il nous semblerait désirable qu'on mît de côté toutes les élucubrations de nos tacticiens doctrinaires pour s'en tenir simplement, et jusqu'à de nouvelles transformations d'armes et de tactique, au petit livre de Scherff.

La notion de la défensive, dit Scherff, est inséparable de l'idée des armes à feu, au même titre que la conception d'offensive se rattache à celle des armes blanches *en théorie :* il semblerait donc qu'avec le perfectionnement incessant des armes à feu la défensive dût devenir en temps déterminé une règle générale devant toujours donner la victoire et assurer le succès.

Nous avons vu en 1870 ces idées, qui étaient les nôtres à cette époque, nous amener de cruels mécomptes, de même qu'en 1866 les Autrichiens, employant après nous l'offensive à l'exception de toute autre règle tactique, avaient été également battus par leurs adversaires, pour avoir adopté une théorie où la pratique ne tenait aucune place.

Il faut absolument proclamer aujourd'hui la supériorité de l'offensive sur la défensive, et diriger dans ce sens l'instruction de nos soldats. Que le fusil perfectionné devienne l'arme de l'assaillant au lieu de la baïonnette: là est la victoire pour l'avenir, là le succès.

Le second volume du major Scherff traite de la grande tactique, et l'auteur pose en principe les deux maximes suivantes :

« L'infanterie a été, est et doit rester l'arme principale, la seule susceptible d'exercer sur la tactique une action de direction.

« A toute époque, la tactique de l'infanterie exerce toujours une influence décisive sur celle des autres armes. »

Ces principes nous paraissent incontestables, et nous sommes de plus en plus de l'avis du major Scherff quand il combat l'opinion erronée que la cavalerie a été l'arme principale, qu'elle a été chassée du premier rang par l'infanterie, et que le temps approche où l'artillerie recueillera cet héritage.

Une analyse détaillée de ce second volume nous conduirait trop loin, et nous nous contentons de le signaler. Nous terminerons ce rapide aperçu par où nous avons commencé, c'est-à-dire en recommandant vivement à nos camarades les études du major Scherff. Ces études, *fortement pensées*, comme dit l'auteur de la préface française qui précède la traduction, nous paraissent mériter à juste titre toute l'attention des officiers sérieux et travailleurs, et beaucoup certainement les ont lues déjà : que ce que nous avons écrit soit donc dit pour les autres.

(Extrait du *Spectateur militaire*,
livraison de juillet 1874.)

La guerre de siége, par Moriz Brunner, capitaine de l'état-major du génie autrichien. — Traduit de l'allemand par H. Piette, capitaine du génie. Un vol. in–18 de 97 pages, accompagné de 6 planches. — *Publication de la Réunion des officiers.* — Paris, Firmin-Didot.

Le *Journal des sciences militaires* a rendu compte, dans la livraison du mois d'octobre 1872, de l'ouvrage qui nous occupe. « M. le capitaine Brunner, — était-il dit, — a écrit un cours complet de la guerre de siége, à l'usage des officiers de troupe. On ne pourrait citer rien de mieux pour l'enseignement élémentaire dans les écoles militaires et pour les conférences régimentaires. Une traduction française en serait assurément appréciée... »

Grâce à M. le capitaine du génie Piette, nous possédons aujourd'hui cette traduction. La disposition typographique de l'original a été scrupuleusement observée; les détails concernant spécialement l'artillerie et le génie sont imprimés en caractères plus petits. Quant à l'emploi de l'infanterie, l'auteur recommande :

Dans l'attaque des places, — de choisir les tireurs les plus habiles, de les poster dans les parallèles ou dans des embuscades en avant, pour soutenir vigoureusement par leur feu le feu de l'artillerie, et de diriger sans interruption sur chaque embrasure le feu de trois à cinq tireurs, pour rendre le pointage difficile;

Dans la défense des places, — de faire l'usage le plus judicieux de la mousqueterie, qui est un excellent moyen de défense et qui peut mettre, parmi l'assiégeant, autant d'hommes hors de combat que le feu de l'artillerie. A cet effet, employer, quand le but n'offre qu'une faible surface, d'excellents tireurs formés en détachements spéciaux, et dispensés de tout autre service, eu égard aux dangers qu'ils ont à courir.

Ces prescriptions montrent une fois de plus combien le rôle de l'infanterie à la guerre a pris d'importance depuis la transformation de l'armement, et quels services on peut attendre d'une troupe parfaitement exercée au tir.

(Extrait du *Journal des sciences militaires*, juin 1874.)

Paris. — Typographie de Firmin Didot frères, fils et Cie, rue Jacob, 56.

www.ingramcontent.com/pod-product-compliance
Lightning Source LLC
Chambersburg PA
CBHW060715220326
41598CB00020B/2100